土木工程施工

（第四版）

钟　晖　　粟宜民
艾合买提·依不拉音　主编

重庆大学出版社

内 容 提 要

本书是高等学校土木工程专业本科系列教材之一,根据国家最新颁布的标准和规范编写。全书内容包括:土石方工程,地基与基础工程,混凝土结构工程,预应力混凝土工程,砖石砌体工程,钢结构工程,结构安装工程,高层建筑施工,路桥工程施工,防水工程,装饰工程,流水施工原理,网络计划技术,施工组织设计。全书每章后附有复习思考题或习题。

本书供高校土木工程专业作教材使用,也可供有关工程技术人员参考。

图书在版编目(CIP)数据

土木工程施工 / 钟晖,栗宜民,艾合买提·依不拉音主编. -- 4 版. -- 重庆:重庆大学出版社,2022.1
高等学校土木工程本科教材
ISBN 978-7-5624-2388-1

Ⅰ.①土… Ⅱ.①钟… ②栗… ③艾… Ⅲ.①土木工程—工程施工—高等学校—教材 Ⅳ.①TU7

中国版本图书馆 CIP 数据核字(2022)第 011291 号

土木工程施工
(第四版)

钟 晖 栗宜民
艾合买提·依不拉音 主编

责任编辑:曾令维 版式设计:曾令维
责任校对:邹 忌 责任印制:张 策

*

重庆大学出版社出版发行
出版人:饶帮华
社址:重庆市沙坪坝区大学城西路 21 号
邮编:401331
电话:(023)88617190 88617185(中小学)
传真:(023)88617186 88617166
网址:http://www.cqup.com.cn
邮箱:fxk@ cqup.com.cn(营销中心)
全国新华书店经销
重庆长虹印务有限公司印刷

*

开本:787mm×1092mm 1/16 印张:29 字数:724 千
2015 年 8 月第 4 版 2022 年 1 月第 17 次印刷
ISBN 978-7-5624-2388-1 定价:58.00 元

土木工程专业本科系列教材
编审委员会

再版前言

　　《土木工程施工》一书出版以来,经过许多工科院校土木工程专业的师生使用后,得到了一定的肯定,同时也提出了一些意见。同时,由于最近我国在土木工程技术,尤其是在施工检验及验收标准方面,颁布实施了许多新的规范和规程,为了适应这些变化,特组织原参编人员对原书进行了修订。

　　本次修订由钟晖主编,王怡参加了部分插图的绘制。

　　感谢使用本教材,特别感谢江西理工大学测绘与建筑工程学院曾芳金教授对本书提出的修订意见,欢迎读者朋友对本教材批评指正。

编　者

2015 年 2 月

目 录

第**1**章
土石方工程

1.1 概　述

1.1.1 土石方工程的施工特点

土石方工程是建筑工程施工中主要的分部工程之一,它包括土(或石)方的开挖、运输、填筑、平整与压实等主要施工过程,以及场地清理、测量放线、施工排水、降水和土壁支护等准备与辅助工作。

土石方施工的特点是工程量大面广,往往一个建设项目的场地平整、建筑物(构筑物)及设备基础、项目区域内的道路与管线的土石方施工,施工面积可达数十平方公里,工程量以百万立方米计。土石方工程施工多为露天作业,受气候、地形、水文、地质等影响,难以确定的因素较多,有时施工条件极为复杂。土石方工程施工有时受条件所限,采取人工开挖,工人劳动强度较大。因此,施工前必须做好准备工作,制订出合理的施工方案,以达到降低劳动强度,加快施工进度和节省施工费用的目的。在开工前应做好场地清理、地面水的排除和测量放线等准备工作,施工中,及时做好施工排水与土壁支撑、边坡防护以及测量控制点的设置与保护等工作,以确保工程质量,防止塌方等意外事故的发生。

1.1.2 土的分类

土的分类方法较多,如根据土的颗粒级配或塑性指数可分为碎石类土(漂石土、块石土、卵石土、碎石土、圆砾土、角砾土)、砂土(砾砂、粗砂、中砂、细砂、粉砂)和粘性土(粘土、亚粘土、轻亚粘土);根据土的沉积年代,粘性土可分为老粘性土、一般粘性土、新近沉积粘性土;根据土的工程特性,又可分出特殊性土,如软土、人工填土、黄土、膨胀土、红粘土、盐渍土、冻土等。不同的土,其物理、力学性质也不同,只有充分掌握各类土的特性及其施工过程的影响,才能选择正确的施工方法。

工程施工中常根据土石方施工时土(石)的开挖难易程度,将土分为松软土、普通土、坚土、砂砾坚土、软石、次坚石、坚石、特坚石8类,称为土的工程分类。前4类属一般土,后4类属岩石,土的分类法及其现场鉴别方法见表1.1。

表 1.1 土的工程分类

土的分类	土 的 名 称	开挖方法
一类土 (松软土)	砂、亚砂土,冲积砂土,种植土、泥炭(淤泥)	能用锹、锄头挖掘
二类土 (普通土)	亚粘土、潮湿的黄土、夹有碎石、卵石的砂、种植土、填筑土及亚砂土	用锹、锄头挖掘少许用镐翻松
三类土 (坚 土)	软及中等密实粘土,重亚粘土,粗砾石,干黄土及含碎石、卵石的黄土、亚粘土,压实的填筑土	主要用镐,少许用锹、锄头,部分用撬棍
四类土 (砂砾坚土)	重粘土及含碎石、卵石的粘土,粗卵石,密实的黄土、天然级配砂石,软的泥灰岩及蛋白石	用镐、撬棍,然后用锹挖掘,部分用楔子及大锤
五类土 (软 石)	硬石炭纪粘土,中等密实的页岩、泥灰岩,白垩土,胶结不紧的砾岩,软的石灰岩	用镐或撬棍、大锤,部分使用爆破
六类土 (次坚石)	泥岩,砂岩,砾岩,坚实的页岩、泥灰岩,密实的石灰岩,风化花岗岩、片麻岩	用爆破方法,部分用风镐
七类土 (坚 石)	大理岩,辉绿岩,粗、中粒花岗岩,坚实的白云岩、砂岩、砾岩、片麻岩、石灰岩	用爆破方法
八类土 (特坚石)	玄武岩,花岗片麻岩,坚实的细粒花岗岩、闪长岩、石英岩、辉绿岩	用爆破方法

1.1.3 土的工程性质

土的工程性质对土方工程的施工有直接影响,其基本的工程性质有:

(1)土的天然密度

土在天然状态下单位体积的质量,称为土的天然密度。土的天然密度(ρ)按下式计算:

$$\rho = \frac{m}{V} \qquad (1.1)$$

式中:m——土的总质量;

V——土的天然体积。

一般粘性土的天然密度为 $1.8 \sim 2.0 \text{ t/m}^3$,砂土的天然密度为 $1.6 \sim 2.0 \text{ t/m}^3$。

(2)土的干密度

单位体积中土的固体颗粒的质量称为土的干密度。土的干密度(ρ_d)按下式计算:

$$\rho_d = \frac{m_s}{V} \qquad (1.2)$$

式中:m_s——土中固体颗粒的质量;

V——土的天然体积。

土的干密度愈大,表示土愈密实。工程上常把干密度作为评定土体密实程度的标准,以控制填土的质量。

（3）土的可松性

土的可松性指的是在自然状态下的土经开挖后组织被破坏，其体积因松散而增大，以后虽经回填压实，也不能恢复成原来的体积。土的可松性程度，一般用最初可松性系数和最后可松性系数来表示，即：

$$最初可松性系数\ K_{\mathrm{S}} = \frac{土经开挖后的松散体积\ V_2}{土在天然状态下的体积\ V_1} \tag{1.3}$$

$$最后可松性系数\ K'_{\mathrm{S}} = \frac{土经开挖回填压实体积\ V_3}{土在天然状态下的体积\ V_1} \tag{1.4}$$

土的可松性与土质有关，根据土的工程分类，相应的可松性系数可参考表 1.2。

土的可松性对土方的调配、计算土方运输量、计算填方量和运土工具的选择都有影响。

表 1.2　各种土的可松性参考值

土 的 类 别	体积增加百分数/%		可松性系数	
	最　初	最　后	最初 K_{S}	最后 K'_{S}
一类土（种植土除外）	8.0 ~ 17	1.0 ~ 2.5	1.08 ~ 1.17	1.01 ~ 1.03
一类土（植物性土、泥炭）	20 ~ 30	3.0 ~ 4.0	1.20 ~ 1.30	1.03 ~ 1.04
二类土	14 ~ 23	2.5 ~ 5.0	1.14 ~ 1.28	1.02 ~ 1.05
三类土	24 ~ 30	4.0 ~ 7.0	1.24 ~ 1.30	1.04 ~ 1.07
四（泥炭岩、蛋白石除外）	26 ~ 32	6.0 ~ 9.0	1.26 ~ 1.32	1.06 ~ 1.09
四（泥炭岩、蛋白石）	33 ~ 37	11 ~ 15	1.33 ~ 1.37	1.11 ~ 1.15
五 ~ 七类土	30 ~ 45	10 ~ 20	1.30 ~ 1.45	1.10 ~ 1.20
八类土	45 ~ 50	20 ~ 30	1.45 ~ 1.50	1.20 ~ 1.30

（4）土的含水量

土的含水量（w）是土中水的质量（m_{w}）与土的固体颗粒质量（m_{s}）之比，以百分比表示。即：

$$w = \frac{m_{\mathrm{w}}}{m_{\mathrm{s}}} \times 100\% \tag{1.5}$$

一般土的干湿程度用含水量表示。含水量在 5% 以下的称为干土；在 5% ~30% 的称为潮湿土；大于 30% 的称为湿土。含水量越大，土就越湿，对施工就越不利。含水量对挖土的难易，施工时的放坡，回填土的夯实等均有影响。

（5）土的透水性

土的透水性是指水流通过土中孔隙的难易程度。土体孔隙中的自由水在重力作用下会发生流动，当基坑土方开挖到地下水位以下，地下水的平衡被破坏后，地下水会不断流入基坑。地下水的流动以及在土中的渗透速度都与土的透水性有关。地下水在土中渗流速度一般可按达西定律计算（图 1.1），其公式为：

$$v = K \cdot i \tag{1.6}$$

式中：v——水在土中的渗流速度（m/d）；

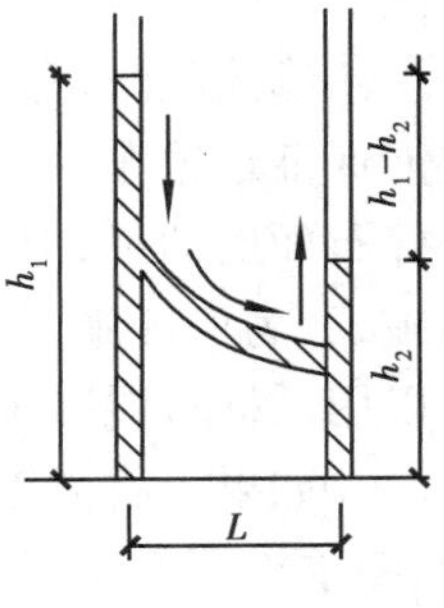

图 1.1　土的渗流实验

i——水力坡度。$i = \dfrac{h_1 - h_2}{L}$，即两点水头差与其水平距离之比；

K——土的渗透系数($\mathrm{m/d}$)。

一般土的渗透系数见表1.3。

表1.3 土壤渗透系数

土 壤 种 类	$K/(\mathrm{m \cdot d^{-1}})$	土 壤 种 类	$K/(\mathrm{m \cdot d^{-1}})$
亚粘土、粘土	<0.1	含粘土的中砂及纯细砂	20~25
亚粘土	0.1~0.5	含粘土的细砂及纯中砂	35~50
含亚粘土的粉砂	0.5~1.0	纯细砂	50~75
纯粉砂	1.5~5.0	粗砂夹砾石	50~100
含粘土的细砂	10~15	砾石	100~200

1.2 土方工程施工的准备与辅助工作

1.2.1 场地平整的施工准备工作

场地平整前需做好以下主要准备工作：

①在组织施工前，施工单位应充分了解施工现场的地形、地貌，掌握原有地下管线或构筑物的竣工图、土石方施工图以及工程、水文地质、气象条件等技术资料，做好平面控制桩位及垂直水准点位的布设及保护工作，施工时不得随便搬移和碰撞。

②场地清理：将施工区域内的建筑物和构筑物、管道、坟墓、沟坑等进行清理。对影响工程质量的树根、垃圾、草皮、耕植土和河塘淤泥等进行清除。

③地面水排除：在施工区域内设置排水设施，一般采用排水沟、截水沟、挡水土坝等，临时性排水设施应尽量与永久性排水设施结合考虑。应尽可能利用自然地形来设置排水沟，使水直接排至场外或流向低洼处。沟的横断面可根据当地实际气象资料，按照施工期内的最大排水量确定，一般不小于500 mm×500 mm，纵向排水坡度一般不应小于0.3%，平坦地区不小于0.2%，沼泽地区不小于0.1%，排水沟的边坡坡度应根据土质和沟深确定，一般为1∶0.7~1∶1.5，岩石边坡可以适当放陡。

在山区施工时，应在较高一侧的山坡上开挖截水沟，沟壁、沟底应防止渗漏。在低洼地区施工时，除开挖排水沟外，必要时应在场地周围或需要的地段修筑挡水堤坝，防止水流入施工区。

④修建临时道路、临时设施：主要道路应结合永久性道路一次修筑。临时道路除路面宽度要能保证运输车辆正常通行外，最好能在每隔30~50 m的距离设一会车带。路基夯实后再铺上碎石面层即可，但在施工过程中随时注意整平，以保证道路通畅。现有城市市区要求进行文明施工，为保证施工场地内的泥土不被车辆轮胎带入市区道路造成城市环境污染，场地内一般可以用低标号混凝土打一层混凝土地面等方法进行硬化地面施工。

⑤如果土石方工程的施工期中有雨季或冬季施工，尚应在编制施工组织设计时充分考虑雨、冬季土石方工程施工的保证安全、质量与进度的措施。如雨季中的防洪、土方边坡稳定，冬季施工中的冻土开挖、冬期填方等。

1.2.2 施工降水

基槽(坑)开挖时,常常有可能遇到水的侵袭,使施工条件恶化。严重时土壤被水泡软后,使基槽(坑)壁土体坍落、基底土壤承载能力降低,影响土壤的强度和稳定性。因此无论在基槽(坑)的开挖前和开挖中,都必须做好排水工作,使土方开挖和基础施工处于干燥状态,直到基础工作完成,回填土施工完毕为止。

为防止地面水流入基槽(坑),一般可利用挖出的土在槽(坑)边筑成土坝,并根据现场地形,在施工现场挖临时排水沟或截水沟,将地面水引至低洼区或河沟中。

当基底面标高处于地下水位以下时,则必须采取人工降水措施,降水的方法有集水井降水法和井点降水法。

(1)集水井降水法

集水井降水法也称明排水法,使用较为广泛。当采用集水井降水法时,根据现场土质条件,应保持开挖边坡的稳定。当边坡坡面上有地下水渗出时,应在渗水处设置过滤层,防止土粒流失,并应设置排水沟,将水引出坡面,以免水流冲刷土坡面而造成塌方。

现场布置如图1.2所示。当基槽(坑)挖到接近地下水位时,沿槽(坑)底部四周或中央开挖排水沟(沟底比挖土面约低300 mm),排水沟纵向坡度一般不小于2‰~5‰,并根据地下水量大小、基坑平面形状及水泵的抽水能力,确定集水井的间距和位置(一般集水井每隔20~40 m设置),集水井的直径或宽度一般为0.6~0.8 m,深度应随挖土的加深而加深,并保持低于挖

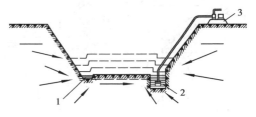

图1.2 集水井降水
1—排水沟;2—集水井;3—水泵

土工作面0.7~1.0 m,集水井壁可用竹、木等简易加固,使水顺排水沟流入集水井(坑)中,然后用水泵抽出流入集水井中的水。为防止地基土结构遭受破坏,集水坑应与基础底边有一定的距离。当基坑挖到设计标高后,坑底应低于基底1~2 m,并铺设碎石滤水层,以免在抽水时将泥砂抽出,以致造成基底土壤结构破坏。

在建筑工地上,施工排水用的水泵主要有:离心泵、潜水泵等。

(2)井点降水法

井点降水法也称为人工降低地下水位法,是地下水位较高的地区工程施工中的重要措施之一。基坑开挖前,预先在基坑四周埋设一定的管(井),利用抽水设备,从井点管中将地下水不断抽出,使地下水位降低到拟开挖的基坑底面,因而能克服流沙现象,稳定边坡,降低地下水对支护结构的水平压力,防止坑底土的隆起,加快土的固结,提高地基土的承载能力,并能使位于天然地下水位以下的基础工程能在较干燥的施工环境中进行施工。采用人工降低地下水位,可适当改陡边坡,减少挖土方量,但在降水过程中,基坑附近的地基土壤会有一定的沉降,施工时要严加注意,防止地基沉降给周围建筑物带来不利影响。

井点降水法有轻型井点、喷射井点、电渗井点、管井井点和深井井点。可以根据土层的渗透系数、要求降低水位的深度、工程特点及设备情况,做技术经济比较后确定,各种井点降水方法的适用范围可参见表1.4。其中轻型井点应用较为广泛,故做主要介绍。

表 1.4　各种井点降水适用范围

项次	井点类别	土层渗透系数/(m·d⁻¹)	降低水位深度/m	适 用 土 质
1	单层轻型井点	0.1 ~ 50	3 ~ 6	粘质粉土、砂质粉土、粉砂、含薄层粉砂的粉质粘土
2	多层轻型井点	0.1 ~ 50	6 ~ 12	同上
3	喷射井点	0.1 ~ 2	8 ~ 20	同上
4	电渗井点	<0.1	5 ~ 6	粘土、粉质粘土
5	管井井点	20 ~ 200	根据选用的水泵而定	粘质粉土、粉砂、含薄层粉砂的粉质粘土、各类砂土、砾砂
6	深井井点	10 ~ 250	>15	同上

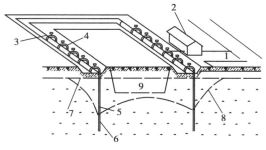

图 1.3　轻型井点降低地下水位示意
1—地面；2—水泵房；3—集水总管；4—弯联管；
5—井点管；6—滤管；7—原有地下水位线；8—降
水后地下水位线；9—基坑

1)轻型井点

轻型井点是沿基坑四周将许多根井点管沉入地下蓄水层内,井点管上端通过弯联管与总管相连接,并利用抽水设备将地下水从井点管内不断抽出,从而将地下水位降低至基底以下。

①轻型井点设备

轻型井点系统由滤管、井点管、弯联管、集水总管和抽水设备等组成,如图 1.3 所示。

滤管是进水设备(图 1.4),滤管用 38 ~ 55 mm 钢管制成,长度一般为 1.0 ~ 1.7 m。滤管壁上钻有直径 12 ~ 18 mm 的呈梅花型布置的滤孔,滤孔面积占滤管表面积的20% ~ 30%。管壁外包有粗细两层滤网,为避免滤孔淤塞,在管壁与滤网间用小塑料管或铁丝绕成螺旋状隔开,并在滤网外再围一层粗铁丝保护层。滤管上端与井点管相连,下端有铸铁头,便于沉入土中。

井点管的直径和滤管相同,长度 6 ~ 9 m,可整根或分节组成,井点上端用弯联管与总管相连。弯联管用塑料管、橡胶管或钢管制成,并且每根弯联管上均安装阀门以便检修井点。

集水总管一般用 100 ~ 127 mm 的钢管分节连接,每节管长 4 ~ 6 m,上面装有与弯联管连接的短接头(三通口),短接头间距 0.8 ~ 1.6 m,总管要设置一定的坡度坡向泵房。

轻型井点常用的抽水设备有真空泵和离心泵等,可根据不同的土壤渗透系数的大小来进行选择。轻型井点系统是利用真空原理来提升地下水的。图 1.5 是其工作过程示意图。工作时,启动真空泵 14,将水气分离器 7 抽成一定程度的真空。在真空吸力作用下,土中地下水经滤管 1,井点管 2 吸上,经由弯联管 3 和总管 4,由此再通过过滤箱 5 进一步过滤

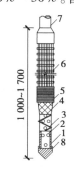

图 1.4　滤管构造
1—钢管；2—管壁小孔；3—缠绕的塑料管；4—细网；5—粗滤网；6—粗铁丝保护网；7—井点管；8—铸铁头

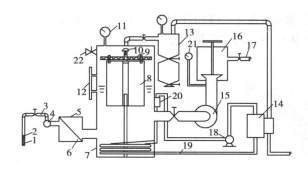

图 1.5　轻型井点主机设备工作简图

1—滤管;2—井点管;3—弯联管;4—总管;5—过滤箱;6—过滤网;7—水气分离器;8—浮筒;9—挡水布;
10—阀门;11—真空表;12—水位计;13—副水气分离器;14—真空泵;15—离心泵;16—压力泵;17—出
水箱;18—冷却泵;19—冷却水管;20—冷却水箱;21—压力表;22—真空调节阀

泥沙。流到水气分离器 7 中。水气分离器中有一浮筒 8,可沿中间导杆升降,当水气分离器中的水多起来时,浮筒上升,即开动离心泵 15 将水气分离器中的水排出。为了防止水进入真空泵,水气分离器顶装有阀门 10,在真空泵和进水管之间装有副水气分离器 13。为对真空泵进行冷却,特设冷却循环泵 18。

②轻型井点布置

轻型井点的布置,应根据基坑大小与深度、土质、地下水位高低与流向、降水深度等要求而定。

当基坑宽度小于 6 m,降水深度不超过 6 m 时,一般采用单排线状井点,布置在地下水的上游一侧,两端延伸长度以不小于槽宽为宜(图 1.6)。如宽度大于 6 m 或基坑宽度虽不大于 6 m,但土质不良时,宜采用双排线状井点(图 1.7)。当基坑面积较大,宜采用环形井点(图 1.8)。井点管距离基坑或沟槽上口宽不应小于 0.7 m,以防漏气,一般取 0.7～1.0 m。为了观察水位降落情况,应在降水范围内设置若干个观测井,观测井的位置和数量视需要而定。

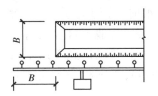

图 1.6　单排线状
井点的布置

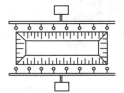

图 1.7　双排线状井
点的布置

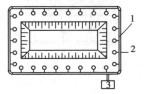

图 1.8　环形井点
的布置

在软土地基中为防止邻近建筑物因人工降水而产生沉降,可以采用回灌的方法:即在井点管与建筑物之间,打一排回灌孔,注水回灌土中,以维持建筑物下的地下水位不下降。这种方法在实际工程中经常使用,效果较好。

进行轻型井点的系统高程布置时,考虑抽水设备的水头损失后,一般井点降水深度不超过 6 m。井点管的埋置深度 H(图 1.9)按下式计算:

$$H \geqslant H_1 + h + iL \tag{1.7}$$

式中:H_1——井点管埋设面至基坑底面的距离(m);

h——基坑底面至降低后的地下水位线的最小距离,一般取 0.5～1.0 m;

i——水力坡度,根据实测:双排和环状井点为 1/10,单排井点为 1/4 ~ 1/5;

L——井点管至基坑中心的水平距离,单排井点为至基坑另一边的距离(m)。

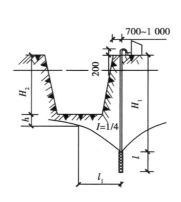

图 1.9　高程布置

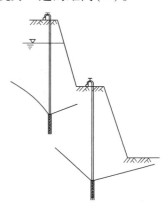

图 1.10　二级轻型井点

此外,确定井点管埋深度时,还要考虑到井点管上口一般要比地面高 0.2 m。当一级井点系统达不到降水深度要求时,可采用二级井点,即先挖去第一级井点所疏干的土,然后再在其底部装设第二级井点(图 1.10)。

③轻型井点计算

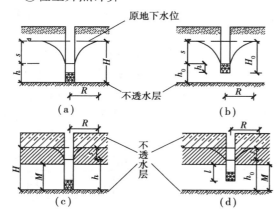

图 1.11　水井的分类
(a)无压完整井;(b)无压不完整井;
(c)承压完整井;(d)承压不完整井

轻型井点计算的目的,是求出在规定的水位降低深度时,每昼夜抽取的地下水流量,即涌水量;确定井管数量和间距,并选择设备。

井点系统的涌水量是以水井理论进行计算的。根据地下水有无压力,水井分为无压井和承压井;水井布置在含水土层中,当地下水表面为自由水时,称为无压井;当含水层处于二不透水层之间,地下水表面有一定水压时,称为承压井。井底达到不透水层顶面时的井称为完整井,否则称为不完整井(图 1.11)。

水井类型不同,其涌水量的计算公式亦不相同,而无压完整井的计算最为完善。完整井抽水时水位降落曲线如图 1.12 所示。经过一定时间的抽水后,其水位降落曲线趋于稳定,呈漏斗状曲面,水井轴线距漏斗边缘的水平距离,称之为抽水半径 R。其涌水量的计算公式为:

$$Q = 1.366K \frac{H^2 - h^2}{\lg R - \lg r} \quad (\text{m}^3/\text{d}) \tag{1.8}$$

式中:K——土壤的渗透系数,最好通过现场试验确定;

　　　H——含水层厚度(m);

　　　h——井内水深(m);

r——水井半径(m)。

R——抽水影响半径(m),常用下式计算:

$$R = 1.95S\sqrt{HK} \tag{1.9}$$

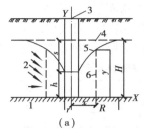 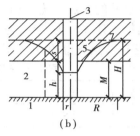

（a）　　　　　　　　　　　　（b）

图 1.12　完整井水位降落曲线

（a）无压完整井;（b）承压完整井

1—不透水层;2—透水层;3—水井;4—原地下水位线;

5—水位降落曲线;6—距井轴 x 处的过水断面;7—压力水位线

设水井内的水位降低值为 S,则 $S = H - h$,故

$$Q = 1.366K\frac{(2H - S)S}{\lg R - \lg r} \quad (\mathrm{m^3/d}) \tag{1.10}$$

同样可导出承压完整井涌水量计算公式:

$$Q = 2.73KM\frac{H - S}{\lg R - \lg r} \quad (\mathrm{m^3/d}) \tag{1.11}$$

式中:H——承压水头高度(m);

　　　M——含水层厚度(m);

　　　S——水井中水位降低深度(m)。

轻型井点系统中,各井点布置在基坑四周同时抽水,是由许多单井所组成,而各个单井的相互之间的距离都小于抽水影响半径,各个单井水位降落漏斗彼此相互干扰。因此,考虑井点系统（称为群井）的相互作用,其总涌水量并不等于各个单井涌水量之和,而比单井涌水量小,但总的水位降低要大于单井抽水时的水位降低值。

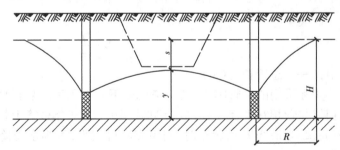

图 1.13　无压环状完整井

对于无压环形井点系统计算简图见图 1.13 所示,无压完整井的环形井点系统涌水量计算公式为:

$$Q = 1.366K\frac{(2H - S)S}{\lg R - \lg x_0}(\mathrm{m^3/d}) \tag{1.12}$$

式中:x_0——环状井点的假想半径(m)。

当矩形基坑的长宽比不大于 5 时,可按下式计算:

$$x_0 = \sqrt{\frac{F}{\pi}} \tag{1.13}$$

式中:F——环状井点抽水系统所包围的面积(m^2)。

对于无压不完整井的井点系统,地下水不仅从井侧面进入,还要从井底进入,其涌水量较无压完整井大。其精确计算较为复杂,为了简化计算,仍可采用式(1.13),但此时应将 H 换成 H_0。H_0 值可以查表1.7,当算得的 H_0 大于实际含水层的厚度 H 时,则仍取 H 值。

表 1.5 有效抽水影响深度的 H_0 值

$S'/(S'+l)$	0.2	0.3	0.5	0.8
H_0	$1.3(S'+l)$	$1.5(S'+l)$	$1.7(S'+l)$	$1.85(S'+l)$

根据井点系统的涌水量和单根井管的抽水能力,可确定出井点管数与井距。单根井管的最大出水量为:

$$q = 2\pi r_C l_C v = 2\pi r_C l_C 65\sqrt[3]{K} = 130\pi r_C l_C \sqrt[3]{K} \tag{1.14}$$

式中:q——单根井点管的最大出水量(m^3/d);

　　r_C——滤管的半径(m);

　　l_C——滤管的长度(m);

　　v——滤管的极限流速(m/s);

　　K——土的渗透系数(m/d)。

井点管数量由下式确定:

$$n = 1.1\frac{Q}{q} \quad (根) \tag{1.15}$$

式中:1.1——考虑井点管堵塞等因素而采用的备用管增大系数。

井点管的最大间距 D 为:

$$D = \frac{L}{n} \quad (m) \tag{1.16}$$

式中:L——总管长度(m)。

实际采用的井管间距,还应考虑以下几个因素,结合计算结果综合确定:D 应大于 $15d$,否则相邻井管相互干扰,出水量会明显减少;应符合总管上短接头的间距,常取 0.8 m、1.2 m、1.6 m、2.0 m;当 K 值较小时,间距应取得较小,否则水位降落时间较长;靠近河流处,宜适当减小。

轻型井点的安装程序是:挖井点沟槽,敷设集水总管,埋设井点管,用弯联管将井点管与总管连接,安装抽水设备。井管的埋设一般采用水冲法,并根据现场条件以及土层情况选择冲水管冲孔后沉入井点管、直接利用井点管水冲下沉、套管式冲枪水冲法或振动水冲法成孔后沉入井点管等方法。冲孔过程中孔洞必须保持垂直,孔径不应小于 300 mm,并应上下一致。冲孔深度应比滤管底深 0.5 m 以上。井孔成型后,应立即拔出冲管,插入井点管,并填满砂滤层,以防孔壁塌土。砂滤层的填灌质量是保证轻型井点顺利工作的关键,一般要选择干净的粗砂,以免堵塞滤管网眼,填灌要均匀,并填塞至滤管顶上 1.0~1.5 m。井点管与孔壁之间填砂滤料时,管口应有泥浆水冒出,或向管内灌水时,能很快下渗方为合格。砂滤层填灌好后,距地面下的 0.5~1.0 m 深度内,应用粘土封口,以防漏气影响抽水效果。

井点系统全部安装完毕后,需进行试抽,以检查有无漏气现象。

轻型井点系统在使用时,一般应连续抽水(特别是开始阶段),出水规律是"先大后小、先浑后清"。时抽时停,滤网易于堵塞,出水混浊,并引起附近建筑物因地基土颗粒流失而沉降、开裂。同时,由于中途停抽,地下水位回升,也可能引起边坡塌方等事故。抽水过程中,应调节离心泵的出水阀以控制水量,使抽吸排水保持均匀。经常检查井点管有无堵塞,按时观测流量、真空度和检查观测井点管中水位降落情况,并作好记录。及时检查并采取措施防止井点系统有无漏气现象。

降水完毕后,应根据工程结构特点、施工要求和基坑回填进度,陆续关闭及逐根拔除井点管。土中所留的孔洞,应立即用砂土填实。如地基有防渗要求时,地面以下应用粘土填实。

拆除多层井点时应自底层开始逐层向上进行,在下层井点拆除期间,上部各层井点应继续抽水。

2)管井井点

管井井点就是沿基坑每隔一定距离设置一个管井,每个管井单独用一台水泵不断抽水来降低地下水位。主要适用于轻型井点不易解决的含水层颗粒较粗的粗砂或卵石地层,以及渗透系数、水量均较大且降水深度较深的潜水或承压水地区。

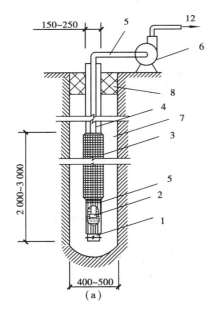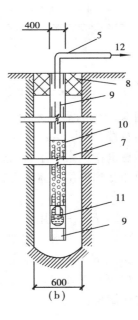

图1.14　管井井点
(a)钢管管井;(b)混凝土管管井
1—沉沙管;2—钢筋焊接骨架;3—滤网;4—管身;5—吸管;6—离心泵;
7—小砂石过滤层;8—粘土封口;9—混凝土实管;11—潜水泵;12—出水管

管井井点的主要设备有:管井、吸水管和水泵(图1.14)。管井由井壁管和过滤网两部分所组成。井管可用钢管管井、混凝土管管井和塑料管管井。钢管管井采用直径为200～300 mm的钢管;过滤部分采用焊接骨架外包孔眼为1～2 mm的滤网,长度为2～3 m,也可采用在实管上穿孔用肋垫高后缠铅丝制成。混凝土管管井内径为400 mm,分实管和过滤管两种,过滤管的孔隙率为20%～30%,吸水管可采用直径为50～100 mm的钢管或胶皮管,其下端应沉入管井抽吸时的最低水位以下,为了启动水泵和防止在水泵运转中突然停泵而产生水倒灌,在吸水管底部应安装逆止阀。

管井的沉入,可采用泥浆护壁钻孔法成孔,成孔的直径应比井管直径大 200 mm,管井下沉时应清孔,并保证滤网畅通。为了保证管井的出水量,防止粉细砂涌入井内,在井管与土壁间用粗砂或砾石作为过滤层。

(3)流砂的形成及防治

明排水法由于设备简单和排水方便,采用较为普遍。但如开挖深度大、地下水位较高而土质又不好,用明排水法降水开挖,当开挖至地下水位以下时,有时坑底下面土会形成流动状态,随地下水涌入基坑,这种现象称为流砂。发生流砂时,土完全丧失承载能力,土边挖边冒,且施工条件恶化,难以达到设计深度,严重时会造成边坡塌方及附近建筑物下沉、倾斜甚至倒塌等。总之,流砂现象对土方施工和附近建筑物有很大危害。在施工前,必须对工程地质和水文地质资料进行详细调查研究,采取有效措施,防止流砂产生。

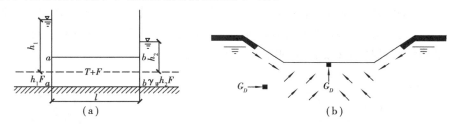

图 1.15 动水压力原理图
(a)水在土中渗流时的力学现象;(b)动水压力对地基土的影响

如图 1.15(a)所示,水由高水位的左端(水头为 h_1),经过长度为 L,截面为 F 的土体,流向低水位的右端(水头为 h_2)。水在土中渗流时受到土颗粒的阻力,从作用与反作用定律可知,水对土颗粒也作用一个压力,这个压力叫做动水压力 G_D;水在土中渗流过程中,土体上作用着静水压力和受到单位土体阻力,根据静力平衡条件得:

$$\gamma_w \cdot h_1 \cdot F - \gamma_w \cdot h_2 \cdot F - T \cdot L \cdot F = 0$$

式中:$\gamma_w \cdot h_1 \cdot F$——作用在土体左端 a—a 截面处的静水压力,其方向与水流方向一致(γ_w 为水的重度);

$\gamma_w \cdot h_2 \cdot F$——作用在土体右端 b—b 截面处的静水压力,其方向与水流方向相反;

$T \cdot L \cdot F$——水渗流时受到土颗粒的阻力(T 为单位土体阻力)。

上式化简得:

$$T = \frac{h_1 - h_2}{L} \cdot \gamma_w \tag{1.17}$$

上式 $\dfrac{h_1 - h_2}{L}$ 即水力坡度,以 i 表示,则式(1.17)可写成:

$$T = i \cdot \gamma_w$$

由于单位土体阻力与动水压力 G_D 大小相等,方向相反,即 $G_D = -T$,所以:

$$G_D = -T = -i \cdot \gamma_w \tag{1.18}$$

由式(1.18)可知:①当水位差 $h_1 - h_2$ 越大,则动水压力 G_D 越大,而渗透路程 L 越大,则动水压力 G_D 越小;②动水压力的作用方向与水流方向相同。

由于动水压力与水流方向一致,所以当水在土中渗流的方向改变时,动水压力对土就会产生不同的影响,如水流从上向下,则动水压力与重力方向相同,会加大土粒间压力。如水流从下向上(图1.15(b)),则动水压力与重力方向相反,减小土粒间的压力,也就是土粒除了受水的浮力外,还受到动水压力向上举的趋势。如果动水压力等于或大于土的浮重度 γ',即:$G_D \geqslant \gamma'$,则此时,土粒失去自重处于悬浮状态,能随着渗流的水一起流动,带入基坑便发生流砂现象。

据上所述,当地下水位越高,坑内外水位差越大时,动水压力也就越大,越容易发生流砂现象。实践经验是:在可能发生流砂的土质处,基坑挖深超过地下水位线0.5 m,就要注意流砂的发生。

此外,当基坑坑底位于不透水层内,而其下面为承压水的透水层,基坑不透水层的覆盖厚度的重量小于承压水的顶托力时,基坑底部便可能发生管涌现象(图1.16),即:

$$H \cdot \gamma_w > h \cdot \gamma \qquad (1.19)$$

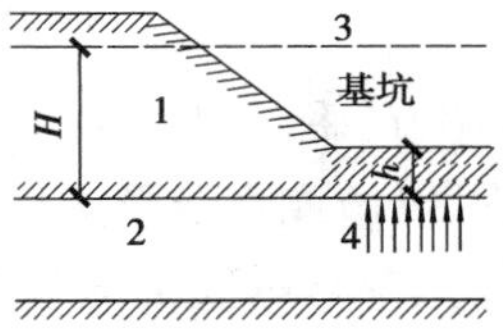

图1.16　管涌冒砂
1—不透水层;2—透水层;3—压力水位线;
4—承压水的顶托力

式中:H——压力水头;

　　h——坑底不透水层厚度;

　　γ_w——水的重度;

　　γ——土的重度。

此时,管涌现象随时可能发生,施工时应引起重视。

细颗粒、颗粒均匀、松散、饱和的非粘性土容易发生流砂现象,但是否发生流砂现象的重要条件是动水压力的大小与方向。因此,在基坑开挖中,防止流砂的途径一是减小或平衡动水压力;二是设法使动水压力的方向向下,或是截断地下水流。其具体措施如下:

①在枯水期施工:因此时地下水位低,坑内外水位差小,动水压力小,不易发生流砂。

②抢挖法:组织人力分段抢挖,使挖土速度超过冒砂速度,挖至标高后立即铺设竹筏或芦席并抛大石块以平衡动水压力,把流砂压住。此法可解决轻微流砂现象。

③打板桩法:将板桩打入基坑底面下一定深度,增加地下水从坑外流入坑内的渗流路线,从而减少水力坡度,降低动水压力,防止流砂发生。

④水下挖土法:采用不排水施工,使基坑内水压与坑外水压相平衡,阻止流砂现象发生。

⑤井点降低地下水位:如采用轻型井点或管井井点等降水方法,使地下水的渗流向下,动水压力的方向也朝下,从而可有效地防止流砂现象,并增大了土粒间压力。此法采用较广并较可靠。

此外,还可以采用地下连续墙法、土壤冻结法等,截止地下水流入基坑内,以防止流砂现象。

1.2.3　土方边坡与土壁支撑

为了防止塌方,保证施工安全,当挖方深度(或填方高度)超过一定限度时,则其边沿应放坡。或者设置临时支撑以保证土壁的稳定。

(1)土方边坡

土方边坡的坡度以其挖方深度(或填方高度)H 与底宽 B 之比表示(图1.17)。即:

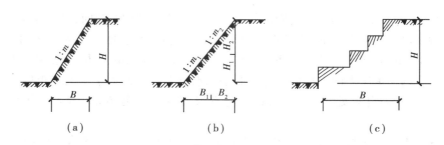

图 1.17　土方边坡

(a)直线形边坡;(b)折线边坡;(c)阶梯形边坡

$$边坡坡度 = \frac{H}{B} = \frac{1}{B/H} = 1 : m \tag{1.20}$$

式中:$m = B/H$,称为边坡系数。

边坡可以做成直线形边坡、折线边坡或阶梯形边坡等。

根据《土方与爆破工程施工及验收规范》(GBJ 201—83)的规定:当土质均匀、无地下水位的影响,且开挖后敞露时间不长时,其挖方边坡可做成直立边壁不放坡(也不加支撑),但挖方深度不宜超过表1.6的规定。

表 1.6　直立壁不加支撑的挖土深度/m

密实、中密的砂土和碎石类土(充填物为砂土)	1.00
硬塑、可塑的轻亚粘土及亚粘土	1.25
硬塑、可塑的粘土和碎石类土(充填物为粘性土)	1.50
坚硬的粘土	2.00

当挖方深度超过上述条款规定时,则应作成直立壁加支撑或按表1.7的规定放坡。

表 1.7　深度在 5 m 内的基坑(槽)、管沟边坡的最陡坡度(不加支撑)

土　的　类　别	边　坡　坡　度　(高:宽)		
	坡顶无荷载	坡顶有静载	坡顶有动载
中密的砂土	1 : 1.00	1 : 1.25	1 : 1.50
中密的碎石类土(充填物为砂土)	1 : 0.75	1 : 1.00	1 : 1.25
硬塑的轻亚粘土	1 : 0.67	1 : 0.75	1 : 1.00
中密的碎石类土(充填物为粘性土)	1 : 0.50	1 : 0.67	1 : 0.75
硬塑的亚粘土、粘土	1 : 0.33	1 : 0.50	1 : 0.67
老黄土	1 : 0.10	1 : 0.25	1 : 0.33
软土(经井点降水后)	1 : 1.00	—	—

(2)土壁支撑

在基坑或沟槽开挖时,如地质条件和周围环境允许,采用放坡开挖当然是比较经济的。但在建筑稠密的地区,因场地限制不能放坡时,或为了缩小施工面,减少土方量,可采用设置支撑的方法施工,以保证施工安全,并减少对邻近已有建筑物的不利影响。

开挖较窄的沟槽或基坑,多用横撑式土壁支撑。常用的横撑式支撑根据挡土板的不同,分断续式水平挡土板支撑(图 1.18(a)),连续式水平挡土板支撑(图 1.18(b)),连续式垂直挡土板支撑(图 1.18(c))。断续式水平挡土板支撑适用于湿度小且挖土深度小于 3 m 的粘性土;连续式水平挡土板支撑适用于松散、湿度大的土壤,挖土深度可达 5 m;连续式垂直挡土板支撑用于松散和湿度很高的土,挖土深度不限。

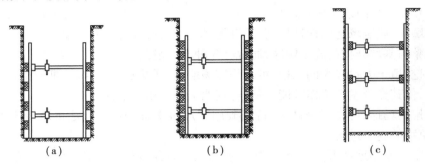

图 1.18　横撑式支撑
(a)断续式水平挡土板支撑;(b)连续式水平挡土板支撑;(c)连续式垂直挡土板支撑

1.3　土石方工程量的计算与调配

1.3.1　土石方量的计算

在土石方工程施工之前,为了制订施工方案,合理组织施工,对挖填土方进行合理规划,必须计算土石方的工程量。但各种土石方工程的外形有时很复杂且不规则,一般情况下,都将其假设或划分成为一定的几何形状,并采用具有一定精度而又和实际情况近似的方法进行计算。

(1)基坑、基槽土方量的计算

基坑两个方向的尺寸相差在 3 倍以内时为基坑挖土。基坑土方量可按立体几何中的拟柱体(由两个平行的平面做底的一种多面体)体积公式计算(图 1.19),即:

$$V = \frac{H}{6}(F_1 + 4F_0 + F_2) \tag{1.21}$$

式中:H——基坑深度(m);

F_1、F_2——基坑上、下两底面积(m^2);

F_0——基坑中截面面积(m^2)。

当基坑在两个方向的尺寸相差在 3 倍以上时为基槽挖土,基槽土方量计算可沿长度方向分段计算。当基槽某段内横截面尺寸不变时,其土方量即为该段横截面的面积乘以该段长度。如某段内横截面的形状、尺寸有变化时,亦可近似按拟柱体体积公式计算(图 1.20)。此时,式(1.21)中的 h 应为该槽段长度 L。各段土方量之和即为基槽总土方量。

(2)场地平整土方量计算

场地平整是将现场平整成施工所要求的设计平面。场地平整前,要确定平整与基坑(槽)

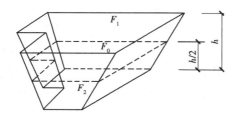

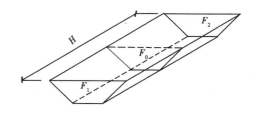

图 1.19 基坑土方量计算简图 　　　　　　图 1.20 基槽土方量计算简图

开挖的施工顺序,确定场地的设计标高,计算挖、填土方量,进行土方调配等。

场地平整与基坑开挖的施工顺序,通常有 3 种不同情况:

对场地挖、填土方量较大的工地,可先平整场地,后开挖基坑。这样,可为土方机械提供较大的工作面,使其充分发挥工作效能,减少与其他工作的相互干扰。

对较平坦的场地,可先开挖基坑,待基础施工后再平整场地。此法可减少土方的重复开挖,加快建筑物的施工进度。

当工期紧迫或场地地形复杂时,可按照现场施工的具体条件和施工组织的要求,划分施工区域,施工时,可平整一区域场地后,随即开挖该区域的基坑;或开挖一区域的基坑,并做好基础后进行该区域的场地平整。

场地平整一般是进行挖高填低。计算场地挖方量和填方量,首先要确定场地设计标高,由设计平面的标高和天然地面的标高之差,可以得到场地各点的施工高度(即填挖高度),由此可以计算场地平整的挖方和填方的工程量。

1)场地设计标高确定

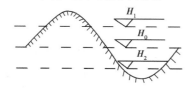

图 1.21 场地不同标高的影响

场地设计标高是进行场地平整和土方量计算的依据,也是总图规划和竖向设计的依据。合理确定场地的设计标高,对减少土石方量、加速工程进度都有重要的经济意义。如图 1.21 所示,当场地标高为 H_0 时,填挖基本平衡,可将场地土石方移挖作填,就地处理;当设计标高为 H_1 时,填方大大超过挖方,则需从场地外大量取土回填;当设计标高为 H_2 时,挖方大大超过填方,则要向场外大量弃土。因此,在确定场地设计标高时,应结合现场的具体条件反复进行技术经济比较,选择其中相对最优方案。其原则是:满足生产工艺和运输的要求;满足设计时考虑的最高洪水位的影响;充分利用地形,尽量使挖填平衡,以减少土方运输量;要有一定的泄水坡度($\geqslant 0.2\%$),使场地能满足排水要求。

场地设计标高如无其他特殊要求时,则可根据填挖方量平衡的原则加以确定。

①初步确定场地设计标高(H_0)

将场地划分成边长为 $a = 10 \sim 40$ m 的若干个正方形方格。每个方格的角点标高,在地形平坦时,可根据地形图上相邻两条等高线的高程,用插入法求得;当地形起伏较大,用插入法有比较大的误差时,则可在现场用木桩打好方格网,然后用测量的方法求得。

按照填挖平衡的原则,场地设计标高可按下式计算:

$$H_0 N_a{}^2 = \sum_1^N \left(a^2 \cdot \frac{H_{11} + H_{12} + H_{21} + H_{22}}{4} \right)$$

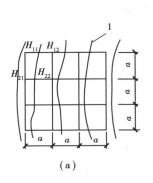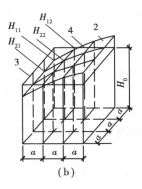

$$(a) \qquad\qquad (b)$$

图 1.22　场地设计标高计算简图

(a)方格网划分;(b)场地设计标高示意图

1—等高线;2—自然地面;3—设计标高平面;4—自然地面与设计标高平面的交线(零线)

$$H_0 = \sum_{1}^{N} \left(\frac{H_{11} + H_{12} + H_{21} + H_{22}}{4N} \right) \qquad\qquad (1.22)$$

式中:H_0——所计算场地的设计标高(m);

$\quad a$——方格边长(m);

$\quad N$——方格数;

$\quad H_{11}$、H_{12}、H_{21}、H_{22}——任一方格的 4 个角点标高(m)。

由于相邻方格具有公共的角点标高,H_{11} 为 1 个方格的角点标高;H_{12}、H_{21} 为 2 个方格共有的角点;H_{22} 为 4 个方格共有的角点标高,因此,如果将所有方格的 4 个角点标高相加,则类似 H_{11} 这样的角点加 1 次,类似 H_{12}、H_{21} 的角点加 2 次,类似 H_{22} 的角点标高加 4 次。式(1.22)可改写为:

$$H_0 = \sum \left(\frac{H_1 + 2H_2 + 3H_3 + 4H_4}{4N} \right) \qquad\qquad (1.23)$$

式中:H_1——1 方格所有的 4 个角点标高(m);

$\quad H_2$——2 个方格共有的角点标高(m);

$\quad H_3$——3 个方格共有的角点标高(m);

$\quad H_4$——4 个方格共有的角点标高(m)。

②计算设计标高的调整值

按式(1.23)计算出的设计标高为一理论值,而在实际施工过程中,还需考虑下列因素的影响而对设计标高进行调整。

(A)土的可松性影响

图 1.23　土的可松性影响设计标高调整

由于土具有可松性,会造成填土的多余,需相应地提高设计标高。如图 1.23 所示,设 Δh 为土的可松性引起设计标高的增加值,则设计标高调整后的总挖方体积 V'_W 应为:

$$V'_W = V_W - F_W \cdot \Delta h \qquad\qquad (1.24)$$

此时,填方区的标高也应与挖方区一样,提高 Δh,即:

$$\Delta h = \frac{V_T' - V_T}{F_T} = \frac{(V_W - F_W \Delta h)K_S' - V_T}{F_T} \tag{1.25}$$

经移项整理简化得(当 $V_T = V_W$):

$$\Delta h = \frac{V_W \cdot (K_S' - 1)}{F_T + F_W \cdot K_S'} \tag{1.26}$$

故考虑土的可松性后,场地设计标高应调整为:

$$H_0' = H_0 + \Delta h \tag{1.27}$$

式中: V_W、V_T——按初定场地设计标高计算得出的总挖方、总填方体积(m^3);

F_W、F_T——按初定场地设计标高计算得出的挖方区、填方区总面积(m^2);

K_S——土的最后可松性系数。

(B)借土或弃土的影响

由于场地内大型基坑挖出的土方、修筑路堤填高的土方,如从经济角度比较,将部分挖方就近弃于场外(亦称弃土)或将部分填方就近取于场外(亦称借土或取土),这些因素会引起填挖土方量的变化,需对设计标高进行调整。

场地设计标高的调整一般可按下列近似公式确定,即:

$$H_0'' = H_0' \pm \frac{Q}{n \cdot a^2} \tag{1.28}$$

式中: Q——假定按初步场地设计标高平整后多余或不足的土方量(m^3);

n——场地方格数;

a——方格边长(m)。

(C)考虑泄水坡度对设计标高的影响

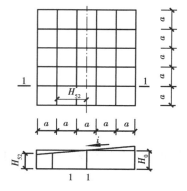

图 1.24 有泄水坡度的场地

按上述计算出设计标高进行场地平整时,整个场地处于一个水平面,实际上由于排水的要求,场地表面要有一定的泄水坡度。泄水坡度要符合设计要求,若设计无要求时,一般泄水坡度应沿排水方向做成不小于 0.2%。根据场地泄水坡度的要求(单向泄水或双向泄水)(图 1.24),计算出场地内各方格角点实施施工时所用的设计标高。

由于单向泄水只是双向泄水的特例,故只讨论双向泄水。在进行双向泄水坡度设计计算标高时,考虑本场地土石方量的填挖平衡,将已调整的设计标高(H_0'')作为场地纵横方向的中心点的设计标高,则场地内任意一点的设计标高为:

$$H_{ij} = H_0'' \pm l_x i_x \pm l_y i_y \tag{1.29}$$

式中: l_x、l_y——计算点沿 x、y 方向距中心点的距离;

i_x、i_y——场地沿 x、y 方向的泄水坡度。当 i_x(或 i_y)为零时,为单向泄水;

$\pm$——计算点比中心点高时,取"$+$";计算点比中心点低时,则取"$-$"。

2)场地平整土方量计算

场地土方量计算方法有方格网法和断面法两种,在场地地形较为平坦时宜采用方格网法;当场地地形比较复杂或挖填深度较大、断面不规则时,宜采用断面法。

①方格网法

方格网法是利用方格网来控制整个场地,从而计算土方工程量,主要适用于地形较为平坦、面积较大的场地。场地宜划分为正方形方格网,通常边长以 10~40 m 居多。求出场地设计标高和自然地面标高的差值,即为各角点的施工高度(即挖或填),并习惯以"＋"号表示填方,"－"表示挖方,将施工高度标注于角点上。然后分别计算每一方格的填挖方量,并算出场地边坡的土方量,将挖方区(或填方区)的所有方格计算的土方量和边坡土方量汇总,即得出场地挖方和填方的总土方量。

计算前先确定"零线"的位置,有助于了解整个场地的挖填区域分布状态。零线即挖方区与填方区的分界线,在该线上的施工高度为零。零线的确定方法是:在相邻角点施工高度为一挖一填的方格边线上(即方格边线角点的施工高度一正一负),用插入法求出零点的位置,然后将相邻两个"零点"相连却为"零线"。

零点位置的确定为(图 1.25):

$$x = \frac{h_1}{h_1 + h_2}a \tag{1.30}$$

式中:x——零点至 A 点距离;

　　h_1、h_2——施工高度。

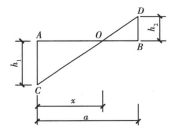

图 1.25　求零点的图解法

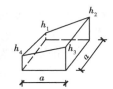

图 1.26　全挖或全填的方格

零线确定后,便可进行土方量计算。方格中土方量的计算有两种方法,即四角棱柱体法和三角棱柱体法。

(A)四角棱柱体法

用四角棱柱体法计算时,根据方格角点的施工高度,分为 3 种类型:

方格四角全部为挖或填时(图 1.26),其体积为:

$$V = \frac{a^2}{4}(h_1 + h_2 + h_3 + h_4) \tag{1.31}$$

式中:V——填方或挖方体积(m^3);

　　h_1、h_2、h_3、h_4——方格四角点施工高度(m);

　　a——方格边长(m)。

方格的相邻两角点为挖方,另两角点为填方(图 1.27)时,则挖方部分土方量为:

$$V_{1,2} = \frac{a^2}{4}\left(\frac{h_1^2}{h_1 + h_4} + \frac{h_2^2}{h_2 + h_3}\right) \tag{1.32}$$

填方部分的土方量为:

$$V_{3,4} = \frac{a^2}{4}\left(\frac{h_3^2}{h_2 + h_3} + \frac{h_4^2}{h_1 + h_4}\right) \tag{1.33}$$

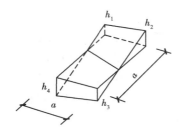

图 1.27　两挖和两填的方格　　　图 1.28　三挖一填(或相反)的方格

方格的 3 个角点为挖方(或填方),另一角点为填方(或挖方),如图 1.28 所示。填方部分的土方量为:

$$V_4 = \frac{a^2}{6} \frac{h_4^3}{(h_1 + h_4)(h_3 + h_4)} \quad (1.34)$$

挖方部分的土方量为:

$$V_{1,2,3} = \frac{a^2}{6}(2h_1 + h_2 + 2h_3 - h_4) + V_4 \quad (1.35)$$

使用上面各式时,注意 h_1、h_2、h_3、h_4 是顺时针连续排列,第 2 种类型 h_1、h_2 同号,h_3、h_4 同号,第 3 种类型中,h_1、h_2、h_3 同号,h_4 与 h_1、h_2、h_3 异号。

（B)三角棱柱体法

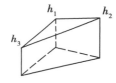

图 1.29　全挖或全填

三角棱柱体法是在方格网中,沿地形等高线的方向将每个方格的对角线连接而划分为两个等腰三角形,从而计算每个三角棱柱体的体积。

三角形全部为挖方或填方时(图 1.29),其土方量为:

$$V_4 = \frac{a^2}{6}(h_1 + h_2 + h_3) \quad (1.36)$$

式中:V——填方或挖方体积(m^3);

$h_1 + h_2 + h_3$——三角形各角点施工高度(m);

a——方格边长(m)。

三角形部分为挖方,部分为填方时(图 1.30),其填方部分的土方量为:

$$V_3 = \frac{a^2}{6} \frac{h_3^3}{(h_1 + h_3)(h_2 + h_3)} \quad (1.37)$$

挖方部分的土方量为:

$$V_{1,2} = \frac{a^2}{6}(h_1 + h_2 - h_3) + V_3 \quad (1.38)$$

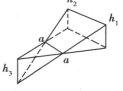

图 1.30　部分挖方、部分填方

计算场地土方量的公式不同,计算结果精度也不同。当场地平坦时,采用四方棱柱体,并将方格划分得大些,可以减少计算工件量。当地形起伏变化较大时,则应将方格网划分得小一些,或采用三角棱柱体法计算,以使结果准确一些。

场地在平整时,为了保证土体的稳定和施工安全,填方区和挖方区边沿,都应做成一定坡度的边坡。边坡大小的确定,应根据土质、挖填高度、开挖方式、使用时间长短、排水情况等综合考虑。永久性挖方边坡坡度应符合设计要求。当工程地质与设计资料不符时,需要修改边坡坡度时,应由设计单位确定。

使用时间较长(超过一年)的临时性挖方边坡应根据工程地质和边坡高度,结合当地同类土体的稳定坡度值确定。在山坡整体稳定情况下,高度在 10 m 以内的临时性挖方边坡坡度应按表 1.8 中数值施行。

表 1.8　使用时间较长的临时性挖方边坡坡度值

土　的　类　别		边坡坡度(高∶宽)
砂土(不包括细砂、粉砂)		1∶1.25 ~ 1∶1.50
一　般　粘　性　土	坚　　硬	1∶0.75 ~ 1∶1
	硬　　塑	1∶1 ~ 1∶1.25
碎　石　类　土	充填坚硬、硬塑粘性土	1∶0.5 ~ 1∶1
	充　填　砂　土	1∶1 ~ 1∶1.5

永久性填方边坡坡度应按设计要求进行施工。使用时间较长(超过一年)的临时性边坡坡度值为:当填方高度在 10 m 以内时,采用 1∶1.5;当高度超过 10 m 时,可作成折线形,上部采用 1∶1.5,下部采用 1∶1.75。

计算边坡土方量时,首先根据规范或设计文件上规定的边坡坡度系数,把挖方区和填方区的边坡确定下来,然后把这些边坡划分为若干几何形体,再分别计算其体积。

如图 1.31 所示为场地边坡平面图,从图中可以看出,边坡土方量的计算可近似用两种几何形体,即三角棱锥体和三角棱柱体。

三角棱锥体(图中①~③部分,⑤~⑪部分)的计算:(例如图中①部分)

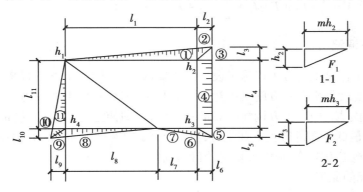

图 1.31　场地边坡平面图

$$V_1 = \frac{1}{3} A_1 l_1 \tag{1.39}$$

式中:l_1——边坡①的长度(m);

A_1——边坡的端面积(m^2),即

$A_1 = \frac{1}{2}(mh_2)h_2 = \frac{1}{2}mh_2^2$;

h_2——角点的施工高度(m);

m——挖方的坡度系数。

三角棱柱体(如图中④部分)的计算:

$$V_4 = \frac{1}{2}(A_1 + A_2) \cdot l_4 \tag{1.40}$$

当两端横断面面积相差较大时,则:

$$V_4 = \frac{1}{6}(A_1 + 4A_0 + A_2) \cdot l_4 \tag{1.41}$$

式中:l_4——边坡④的长度(m);

A_1、A_2、A_0——边坡④的两端及中部横断面面积(m^2),算法同 A_1。

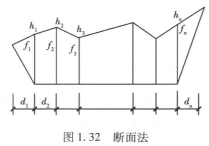

图 1.32　断面法

②断面法

断面法是沿场地取若干个相互平行的断面(当精度要求不高时可利用地形图定出,若精度要求较高时,应实地测量定出),将所取的每个断面(包括边坡断面)划分为若干个三角形和梯形,如图 1.32 所示。对于任一断面,其三角形或梯形的面积计算为:

$$f_1 = \frac{1}{2}h_1 d_1; f_2 = \frac{1}{2}(h_1 + h_2)d_2; \cdots; f_n = \frac{1}{2}h_n d_n$$

断面面积为:

$$F_i = f_1 + f_2 + \cdots + f_n$$

各个断面面积求出后,设各断面面积分别为 F_1,F_2,F_3,$\cdots$,F_n,相邻两断面间的距离依次为 l_1,l_2,l_3,$\cdots$,l_n,则所求的土方体积为:

$$V = \frac{1}{2}(F_1 + F_2)l_1 + \frac{1}{2}(F_2 + F_3)l_2 + \cdots + \frac{1}{2}(F_{n-1} + F_n)l_n \tag{1.42}$$

1.3.2　土方调配

土方的调配工作是土石方工程施工设计的重要内容,一般在土方工程量计算完毕后即着手进行。土方调配就是指在土方施工中对挖土的利用、堆弃和填土的取得这三者之间的关系进行综合协调,确定填、挖区土方调配的数量和方向,力图使土方总运输量($m^3 \cdot m$)最小或土方施工成本(元)最低。在进行土方调配时,应综合考虑工程实际情况、有关技术经济资料、工程进度要求以及施工方案等,避免重复挖、填和运输。

(1)土方调配的原则

①力求达到填、挖方平衡和总运输量最小的原则。

整个场地达到填、挖方量平衡和总运输量最小这两方面的条件,可以降低工程成本。在局部场地范围内,难以达到这两方面的条件,可结合场地和周围地形情况,考虑在填方区周围就近借土或在挖方区就近弃土,这样可能更为经济合理。

②应考虑近期施工与后期利用相结合的原则。

当土方工程是分批进行施工时,先期工程的土方欠额可由后期工程挖方区取得;先期工程的土方余额应结合后期工程填方需要考虑利用的数量和堆弃的位置,而堆弃的数量和位置应为后期工程创造工作面和施工条件,避免重复挖运。

③当土方工程是分区进行施工时,每个分区范围内土方的欠额或余额,必须结合全场土方

调配,不能只考虑本区土方的填、挖平衡和运输量最小而确定。土料较好的土,应尽量回填到对填方质量要求较高的地区。

④尽可能与大型地下建筑施工相吻合的原则。

⑤合理布置填方区和挖方区,选择合适的调配方向、运输路线,使综合施工过程所需要的机械设备的功效得到充分的利用。

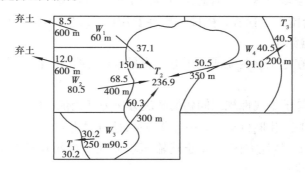

图 1.33　各调配区的土方量和运距

(2)调配区的划分

进行土方调配时首先要划分调配区,计算出各调配区的土方量,并在调配图上标明(图1.33),在划分土方调配区时应注意下列几个方面:

①调配区的划分应与房屋和构筑物的平面位置相协调,考虑工程施工顺序、分期分区施工顺序的要求。

②调配区的大小,应使土方机械和运输车辆的技术性能得到充分发挥。

③调配区的范围,应与计算场地平整时所采用的方格网相吻合。

④当一个局部场地不能满足填、挖平衡和总运输量最小时,考虑就近借土或弃土,这时每一个借土区或弃土区应作为一个独立的调配区。

(3)调配区之间的平均运距

用同类机械(如推土机或铲运机等)进行土方施工时,土方调配的目标是总的土方运输量最小,平均运距就是挖方区土方重心至填方区土方重心之间的距离。一般情况下,为了便于计算,假定调配区的几何中心即为其体积的重心。取场地纵横两边作为坐标轴,各调配区土方的重心坐标为:

$$X = \frac{\sum V_i \cdot x_i}{\sum V_i} \qquad Y = \frac{\sum V_i \cdot y_i}{\sum V_i}$$

式中:X、Y——调配区的重心坐标(m);

　　V_i——每个方格的土方工程量(m³);

　　x_i、y_i——每个方格的重心坐标(m)。

每对调配区的平均运距为:

$$L_0 = \sqrt{(X_W - X_T)^2 + (Y_W - Y_T)^2} \qquad\qquad (1.43)$$

用多种机械同时进行土方施工时,实际是一个挖、运、填、夯等工序的综合施工过程,其施工单价不仅要考虑单机核算,还要考虑挖、运、填、夯配套机械的施工单价,其调配的目标是总施工费用最小。用简化方法计算土方施工单价时可用下式:

$$C_{ij} = \frac{\sum E_S}{P} + \frac{E_0}{V} \qquad (1.44)$$

式中：C_{ij}——i 挖方区至 j 填方区的综合单价(元/ m³)；

E_S——参加综合施工过程的各土方机械的台班费用(元/台班)；

P——由挖方区至填方区的综合施工过程的生产率(m³/班)；

E_0——参加综合施工过程所有机械一次性费用(元)，包括机械进出场费、安装拆除费、临时设施费等；

V——该套机械在施工期内完成的土方工程量(m³)，可由定额估算。

（4）土方调配

土方调配是以运筹学中线性规划问题的解决方法为理论依据的。

假设有 m 个挖方区，用 $W_i(i=1,2,\cdots,m)$ 表示，挖方量为 a_i；有 n 个填方区，用 $T_j(j=1,2,\cdots,n)$ 表示，填方量为 b_i；从挖方区 W_i 将土运输至填方区 T_j 的平均运距为 C_{ij}。表 1.9 所示为挖、填方区以及平均运距。

表 1.9　挖填方以及平均运距表

填方区 \ 挖方区	T_1	T_2	......	T_j	......	T_n	挖方量
W_1	C_{11} x_{11}	C_{12} x_{12}	......	C_{1j} x_{1j}	......	C_{1n} x_{1n}	a_1
W_2	C_{21} x_{21}	C_{22} x_{22}		C_{2j} x_{2j}		C_{2n} x_{2n}	a_2
W_i	C_{i1} x_{i1}	C_{i2} x_{i2}	......	C_{ij} x_{ij}		C_{in} x_{in}	a_i
W_m	C_{m1} x_{m1}	C_{m2} x_{m2}	......	C_{mj} x_{my}		C_{mn} x_{mn}	a_m
填方量	b_1	b_2	......	b_j	......	b_n	

x_{ij} 表示从 A_i 挖方区调配给 B_j 填方区的土方量,根据填、挖平衡的原则,上表所示的各项数据具有如下的关系式:

$$\begin{cases} \sum_{i=1}^{m} x_{ij} = b_j (j = 1, 2, \cdots, n) \\ \sum_{j=1}^{n} x_{ij} = a_i (i = 1, 2, \cdots, m) \\ x_{ij} \geqslant 0 \end{cases} \quad (1.45)$$

总的施工费用即为:

$$Z = \sum_{i=1}^{m} \sum_{j=1}^{n} C_{ij} \cdot x_{ij} \quad (i = 1, 2, \cdots, m; j = 1, 2, \cdots, n) \quad (1.46)$$

(1.45)式包括 $m \times n$ 个变量,约束条件方程有 $m + n$ 个,由于填挖方量平衡,则独立方程有 $m + n - 1$ 个。若要用数值方法求解,必须另加人为的条件,计算过程非常繁琐。目前求这类土方运输问题多数运用“表上作业法”。

用“表上作业法”求解平衡运输问题,首先给出一个初始方案,并求出该方案的目标函数值。经过检验,若此方案不是最优方案,则可对方案进行调整、改进,直到求得最优方案为止。

下面通过一个例子来说明“表上作业法”求解平衡运输问题的方法步骤。

图 1.34 是一矩形场地,现已知各调配区的土方量和各填、挖区相互之间的平均运距,试求最优土方调配方案。

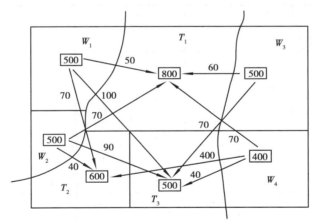

图 1.34　各调配区的土方量和平均运距

将图中的数值填入填挖方平衡及运距表 1.10。

1)初始方案的确定

初始方案的确定方法很多,常采用一种简单方便、迭代运算次数少的“最小元素法”。

最小元素法是从平均运距表中运距最小的一对挖填调配区,优先地、最大限度地供应土方量,其基本思路是就近供给。具体做法是从平均运距表中最小运距的地方出发来确定土方量。在表中找到平均运距最小的值所在的区格 C_{43} 或 C_{22}(任取其中一个,如 C_{43}),填入该格行或列(填或挖)的限定数的最小值 $x_{43} = \min(400, 500) = 400$,然后用相应行或列的限定数减去该填入数值,并在数值为零的区格内以“/”作出标示。

表 1.10 挖填方以及平均运距表

挖方区 ＼ 填方区	T_1	T_2	T_3	挖方量
W_1	0 x_{11}	0 x_{12}	00 x_{13}	500
W_2	0 x_{21}	0 x_{22}	0 x_{23}	500
W_3	0 x_{31}	10 x_{32}	0 x_{33}	500
W_4	0 x_{41}	00 x_{42}	0 x_{43}	400
填方量	800	600	500	1 900

重复以上步骤,每次对剩余运距最小的区格进行调配,依次求出该区格对应的行或列的其余区格,直到全部行或列的调配值平衡为止,最后可得出表 1.11,该表即为初始调配方案。

表 1.11 初始调配方案

挖方区 ＼ 填方区	T_1	T_2	T_3	挖方量
W_1	0 00	0 /	00 /	500
W_2	0 /	0 00	0 /	500
W_3	0 00	10 00	0 00	500
W_4	0 /	00 /	0 00	400
填方量	800	600	500	1 900

其目标函数值为

$$Z = (500 \times 50 + 500 \times 40 + 300 \times 60 + 100 \times 110 + 100 \times 70 + 400 \times 40)\,\mathrm{m}^3 \cdot \mathrm{m}$$
$$= 97\,000\ \mathrm{m}^3 \cdot \mathrm{m}$$

2)方案检验

以上基本可行方案考虑了就近调配的原则,目标函数应是较小的,但不能保证为最小。该方案是否为最优方案,需进行检验。判别是否最优方案的方法有"位势法"、"假想运距法"等,但其实质都是求一检验数 λ_{ij} 来判别,只要所有的检验数 $\lambda_{ij} \geqslant 0$,则该方案为最优方案;否则该方案不是最优方案,需要进行调配。这里只介绍"位势法"。

$$C_{ij} = u_i + v_j \tag{1.47}$$

检验时首先将初始方案中有调配数方格的平均运距列出来,然后根据这些数字的方格,按下式求出两组位势数 $u_i(1,2,\cdots,m)$ 和 $v_j(1,2,\cdots,n)$。则:

位势数求出后,可根据下式求出检验数 λ_{ij},则:

$$\lambda_{ij} = C_{ij} - (u_i + v_j) \tag{1.48}$$

如果所求出的检验数全部为正,则说明该初始调配方案为最优调配方案,否则该方案不是最优调配方案。

首先把表中有调配数方格的平均运距列于表 2.12 中(表 2.12 已在表 2.11 的基础上分别增加一行一列,便于填写位势数)。位势数计算如下:

先令 $u_1 = 0$,则

$$v_1 = C_{11} - u_1 = 50 - 0 = 50 \qquad u_3 = C_{31} - v_1 = 60 - 50 = 10$$
$$v_2 = C_{32} - u_3 = 110 - 10 = 100 \qquad v_3 = C_{33} - u_3 = 70 - 10 = 60$$
$$u_2 = C_{22} - v_2 = 40 - 100 = -60 \qquad u_4 = C_{43} - v_3 = 40 - 60 = -20$$

位势数求出后,将其填入表 1.12 中。再根据式(1.48),依次求出检验数 λ_{ij}:

$$\lambda_{11} = C_{11} - u_1 - v_1 = 50 - 0 - 50 = 0 \qquad \lambda_{21} = C_{21} - u_2 - v_1 = 70 - (-60) - 50 = 80$$
$$\lambda_{12} = C_{12} - u_1 - v_2 = 70 - 0 - 100 = -30 \qquad \lambda_{22} = C_{22} - u_2 - v_2 = 40 - (-60) - 100 = 0$$
$$\lambda_{13} = C_{13} - u_1 - v_3 = 100 - 0 - 60 = 40 \qquad \lambda_{23} = C_{23} - u_2 - v_3 = 90 - (-60) - 60 = 90$$
$$\lambda_{31} = C_{31} - u_3 - v_1 = 60 - 10 - 50 = 0 \qquad \lambda_{41} = C_{41} - u_4 - v_1 = 80 - (-20) - 50 = 50$$
$$\lambda_{32} = C_{32} - u_3 - v_2 = 110 - 10 - 100 = 0 \qquad \lambda_{42} = C_{42} - u_4 - v_2 = 100 - (-20) - 100 = 20$$
$$\lambda_{33} = C_{33} - u_3 - v_3 = 70 - 10 - 60 = 0 \qquad \lambda_{43} = C_{43} - u_4 - v_3 = 40 - (-20) - 60 = 0$$

表 1.12　位势数、运距和检验数表

填方区＼挖方区	位势＼v_j＼u_i	T_1 $v_1 = 50$	T_2 $v_2 = 100$	T_3 $v_3 = 60$
W_1	$u_1 = 0$	0	−30	0
W_2	$u_2 = -60$	0	0	0
W_3	$u_3 = 10$	0	10	0
W_4	$u_4 = -20$	0	0	0

将计算结果填入表 1.12 中。表中出现了负的检验数,这说明初始方案不是最优方案,需要进一步调整。

3)方案调整

方案调整的方法采用闭回路法。在所有负检验数中选一个(一般即选最小的一个),本例

中便是 λ_{12}，把它对应的变量 x_{12} 作为调整的对象。

找出 x_{12} 的闭回路。其做法是：从 x_{12} 格出发，沿水平与竖直方向前进，遇到有数字的方格作 90°转弯（也不一定转弯），然后继续前进。总能找到一条回到出发点的闭回路，该闭回路由有数字的方格为转角点、用水平和竖直线联起来。

表 1.13　位势数、运距和检验数表

挖方区 ＼ 填方区 位势	v_j ＼ u_i	T_1 $v_1=50$	T_2 $v_2=70$	T_3 $v_3=60$	挖方量
W_1	$u_1=0$	0 ／ 00	0 ／ 00	00 ／ +	500
W_2	$u_2=-30$	0 ／ +	0 ／ 00	0 ／ +	500
W_3	$u_3=10$	0 ／ 0	10 ／ +	0 ／ 00	500
W_4	$u_4=-20$	0 ／ +	00 ／ +	0 ／ 00	400
填方量		800	600	500	1 900

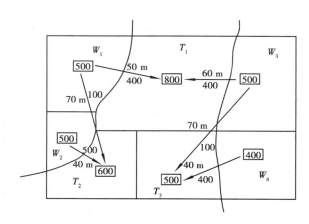

图 1.35　土方调配图

从空格 x_{12} 出发，沿着闭回路（方向任意）一直前进，在各奇数次转角点的数字中挑一个最小的（本例中便是在"100，500"中选出"100"），将它由 x_{32} 调到方格 x_{12} 中。

将"100"填入方格 x_{12} 中，被挑出数字的 x_{32} 为 0（该格变为空格）；同时将闭回路上其他的奇数次转角上的数字都减去"100"，偶数次转角上的数字都增加"100"，使得填挖的土方量仍然保持平衡。这样调整后，便可得到表的新调配方案表 1.13。

对新调配方案，仍用"位势法"进行检验，看其是否已是最优方案。如果检验数中仍有负数出现，那就仍然按上述步骤继续调整，直到找到最优方案为止。

经用"位势法"对表的方案进行检验，所有的位势数均为正号，故该方案即为最优方案。

该最优土方调配方案的土方运输总量为：

$$Z = (400 \times 50 + 100 \times 70 + 500 \times 40 + 400 \times 60 + 100 \times 70 + 400 \times 40)\, \mathrm{m^3 \cdot m} = 94\,000\ \mathrm{m^3 \cdot m}$$

最后，将表中的土方调配数值绘成土方调配图（图 1.35）。

1.4　土方工程的机械化施工

土方工程量大面广、劳动繁重、露天作业,人工挖土不仅劳动量大、劳动强度大,而且施工工期长、生产效率低、成本高。因此,除了一些小型基坑(槽)、管沟和少量零星土方工程外,尽量采用机械化施工。主要施工机械有推土机、铲运机、单斗挖掘机、多斗挖掘机、装载机等。

1.4.1　主要土方机械的性能

(1)推土机

推土机是土方工程施工的一种主要机械之一(图1.36)。它是在动力机械(如拖拉机等)的前方安装推土板等工作装置而成的机械,可以独立地完成铲土、运土及卸土等作业。按行走机构的形式,推土机可分为履带式和轮胎式两种。履带式推土机附着索引力大,对地压力小,但机动性不如轮胎式推土机。按推土板的操纵机构不同,可分为索式和液压式两种。液压推土机的铲刀用液压操纵,能强制切入土中,切土较深,且可以调升铲刀和调整铲刀的角度,因此具有更大的灵活性。

推土机操纵灵活,运转方便,所需工作面较小,行驶速度快,易于转移,因此应用范围较广,多用于场地清理、开挖深度不大的基坑、填平沟坑,运距在经济运距范围内的推土、压实以及配合铲运机、挖掘机工作等。主要适用于开挖一二三类土。

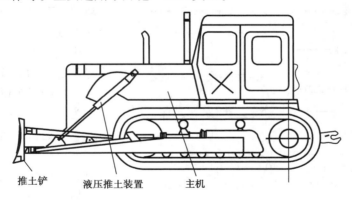

推土铲　　液压推土装置　　主机

图1.36　推土机外形

推土机的生产率主要取决于推土板移土的体积以及切土、推土、回程等工作的循环时间。为了提高推土机的生产率,可以采用以下措施:

①槽形推土:推土机重复多次在一条作业线上切土和推土,使地面逐渐形成一条浅槽,以减少土从铲刀两侧散失,可以增加10%~30%的推土量。

②多铲集运:在硬质土中,切土深度不大,可以采用多次铲土,分批集中,一次推送的方法,以便有效地利用推土机的功率,缩短运土时间。但堆积距离不宜大于30 m,堆土高度不宜大于2 m。

③下坡推土:推土机可借助于自重,朝下坡方向切土与推运,可以提高生产率30%左右。但坡度不宜超过15°,以免后退时爬坡困难。下坡推土可和其他推土法结合使用。

④并列推土：用多台推土机并列推土，铲刀宜相距 150 ~ 300 mm，两台推土机并列推土可增大推土量15% ~ 30%；而三台推土机并列推土可增大推土量30% ~ 40%。但平均运距不宜超过 50 ~ 70 m，亦不宜小于 20 m。

⑤在铲刀两侧附加侧板，可以增加推土机的推土板面积，达到多推土的目的。

(2)铲运机

铲运机是一种能综合完成挖土、运土、卸土、填筑、整平的机械。按行走机构的不同可分为拖式铲运机和自行式铲运机(图 1.37)。按铲运机的操作系统的不同，又可分为液压式和索式铲运机。

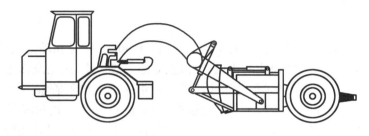

图 1.37　自行式铲运机外形

铲运机操作灵活，不受地形限制，不需特设道路，生产效率高。在土方工程中常应用于大面积场地平整，开挖大型基坑、沟槽以及填筑路基、堤坝等工程。最宜于铲运含水量不大于27%的松土和普通土，但不适于在砾石层、冻土地带及沼泽区工作，当铲运三、四类较坚硬的土壤时，宜用推土机助铲或选用松土机械配合把土翻松以提高生产率，减少机械磨损。自行式铲运机的经济运距为 800 ~ 1 500 m。拖式铲运机的运距以 600 m 为宜，当运距为 200 ~ 300 m 时效率最高。

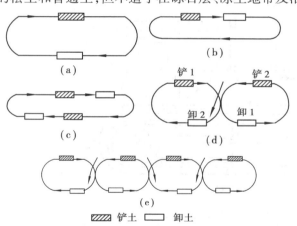

图 1.38　铲运机开行路线
(a、b)环形路线；(c)大环形路线；(d)"8"字形路线；(e)铲运机路线

铲运机的运行路线，对提高生产效率影响很大，应根据填方区的分布情况并结合施工现场的当地具体条件进行合理选择。一般有环形路线和"8"字形路线两种。

对于地形起伏不大，而施工地段又较短(50 ~ 100 m)、填方不高(小于 1.5 m)的路堤、基坑及场地平整工程宜用环形路线(图 1.38(a))。当填挖交替，相互间距离又不大时，可采取大环形路线(图 1.38(b))。这样每作一次环行行驶，可以进行多次铲土和卸土，而减少转弯次数，提高工作效率。采用环形路线行驶时，铲运机应经常调换行驶方向，以免长时间沿一侧转弯导致机械的单侧磨损。

当地形起伏较大，施工地段狭长的情况下，宜采用"8"字形路线(图 1.38(c))。采用这种运行路线，铲运机在上下坡时是斜向行驶，所以坡度平缓。一个工作循环中两次转弯方向不同，因而机械磨损均匀。一个循环能完成两次铲土和卸土，减少了转弯次数及空车行驶距离，缩短运行时间,提高生产效率。当工作路线很长,如路基、堤坝等从两侧取土进行填筑时,采用锯齿形路线最为有效(图1.38(d))。

铲运机在坡行走和工作时,上下纵坡不宜超过25°,横坡不宜超过6°,在陡坡上不能急转弯,工作时应避免转弯铲土,以免铲刀受力不均匀时引起翻车事故。

(3)单斗挖掘机

单斗挖掘机是大型基坑开挖中最常用的一种土方机械。根据其工作装置的不同,分为正铲、反铲、拉铲、抓铲4种(图1.39),按行走方式分为履带式和轮胎式两类,按传动方式有机械传动和液压传动两种。在建筑工程中,单斗挖掘机可挖掘基坑、沟槽,清理和平整场地。更换工作装置后还可以进行装卸、起重、打桩等作业任务,是建筑工程土方施工中很重要的机械设备。

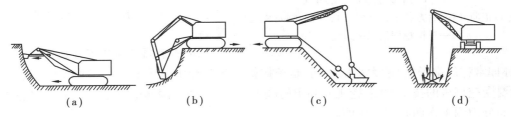

(a)   (b)   (c)   (d)

图1.39 挖掘机工作简图
(a)正铲;(b)反铲;(c)拉铲;(d)抓铲

1)正铲挖掘机

正铲挖掘机挖掘能力大,生产效率高,装车灵活;能挖掘坚硬土层,易于控制开挖尺寸(如图1.40);其工作特点是前进向上,强制切土,能开挖停机面以上的Ⅰ~Ⅳ级土;但在开挖基坑时要通过坡道进入坑中挖土(坡道坡度宜小于1∶8),并要求停机面干燥,故在使用正铲挖掘机进行土方施工前须做好基坑排水工作。

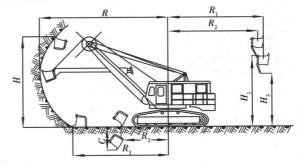

图1.40 正铲挖掘机外形

正铲挖掘机的挖土方式,根据开挖路线和运输工具的相对位置不同,有以下两种:

表1.14 正铲挖掘机性能参数

项次		符号	W—50		W—100		W—200	
1	动臂倾角	α	45°	60°	45°	60°	45°	60°
2	最大挖土高度	H_1	6.5	7.9	8.0	9.0	9.0	10
3	最大挖土半径	R	7.8	7.2	9.8	9.0	11.5	10.8
4	最大卸土高度	H_2	4.5	5.6	5.5	6.8	6.0	7.0
5	最大卸土高度时卸土半径	R_2	6.5	5.4	8.0	7.0	10.0	8.5
6	最大卸土半径	R_3	7.1	6.5	8.7	8.0	10	9.6
7	最大卸土半径时卸土高度	H_3	2.7	3.0	3.3	3.7	3.75	4.7
8	停机面处最大挖土半径	r_1	4.7	4.35	6.4	5.7	7.4	6.25
9	停机面处最小挖土半径	r_2	2.5	2.8	3.3	3.5		

注:W—50斗容量为0.5 m³;W—100斗容量为1.5 m³;W—200斗容量为2.0 m³。

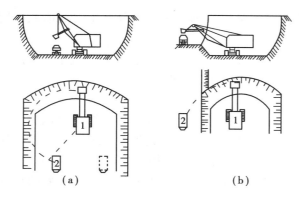

图 1.41　正铲挖掘机开挖方式

(a)正向开挖,后方装土;　(b)正向开挖,侧向装土

1—正铲挖掘机;2—运输工具

①正向开挖、后方装土(图 1.41(a))

正铲挖掘机向前进方向挖土,运输机具停在挖掘机后面装土。采用这种方法铲臂回转角度较大,运输机具要倒车进入,生产效率低,因而仅用于开挖工作面狭窄且较深的基坑(槽)、管沟和路堑以及施工区域的进口处。

②正向开挖、侧向装土(图 1.41(b))

正铲挖掘机向前进方向挖土,运输机具位于侧面装土。采用这种方法,铲臂卸土时回转半径小,运输机具行驶方便,生产效率高。

正铲挖掘机的开挖方式不同,其工作面(亦即常称的掌子面)的大小也不同,是挖掘机一次开行中进行挖土的工作范围,其大小和形状要受挖掘机的技术性能、挖土和卸土的施工方式等因素的影响。根据挖掘机的开挖方式,工作面分为侧工作面和正工作面。

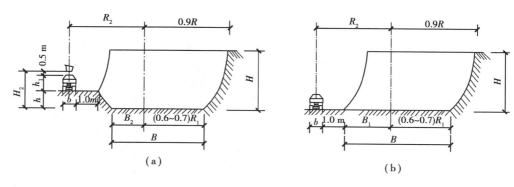

图 1.42　侧工作面示意

(a)高卸侧工作面;(b)平卸侧工作面

侧工作面根据挖掘机与运输机具停机面标高的不同,有高卸侧工作面和平卸侧工作面(图 1.42)。

当用挖掘机进行土方施工前,应对挖掘机的开行路线和进出口通道进行规划设计,绘出开挖平面与剖面图,以便于挖掘机按计划开挖。例如,当基坑开挖的深度小而面积大时,只需布置一层通道即可(图 1.43(a)),第一次开行采用正向挖土、后方卸土,第二次以后可用正向挖土、侧向卸土,一次开挖到坑底标高。当基坑宽度大于工作面时,为了减少挖掘的开行通道,可采用加宽工作面的方法(图 1.43(b)),这时,挖掘机按"之"字形路线开行。当基坑的深度较大时,通道可布置成多层(图 1.43(c)),逐层下挖。

2)反铲挖掘机

反铲挖掘机适用于开挖停机面以下的一二三类土,不需在开挖区设置进出口通道。其工作特点是后退开进,铲土机构向下强制切土。适用于开挖基坑、基槽、管沟及有地下水位较高的土方或泥泞土壤。一次开挖的深度取决于挖掘机的最大挖掘深度的技术参数,如图 1.44 所示。

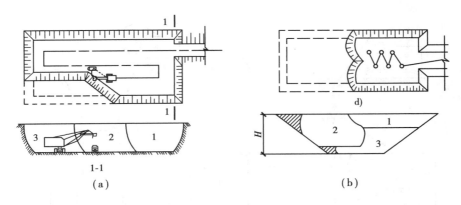

图 1.43 正铲挖掘机开挖基坑

(a)一层通道;(b)"之"字形并行;(c)多层通道

1、2、3 为通道断面及开挖顺序

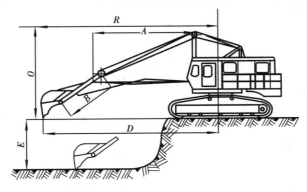

图 1.44 反铲挖掘机的外形

①沟端开挖(图 1.45(a)) 挖掘机停放在沟端,后退挖土,运输工具停放在两侧装土。其挖掘宽度不受挖掘机最大挖掘半径的限制。其优点是挖土方便,挖土宽度较大,单面装土时为 $1.3R$,双面装土为 $1.7R$。深度可达最大挖土深度。当基坑宽度超过 $1.7R$ 时,可分次开挖或挖"之"字形路线开挖。

②沟侧开挖(图 1.45(b)) 挖掘机停放在沟侧,沿沟沿挖土,运输机具停放在机械边装土,或者将土直接卸于一侧。这种开挖方法铲臂回转角度小,当土方需就近堆放于沟槽边时,能将土弃于距沟边较远的地方。但由于挖掘机移动方向与挖土方向垂直,其稳定性较差,挖土宽度和深度也较小,且挖土边坡不易控制。因此只在无法采用沟端开挖或所挖的土不需要运走时采用。

3)拉铲挖掘机

拉铲挖掘机用于开挖停机面以下的一二类土。工作装置简单,可直接由起重机改装。其工作特点是:铲斗悬挂在钢丝绳下而不需刚性斗柄,土斗借自重使斗齿切入土中,开挖深度及宽度均大。常用于开挖大型基坑和沟槽。拉铲卸土时斗齿朝下,并有惯性,在土壤较湿的情况下也能卸干净,可水下挖土或开挖有地下水的土。拉铲挖土机的工作方式(图 1.46),基本与反铲挖掘机相同,但拉铲挖掘机的挖土深度、挖土半径和卸土半径均较大,但开挖的精确性差,且大多将土弃于机器附近堆土,如需卸在运输机具上,则操作技术要求高,效率较低。拉铲挖

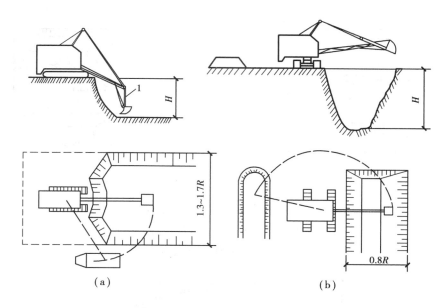

图 1.45　反铲挖掘机的开挖方式
（a）沟端开挖；（b）沟侧开挖

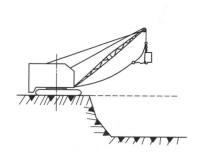

图 1.46　拉铲挖土方式

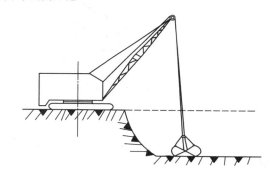

图 1.47　抓铲挖土方式

掘机的开行路线与反铲挖掘机相同。

4）抓铲挖掘机

抓铲挖掘机是在挖掘机的臂端用钢索装一抓斗而成，也可由履带式起重机改装。其工作特点是直上直下，自重切土（图 1.47）。其挖掘力较小，只能开挖停机面以下一二类土，如挖窄而深的基坑、深槽、沉井中土方施工、疏通旧有的渠道，特别适于水下挖土，或者用于装卸碎石、矿渣等松散材料。在软土等地质条件不良的地区，常用于开挖基坑，有些地区用于冲抓桩的成孔施工。

1.4.2　土方机械的选择与机械配合

（1）土方机械的选择

土方机械的选择，通常应根据工程特点和技术条件提出几种可行方案，然后进行技术经济分析比较，选择效率高，综合费用低的机械进行施工，一般选用土方施工单价最小的机械。在大型建设项目中，土方工程量很大，而当时现有的施工机械的类型及数量常常有一定的限制，此时必须将现有机械进行统筹分配,以使得施工费用最小。一般可以线性规划的方法来确定土方施工机械的最优分配方案。

前面叙述了主要的挖土机械的性能和适用范围,现综合介绍选择土方施工机械的要点如下:

当地形起伏不大,坡度在 20°以内,挖填平整土方的面积较大,土的含水量适当,平均运距短(一般在 1 km 以内)时,采用铲运机较为合适。如果土质坚硬或冬季冻土层厚度超过 100 ~ 150 mm 时,必须由其他机械辅助翻松再铲运。当一般土的含水量大于 25% 时,或坚硬的粘土含水量超过 30% 时,铲运机要陷车,必须将水疏干后再施工。

地形起伏大的山区丘陵地带,一般挖土高度在 3 m 以上,运输距离超过 1 000 m,工程量较大且集中,一般可采用正(反)铲挖掘机配合自卸汽车进行施工,并在弃土区配备推土机平整场地。当挖土层厚度在 5 ~ 6 m 以上时,可在挖土段的较低处设置倒土漏斗,用推土机将土推入漏斗中,并用自卸汽车在漏斗下装土并运走。漏斗上口尺寸为 3.5 m 左右,由钢框架支承,底部预先挖平以便装车,漏斗左右及后侧土壁应加以支护。也可以用挖掘机或推土机开挖土方并将土方集中堆放,再用装载机把土装到自卸汽车上运走。

开挖基坑时,如土的含水量较小,可结合运距长短,挖掘深度,分别选用推土机、铲运机或正铲(或反铲)挖掘机配以自卸汽车进行施工。当基坑深度在 1 ~ 2 m,基坑不太长时,可采用推土机;长度较大,深度在 2 m 以内的线状基坑,可用铲运机;当基坑较大,工程量集中时,可选用正铲挖掘机。如地下水位较高,又不采用降水措施,或土质松软,可能造成机械陷车时,则采用反铲、拉铲或抓铲挖掘机配以自卸汽车施工较为合适。移挖作填以及基坑和管沟的回填,运距在 60 ~ 100 m 以内时可用推土机。

(2)土方机械与运土车辆的配合

当挖掘机挖出的土方需用运土车辆运走时,挖掘机的生产率不仅取决于本身的技术性能,而且还决定于所选的运输机具是否与之协调。由于施工现场工作面限制、机械台班费用等原因,一般应以挖土机械为主导机械,运输车辆应根据挖土机械性能配套选用。

挖掘机的生产率可按下式计算:

$$P = \frac{8(h/d) \times 3\,600(s/h)}{t} q \cdot \frac{K_C}{K_S} K_B \quad (\text{m}^3/台班) \qquad (1.49)$$

式中:t——挖掘机每次作业循环延续时间(s),一般为 25 ~ 45 s;

q——挖掘机斗容量(m^3);

K_S——土的最初可松性系数;

K_C——土斗的充盈系数,一般取 0.8 ~ 1.1;

K_B——工作时间利用系数,一般为 0.7 ~ 0.8。

挖掘机的数量可以根据土方工程量大小和工期要求按下式计算:

$$N = \frac{Q}{P} \times \frac{1}{T \cdot C \cdot K} \quad (台) \qquad (1.50)$$

式中:Q——土方工程总量;

P——挖掘机的生产率(m^3/台班);

T——施工工期(d);

C——每天工作班数;

K——时间利用系数,取 0.8 ~ 0.9。

为了使主导机械挖掘机充分发挥生产能力,应使运土车辆的载重量与挖掘机的斗容量保持一定的倍数关系,需有足够数量的车辆以保证挖掘机连续工作。从挖掘机方面考虑,汽车的载重量越大越好,可以减少等车待装时间,运土量大;从汽车方面考虑,载重量小,台班费便宜然而数量增加,载重量大,台班费贵但车辆数量小。一般情况下载重量宜为每斗土重的 3 ~ 5 倍。自卸汽车的数目 N',应保证挖掘机施工,并由下式确定:

$$N' = \frac{T'}{t_1} \tag{1.51}$$

式中:T'——运输车辆每一工作循环延续时间(min),

$$T = t_1 + t_2 + t_3 + \frac{2l}{v};$$

t_1——运输车辆每次装车时间(min), $t_1 = n \cdot t$;

n——运输车辆每车装土次数;

t_2——运输车辆卸车时间(min),一般取 1 min;

t_3——运输车辆操作时间(min),包括停放、等车、让车等,取 2 ~ 3 min;

$\bar{v}$——运输车辆重车和空车的平均速度(m/min)取 20 ~ 30 m/min;

l——挖土区到卸土区的运距。

1.4.3 土方的填筑与压实

为了保证填方工程的质量,满足强度、变形和稳定性方面的要求,既要正确选择填土的材料,又要合理选择填筑和压实的方法。

(1)土料的选择

填方土料的选择应符合设计要求,如设计无要求时,应符合下列规定:

碎石类土、砂土(使用细、粉砂时应取得设计单位同意)和爆破石渣,可用作表层以下的填料;含水量符合压实要求的粘性土,可用作各层填料;碎块草皮和有机质含量大于 8% 的土,仅用于无压实要求的填方;淤泥和淤泥质土一般不能用作填料,但在软土或沼泽地区经过处理使含水量符合压实要求后,可用于填方中的次要部位;含盐量符合表 1.15 中规定的盐渍土一般可以使用,但填料中不得含有盐晶、盐块或含盐植物的根茎。

表 1.15 盐渍土按含盐程度分类

盐渍土名称	土层中的平均含盐量(质量比)/%			可用性
	氯盐渍土及亚氯盐渍土	硫酸盐渍土及亚硫酸盐渍土	碱性盐渍土	
弱盐渍土	0.5 ~ 1.0	0.3 ~ 0.5		可用
中盐渍土	1.0 ~ 5.0①	0.5 ~ 2.0①	0.5 ~ 1.0②	可用
强盐渍土	5.0 ~ 8.0①	2.0 ~ 5.0①	1.0 ~ 2.0②	可用且采取措施
过盐渍土	>8.0	>5.0	>2.0	可用

注:①其中硫酸盐含量不超过 2% 方可使用;

②其中易溶碳酸盐含量不超过 0.5% 方可使用。

碎石类土或爆破石渣用作填料时,其最大粒径不得超过每层铺填厚度的 2/3(当使用振动碾时,不得超过每层铺填厚度的 3/4)。铺填时,大块料不应集中,且不得填在分段接头或填方与山坡连接处。如果填方区内有打桩或其他特殊工程时,块(漂)石填料的最大粒径不应超过设计要求。

(2)基底的处理

填方基底的处理,应符合设计要求。如设计无要求时,应符合下列规定:

①基底上树墩及主根应拔除,坑穴应清除积水、淤泥和杂物等,并应在回填时分层夯实;

②在建筑物和构筑物地面下的填方或厚度小于 0.5 m 的填方,应清除基底上的草皮和垃圾;

③在土质较好的平坦地区(地面坡度不陡于 1/10)填方时,可不清除基底上的草皮,但应割除长草;

④在稳定山坡上填方时,当山坡坡度为 1/10 ~ 1/5 时,应清除基底上的草皮;当坡度陡于 1/5 时,应将基底挖成阶梯形,阶宽不小于 1.0 m;

⑤如果填方基底为耕植土或松土时,应将基底碾压密实;

⑥在水田、沟渠、池塘上进行填方时,应根据实际情况采用排水疏干、挖除淤泥或抛填块石、砂砾、矿渣等方法处理后,再进行填土。

(3)填筑要求

填土前,应对填方基底和已完隐蔽工程进行检查和中间验收,并做好隐蔽工程记录。开工前,应根据工程特点、填料厚度和压实遍数、施工条件等合理选择压实机具,并确定填料含水量控制范围、铺土厚度和压实遍数等施工参数。

对于重要的填方或采用新型压实机具时,上述参数应由填土压实试验确定。

填土施工应接近水平地分层填土、压实。压实后测定土的干密度,检验其压实系数和压实范围符合设计要求后,才能填筑上层。填土应尽量采用同类土填筑。如采用不同填料分层填筑时,上层宜填筑透水性较小的填料,下层宜填筑透水性大的填料;填方基土表面应做成适当的排水坡度,边坡不得用透水性较小的填料封闭,以免填方内形成水囊。如因施工条件限制,上层必须填筑透水性较大的填料时,应将下层透水性较小的土层表面做成适当的排水坡度或设置盲沟。

挡土墙后的填土,应选用透水性较好的土或在粘性土中掺入石块作填料;分层夯填,确保填土质量,并应按设计要求做好滤水层和排水盲沟;在季节性冻土地区,挡土墙后的填料宜采用非冻胀性填料。

填料为红粘土时,其施工含水量宜高于最优含水量 2% ~ 4%,填筑中应防止土料发生干缩、结块现象,填方压实宜使用中、轻型碾压机械。

填方应按设计要求预留沉降量,如设计无要求时,可根据工程性质、填方高度、填料种类、压实系数和地基情况等与业主单位共同确定(沉降量一般不超过填方高度的 3%)。

填方施工应从场地最低处开始水平分层整片回填压实;分段填筑时,每层接缝处应做成斜坡形状,辗迹重叠 0.5 ~ 1.0 m。上、下接缝应错开不小于 1.0 m,且接缝部位不得在基础下、墙角、柱墩等重要部位。

在回填基坑(槽)或管沟时,应注意填土前清除沟槽内的积水和有机杂物;待基础或管沟的现浇混凝土达到一定强度后,不致因填土而受影响时,方可回填;基坑(槽)或管沟回填应在相对两侧或四周均匀同时分层进行,以防基础和管道在土压力作用下产生偏移或变形。回填管沟时,为防止管道中心线位移或损坏管道,应用人工先在管子周围填土夯实,并应从管道两边同时进行,直到管顶以上。在不损坏管道的情况下,方可采用机械回填和压实。

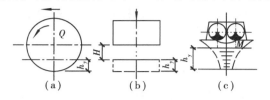

图 1.48　填土压实方法
(a)碾压;(b)夯实;(c)振动

(4)填土的压实方法

填土的压实方法有碾压、夯实和振动 3 种,如图 1.48 所示。此外,还可利用运土机械等压实。碾压法主要用于大面积的填土,如场地平整、大型建筑物的室内填土等。对于小面积填土,宜选用夯实法压实;振动压实法主要用于压实非粘性土。

碾压机械有平滚碾、羊足碾和振动碾。平滚碾是应用最为广泛的一种碾压机械,可压实砂类土和粘性土。羊足碾适用于压实粘性土,羊足碾是在滚轮表面装有许多羊足形滚压件,用拖拉机牵引,其单位面积压力大,压实效果、压实深度均较平碾高。振动碾是一种兼有振动作用的碾压机械,主要适用于碾压填料为爆破石渣、碎石类土、杂填土或轻亚粘土的大型填方。

按碾轮重量,平滚碾分为轻型(5 t 以下)、中型(8 t 以下)和重型(10 t)3 种。轻型平滚碾压实土层的厚度不大,但土层上部可变得较密实,当用轻型平滚碾初碾后,再用重型平滚碾碾压,就会取得较好的效果。如直接用重型平滚碾碾压松土,则形成强烈的起伏现象,其碾压效果较差。

用碾压法压实填土时,铺土应均匀一致,碾压遍数要一样,碾压方向以从填方区的两边逐渐推向中心,每次碾压应有 150~200 mm 的重叠。碾压机械在压实填方时,应控制行驶速度,一般不应超过下列规定,否则会影响压实效果:平碾:2 km/h、羊足碾:3 km/h、振动碾:2 km/h。

夯实机械有夯锤、蛙式打夯机等。夯锤是借助于起重机悬挂重锤进行夯土的夯实机械,质量不小于 1 500 kg,落距为 2.5~4.5 m,夯土影响深度为 0.6~1.0 m,适用于夯实砂性土、湿陷性黄土、杂填土以及含有石块的填土。蛙式打夯机体积小、操作轻便等优点,适用于基坑(槽)、管沟以及各种零星分散、边角部位的小型填方的夯实工作。对于密实度要求不高的大面积填方,在缺乏碾压机械时,可采用推土机、拖拉机或铲运机结合行驶、推(运)土、平土施工过程来压实土料。而对于松填的特厚土层亦可采用重锤夯、强夯等方法。

振动法是将重量锤放在土层的表面或内部,借助于振动设备使重锤振动,土壤颗粒即发生相对位移达到紧密状态。此法用于振实非粘性土效果较好。

近年来,又将碾压和振动结合而设计和制造了振动平碾、振动凸块碾等新型压实机械,振动平碾适用于填料为爆破碎石渣、碎石类土、杂填土或粉土的大型填方,振动凸块碾则适用于粉质粘土或粘土的大型填方。当压实爆破石渣或碎石类土时,可选用 8~15 t 重的振动平碾,铺土厚度为 0.6~1.5 m,先静压、后振压,碾压遍数应由现场试验确定,一般为 6~8 遍。

在填方区采用机械施工时,应保证边缘的压实质量。对不要求修整边坡的填方工程,边缘应超宽填 0.5 m;对设计要求边坡整平拍实时,可只宽填 0.2 m。

(5)影响填土压实的因素

填土压实质量与许多因素有关,其中主要影响为压实功、土的含水量以及每层铺土厚度。

1)压实功的影响

填土压实后的密度与压实机械在其上所施加的功有一定关系(图 1.49)。当土的含水量一定,在开始压实时,土的密度急剧增加。等到接近土的最大干密度时,压实功虽然增加很多,而土的密度则变化很小。因此,实际施工时,应根据不同的土料以及要求压实的密实程度和不同的压实机械来决定填土压实的遍数,亦可参考表 1.16。

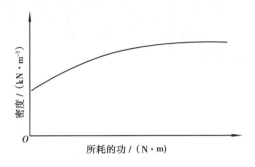

图 1.49 土的密度和压实功的关系示意图

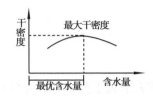

图 1.50 土的密度与含水量的关系示意图

2)含水量的影响

在同一压实功的条件下,填土的含水量对压实质量有直接影响(图 1.50)。较为干燥的土,由于土颗粒之间的摩阻力较大,因而不易压实;当含水量过大,超过一定限度时,土颗粒间孔隙由水填充而呈饱和状态,也不能被压实。只有当土含水量适当,土颗粒间的摩阻力由于适当水的润滑作用而减小时,土才易被压实。

图 1.50 所示曲线最高点的含水量称为填土压实的最佳含水量。土在这种含水量条件下,使用同样的压实功进行压实,所得到的密度最大。为了保证填土在压实过程中的最佳含水量,当土过湿时,应予以翻松、晾晒、均匀掺入同类干土(或吸水性填料)等措施;如含水量偏低,可采用预先洒水润湿、增加压实遍数等措施。

3)铺土厚度的影响

土在压实功的作用下,其应力随深度加深逐渐减小,超过一定深度后,则土的压实程度和未压实前相差极微。各种压实机械的影响深度与土的性质和含水量有关。铺得过厚,要压很多遍才能达到规定的密实程度,铺得过薄也会增加机械的总压实遍数。因此,填土压实时每层铺土厚度的确定应根据所选用的压实机械和土的性质,在保证压实质量的前提下,使填方压实机械的功耗最小。一般铺土厚度可按表 1.16 参考选用。

表 1.16 填方每层的铺土厚度和压实遍数

压实机具	每层铺土厚度/mm	每层压实遍数/遍
平 碾	200~300	6~8
羊 足 碾	200~350	8~16
蛙式打夯机	200~250	3~4
人 工 打 夯	不大于200	3~4

4)填土压实的质量检查

填土压实后要达到一定的密实度要求。填土密实度以压实系数(设计规定的施工控制干密度与最大干密度之比)表示。不同的填方工程,设计要求的压实系数不同,一般的场地平整,其压实系数为 0.9 左右,对地基填土为 0.91~0.97,具体取值视结构类型和填土部位而定。填方施工前,应先求得现场各种土料的最大干密度,然后乘以设计规定的压实系数,求得施工控制干密度,作为检查施工质量的依据。压实后土的实际干密度应大于或等于设计控制干密度。

填方压实后的密实度应在施工时取样检查,基坑(槽)、管沟回填,每层按长度每 20~50 m 取样一组;室内填土每层按 100~500 m² 取样一组;场地平整填土,每层按 400~900 m² 取样一组。目前一般采用环刀法取样测定土的实际干密度和含水量。

1.5　爆破工程

爆破方法施工技术广泛应用于岩石、冻土的开挖;混凝土块、树根等障碍物的清除;旧建筑物或构筑物的拆除;以及人工挖孔桩孔内岩石的爆破和爆扩灌注桩的施工。

1.5.1　爆破的基本概念

爆破是炸药经引爆后,产生剧烈的化学反应,在极短的时间内,由固体(或液体)状态转变为气体状态,体积急剧增加,产生大量的气体,形成极大的压力和冲击波,同时产生很高的温度,使周围介质遭受到不同程度的破坏。

爆破时,介质距离爆破中心的远近,所受到的影响是不相同的,通常把爆破作用范围划分为以下几个作用范围,即爆破作用圈(图 1.51):

距离爆破中心最近的一部分,在此处的介质受爆破作用的影响最大。对于可塑的泥土,会受到压缩而形成孔穴;对于坚硬的岩石,会被粉碎。爆破的这个范围称为压缩圈,亦称破碎圈。

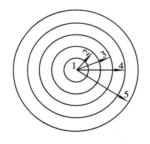

图 1.51　爆破作用示意图

1—药包;2—压缩圈;3—抛掷圈;4—破坏圈;5—振动圈

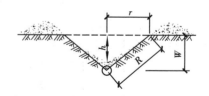

图 1.52　爆破漏斗

在压缩圈以外的介质受到的作用力虽然减弱了些,但足以使介质结构破坏,使其分裂成各种形状的碎块,且爆破的作用力可以使这些碎块获得动能。若介质有临空面,碎块会发生抛掷现象,这个范围称为抛掷圈。

再以外的介质受到爆破作用力后,虽然其介质的结构受到不同程度的破坏,但爆破作用力已不足以使得介质抛出。工程上,把这个范围内被破碎成独立碎块的部分,称为松动圈;把只形成裂缝,互相之间仍连成整体的部分,称为破裂圈。

在压缩圈和破坏圈内称为破坏范围,该范围的半径称为破坏半径或药包的爆破作用半径,

以 R 表示。药包埋置深度大于爆破作用半径,炸药的作用就不能达到地表。反之,药包的爆炸必然破坏地表,并将部分介质抛掷出去,形成一个爆破坑,一部分介质仍回落在爆破坑内,形成的坑形状如漏斗,称为爆破漏斗(图 1.52)。如果炸药深度接近破坏圈或松动圈外围,爆破作用就没有余力使被破坏的介质碎块产生抛掷运动,只能引起介质的松动,而不能形成爆破坑,这称为松动爆破。

爆破漏斗的实际形状是多种多样的,其大小随介质的性质、炸药包的性质和大小,药包的埋置深度(或称最小抵抗线)而不同。形成爆破漏斗的主要参数有:

最小抵抗线 W:从药包中心线距离临空面的最短距离;

爆破漏斗半径 r:漏斗上口的圆周半径;

最大可见深度 h:从坠落在坑内介质表面距爆破漏斗上口边距的距离;

爆破作用半径 R:从药包中心距爆破漏斗上口边距的距离。

为了说明爆破漏斗的大小和抛掷介质的多少,一般用爆破作用指数 n 来表示:

$$n = \frac{r}{W} \tag{1.52}$$

当 $n = 1$ 时,称为标准抛掷爆破漏斗;当 $n < 1$ 时,称为减弱抛掷爆破漏斗;当 $n > 1$ 时,称为加强抛掷爆破漏斗。

1.5.2　炸药及起爆方式

(1)炸药

炸药是由可燃物质(氢、碳等)和助燃物质(氧)所组成的相对稳定的化合物,可在受一定外界(起爆能)作用下发生爆炸。炸药有液态和固态两种形态。

炸药分为起爆炸药和破坏炸药两种。起爆炸药是一种高敏感的烈性炸药,很容易爆炸,一般用于制作雷管、引爆索和起爆药包等。破坏炸药又称为次发炸药,用作主炸药,威力大,具有相当大的稳定性,只有在起爆炸药爆炸的激发下,才能发生爆炸。

1)炸药的主要性能

①感度　炸药在外界作用下发生爆炸的难易程度,称为炸药的感度。感度分热感度、机械作用感度、起爆感度和殉爆距离等,以引起爆炸所需的最小的起爆能表示。炸药的感度不能太大,尤其是机械作用感度,以保证其生产、运输、保管和使用的安全;但为了保证不需很大的起爆能就能起爆,其感度也不应太小。因此,应在实际工程中根据不同情况正确选用炸药。

②威力　炸药的威力包括爆力、猛度和爆速。爆力是指炸药爆炸时对周围介质的破坏能力;猛度是指炸药爆炸时粉碎周围介质的能力;爆速是指炸药爆炸时炸药的分解速度。

③炸药的稳定性　炸药爆炸时,爆速是否发生变化的性能。

④炸药的安定性　炸药在储运过程中的变质情况。

2)常用炸药

①露天硝铵炸药　该种炸药有 4 种型号。这种炸药爆炸后产生有毒气体较多,供露天爆破工程中使用,禁止用于井下爆破作业。

②岩石硝铵炸药　其主要成分为硝酸铵,有两种型号。其原料来源广,价格便宜,威力够,对冲击磨擦不敏感,使用安全。但此类炸药吸湿性强,吸湿达 3% 后即不能充分爆炸或拒爆。适用于爆破中等硬度以下岩石,建筑工程爆破施工中主要采用 2 号岩石硝铵炸药。

③铵油炸药 由硝酸铵与柴油混合而成,有 3 种型号。其爆炸威力低于 2 号岩石硝铵炸药。成本最低,主要用于露天爆破施工。

④梯恩梯(TNT)炸药 其成分为三硝基甲苯,呈淡黄色或黄褐色结晶,不溶于水,可用于水下爆破,但在水中时间太长会影响爆炸力。对撞击和磨擦的敏感度不大。爆炸后产生有毒的一氧化碳,宜用于露天爆破。

⑤胶质炸药 属于硝化甘油类炸药,为黄色塑性体,其爆速高威力大,适用于爆破坚硬的岩石。此类炸药较敏感,并在 8° ~ 10°时冻结,在半冻结时,敏感度极高。它不吸水,可以用于水下爆破。

3)炸药量计算

炸药药包按爆破作用分为内部作用包、松动药包、抛掷药包(包括标准抛掷、加强抛掷、减弱抛掷药包)和裸露药包(图 1.53),药包按形状分为集中药包和延长药包,一般形状为球体,或高度不超过直径 4 倍的圆柱体及最长边不超过其他任意边 4 倍的长方体,称为集中药包;凡超过上述标准的药包,均属延长药包。

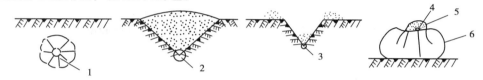

图 1.53 药包作用分类示意

1—内部作用药包;2—松动药包;3—抛掷药包;4—裸露药包;5—覆盖物;6—被爆破体

药包的重量称为药包量,药包量的大小根据岩石的程度、岩石的缝隙、临空面的多少、预计爆破的土石方体积以及现场施工经验确定。理论上的计算值还需要通过度爆复核,最后确定实际的用药量。

炸药量的大小与爆破漏斗内的土石方体积和被爆破体的坚硬程度成正比。以标准抛掷爆破的理论计算依据,则炸药量的计算公式为:

$$Q = eqV \tag{1.53}$$

式中:Q——计算炸药量(kg);

e——炸药换算系数(见表 1.17);

q——爆破土石方所消耗的炸药量,(见表 1.18);

V——被爆破土石方的体积(m^3)。

表 1.17 炸药换算系数 e 值

炸药名称	型 号	e 值	炸药名称	型 号	e 值
岩石硝铵炸药	2 号	1.00	铵油炸药		1.14 ~ 1.36
露天硝铵炸药	1 号、2 号	1.14	胶质炸药	35%普通	1.06
T·N·T		1.05 ~ 1.14	胶质炸药	62%普通	0.89
黑火药		1.14 ~ 1.42	胶质炸药	62%耐冻	0.89

爆破漏斗是圆锥体,其体积为 $V = 1/3 \pi r^2 h$;对于标准爆破漏斗,r 与 h 均等于 W。故

$$V = \frac{1}{3}\pi r^2 h = \frac{1}{3}\pi W^3 \approx W^3 \tag{1.54}$$

因此,标准抛掷漏斗药包量的计算公式为:

$$Q = qeW^3 \tag{1.55}$$

表 1.18　单位土石方量炸药消耗量 q

土石类别	一	二	三	四	五	六	七	八
$q/(\text{kg} \cdot \text{m}^{-3})$	0.5 ~ 1.0	0.6 ~ 1.1	0.9 ~ 1.3	1.20 ~ 1.50	1.40 ~ 1.65	1.60 ~ 1.85	1.80 ~ 2.60	2.10 ~ 3.25

注:①本表以 2 号岩石硝铵炸药为标准计算,用其他炸药时,乘 e 值;

　　②表中所得 q 值,是一个临空面情况,如有两个以上临空面时乘表 1.19 中的系数 K_q 值;

　　③表中 q 值是在堵塞情况良好,即堵塞系数(实际堵塞长度与计算堵塞长度之比)为 1 时定出,其他情况见表 1.20 中 K_d。

当要求炸成加强抛掷漏斗时,药包量为:

$$Q = (0.4 ~ 0.6n^3) qeW^3 \tag{1.56}$$

当仅要求进行松动土石的爆破时,药包量为

$$Q = 0.33qeW^3 \tag{1.57}$$

表 1.19　药包质量、爆破体积与临空面关系

临空面/个	质量系数 K_q	爆破体积系数 K_d	临空面/个	质量系数 K_q	爆破体积系数 K_d
1	1.0	1.0	4	0.50	5.7
2	0.83	2.3	5	0.33	6.5
3	0.67	3.7	6	0.17	8.0

表 1.20　堵塞系数 K_d 值

堵塞系数 B'/B	1.00	0.75	0.50	0.25	0
K_d 值	1.0	1.2	1.4	1.7	2.0

注:B' 为实际堵塞长度;B 为计算堵塞长度。

(2)起爆方法

为了使用安全,主炸药敏感性都较低。使用时,要使炸药爆炸,必须给予一定的外界能量,即指引爆或起爆。其主要方法有火花起爆法、电力起爆法、导爆索起爆法和导爆管起爆法。

1)火花起爆

火花起爆是利用导火索在燃烧时的火花引爆雷管,先使药卷爆炸,从而引起全部炸药发生爆炸。主要的起爆材料有:火雷管、导火索和起爆药卷。火花起爆操作简单、容易掌握、但安全度较低、较难使多个起爆点同时起爆,因而不能一次使大量药包同时爆炸。同时,由于导火索燃烧会产生有毒气体,如在坑道或井洞内使用,应加强通风。

火雷管(图 1.54)由外壳、正副起爆炸药和加强帽三部分组成。雷管的规格有 1 ~ 10 号,号数愈大,威力愈大,其中以 6 号和 8 号应用最广。火雷管除在有瓦斯及矿尘爆炸危险的工作面不准使用外,可用于一般爆破工程。由于雷管内装有烈性炸药,遇冲击、摩擦、加热、火花等就会爆炸。因此,在运输、保管和使用中都应特别注意安全。

导火索由黑火药药芯和耐水外皮组成。直径 5 ~ 6 mm,正常燃速有 10 mm/s 和 5 mm/s 两

种,使用前应当做燃烧速度试验。必要时还应做耐水性试验,以保证爆破安全。为防止药芯受潮和线头散落而形成瞎炮,在使用前应将每盘导火线两端各切去 50 mm,然后根据所需用的长度将导火线切下(不得小于 1 m)。插入雷管的一端应切平,使其紧靠雷管中的加强帽。另一端应切成斜面,使药芯更多露在外面以便点火。导火线插入雷管时,不得转动或用力向下压。若用金属壳雷管,必须用雷管钳将管壳夹于导火线上,夹紧部分为 3~5 mm,此时称为火线雷管。

起爆药卷是使主要炸药爆炸的中继药包(图 1.55)。制作时,解开药卷的一端,使包皮敞开,将药卷捏松,用木棍轻轻地在药卷中插一个孔,然后将火线雷管插入孔内,收拢包皮纸,用细麻绳牢固绑扎,如遇潮湿处,还应进行防潮处理。起爆药卷只能在即将装炸药前随制随用,不得先做成成品使用。

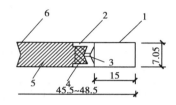

图 1.54 火雷管

1—外壳;2—加强帽;3—帽孔;4—正起爆
炸药;5—副起爆炸药;6—窝槽

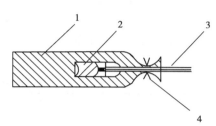

图 1.55 起爆药卷

1—药卷;2—火雷管;3—导火线;4—细麻绳

2)电力起爆

电力起爆是利用电雷管中的电力引火剂的通电发热燃烧使雷管爆炸,从而引起药包爆炸。与火花起爆法比较,电力起爆改善了工作条件,减少了危险性,能同时引爆许多药包,增大了爆破的范围与效果。大规模爆破及同时起爆较多炮眼时,多用电力起爆。但在有杂散电流、静电、感应电或高频电磁波等可能引起电雷管早爆的地区和雷击区爆破时,不应采用电力起爆。电力起爆的材料有:电雷管、电线、电源及测量仪器。

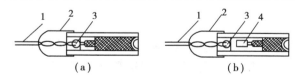

图 1.56 电雷管

(a)即发电雷管;(b)迟发电雷管

1—脚线;2—绝缘涂料;3—球形发火剂;4—缓燃剂

电雷管是由普通雷管和电力引火装置组成(图 1.56),有即发电雷管和延期电雷管两种。延期电雷管是在电力引火与起爆药之间放上一段缓燃剂而成。延期雷管可以延长雷管爆炸时间。延长时间有:2 s、4 s、6 s、8 s、10 s、12 s 等。应特别注意在同一回路上,必须使用同厂、同牌号、同批电雷管,各电雷管(脚线长度为 2 m)之间的电阻差值不得大于规范规定的许可值:对于康铜桥丝,铁脚线不大于 0.3 Ω,铜脚线不大于 0.25 Ω;对于镍铬桥丝,铁脚线不大于 0.8 Ω,铜脚线不大于 0.3 Ω。

电线是用来联接电雷管,组成电爆网络的。通常用胶皮绝缘线或塑料绝缘线,禁止使用不带绝缘包皮的电线。电线按在网路中的作用不同,可分为脚线、端线、连接线、区域线和主线等。在电力起爆前,应将脚线全部连成短路,使用时方可分开,严禁与电源线路相碰或与干电池放在一起;主线末端也应连成短路,并用胶布包裹,以防误触电源而发生爆炸。

电源可用普通照明电源和动力电源,也可用干电池、蓄电池或专供电力起爆用的各类放炮起爆器。为了保证电雷管的爆炸和操作安全,电爆网路中每个电雷管的最小准爆电流,不能小于规范规定的限值:对于康铜桥丝电雷管,交流电不小于 3 A,直流电不小于 2 A;对于镍铬桥丝,交流电不小于 2.5 A,直流电不小于 1.5 A;对于大型爆破,上述限值尚应增加 50%。

电力起爆的测量仪表有爆破欧姆计、爆破电桥、伏特计、安培计和万能表等。在检测电雷管和电爆网路时,必须使用爆破电桥和专用的爆破仪表,其输出电流值不得大于 30 mA。

3)导爆索起爆法

用导爆索爆炸时产生的能量来引爆主药包的方法,称为导爆索起爆法。由于导爆索本身需要通过雷管引爆,因此,在爆破作业中,从装药、堵塞到连线等施工过程完成后、爆破之前才允许装上雷管起爆。从安全角度出发,它优于其他爆破方法。而且这种方法操作简单,易于掌握,不怕雷电、杂电波等的影响。这种方法成本较高,主要用于深孔爆破和大规模的药室爆破,不宜用于一般的炮眼法爆破。

导爆索不同于导火索,其反应方式为爆炸形式,爆速高达 6 500~7 000 m/s,远远高于导火索的正常燃速 1 cm/s。导火索作用仅只传递燃烧,引爆火雷管;而导爆索是传递爆炸,直接引爆炸药。

导爆索在使用时如需连接,其连接方法应按出厂说明书的规定执行,当采用搭接连接时,其搭接长度不得小于 150 mm,并应绑扎牢实。导爆索支线与主线连接时,从接点起,支线与主线顺传爆方向的夹角不得大于 90°。导爆索网路应避免交叉敷设,如必须交叉敷设时,应用厚度不小于 150 mm 的衬垫物隔开。导爆索平行敷设的间距不得小于 200 mm。

如使用导爆索起爆时的气温高于 30 ℃时,露在地面上的导爆索应加遮盖,以防烈日暴晒。导爆索在接触铵油的部位,必须用防油材料保护,以防药芯浸油。

4)导爆管起爆法

导爆管起爆法是利用导爆管起爆药的能量来引爆雷管,然后使药包爆炸。主要器材有起爆元件(击发枪或雷管)、传爆元件(塑料导爆管、火雷管和连接块或胶带)和末端工作元件(塑料导管和即发或迟发电雷管)。

导爆管起爆法传爆性能可靠,一个传爆雷管能可靠地起爆数根导爆管,实现网路群起爆;使用安全可靠,能在强电场(可耐 30 kV)、杂散电流的场地不起爆,受岩石冲击和火焰的影响较小;具有良好的防水性能,在深水中浸泡 48 h 仍能正常起爆和传爆,也能在 80 ℃高温或 -40 ℃低温下正常传爆和起爆。

当采用雷管激发(或传爆)导爆管网路时应注意将导爆管绑扎在雷管的周围,并用 3~5 层聚丙烯包扎带或棉胶带绑扎牢实,导爆管端头距雷管不得小于 100 mm;在复式网路中,雷管与相邻网路之间相距一定距离,以防破坏其他网路。

1.5.3　爆破方法

(1)裸露爆破

裸露药包爆破多用于爆破孤石或大型爆破中的大块岩石改爆。将药包放在需爆破岩体的凹槽处、裂隙发育部位、孤石或块石的中部,并应用粘土覆盖后引爆。此法耗药量大,且其爆破效果不易控制,且岩石易飞散较远造成事故。

（2）炮孔爆破

炮孔爆破指装药孔径小于 300 mm 的各种炮眼或深孔爆破。即是在需爆破的岩体上钻一定深度和直径的炮孔，再在炮孔内装药、封堵后进行起爆。当爆破工程量大，开挖较深时，宜采用梯段式爆破。根据炮孔的深度和直径，分为浅孔爆破法和深孔爆破法，爆破类型多为松动爆破。只在少数情况下，才采用药包抛掷爆破。

1）浅孔爆破法

浅孔爆破法的孔径一般为 25～75 mm，孔深为 0.5～1.0 m，如图 1.57 所示。

最小抵抗线 W 视炸药的性能、装药直径、起爆方法和地质条件等确定，一般为装药直径的 20～40 倍。炮孔的深度 L 应根据岩石的坚硬程度、梯段高度和抵抗线的长度等确定。一般为梯段高度的 0.9～1.15 倍。炮孔间距 a 应根据岩石的特征、炸药种类、抵抗线长度和起爆顺序等确定，一般为最小抵抗线长度的 1～2 倍。

炮孔的布置一般为梅花形，依次逐排起爆；对于多排炮孔的间距 b，其排距可取为第一行炮孔的抵抗线长度 W，若第一行各炮孔的 W 不相同时，则取其平均值。

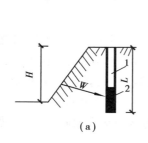 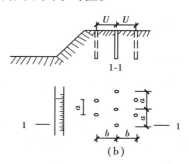

图 1.57　浅孔爆破示意图
(a)炮孔深度；(b)炮孔布置
1—堵塞物；2—炸药

在实际工程中，因炮孔数量多，不便逐一计算，往往是根据炮孔深度和岩石情况来确定装药量，而且还要堵塞至少三分之一的深度。因此，实际装药量为炮孔深度的三分之一至二分之一，但最少不能小于四分之一。

在装药前，先清除炮孔内的石粉或泥浆，然后装填炸药。每装填适量的炸药后，即用木棍轻轻压实，将炸药装到 80%～85% 以后，再装入起爆药卷。炸药装好后，炮孔要进行堵塞，一般可用干细砂土（1 份粘土 2 份砂）堵塞。

为了提高浅孔爆破的效果，在布置炮孔位置时，要尽量利用临空面较多的地形或有计划地改造地形，为后次的爆破创造有利地形。

在城区或周围有人员工作及建筑物时，必须使用保障安全爆破的覆盖物（如使用橡胶网等），且装药量必须控制，不准擅自加大药量。

2）深孔爆破法

深孔爆破炮孔直径为 75～120 mm，深度为 5～15 m，属于延长药包的中型爆破。这种爆破方法需要大型机械进行钻孔，其特点是生产效率高，一次爆破量大，单位岩石体积的钻孔量少，但爆落的岩石不均匀，有 10%～25% 的大块岩石需要进行二次爆破。适用于料场、深基坑的松爆，场地整平，高梯阶爆破各种岩石。

（3）预裂爆破及光面爆破

为使边坡稳定、岩面平整,在边坡处宜采用预裂爆破或光面爆破。预裂爆破或光面爆破原理比较相似,都是沿岩体设计开挖面与主炮孔之间布置一排预裂炮孔,使预裂炮孔超前主炮孔起爆,从而沿设计开挖面将岩石拉断、分离,形成贯通裂缝。当主炮孔爆破后,因岩石已先在设计开挖面处断裂,故主炮孔只将需爆破岩石体爆开而不再影响设计开挖面后的岩体,岩石开挖面便形成要求的轮廓尺寸(图 1.58)。这种方法在水利工程、交通工程等大型工程的高岩石边坡处理中运用较多。

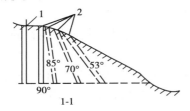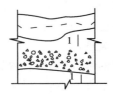

图 1.58　预裂爆破及光面爆破
1—预裂炮孔;2—主炮孔

（4）药壶爆破

药壶爆破是在炮孔底部装入少量炸药,经过几次爆破扩大成葫芦形后,最后装入主药包进行爆破(图 1.59)。适用于软质岩石和中等硬度岩层,炮孔深度一般为 3～8 m,属于集中药包类型,规模为中等爆破。与炮孔爆破法相比,具有爆破效果好、工效快、进度快、炸药消耗量少等特点,但扩大葫芦的操作较为复杂,爆落的岩石不均匀。

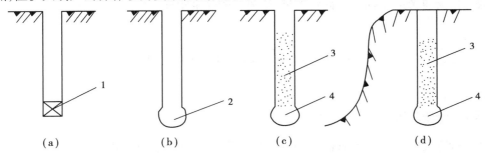

图 1.59　药壶爆破示意图
(a)药壶的形成;(b)具有一个临空面的药壶爆破;(c)、(d)具有两个临空面的药壶爆破
1—小药包;2—药壶;3—堵塞物;4—炸药包

药壶爆破的布药方式有崩落悬岩法和梯段爆破法。崩落悬岩法对临空面多且大的地形较有效。

当炮孔打至设计深度后,应将孔内清除干净,即可进行药壶爆扩。爆扩药壶所需次数及用药量,可根据不同岩石硬度来确定。药壶爆扩后,炮孔内的热量一时不易散去,因此,下一次装药时,应间隔不小于 15 min 的时间,或待壶内温度降低于 15 ℃后,方可再次装药。

1.5.4　爆破安全技术措施

爆破是一种危险程度较高的工程施工作业,因此,进行爆破作业时要认真贯彻执行爆破安全规程及有关规定,做好爆破作业前后各施工工艺的操作检查与处理,杜绝各种安全事故发生。

(1)爆破材料的管理

储存爆破材料的仓库必须干燥、通风,库内温度应保持在15 ℃以内,清除库房周围一切树木、草皮,库内应有消防设施。炸药和雷管必须分开储存,两者的安全距离应满足一定的要求;不同性质的炸药亦应分别储存。库区内严禁点火、吸烟,任何人不准携带火柴、打火机等任一引火物品进入库区。爆破器材必须储存在仓库内,在特殊情况下,经主管部门审核并报当地公安部门批准后,方可在库外储存。

爆破器材在单一库房内的存放量不得超过规范允许的最大存放量。

爆破材料仓库与住宅区、工厂、桥梁、公路主干线、铁路等建筑物或构筑物的安全距离不得小于规范的相关规定。

爆破材料的装、卸均应轻拿轻放,堆放时应平衡整齐,硝铵类炸药不得与黑火药同车运输,且两类炸药也不准与雷管、导爆索同车运输。运输车辆应遮盖捆架,在雨雪天运输时,应采取防雨、防滑措施。

车辆在运输爆破材料时,彼此之间应相隔一定的距离。

(2)爆破作业安全距离

爆破震动对建筑物有一定的影响,故在实施爆破时,爆破点对被保护的建筑物或构筑物之间应有一个安全距离,该距离与装药量和所需爆破的介质有关。

在进行露天爆破时,一次爆破的炸药量不得大于20 kg,并应计算确定空气冲击波对掩体内工作人员的影响。

爆破时,尚应考虑个别飞散物对人员、车船等的安全距离。

1.6 深基坑和高边坡施工

1.6.1 一般规定

基坑开挖前,应根据工程形式、埋置深度、地质、水文、气候条件、周围环境、施工方法、工期和地面荷载等有关资料,确定基坑开挖方案和降水施工方案。基坑开挖方案的内容主要包括:支护结构的龄期或放坡要求,机械选择,基坑开挖时间,分层开挖深度及开挖顺序,坡道位置和车辆进出场道路,施工进度和劳动组织,降、排水措施,监测要求,质量和安全措施等。

基坑边缘堆置土方和材料,或沿挖方边缘移动运输工具和机械,一般距基坑上部边缘不少于1.2 m;土质良好时,堆土或材料应距挖方边缘0.8 m以外。弃土堆置高度不应超过1.5 m,在垂直的坑壁边,此安全距离还应适当加大。施工中机具设备停放的位置必须平稳,大、中型施工机具距坑边距离应根据设备重量、基坑支撑情况、土质情况等,经计算确定。

基坑土方开挖必须注意坡顶有无超载,如有超载及不可避免的边坡堆载,包括挖掘机收尾平台的位置等应计入稳定分析计算中。

1.6.2 放坡开挖

采用放坡开挖的基坑,设计和施工必须十分谨慎,并要备有后续方案。在地下水位以上的开挖条件较好的粘土层中开挖基坑时,可考虑垂直挖土或采用放坡,其他情况应进行边坡稳定性验算。较深的基坑应分层开挖,分层厚度依土质情况而定,不宜太深,以防止卸载过快,有效应力减少、抗剪强度降低而引起边坡失稳。

当遇有上层滞水,土质较差,且为施工期的基坑边坡,必须对边坡予以加固,可采用钢丝网水泥砂浆或高分子聚合材料保护边坡,并留有泄水孔,以分流水压力对边坡的影响,必要时还可增加锚杆进一步加强钢丝网的护坡作用。

采用机械开挖时,需保持坑底土体原状结构,因此应在基坑底及坑壁留 150～300 mm 厚的土层,由人工挖掘修整。若出现超挖情况,应加厚混凝土垫层或用砂石回填夯实。同时,要设集水坑,及时用泵排除坑底积水。

必须在基坑外侧地面设置排水系统,进行有组织排水,严禁地表水或基坑排出的水倒流或渗入坑周边土体内。

基坑挖好后,应尽量减少暴露时间,及时清边验底,浇好混凝土垫层封闭基坑;垫层要做到基坑满封闭,以改善其受力状态,并防止水气对基坑底面持力层的影响。

1.6.3　有支护结构的基坑开挖

基坑开挖前,应熟悉支护结构的支撑系统的设计图纸;掌握支撑设置方法;支撑的刚度;第一道支撑的位置;预加应力的大小;围护设置等要求。

基坑开挖必须遵守"由上而下,先撑后挖,分层开挖"的原则,支撑与挖土密切配合,严禁超挖,每次开挖深度不得超过支撑位置以下 500 mm,避免立柱及支撑出现失稳的危险。在必要时,应分段(不大于 25 m)、分层(不大于 5 m)、分小段(不大于 6 m)、快挖快撑(开挖后 8 h内),充分利用土体结构的空间作用,减少支撑后墙体变形。在挖土和支撑过程中,对支撑系统的稳定性要有专人检查、观测,并做好记录。发生异常,应立即查清原因,采取针对性技术措施。

开挖过程中,对支护墙体出现的水土流失现象应及时进行封堵,同时留出泄水通道,严防地面大量沉陷、支护结构失稳等灾害性事故的发生。严格限制坑顶周围堆土等地面超载,适当限制与隔离坑顶周围振动荷载作用,并应做好机械上下基坑坡道部位的支护。

基坑深度较大时,应分层开挖,以防开挖面的坡度过陡,引起土体位移,坑底面隆起,桩基侧移等异常现象发生。

基杭挖土时,挖土机械、车辆的通道布置、挖土的顺序及周围堆土位置安排都应计入对周围环境的影响因素。严禁在挖土过程中,碰撞支护结构体系和工程桩,严禁损坏防渗帷幕,开挖过程中,应定时检查井点降水深度。

基坑开挖验槽后,应立即进行垫层和基础施工,防止暴晒和雨水浸刷,破坏基坑的原状结构。

1.6.4　土方边坡支护

当开挖较大的基坑或边坡,或者使用大型机械挖土而不能安装基坑内横撑时,可采用挡土墙、水泥土墙支护结构、板桩支护结构、灌注桩支护结构、喷锚网支护、土钉墙等形式。按照受力特点分类,可分为桩、墙等被动受力形式与喷锚网支护的主动受力形式。在建筑基坑支护的设计与施工中应按照中华人民共和国行业标准《建筑基坑支护技术规程》(JTJ120—9)执行。

(1)挡土墙

常用的挡土墙结构形式有重力式、悬臂式、扶壁式、锚杆及加筋土挡墙等,应根据工程需要、土质情况、材料供应、施工技术以及造价等因素进行合理选择(图1.60)。

1)重力式挡土墙

重力式挡土墙一般由块石或混凝土材料砌筑而成,墙身截面较大。根据墙背倾斜程高可分为倾斜、直立和俯斜3种(图1.61(a)、(b)、(c))。墙高一般小于8 m,当墙面 $h=8\sim12$ m时,宜用衡重式(图1.61(d))。重力式挡土墙依靠自重抵抗土体压力引起的倾覆弯矩,结构简单、施工方便,可就地取材,在土木建筑工程中应用很广。

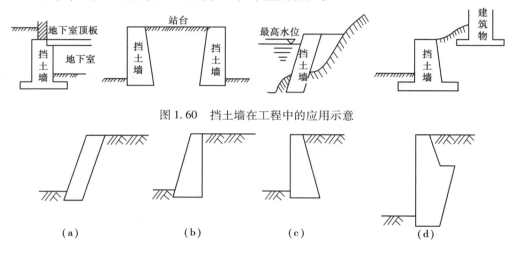

图1.60　挡土墙在工程中的应用示意

图1.61　重力式挡土墙形式
(a)倾斜式;(b)直立式;(c)俯斜式;(d)衡重式

2)悬臂式挡土墙

一般由钢筋混凝土建造,墙的稳定主要依靠墙踵悬臂以上土重维持。墙体内设置钢筋承受拉应力,故墙身截面较小,如图1.62所示。其适用于墙高大于5 m、地基土质差、当地缺少石料等情况。多用于市政工程及储料仓库等。

3)扶壁式挡土墙

当墙高大于10 m时,挡土墙立壁挠度较大。为了增强立壁的抗弯性能,常沿墙纵向每隔一定距离($0.3\sim0.6h$)设置一道扶壁,故称为扶壁式挡土墙(图1.63)。扶壁间填土可增加抗滑和抗倾覆能力,一般用于重要的大型土建工程。

4)重力式挡土墙的施工要点

墙型的合理选择对挡土墙的安全和经济性有着重大的影响。应根据使用要求、地形和施工等条件综合考虑确定。一般挖坡建墙宜用倾斜式,其土压力小,且墙背可与边坡紧密贴合;填方地区则可用直立或俯斜式,便于施工时使填土夯实;而在山坡上建墙,则宜用直立。墙背仰斜时其坡度不宜缓于1∶0.25(高宽比),且墙面应尽量与墙背平行。

挡土墙墙顶宽度,对于一般石挡土墙不应小于0.5 m,对于混凝土挡土墙最小可为0.2~0.4 m。当挡土墙抗滑稳定难以满足时,可将基底做成逆坡,一般坡度为(0.1~0.2)∶1.0(图1.64(a));当地基承载力难以满足时,墙趾宜设台阶(图1.64(b))。挡墙基底埋深一般不应小于1.0 m(如基底倾斜,基础埋深从最浅处计起);冻胀类土不小于冻结深度以下0.25 m,当

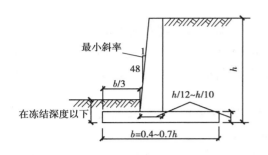

图1.62　悬臂式挡土墙

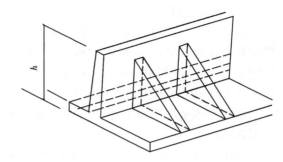

图1.63　扶壁式挡土墙

冻结深度超过1.0 m时,可采用1.25,但基底必须填筑一定厚度的砂石垫层;岩石地基应将基底埋入未风化的岩层内,嵌入深度随基岩石质的硬度增加而降低。重力式挡土墙基底宽与墙高之比为$1/2 \sim 1/3$。

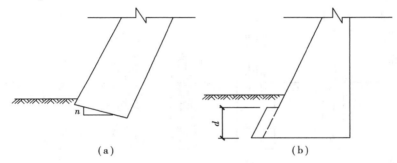

图1.64　基底逆坡及墙趾台阶

(a)基底逆坡;(b)墙趾台阶

挡土墙应设置泄水孔,其间距宜取$2.0 \sim 3.0$ m,上下、左右交错成梅花状布置;外斜坡度为5%,孔眼尺寸不宜小于$\phi 100$ mm的圆孔或$100 \sim 200$ mm的方孔(图1.65)。墙后要做好反滤层和必要的排水盲沟,在墙顶地面宜铺设防水层。当墙后有山坡时,还应在坡脚下设置截水沟,将可能的地表水引离。

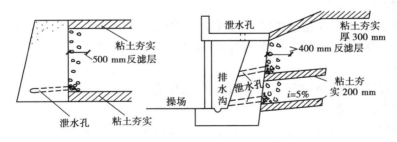

图1.65　挡土墙排水示意

墙后填土宜选择透水性较强的填料。当采用粘性土作填料时,宜掺入适量的块石。在季节性冻土地区,墙后填土应选用非冻胀性填料(如炉渣、碎石、粗砂等)。挡墙每隔$10 \sim 20$ m设置一道伸缩缝。当地基有变化时宜加设沉降缝。在拐角处应适当采取加强的构造措施。

对于重要的、高度较大的挡土墙,不宜采用粘性填土。墙后填土应分层夯实,注意填土质量。

（2）水泥土墙

水泥土墙也称深层搅拌桩墙,其支护原理是在基坑四周用深层搅拌法将水泥与土拌合,形成块状连续壁或格状连续壁与壁间土组成复合支护结构,它通过加固基坑周边土形成一定厚度的重力式挡墙,利用自身重力挡土。宜用于场地较开阔,挖深不大于 7 m,土质承载力标准值小于 140 kPa 的软土或较软土中。

水泥土墙采用格栅布置时,水泥土的转换率对于淤泥不宜小于 0.8;淤泥质土不小于 0.7;一般粘性土及砂土不宜小于 0.6;格栅长宽比不宜大于 2。

水泥土桩与桩之间的搭接宽度应根据挡土及截水要求确定,考虑截水作用时,桩的有效搭接宽度不宜小于 150 mm;当不考虑截水作用时,搭接宽度不宜小于 100 mm。

水泥土墙的施工工艺(图 1.66)为:

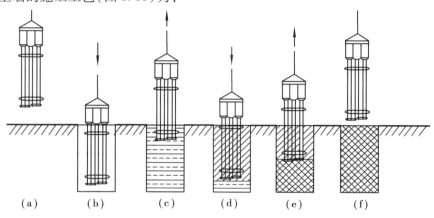

图 1.66　水泥土墙施工工艺流程

（a）就位;（b）预搅下沉;（c）喷浆搅拌上升;（d）重复搅拌下沉;（e）重复搅拌上升;（f）完毕

①定位:用起吊机械悬吊搅拌机到达指定桩位,对中并保持垂直;

②预搅下沉:启动搅拌机,放松钢丝绳,使搅拌机沿导向架搅拌切刀下沉;

③制备水泥浆:待深层搅拌机下沉到设计深度后,按设计配合比拌制水泥浆,压浆前将拌制的水泥浆倒入集料斗内;

④提升喷浆搅拌:待深层搅拌机下沉到设计深度时,开动灰浆泵,将水泥浆压入地基,且边喷浆边搅拌,同时严格按照设计确定的提升速度提升深层搅拌机(速度一般不大于 0.5 m/min);

⑤重复搅拌下沉、喷浆提升:为了使土和水泥浆搅拌均匀,可再一次将深层搅拌机边搅拌边沉入土中至设计深度。

水泥土墙应在施工后一周内进行开挖检查或采用钻孔取芯等手段检查成桩质量,若不符合设计要求应及时调整施工工艺。在设计开挖龄期采用钻芯法检测墙身完整性,钻芯数量不宜少于总桩数的 2%,且不应少于 5 根,并应根据设计要求取样进行单轴抗压强度试验。

（3）灌注桩支护结构

用灌注桩作为深基坑开挖时的支护结构具有布置灵活、无震动、无噪音、施工简便、造价低的特点。灌注桩可仅用作基坑的挡土桩,也可既作结构承载桩又作挡土桩,在公路、铁路作边坡支挡作山体抗滑桩时应有较广。

根据基坑或边坡对支护结构的要求和地质条件,灌注桩可做成单排、双排或多排。根据成孔方式可为机械钻孔灌注桩和人工挖孔灌注桩。灌注桩直径为 $\phi400\sim1\,000$ mm,一般不宜小于 $\phi600$ mm,其支撑形式有悬臂式(基坑灌注桩桩顶做连接的钢筋混凝土冠梁)、单层、多层拉锚。

图 1.67　灌注桩的布置形式
(a)一字排列;(b)桩与桩搭接的一字排列;(c)三角形布置

当不考虑基坑外防水时,灌注桩可一字排列,间距为 $2.5\sim3.5$ 倍桩径(图 1.67(a)),当土质较好时,可利用桩侧"土拱"作用,适当扩大间距;当考虑基坑外防水时,桩与桩搭接 $150\sim200$ mm(图 1.67(b))。

桩的混凝土等级宜大于 C20;基坑开挖后,排桩的桩间土防护可采用钢丝网混凝土护面、砖砌等处理方法,当桩间渗水时,应在护面上设泄水孔。当基坑面在实际地下水位以上且土质较好,暴露时间较短时,可不对桩间土进行防护处理。

(4)板桩支护结构

板桩是一种临时性支护结构,既可以挡土,又可以挡水,能保证基坑开挖到设计标高,进行基础施工期间,保持基坑侧压力与支护结构的平衡状态。这种支护结构不会产生较大的位移而影响邻近原有建筑物、构筑物和道路、管线等。

图 1.68　常用的钢板桩
(a)平板桩;(b)波浪型板桩(拉森型)

板桩有钢板桩、木板桩、钢筋混凝土板桩、钢(木)混合板桩等种类。

常用的钢板桩基本上有平板型和波浪型两种结构类型。平板型板桩防水性能好,易于沉入土中,适用于地基土质较好、基坑深度不大的工程;波浪型或组合工截面的钢板桩防水和抗弯性能均较好(图 1.68)。

桩板支撑根据有无锚碇,分为有锚板桩和无锚板桩。无锚碇板桩仅靠入土部分的土压力来维持板桩的稳定,适用于开挖深度较浅的基坑(槽)。当基坑(槽)开挖深度较大时,在板桩上部设置一道或几道拉锚或横撑式支撑,或当基坑(槽)特别宽大,而坑内不允许设置水平支撑时,也可设置拉锚或支撑,成为有锚板桩的单锚板桩或多锚板桩。

无锚板桩是有锚板桩的特例,而多锚板桩只是单锚板桩的推广。总结单锚板桩失稳破坏的工程实例,主要有以下几种情况(图 1.69);当板桩入土深度不足或坑底土质过于软弱时,会产生板桩绕锚拉点转动,板桩底端向外移动;当板桩截面较小,在土压力的作用下,会产生过大的弯曲变形;当锚碇设置在土体范围以内,或者拉锚强度不足被拉断时,板桩将向前倾倒,土体滑移,边坡失稳。因此,在设计、施工中,皆应保证入土深度、截面尺寸和锚杆拉力这三个要素的确实可靠。

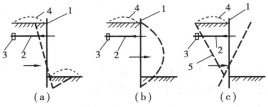

图 1.69　板桩破坏情况
(a)入土深度不够;(b)截面尺寸过小;(c)拉锚力不足
1—板桩;2—锚杆;3—锚碇;4—土堆;5—破坏面

板桩施工时,应尽量减少打桩时产生的振动和噪音对邻近建筑物、构筑物、仪器设备、城市环境等的影响,在桩附近挖土时,应防止桩身受到损伤,拔桩后的孔穴应填实。

(5)喷锚网支护结构

喷锚网支护是喷混凝土、各类锚杆(管、索、栓)和钢筋网联合支护的简称。是目前广泛应用于土建深基坑,岩土高边坡,人防工程,公路、铁路隧道及矿山巷道等工程中的一种较新的成功支护方法(图1.70)。

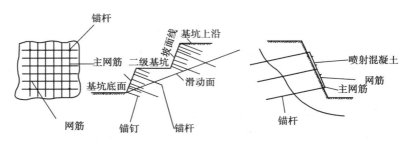

图 1.70 喷锚网支护示意

喷锚网支护尽可能保持、最大限度地利用基坑边壁土体固有力学强度,变土体荷载为支护结构体系的一部分为其基本原理。喷射混凝土在高压空气作用下高速喷向土层表面,先期骨料嵌入表土层内,并为后继料流所充填包裹,在喷层与土层间产生"嵌固层效应",并随开挖逐步形成全封闭支护系统;喷层与嵌固层具有保护和加固表土层,使之避免风化和雨水冲刷、浅层坍塌、局部剥落,以及隔水防渗等作用。锚杆(管、索、栓)内锚段深固于滑移面之外的稳定岩石(土层)中,其外锚固端同喷网联为一体,可把边壁不稳定体牢固地稳定住。钢筋网可使喷层具有更好的整体性和柔性,能有效地调整喷层与锚杆内应力分布。喷锚网主动支护土体,并与土体共同工作,具有施工方便,快速,及时,灵活,适用性强,随挖随支,挖完支完,安全经济等特点。其工期一般比被动受力的支护结构短,工程造价低,目前支护的最大垂直坑深已达20.5 m,建成淤泥(局部少量杂填土)基坑深达10.0 m。喷锚网支护法不仅能有效地用于一般岩土深基坑、高边坡工程,而且能有效地用于支护流砂、淤泥、厚杂填土、饱和土、软土等不良地质条件下的深基坑。此外,它还能快速、可靠、经济地对将要或已经失稳的边坡、基坑工程进行抢险加固或抗滑塌处理。

喷锚网支护的施工过程包括钻孔、安放拉杆、灌浆、张拉锚固、挂网、喷浆(细石混凝土)。

复习思考题

1. 土的工程性质是什么?对土方施工有何影响?

2. 确定场地设计标高应考虑哪些因素?如何确定?

3. 为什么对场地设计标高进行调整?

4. 土方量计算方法有哪几种?

5. 土方调配的基本原则有哪些?调配区如何划分?怎样确定平均运距?

6. 简述"闭回路法"进行方案调整的步骤。

7. 试述常用的土方机械的类型、施工特性和适用范围。

8. 基坑降水的方法有哪几种?分别适用情况如何?

9. 试述轻型井点系统的组成及设备。轻型井点的平面和高程如何布置?

10. 简述轻型井点降水的计算内容和方法。

11. 土方边坡的表示方法及影响边坡的因素是什么?

12. 常用支护结构有哪几种? 各适用于什么条件?

13. 单斗挖掘机有几种? 其工作特点和适用范围如何?

14. 正铲、反铲挖掘机的开挖方式有哪几种?

15. 喷锚法有何优点? 其主要构造如何?

16. 土方回填时对土料的选择有何要求? 压实方法有哪几种? 各有什么特点?

17. 影响填土压实质量的主要因素有哪些? 怎样检查填土压实质量?

18. 试述爆破原理。爆破漏斗有哪几个主要参数?

19. 常用的爆破方法有哪几种? 优缺点及适用范围是什么?

20. 起爆方法有几种? 各有什么特点?

21. 如何进行孔眼爆破时的炮眼布置?

22. 简述爆破作业时的安全防护措施。

23. 施工放线时如何确定基坑(槽)的放线宽度?

24. 基坑(槽)开挖时如何对其平面及高程进行控制?

习　题

1. 某工程有一 5 000 m^3 的填方量,需从附近取土回填,要求土质为中密实的粘性土,若运输工具容量为 2.0 m^3,问需要运多少车次才能运完?

2. 某条形基础的基槽断面尺寸如图 1.71 所示。已知土的可松性系数 $K_S = 1.14, K'_S = 1.03$。试计算基槽长 100 m 时的挖方量、填方量及回填后的余土外运量(基槽两端不放坡)。图上单位为 mm。

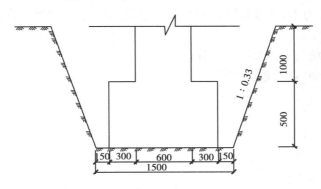

图 1.71

3. 某场地方格网的方格边长为 20 m,泄水坡度 $i_x = i_y = 0.2\%$,不考虑土的可松性和边坡的影响。试按填挖平衡的原则计算(见图 1.72):

(1)场地平整时的设计标高;

(2)各方格顶点的施工高度,并标出零线;

(3)填、挖土方量。

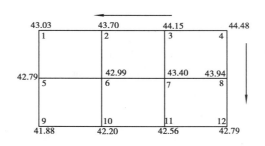

图 1.72

4. 已知场地的挖方区为 W_1、W_2、W_3；填方区为 T_1、T_2、T_3。填、挖方量及每一调配区的平均运距如图 1.73 和下表所示。

挖方区 \ 填方区	T_1	T_2	T_3	挖方量/m³
W_1	0	0	0	350
W_2	00	0	0	550
W_3	0	0	0	700
填方量/m³	250	800	550	

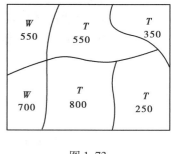

图 1.73

(1)试用"表上作业法"求最优土方调配方案；

(2)绘出土方调配图。

5. 某基坑底面积为 35 m×20 m,深 4.0 m,地下水位在地面下 1.0 m,不透水层在地面下 9.5 m,地下水为无压力水,渗透系数 $K = 15$ m/d,基坑边坡为 1∶0.5,现拟采用轻型井点系统进行人工降低地下水,试求:

(1)绘制井点系统的平面和高程布置；

(2)计算涌水量、井点管数和间距。

第 **2** 章
地基与基础工程

地基是指建筑物荷载作用下基底下方产生的应力(或变形)不可忽略的那部分基层,而基础则是指将建筑物荷载传递给地基的下部结构。作为支承建筑物荷载的地基,必须能防止强度破坏和失稳,同时,必须控制基础的沉降不超过地基的变形允许值。在满足上述要求的前提下,尽量采用相对埋深(埋深对基础宽度之比)不大,只须普通的施工程序(明挖、排水)就可建造起来的基础类型,即称天然地基上的浅基础。地基不能满足上述条件时,应进行地基的加固处理,在处理后的地基上建造的基础,称人工地基上的浅基础。当以上两种地基基础形式均不能满足结构的载荷要求时,则应考虑相对埋深大、需借助特殊的施工手段的基础形式,也即深基础(常用桩基础),使荷载能传到深部的坚实持力层上。

基础按构造形式不同有条形基础、独立基础、杯形基础、桩基础、筏式基础、箱形基础等;按材料分可有钢筋混凝土(混凝土)、钢管、圆木等。

2.1 浅基础施工

2.1.1 浅基础的类型

浅基础按照受力状态不同分为刚性基础(指用抗压极限强度比较大,而抗剪、抗拉极限强度较小的材料所建造的基础)(图 2.1(a))和柔性基础(抗压、抗剪、抗拉极限强度都较大的材料所建造的基础)(图 2.2(b))两类。刚性基础是用混凝土、毛石混凝土、毛石(或块石)、砖等建成,这类基础主要承受压力,不配置受力钢筋,但基础的宽高比(如图 2.1(a)所示的 b_1/h_1、b_2/h_2、b_3/h_3)或刚性角 α 有一定限制,即基础的挑出部分(每级的宽高比)不能太大。柔性基础是用钢筋混凝土建成,需配置受力钢筋,基础的宽度可不受宽高比的限制。建筑基础一般采用条形基础(墙下条基)或独立基础(常用于混合结构的砖墩及钢筋混凝土柱基),且多数采用刚性基础。

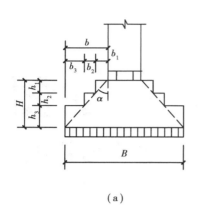
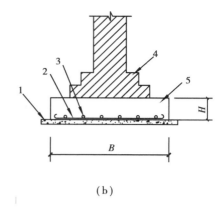

（a）　　　　　　　　　　　　　（b）

图 2.1　基础

（a）刚性基础；（b）柔性基础

1—垫层；2—受力钢筋；3—分布钢筋；4—基础砌体的扩大部分；

5—底板；α—刚性角；B—基础宽度；H—基础高度

2.1.2　浅基础施工

（1）砌石基础施工

1）毛石基础

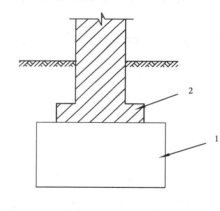

图 2.2　毛石基础

1—毛石基础；2—墙基放大脚

是用不规则石块和砂浆砌筑而成（图 2.2）。一般在山区建筑中用得较多。用于砌筑基础的毛石块体大小一般以宽和高为 200～300 mm。长为 300～400 mm 较为合适。砌筑用的砂浆常用不低于 M5 水泥砂浆，灰缝厚度宜为 20～30 mm。

施工时，基槽先清好基底或打好底夯，放出基础轴线、边线，然后在适当的位置立上皮数杆，拉上准线。先砌转角处的角石，再砌里外两面的面石，最后砌中间部分的腹石，腹石要按石形状交错放置，使石块的缝隙最小。

砌筑时，第一层应先座浆，选较大的且较平整的石块铺平，并使平整的一面着地。砌第二层以上时，每砌一块石，应先铺好砂浆，再铺石块。上下两层石块的竖缝要互相错开，并力求顶顺交错排列，避免通缝。毛石基础的临时间断处，应留阶梯形斜槎，其高度不应超过 1.2 m。每砌完一层，必须校对中心线，检查有无偏斜现象，如发现超出施工验收规范要求时（一般为 20 mm），应立即纠正。每日砌筑高度不宜超过 1.2 m。砌体砂浆要求密实饱满，组砌方法应正确，墙面每 0.7 m² 内，应设置一块丁石（拉结石），同皮的水平中距不得大于 2.0 m。

2）料石基础

是指基础所用石料经过加工，按其加工的平整程度分为细料石、半细料石、粗料石和毛料石。砌筑施工所用的料石宽度、厚度均不宜小于 200 mm，长度不宜大于厚度的 4 倍。

砌筑料石砌体时,料石应放置平稳。砂浆铺设厚度细料石不宜大于 8 ~ 10 mm,半细料石不宜大于 13 ~ 15 mm,粗料石、毛料石不宜大于 26 ~ 28 mm。

料石基础砌体的第一皮应用丁砌层座浆砌筑。阶梯形料石基础,上级阶梯的料石应至少压砌下级阶梯的1/3。

料石砌体应上下错缝搭砌,砌体厚度等于或大于两块料石宽度时,如同皮内全部采用顺砌,每砌两皮后,应砌一皮丁砌层;如同皮内采用丁顺组砌,丁砌石应交错放置,其中距不应大于 2 m。

(2)砖基础施工

砖基础是由垫层、基础砌体的扩大部分(俗称大放脚)和基础墙三部分组成。一般适用于土质较好,地下水位较低(在基础底面以下)的地基上。基础墙下砌成台阶形的基础砌体的扩大部分,有二皮一收的不等高式(等高式)(图 2.3(a))和一皮一收与二皮一收的间隔式(图 2.3(b))两种。每次收进时,两边各收 1/4 砖长(即约 60 mm)。

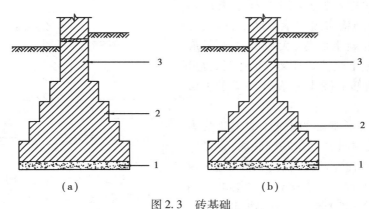

图 2.3　砖基础
(a)等高式;(b)不等高式
1—垫层;2—基础砌体扩大部分;3—基础墙

施工时先在垫层上弹出墙轴线和基础砌体的扩大部分边线,然后在转角处、丁字交接处、十字交接处及高低踏步处立基础皮数杆。皮数杆应立在规定的标高处,因此,立皮数杆时要进行抄平。

砌筑前,应先用干砖试摆(俗称排脚),以确定排砖方法和错缝的位置。砖砌体的水平灰缝厚度和竖向灰缝宽度控制在 8 ~ 12 mm,砌体砂浆必须密实饱满,水平灰缝的砂浆饱满度不得低于80%。

砌筑时,砖基础的砌筑高度是用皮数杆来控制的。砌大放脚时,先砌好转角端头,然后以两端为标准拉好线进行砌筑。砌筑不同深度的基础时,应先砌深处,后砌浅处,在基础高低处要砌成踏步形式,踏步长度不小于 1 m,高度不大于 0.5 m。基础中若有洞口、管道等,砌筑时应及时按要求正确留出或预埋。砌体的组砌方法应正确,不应有连续 4 皮砖的通缝。

(3)混凝土及毛石混凝土基础施工

混凝土及毛石混凝土基础(图 2.4)一般用于层数较高(3 层以上)的房屋,在地基土质潮湿或地下水位较高的情况下尤其合适。

基槽经过检验,弹出基础的轴和边线,即可进行基础施工,基础混凝土应分层浇注,并振捣

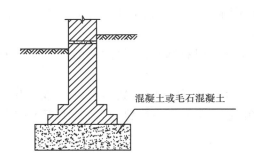

图 2.4　混凝土或毛石混凝土基础

密实。对于阶梯形基础,每一阶内应再分浇注层,并应注意边角处混凝土的密实。基础一般应连续浇捣完毕,不能分开浇注。如基础上有插筋时,在浇捣过程中要保证插筋位置不能移动。

在浇注基础混凝土时,为了节约水泥,可加入不超过基础体积 25% 的毛石,此时的基础称为毛石混凝土基础。毛石必须清洁,强度好,投石时,注意毛石周围应包裹有足够多的混凝土,以保证基础毛石混凝土的强度。

(4)钢筋混凝土基础施工

钢筋混凝土基础适用于地基较软弱,上部结构荷载较大,需要较大底面尺寸的情况。钢筋混凝土基础施工主要包括支模、扎筋、浇注混凝土、拆模、养护等工作过程。

建筑中常用的形式为钢筋混凝土条形基础,主要用于混合结构房屋的承重墙下,由素混凝土垫层、钢筋混凝土底板、大放脚墙基组成(图 2.5)。如地基土质较好且又较干燥时,也可不用垫层,而将钢筋混凝土底板直接置于土层上(原土须夯实)。

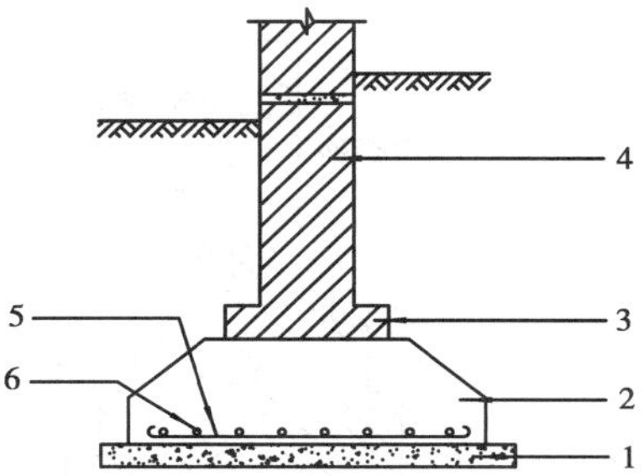

钢筋混凝土条形基础的主筋(即主要受力钢筋)沿墙体轴线横向放置在基础底面,直径一般为 $\phi 8 \sim \phi 16$,分布筋沿墙体轴线纵向布置(放置在横向主筋的上面)。混凝土保护层可采用 40 mm(设垫层时)或 70 mm(没有垫层时)。

图 2.5　钢筋混凝土条形基础
1—素混凝土垫层;2—钢筋混凝土底板;
3—砖砌大放脚;4—基础;5—受力筋;6—分布筋

基础干硬后(如不设垫层,则原槽土须夯实),即可进行弹线、绑扎钢筋等工作。要用预先制好的小水泥砂浆块垫起钢筋(水泥块的厚度即为混凝土所需的保护层厚度)。安装模板时,应先检查核对纵横轴线和标高是否正确。基础上有插筋时,应保证插筋的位置正确。

在混凝土强度能保证基础表面不变形及棱角完整时,方可拆除基础模板,一般在气温 20 ℃ 以上时,两天后即可拆除。拆除后经过基础质量检查,确认质量合格后,应尽快进行基础回填土,以免影响场地平整、材料准备和给后续施工工作带来不便,同时又可利用土壤作基础混凝土的自然养护。

基础、管沟回填土时要两边同时进行,避免基础或管道在单侧土压力作用下产生偏移或侧向变形移动。回填土最好高出自然地面 50 mm 以上,以免积水。回填时要求回填土应有一定的密实性,如无具体的设计要求时,应使回填后不致产生较大的下沉陷落。

(5)地基局部处理

在地基施工中往往发现地基局部出现岩石、土洞、松软土坑等情况,一般可按下列方法处理:

①岩石　当基底有局部岩石或旧墙基、树根等地下障碍物时,应尽量挖出然后夯填。如果无法挖除或遇局部坚硬岩石可在其上设一道钢筋混凝土过梁架过,或在其上作一道土与砂混

合物的软性垫层,厚度为 300~500 mm,以调整沉降。

②松软土坑　将土坑中的松土挖出,回填与基土压缩性相近的土或用灰土(灰土比为3∶7)分层夯实。每层厚度不大于 200 mm。如果土坑较大可将基础加深;如果土层较深,可用钢筋混凝土梁架过;也可采用局部换土,回填碎石层的方法。

2.1.3　垫层施工

为使基础与地基有较好的接触面,把基础承受的荷载比较均匀地传给地基,常常在基础底部设置垫层。按地区不同,目前常用的垫层材料有:灰土、碎砖(或碎石、卵石)合土、砂或砂石以及低强度等级的混凝土等。

在基坑(槽)土方开挖完成以后,应尽快进行垫层施工,以免基坑(槽)开挖后受雨水浸泡或冻害,影响地基的承载能力。

垫层施工以前,应再次检查基坑(槽)的位置、尺寸、标高是否符合设计要求,坑(槽)壁是否稳定,基槽底部如被雨雪或地下水浸软时,还必须将浸软的土层挖去,或夯填厚 100 mm 左右的碎石(或卵石),然后才可以进行垫层施工。

基坑(槽)的垫层可以采用灰土垫层、砂垫层和砂石垫层以及混凝土垫层,具体的施工方法可以参见第 11.1 节的楼地面垫层施工部分的内容。

2.2　地基处理

建筑物或构筑物的天然地基不能满足其承载能力、失稳和沉降要求时,须采用适当的地基处理,以保证结构的安全与正常使用。

地基处理的方法很多,本节介绍几种常用的地基处理方法。

2.2.1　换填法

换填法适用于淤泥、淤泥质土、湿陷性黄土、素填土、杂填土地基及暗沟、暗塘的浅层处理。换填法是先将基础底面以下一定范围内的软弱土层挖去,然后回填强度较高、压缩性较低、无侵蚀性的材料,如粗砂、碎石等,再分层夯实,作为地基的持力层。换填层的作用在于可以提高地基的承载力,并通过垫层的应力扩散作用,减少垫层下天然土层所承受的压力,因而减少基础的沉降量。如在下卧软土层中采用透水性较好的垫层(如砂垫层),软土层中的水分可以通过它较快地排出去,能够有效地缩短沉降稳定时间。换土垫层法就地取材,不需要特殊的机械设备,施工简便,既能缩短工期,又能降低造价,对解决荷载较大的中小型建筑物的地基问题比较有效,因此应用较为普遍。下面以砂垫层为例,介绍换填法施工。

(1) 垫层宽度的确定

砂垫层设计,主要是确定砂垫层的厚度和宽度。砂垫层的厚度应根据垫层底部软弱土层的承载力来确定,即当上部荷载通过砂垫层按一定的扩散角传至下卧土层时,下卧土层顶面所受的总压力不应超过其容许承载力。当垫层材料为中砂、粗砂或碎石时,扩散角可取 30°;对其他较细的材料,扩散角为 22°。一般砂垫层的厚度为 1~2 m。如果厚度小于 500 mm,砂垫层的作用不明显;如果厚度大于 3 m,则施工比较困难,也不经济。

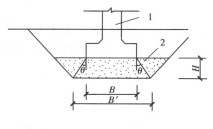

图 2.6　砂垫层示意图
1—基础;2—砂垫层

砂垫层的宽度,一方面要满足应力扩散的要求,另一方面要防止垫层向两边软弱土层挤出。目前常用的经验方法是垫层底部宽度按下式确定:

$$B' = B + 2H \cdot \tan\theta \qquad (2.1)$$

式中:B——基础宽度;

　　　　H——垫层厚度;

　　　　θ——扩散角。

垫层底宽确定后,按照基坑的坡度往上延伸至基础底面,得 B,即垫层上口宽,如图 2.6 所示。

(2)基础垫层的施工

垫层施工时应注意验槽,注意保护好基坑底及侧壁土的原状结构,以免降低软土的强度。在垫层的最下一层,宜先铺设 150～200 mm 厚的粗砂后夯实。当采用碎石垫层时,也应在软土上先铺一层砂垫层。

砂垫层的施工关键是如何使砂垫层密实,以达到设计要求。在施工时,应使砂分层铺设,分层夯实,每层的铺设厚度不应超过规范的规定。捣实砂层应注意不要扰动基坑底部和四侧的原状土。每铺好一层垫层,经密实度检验合格后方可进行上一层的垫层施工。

砂和砂石地基的质量检查,应按规范建议的环刀取样法或贯入测定法进行。

2.2.2　重锤夯实法

重锤夯实法是利用起重机械将重锤提升到一定高度,自由下落,重复夯打击实地基。经过夯打后,形成一层比较密实的硬壳层,从而提高地基强度。

重锤夯实法适用于处理各种粘性土、砂土、湿陷性黄土、杂填土和分层填土地基。拟加固土层必须高出地下水位 0.8 m 以上。因为饱和土在瞬间冲击力的作用下,水不易排出,很难夯实。另外,在夯实影响范围内有软土存在,或夯击对邻近建筑物有影响时,不宜采用此法。

重锤夯实用的起重设备一般采用带有摩擦式卷扬机的起重机。夯锤形状为一截头圆锥体,锤底直径一般为 700～1 500 mm,锤重不小于 15 kN。

重锤夯实的效果与锤重、锤底直径、落距、夯实遍数和土的含水量有关。重锤夯实的影响深度大致相当于锤底的直径。落距一般取 2.5～4.5 m。夯打的遍数一般取 6～8 遍。随着夯打的遍数的增加,土的每遍夯沉量逐渐减少。

试夯及地基夯实时,必须使土处在最优含水量范围,才能得到最好的夯实效果。基槽(坑)的夯实范围应大于基础底面,每边应比设计宽度加宽 0.3 m 以上,以便于底面边角夯打密实。基槽(坑)边坡应适当放缓。夯实前,槽、坑底面应高出设计标高。预留土层的厚度为试夯时的总夯沉量再加 50～100 mm。在大面积基坑或条形基槽内夯打时,应一夯挨一夯顺序进行。在一次循环中同一夯位应连夯两击,下一循环的夯位,应与前一循环错开 1/2 锤底直径(图 2.7),落锤应平稳,夯位准确。在独立柱基基坑夯打时,一般采用先周边后中间或先外后里的跳夯法进行(图 2.8)。夯实完后,应将基槽(坑)表面修整到设计标高。

重锤夯实后应检查施工记录,除应符合试夯最后两遍的平均夯沉量的规定外,并应检查基槽(坑)表面的总夯沉量,以不小于试夯总夯沉量的 90% 为合格。

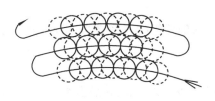

图2.7 夯位搭接示意图

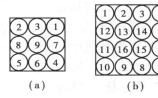

图2.8 夯打顺序

（a）先周边后中间打法；（b）先外后里跳打法

2.2.3 强夯法

强夯法是利用起重设备将重 80 ~ 400 kN 的夯锤吊起，从 6 ~ 30 m 的高处自由落下，对土体进行强力夯实的地基处理方法。强夯法属高能量夯击，即是用巨大的冲击能，使土中出现冲击波和很大的应力，迫使土体颗粒重新排列，排出孔隙中的气和水，从而提高地基强度，降低其压缩性，改善砂性土抵抗振动液化的能力。强夯法适用于碎石土、砂土、低饱和度的粉土和粘性土、湿陷性黄土及杂填土和素填土等地基的深层加固。地基经强夯加固后，承载能力可以提高 2 ~ 5 倍；压缩性可以降低 200% ~ 1 000%；其影响深度在 10 m 以上，国外加固影响深度已达 40 m。强夯法是一种效果好、速度快、节省材料、施工简便的地基加固方法。其缺点是施工时噪音和振动很大，离建筑物小于 10 m 时，应挖防震沟，沟深要超过建筑物基础深。

（1）机具设备

强夯法的主要设备包括夯锤、起重设备、脱钩装置等。

夯锤宜用铸钢或铸铁制作，如条件所限，则可用钢板外壳内浇钢筋混凝土，一般条件下夯锤重可取 100 ~ 250 kN，夯锤底面宜采用圆形。锤底静压力值可取 25 ~ 40 kPa，锤的表面积大小取决于表面土质，对于砂土一般为 2 ~ 4 m²，粘性土为 3 ~ 4 m²，淤泥质土为 4 ~ 6 m²。夯锤中宜对称设置若干个与其顶面上下贯通的排气孔，以减少夯击时的空气阻力，孔径可取 200 ~ 300 mm。

起重设备一般采用带有自动脱钩装置的履带自行式起重机或其他专门设备。起重能力应大于 1.5 倍锤重，并需设安全装置，防止夯击落锤时机架倾覆。

（2）强夯法技术参数

强夯技术参数包括：单击夯击能（锤重和落距的乘积）、夯击遍数、加固范围、夯点布置、两次夯击之间的时间间隔等。施工前，应在施工现场代表性的场地上选取一个或几个试验区，进行试夯或试验性施工，以取得合适的技术参数。

强夯法的有效加固深度应根据现场试夯或当地经验确定，在缺少试验资料或经验时可按规范建议值预估。强夯的单击夯击能，应根据地基土类别、结构类型、荷载大小和要求处理的深度等综合考虑，并通过现场试夯确定。夯点的夯击遍数应根据地基土的性质确定。一般情况下，可采用 2 ~ 3 遍，细颗粒土则夯击遍数宜多些。最后一遍以低能量"满夯"，即夯击时的锤印要叠压。

两次夯击之间的时间间隔取决于土中超静孔隙水压力的消散时间。当缺少实测资料时，可根据地基土的渗透性确定，对于渗透性较差的粘性土地基间隔时间应少于 3 ~ 4 周，对于渗透性好的地基可连续夯击。

夯点的布置可根据建筑物结构类型，采用等边三角形、等腰三角形或正方形。第一遍夯击点间距可取 5 ~ 9 m。以后各遍夯击点间距可与第一遍相同,对于处理深度较深或单击夯击能较大的工程,第一遍夯击点间距宜适当增大。

强夯法处理范围应大于建筑物基础范围。每边超出基础外缘的宽度宜为设计处理深度的1/2 至 2/3,并不宜小于 3 m。

(3)施工要点及质量检验

强夯法施工前,应查明场地范围内的地下构筑物和各种地下管线的位置及标高等,并采取必要的措施,以免因强夯施工而造成损坏。

强夯施工必须按试验确定的技术参数进行。以各个夯击点的夯击数为施工控制依据。

夯击时,夯锤应保持平稳,夯位准确,如错位或坑底倾斜过大,宜用砂土将坑底整平,才能进行下一次夯击。每夯击一遍完成后,应测量场地平均下沉量,然后用砂土将夯坑填平,方可进行下一遍夯击。最后一遍的场地平均夯沉量必须符合设计要求。雨天施工时,夯击坑内或夯击过的场地内的积水必须及时排除。冬天施工时,首先应将冻土击碎,然后再按各点规定的夯击数施工。施工时应测量场地在夯击前、后的场地高程,以确定其实际夯实量。

强夯法施工时应有专人负责监测夯点放线图,检查施工过程中的各项技术参数及施工记录,并应在夯击过的场地选点作检验。检验方法根据土性选用原位测试(如标准贯入试验、静力触探和轻便触探等方法)和室内土工试验。检验点数,每个建筑物的地基不少于 3 处,检测深度和位置按设计要求确定。对于碎石土或砂土地基,应在施工结束后间隔 1 ~ 2 周进行检验;对于低饱和度的粉土和粘性土地基应间隔 2 ~ 4 周进行检验。

2.2.4 振冲法

用振动和水冲加固地基土体的方法称为振冲法。振冲法分为振冲挤密法和振冲置换法两种。用于振密松砂地基时称为"振冲挤密";用于在粘性土地基处理,在粘性土中制造以碎石、卵石或砾砂等材料组成的一群桩体,从而构成复合地基,这种方法称为"振冲置换"。

(1)振冲加固原理

振冲挤密法加固砂层的原理:一方面是靠振冲器的强力振动使饱和砂层发生液化,砂颗粒重新排列,孔隙减少;另一方面靠振冲器的水平振动力,在加料回填情况下通过填料使砂层挤压加密。振冲挤密法适用于松散砂土地基的挤密加固。

砂体颗粒越细(如粉土或含粉粒较多的粉质砂),振冲挤密的效果越差,提高挤密效果的有效措施是向振冲区灌入粗粒料。对于中粗砂地基,振冲器上提后由于孔壁极易坍落,能自行填满下方的孔洞,可不必加填料,就地振密。对于粉细砂,必须加填粗砂、砾石、碎石、矿渣等材料,粒径为 5 ~ 50 mm。填料的含泥量不宜大于 10%,且不得含有粘土块。

振冲置换法加固原理:利用振冲器在高压水流作用下边振边冲,在软弱粘性土地基中成孔,再在孔内分批填入碎石、砾砂、粗砂等坚硬材料制成一根根桩体,如碎石桩。这些桩体在软土中由于土体约束力作用,可保证其稳定,并和原来的粘性土构成复合地基。当桩体贯穿软弱土层,接触硬土层时,在复合地基中起到应力集中的作用,负担了大部分的荷载,而使桩间土承担的荷载相应减少;当桩处于软弱土体时,起到垫层的应力扩散和均布作用,从而提高地基整体的承载能力,减少沉降量。桩体的填料量和桩径以及复合地基的面积置换率是影响复合地基强度的主要因素。振冲置换法适用于处理不排水抗剪强度不小于 20 kPa 的粘性土、粉土、饱和黄土和人工填土等地基。

（2）施工工艺

振冲法施工时的主要机具有振冲器、起重机械、水泵及供水管道、加料设备和控制设备等。

施工前应先在现场进行振冲试验,以确定其施工参数,如振冲孔间距、达到土体密实时的密实电流值、成孔速度、留振时间、填料量等。

振冲挤密或振冲制桩的施工过程包括:定位、成孔、清孔和振密等。

定位:振冲前,应按设计图定出冲孔中心位置并编号。

成孔:振冲器用履带式起重机或卷扬机悬吊,对准桩位,打开下喷水口,启动振冲器(图 2.9(a))。水压一般保持 $300 \sim 800$ kPa,水量可采用 $200 \sim 400$ L/min。此时,振冲器在其自身重力及振动喷水作用下,以 $1 \sim 2$ m/min 的速度慢慢沉入土中,每沉入 $0.5 \sim 1.0$ m,宜留振 $5 \sim 10$ s 进行扩孔。待孔内泥浆溢出时再继续贯入。

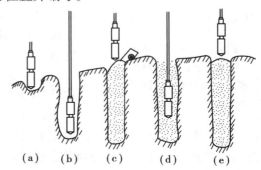

图 2.9　碎石桩制桩步骤
(a)定位;(b)振冲下沉;(c)加填料;(d)振密;(e)成桩

清孔:当下沉达设计深度时,振冲器应在孔底适当停留并减小射水压力(图 2.9(b))。

振密:振冲填料时,宜保持小水量补给。采用边振边填,应对称均匀;如将振冲器提出孔口再加填料时,向孔内倒入的填料以 $0.5 \sim 1.0$ m 为宜(图 2.9(c))。将振冲器下降到填料中进行振密(图 2.9(d)),待密实电流达到规定的数值后,将振动器提出孔口再次填料。如此自下而上反复进行加固直到孔口,在距地面 1.0 m 左右深度的桩身,加填碎石或采取其他措施,以保证桩顶密实度。

（3）质量控制与检验

振冲法加固法,主要以密实电流、填料量和留振时间来控制。

振冲造孔后,成孔中心与设计定位中心偏差不得大于 100 mm;完成的桩顶中心与定位中心偏差不得大于 $0.2D$(D 为桩孔直径)。

振冲地基的效果检验时间,应根据土的性质和完成时间确定:砂土宜在工作完成半个月后,粘性土宜在工作完成后 1 个月后进行的。

检验方法可采用载荷试验、标准贯入、静力触探及土工试验等方法。对于地震区内进行的抗液化加固地基,尚应进行现场孔隙水压力试验。

2.3　桩基础施工

桩基础是用承台或梁将沉入土中的桩联系起来,以承受上部结构的一种常用的基础形式,当天然地基土质不良,不能满足建筑物对地基变形和强度方面的要求时,常常采用桩基础将上部建筑物的荷载传递到深处承载力较大的土(岩)层上,以保证建筑物的稳定和减少其沉降量。同时,当软弱土层较厚时,采用桩基础施工,可省去大量的土方开挖、支撑、排(降)水设

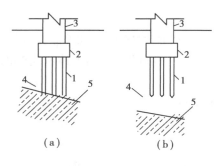

图 2.10　桩的分类
(a)端承桩;(b)摩擦桩
1—桩;2—承台;3—上部结构;
4—软弱土层;5—下卧硬土层

施,一般均能获得良好的经济效果。因此,桩基础在建筑工程中应用广泛。

按桩的传力和作用性质,桩可分为端承桩和摩擦桩两种。端承桩是穿过上部软弱土层而达于下部持力层(岩石、砾石层、砂层或坚硬土层)上的桩(图2.10(a)),上部结构荷载主要是由桩尖阻力来平衡。摩擦桩是把建筑物的荷载传布在桩四周土中及桩尖下土中的桩(图2.10(b)),其大部分荷载靠桩四周表面与土的摩擦力来支承。

按桩身的材料来分有木桩、混凝土桩、钢筋混凝土桩、预应力钢筋混凝土桩和钢桩等。按桩的截面形状可分为实心桩和空腹桩。按桩的施工方式,又可分为预制桩和灌注桩两大类。预制桩是在工厂或施工现场制成的各种材料和形式的桩,然后用沉桩设备将桩沉入(打、压、振)土中。灌注桩是在施工现场的桩位上用机械或人工成孔,然后在孔内灌注混凝土或钢筋混凝土而成。

钢筋混凝土预制桩(含预应力钢筋混凝土桩)施工速度快,适用于穿透的中间层较软弱或夹有不厚的砂层、持力层埋置深度及变化不大、地下水位高、对噪声及挤土影响无严格限制的地区;灌注桩适用于严格限制噪声、振动、挤土影响、持力层起伏较大的地区。

2.3.1　钢筋混凝土预制桩

钢筋混凝土预制桩(简称预制桩)是运用比较多的一种桩型,具有制作方便、质量可靠、材料强度高、耐腐蚀性强、承载力高、价格低等特点,但桩在施工时,对土的挤密压紧作用较严重,穿过厚沙层或硬土层较困难,桩截面有限且截桩困难。预制桩常用的截面形式有混凝土方形实心截面、圆柱体空心截面以及预应力混凝土管形截面。预制混凝土实心桩大多做成方形截面,边长通常为 250 ~ 500 mm(图2.11)。单根桩的最大长度根据打桩架的高度而定,一般在 27 m 以内。如需打 30 m 以上的桩,或者受运输条件所限,则将桩分为几段,在打桩过程中逐段接长。较短的桩多在预制厂生产,较长的桩一般在现场附近或打桩现场就地预制。

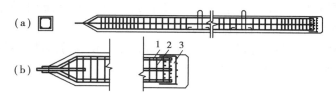

图 2.11　钢筋混凝土方桩
1—主筋;2—钢箍;3—钢筋网

(1)桩的预制、起吊、运输和堆放

预制桩在制作时桩内应设纵向钢筋或预应力筋(或丝)和横向钢筋(或箍),以便承受桩在运输、起吊和下沉时产生的弯曲应力和冲击力。预制时应保证钢筋位置正确,纵向主筋长度不够时,应采用对焊。同一钢筋的两个接头距离应大于 35 倍主筋直径,主筋接头在同一截面内的数量不应超过 50%。

桩身混凝土强度不应小于 C30,混凝土的粗骨料应用粒径为 5 ~ 40 mm 碎石或碎卵石,桩混凝土应用搅拌机拌制、机械振捣,由桩顶向桩尖连续浇注,一次完成。养护时间不得少于7 d。

现场预制桩多采用叠浇法间隔制作,预制场地应平整、坚实,不得产生不均匀沉降。桩与桩之间应涂刷隔离剂,以保证桩起吊时不互相粘结。桩的叠浇层数,应根据地面允许荷载和施工条件确定,但不宜超过 4 层。上层桩或邻桩的浇注,须在下层桩或邻桩的混凝土达到设计强度等级的 30% 后方可进行。

预制桩的质量,除要满足规范的允许偏差外,还应符合以下条件:桩的表面应平整、密实,掉角的深度不应超过 10 mm,局部蜂窝和掉角的缺损总面积不得超过该桩全部表面积的0.5% ,且不得过分集中;混凝土的收缩裂缝,其深度不得大于 20 mm,宽度不得大于 0.25 mm,横向裂缝长度不得超过边长的一半;桩顶和桩尖处不允许有蜂窝、麻面、裂缝和掉角。

预制桩达到设计强度等级的 70% 后方可起吊,达到设计强度的 100% 后才可以运输和沉桩。如要提前起吊和沉桩,必须采取必要的措施并经验算合格后方可进行。起吊时应用吊索按设计规定的吊点位置进行吊运。如无吊环且设计又未作规定时,吊点的位置应满足起吊弯矩最小的原则,如图 2.12 所示。钢丝绳与桩之间应加衬垫,以免损坏棱角。起吊时应平稳提升,避免摇晃、撞击和振动。

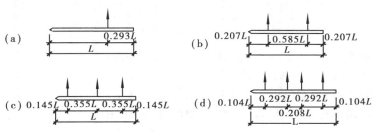

图 2.12　吊点的合理位置
(a)1 个吊点;(b)2 个吊点;(c)3 个吊点;(d)4 个吊点

打桩前,需将桩从预制厂(场)运至施工现场堆放或直接运至桩架前。一般情况下,应根据打桩顺序和速度随打随运,可以避免二次搬运。运到施工现场的桩或在施工现场预制的桩,应有质量合格证,并按规定进行检查编号。如要长距离运输,可采用平板拖车、轻轨平台运输车(图 2.13)等。长桩搬运时,桩下要设置活动支座。经过搬运的桩,还应进行质量复查。

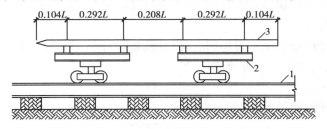

图 2.13　用平台车运桩
1—铁轨;2—平台车;3—桩

桩堆放时,场地必须平整、坚实,桩按规格、桩号分类分层叠置,堆放层数不宜超过 4 层,支承点应设在吊点处,各垫木应在同一垂直线上,最下层垫木适当加宽。

（2）锤击法沉桩

锤击法沉桩也称打桩，是利用桩锤下落到桩顶产生的冲击能而使桩沉入土中。在沉桩施工前，必须做好地基勘测与环境调查工作、编制预制桩沉桩的施工组织设计、清除施工现场障碍物、施工现场的场地平整以及施工现场的定位放线等准备工作。

打桩设备主要有桩锤、桩架以及动力装置 3 部分。

1）桩锤

桩锤是对桩施加冲击力，把桩沉入土中的主要机具。桩锤有落锤、汽锤（单动和双动）、柴油锤、液压锤和振动锤等。

落锤：为一铸铁块，质量一般为 1～2 t，用卷扬机提起桩锤，用脱钩装置或松开卷扬机刹车使其自由下落到桩顶上，利用锤重下降冲击桩顶，使桩沉入土中，如图 2.14 所示。落锤构造简单，使用方便，冲击力大，能随意调整落距。但打桩速度慢，每 min 6～12 次，效率低。主要适用于打设木桩以及细长的混凝土桩，在一般土层及含砾石的土层均可使用。

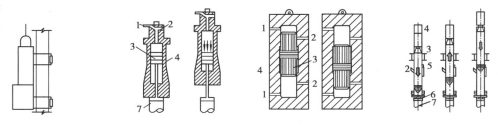

图 2.14　落锤示意图　　图 2.15　单动汽锤　　图 2.16　双动汽锤　　图 2.17　柴油锤工作示意
1—进汽孔；2—排汽孔；3—活塞；4—汽孔；5—燃油泵；6—桩帽；7—桩

汽锤：利用蒸汽或压缩空气的动力进行锤击。根据其工作情况又分为单动汽锤和双动汽锤。单动汽锤的冲击体在上升时消耗动力，下降时靠自重（图 2.15），这种锤冲击力大，结构简单，落距小，对设备和桩头的损伤较小，适用于打设各种类型的桩，常用锤质量为 1.5～10 t，每 min 锤击次数为 25～30 次。双动汽锤（图 2.16）的冲击体升降均由动力推动，其冲击频率高，每 min 为 100～200 次，冲击力大，但设备笨重，移动较为困难，适用于打设各种桩，特别适用于打斜桩和拔桩，也可用于水下打桩，其锤质量为 0.6～6 t。

柴油锤：利用汽缸内的燃油爆炸时的能量推动冲击部分（活塞等）向上运动，丧失速度后具有势能的冲击部分回落击桩（图 2.17）。柴油锤需有桩架、动力等设备，但不需外界能源，机架轻、移动方便、打桩速度快，适用于打设钢板桩以及在软弱地基上打设混凝土桩，但不适用于在松软土或硬土中打桩。

桩锤的类型选择应根据施工现场情况、机具设备条件及工作方式和工作效率等条件来选择。桩锤类型选定后，还要确定桩锤的质量。

①计算法选择锤质量

按桩锤的冲击能初选锤质量：

$$E \geqslant 0.025P \tag{2.2}$$

式中：E——桩锤的一次冲击动能（kN·m）；

　　　P——单桩设计荷载（kN）。

在按上式选择桩锤时，还应按所要打设桩的质量，用以下经验公式复核后决定：

$$K = \frac{M + C}{E} \qquad (2.3)$$

式中：M——锤质量(t)；

　　C——桩质量(t)，包括送桩、桩帽和桩垫质量；

　　K——适用系数，落锤 $K \leqslant 2.0$；单动汽锤 $K \leqslant 3.5$；双动汽锤和柴油锤 $K \leqslant 5.0$。

②按施工经验选择锤质量

采用锤击沉桩时，为了防止桩受到过大的冲击能而产生过大的应力，导致桩顶破碎，应采用重锤低击的原则选择锤质量，通常可以按表 2.1 进行选用。

表 2.1　锤质量与桩质量比值表(锤重/桩重)

锤类别 \ 桩类别	木　桩	钢筋混凝土桩	钢　管　桩
落　　锤	2.00 ~ 4.00	0.35 ~ 1.50	1.00 ~ 2.00
单动汽锤	2.00 ~ 3.00	0.45 ~ 1.40	0.70 ~ 2.00
双动汽锤	1.50 ~ 2.50	0.60 ~ 1.80	1.50 ~ 2.50
柴油锤	2.50 ~ 3.50	1.00 ~ 1.50	2.00 ~ 2.50

注：①锤质量系指锤体总质量；

　　②桩质量系指除桩质量外还应包括桩帽质量；

　　③桩长度一般不超过 20 m；

　　④土质较软时建议采用下限值，土质较坚硬时建议采用上限值。

2)桩架

桩架的主要作用是在沉桩过程中保持桩的正确位置和在打桩过程中引导锤、桩的方向并保证桩锤按所要求的方向冲击桩体。常用的桩架有滚筒式桩架、多功能桩架、履带式桩架，见图 2.18。

桩架在选择时应考虑下列因素：桩的材料、材质和截面形状、尺寸；是单节桩或多节桩，桩的连接形式与数量；施工场地条件、作业环境和空间；选定的锤型、锤质量和尺寸；施工进度要求等。

桩架的高度 H 应满足：

$$H \geqslant h_1 + h_2 + h_3 + h_4 \qquad (\text{m}) \qquad (2.4)$$

式中：h_1——桩长；

　　h_2——滑车组高度；

　　h_3——桩锤高度；

　　h_4——起锤所需的工作富余高度(1 ~ 2 m)。

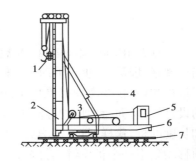

图 2.18　桩架示意

1—柴油桩锤；2—立桩；3—回转平台；
4—撑杆；5—司机室；6—平衡重；7—底盘

3)打桩施工

①打桩顺序

由于打桩对土体的挤密作用，使先打的桩因受水平推挤而造成偏移和变位，或被垂直挤拔造成浮桩；而后打入的桩因土体挤密，难以达到设计标高或入土深度，或造成土体隆起和挤压，截桩过大。因此,进行群桩打入施工时,为了保证打桩工程质量,防止周围建筑物受土体挤压的影响,打桩前应根据桩的密集程度、桩的规格、长短和桩架的移动方便等因素来正确选择打桩顺序。

当桩较密集时(桩中心距小于或等于4倍桩边长或桩径),应由中间向两侧对称施打或由中间向四周施打,如图2.19(c),(d)所示。这样,打桩时土体由中间向两侧或四周均匀挤压,易于保证施工质量。当桩数较多时,也可采用分区段施打。

当桩较稀疏时(桩中心距大于4倍桩边长或桩径),可采用上述两种打桩顺序,也可采用由一侧向另一侧单一方向施打的方式(即逐排打设),或由两侧同时向中间施打,如图2.19(a),(b)所示。在采用逐排打设时,桩架单方向移动,打桩效率高。但打桩前进方向一侧不宜有防侧移、防振动的建筑物、构筑物、地下管线等,以防止受土体挤压破坏。

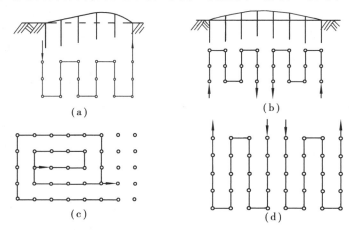

图2.19 打桩顺序
(a)从两侧向中间打设;(b)逐排打设;(c)自中部向四周打设;(d)由中间向两侧打设

当桩规格、埋深、长度不同时,宜按先大后小,先深后浅,先长后短的方式进行施打。在实际施工过程中,不仅要考虑打桩顺序,还要考虑桩架的移动是否方便。如果自然地面标高接近桩顶的设计标高,而持力层的标高不尽相同,预制桩不可能根据持力层标高的不同而设计各种尺寸和长度的桩,这样,打桩完毕后,其桩顶会高于地面,当桩顶高于桩架底面高度时,桩架不能向前移动到下一个桩位继续打桩,只能后退打桩,这就是所谓的"退打",此时,桩不能预先布置在场内,只能采用随打随运。在打桩后,桩顶标高低于桩架底面高度,桩架可以向前移动来打桩,此时,只要场地允许,预制桩可以预先布置在场地内以便施工,同时可避免桩的二次搬运。

②吊桩就位

按既定的打桩顺序,先将桩架移动至设计所定的桩位处并用缆风绳等稳定,然后将桩运至桩架下,用桩架上的滑轮组,由卷扬机将桩提升为直立状态。对准桩位中心,缓缓放下插入土中。桩插入时垂直度偏差不得超过0.5%。桩就位后,在桩顶安上桩帽,然后放下桩锤轻轻压住桩帽。桩锤、桩帽和桩身中心线应在同一垂直线上。在桩的自重和锤重的压力下,桩便会沉入一定深度,等桩下沉达到稳定状态后,再一次检查其平面位置和垂直度,校正符合要求后,即可进行打桩。为了防止击碎桩顶,应在混凝土桩的桩顶和桩帽之间、桩锤与桩帽之间放上硬木、麻袋等弹性衬垫作缓冲层。

③打桩

打桩开始时,应先采用小落距(0.5~0.8 m)轻击桩顶,使桩正常沉入土中 1~2 m 后,检查桩身垂直度以及桩尖偏移,当符合要求后,再逐渐增大落距至规定要求,直至将桩锤击沉到设计要求的深度。

打桩的方法有重锤低击和轻锤高击两种。轻锤高击所获得的动量小,冲击力大,其回弹也大,桩头易损坏,在实际工程中一般不用;重锤低击获得的动量大,桩锤对桩顶的冲击小,其回弹也小,桩头不易损坏,大部分能量都用以克服桩周边土壤的摩阻力而使桩下沉。正因为桩锤落距小,频率高,对于较密实的土层,如砂土或粘土也能容易穿过,一般在工程中采用重锤低击,其落距为:落锤小于 1.0 m,单动汽锤小于 0.6 m,柴油锤小于 1.5 m。

④接桩

当设计的桩较长,但由于打桩机高度有限或预制、运输等因素,只能采用分段预制、分段打入的方法,需在打桩现场的打入过程中将桩接长。接长预制钢筋混凝土桩的方法有焊接法、法兰盘连接法和浆锚法 3 种。

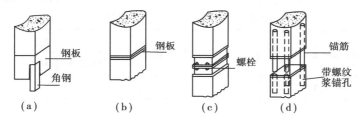

图 2.20　钢筋混凝土预制桩接头
(a)角钢绑焊接头;(b)钢板对焊接头;(c)法兰盘接头;(d)浆锚法接头

焊接法接头有角钢绑焊接头(图 2.20(a))和钢板对焊接头(图 2.20(b)),其连接强度能保证,接头承载力大,能适用于各种土层,但焊接时间长,沉桩效率低。接桩时,必须在上下节桩对准并垂直无误后,用点焊将拼接角钢连接固定,再次检查位置正确后,才进行焊接。预埋铁件表面应保持清洁,上下节桩之间的间隙应用铁片填实焊牢;采用对角对称施焊以减少节点不均匀焊接变形,焊缝要连续饱满。

法兰盘接头主要是在两节桩分别预埋法兰盘,用螺栓连接(图 2.20(c))。上下节桩之间宜用石棉或纸板衬垫,螺栓拧紧后应锤击数次,再拧紧一次,使上下两节桩端部紧密结合,并将螺帽焊牢,这种方法操作时间短,接桩沉桩效率高,但耗钢量大。

浆锚法(图 2.20(d))常用硫磺胶泥锚固接头。上节桩下端伸出 4 根锚筋,长度为锚筋直径的 15 倍,布置在桩的四角,锚筋直径在锤击沉桩时为 22~25 mm,静力压桩时为 16~18 mm;下节桩顶部预留锚筋孔,锚筋孔呈螺纹状,孔径为锚筋直径的 2.5 倍,一般内径为 50 mm,孔深应比锚筋长 50 mm,锚筋和锚筋孔的间隙填满硫磺胶泥。接桩时,首先对下节桩的锚筋孔进行清洗,除去孔内杂物、油污和积水;吊运上节桩对准下节桩,使 4 根锚筋插入锚筋孔,下落上节桩身,使其结合紧密;然后将桩上提约 20 mm,安设施工夹箍(由 4 块木板,内侧用人造革包裹 40 mm 厚的树脂海绵块而成),将熔化的硫磺胶泥(温度控制在 145 ℃左右)注满锚筋孔和接头平面上(灌注时间不得超过 2 min),然后将上节桩下落。当硫磺胶泥冷却并拆除施工夹箍后,即可继续沉桩施工。浆锚法接桩,可节约钢材,操作简便,接桩时间比焊接法大为缩短,但不宜用于坚硬土层中。硫磺胶泥冷却时间的要求见表2.2。

表2.2 硫磺胶泥冷却时间的要求

	不同气候下的停歇时间/min									
	0～10 ℃		11～20 ℃		21～30 ℃		31～40 ℃		41～50 ℃	
	打桩	压桩	打桩	压桩	打桩	压桩	打桩	压桩	打桩	压桩
桩断面 400 mm×400 mm	6	4	8	5	10	7	13	9	17	12
桩断面 450 mm×450 mm	10	6	12	7	14	9	17	11	21	14
桩断面 500 mm×500 mm	13	—	15	—	18	—	21	—	24	—

硫磺胶泥是一种热塑冷硬性胶结材料,它是由胶结料、细骨料、填充料和增韧剂熔融搅拌混合配制而成。其质量配合比为:

硫磺:水泥:砂:聚硫橡胶 = 44:11:44:1

硫磺胶泥的基本力学性能见表2.3。

表2.3 硫磺胶泥的基本力学性能

弹性模量/MPa	抗压强度/MPa	抗拉强度/MPa	抗折强度/MPa	粘结强度/MPa	
				与螺纹钢筋	与螺纹混凝土孔壁
$5×10^4$	40	4	10	11	4

硫磺胶泥的强度和温度关系为:在60 ℃以内强度无明显影响;120 ℃时变液态且随着温度的继续升高由稠变稀;到140～145 ℃时,密度最大且和易性最好;170 ℃时开始沸腾;超过180 ℃开始焦化,且遇明火即燃烧。

4)质量要求

沉桩的质量主要是看能否满足贯入度或设计标高的要求以及打入后桩的偏差是否在规定的范围内。质量控制的原则是:

①桩尖位于坚硬、硬塑的粘性土、碎石土、中密以上的沙土或风化岩等持力层时,以贯入度控制为主,以桩尖进入持力层的深度或桩尖标高作为参考;

②贯入度已达到要求而桩尖标高未达到要求时,应继续锤击3阵,其每阵10击的平均贯入度不应大于规定的数值;

③桩尖位于其他软土层时,以桩尖设计标高为主,贯入度作为参考;

④打桩时,如控制指标已符合要求,而其他指标与要求相差较大时,应会同有关单位研究处理;

⑤贯入度应通过试桩确定,或做打桩试验与有关单位确定。

(3)静力压桩

静力压桩是利用静力压力将预制桩压入土中的一种沉桩工艺。静力压桩机工作原理是在预制桩的压入过程中,以桩机重力(自重和配重)作为作用力,克服压桩过程中桩身周围的摩擦力和桩尖阻力,将桩压入土中。静力压桩适用于软土地区的桩基施工。

静力压桩法与锤击沉桩法相比,具有如下的特点:

①锤击沉桩需要在桩顶产生很大的锤击应力,才能使桩身克服各种摩阻力而沉入土中,因而在预制桩时,其混凝土的强度等级不应低于 C30,在使用过程中,混凝土强度等级不需要 C30,有部分材料不能充分发挥其作用。静力压桩,免去锤击应力,只需要满足吊桩弯矩、压桩和使用期间的受力要求,因此,其截面尺寸、混凝土强度等级及配筋量都可以减少,可节省钢材、混凝土量和降低施工成本。

②使用静力压桩无噪音、无振动,对周围环境的干扰和影响较小,特别适用于对噪音、振动有特殊要求的区域施工,如扩建工程、市区内基础工程,精密仪器车间的扩建、改建工程。

③锤击沉桩时,桩顶要承受锤击应力,因此桩顶、桩身容易被打碎,产生质量事故;当打桩顺序不合理时,土体会水平挤动,其表面严重隆起,严重影响桩基质量。静力压桩,桩顶不会承受锤击应力,可以避免桩顶破碎和桩身开裂,同时,压入桩所引起的桩周围土体隆起和水平位移比沉桩小得多,因而对土体结构的破坏程度和破坏范围要比锤击沉桩小,可以确保施工质量,提高施工速度。

④由于静力压桩的摩阻力与桩的承载力有线性关系,因此,不需要做试验试桩便可得出单桩承载力。

静力压桩施工中,一般是采用分段预制、分段压入、逐段接长的方法,其操作程序见图 2.21。

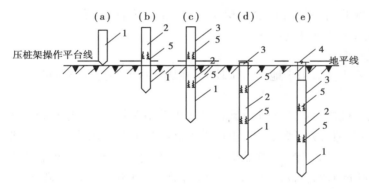

图 2.21　压桩程序示意图

(a)准备压第一段桩;(b)接第二段桩;(c)接第三段桩;(d)整根桩压平入地面;(e)采用送桩压桩到设计标高

1—第一段桩;2—第二段桩;3—第三段桩;4—送桩;5—接桩结点

(4)水冲沉桩

水冲沉桩(图 2.22)是在桩旁插入一根与之平行的射水管,利用高压水流冲刷桩尖下的土体,以减少桩表面与土体间的摩阻力和桩尖下端土的阻力,使桩在自重或锤击作用下,沉入土中。水冲法适用于砂土、砾石或其他较坚硬土层,特别适于沉入较重的钢筋混凝土方桩。但在附近有建筑物或构筑物时,由于水的冲刷将会引起它们的沉陷,在未采取有效措施前不得采用此法。施工中常用水冲法与锤击或振动法联合使用。

水冲沉桩的设备除桩架、桩锤外,还需要高压水泵和射水管。施工时,应使射水管的末端处于桩尖下 0.3~0.4 m 处,

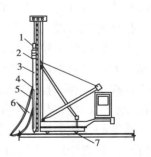

图 2.22　水冲沉桩

1—桩锤;2—桩帽;3—桩;4—卡具;5—射水管;6—高压软管;7—轨道

射水管射出的压力为 0.4 MPa,当桩沉到接近设计标高(至少 1.0 m)时,应停止射水,并将射水管拔出,并用锤击或振动将桩沉至设计标高,否则,桩尖土质被压力水冲松后,会影响桩的承载力。

2.3.2 混凝土灌注桩施工

混凝土灌注桩是直接在桩位上成孔,然后在孔内安放钢筋笼,浇注混凝土而成。与预制桩相比,有直径和桩长可按设计要求变化自如、桩端能可靠地进入持力层或嵌入岩层、单桩承载力大、含钢量低等特点,适用于持力层起伏较大以及对噪音、振动和挤土影响有限制的地区。灌注桩与预制桩相比,施工速度较慢、成桩质量与施工好坏密切相关。

灌注桩按成孔方式可分为:钻孔灌注桩、沉管灌注桩、爆扩灌注桩、人工挖孔桩等。

(1)钻孔灌注桩

是利用钻孔机械钻出钻孔,吊放钢筋笼,然后浇注混凝土而成的桩。钻孔灌注桩具有无振动、低噪音、无挤土影响,能适用于各种土层,对周围建筑物影响小等特点。但单桩承载力较其他方法成孔的灌注桩或预制桩低,且沉降量较大。

为了提高钻孔灌注桩的单承载力,可在钻孔孔底将直径扩大,形成扩大头,成为钻孔扩底灌注桩。

根据钻孔机械的钻头是否在含水层中施工,钻孔灌注桩可分为干作业成孔和泥浆护壁(或称湿作业)成孔两种施工方法。

1)干作业成孔灌注桩

干作业成孔灌注桩适用于地下水位较低,在成孔深度内无地下水的土质,无须护壁直接钻孔取土成孔。

干作业成孔的机械一般用全叶螺旋钻机或机动洛阳铲等,全叶螺旋钻机是利用电动机带动钻杆转动,使钻头螺旋片旋转削土,土块沿螺旋叶片上升排出孔外。一节钻杆钻入后如不够设计深度,则停机接上第二节,继续钻进到要求的深度。此种方法成孔直径一般为 300 ~ 500 mm,最大可达 800 mm,钻孔深度 8 ~ 12 m,适用于地下水位以上的一般粘土、砂土及人工填土地基,不宜用于有地下水的土层及淤泥质土。

干作业成孔灌注桩的施工工艺为:测量放线确定桩位→桩机就位调整垂直度→钻土成孔、孔口旁土方清运→检查校正桩位及钻孔垂直度→桩机成孔达到设计标高→清除孔底松土沉渣→成孔质量检查与验收→吊放钢筋笼→吊挂串筒→浇注混凝土。

在钻孔施工过程中应注意以下几个方面:

①在钻机就位检查无误后,使钻杆缓慢下降,开始钻进时,要求钻杆垂直,防止因钻杆晃动引起扩大孔径及增加孔底虚土;钻孔过程中如发现钻杆摇晃或难钻进时,应立即停机检查。在钻孔过程中,应随时清理孔口积土并及时检查桩位以及垂直度。在钻进及扩孔底过程中,如遇塌孔、地下水等情况时,应及时会同有关单位研究处理。

②钢筋骨架的放置,应视起吊的机械设备而定,可整体吊入,也可分段吊入。整体吊入时应防止钢筋笼变形;分段吊入时,应先将第一段吊挂靠在孔内,将第二段吊直,两段焊接好,经检查后再徐徐吊入。吊放时,应严防碰撞孔壁,并确保钢筋笼的混凝土保护层厚度。

③经检查合格的桩孔,应及时浇注混凝土。混凝土强度等级不得低于 C25,坍落度一般采用 16.0 ~ 20.0 cm。第一次混凝土应浇到扩底部位的顶面,随即振捣密度;浇注桩身部分的混

凝土时应随浇随振,每次浇注高度应小于1.5 m。浇注的桩身混凝土应适当超过桩顶设计标高,保证在凿除表面浮浆层后,桩顶标高和桩顶的混凝土质量能满足设计要求。

④当浇注混凝土后的桩顶标高低于自然地面时,孔口应有防护措施,防止人、物落入。

⑤如钻孔底需要扩底时,在底部应用扩孔刀片切削扩孔,扩底直径应符合设计要求。

2)湿作业成孔灌注桩

湿作业成孔是用泥浆保护孔壁、防止塌孔、排出土渣而成孔,故也称为泥浆护壁成孔(图2.23)。

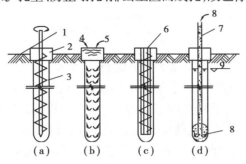

图2.23　钻孔灌注桩施工过程示意

1—钻机进行钻孔;2—放入钢筋骨架;3—浇注混凝土;4—压缩空气;

5—清水;6—钢筋笼;7—导管;8—混凝土;9—地下水位

成孔机械有潜水电钻机、冲击式钻机、冲抓锥等。

潜水电钻机是将电机、变速机构与底部钻头结合成一密封的专用钻孔机械(图2.24)。这种机械体积小、质量轻、携带方便,桩架轻便、移动灵活,钻进速度快(0.3 ~ 2.0 m/min),钻机噪音小,钻孔效率高。潜水电钻机不仅适用于地下水位较高的水下钻孔,也适用于地下水位较低的土层钻孔,如淤泥质土、粘性土以及砂土等。钻孔深度可达50 m,直径为0.60 ~ 1.50 m。

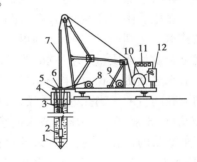

图2.24　潜水电钻机成孔示意

1—钻头;2—潜水钻机;3—电缆;4—护筒;5—水管;

6—滚轮(支点);7—钻杆;8—电缆盘;9—卷扬机;

10—卷扬机;11—电流电压表;12—起动开头

湿作业成孔灌注桩的施工工艺为:测量定位→埋设导钻护筒→桩机就位→钻孔→清孔→安放钢筋笼→(水下)浇注混凝土。

在湿作业成孔钻进时,应注意如下几个方面:

①湿作业的钻孔护筒的作用是保证钻机沿着桩位垂直方向顺利下钻,保护孔口,使孔顶部位的土层不致因钻杆反复上下升降、机身振动而导致孔口坍塌。

护筒(图2.25)一般用4 ~ 8 mm的钢板制造,内径比钻头直径大:用回转钻时,宜大于100 mm;用冲击钻时,宜大于200 mm。上部开设1 ~ 2个溢浆孔,护筒高2 ~ 2.5 m,埋置深度为:粘土中不小于1.0 m;在砂土中不小于1.5 m。护筒的高度还要满足保持孔内泥浆面高出地下水位1.0 m以上的要求。

②护壁泥浆是由高塑性粘土或膨润土加水拌和而成,根据需要还可加入少量其他物质,如纯碱等,以改善泥浆的性质。在钻孔时,泥浆将孔内不同土层中的空隙渗填密度,使孔内渗水

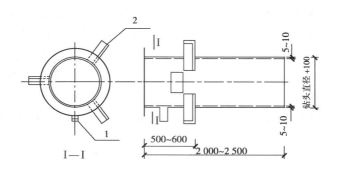

图 2.25　护筒外形示意图

降低至最低,以保证护筒内稳定的水压,泥浆中的胶质颗粒分子,在泥浆压力作用下渗入孔壁表面的孔隙,形成一层泥皮,使孔壁胶凝,达到防止孔壁坍塌、保护孔壁的作用。同时,泥浆的密度大于水的密度,搅拌时具有一定的流动性。泥浆在护筒内的液面要高于地下水位,以保证孔内的压力大于地下水对孔壁的侧压力。在泥浆循环排渣时,可以携带泥渣、润滑和冷却钻头、减少钻头钻进阻力。

在粘土和亚粘土中成孔时,可注入清水,以原土造浆护壁;排渣泥浆的比重应控制在1.1~1.2。在易坍孔的砂土和较厚的夹砂层中成孔时,护壁泥浆的比重应控制在1.2~1.5;在穿过砂夹卵石层成孔时,泥浆比重应控制在1.3左右。泥浆可就地选择塑性指数$I_p \geqslant 17$的粘土制配。在施工中应注意经常测定泥浆比重,并定期测定粘度、含砂率和胶体率。

③钻孔深度达到设计要求后,即可进行清孔。使孔底沉渣厚度、循环泥浆中含渣量和孔壁泥垢厚度符合设计或质量要求,同时为灌注混凝土创造条件,以免影响桩的承载力。

采用潜水电钻机成孔时,采用循环法清孔,即让钻头在距孔底处继续旋转,保证泥浆循环从而达到清孔的目的。当孔壁土质较好,不易坍孔时,可用空气吸泥机清孔。采用冲孔机成孔时,可吊入清孔导管,用水泵压入清水换浆。

用原土造浆的钻孔,清孔后泥浆的比重控制在1.1左右;当孔壁土质较差,用循环泥浆清孔时,控制在1.3~1.5。在清孔过程中,应及时补充泥浆,并保持浆面的稳定。在第一次清孔达到要求后,由于放置钢筋笼和设置水下浇注混凝土的导管时,孔底又会产生沉渣,因此,在浇注混凝土之前,应进行第二次清孔。清孔的方法是在导管顶部安装一个弯管和皮笼,用泵将泥浆压入导管内,在导管外置换沉渣。第二次清孔后,应立即进行水下混凝土的浇注。

清孔后的沉渣,应满足:摩擦桩沉渣允许厚度不大于100 mm;端承桩沉渣允许厚度为50 mm。

（2）挖孔灌注桩

挖孔灌注桩一般指人工挖孔灌注桩,即人工挖孔至设计深度后放置钢筋骨架,浇注混凝土后成桩。采用人工挖孔灌注桩成孔方法简便,挖孔作业时无振动、无噪音,施工时可按工期要求多根桩(有时可全部桩位)同时开挖;人工挖孔过程中可直接观察土层变化情况,便于清孔和检查孔底及孔壁,可较清楚地确定持力层的承载力(有时可在桩孔位作承载力的原位试验)。施工质量可靠,承载力高。但其缺点是劳动力消耗大。

人工挖孔桩的直径,考虑到荷载承载力及人工挖掘时的操作要求,桩径不宜小于800 mm,一般最小采用桩径为1 000 mm且不宜大于2 500 mm,孔深不大于30 m,且桩底一般考虑作成扩大头。

人工挖孔桩在施工过程中的安全因素,主要是保证孔壁不坍塌,同时作好井下通风、照明工作。施工中做好排水并应防止流砂等现象产生。因此,施工前,应根据施工场地的地质水文资料,拟定合理的护壁及施工排水方案。

人工挖孔桩有现浇混凝土(或钢筋混凝土)和钢套管两种护壁措施。

采用现浇混凝土护壁时,边开挖土层,边浇注混凝土护壁,护壁厚应满足设计要求。当土质较好时,护壁可用素混凝土;土质较差时,应在护壁中增加少量钢筋,环筋不小于 $\phi8$ mm 至纵径不小于 $\phi8$ mm,间距为 150 ~ 200 mm,纵径不小于 $\phi8$ mm,间距为 150 ~ 200 mm(图 2.26);当深度不大、地下水位较低、土质较好时,也可采用砌筑砖石护壁。其施工工艺过程为:测量放线、确定桩位→孔口挖土→构筑(钢筋)混凝土护壁→挖土(三、四步重复进行至设计深度)→孔底钎探(深度 ≥3 倍孔底直径)→孔底扩大头→清底验收→吊放钢筋笼→浇注孔桩填心混凝土。

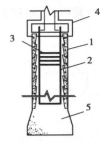

图 2.26　人工挖孔桩构造示意
1—护壁;2—主筋;3—箍筋;
4—承台;5—桩扩大头

当地下水位较高、土层中夹有较厚的细砂层时,此时因容易发生流沙现象,采用钢筋混凝土难以保证工程质量、工程进度和施工人员的人身安全,可采用钢套管护壁。

人工挖孔桩施工时应注意以下几个方面:

①人工挖孔桩属于大直径灌注桩,承载力大,且承载力与桩质量密切相关。开挖前,桩位应定位放线准确,在桩位旁设置定位龙门桩。作混凝土护壁时,安装模板应用桩中心线校正模板位置。桩孔中心线平面位置偏差,现浇混凝土护壁时不超过 50 mm,桩的垂直度偏差小于5%,钢套管时不超过 100 mm,偏差小于1%,且桩径不允许小于设计直径。为了保证桩孔的平面位置和垂直度符合设计要求,在每开挖一节后,浇注护壁混凝土时,护壁的厚度、配筋、混凝土强度均应符合设计要求,上下节护壁应搭接不少于 50 mm 的长度,且每节护壁均应连续浇注完毕。

每个桩孔的开挖深度,不能以地勘报告或结构设计图纸提供的桩长来确定,均应根据地勘及设计人员在现场检查的土质的实际情况而定,一般挖到设计要求的较完整的持力层后,再用小型钻机向下钻进不小于桩底直径 3 倍的深度,确认无软弱下卧层及洞隙后方可决定开挖深度是否达到设计要求。

②在开挖过程中,如遇局部或厚度不大于 1.5 m 的流动性淤泥和流砂层时,为了防止孔壁坍落以及流砂现象的发生,护壁施工应采取相应的措施:将每节护壁的高度减小至 300 ~ 500 mm,并随挖、随验收、随浇注护壁混凝土;或采用短钢套管护壁;若流砂现象严重,可采用如井点降水等有效的降水措施。待穿过松软层或流砂层后,再按一般的挖孔桩施工工艺过程进行。

③孔底浮土或余渣、积水是影响桩基承载力的主要因素,因此在浇注混凝土前,应注意做好清理孔底的工作。桩基属隐蔽工程,必须经过有关人员的验收合格后,才允许进行混凝土封底及浇注桩身混凝土。在浇注混凝土时,如果混凝土的自由下落高度超过 3.0 m 时,应用串筒或溜槽下落混凝土。当地下水渗水量大时,会严重影响混凝土的浇注质量,若渗入的地下水无法抽干时,应采用水下浇注混凝土的施工措施以保证混凝土的浇注质量。

④工人在桩孔内施工时,应严格按有关的安全操作规程工作,并有切实可靠的安全措施。

进入桩孔的施工人员,必须戴安全帽;桩孔开挖深度超过 10 m 时,要有专门设备向孔内送风,其风量不宜小于 25 L/s;桩孔内的照明要用安全电压和防爆照明,工地用电机具必须有防漏电装置,如潜水泵使用时必须要有漏电保护开关;孔桩第一节护壁应高出地面 200 ~ 300 mm,以防杂物或地面水进入孔内;挖出的土石方,应及时运离孔口,不得堆放在孔口四周 1.0 m 内,大型机具的运行和停放不得对井壁的安全造成影响。

(3)套管成孔灌注桩

1)施工工艺

图 2.27　混凝土预制桩尖

套管成孔灌注桩也称打拔管灌注桩,系采用与桩的设计尺寸相适应的钢管(即套管),在端部套上桩尖(桩靴)后沉入土中后,在套管内吊放钢筋骨架,然后边浇注混凝土边振动或锤击拔管,利用拔管时的振动捣实混凝土而形成所需要的灌注桩。这种施工方法适于在有地下水、流砂、淤泥的情况。根据沉管方法和拔管时振动不同,套管成孔灌注桩可分为锤击沉管灌注桩、振动沉管灌注桩。

桩管宜采用 ϕ273 ~ 600 mm 的无缝钢管,桩管与桩尖接触部分宜用环形钢板加厚,加厚部分的最大外径应比桩尖外径小 10 ~ 20 mm。桩管长度视桩架的高度和需要而定,一般为 10 ~ 20 m,最长可达 24 m。桩尖有混凝土预制桩尖(图 2.27)(其强度不小于 C30)、活瓣桩尖(图 2.28)。沉管时,桩管与桩尖连接处应放置缓冲材料,活瓣桩尖之间的缝隙应紧密。桩尖中心应与桩管中心线重合。桩尖入土后如有损伤,应将桩管拔出,用土或砂填实,换桩尖后重新打入。

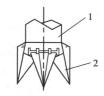

图 2.28　活瓣桩尖
1—桩管;2—活瓣

锤击沉管灌注桩(图 2.29)是采用落锤、柴油锤或汽锤将钢桩管打入土中成孔。其施工工艺为:安放桩靴→吊放桩管在桩靴上→校正垂直度→锤击桩管至设计的贯入度或标高→检查成孔质量→放置钢筋骨架→浇灌混凝土→边锤击边拔出桩管(图 2.30)。

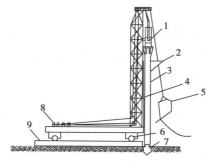

图 2.29　锤击沉管灌注桩机械设备示意图
1—桩锤;2—混凝土漏斗;3—桩管;4—桩架;5—混凝土吊斗;
6—引驶用钢管;7—预制桩靴;8—卷扬机;9—枕木

为了防止桩管沉入土中,由于土体的挤压而产生隆起和水平移动,影响邻桩的质量,当两桩中心距小于 3.5 倍桩管外径时,桩管的施打必须在邻近桩的混凝土初凝前全部完成,否则应采取跳打的施工方式;而中间空出的桩须等先期施打的桩身混凝土强度达到设计强度的 50% 之后,方可继续进行。桩管入土深度的控制与钢筋混凝土预制桩相同,但必须准确测量出最后

3 阵,每阵 10 击的贯入度和落锤高度。

　　振动沉管灌注桩(图 2.31)是利用振动打桩机的振动将桩沉入土中成孔。与锤击沉管相比,更适用于稍密及中密的碎石土地基施工。振动沉管灌注桩的施工工艺为:桩机就位→振动沉管→检查成孔质量→浇灌混凝土→边拔管、边振动、边继续灌注混凝土→插入短钢筋骨架成桩,如图 2.31 所示。

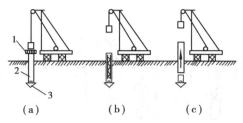

图 2.30　锤击沉管灌注桩
(a)钢管打入土中;(b)放入钢筋骨架;(c)随浇混凝土拔出钢管
1—桩帽;2—钢管;3—桩靴

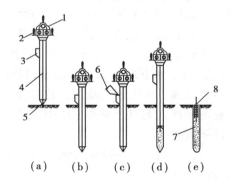

图 2.31　振动沉管灌注桩
(a)桩机就位;(b)振动沉管;(c)第一次灌注混凝土;
(d)边拔管、边振动、边继续灌注混凝土;(e)成桩
1—振动锤;2—加压减震弹簧;3—加料口;4—桩管;5—活瓣桩尖;6—上料斗;7—混凝土桩;8—短钢筋骨架

　　灌注桩桩身混凝土的强度等级不低于 C25,每立方米混凝土中水泥用量不少于 350 kg,骨料粒径不得大于 30 mm,混凝土的坍落度在有筋时为 8.0～10.0 cm,在无筋时为 6.0～8.0 cm。浇灌混凝土从拌制开始到最后拔管结束为止,不应超过混凝土的初凝时间。在浇灌混凝土前应检查桩管内有无泥浆或水渗入,并采用吊斗将混凝土灌入桩管内。

　　灌注混凝土和拔管时应保证混凝土的浇注质量,拔管前应先锤击或振动套管,在测得混凝土已流出套管后方可拔管。拔管过程中,管内应保持不少于 2 m 高或高于地面的混凝土,拔管速度要均匀。锤击沉管灌注桩拔管时应保持连续密锤低击,拔管速度应为 0.8～1.2 m/min,在软弱土层及软硬土层交界处,宜为 0.3～0.8 m/min。振动沉管灌注桩拔管时边拔边振,拔管速度在采用预制钢筋混凝土桩尖时,不大于 4.0 m/min,用活瓣式桩尖时为 1.2～1.5 m/min软土层中控制在 0.6～0.8 m/min。每拔 0.5～1.0 m,停拔振动 5～10 s,如此反复,直到全部拔出套管。

　　上述一次完成的施工方法又称单打法,为了提高桩的质量和承载力,可采取复打法和反插法施工。

①复打法　先用单打法将混凝土灌注到接近自然地面标高,拔出桩管,清除管外壁上的污泥和桩孔周围的浮土,立即在原桩位埋设预制桩靴或合闭活瓣,再一次沉入套管,使未凝固的混凝土向四周挤压扩大桩径,然后第二次灌注混凝土,并采用与第一次相同的方法拔出桩管。采用复打法时,以复打一次为宜;桩管每次打入时,其中心线应重合。复打工作必须在第一次灌注的混凝土初凝前完成。

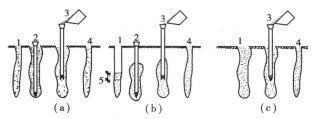

图 2.32　复打法示意

(a)全桩复打;(b)下半段桩复打;(c)上半段桩复打

1—单打桩;2—沉管;3—第二次浇混凝土;4—复打桩;5—预加 1 m

②反插法　桩管灌满混凝土后,在拔管过程中,桩管每拔起 0.5 m(或 1.0 m),再把桩管反插下 0.3 m(或 0.5 m),如此反复进行,直至桩管全部拔出地面。在拔管过程中,应分段添加混凝土,保持管内混凝土面始终高于地下水位 1.5 m 以上,拔管速度不得大于 0.5 m/min。在桩尖处的 1.5 m 范围内,可多次反插以扩大桩的端部;当穿过淤泥夹层时,应放慢拔管速度,并减少拔管高度和反插深度;在流动性淤泥以及坚硬土层中,不宜采用反插法。采用反插法可使桩的截面增加,从而提高桩的承载力。

锤击沉管灌注桩可采用单打法或复打法,振动沉管灌注桩一般宜用单打法,采用反插法时反插深度不宜大于活瓣桩尖长度的 2/3。

2)常见的质量事故分析及处理方法

套管成孔灌注桩在施工过程中,影响质量因素较多,常见的质量事故及处理方法为:

①桩管入土达不到设计标高或贯入度　现场施工过程中,如遇到这样的问题,不宜盲目强行沉管,而应会同设计单位共同研究解决。

②断桩　当桩身混凝土终凝不久,其强度承受不了外力的影响。如当桩距较小时,邻桩桩管施打时,使土体隆起和挤压,产生水平力和拉力,而拔管时又产生拉力,在软硬不同的土层中,这些力的传递有不同的大小,因而,混凝土便产生剪应力和拉应力,当混凝土强度不够时,便会出现断桩现象。

断桩的裂缝呈水平或略有倾斜,一般都是贯通整个截面,其位置常见于地面以下 1 ~ 3 m软硬不同土层交接处。避免断桩的措施有:布桩应坚持少桩疏排,桩与桩的间距不小于 3.5 倍桩径;桩身混凝土强度较低时,应尽量避免外界的振动和干扰;考虑打桩顺序及桩架行走路线时,应注意减少对新打桩的影响;采用跳打法施工,可减少对邻桩的影响,但对于土质很差的土,如饱和的淤泥,可采用控制打桩时间的办法来避免断桩,即在邻桩混凝土终凝前,必须把影响范围内的桩全部施工完毕。对断桩的检查,在用脚踏在桩头上以内,同时手锤敲击桩头的侧面,断桩会有浮振感;如深处断桩,目前常用动测法检查。断桩一经发现,应将断桩段拔去,将孔清理干净后,略增大面积或加上钢箍连接,再重新灌注混凝土。

③缩颈　缩颈桩的特点是桩的某部分桩径缩小,截面积不符合设计要求。缩颈常发生在饱和的淤泥或淤泥质软土地基中。在含水量较大的粘性土中,沉入桩管时,会受到强烈的扰动和挤压,产生很高的孔隙水压力,当桩管拔出后便作用在新浇混凝土桩身上,若某处的孔隙水压力大于混凝土自重而产生的侧压力时,则桩身直径就会相应变小而产生缩颈现象。此外,拔管过快、管内混凝土存量过少、混凝土和易性差,使混凝土出管时扩散差等也易造成缩颈。施工中应经常测定混凝土灌注情况,发现问题及时纠正,如遇缩颈现象时,可采用复打措施。

④吊脚桩　吊脚桩指桩身底部的混凝土脱空,或混凝土混有泥沙而形成松软层。形成吊脚桩的原因是混凝土预制桩靴质量差,强度不足,打桩时被挤入桩管内,而拔管时锤击振动不足,致使桩靴未脱出或活瓣未张开,混凝土未及时从桩管内流出等。施工时可采取密锤(振)慢拔的办法,开始拔管时可先反插几次再正常拔管。必要时,须将桩管拔出后填砂再打。

(4)爆扩灌注桩

爆扩灌注桩简称爆扩桩,是用机钻或爆破成孔,在孔底安放适量的炸药,利用爆炸能量在孔底形成扩大头,再放置钢筋骨架,最后浇注混凝土而成(图2.33)。爆扩桩由桩柱身和扩大头两部分组成,扩大头增加了地基对桩端的支承面,同时由于爆炸使土压缩挤密承载力增加,故桩的受力性能好。爆扩桩不需成孔机械,费用低,适用于地下水位以上的粘性土、黄土、碎石土以及风化岩,在砂土及软土中不易成孔。

爆扩桩桩身直径一般为200~350 mm,用冲抓锥成孔或爆破成孔的桩柱直径为550~1 200 mm。爆扩桩的埋置深度一般为3~6 m,最大可达10 m,爆扩桩的最小间距:在硬塑和可塑状态粘土中,不小于$1.5D$(D为扩大头直径);在软塑性粘土或人工回填土中,不小于$1.8D$。当桩数很多而基础平面尺寸较小时,可将扩大头上下交错布置,相邻两桩的扩大头标高差不应小于$1.5D$。

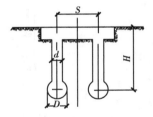

图2.33　爆扩桩示意

1)成孔方法

爆扩桩的成孔方法有人工或机钻成孔和爆扩成孔两种,人工或机钻成孔是采用洛阳铲、太阳铲、手摇钻等钻具成孔。爆扩成孔是用洛阳铲或钢钎等工具,按设计要求深度先打导孔,导孔直径由土质以及药条粗细而定,土质较好时为40~70 mm;土质较软,地下水位较高、容易产生缩颈时为100 mm。导孔上口挖成喇叭形,根据不同土质条件在导孔内放入选定的药包,其用药量要根据试爆确定,或参考表2.4的数值确定。爆扩桩成孔工艺流程见图2.34。

表2.4　爆破桩孔时玻璃管直径及用药量

土 的 类 别	桩 身 直 径/mm	玻 璃 管 直 径/mm	用 药 量/(kg·m⁻¹)
未压实的人工填土	300	20~21	0.25~0.26
软塑、可塑粘性土	300	22	0.28~0.29
硬塑粘性土	300	25	0.37~0.38
黄土类土	300	20~21	
湿陷黄土状亚粘土	260~300	20~21	
	300~390	22~23	
	390~440	25~28	
	440~550	30~33	

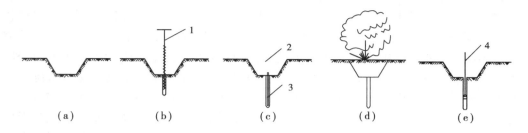

图 2.34　爆扩桩成孔工艺流程图
(a)挖喇叭口;(b)钻导孔;(c)安装炸药条并填砂;(d)引爆成孔;(e)检查并修正桩孔
1—手提钻;2—砂;3—炸药条;4—太阳铲

2)爆扩大头

爆扩大头的工艺流程为:确定用药量→安放药包→灌注压爆混凝土→引爆→检查扩大头直径,见图 2.35。

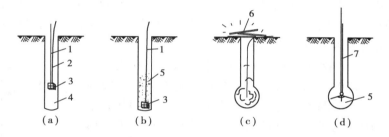

图 2.35　爆扩大头工艺流程图
(a)填砂,下药包;(b)灌压爆混凝土;(c)引爆;(d)检查扩大头直径
1—导线;2—绳子;3—药包;4—砂子;5—压爆混凝土;6—木板;7—测孔器

①确定用药量　爆扩桩施工中使用的炸药宜用硝铵炸药和电雷管。用药量与扩大头尺寸及土质有关,施工前应在现场做爆扩成型试验确定,或参考下式估算:

$$D = K \cdot \sqrt[3]{Q}$$
(2.5)

式中:D——扩大头直径(mm);

$\quad Q$——炸药用量(kg),参见表 2.5;

$\quad K$——土质影响系数,参见表 2.6。

表 2.5　爆扩大头炸药用量参考

扩大头直径/mm	0.6	0.7	0.8	0.9	1.0	1.1	1.2
炸药用量/kg	0.30～0.45	0.45～0.6	0.6～0.75	0.75～0.9	0.90～1.10	1.10～1.30	1.30～1.50

注:①表内数值适用于深度 3.5～9.0 m 的粘性土,土质松软时取小值,坚硬时取大值;

　　②在地面以下 2.0～3.0 m 深度的土层中爆扩时,用药量应较表内数值减少 20%～30%;

　　③在砂类土中爆扩时用药量应较表内数值增加 10%。

表 2.6　土质影响系数 K 值表

土 的 类 别	土质影响系数 K	土 的 类 别	土质影响系数 K
坡积粘土	0.7 ~ 0.9	沉积可塑亚粘土	1.02 ~ 1.21
坡积粘土亚粘土	0.8 ~ 0.9	黄土类亚粘土	1.19
亚粘土	1.0 ~ 1.1	卵石层	1.07 ~ 1.08
冲积粘土	1.25 ~ 1.30	松散角砾	0.94 ~ 0.99
残积可塑亚粘土	1.15 ~ 1.30	稍湿亚粘土	0.8 ~ 1.2

②安放药包　药包必须用薄膜等防水材料紧密包扎,必要时,包扎口应涂以沥青等防水材料,以免药包受潮,药包宜包扎成扁球状。每个药包在中心处并联放置两个雷管,以保证顺利引爆;药包用绳索吊进桩孔内,放在孔底中央,上盖砂,用以固定药包和承受下灌的压爆混凝土冲击。

③灌注压爆混凝土　第一次灌注的混凝土又称压爆混凝土。压爆混凝土的坍落度为:粘性土 9.0 ~ 12 cm;砂类土 12 ~ 15 cm;黄土 17 ~ 20 cm。灌注的压爆混凝土应达 2 ~ 3 m 高,或约为扩大头体积的 1/2。

④引爆　从压爆混凝土灌入桩孔至引爆的时间间隔,不宜超过 30 min,否则,引爆时容易产生混凝土拒落。为了保证爆扩桩的施工质量,应根据不同的桩距、扩大头标高和布置情况,严格遵守引爆顺序:当相邻桩的扩大头在同一标高,若桩距大于爆扩影响间距时,可采用单爆方式;反之宜用联爆方式;当相邻桩的扩大头不在同一标高,引爆顺序必须是先浅后深,否则会造成相邻深桩的变形或断裂;当在同一根桩柱上有两个扩大头(串联爆扩桩)时,先爆扩深的扩大头,插入下段钢筋骨架、灌注下段混凝土到浅扩大头标高,再爆扩第二个扩大头,然后插入上段钢筋骨架,浇注上段混凝土至设计标高。

3)浇注桩身混凝土

扩大头引爆后,第一次浇注的混凝土即落入空腔底部。此时应检查扩大头的尺寸并将扩大头底部混凝土捣实,随即放置钢筋骨架,并分层浇灌,分层捣实桩身混凝土,混凝土应连续浇注完毕,不留施工缝,保证扩大头与桩身形成整体浇注的混凝土。桩柱钢筋骨架保护层厚度不小于 50 mm;下吊钢筋骨架时,应注意不要将孔口和孔壁的泥土带入孔内。混凝土强度等级不低于 C15,骨料粒径不宜大于 25 mm。混凝土坍落度为:一般粘土 5 ~ 7 cm;砂类土 7 ~ 9 cm;黄土 6 ~ 9 cm。混凝土浇注完毕后,应做好养护工作。

复习思考题

1. 天然地基上的浅基础有哪些类型?
2. 如何进行天然地基上的局部处理?
3. 换砂垫层法适用于处理哪些地基?
4. 重锤夯实法和强夯法有何不同?
5. 振冲挤密法和振冲置换法有何区别? 各自适用的范围如何?
6. 预制桩的起吊点如何设置?

7. 桩锤有哪几种类型？桩锤的工作原理和适用范围是什么？

8. 如何确定桩架的高度？

9. 为什么要确定打桩顺序？打桩顺序和哪些因素有关？

10. 接桩的方法有哪些？各适用于什么情况？

11. 沉桩的方法有几种？各有什么特点？分别适用于何种情况？

12. 如何控制打桩的质量？

13. 预制桩和灌注桩的特点和各自的适用范围是什么？

14. 灌注桩的成孔方法有哪几种？各种方法的特点及适用范围如何？

15. 湿作业成孔灌注桩中，泥浆有何作用？如何制备？

16. 简述人工挖孔灌注桩的施工工艺及主要注意事项。

17. 试述沉管灌注桩的施工工艺。其常见的质量问题有哪些？如何预防？

18. 什么叫单打法？什么叫复打法？什么叫反插法？

19. 爆扩桩有何优点？简述其施工工艺。

第 **3** 章
混凝土结构工程

混凝土结构工程是将钢筋和混凝土两种材料,按设计要求浇注成各种形状的构件和结构。混凝土系由水泥、粗细骨料、水和外加剂按一定比例拌和而成的混合物,在模板内成型硬化后形成的人造石。混凝土的抗压强度大,但抗拉强度低(约为抗压强度的 1/10),受拉时容易产生断裂现象。为此,则在构件的受拉区配上抗拉强度很高的钢筋以承受拉力,使构件既能受压,亦能受拉。这种结构也称为钢筋混凝土结构。

钢筋和混凝土这两种不同性质的材料,之所以能共同工作,主要是由于混凝土硬化后紧紧握裹钢筋,钢筋又受混凝土保护不致锈蚀;而钢筋与混凝土的线膨胀系数又相接近(钢筋为 0.000 012/℃ ,混凝土为 0.000 010 ~ 0.000 014/℃),当外界温度变化时,不会因胀缩不均而破坏两者间的粘结。但能否保证钢筋与混凝土共同工作,关键仍在于施工。

混凝土结构工程具有耐久性、耐火性、整体性和可塑性好,节约钢材,可就地取材等优点,因而在土木工程结构中被广泛采用并占主导地位。但混凝土结构工程也存在自重大,抗裂性差,现场浇注受气候影响等缺点。随着新材料、新技术和新工艺的不断发展,上述一些缺点正逐步得到改善。如预应力混凝土工艺技术的出现和发展,提高了混凝土构件的刚度、抗裂性和耐久性,减小了构件的截面和自重,节约了材料,更加拓宽了混凝土结构的应用领域。

混凝土结构工程包括模板工程、钢筋工程和混凝土工程,其施工工艺流程如图 3.1 所示。

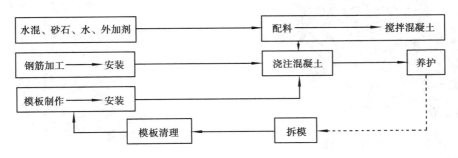

图 3.1　混凝土结构工程施工工艺图

3.1 模板工程

模板是新浇混凝土成型用的模型,它包括模板和支撑系统两部分。模板的种类较多,构造各异,就其所用的材料不同,可分为木模板、竹模板、钢模板、塑料模板和铝合金模板等等。

模板及其支撑系统必须满足下列要求:

①保证工程结构和构件各部分形状尺寸和相互位置的正确;

②具有足够的承载能力、刚度和稳定性,以保证施工安全;

③构造简单,装拆方便,能多次周转使用;

④模板的接缝不应漏浆;

⑤模板与混凝土的接触面应涂水质隔离剂以利脱模。严禁隔离剂玷污钢筋与混凝土接搓处。

模板工程量大,材料和劳动力消耗多,正确选择材料形式和合理组织施工,对加快施工进度和降低造价意义重大。

3.1.1 框架结构模板

框架结构中常用的模板有阶梯形基础模板(图3.2)、柱模板(图3.3)或梁、楼板模板(图3.4)以及支撑系统等。

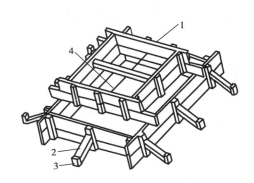

图3.2 阶梯形基础模板
1—拼板;2—斜撑;3—木桩;4—铁丝

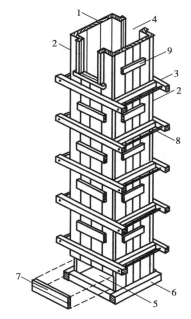

图3.3 柱子模板
1—内拼板;2—外拼板;3—柱箍;
4—梁缺口;5—清渣口;6—底部木框;
7—盖板;8—拉紧螺栓;9—拼条

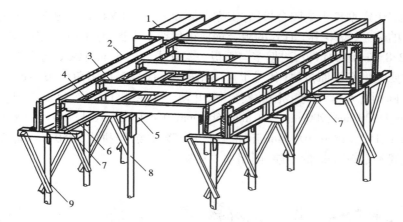

图 3.4　梁及楼板模板

1—楼板模板;2—梁侧模板;3—搁栅;4—横挡;5—牵杠;

6—夹条;7—短撑木;8—牵杠撑;9—支撑

　　基础的特点是高度较小而体积较大。如土质良好,阶梯形基础的最下一级可不用模板而进行原槽浇注。安装时,要保证上、下模板不发生相对位移。如有杯口,还要在其中放入杯口模板。

　　柱子的特点是断面尺寸不大而高度较高,因此柱子模板主要是解决垂直度及抵抗侧压力问题。柱模板底部开有清渣口以清理垃圾,拼板外设有抵抗侧压力的柱箍,柱模板顶部根据需要开有与梁模板连接的缺口。

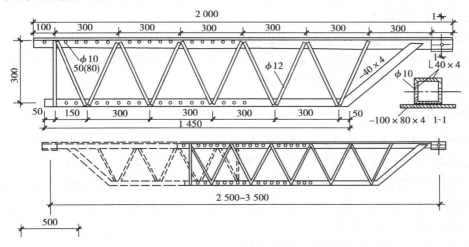

图 3.5　支撑桁架

　　梁模板由底模板和侧模板组成。底模板承受垂直荷载,下面有伸缩式支撑,可调整高度,底部应支撑在坚实的地面或楼面上,下垫木板。在多层房屋施工中,应使上、下层支柱对准在同一条竖直线上。当层高大于 5 m 时,宜选用桁架支模(图 3.5)或多层支架支模。梁侧模板承受混凝土侧压力,底部用钉在支撑顶部的夹条夹住,顶部可由支撑楼板模板的搁栅顶住,或用斜撑顶住。

　　梁跨度等于或大于 4 m 时,底模板应起拱;当设计无具体要求时,起拱的高度宜为跨长的 $1/1\ 000 \sim 3/1\ 000$。

楼板模板多用定型模板或胶合板,它支撑在搁栅上,搁栅支撑在梁侧模板外的横挡上。

由于木材的缺乏,现多用工具式的组合钢模板代替木模板,它由边框、面板和纵横肋组成。面板为 2.3 ~ 2.8 mm 厚的钢板;边框多与面板一次轧成,高 55 mm;纵横肋为 55 mm 高、3 mm 厚的扁钢。主要类型有平面板块(代号 P)、阳角模板(代号 Y)、阴角模板(代号 E)和连接角模(代号 J)4 种(图 3.6)。考虑我国的模数制,并便于工人手工安装,目前我国应用的板块长度为 1 500 mm、1 200 mm、900 mm、750 mm、600 mm 和 450 mm 六种。板块的宽度为 300 mm、250 mm、200 mm、150 mm 和 100 mm 五种。可以横竖拼接,组拼成以 50 mm 晋级的任何尺寸的模板。如出现不足 50 mm 的空缺,则用木方补缺。

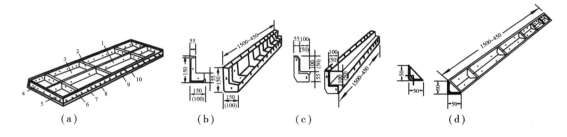

图 3.6　钢模板类型

(a)平面模板;(b)阴角模板;(c)阳角模板;(d)连接角模

1—中纵肋;2—中横肋;3—面板;4—横肋;5—插销孔;

6—纵肋;7—凸棱;8—凸鼓;9—U 形卡孔;10—钉子孔

板块的代号为 P,以宽度和长度尺寸组成 4 位数字表示其规格,如宽 300 mm、长 1 500 mm 的板块,其代号为 P3015。

用组合钢模板需进行配板设计。配板的原则是尽量选用大规格的板块如 P3015、P3012 等为主,再以较小规格的板块拼凑尺寸,不足 50 mm 的空缺用木板补足。这样拼成的模板,整体刚度好,节省连接件和支承件,省工省时。

3.1.2　大模板

大模板是一种大尺寸的工具式模板,一般是一块墙面用一块大模板。其特点是:便于机械化施工,可减轻劳动强度;模板装卸快,操作简便;不需脚手架;混凝土表面质量好,不需进行抹灰;模板可多次周转使用,但一次投资大。大模板是目前我国剪力墙和筒体体系高层建筑施工用得较多的一种模板,已形成一种工业化建筑体系。我国采用大模板施工的结构体系有:

①内外墙皆用大模板现浇;

②内墙用大模板现浇,外墙板为预制挂板;

③内墙用大模板现浇,外墙用砖砌筑(仅用于多层房屋)。

一块大模板由面板、加劲肋、竖楞、支撑桁架、稳定机构及附件组成(图 3.7)。

面板要求平整、刚度好,常用钢板或胶合板制作。钢面板一般为 3 ~ 5 mm 厚,可重复使用 200 次以上。胶合板面板常用七层胶合板或九层胶合板,板面用树脂处理,可重复使用 50 次以上。胶合板面板还可做出线条或凹凸浮雕图案,使墙面一次成型而省去抹灰。

加劲肋的作用是固定面板,把混凝土侧压力传递给竖楞。加劲肋一般用 L65 角钢或 [65 槽钢,间距一般为 300 ~ 500 mm。

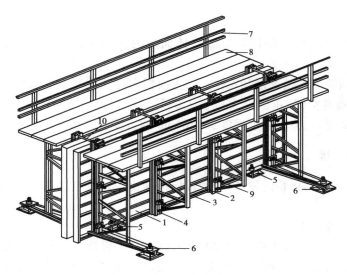

图 3.7　大模板构造示意

1—面板;2—水平加劲肋;3—支撑桁架;4—竖楞;5—调整水平用的螺旋千斤顶;

6—调整垂直用的螺旋千斤顶;7—栏杆;8—脚手板;9—穿墙螺栓;10—卡具

竖楞是穿墙螺栓的固定支点,承受传来的水平力和垂直力,一般用背靠背的两个 [65 或 [80 槽钢,间距为 1 ~ 1.2 m。

大模板的连接方案有 3 种:

1)大角模

大角模是将两块平模组成 L 形模板,每一平模部分的平面尺寸约为 1/2 扇墙的尺寸(图 3.8)。为便于拆模,在交角处设有合页,拆模时收紧花篮螺丝,使角模转动,即可拆模。

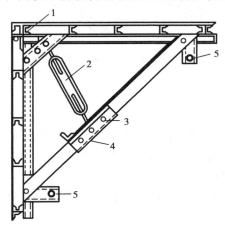

图 3.8　大角模阴角构造

1—合页;2—花篮螺栓;3—固定销子;

4—活动销子;5—调整有的螺旋千斤顶

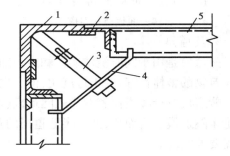

图 3.9　小角模阴角构造

1—小角模;2—扁铁;3—转动拉杆;

4—压板;5—大模板

2)小角模

小角模由两块平模与 L100×10 的连接角钢组成(图 3.9)。角钢与平模的连接用合页或螺栓。

3)筒子模

筒子模是四面墙板模板用钢架联成整体而成的大型模板,连接钢架多为伸缩式,便于拆装。

大模板板面须喷涂脱模剂以利脱模。向大模板内浇注混凝土应分层进行,在门窗口两侧应对称均匀下料和捣实,防止固定在模板上的门窗框移位。待新浇注的混凝土强度达到 1 N/mm² 方可拆除大模板,待混凝土强度 ≥4 N/mm² 时方能吊楼板于其上。

3.1.3 其他模板

随着建筑新技术、新材料的发展,新型模板不断出现。除上述者外,目前常用的还有下述几种:

1)台模(飞模、桌模)

台模是一种大型工具式模板,主要用于浇注楼板,一般是一个房间一块台模。按台模的支承形式分为支腿式(图 3.10)和无支腿式两类。前者又有伸缩式支腿和折叠式支腿之分;后者悬架于墙上或柱顶,故也称悬架式。台模由面板(胶合板或钢板)、支撑框架和檩条等组成。支腿底部一般带有轮子,以便移动。浇注后待混凝土达到规定强度,落下台面,将台模推出放在临时挑台上,再用起重机整体吊运至其他施工段。也可不用挑台,推出墙面后直接吊运。

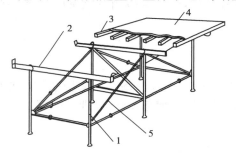

图 3.10 台模
1—支腿;2—可伸缩的横梁;3—檩条;
4—面板;5—斜撑

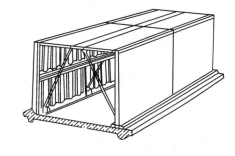

图 3.11 隧道模

2)隧道模

隧道模是用于同时浇注墙体和楼板的大型工具式模板,能一个开间一个开间地整体浇注,故建筑物的整体性好,施工进度快,但一次性投资大,需要较大起重量的起重机。

隧道模有全隧道模和双拼式隧道模(图 3.11)两种。前者自重大,目前逐渐少用。后者用两个半隧道模对拼而成,两个半隧道模的宽度可以不同,再增加一块插板,可以组合成各种开间需要的宽度。

3)永久式模板

永久式模板在施工时起模板作用,而浇注混凝土后又是结构本身组成部分的预制板材,可省去顶棚的抹灰。目前常用的有波形金属板材(亦称压延钢板)、预应力混凝土薄板和玻璃纤维水泥模板等。预应力混凝土薄板安装在墙或梁上,下设临时支撑,然后在其上绑扎钢筋浇注混凝土形成叠合楼板,施工简便,整体性、抗震性好,是一种有发展前途的模板。此外还有各种玻璃钢模板、塑料模板、提模、艺术模板和各种专门用途的模板等。

3.1.4　模板设计

常用定型模板在其适用范围内一般不需要进行设计和验算。而对一些特殊结构的模板、新型体系模板或超出适用范围的一般模板,应该进行设计或验算,以确保质量和施工的安全,防止浪费。

模板体系的设计,包括选型、选材、荷载计算、结构计算、拟定制作和拆除方案、绘制模板图等。现仅就有关模板的设计荷载和计算规定简述于后。

(1)荷载

模板、支架按下列荷载设计或验算。

1)模板及支架自重

模板及支架的自重,可按图纸或实物计算确定,对肋形楼板及无梁楼板的荷载,可参考表3.1～表3.4确定。

表 3.1　楼板模板荷载表

模板构件名称	木模板/(N·m⁻²)	定型组合钢模板/(N·m⁻²)
平板模板及小楞的自重	300	500
楼板模板的自重(其中包括梁模板)	500	750
楼板模板及其支架的自重(楼层高度为4 m以下)	750	1 100

2)新浇混凝土重量

普通混凝土可采用 24 kN/m³,其他混凝土根据实际的湿密度来确定。

3)钢筋自重

根据工程图纸确定。一般梁板结构每立方米钢筋混凝土的钢筋重量为:楼板:1.1 kN,梁:1.5 kN。

4)施工人员及设备荷载标准值

①计算模板及直接支承模板的小楞时,均布荷载为 2.5 kN/m²,并应另以集中荷载 2.5 kN 再进行验算,比较两者所得弯矩值取大者采用。

②计算直接支承小楞结构构件时,其均布荷载为 1.5 kN/m²。

③计算支架立柱及其他支承结构构件时,均布荷载为 1.0 kN/m²。

5)振捣混凝土时产生的荷载

对水平面模板为 2.0 kN/m²,对垂直面模板为 4.0 kN/m²。

6)新浇混凝土对模板的侧压力

当采用内部振捣器振捣,新浇注的普通混凝土对模板的最大侧压力,可按下列两式计算,并取两式中的较小值。

$$F = 0.43 \gamma_c t_0 \beta_1 V^{\frac{1}{4}} \tag{3.1}$$

$$F = \gamma_c H \tag{3.2}$$

式中:F——新浇注混凝土的最大侧压力(kN/m²);

γ_c——混凝土的重力密度(kN/m³);

t_0——新浇注混凝土的初凝时间(h);

V——混凝土的浇注速度（m/h）；

β——混凝土坍落度修正系数；

H——混凝土侧压力计算位置处至新浇注混凝土顶面的总高度（m）。

7）倾倒混凝土时产生的荷载

倾倒混凝土时对垂直面模板产生的水平荷载如表3.2所示。

表3.2　倾倒混凝土时产生的水平荷载

向模板中供料方法	水平荷载（/kN·m^2）
用溜槽、串筒或导管输出	2
用容量小于0.2 m^{3}的运输器具倾倒	2
用容量为0.2 m^{3}至0.8 m^{3}的运输器具倾倒	4
用容量大于0.8 m^{3}的运输器具倾倒	6

计算模板及其支架的荷载设计值时，应采取上述各项荷载标准值乘以相应的分项系数求得，荷载分项系数如表3.3所示。

表3.3　荷载分项系数

项次	荷　载　类　别	γ_i
1	模板及支架自重	
2	新浇混凝土重量	1.2
3	钢筋自重	
4	施工人员及设备荷载	1.4
5	振捣混凝土时产生的荷载	
6	新浇混凝土对模板的侧压力	1.2
7	倾倒混凝土时产生的荷载	1.4

计算模板及其支架时，应按表3.4进行荷载效应组合。

表3.4　计算模板及其支架的荷载效应组合

模板结构类别	最不利的作用效应组合	
	计算承载能力	变形验算
混凝土水平构件的低模板及支架	1,2,3,4	1,2,3
高大模板支架	1,2,3,4	1,2,3
	1,2,3,7	1,2,3
混凝土竖向构件或水平构件的侧面模板及支架	6,7	6

（2）计算规定

计算钢模板、木模板及支架时都要遵守《纲结构设计规范》和《木结构设计规范》的有关规定。由于模板系统为一临时性系统,因此对钢模板及其支架的设计,其设计荷载值可乘以系数 0.85 予以折减;对木模板及其支架设计,其设计荷载值乘以 0.90 予以折减;对冷弯薄壁型钢不必折减。

验算模板及其支架的刚度时,其最大变形值不得超过下列允许值:

①对结构表面外露的模板,为模板构件计算跨度的 1/400;

②对结构表面隐蔽的模板,为模板构件计算跨度的 1/250;

③支架的压缩变形值或弹性挠度,为相应的结构计算跨度的 1/1 000。

④清水混凝土模板,挠度应满足设计要求。

支架的立柱或桁架应保持稳定,并用撑拉杆固定。验算模板及其支架在自重和风荷载作用下的抗倾倒稳定性时,应符合有关的专门规定。

3.1.5　模板拆除

在模板的施工设计阶段,就应考虑模板的拆除时间及拆除顺序,以加速模板的周转,减少模板用量。现浇结构的模板及其支架拆除时的混凝土强度,应符合设计要求;当设计无具体要求时,应符合下列规定:

①侧模:应在混凝土强度能保证其表面及棱角不因拆模而受损坏时,方可拆除;

②底模:应在与结构同条件养护的试块达到表 3.5 的规定强度,方可拆除。

表 3.5　底模拆除时的混凝土强度要求

构件类型	构件跨度/m	达到设计的混凝土立方体抗压强度标准值的百分比/%
板	≤2	≥50
	>2,≤8	≥75
	>8	≥100
梁、拱、壳	≤8	≥75
	>8	≥100
悬臂结构	—	≥100

③拆模应按一定顺序进行,一般应遵循先支后拆、后支先拆、先拆非承重部位,后拆承重部位以及自上而下的原则。重大复杂模板的拆除,应事先制定拆除方案。

已拆除模板及其支架的结构,在混凝土强度符合设计混凝土强度等级的要求后,方可承受全部使用荷载;当施工荷载所产生的效应比使用荷载的效应更不利时,必须经过核算,加设临时支撑。

模板拆除时还应注意施工安全,防止模板脱落伤人。

3.2　钢筋工程

3.2.1　钢筋的种类、性质及验收

钢筋的种类很多,建筑工程中常用的钢筋按化学成分,可分为碳素钢钢筋和普通低合金钢

钢筋。碳素钢钢筋按其含碳量多少又可分低碳钢钢筋(含碳量小于 0.25%)、中碳钢钢筋(含碳量为 0.25%~0.60%)和高碳钢钢筋(含碳量大于 0.60%,一般不宜用在建筑工程中)。普通低合金钢钢筋是在低碳钢和中碳钢中加入某些合金元素(如钛、钒、锰等,其含量一般不超过总量的 3%)冶炼而成,可提高钢筋的强度,改善其塑性、韧性和可焊性。

钢筋按轧制外形可分为光面钢筋和变形钢筋(螺纹、人字纹及月牙纹)。

按生产加工工艺可分为热轧钢筋、冷拉钢筋、热处理钢筋、冷轧扭钢筋和精轧螺旋钢筋等。

按供应方式,为便于运输,$\phi 6 \sim \phi 10$ 的钢筋卷成圆盘,称盘圆钢筋;大于 $\phi 12$ 的钢筋轧成 $6 \sim 12$ m 长一根,称为直条钢筋。

钢筋按强度分为Ⅰ~Ⅳ级,而且级别越高,其强度及硬度越高,其塑性逐渐降低。为便于识别,在不同级别的钢材端头涂有不同的油漆。

常用的钢丝有刻痕钢丝、碳素钢丝和冷拔低碳钢丝三类,而冷拔低碳钢丝又分为甲级和乙级,一般皆卷成圆盘。

钢绞线一般由 7 根钢丝捻成,钢丝为高强钢丝。

常用的热轧钢筋的力学性能如表 3.6。

表 3.6　热轧钢筋的机械性能

钢筋级别	钢　号		符号	直径/mm	屈服点/(N·mm⁻²)	抗拉强度/(N·mm⁻²)	伸长率%		冷　弯		钢筋外形	涂色标记
	牌　号	代　号					δ_5	δ_{10}	弯心直径	弯曲角度		
					不　小　于							
Ⅰ	3 号钢	A_3、AJ_3、AD_3	ϕ	6~40	235	372	25	21	1d	180°	光圆	红
Ⅱ	20 锰硅	20MnSi	$\boldsymbol{\phi}$	8~25	333	510	16		3d	180°	人字螺纹	
				28~40	314	490						
Ⅲ	25 锰硅	25MnSi	Φ	8~40	372	568	14		3d	90°	人字螺纹	白
Ⅳ	40 硅₂锰钒 45 硅锰钒 45 硅₂锰钛	40Si₂MnV 45SiMnV 45Si₂MnTi	Φ	18~28	510	833	10	8	5d	90°	螺旋纹	黄

注:d 为钢盘直径。

钢筋进场应有出厂质量证明书或试验报告单,每捆(盘)钢筋均应有标牌,并按品种、批号及直径分批验收。每批热轧钢筋重量不超过 60 t,钢绞线为 20 t。验收内容包含钢筋标牌和外观检查,并按有关规定取样进行机械性能试验。

作机械性能试验时应从每批外观尺寸检查合格的钢筋中任选两根,每根取两个试件分别进行拉力试验(包括屈服强度、抗拉强度和伸长率的测定)和冷弯或反弯次数试验。如有一项试验结果不符合规定,则应从同一批钢筋中另取双倍数量的试件重新作上述 4 项试验,如果仍有一个试件不合格,则该批钢筋为不合格品,应不予验收或降级使用。

钢筋在加工使用中如发现机械性能或焊接性能不良,还应进行化学成分分析,检验其有害成分如硫(S)、磷(P)和砷(As)的含量是否超过规定范围。

钢筋进场后在运输和储藏时,不得损坏标志,并应根据品种、规格按批分别挂牌堆放,并标明数量。

3.2.2 钢筋冷加工

为了提高钢筋的强度,节约钢材,满足预应力钢筋的需要,工程上常采用冷拉、冷拔的方法对钢筋进行冷加工,用以获得冷拉钢筋和冷拔钢丝。冷拉 Ⅰ 级钢筋用于结构中的受拉钢筋,冷拉 Ⅱ、Ⅲ、Ⅳ 级钢筋用作预应力筋。

(1)钢筋冷拉

1)冷拉原理

钢筋的冷拉原理是将钢筋在常温下进行强拉伸,使拉应力超过屈服点 b,达到如图 3.12 中的 c 点,然后卸荷。由于钢筋已产生塑性变形,卸荷过程中应力-应变曲线沿 co_1 下降至 o_1 点。如再立即重新拉伸,应力-应变曲线将沿 o_1cde 变化,并在高于 c 点附近出现新的屈服点,该屈服点明显高于冷拉前的屈服点 b,这种现象叫做"变形硬化"。其原因是冷拉过程中,钢筋内部结晶面滑移,晶格变化,因而屈服强度提高,塑性降低,弹性模量也降低。

钢筋冷拉后有内应力存在,内应力会促进钢筋内的晶体组织调整,经过调整,屈服强度又进一步提高,这种晶体组织调整过程称为"时效硬化"。钢筋经"变形硬化"和"时效硬化"后的拉伸应力-应变曲线即改为 $o_1c'd'e'$,屈服点进一步提高到 c'。Ⅰ、Ⅱ 级钢筋的时效过程在常温下需 $15\sim20d$(称自然时效),但在 100 ℃温度下只需 2 h 即完成,因而为加速时效可利用蒸汽、电热等手段进行人工时效处理。Ⅲ、Ⅳ 级钢筋在自然条件下一般难以达到时效的效果,更宜采用人工时效处理,一般通电加热到 $150\sim200$ ℃,保持 20 min 左右即可。但须注意,加温不宜过高,否则会得到相反的结果。如

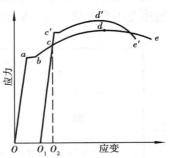

图 3.12　钢筋冷拉原理

加温至 450 ℃时,冷拉钢筋的强度反而有所降低,塑性有所增强;当加热至 700 ℃时,冷拉钢筋会恢复到冷拉前的力学性能。因此,作预应力筋用的钢筋如需焊接时,应在焊后进行冷拉,以免因焊接高温而降低冷拉后所获得的强度。

由于冷拉钢筋可提高强度、增加长度,在工程中,一般可节约 10%～20% 的钢材,还可同时完成调直、除锈工作。

2)冷拉控制

钢筋冷拉后强度提高,塑性降低,但仍有一定的塑性,有明显的流幅,其屈服强度与抗拉强度应保持一定的比值,即使钢筋有一定的强度储备和保持软钢特性。因此,国家规范规定,不同钢筋的冷拉应力和最大冷拉率应符合表 3.7 要求。

钢筋的冷拉方法可采用控制冷拉应力或控制冷拉率的方法。对不能分清炉批号的热轧钢筋,不应采取冷拉率控制的方法。

当采用控制应力的方法,其冷拉控制应力下的最大冷拉率,应符合表 3.7 的规定。

表 3.7　钢筋冷拉的冷拉控制应力和最大冷拉率

钢筋级别		冷拉控制应力/($N \cdot mm^{-2}$)	最大冷拉率/%
I级 $d \leq 12$		280	10.0
II级	$d \leq 25$	450	5.5
	$d = 28 \sim 40$	430	
III级 $d = 8 \sim 40$		500	5.0
IV级 $d = 10 \sim 28$		700	4.0

当采用控制冷拉率方法冷拉钢筋时,冷拉率必须由试验确定。对同炉批钢筋,测定的试件不宜少于 4 个。每个试件都按表 3.8 规定的冷拉应力值测定相应的冷拉率,取其平均值作为该炉批实际的冷拉率。如钢筋强度偏高,平均冷拉率低于 1% 时,仍按 1% 进行冷拉。钢筋冷拉的速度不宜过快,待拉到规定的控制应力(或冷拉率)时,须稍停,然后再放松。

表 3.8　测定冷拉率时钢筋的冷拉应力

钢筋级别		冷拉应力/($N \cdot mm^{-2}$)
I级 $d \leq 12$		310
II级	$d \leq 25$	480
	$d = 28 \sim 40$	460
III级 $d = 8 \sim 40$		530
IV级 $d = 10 \sim 28$		730

注:当钢筋平均冷拉率低于 1% 时,仍应按 1% 进行冷拉。

冷拉钢筋的检查验收方法和质量要求应符合《混凝土结构工程施工及验收规范》GB 50204—92 中的有关规定。

3)冷拉设备

钢筋的冷拉设备有两种:一种是采用卷扬机带动滑轮组为冷拉动力的机械设备;另一种是采用长行程(1 500 以上)的专用液压千斤顶和高压油泵的液压式设备。目前我国仍以机械式为主。

机械式冷拉设备,主要由卷扬机、滑轮组、承力结构、回程装置、测量设备和钢筋夹具组成(图 3.13)。

设备的冷拉能力要大于钢筋冷拉时所需的最大拉力,同时还要考虑滑轮与地面的摩擦阻力及回程装置的阻力,一般取最大拉力的 1.2 ~ 1.5 倍。设备的冷拉能力按下式计算:

$$Q = \frac{T}{K'} - F \qquad (3.3)$$

$$K' = \frac{f^{n-1}(f-1)}{f^n - 1} \qquad (3.4)$$

式中:Q——设备冷拉能力(kN);

　　　T——卷扬机牵引力(kN);

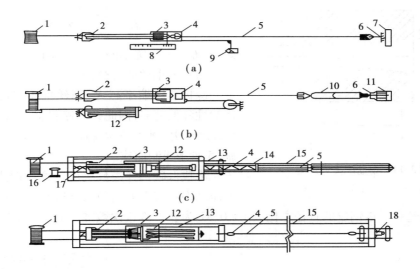

图 3.13　冷拉设备

1—卷扬机;2—滑轮组;3—冷拉小车;4—夹具;5—被冷拉的钢筋;6—地锚;7—防护壁;8—标尺;
9—回程荷重架;10—连接杆;11—弹簧测力器;12—回程滑轮组;13—传力器;14—钢压柱;
15—槽式台座;16—回程卷扬机;17—电子秤;18—液压千斤顶

K'——滑轮组的省力系数;

F——设备阻力(kN),包含冷拉小车与地面的摩阻力和回程装置的阻力等,实测确定,一
　　般取 5~10 kN;

f——单个滑轮的阻力系数,对青铜轴套的滑轮,$f = 1.04$;

n——滑轮组的工作线数。

为了保证设备冷拉能力的准确性,应定期检验设备测量仪表的精确度。钢筋的冷拉速度
不宜太快,一般以 0.5~1 m/s 为宜。如在负温下进行冷拉,温度不宜低于 −20 ℃。

(2)钢筋冷拔

钢筋冷拔原理与冷拉相似,只不过钢筋冷拉时受到的是纯拉伸应力;而钢筋冷拔时受到的
是拉伸与压缩兼有的立体应力。它是在常温下以强力拉拔的方法,使 $\phi 6 \sim \phi 8$ 的光圆钢筋通
过比其直径小 0.5~1.0 mm 的钨合金拔丝模(图 3.14),拔成比原钢筋直径小的冷拔低碳钢
丝。冷拔低碳钢丝呈硬钢特性,塑性降低,没有明显的屈服阶段,但抗拉强度提高(可提高
50%~90%),故能大量节约钢材。

钢筋冷拔的工艺是:轧头—剥壳—润滑—拔丝。如钢筋需连接则在冷拔前用对焊连接。

由于钢筋表面常有一层氧化铁锈渣硬壳,易使模孔损坏,并使钢筋表面产生沟纹,造成断
丝现象,因而冷拔前要进行剥壳。方法是使钢筋通过 3~6 个上下排列的辊子以剥除渣壳。冷
拔用的拔丝机有立式(图 3.15)和卧式两种。拔丝速度为 0.2~0.3 m/s,速度过大易断丝。

冷拔低碳钢丝分甲、乙两级。对主要用作预应力筋的甲级冷拔低碳钢丝,宜用符合Ⅰ级钢
标准的 3 号钢盘圆条进行拔制。乙级钢丝用于焊接网片、箍筋和构造钢筋。

影响钢丝质量的主要因素有原材料的质量和拉拔总压缩率。总压缩率 β 为由盘条拔至钢
丝的横截面总减缩率。

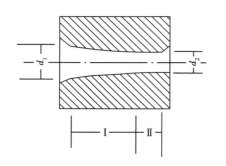

图 3.14　钢筋冷拔示意图

Ⅰ—工作区；Ⅱ—定径区

$$\beta = \frac{d_0^2 - d^2}{d_0^2} \times 100\% \qquad (3.5)$$

式中：d_0——盘圆钢筋的直径（mm）；

　　　d——钢丝的直径（mm）。

冷拔总压缩率越大，钢丝抗拉强度提高越多，而塑性降低越多，因此必须控制总压缩率。一般 $\phi^b 5$ 的钢丝由 $\phi 8$ 盘条拔制而成，$\phi^b 3$ 和 $\phi^b 4$ 钢丝由 $\phi 6.5$ 盘条拔制而成。

冷拔低碳钢丝经数次反复冷拔而成，每次冷拔的压缩率不宜太大，否则拔丝模易损耗，且易断丝。一般前道钢丝和后道钢丝的直径之比以 1∶0.87 为宜。冷拔次数亦不宜过多，否则易使钢丝变脆。

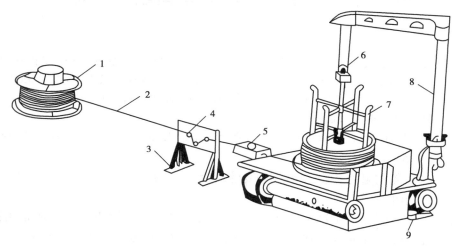

图 3.15　立式单鼓筒冷拔机

1—盘圆架；2—钢筋；3—剥壳装置；4—槽轮；5—拔丝模；6—滑轮；

7—绕丝筒；8—支架；9—电动机

冷拔低碳钢钢丝经调直机调直后，抗拉强度降低 8% ~ 10%，塑性有所改善，使用时应注意。

冷拔低碳钢丝的质量应符合《混凝土结构工程施工及验收规范》GB 50204—92 中的有关规定。对用于预应力结构的甲级冷拔低碳钢丝，应逐盘取样检验。

3.2.3　钢筋连接

钢筋连接有 3 种常用的连接方法：焊接连接、机械连接和绑扎连接。

（1）钢筋焊接

规范规定轴心受拉和小偏心受拉杆件中的钢筋接头，均应焊接。普通混凝土中直径大于 22 mm 的钢筋和轻骨料混凝土中直径大于 20 mm 的Ⅰ级钢筋及直径大于 25 mm 的Ⅱ、Ⅲ级钢筋的接头，均宜采用焊接。

钢筋的焊接质量与钢材的可焊性、焊接工艺有关。改善焊接工艺是提高焊接质量的有效措施。风力超过 4 级时,应有挡风措施。环境温度低于 − 20 ℃时不得进行焊接。常用的焊接方法有闪光对焊、电弧焊、电渣压力焊和点焊等。

1)闪光对焊

闪光对焊广泛用于钢筋纵向连接及预应力钢筋与螺丝端杆的焊接。对焊具有成本低、质量好、功效高和对各种钢筋均能适用的特点,因而得到普遍应用。

钢筋闪光对焊的原理如图 3.16 所示,将两段钢筋在对焊机两电极中接触对接,通过低电压的强电流,接触点很快熔化并产生金属蒸气飞溅,形成闪光现象。闪光一开始就移动钢筋,形成连续闪光过程。待接头烧平,闪去杂质和氧化膜白热熔化时,随即进行加压顶锻并断电,使两根钢筋对焊成一体。在焊接过程中,由于闪光的作用,使空气不能进入接头处,又通过挤压,把已熔化的氧化物全部挤出,因而接头质量得到保证。

上述是“连续闪光焊”的焊接过程,适宜焊接直径 25 mm 以内的钢筋。对于粗钢筋宜采用“预热闪光焊”和“闪光—预热—闪光焊”,增加一个预热时间,先使大直径钢筋预热后再连续闪光烧化进行加压顶锻。

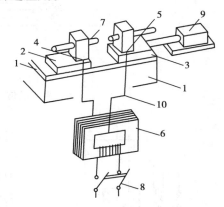

图 3.16　钢筋闪光对焊原理
1—机身;2—固定平板;3—滑动平板;
4—固定电极;5—活动电极;6—变压器;
7—焊接的钢筋;8—开关;9—压力机构;
10—变压器次级线圈

钢筋闪光对焊后,除对接头进行外观检查(无裂纹和烧伤,接头弯折不大于 4°和接头轴线偏移不大于 0.1d 也不大于 2 mm)外,还应按《钢筋焊接及验收规程》JGJ 18—2003 的规定进行抗拉试验和冷弯试验。

2)电弧焊

电弧焊是利用弧焊机使焊条与焊件之间产生高温电弧,使焊条和电弧燃烧范围内的焊件熔化凝固后便形成焊缝或接头。电弧焊广泛用于钢筋接头、钢筋骨架焊接、钢筋与钢板的焊接及各种钢结构焊接。

钢筋焊接的接头形式(图 3.17)有:搭接焊接接头(单面焊缝或双面焊缝)、帮条焊(单面焊缝或双面焊缝)和坡口焊接头(平焊或立焊)。帮条焊与搭接焊的焊缝长度应符合图中的尺寸要求,图中不带括弧的数字用于 Ⅰ 级钢筋,括弧内数字用于 Ⅱ、Ⅲ 级钢筋。采用帮条焊时,帮条应与被焊钢筋同级别、同直径。

焊条的种类很多,钢筋焊接应根据钢材等级和焊接接头形式选择焊条。焊接接头除进行外观检查外,亦需抽样作拉伸试验。如对焊接质量有怀疑,还可进行非破损检验(X 射线、γ 射线和超声波探伤等)。

3)电渣压力焊

电渣压力焊用于柱、墙、烟囱和水坝等现浇混凝土结构中竖向或斜向(倾斜度在 4∶1 范围内),直径 14 ~ 40 mm 的 Ⅰ、Ⅱ 级钢筋的连接,不得用于梁、板等构件中水平钢筋的连接。有自动与手工电渣压力焊。与电弧焊比较,它工效高,成本低,在土木工程施工中应用较普遍。

电渣压力焊是利用电流通过渣池产生的电阻热将钢筋端部熔化,然后施加压力使钢筋焊接在一起,如图 3.18 所示。

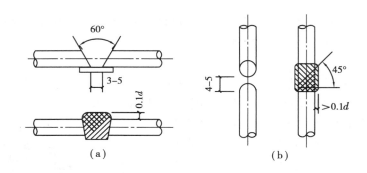

图 3.17　钢筋电弧焊的接头方式

（a）平焊的坡口焊接头；（b）立焊的坡口焊接头

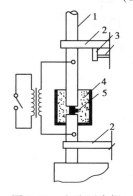

图 3.18　电渣压力焊

1—钢筋；2—夹钳；3—凸轮；4—焊剂；

5—铁丝团环球或导电焊剂

施焊时先将钢筋端部约 120 mm 范围内的铁锈除尽，将固定夹具夹牢在下部钢筋上，并将上部钢筋扶直对中夹牢于活动夹具中。再装上药盒并装满焊药，接通电源，用手柄使电弧引弧。稳定一定时间，使之形成渣池并使钢筋熔化（稳弧）。使熔化量达到一定数量时断电并用力迅速顶锻，以排除夹渣和气泡，形成接头，使之饱满、均匀、无裂纹。

电渣压力焊的接头，亦应按规程规定的方法进行外观检查和抽取试件进行拉伸试验。

4）电阻点焊

电阻点焊主要用于钢筋的交叉连接，如用来焊接钢筋网片、钢筋骨架等。它生产效率高，节约材料，应用广泛。

电阻焊的工作原理（图 3.19）是，当钢筋交叉点焊时，由于接触点只有一点，且接触电阻较大，在通电的瞬间电流产生的全部热量都集中在一点上，因而使金属受热而熔化，同时在电极加压下使焊点金属得到焊合。

焊点应有一定的压入深度。点焊热轧钢筋时，压入深度为较小钢筋直径的 30% ~45%；点焊冷拔低碳钢丝时，压入深度为较小钢筋直径的 30% ~35%。

焊点应按规程要求进行外观检查和强度试验。

（2）钢筋机械连接

钢筋机械连接有挤压连接和锥螺纹连接。是近年来大直径钢筋现场连接的主要方法。具有操作简单，连接速度快，无明火作业，不污染环境，可全天候施工等特点。

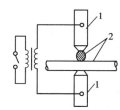

图 3.19　点焊机工作原理示意

1—电极；2—钢丝

1）钢筋挤压连接

钢筋挤压连接亦称钢筋套筒冷压连接，属于机械连接。它是将需要连接的变形钢筋插入特制钢套筒内，利用挤压机使钢套筒产生塑性变形，使它紧紧咬住变形钢筋以实现连接。它适用于竖向、横向及其他方向的较大直径变形钢筋的连接。目前我国应用的钢筋挤压连接技术，有钢筋径向挤压和钢筋轴向挤压两种。

①钢筋径向挤压连接

钢筋径向挤压连接是利用挤压机径向挤压钢套筒,使套筒产生塑性变形,套筒内壁变形嵌入钢筋变形处,由此产生抗剪力来传递钢筋连接处的轴向力(图3.20)。

径向挤压连接适用于直径 20～40 mm 的带肋钢筋的连接,特别适用于对接头可靠性和塑性要求较高的场合。

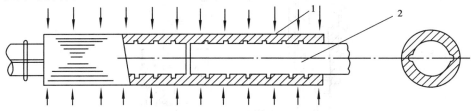

图 3.20　钢筋径向挤压连接原理图
1—钢套筒;2—钢筋

钢筋挤压连接的工艺参数,主要是压接顺序、压接力和压接道数。压接顺序应从中间逐道向两端压接。压接力以套筒与钢筋紧紧咬合为好。压接道数一般每端压接 4 道。为提高压接速度,减少现场作业,一般采取预先压接一半钢筋接头,运至工地就位后再压接另一半钢筋接头的方法。

②钢筋轴向挤压连接

轴向挤压连接,是用挤压机和压模对钢套筒和插入的两根钢筋沿其轴线方向进行挤压,使钢套筒产生塑性变形与变形钢筋咬合而进行连接(图 3.21)。

它用于同直径或相差一个型号直径的有肋钢筋连接。为加快连接速度,也采用预先压接半个钢筋接头,运往作业地点就位后再压接另半个钢筋接头。

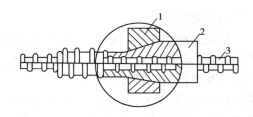

图 3.21　钢筋轴向挤压连接原理图
1—压模;2—钢套筒;3—钢筋

上述两种挤压接头的检验,在外观检查的基础上,还需分批抽样进行机械性能检验。

2)钢筋锥螺纹套筒连接

这种连接的钢套筒内壁在工厂专用机床上加工有锥螺纹,钢筋的对接端头亦在钢筋套丝机上加工有与套筒相对应的锥螺纹。连接时,经对螺纹检查无油污和损伤后,先用手旋入钢筋,然后用扭矩扳手紧固至规定的扭矩即完成连接(图 3.22)。

锥螺纹套筒连接方法适用于 Ⅱ、Ⅲ 级,直径为 16～40 mm 的同径、异径钢筋的连接。这种钢筋连接全靠机械力保证,无明火作业,施工速度快,可连接多种钢筋,而且对后施工的钢筋混凝土结构可不需预留锚固筋,是有发展前途的一种钢筋连接方法。

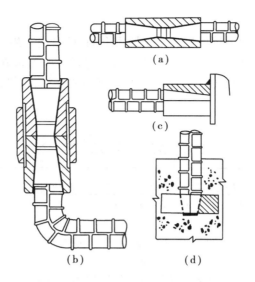

图 3.22　钢筋锥螺纹套管连接示意图

(a)两根直钢筋连接；(b)一根直钢筋与一根弯钢筋连接；

(c)在金属结构上接装钢筋；(d)在混凝土构件中插接钢筋

3.2.4　钢筋配料及代换

1)钢筋配料

钢筋的配料就是根据施工图纸,分别计算出各根钢筋切断时的直线长度,也称为下料长度,然后编制配料单,作为申请加工的依据。

下料长度是配料计算中的关键。由于结构受力上的要求,大多数钢筋需在中间弯曲和两端弯成弯钩,如图 3.23 所示。钢筋弯曲时,其外壁伸长,内壁缩短,而中心线长度不改变。但是设计图中注明的尺寸不包括端弯钩长度,它是根据构件尺寸、钢筋形状及保护层的厚度等按外包尺寸进行计算的。显然外包尺寸大于中心线长度,它们之间存在一个差值,称为"量度差值"。因此钢筋的下料长度应为:

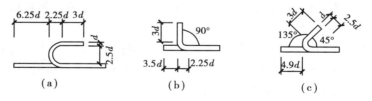

图 3.23　钢筋弯钩及弯曲计算

(a)半圆弯钩；(b)弯曲 90°；(c)弯曲 135°

钢筋下料长度 = 外包尺寸 + 端头弯钩长度 – 量度差值

箍筋下料长度 = 箍筋周长 + 箍筋调整值

当钢筋弯心的直径为 $2.5d$ 时(d 为钢筋直径),半圆弯钩的增加长度和各种弯曲角度的量度差值计算方法如下:

①半圆弯钩的增加长度（图 3.23(a)）

弯钩全长:$3d + 3.5d\pi/2 = 8.5d$

弯钩增加长度(包括量度差值):$8.5d - 2.25d = 6.25d$

②弯曲90°时的量度差值(图3.23(b))

外包尺寸:$2.25d + 2.25d = 4.5d$

中心线长度:$3.5d\pi/4 = 2.75d$

量度差值:$4.5d - 2.75d = 1.75d$(实际工作中取$2d$)

③弯曲135°时的量度差值(图3.23(c))

外包尺寸:$2(2.5d/2 + d) - \pi(2.5d/2 + d/2) \times 135°/360° = 2.44d \approx 2.5d$ 中心线长度:$3.5d\pi/8 = 1.37d$

量度差值:$1.87d - 1.37d = 0.5d$

同理,可得其他常用弯曲角度的量度差值,见表3.9。

表3.9　钢筋弯曲量度差值

钢筋弯曲角度	30°	45°	60°	90°	135°
量度差值	$0.35d$	$0.5d$	$0.85d$	$2d$	$2.5d$

④箍筋调整值,为弯钩增加长度与弯曲量度差值两项之和。根据箍筋外包尺寸或内包尺寸而定,见表3.10。

表3.10　箍筋调整值

箍筋量度方法	箍 筋 直 径/mm			
	4 ~ 5	6	8	10 ~ 12
量外包尺寸	40	50	60	70
量内包尺寸	80	100	120	150 ~ 170

2)钢筋代换

施工中如供应的钢筋品种和规格与设计图纸不符时,在征得设计单位同意后,可以进行代换。代换时,必须充分了解设计意图和代换钢筋的性能;必须满足规范中所规定的钢筋间距、锚固长度、最小钢筋直径、根数等要求;对重要受力构件,不宜用Ⅰ级光圆钢筋代替变形钢筋;钢筋代换后,其用量不宜大于原设计用量的5%,亦不低于2%。

钢筋代换的方法有以下3种:

①当结构是按强度控制时,可按强度相等的原则进行代换,称为"等强代换",即:

$$A_{s_1} f_{y_1} = A_{s_2} f_{y_2} \tag{3.6}$$

式中:$A_{s_1} f_{y_1}$分别为原设计钢筋的计算面积和设计强度;

$A_{s_2} f_{y_2}$分别为拟代换钢筋的计算面积和设计强度。

②当构件按最小配筋率控制时,可按钢筋面积相等的原则代换,称为"等面积代换",即:

$$A_{s_1} = A_{s_2} \tag{3.7}$$

③当结构构件按裂缝宽度或抗裂性要求控制时,钢筋的代换需进行裂缝及抗裂性验算。

钢筋代换后,有时由于受力钢筋直径加大或根数增多,而需要增加排数,则构件截面的有效高度h_0减小,截面强度降低,此时需验算截面强度。

3.3 混凝土工程

混凝土工程包括混凝土的制备、运输、浇注、养护及质量检查等。

3.3.1 混凝土的制备

(1)混凝土施工配制强度确定

混凝土施工配合比,应保证结构设计对混凝土强度等级及施工对混凝土和易性的要求;应符合合理使用材料、节约水泥的原则。必要时,还应符合耐腐蚀性、抗冻性和抗渗性等要求。

混凝土是非匀质材料,施工中的混凝土硬化后所能达到的强度也不稳定,具有较大的离散性。为了保证混凝土的实际强度基本不低于结构设计要求的强度等级,混凝土的施工配制强度应比设计的混凝土强度标准值提高一个数值,以达到95%的保证率:

当设计强度小于 C60 时用公式 $f_{cu,o} = f_{cu,k} + 1.645\sigma$ (3.8)

当设计强度大于 C60 时用公式 $f_{cu,o} = 1.15 f_{cu,k}$

式中:$f_{cu,o}$——混凝土的施工配制强度(N/mm^2);

$\quad f_{cu,k}$——设计的混凝土强度标准值(N/mm^2);

$\quad \sigma$——施工单位的混凝土强度标准差(N/mm^2)。

当施工单位具有近期同一品种混凝土强度的统计资料时,σ 可按下式计算:

$$\sigma = \sqrt{\frac{\sum_{i=1}^{n} f_{cu,i}^2 - n\mu_{f_{cu}}^2}{n-1}}$$ (3.9)

式中:$f_{cu,i}$——统计期内第 i 组试件强度(N/mm^2);

$\quad \mu_{f_{cu}}$——统计期内混凝土 n 组试件强度的平均值(N/mm^2);

$\quad n$——统计期内同一品种混凝土强度等级的试件组数,$n \geq 25$。

考虑到目前施工单位的质量管理水平,国家标准《混凝土结构工程施工规范》GB50666—2011 规定了强度标准差 σ 计算值的下限值。对于强度等级小于 C30 的混凝土计算得到的小于 3.0 MPa 时,应取 3.0 MPa,对于强度大于 C30 小于 C60 的混凝土,计算得到 σ 大于等于 4.0 MPa,按计算结果取值,计算得到的 σ 小于 4.0 MPa,取 4.0 MPa。

当施工单位无近期统计资料时,σ 可按表 3.11 取值。

表 3.11 混凝土强度标准差 σ 取值表

混凝土强度等级	$\leq$C20	C25~C45	C45~C55
$\sigma/(N \cdot mm^{-2})$	4.0	5.0	6.0

表3.11 中的数值反映了我国施工单位的混凝土施工技术和管理的平均水平,采用时可根据本单位情况作适当调整。

(2)混凝土施工配合比的确定

前述混凝土的配合比指的是实验室配合比,也就是说砂、石等材料处于完全干燥的状态下。而在现场施工中,砂、石两种材料都采用露天堆放,不可避免地含有一些水分,其含水量随气候变化而变化,配料时必须把这部分材料所含水量考虑进去,才能保证混凝土配合比的准确,从而保证混凝土的质量。因此在施工时应及时测量砂、石的含水率,并将混凝土的实验室配合比换算成考虑了砂石含水率条件下的施工配合比。

若混凝土的实验室配合比为水泥:砂:石:水 $=1:s:g:w$,而现场测出砂的含水率为 W_s,石的含水率为 W_g,则换算后的施工配合比为:

$$1:s(1+W_s):g(1+W_g):[w-s\cdot W_s-g\cdot W_g]$$

【例3.1】　已知某混凝土的实验室配合比为280:820:1 100:199(每 m³ 混凝土材料用量),现测出砂的含水率为3.5%,石的含水率为1.2%,搅拌机的出料容积为400 L,若采用袋装水泥(一袋 50 kg),求每搅拌一罐混凝土所需各种材料的用量。

【解】　混凝土的实验室配合比折算为 $1:s:g:w=1:2.93:3.93:0.71$

将原材料的含水率考虑进去后计算出施工配合比为: $1:3.03:3.98:0.56$

每搅拌一罐混凝土水泥用量为:280 kg/m³×0.4 m³=112 kg,实际使用两袋水泥(100 kg)

则搅拌一罐混凝土的砂用量为:100×3.03=303(kg)

搅拌一罐混凝土的石用量为:100×3.98=398(kg)

搅拌一罐混凝土的水用量为:100×0.56=56(kg)

(3)混凝土搅拌机选择

混凝土搅拌机按其工作原理,可分为自落式和强制式两大类。

自落式搅拌机如图 3.24 所示,其搅拌筒内壁焊有弧形叶片,当搅拌筒绕水平轴旋转时,弧形叶片不断将物料提升一定高度,然后利用物料自重自由落下,以达到拌和均匀的目的,称为重力拌和原理。自落式搅拌机筒体和叶片磨损较小,易于清理,但搅拌力量小,效率低,主要用于搅拌塑性混凝土。自落式搅拌机常用的有双锥反转出料式搅拌机和双锥倾翻出料式搅拌机。

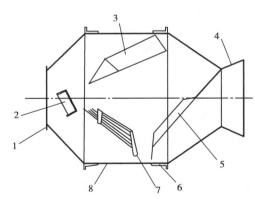

图 3.24　自落式搅拌机示意

1—进料口圈;2—挡料叶片;3—主叶片;4—出料口圈;
5—出料叶片;6—滚道;7—副叶片;8—筒身

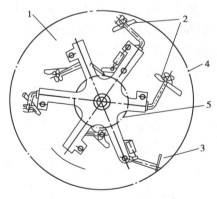

图 3.25　立轴式强制式搅拌机构造图

1—搅拌筋;2—拌和铲;3—刮刀;
4—外筒壁;5—内筒壁

强制式搅拌机(图 3.25)主要是根据剪切机理设计的。它的搅拌筒固定不转,依靠装在筒体内部转轴上的叶片强制拌和混凝土物料,强制其产生环向、径向和竖向运动。这种由叶片强制物料产生剪切位移而达到拌和均匀的机理,称为剪切拌和机理。

强制式搅拌机的搅拌作用比自落式搅拌机强烈。宜于搅拌干硬性混凝土和轻骨料混凝土。因为在自落式搅拌机中,干硬性混凝土不易下落,而轻骨料落下时产生的冲击能量小,不能产生很好的拌和作用。但强制式搅拌机的转速比自落式搅拌机高,动力消耗大,叶片、衬板等磨损也大。强制式搅拌机分为立轴式和卧轴式,立轴式又分为涡浆式和行星式,而卧轴式又有单轴、双轴之分。

选择搅拌机时,要根据工程量大小、混凝土的坍落度和骨料尺寸等确定。既要满足技术上的要求,又要考虑经济效益。

我国规定混凝土搅拌机以其出料容量(m^3)1 000 为标定规格,故搅拌机的规格系列为:50、150、250、350、500、750、1 000,1 500 和 3 000。

(4)搅拌制度的确定

为了获得质量优良的混凝土拌和物,除正确选择搅拌机外,还必须正确地确定搅拌制度,即搅拌机转速、搅拌时间、投料顺序和装料容量等。

1)搅拌机转速

对自落式搅拌机,转速过高,混凝土拌和料会在离心力的作用下吸附于筒壁不能自由下落;而转速太低,既不能充分拌和,也会降低生产率。为此搅拌机转速 n 应控制在下式范围内,即

$$n \leqslant \frac{13}{\sqrt{R}} \sim \frac{16}{\sqrt{R}} \quad (\text{r/min}) \tag{3.10}$$

式中:R——搅拌筒半径(m)。

对于强制式搅拌机,虽然不受重力和离心力的影响,但其转速亦不能过大,否则将会加速机械的磨损,同时也易使混凝土拌和物产生分层离析现象。因此强制式搅拌机叶片的转速一般为 30 r/min。

2)搅拌时间

搅拌时间是指从原材料投入搅拌筒时起,到开始卸料时为止所经历的时间,它与搅拌机类型、容量、混凝土材料以及配合比有关。搅拌时间过短,不能使混凝土搅拌均匀;搅拌时间过长,既不经济又易使混凝土产生分层离析现象。为了保证混凝土的拌和质量,规范中规定了混凝土的搅拌最短时间(表3.12)。

表 3.12　混凝土的搅拌最短时间/s

混凝土坍落度/mm	搅拌机机型	搅拌机出料容量/L		
		< 250	250 ~ 500	> 500
≤ 400	强制式	60	90	120
	自落式	90	120	150
> 400 且 < 100	强制式	60	60	90
	自落式	90	90	120
≥ 100	强制式	60		
≥ 100	自落式	90		

注:①当掺有外加剂时,搅拌时间应适当延长;

②全轻混凝土、砂轻混凝土搅拌时间应延长 60 ~ 90 s。

该最短时间是按一般常用搅拌机的回转速度确定的,不允许用超过搅拌机说明书规定的回转速度进行搅拌以缩短搅拌时间。

3)投料顺序

投料顺序应从提高搅拌质量,减少机械强度,减少拌和物与搅拌筒的粘结,节约水泥等方面确定。常用一次投料法和两次投料法。

一次投料法是在料斗中先装石子,再加水泥和砂,在一次投入搅拌机的同时加水。投料时砂压住水泥,不致产生水泥飞扬,且砂和水泥先进入搅拌筒形成水泥砂浆,可缩短包裹石子的时间。

二次投料法是在日本研究的造壳混凝土(又称 SEC 混凝土)的基础上结合我国国情研究成功的,形成了"裹砂石法混凝土搅拌工艺",它分两次加水,两次搅拌。用这种工艺搅拌时,先将全部的石子、砂和70%的拌和水倒入搅拌机,拌和15 s使骨料湿润,再倒入全部水泥进行造壳搅拌30 s左右,然后加入30%的拌和水,再进行糊化搅拌60 s左右即完成。与普通搅拌工艺相比,用裹砂石法搅拌工艺可使混凝土强度提高10% ~20%或节约水泥5% ~10%。推广这种新工艺有巨大的经济效益。

4)装料容量

装料容量是将搅拌前各种材料的体积累积起来的容量,又称干料容量。为保证混凝土得到充分拌和,装料容量为搅拌筒几何容量的 1/3 ~ 1/2,而搅拌好的出料容量为装料容量的0.55 ~ 0.75(又称出料系数)。搅拌机不宜超载,若装料超过装料容量的10%,就会影响混凝土拌和物的均匀性;装料过少又不能充分发挥搅拌机的效能。

(5)混凝土搅拌站

当混凝土需要量较大时,可在施工现场设置混凝土搅拌站或订购商品混凝土搅拌站供应的商品(预拌)混凝土。大规模混凝土搅拌站采用自动上料系统,各种材料单独自动称量配料,卸入锥形料斗后进入搅拌机,粉煤灰、外加剂自动添加,如图3.26 所示。具有机械化程度高、配料称量准确、节约材料、保证及时供应、能确保配制混凝土的强度等优点。商品(预拌)混凝土是今后发展的方向,国内一些大城市在一定范围内已规定必须采用商品混凝土,不得现场拌制。

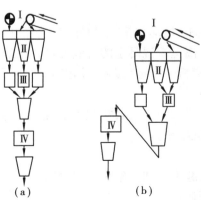

图 3.26　混凝土搅拌站的工艺流程
(a)单阶式;(b)双阶式
Ⅰ—运输设备;Ⅱ—料斗设备;Ⅲ—称量设备;Ⅳ—搅拌设备

3.3.2 混凝土的运输

(1)混凝土运输的要求

混凝土自搅拌机中卸出后,应及时运至浇注地点,为保证混凝土的质量,对混凝土运输的基本要求是:

①在运输过程中应保持混凝土的均匀性 避免分层离析、泌水、砂浆流失和塌落度变化等现象发生。

匀质的混凝土拌和物,为介于固体和液体之间的弹塑性体,其中的骨料,在内摩阻力、粘着力和重力共同作用下处于平衡状态。在运输过程中,由于运输的颠簸振动作用,粘着力和内摩阻力下降,重骨料在自重作用下向下沉落,水泥浆上浮,形成分层离析现象。这对混凝土质量是有害的。为此,运输工具要选择适当,运输距离要限制,以防止分层离析。如已产生离析,在浇注前要进行二次搅拌。

②应使混凝土在初凝之前浇注完毕 应以最少的转运次数和最短时间将混凝土从搅拌地点运至浇注现场。混凝土从搅拌机卸出后到浇注完毕的延续时间不宜超过表 3.13 的规定。

表 3.13 混凝土从搅拌机中卸出到浇注完毕的延续时间/min

混凝土强度等级	气 温	
	不高于 25 ℃	高于 25 ℃
不高于 C30	120	90
高于 C30	90	60

③保证混凝土的浇注量尤其是在不允许留施工缝的情况下,混凝土运输必须保证浇注工作能连续进行。为此,应按混凝土最大浇注量和运距来选择运输机具。一般运输机具的容积是搅拌机出料容积的倍数。

(2)运输机具

混凝土运输分水平和垂直运输两种情况。

1)水平运输机具

水平运输机具主要有手推车、机动翻斗车、自卸汽车、混凝土搅拌运输车和皮带运输机。

混凝土搅拌运输车为长距离运输混凝土的有效工具。在运输过程中车载搅拌筒可以慢速转动进行拌和,以防止混凝土离析。当运输距离较远时,可将干料装入搅拌筒,在到达使用地点前加水搅拌,到达工地反转卸料。

皮带运输机可综合进行水平、垂直运输,常配以能旋转的振动溜槽,运输连续,速度快,多用于浇注大坝、桥墩等大体积混凝土。

2)垂直运输机具

常用垂直运输机具有塔式起重机和井架物料提升机。塔式起重机均配有料斗,可直接把混凝土卸入模板中而不需要倒运。

3)混凝土泵运输

混凝土泵是一种有效的混凝土运输和浇注工具,它以泵为动力,沿管道输送混凝土,可以一次完成水平和垂直运输,将混凝土直接输送到浇注地点。大体积混凝土和高层建筑施工中皆已普遍应用。混凝土泵主要有挤压泵和活塞泵,而以液压活塞泵应用较多。

活塞泵常用液压双缸式,由料斗、液压缸、分配阀、Y形输送管、冲洗设备和液压系统等组成(图3.27)。

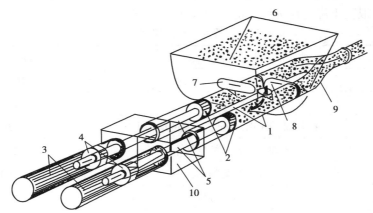

图 3.27　液压式混凝土泵的工作原理图

1—混凝土缸;2—混凝土活塞;3—油缸;4—油缸活塞;5—活塞杆;

6—料斗;7—吸入阀;8—排出阀;9—Y形管;10—水箱

工作时,两个缸体交替进料和出料,因而能连续稳定地排料。不同型号的混凝土泵,其排量不同,水平运距和垂直运距亦不同。常用型号混凝土泵的混凝土排量 30 ~ 90 m³/h,水平运距 200 ~ 900 m,垂直运距 50 ~ 300 m。目前我国已能一次垂直泵送 382 m,更高的高度可用接力泵送。常用的混凝土输送管为钢管、橡胶和塑料软管,直径为 75 ~ 200 mm,每段长约 3 m。

泵送混凝土工艺对混凝土的配合比提出了要求:碎石最大粒径与管道内径之比宜为 1:3,卵石可为 1:2.5,高层建筑宜为 1:3 ~ 1:4,以免堵塞。砂宜用中砂,砂率宜控制在 35% ~ 45%。水泥用量不宜过少,否则泵送阻力增大。最小水泥用量宜为 300 kg/m³。混凝土的塌落度宜为 80 ~ 180 mm。采用泵送混凝土要求混凝土的供应必须保证混凝土泵能连续工作;输送管线宜直,转弯宜缓,接头应严密;泵送结束后应及时把残留在缸体内和输送管内的混凝土清洗干净。

3.3.3　混凝土浇注

混凝土浇注要保证混凝土的均匀性和密实性,要保证结构的整体性、尺寸准确和钢筋、预埋件的位置正确,新旧混凝土结合良好。

(1)混凝土浇注前的准备工作

①隐蔽工作验收和技术复核。

②对技术人员进行技术交底。

③根据施工中的技术要求,检查并确认施工现场具备实施条件。

④施工单位应填报浇筑申请单,并经监理单位签字。

(2)混凝土浇注的一般要求

1)混凝土的自由下落高度

浇注混凝土时,混凝土自高处倾落的自由高度不应超过 2 m,在竖向结构中限制自由倾落高度不宜超过 3 m,否则应沿串筒、斜槽、溜管或振动溜管下料,以防止混凝土因自由下落高度过大而产生离析。

2）混凝土的分层浇注

混凝土浇注应分层进行以使混凝土能够振捣密实,在下层混凝土初凝之前,上层混凝土应浇注振捣完毕。混凝土浇注层的厚度应符合表 3.14 的规定。

表 3.14　混凝土浇注层厚度/mm

项次	捣实混凝土的方法		浇注层的厚度
1	插入式振捣		振捣器作用长度的 1.25 倍
2	表面振动		200
3	人工捣固	在基础、无筋梁或配筋稀疏的结构中	250
		在梁、墙板、柱结构中	200
		在配筋密集的结构中	150
4	轻骨料混凝土	插入式振捣器	300
		表面振动(振动时需加荷)	200

3）混凝土浇注的间歇时间

混凝土浇注工作应尽可能连续作业,如上、下层混凝土浇注必须间歇,其间歇的最长时间(包括运输、浇注和间歇的全部延续时间)不得超过表 3.15 的规定。当超过时,应按留置施工缝处理。

表 3.15　混凝土运输、浇注和间歇的允许时间/min

条　件	气　温	
	不高于 25 ℃	高于 25 ℃
不掺外加剂	180	150
掺外加剂	240	210

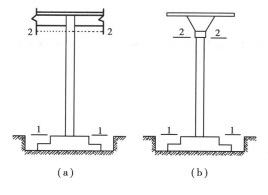

图 3.28　柱子的施工缝位置
(a)梁板式结构;(b)无梁楼盖结构

4）施工缝的留设与处理

如因技术上的原因或设备、人力的限制,混凝土不能连续浇注,中间的间歇时间超过允许时间,则应事先确定在适当位置留置施工缝。由于该处新旧混凝土结合力较差,是构件中的薄弱环节,故施工缝宜留在结构受力(剪力)较小且便于施工的部位。柱应留水平缝,梁、板应留垂直缝。

根据施工缝留设的原则,柱子的施工缝宜留在基础顶面、梁或吊车梁牛腿的下面、吊车梁的上面,无梁楼盖柱帽的下面(图 3.28)。高度大于 1 m 的混凝土梁的水平施工缝,应留在楼板底面以下 20 ~ 30 mm 处。单向板的施工缝,可留在平行短边的任何位置处。对于有主次梁的楼板结构,宜顺着次梁方向浇注,施工缝应留在次梁跨度的中间 1/3 范围内(图 3.29),墙可留在门洞口过梁跨中 1/3 范围内,也可留在纵横墙的交接处。

在施工缝处继续浇注混凝土时,应待混凝土的抗压强度不小于 1.2 N/mm² 才可进行。浇注前应清除松动石子,将混凝土表面凿毛,并用水冲洗干净,先铺设与混凝土成分相同的水泥砂浆一层,再继续浇注,以保证接缝的质量。

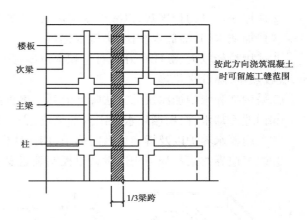

图 3.29　有主次梁盖板的施工缝位置

(3)混凝土浇注方法

1)框架结构混凝土的浇注

框架结构一般按结构层划分施工层和在各层划分施工段分别浇注。一个施工段内每排柱子的浇注应从两端同时开始向中间推进,不可从一端开始向另一端推进,预防柱子模板逐渐受推倾斜使误差积累难以纠正。每一施工层的梁、板、柱结构,先浇注柱子。柱子开始浇注时,底部应先浇注一层厚 50 ~ 100 mm 与所浇注混凝土内砂浆成分相同的水泥砂浆,然后浇注混凝土到顶,停歇一段时间(1 ~ 1.5 h),待混凝土拌和物初步沉实,柱子有一定强度再浇注梁板混凝土。如果柱与梁板分开浇注时也可以按前文所述的施工缝的处理方法在梁底留置水平施工缝。梁板混凝土应同时浇注,只有梁高 1 m 以上时,才可以将梁单独浇注,此时的施工缝留在楼板板面下 20 ~ 30 mm 处。楼板混凝土的虚铺厚度应略大于板厚,用表面振动器振实,用铁插尺检查混凝土厚度,再用长的木抹子抹平。

2)大体积混凝土结构的浇注

大体积混凝土如水电站大坝、桥梁墩台、大型设备基础或高层建筑的厚大基础底版等,其上有巨大的荷载,整体性、抗渗性要求高,往往不允许留施工缝,要求一次连续浇注完毕。这种大体积混凝土结构浇注后水泥的水化热量大,由于体积大,水化热聚积在内部不易散发,大体积混凝土内部温度显著升高,而表面散热较快,这样形成巨大的内外温差,内部产生压应力,而表面产生拉应力。混凝土的早期强度较低,混凝土的表面就产生许多微裂缝。在混凝土浇注数日后,水化热已基本散失,在混凝土由高温向低温转化时会产生收缩,但这时受到基底或已浇注混凝土的约束,接触处将产生很大的拉应力,如该拉应力超过混凝土的抗拉强度时,就会产生收缩裂缝,甚至会贯穿整个混凝土块体,形成贯穿裂缝。

上述两种裂缝,尤其是后一种裂缝将影响结构的防水性和耐久性,严重时还将影响结构的承载能力。因此在大体积混凝土施工前和施工中应再减少水泥的水化热,控制混凝土的温升,延缓混凝土的降温速率,减少混凝土收缩,改善约束和完善构造设计等方面采取措施加以控制。可以采取的措施有:

①选用中低热的水泥品种如专用大坝水泥、矿渣硅酸盐水泥,减少放热量。

②掺加一定量的粉煤灰,以减少水泥用量,减少放热量。

③掺加减水剂,降低水灰比,降低水化热。

④采用粒径较大、级配良好的石子和中粗砂,必要时投以毛石,以减少拌和用水和水泥用量,吸收热量,降低水化热。

⑤采用拌和水中加冰块的方法降低混凝土出机温度和浇注入模温度。

⑥预埋冷却水管,用循环水带出内部热量,进行人工导热。

⑦采用蓄水养护以及拆模后及时回填,用土体保温延缓降温速率。

⑧改善边界约束和加强构造设计以控制裂缝发展。

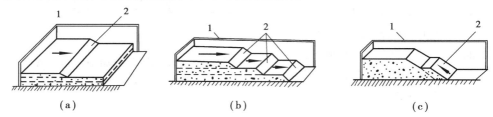

图 3.30　大体积混凝土浇注方案
(a)全面分层;(b)分段分层;(c)斜面分层
1—模板;2—新浇注的混凝土

大体积混凝土浇注前一定要认真做好施工组织设计。浇注方案一般分为全面分层、分段分层和斜面分层(图 3.30)3 种。施工时要设置测温装置,加强观测,及时发现问题,采取措施确保浇注质量。

3)水下浇注混凝土

水下浇注混凝土应用很广,如沉井封底、钻孔灌注桩浇注、地下连续墙浇注以及桥墩、水工和海工结构的施工等。目前多用导管法施工(图 3.31)。

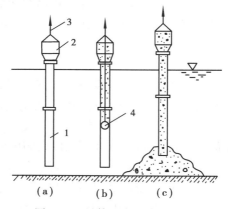

图 3.31　导管法水下浇注混凝土
(a)组装设备;(b)导管内悬吊球塞;浇入混凝土;(c)不断浇入混凝土,提升导管
1—导管;2—承料漏斗;3—提升机具;4—球塞

导管直径 100 ~ 300 mm(至少为最大骨料粒径的 8 倍),每节长 3 m,用法兰密封连接,顶部有漏斗。导管用起重设备吊住可以升降。浇注前,导管下口先用球塞(木、橡皮等)堵塞,球塞用铁丝吊住,然后在导管内灌注一定数量的混凝土,将导管插入水下使其下口距基底约 300 mm 处,剪断铁丝使混凝土冲口而出形成混凝土堆并封住管口,此后一面均衡地浇注混凝土,

一面慢慢地提起导管,但导管下口必须始终保持在混凝土表面之下一定深度。这样与水接触的只是混凝土的表面层,新浇注混凝土则与水隔绝,一直浇出水面后,凿去顶面与水接触的厚约 200 mm 疏松的混凝土即可。

在整个浇注过程中,应避免在水平方向移动导管,以免造成管内进水事故。一根导管的有效工作直径为 5~6 m,当面积过大时,可用数根导管同时工作。如水下浇注的混凝土体积过大,将导管法与混凝土泵结合使用可以取得较好的效果。

(4)混凝土密实成形

混凝土浇入模板时由于骨料间的摩阻力和粘结力的作用,不能自动充满模板,其内部是疏松的,需经过振捣成形才能赋予混凝土制品或结构一定的外形、尺寸、强度、抗渗性及耐久性。

使混凝土拌和物密实成形的方法有:

1)混凝土振动密实成形

混凝土振动密实的原理,在于振动机械将振动能量传递给混凝土拌和物,使其中所有的骨料颗粒都受到强迫振动,使拌和物中的粘结力和内摩阻力大大降低,骨料在自重作用下向新的稳定位置沉落,排除存在于拌和物中的气体,消除空隙,使骨料和水泥浆在模板中形成致密的结构。

振动机械按其工作方式分为:内部振动器、表面振动器、外部振动器和振动台(图 3.32)。

①内部振动器

内部振动器又称插入式振动器,它由电机、软轴和振动棒三部分组成。其工作部分是一棒状空心圆柱体,内部装有偏心振子,在电机带动下高速转动而产生高频微幅的振动。

常用于振实梁、墙、柱和体积较大的混凝土。

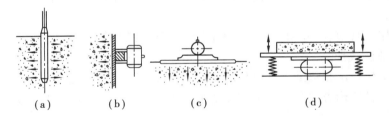

图 3.32　振动器的原理

(a)内部振动器;(b)表面振动器;(c)外部振动器;(d)振动台

插入式振捣器是建筑工地应用最多的一种振动器,用内部振动器振捣混凝土时,应垂直插入,并插入下层尚未初凝的混凝土中 50~100 mm,以促使上下层混凝土结合成整体。插点应均匀,不要漏振。每一插点的振捣时间一般为 20~30 s,应振捣至表面呈现浮浆并不再沉落为止;操作时,要做到快插慢抽。采用插入式振动器捣实普通混凝土时的移动间距,不宜大于作用半径的 1.4 倍;振动器距模板不应大于振动器作用半径的 0.5 倍;插捣时应尽量避免碰撞钢筋、模板、预埋件等。插点的分布有行列式和交错式两种,见图 3.33(a)、(b)。

②表面振动器

表面振动器又称平板振动器,它由带偏心块的电机和平板组成。在混凝土表面进行振捣,适用于振捣面积大而厚度小的结构,如楼板、地坪或板形构件等薄型构件。在混凝土表面进行振捣,其有效作用深度一般为 200 mm。振捣时其移动间距应能保证振动器的平板覆盖已振实部分的边缘,前后搁置搭接 30~50 mm。每一位置振动时间为 25~40 s,以混凝土表面出现浮

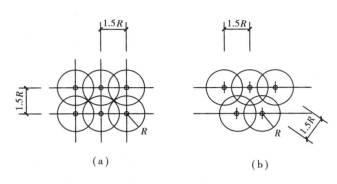

图 3.33　插点的分布
(a)行列式;(b)交错式

浆为准。也可进行两遍振捣,第一遍和第二遍的方向要互相垂直,第一遍主要使混凝土密实,第二遍则使表面平整。

③外部振动器

外部振动器又称附着式振动器,它固定在模板外部,是通过模板将振动传给混凝土,因而模板应有足够的刚度。它宜于振捣断面小且钢筋密的构件。

④振动台

振动台是混凝土预制厂中的固定生产设备,用于振实预制构件。

2)离心法成形

离心法成形就是将装有混凝土的钢制模板放在离心机上,使模板绕自身的纵轴线旋转,模板内的混凝土由于离心力作用而远离纵轴,均匀分布于模板内壁,并将混凝土中的部分水分挤出,使混凝土密实。

此法一般用于管道、电杆和管桩等具有圆形空腔构件的制作。

3)真空作业法成形

混凝土真空作业法是借助于真空负压,将水从刚浇注成形的混凝土拌和物中吸出,同时使混凝土密实的一种成形方法。真空吸水设备主要由真空泵机组、真空吸盘、连接软管等组成,如图 3.34 所示。

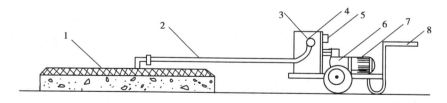

图 3.34　真空吸水设备工作示意图
1—真空吸盘;2—软管;3—吸水进口;4—集水箱;
5—真空表;6—真空泵;7—电动机;8—手推小车

真空作业多采用表面真空作业法。表面真空作业法是在混凝土构件的上下表面或侧表面布置真空吸盘而进行吸水。上表面真空作业适用于楼板、道路和机场跑道等;下表面真空作业适用于薄壳、隧道顶板等;墙壁、水池、桥墩等宜采用侧表面真空作业。有时还可将几种方法结合使用。

在放置真空吸盘前应先在混凝土上铺设过滤网,真空吸盘放置应注意其周边的密封是否严密,防止漏气,并保证两次抽吸区域中有 30 mm 的搭接。真空吸水后要进一步对混凝土表面研压抹光,保证表面的平整。

3.3.4　混凝土的养护

混凝土浇捣后之所以能逐渐凝结硬化,主要是因为水泥水化作用的结果,而水化作用则需要适当温度和湿度条件。如气候炎热,空气干燥,不及时进行养护,混凝土中水分蒸发过快,出现脱水现象,使已形成凝胶体的水泥颗粒不能充分水化,不能转化为稳定结晶,就会在混凝土表面出现片状或粉状剥落,影响混凝土的强度。因此浇注后的混凝土初期阶段的养护非常重要。混凝土浇注完毕后 12 h 以内就应开始养护;干硬性混凝土和真空吸水混凝土应于混凝土浇注完毕后立即进行养护。

养护方法有自然养护、蒸汽养护等。所谓自然养护,就是在平均气温高于 +5 ℃ 的条件下在一定时间内使混凝土保持湿润状态。

自然养护分洒水养护和喷涂薄膜养生液养护两种。

洒水养护即用草帘等将混凝土覆盖,经常洒水使其保持湿润。养护时间长短取决于水泥品种,普通硅酸盐水泥和矿渣硅酸盐水泥拌制的混凝土,不少于 7 d;掺有缓凝剂和有抗渗要求的混凝土不少于 14 d。

喷涂薄膜养生液养护适用于不易洒水养护的高耸构筑物和大面积混凝土结构。它是将养生液喷涂在混凝土表面上,溶液挥发后在混凝土表面形成一种塑料薄膜,将混凝土与空气隔绝,阻止其中水分蒸发以保证水化作用的正常进行。

地下建筑或基础,可在其表面涂刷沥青乳液以防止混凝土内水分蒸发。

3.3.5　混凝土的质量控制

混凝土的质量检查包括施工中检查和施工后检查。施工后检查主要是对已完成混凝土的外观质量检查及其强度检查,现分述如下。

(1)混凝土施工过程中的检查

在混凝土的拌制和浇注过程中,对所用原材料的品种、数量和规格的检查,每一工作班至少两次;对浇注地点混凝土塌落度的检查,每一工作班至少两次;在每一工作班内,当混凝土配合比由于外界影响有变化时,应及时检查;混凝土的搅拌时间应随时检查。

对于商品(预拌)混凝土,预拌厂除应提供混凝土配合比、强度等资料外,还应在商定的交货地点进行塌落度检查,实测的塌落度与要求塌落度之间的允许偏差应符合表 3.16 的规定。

表 3.16　混凝土实测塌落度与要求塌落度之间的允许偏差

混凝土坍落度高度/mm	允许偏差/mm
≤40	±10
50～90	±20
≥100	±30

(2)混凝土外观检查

混凝土结构构件拆模后,应从外观上检查其表面有无麻面、蜂窝、孔洞、露筋、缺棱掉角或缝隙夹层等缺陷,外形尺寸是否超过允许偏差值,如有应及时加以修正。如偏差超过规范规定的数值,则应采取措施设法处理直至返工。现浇结构允许偏差详见规范 GB50204—92 中的有关规定。

(3)混凝土的强度检查

混凝土养护后,应对其抗压强度通过留置试块做抗压强度试验判定。

1)试块取样

混凝土的抗压强度是根据 150 mm 边长的标准立方体试块在标准条件下(20 ± 3 ℃的温度和相对湿度 90% 以上)养护 28 d 的抗压强度来确定。试块应在混凝土浇注地点随机取样,不得挑选。

2)试块留置数量

试块的用途包括两个方面,其留置数量也不同。

①用于结构或构件的强度。留置数量应符合下列规定:

A. 每拌制 100 盘且不超过 100 m³ 同配合比的混凝土取样不得少于一次;

B. 每工作班拌制的同配合比混凝土不足 100 盘时,其取样不得少于一次;

C. 对现浇结构其试块的留置尚应符合以下要求:

每一现浇楼层同配合比的混凝土取样不得少于一次;同一单位工程每一验收项目同配合比的混凝土取样不得少于一次。

每次取样应至少留置一组三块标准试件。

②作为施工辅助用试块。用以检查结构或构件的强度以确定拆模、出池、吊装、张拉及临时负荷的允许时机。此种试块的留置数量,根据需要确定。此种试块应置于欲测定构件同等条件下养护。

3)抗压强度试验

试验应分组进行,以 3 个试块试验结果的平均值,作为该组强度的代表值。当 3 个试块中出现过大或过小的强度值,其一与中间值相比超过 15% 时,以中间值作为该组的代表值;当过大或过小值与中间值之差均超过中间值的 15% 时,该组试块不应作为强度评定的依据。

4)混凝土结构强度验收评定标准

验收应分批进行,每批由若干组试块组成。同一验收批由原材料和配合比基本一致的混凝土所制试块组成。同一验收批的混凝土强度,应以该批内全部试块的强度代表值来评定。评定方法有以下 3 种:

①当混凝土的生产条件在较长时间内能保持一致,且同一品种混凝土的强度变异性能保持稳定时,应由连续的三组试块代表一个验收批,其强度应同时符合下列要求:

$$m_{f_{cu}} \geqslant f_{cu,k} + 0.7\sigma_0 \tag{3.11}$$

$$f_{cu,min} \geqslant f_{cu,k} - 0.7\sigma_0 \tag{3.12}$$

当混凝土强度等级不高于 C20 时,尚应符合下式要求:

$$f_{cu,min} \geqslant 0.85f_{cu,k} \tag{3.13}$$

当混凝土强度等级高于 C20 时,尚应符合下式要求:

$$f_{cu,min} \geqslant 0.90f_{cu,k} \tag{3.14}$$

式中: $m_{f_{cu}}$ ——同一验收批混凝土强度的平均值(N/mm²);

$f_{cu,k}$ ——设计的混凝土强度标准值(N/mm²);

σ_0——验收批混凝土强度的标准差(N/mm^2);

$f_{cu,min}$——同一验收批混凝土强度的最小值(N/mm^2)。

验收批混凝土强度的标准差,应根据前一检验期内同一品种混凝土试件的强度数据,按下列公式确定:

$$\sigma_0 = \frac{0.59}{m} \sum_{i=1}^{m} \Delta f_{cu,i} \tag{3.15}$$

式中:$\Delta f_{cu,i}$——前一检验期内第 i 验收批混凝土试件中强度的最大值和最小值之差;

m——前一验收期内验收批总批数。

注:每个检验期不应超过 3 个月,且在该期间内验收批总批数不得少于 15 组。

②当混凝土的生产条件不能满足上述规定,或在前一检验期内的同一品种混凝土没有足够的强度数据以确定验收批混凝土强度标准差时,应由不少于 10 组的试件代表一个验收批,其强度应同时符合下列公式要求:

$$m_{f_{cu}} - \lambda_1 S_{f_{cu}} \geqslant 0.9 f_{cu,k} \tag{3.16}$$

$$f_{cu,min} \geqslant \lambda_2 f_{cu,k} \tag{3.17}$$

式中:$s_{f_{cu}}$——验收批混凝土强度的标准差(N/mm^2),当 $s_{f_{cu}}$ 的计算值小于 $0.06 f_{cu,k}$ 时,取 $s_{f_{cu}} = 0.06 f_{cu,k}$;

λ_1, λ_2——合格判定系数。

验收批混凝土强度的标准值 $s_{f_{cu}}$ 应按下式计算:

$$s_{f_{cu}} = \sqrt{\frac{\sum_{i=1}^{n} f_{cu,i}^2 - n m_{f_{cu}}^2}{n-1}} \tag{3.18}$$

式中:$f_{cu,i}$——验收批内第 i 组混凝土试件的强度值(N/mm^2);

n——验收批内混凝土试件的总组数。

合格判定系数,应按表 3.17 取用。

表 3.17　合格判定系数

试件组数	10～14	15～24	≥25
λ_1	1.70	1.65	1.60
λ_2	0.90	0.85	

③对零星生产的预制构件的混凝土或现场搅拌批量不大的混凝土,可采用非统计法评定。此时,验收批混凝土的强度必须同时符合下列要求:

$$m_{f_{cu}} \geqslant 1.15 f_{cu,k} \tag{3.19}$$

$$f_{cu,min} \geqslant 0.95 f_{cu,k} \tag{3.20}$$

非统计法的检验误差较大,存在将合格产品误判为不合格,或将不合格产品误判为合格的可能性。

如混凝土试块强度不符合上述规定,或对构件检验结果有怀疑时,可采用从构件中钻取芯样的方法,或采用回弹法等非破损检验方法,按有关规定对结构或构件混凝土的强度进行推定,作为处理混凝土质量问题的一个重要依据。

3.4 混凝土冬期施工

3.4.1 混凝土冬期施工原理

新浇混凝土中的水可分为两部分,一部分是与水泥颗粒起水化作用的水化水,另一部分是满足混凝土塌落度要求的自由水(自由水最终是要蒸发掉的)。水化作用的速度在一定湿度条件下取决于温度,温度愈高,强度增长也愈快,反之愈慢。当温度降至 0 ℃ 以下时,水化作用基本停止。温度再降至 −2 ~ −4 ℃,混凝土内的自由水开始结冰,水结冰后体积增大 8% ~ 9%,在混凝土内部产生冻胀应力,使强度很低的水泥石结构内部产生微裂缝,同时削弱了混凝土与钢筋之间的粘结力,从而使混凝土强度降低。为此,规范规定,凡根据当地多年气温资料,室外日平均气温连续 5 d 稳定低于 +5 ℃ 时,就应采取冬期施工的技术措施进行混凝土施工,并应及时采取气温突然下降的防冻措施。

受冻的混凝土在解冻后,其强度虽能继续增长,但已不能达到原设计的强度等级。试验证明,混凝土遭受冻结带来的危害,与遭冻的时间早晚、水灰比等有关。遭冻时间愈早,水灰比愈大,则强度损失愈多,反之则损失少。

经过试验得知,混凝土经过预先养护达到某一强度值后再遭冻结,混凝土解冻后强度还能继续增长,能达到设计强度的 95% 以上,对结构强度影响不大。一般把遭冻结后其强度损失在 5% 以内的这一预养强度值就定义为"混凝土受冻临界强度"。

该临界强度与水泥品种、混凝土强度等级有关。我国规范作了规定:对普通硅酸盐水泥和硅酸盐水泥配制的建筑物混凝土,受冻临界强度定为设计混凝土强度标准值的 30%;对公路桥涵混凝土,为设计强度标准值的 40%;对矿渣硅酸盐水泥配制的建筑物混凝土,定为设计混凝土强度标准值的 40%;公路桥涵混凝土,为设计强度标准值的 50%;对强度等级为 C10 或 C10 以下的混凝土,不得低于 5 N/mm^2。

混凝土冬期施工的原理,就是采取适当的方法,保证混凝土在冻结以前,至少应达到受冻临界强度。

3.4.2 混凝土冬期施工方法

混凝土冬期施工方法分为两类:混凝土养护期间不加热的方法和混凝土养护期间加热的方法。混凝土养护期间不加热的方法包括蓄热法和掺外加剂法;混凝土养护期间加热的方法包括电热法、蒸汽加热法和暖棚法。也可根据现场施工情况将上述两种方法综合使用。

(1)蓄热法

蓄热法是利用加热原材料(水泥除外)或混凝土(热拌混凝土)所预加的热量及水泥水化热,再用适当的保温材料覆盖,延缓混凝土的冷却速度,使混凝土在正常温度条件下达到受冻临界强度的一种冬期施工方法。此法适用于室外最低温度不低于 −15 ℃ 的地面以下工程或表面系数(指结构冷却的表面与全部体积的比值)不大于 15 的结构。蓄热法具有施工简单、节能和冬期施工费用低等特点,应优先采用。

蓄热法宜采用标号高、水化热大的硅酸盐水泥或普通硅酸盐水泥。原材料加热时因水的比热容大,故应首先加热水,如水加热至极限温度而热量尚嫌不足时,再考虑加热砂石。水加热极限温度一般不得超过 80 ℃,如加热温度超过此值,则搅拌时应先与砂石拌和,然后加入水泥以防止水泥假凝。水泥不允许加热,可提前搬入搅拌机棚以保持室温。

蓄热法养护的三个基本要素是混凝土的入模温度、围护层的总传热系数和水泥水化热值。应通过热工计算调整以上三个要素,使混凝土冷却到 0 ℃时,强度能达到临界强度的要求。

(2)掺外加剂法

这种方法是在冬期混凝土施工中掺入适量的外加剂,使混凝土强度迅速增长,在冻结前达到要求的临界强度;或降低水的冰点,使混凝土能在负温条件下凝结、硬化。这是混凝土冬期施工的有效、节能和简便的施工方法。

混凝土冬期施工中使用的外加剂有 4 种类型,即早强剂、防冻剂、减水剂和引气剂,可以起到早强、抗冻、促凝、减水和降低冰点的作用。我国常用外加剂的效用如表 3.18 所示。

表 3.18　常用外加剂的效用

外加剂种类	外加剂发挥的效用					
	早强	抗冻	缓凝	减水	塑化	阻锈
氯化钠	+	+				
氯化钙	+	+				
硫酸钠	+		+			
硫酸钙			+	+	+	+
亚硝酸钠		+				
碳酸钙	+	+				
三乙醇胺	+					
硫代硫酸钠	+					
重铬酸钾		+				
氨水		+	+		+	
尿素		+	+		+	
木素磺酸钙			+	+	+	+

其中氯化钠具有抗冻、早强作用,且价廉易得,但氯盐对钢筋有锈蚀作用,故规范对氯盐的使用及掺量有严格规定。在钢筋混凝土结构中,氯盐掺量按无水状态计算不得超过水泥重量的 1%;经常处于高湿环境中的结构、预应力结构均不得掺入氯盐。

外加剂种类的选择取决于施工要求和材料供应,而掺量应由试验确定。目前外加剂多从单一型向复合型发展,新型外加剂不断出现,其效果愈来愈好。

(3)电热法

电热法是利用电流通过不良导体混凝土或电阻丝所发出的热量来养护混凝土。其方法分为电极法和电热器法两类。

电极法即在新浇的混凝土中,每隔一定间距(200 ~ 400 mm)插入电极($\phi6 ~ \phi12$ 短钢筋),接通电源,利用混凝土本身的电阻,变电能为热能进行加热。加热时要防止电极与构件内的钢筋接触而引起短路。

电热器法是利用电流通过电阻丝产生的热量进行加热养护。根据需要,电热器可制成多种形状,如加热楼板可用板状加热器,对用大模板施工的现浇墙板,则可用电热模板(大模板背面装电阻丝形成热夹层,其外用铁皮包矿渣棉封严)加热等。电热应采用交流电(因直流电会使混凝土内水分分解),电压为 50～110 V,以免产生强烈的局部过热和混凝土脱水现象。当混凝土强度达到受冻临界强度时,即可停止电热。

电热法设备简单,施工方便有效,但耗电大、费用高,应慎重选用,并注意施工安全。

(4) 蒸汽加热法

蒸汽加热法是利用低压(不高于 0.07 MPa)饱和蒸汽对新浇混凝土构件进行加热养护。此法除预制厂用的蒸汽养护窑外,在现浇结构中则有汽套法、毛细管法和构件内部通气法等。用蒸汽加热养护混凝土,当用普通硅酸盐水泥时温度不宜超过 80 ℃,用矿渣硅酸盐水泥时可提高到 85～95 ℃。养护时升温、降温速度亦有严格控制,并应设法排除冷凝水。

1) 汽套法

汽套法是在构件模板外再加密封的套板,模板与套板的间隙不宜超过 150 mm,在套板内通入蒸汽加热混凝土。此法加热均匀,但设备复杂、费用大,只适宜在特殊条件下养护混凝土梁、板等水平构件。

2) 毛细管法

毛细管法是利用所谓"毛细管模板",即在模板内侧做成凹槽,凹槽上盖以铁皮,在凹槽内通入蒸汽进行加热。此法用汽少,加热均匀,使用于养护混凝土柱、墙等垂直构件。

3) 构件内部通汽法

构件内部通汽法是在浇注构件时先预留孔道,再将蒸汽送入孔道内加热混凝土。待混凝土达到要求的强度后,随即用砂浆或细石混凝土灌入孔道内加以封闭。

蒸汽加热法需锅炉等设备,消耗能源多、费用高,只有当采用其他方法达不到要求及具备蒸汽条件时,才能采用。

复习思考题

1. 试述钢筋与混凝土共同工作的原理。
2. 对模板有何要求? 设计模板应考虑哪些原则?
3. 定型组合钢模板由哪些部件组成? 如何进行组合钢模板的配板设计?
4. 简述大模板的构造及组成。
5. 模板设计应考虑哪些荷载?
6. 现浇结构拆模时应注意哪些问题?
7. 试述钢筋的种类及其主要性能。哪些钢筋属硬钢? 哪些属软钢?
8. 试述钢筋冷拉原理和冷拉控制方法。
9. 试述钢筋冷拔原理及工艺。钢筋冷拉与冷拔有何区别?
10. 钢筋连接方式有哪些? 各有什么特点?
11. 如何计算钢筋的下料长度?

12. 试述钢筋代换的原则及方法。

13. 混凝土的施工配制强度为什么要比设计的混凝土强度标准值提高一个数值？如何计算？

14. 如何使混凝土搅拌均匀？为何要控制搅拌机的转速和搅拌时间？

15. 试述搅拌混凝土时的投料顺序。何为"一次投料"和"二次投料"？

16. 混凝土在运输和浇注中如何避免产生分层离析？

17. 试述混凝土浇注时施工缝留设的原则和处理方法。

18. 大体积混凝土施工应注意哪些问题？

19. 如何进行水下混凝土浇注？

20. 混凝土成形方式有几种？如何使混凝土振捣密实？

21. 试述湿度、温度与混凝土硬化的关系。自然养护和加热养护应分别注意哪些问题？

22. 什么是混凝土冬期施工的"临界温度"？冬期施工应采取哪些措施？

23. 试分析混凝土产生质量缺陷的原因及补救方法。如何检查和评定混凝土的质量？

习　题

1. 冷拉一根 24 m 长的Ⅲ级Φ28 钢筋,冷拉采用应力控制,试计算其伸长值及拉力。

2. 一根长 24 m 长的Ⅳ级Φ20 钢筋,经冷拉后,已知伸长值为 980 mm,此时拉力为 200 kN,试判断该钢筋是否合格。

3. 某简支梁配筋如图 3.35 所示,试计算各钢筋的下料长度,并编制钢筋配料单。

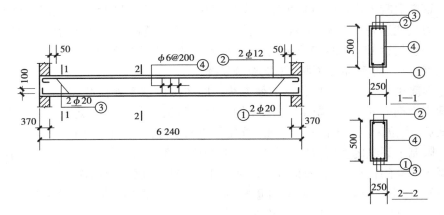

图 3.35　某简支梁配筋简图

4. 某框架梁设计为 4Φ25,现无此类钢筋,仅有Φ28 与Φ22 的钢筋,已知梁宽为 300 mm,应如何代换？

5. 已知某 C25 混凝土的实验室配合比为 0.59∶1∶2.116∶3.66(水∶水泥∶砂∶石),每立方米混凝土水泥用量为 310 kg,现测得工地砂含水率为 3%,石子含水率为 1%,试计算施工配合比。若搅拌机的装料容积为 400 L,每次搅拌所需各种材料为多少？

第 **4** 章
预应力混凝土工程

4.1 概　述

4.1.1 预应力混凝土的特点

预应力混凝土是近几十年来发展起来的一项新技术,在世界各国都得到了广泛应用。这是由于普通钢筋混凝土构件的抗拉极限应变只有 0.000 1~0.000 15。要使混凝土不开裂,受拉钢筋的应力只能达到 20~30 N/mm^2;即使对允许出现裂缝的构件,因受裂缝宽度的限制,受拉钢筋的应力也仅达 150~200 N/mm^2。而Ⅰ级钢筋的屈服强度就达 235 N/mm^2,Ⅱ~Ⅳ级钢筋的屈服强度更高,钢筋的抗拉强度未能充分发挥。

预应力混凝土是解决这一问题的有效方法。即在构件承受外荷载前,预先在构件的受拉区通过对预应力钢筋的张拉、锚固、放松,使构件获得预压应力,产生一定的压缩变形。当构件承受外荷载后,受拉区混凝土的拉伸变形,首先与压缩变形抵消,然后才被拉伸,这就延缓了裂缝的出现并限制了裂缝的发展,从而提高了构件的抗裂度和刚度。预应力混凝土能充分发挥钢筋和混凝土各自的特点,可有效地利用高强度钢筋和高强度等级的混凝土。与普通混凝土相比,在同样条件下具有构件截面小、自重轻、质量好、材料省(可节约钢材 40%~50%,混凝土 20%~40%),并能扩大预制装配化程度等特点。

近年来,随着施工工艺不断发展,预应力混凝土的应用范围越来越广。除在传统的屋架、吊车梁、空心楼板等单个构件中广泛应用外,还成功地把预应力技术应用到多层工业厂房、高层建筑、大型桥梁、筒仓、水池、大口径管道、海洋工程等大型整体或特种结构上。预应力混凝土的应用范围和数量,已成为一个国家土木建筑技术水平的重要标志之一。

4.1.2 预应力钢筋的种类

为了获得较大的预应力,预应力钢筋常采用高强度钢材,常用的有以下 6 种:

1）冷拉钢筋

冷拉钢筋是将Ⅱ～Ⅳ级热轧钢筋经冷拉加工,再经时效处理制成。钢筋的塑性和弹性模量有所降低而屈服强度和硬度有所提高,可直接做预应力筋。

2）甲级冷拔低碳钢丝

甲级冷拔低碳钢丝是用符合Ⅰ级热轧钢筋标准的低碳钢盘条拔制而成,直径为3～5 mm。冷拔钢丝强度比原材料屈服强度显著提高,但塑性降低,是适用于小型构件的预应力筋。

3）碳素钢丝

碳素钢丝是由高碳钢盘条经淬火、酸洗、拉拔制成。钢丝强度高,表面光滑。其中5～8 mm直径钢丝用于后张法,3～4 mm直径钢丝用于先张法。用作先张法预应力筋时,为了保证高强钢丝与混凝土具有可靠的粘结,钢丝的表面需经过刻痕处理。

4）钢绞线

钢绞线一般是用7根钢丝在绞线机上以一根钢丝为中心,其中6根钢丝围绕着进行螺旋状绞合,再经低温回火制成。钢绞线的直径较大,一般为9～15 mm,比较柔软,施工方便,但价格比钢丝贵。

5）热处理钢筋

热处理钢筋是由热轧中碳低合金钢筋经淬火和回火调制热处理制成的,具有强度高,韧性好和粘结力强等优点。一般直径为6～10 mm。

6）精轧螺纹钢筋

精轧螺纹钢筋是用热轧方法在钢筋表面上轧出不带纵肋的螺纹外形,钢筋的接长用螺纹套筒,端头锚固用螺母。这种钢筋具有强度高、锚固简单、施工方便、无须焊接等优点。目前国内生产有直径25 mm和32 mm两种规格的钢筋。

4.1.3 应力对混凝土的要求及施工工艺

在预应力混凝土结构中,一般要求混凝土的强度等级不低于C30。当采用钢丝、钢绞线、热处理钢筋作预应力筋时,混凝土的强度等级不宜低于C40。在预应力混凝土生产中,不能掺有对钢筋有锈蚀作用的氯盐,否则会发生质量事故。

预应力施工工艺有先张法和后张法两大类。按钢筋的张拉方法又分为机械张拉和电张拉。后张法施工中又分为一般后张法、无粘结后张法等。

预应力混凝土施工工艺中的重点和难点是如何确保在构件中实际建立设计所要求的预压应力,这是预应力混凝土施工中的关键。

4.2 先张法

先张法是在浇注混凝土构件之前在构件工作时的受拉区张拉预应力筋,将其临时锚固在支座或钢模上,然后浇注混凝土构件,待混凝土达到一定强度,混凝土与预应力筋之间已具有足够的粘结力,即可放松预应力筋,预应力筋弹性回缩,借助于混凝土与预应力筋的粘结,对混凝土构件产生预压应力。

先张法多用于预制构件厂生产定型的预应力中小型构件,先张法生产有台座法和机组流水法(钢模法)两种。台座法是构件在台座上生产,即预应力筋的张拉、锚固,混凝土的浇注、养护和预应力筋的放松等工序都在台座上进行,预应力筋的张拉力由台座承受。机组流水法是利用钢模板作为固定预应力筋的承力架,构件连同模板通过固定的机组,按流水方式完成其生产过程。本书主要介绍台座法生产预应力混凝土构件的施工方法,如图 4.1 所示为先张法(台座)生产示意图。

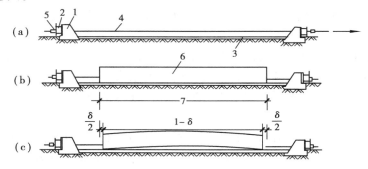

图 4.1　先张法(台座)生产示意图

(a)预应力筋张拉;(b)混凝土灌注;(c)放松预应力筋

1—台座承力结构;2—横梁;3—台面;4—预应力筋;5—锚固夹具;6—混凝土构件

4.2.1　台座

台座是先张法生产的主要设备之一,台座承受着全部预应力筋的拉力,故要求其应有足够的强度、刚度和稳定性,以免因台座变形、倾覆或滑移而引起预应力损失。

台座的构造形式有墩式台座、槽式台座和桩式台座等。

(1)墩式台座

墩式台座由台墩、台面和钢横梁等组成(图 4.2)。目前常用的是台墩和台面共同受力的墩式台座。

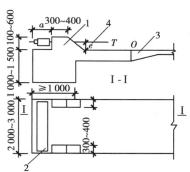

图 4.2　墩式台座

1—混凝土墩座;2—横梁;3—局部加厚台面;4—预应力筋

台座的长度宜为 100～150 m,这样既可利用钢丝长的特点,张拉一次可生产多根构件,又可减少因钢丝滑动或台座横梁变形引起的应力损失。

台墩一般由现浇钢筋混凝土制成。设计墩式台座时,应进行台座的稳定性和强度验算。稳定性是指台座的抗倾覆能力。抗倾覆验算的计算简图如图 4.3 所示,台座的抗倾覆稳定性按下式计算：

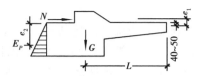

图 4.3　墩式台座的稳定性验算简图

$$K = \frac{M_1}{M} = \frac{GL + E_P e_2}{N e_1} \geqslant 1.50 \qquad (4.1)$$

式中：K——抗倾覆安全系数；

　　　M——倾覆力矩，由预应力筋的张拉力产生；

　　　N——预应力筋的张拉力；

　　　e_1——张拉力合力作用点至倾覆点的力臂；

　　　M_1——抗倾覆力矩，由台座自重、土压力等产生；

　　　G——台墩的自重力；

　　　L——台墩重心至倾覆点的力臂；

　　　E_P——台墩后面的被动土压力合力，当台墩埋置较浅时，可忽略不计；

　　　e_2——被动土压力合力至倾覆点的力臂。

　　为了改善台墩的受力状况，可采用与台面共同工作的台墩。此时台墩倾覆点的位置，按理论计算应在混凝土台面的表面处，但考虑到台墩的倾覆趋势使得台面端部顶点出现局部应力集中，倾覆点的位置宜取在该面层下 40 ~ 50 mm 处。

　　进行强度验算时，支撑横梁的牛腿，按柱子牛腿计算方法计算其配筋；墩式台座与台面接触的外伸部分，按偏心受压构件计算；台面一般是在夯实的碎石垫层上浇注一层厚度为 60 ~ 100 mm 的混凝土而成，其承载力按轴心受压杆件计算；横梁按承受均布荷载的简支梁计算，其挠度应控制在 2 mm 以内，并不得产生翘曲。

（2）槽式台座

槽式台座由钢筋混凝土压杆、上下横梁和砖墙等组成（图 4.4）。为方便混凝土运输和蒸汽养护，槽式台座多低于地面，即可承受张拉力，又可作蒸汽养护槽。适用于张拉吨位较高的吊车梁、屋架等大型构件。

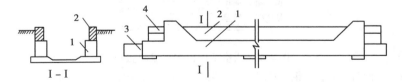

图 4.4　槽式台座

1—钢筋混凝土压杆；2—砖墙；3—下横梁；4—上横梁

槽式台座一般长度为 45 m（可生产 6 根 6 m 吊车梁）或 76 m（可生产 10 根 6 m 吊车梁）。为便于拆迁，压杆可分段浇制。

设计槽式台座时，也应进行抗倾覆、稳定性和强度验算。

4.2.2 夹具

夹具是先张法施工时为保持预应力筋拉力并将其固定在台座上的临时性锚固装置。按其作用分为张拉用夹具和固定用夹具。对各类夹具的要求是：工作方便可靠，构造简单，加工方便。夹具种类很多，各地使用不一，仅举两例说明之。图4.5为锚固用夹具。图4.6为张拉用夹具。

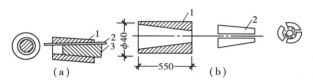

图 4.5　锚固用夹具

(a)锥形夹具:1—套筒;2—钢丝;3—锥体

(b)穿心式夹具:1—套筒;2—夹片

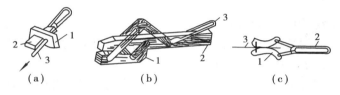

图 4.6　张拉用夹具

(a)楔形夹具:1—锚板;2—楔块;3—钢筋　　(b)钳式夹具:1—倒齿形夹板;2—拉柄;3—拉环

(c)偏心式夹具:1—偏心块;2—环;3—钢筋

4.2.3 张拉设备

张拉设备要求工作可靠，能准确控制张拉应力，能以稳定的速率加大拉力。先张法常用的张拉设备有液压千斤顶、卷扬机、电动螺杆张拉机等。

采用液压千斤顶张拉时，可从油压表读数直接求得张拉应力值。用钢模以机组流水法生产构件，由于预应力筋较短，常进行多根成组张拉(图4.7)。

图 4.7　油压千斤顶多根成组张拉

1—台座;2、3—前后横梁;4—钢筋;5、6—拉力架横梁;7—大螺丝;8—油压千斤顶;9—放松装置

在长线台座上生产构件多进行单根张拉，由于张拉力很小，一般多用卷扬机或电动张拉机张拉，应力控制可采用弹簧测力计或杠杆测力计进行。图4.8所示为卷扬机在长线台座上张拉钢丝。用弹簧测力计时宜设置行程开关，以便张拉到规定的拉力时能自行停车。

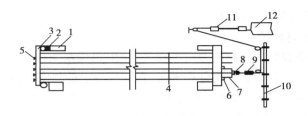

图 4.8　卷扬机张拉布置

1—台座；2—放松装置；3—横梁；4—钢筋；5—墩头；6—垫块；7—销片；8—张拉夹具；
9—弹簧测力计；10—固定梁；11—滑轮组；12—卷扬机

4.2.4　先张法施工工艺

先张法施工工艺大致可分为三个阶段：预应力筋张拉；混凝土浇注、养护；预应力筋放松。

(1) 预应力筋张拉

为便于脱模，张拉前应先做好台面的隔离层，隔离剂不得玷污钢丝，以免影响钢丝与混凝土的粘结。当进行多根成组张拉时，应先调整各预应力筋的初应力，使其长度和松紧一致，以保证张拉后各预应力筋的应力一致。预应力筋的张拉控制应力，应符合设计要求并不宜超过表 4.1 中规定的张拉控制应力值。施工中预应力筋需超张拉时，可比设计要求提高 5% 。

表 4.1　最大张拉控制应力允许值

钢　　　　种	张拉方法	
	先张法	后张法
消除应力钢丝、钢绞线	$0.75f_{ptk}$	$0.75f_{ptk}$
热处理钢筋	$0.70f_{ptk}$	$0.65f_{ptk}$

注：f_{ptk} 为预应力筋极限抗拉强度标准值。

预应力筋可按下列程序之一进行：

$$0 \xrightarrow{} 1.05\sigma_{con} \xrightarrow{\text{持荷 2 min}} \sigma_{con}$$

或　　　　$$0 \xrightarrow{} 1.03\,\sigma_{con}$$

式中：σ_{con}——预应力筋的张拉控制应力。

建立上述张拉程序的目的是为了减少预应力的松弛损失。所谓"松弛"，即钢筋在常温、高应力状态下具有不断产生塑性变形的特性。松弛的数值与控制应力和延续时间有关，控制应力高，松弛亦大，但在第 1 min 内可完成损失值的 50% 左右，24 h 则可完成 80% 。上述张拉程序，如第一种先超张拉 5% 并持荷 2 min，则可减少 50% 以上的松弛损失。第二种超张拉 3% 亦是为了弥补含应力松弛在内的各种预应力损失。

当采用应力控制方法张拉时，应校核预应力筋的伸长值，如实际伸长值比计算伸长值大10% 或小 5% 时，应暂停张拉，并分析其原因，采取措施后再继续张拉。

预应力筋发生断裂或滑脱的数量严禁超过结构同一截面内预应力筋总根数的 5% ，且严禁相邻两根断裂或滑脱。在混凝土浇注前发生预应力钢筋断裂或滑脱必须予以更换。

预应力筋锚固后，对设计位置的偏差不得大于 5 mm 或不大于构件截面短边长度的 4% 。

施工中必须注意安全，严禁正对钢筋张拉的两端站立人员，防止断筋回弹伤人。冬季张拉预应力筋,环境温度不宜低于 – 15 ℃。

（2）混凝土的浇注与养护

为减少混凝土收缩和徐变引起的预应力损失,应采用低水灰比,控制水泥用量;采用良好级配的骨料;保证振捣密实,特别是构件端部,以保证混凝土的强度和粘结力。

预应力筋张拉完成后,应尽快浇注混凝土。混凝土浇注时,振捣器不得碰撞预应力筋。混凝土未达到强度前,也不允许碰撞或踩动预应力筋。

采用重叠法生产构件时,应待下层构件的混凝土强度达到 5 MPa 后,方可浇注上层构件的混凝土。

混凝土可采用自然养护和蒸汽养护。当采用蒸汽养护时,应采取正确的养护制度以减少由于温差（张拉钢筋时的温度与台座养护温度之差）引起的预应力损失。预应力筋张拉后锚固在台座上,温度升高引起预应力筋热胀伸长,并引起预应力损失。因此在台座上生产预应力构件时,应采用二次升温制:初次升温,应控制温度在 20 ℃ 以内,待混凝土强度达到 7.5 N/mm² （粗钢筋配筋）或 10 N/mm² （钢丝、钢绞线配筋）以上时,再按一般规定继续升温养护。以机组流水法用钢模制作预应力构件,因蒸汽养护时钢模与预应力筋同步伸缩,故不引起温差预应力损失。

（3）预应力筋放张

混凝土强度达到设计规定的数值（一般不得小于混凝土标准强度值的 75%）后,才可放松预应力筋。过早放松会由于预应力筋与混凝土粘结不足,因回缩而引起较大的预应力损失。

预应力筋的放松顺序,应符合设计要求。当设计无专门要求时,应符合下列规定:

①对承受轴心预压力的构件（如压杆、桩等）,所有预应力筋应同时放张。

②对承受偏心预压力的构件,应先同时放松预压应力较小区域的预应力筋,再同时放松预压应力较大区域的预应力筋。

③当不能按上述规定放张时,应分阶段、对称、相互交错地放张,以防止在放张过程中构件发生翘曲、裂纹及预应力筋断裂等情况。

对配筋不多的中小型钢丝预应力混凝土构件,钢丝可用剪切、锯割等方法从生产线中部切断放张,以减少回弹量;配筋多的钢丝混凝土构件,钢丝应同时放张。如逐根放张,最后几根钢丝将由于承受过大的拉力而突然断裂,易使构件端部开裂。

预应力筋为钢筋时,若数量较少可逐根熔断放张,数量较多且张拉力较大时,应同时放张。

同时放张常采用千斤顶或在台座与横梁间设置楔块（图 4.9）或砂箱（图 4.10）缓慢放张。

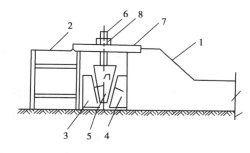

图 4.9　楔块放张

1—台座;2—横梁;3、4—钢块;5—钢楔块;6—螺杆;7—承力板;8—螺母放松后的预应力筋切断顺序,一般由放松端开始,逐次切向另一端。采用蒸汽养护的预应力混凝土构件,宜热态放松预应力筋,而不宜降温后再放松。

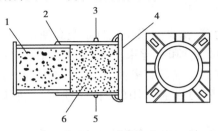

图 4.10　砂箱放张
1—活塞;2—钢套箱;3—进砂口;4—钢套箱底板;5—出砂口;6—砂子

4.3　后 张 法

后张法是先制作构件或块体,并在预应力筋的位置预留有孔道,待混凝土达到规定强度后,穿入预应力筋并进行张拉,张拉力由构件两端的锚具传给混凝土构件使之产生预压应力,最后进行孔道灌浆(亦有不灌浆者)。

后张法在构件上直接张拉预应力筋,不需要台座设备。适宜于现场生产大型预应力构件,亦可作为预制构件的拼装手段。除在建筑工程中应用外,在桥梁、特种结构等施工中也广泛得到应用。后张法施工灵活性大,适用性强,但工序较多,锚具因为是作为工作锚永远留在构件上而耗钢量较大。后张法的工艺流程如图 4.11。

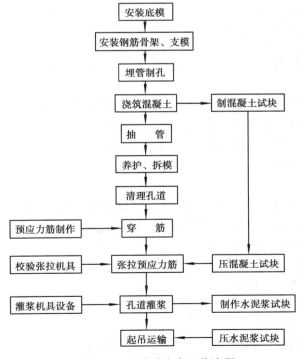

图 4.11　后张法生产工艺流程

129

对于块体拼装构件,还应增加块体验收、拼装、立缝灌浆和连接板焊接等工序。

4.3.1 预应力筋、锚具和张拉机具

在后张法施工中,预应力筋、锚具和张拉机具是配套使用的。后张法中常用的预应力筋有单根粗钢筋、钢筋束(或钢绞线束)和钢丝束三类,它们是由冷拉Ⅱ、Ⅲ和Ⅳ级钢筋,精轧螺纹钢筋、钢绞线和碳素钢丝制作的。锚具有多种类型,与之配套的张拉机具多采用液压千斤顶,亦有多种型号。表4.2中所列为目前常用的锚具、预应力筋和张拉机具配套表,供选用时参考。

表4.2 常用锚具、预应力筋和张拉机具配套选用表

体系	名称	适 用 范 围	
		预应力筋	张拉机具
螺杆式	螺丝端杆锚具 锥形螺杆锚具 精轧螺纹钢筋锚具	直径≤36 mm的冷拉Ⅱ、Ⅲ钢筋 φ⁵钢丝束 精轧螺纹钢筋	YL 600型千斤顶 YC 600型千斤顶 YC 200型千斤顶
镦头式	钢丝束镦头锚具	φ⁵钢丝束	
锥销式	钢质锥形锚具 KT-Z型锚具	φ⁵钢丝束 钢筋束、钢绞线束	YZ380、600和850型千斤顶 YC600型千斤顶
夹片式	JM型锚具 XM型锚具 QM型锚具 单根钢绞线锚具	Ⅳ级钢筋束、钢绞线束 ϕ^j15钢绞线束 ϕ^j12、ϕ^j15钢绞线束 ϕ^j12、ϕ^j15钢绞线束	YC600与1200型千斤顶 YCD1000与2000型千斤顶 YCQ1000、2000与3500型千斤顶 YC180与200型千斤顶
其他	帮条锚具	冷拉Ⅱ、Ⅲ级钢筋	固定端用

后张法中,锚具是建立预应力值和保证结构安全的关键,要求锚具须具有可靠的锚固能力,有足够的强度和刚度。锚具按其锚固性能分为两类:

Ⅰ类锚具:适用于承受动、静荷载的预应力混凝土结构。

Ⅱ类锚具:仅适用于有粘结预应力混凝土结构,且锚具处于预应力筋应力变化不大的部位。

Ⅰ、Ⅱ类锚具的静载锚固性能,由预应力锚固组装件(由锚具和预应力筋组成)静载试验测定的锚具效率系数η_a和实测极限拉力时的总应变ε_{apu}确定。

Ⅰ类锚具 $\eta_a \geq 0.95$　　$\varepsilon_{apu} \geq 2.0\%$

Ⅱ类锚具 $\eta_a \geq 0.90$　　$\varepsilon_{apu} \geq 1.7\%$

锚具效率系数η_a按下式计算:

$$\eta_a = \frac{F_{apu}}{\eta_p \times F_{apu}^c} \tag{4.2}$$

式中:F_{apu}——预应力筋锚具组装件的实测极限拉力(kN);

　　　F_{apu}^c——预应力筋锚具组装件中各根预应力筋极限拉力之和(kN);

η_a——预应力筋的效率系数。对于重要的预应力混凝土工程,参照《预应力锚具、夹具技术规程》确定。对于一般预应力混凝土工程,当预应力筋为钢丝、钢绞线或热处理钢筋时,η_a 取 0.97;当预应力筋为冷拉 Ⅱ、Ⅲ 和 Ⅳ 级钢筋时,η_a 取 1.00。

Ⅰ 类锚具组装件,还必须满足循环次数为 200 万次的疲劳性能试验。用于抗震结构中,尚应满足循环次数为 50 次的周期荷载试验。

锚具除上述静载、动载性能外,还应具备下列性能:

①在预应力筋锚具组装件达到实测极限拉力时,全部零件均不得出现裂缝和破坏;

②锚具应满足分级张拉及补张拉工艺要求,同时宜具有放松预应力筋的性能;

③锚具或其附件上宜设置灌浆孔道。

预应力锚具、夹具和连接器进场时必须有出厂合格证,并按规范要求进行各种检验,符合质量要求后方可使用。

(1)单根粗钢筋

1)锚具

根据张拉工艺,单根预应力钢筋可在一端或两端张拉。一般张拉端采用螺丝端杆锚具,固定端采用帮条锚具或镦头锚具。

①螺丝端杆锚具

由螺丝端杆、螺母和垫板组成。型号有 LM18 ~ LM36,适用于直径 18 ~ 36 mm 的 Ⅱ、Ⅲ 级冷拉钢筋,如图 4.12 所示。

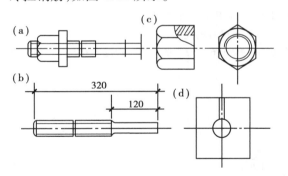

图 4.12 螺丝端杆锚具

(a)螺丝端杆锚具;(b)螺丝端杆;(c)螺母;(d)垫板

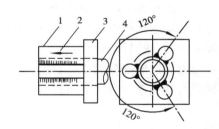

图 4.13 帮条锚具

1—帮条;2—施焊方向;3—衬板;4—预应力筋

螺丝端杆与预应力筋在冷拉之前用对焊连接。冷拉时,螺母置于端杆顶部,拉力应由螺母传递至螺丝端杆和预应力筋上。

螺丝端杆可用冷拉的同类钢材或 45 号钢制作,螺母可用 3 号钢制作。

②帮条锚具

帮条锚具由帮条和衬板组成。帮条采用与预应力筋同级别的钢筋,衬板采用低碳钢钢板。帮条锚具的三根帮条互成 120° 均匀布置,并垂直于衬板与预应力筋焊牢,如图 4.13 所示。帮条焊接亦宜在钢筋冷拉前进行。

③镦头锚具

镦头锚具由锚板和镦头组成。钢筋镦头一般由热镦或锻打成形。

④精轧螺纹钢筋锚具

131

　　由于精轧螺纹钢筋本身就热轧有螺纹,故其锚具由螺母和垫板组成。适用于直径 25 ~ 32 mm 的高强度精轧螺纹钢筋。

　　2)预应力筋制作

　　单根粗钢筋预应力筋的制作,包括配料、对焊和冷拉等工序。配料时应根据钢筋的品种测定冷拉率,若在一批钢筋中冷拉率变化较大时,应把冷拉率相接近的钢筋对焊在一起,以保证钢筋冷拉力的均匀性。由于预应力筋的对焊接长是在冷拉前进行,因此预应力筋的下料长度应计算准确。计算时要考虑锚具种类,如对焊接头或镦粗头的压缩量、张拉伸长值、冷拉的冷拉率和弹性回缩率、构件的长度等因素。

　　单根粗钢筋下料长度计算有以下两种情况:

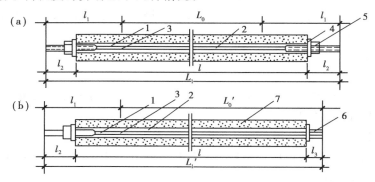

图 4.14　粗钢筋与锚具连接图及下料长度计算示意图
(a)螺丝端杆锚具的连接;(b)帮条锚具的连接
1—螺丝端杆;2—粗钢筋;3—对焊接头;4—垫板;5—螺母;6—帮条锚具;7—混凝土构件

　　①两端均采用螺丝端杆锚具(图 4.14(a))

　　预应力筋冷拉后的全长:$L_1 = l + 2l_2$

　　预应力筋钢筋部分的成品长度:$L_0 = L_1 - 2l_1$

　　预应力筋钢筋部分的下料长度

$$L = \frac{L_0}{1 + \gamma - \delta} + nl_0 \tag{4.3}$$

　　②一端用螺丝端杆锚具,另一端用帮条(或镦头)锚具(图 4.14(b))

$$L_1 = l + l_2 + l_3$$

$$L_0 = L_1 - l_1$$

$$L = \frac{L_0}{1 + \gamma - \delta} + nl_0 \tag{4.4}$$

式中:L_1——预应力筋的成品长度;

　　　L_0——预应力筋钢筋部分的成品长度;

　　　L——预应力筋钢筋部分的下料长度;

　　　l——构件的孔道长度;

　　　l_1——螺丝端杆长度;

　　　l_2——螺丝端杆伸出构件外的长度,一般为 120 ~ 150 mm;

　　　l_3——帮条或镦头锚具长度(包括垫板厚度);

l_0——每个对焊接头的压缩长度,一般为 20~30 mm;

n ——对焊接头的数量;

γ ——钢筋冷拉伸长率(由试验确定);

δ——钢筋冷拉弹性回缩率,一般为 0.4%~0.6%。

3)张拉设备

螺丝端杆锚具设于张拉端,与其配套的张拉设备有 YL—600 型拉杆式千斤顶或 YC—60 型、YC—20 型穿心式千斤顶。

图 4.15 是用拉杆式千斤顶张拉时的工作示意图。张拉前,先将连接器旋在预应力筋的螺丝端杆上,千斤顶由传力架支承在构件端部的钢板上。张拉时,高压油进入主油缸,推动主缸活塞及拉杆,通过连接器预应力筋被拉伸。当张拉力达到规定值时,拧紧螺丝端杆上的螺母,预应力筋被锚固在构件的端部。锚固后回油缸进油,推动回油活塞工作,使主缸活塞和拉杆回到原始位置。最后将连接器从螺丝端杆上卸掉,卸下千斤顶,张拉结束。

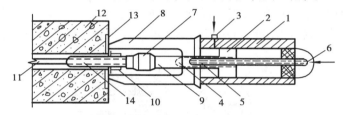

图 4.15　拉杆式千斤顶张拉单根粗钢筋时的工作示意图

1—主油缸;2—主缸活塞;3—进油孔;4—回油缸;5—回油活塞;6—回油孔;7—连接器;8—传力架;9—拉杆;10—螺丝母;11—预应力筋;12—混凝土构件;13—预埋铁板;14—螺丝端杆

(2)预应力钢筋束和钢绞线束

1)锚具

钢筋束和钢绞线束具有强度高、柔性好的特点,常用的锚具有 JM 型、KT—Z 型和 XM 型锚具。

①JM 型锚具

JM 型锚具由锚环和夹片组成(图 4.16)。JM 型锚具的夹片属于分体组合型,组合起来的夹片形成一个整体截锥形楔块,锚环是单孔的,可以锚固多根预应力筋。锚固时,用穿心式千斤顶张拉钢筋后随即顶进夹片。JM 型锚具的特点是尺寸小、构造简单,锚固时钢筋束或钢绞线束被单根夹紧,不受直径误差的影响,且预应力筋是在直线状态下被张拉和锚固,受力性能好,但对吨位较大的锚固单元不能胜任。故 JM 型锚具主要用于锚固Ⅳ级直径为 12 mm 的3~6根光圆或螺纹钢筋束与直径为 12~15 mm 的 4~6 根钢绞线束。

JM 型锚具是一种利用楔块原理锚固多根预应力筋的锚具,它既可作为张拉端的锚具,又可作为固定端的锚具,或作为重复使用的工具锚。

②KT—Z 型锚具

这是一种可锻铸铁锥形锚具,其构造如图 4.17 所示。适用于锚固 3~6 根直径 12 mm 的冷拉螺纹钢筋束与钢绞线束。KT—Z 型锚具由锚塞和锚环组成,均用 KT37—12 或 KT35—10 可锻铸铁铸造成形。

使用该锚具时,预应力筋在锚环小口处形成弯折,因而产生摩擦损失,该损失值,对钢筋束

约为控制应力 σ_{con} 的 4%；对钢绞线束则约为控制应力 σ_{con} 的 2%。

③XM 型锚具

这是一种新型锚具，由锚板与一组三片夹片组成，如图 4.18 所示。它适用于锚固直径 15 mm 的 1～12 根的钢绞线束，又适用于锚固钢丝束。当用于锚固多根预应力筋时，既可单根张拉，逐根锚固，又可成组张拉，成组锚固。其特点是每根预应力筋都是分开锚固的，任何一根预应力筋的锚固失效（如预应力筋拉断、夹片破裂等），不会引起整束锚固失效。它既可用作工作锚具，又可用作工具锚具，具有通用性强、性能可靠、施工方便、便于高空作业的特点。

XM 型锚具的锚板采用 45 号钢制作，锚孔沿圆周排列，间距不小于 36 mm，锚孔中心线倾角 1:20。锚板顶面应垂直于锚孔中心线，以利夹片均匀塞入。夹片采用三片式，按 120°均匀开缝、沿轴向有倾斜偏转角，偏转角的方向与钢绞线的扭角相反，以确保夹片能夹紧钢绞线的每一根外围钢丝，形成可靠的锚固。

当 XM 型锚具用作工具锚时，可在夹片和锚板之间涂抹一层能在极大压强下保持润滑性能的固体润滑剂（如石墨，石蜡等），当千斤顶回程时，用锤轻轻一敲，即可松开脱落。用作工作锚时，具有连续反复张拉的功能，可用行程不大的千斤顶张拉任意长度的钢绞线。

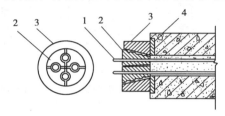

图 4.16　JM 型锚具
1—预应力筋；2—夹片；3—锚环；4—垫板

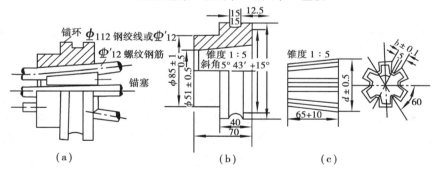

图 4.17　KT—Z 型锚具
（a）装配图；（b）锚环；（c）锚塞

2）张拉设备

张拉钢筋束或钢绞线的设备与采用的锚具有关，常用穿心式千斤顶和锥锚式双作用千斤顶两类。穿心式千斤顶是一种适用性较强的千斤顶，它既适用于张拉带有夹片锚具（JM 型锚具或 XM 型锚具）的钢筋束和钢绞线束，配上撑脚、拉杆等附件后，也可以作为拉杆式千斤顶使用。根据使用功能可分为 YC 型与 YCD 型等系列产品。

使用 JM 型锚具的钢筋束或钢绞线束宜选用 YC—60 型穿心式千斤顶来张拉预应力筋（图 4.19）。

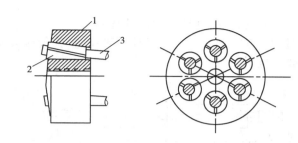

图 4.18　XM 型锚具

1—锚板;2—夹片(3 片);3—钢绞线

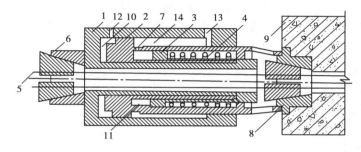

图 4.19　YC—60 型穿心式千斤顶

1—张拉油缸;2—顶压油缸(即张拉活塞);3—顶压活塞;4—弹簧;5—预应力筋;6—工具式
夹具;7—油孔;8—锚具;9—构件;10—张拉油室;11—顶压油室;12—张拉油缸油嘴;13—顶
压油缸油嘴;14—回程油室

使用 XM 型锚具的钢绞线束宜选用 YCD 型千斤顶来张拉预应力筋。

使用 KT—Z 型锚具的钢筋束或钢绞线束宜选用锥锚式双作用千斤顶来张拉预应力筋(图
4.20)。

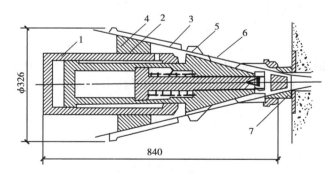

图 4.20　锥锚式双作用千斤顶

1—主缸;2—副缸;3—楔块;4—锥形卡环;5—退楔翼片;6—预应力钢丝;7—锥形锚头

3)预应力筋制作

直径 12 mm 的钢筋束、热处理钢筋和钢绞线是成盘状供应,长度较长,不需要对焊接长。
其制作工序是: 开盘→下料→编束。

下料时宜采用切割机或砂轮锯切机,不得采用电弧切割。钢绞线在切割前,在切口两侧各
50 mm 处,应用铅丝绑扎,以免钢绞线松散。编束是将钢绞线理顺后,用铅丝每隔 1 m 左右绑
扎成束,以免穿筋时发生扭结。

预应力筋的下料长度,与张拉设备和选用的锚具有关。

①当采用夹片式锚具(JM、XM 型),穿心式千斤顶张拉时,钢绞线或钢筋束的下料长度按图 4.21 所示,用下列公式计算:

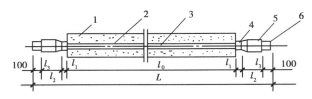

图 4.21　钢筋束或钢绞线的下料长度计算

1—混凝土构件;2—孔道;3—钢绞线或钢筋束;4—夹片式工作锚;5—穿心式千斤顶;6—夹片式工具锚

两端张拉时　　　　　　　　　　$L = l_0 + 2(l_1 + l_2 + l_3 + 100)$　　　　　　(4.5)

一端张拉时　　　　　　　　　　$L = l_0 + 2(l_1 + 100) + l_2 + l_3$　　　　　　(4.6)

式中:l_0——孔道长度;

　　　l_1——夹片式工作锚厚度;

　　　l_2——穿心式千斤顶长度;

　　　l_3——夹片式工具锚厚度。

②当采用 KT—Z 型锚具、锥锚式双作用千斤顶张拉时,钢筋束或钢绞线的下料长度按图 4.22 所示用下式计算:

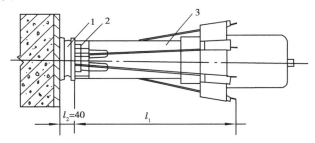

图 4.22　KT—Z 型锚具和锥锚式双作用千斤顶的安装示意图

1—锚具;2—钢垫块;3—锥锚式双作用千斤顶;4—预应力筋

当两端张拉时

$$L = l_0 + 2(l_1 + l_2)$$　　　　　　(4.7)

当一端张拉时

$$L = l_0 + l_1 + l_2 + l_3$$　　　　　　(4.8)

式中:l_0——孔道长度;

　　　l_1——张拉端预应力筋束预留长度,视设备类型而定;

　　　l_2——锚具外露长度,一般取 40 mm;

　　　l_3——非张拉端预应力筋束预留长度,一般取 80 mm。

(3)钢丝束

1)锚具

钢丝束一般由几根到几十根直径 3 ~ 5 mm 平行的碳素钢丝组成。目前常用的锚具有钢质锥形锚具、锥形螺杆锚具和钢丝束镦头锚具。

①钢质锥形锚具

钢质锥形锚具是由锚环和锚塞组成（图 4.23），锚环采用 45 号钢制作，锚塞采用 45 号碳素工具钢制作。锚环内孔的锥度与锚塞的锥度一致，锚塞上刻有细齿槽，夹紧钢丝防止滑动。

锥形锚具的缺点是当钢丝直径误差较大时，易产生单根滑丝现象，且滑丝后很难补救。如用加大顶锚力的办法来防止滑丝，过大的顶锚力易使钢丝咬伤。另外钢丝锚固时呈辐射状态，弯折处受力较大。

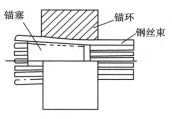

图 4.23　钢质锥形锚具

②钢丝束镦头锚具

由锚环、螺母和锚板组成，适用于锚固任意根数直径 5 mm 的钢丝束。分 DM5A 型和 DM5B 型，DM5A 型用于张拉端，DM5B 型用于固定端（图 4.24（a）、（b）），利用钢丝两端的镦头进行锚固。

锚环与锚板采用 45 号钢制作，螺母采用 30 号钢制作。锚环内外壁均有丝扣，内丝扣用于连接张拉螺丝杆，外丝扣用于拧紧螺母锚固钢丝束。锚环和锚板四周钻孔，孔数和间距由钢丝根数而定。钢丝用 LD—10 型液压冷镦器进行镦头，镦头强度不得低于钢丝标准抗拉强度的 98%。钢丝束张拉端可在制束时将头镦好，固定端待穿束后拉出构件外，套上锚板后镦头，故构件在张拉端部要设置一段距离的扩孔。

张拉时，在锚环内口拧上工具式拉杆，通过拉杆式千斤顶进行张拉，达到控制应力时，锚环被拉出，则在锚环外丝扣拧上螺母加以锚固。

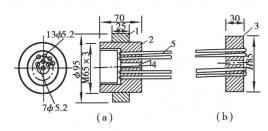

图 4.24　钢丝束镦头锚具
（a）张拉端锚环与螺母；（b）固定端锚板
1—锚环；2—螺母；3—锚板

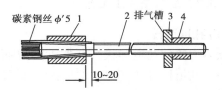

图 4.25　锥形螺杆锚具
1—套筒；2—锥形螺杆；3—垫板；4—螺母

钢丝束镦头锚具构造简单，加工容易，锚夹可靠，施工方便，但对下料长度要求较严。

③锥形螺杆锚具

由锥形螺杆、套筒、螺母、垫板组成（图 4.25）。适用于锚固 14、16、20、24 和 28 根直径 5 mm 的钢丝束。使用时，先将钢丝束均匀整齐地紧贴在螺杆锥体部分，然后套上套筒，通过锤将套筒打紧，再用拉杆式千斤顶和工具式预紧器以 110% ~ 130% 的张拉控制应力预紧，将钢丝束牢固地锚固在锚具内（图 4.26）。

2）钢丝束的张拉设备

钢质锥形锚具用锥锚式双作用千斤顶进行张拉。镦头锚具用 YC—600 穿心式千斤顶或拉杆式千斤顶张拉。锥形螺杆锚具宜用拉杆式或穿心式千斤顶张拉。

大跨度结构、长钢丝束等引申量大者，用穿心式千斤顶为宜。

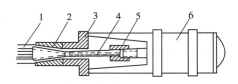

图 4.26　锥形螺杆锚具的预紧

1—钢丝束;2—套筒;3—预紧器;4—锥形螺杆;5—千斤顶连接螺母;6—千斤顶

3)钢丝束的制作

钢丝束的制作,随锚具形式的不同制作方式也不同,一般包括调直、下料、编束和安装锚具等工序。

用钢质锥形锚具锚固的钢丝束,其制作和下料长度计算基本上同钢绞线束。

用镦头锚具锚固的钢丝束,其下料长度要力求准确,下料的相对误差值,应不大于钢丝束长度的1/5 000,且不得大于5 mm。为此,要求钢丝束在应力状态下切断下料,下料的控制应力为300 N/mm²。钢丝的下料长度,取决于是 A 型或 B 型锚具以及一端张拉或两端张拉。

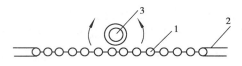

图 4.27　钢丝束编束

1—钢丝;2—铅丝;3—衬圈

用锥形螺杆锚具锚固的钢丝束,经过矫直的钢丝可以在非应力状态下下料。

为防止扭结,下料后必须进行编束。在平整场地上把钢丝理顺平放,然后每隔 1 m 左右用 22 号铅丝编成帘子状(图4.27),再每隔 1 m 放一个按端杆直径制成的螺旋衬圈,将编好的钢丝帘绕衬圈围成圆束绑扎牢固。

4.3.2　后张法施工工艺

(1)孔道留设

预应力筋的孔道形状有直线、曲线和折线 3 种。孔道留设是后张法构件制作中的关键工序之一。孔道留设的基本要求是:孔道的尺寸与位置应正确,孔道的直径应比预应力筋直径、钢筋对焊接头处、需穿过孔道的锚具或连接器外径大 10～15 mm,孔道应平顺,接头不漏浆,端部的预埋钢板应垂直于孔道。孔道的留设方法有钢管抽心法、胶管抽心法和预埋波纹管法。

1)钢管抽心法

预先将钢管埋设在模板内孔道位置处,在混凝土浇注过程中和浇注之后,每间隔一定时间慢慢转动钢管,使混凝土与钢管不粘牢,待混凝土初凝后、终凝前抽出钢管,即在构件中形成孔道。此法一般常用于留设直线孔道。

钢管要求平直,表面光滑,预埋前应刷油,安放位置准确。一般用间距不大于 1 m 的钢筋井字架固定钢管位置。钢管每根长度最好不超过15 m,两端各伸出构件100 mm 左右,钢管一端钻 16 mm 小孔,以便于旋转和抽管。较长构件则用两根钢管,中间用 0.5 mm 厚铁皮做成套管连接,钢管的旋转方向两端要相反,一般每隔10～15 min 应转管一次。

掌握抽管时间很重要,过早会塌孔,太晚则抽管困难。一般在混凝土初凝后、终凝前,以手指按压混凝土不粘浆又无明显印痕时则可抽管。

抽管顺序宜先上后下,抽管可用人工或卷扬机,抽管要边抽边转,速度均匀,与孔道成一直线。

在留设孔道的同时还要在设计规定位置留设灌浆孔。一般在构件两端和中间每隔 12 m 留一个直径 20 ~ 25 mm 的灌浆孔,并在构件两端各设一个排气孔。灌浆孔留设可用木塞或白铁皮管。

2)胶管抽心法

留孔用胶管有五层或七层夹布胶管和钢丝网胶管两种。前者质软,用间距不大于 0.5 m 的钢筋井字架固定位置,浇注混凝土前,胶管内充入压力 0.6 ~ 0.8 N/mm² 的压缩空气或压力水,此时胶管直径增大 3 mm 左右,待浇注的混凝土初凝后,放出压缩空气或压力水,管径缩小而与混凝土脱离,便于抽出形成孔道。后者是专供预应力混凝土专用的钢丝网胶管,质硬并具有一定弹性,留孔方法与钢管一样,只是浇注混凝土后不需转动,由于其有一定弹性,抽管时在拉力作用下断面缩小易于拔出。

胶管抽心法留孔,不仅可留直线孔道,还可留曲线孔道。

3)预埋波纹管法

波纹管是特别的镀锌(单、双)波纹金属软管,具有重量轻、刚度好、弯折方便、连接容易、与混凝土粘结良好等优点。可作成各种形状的孔道,用间距不大于 1 m 的钢筋井字架固定,并可省去抽管工序。

(2)预应力筋张拉

预应力筋张拉时,结构的混凝土强度应符合设计要求。当设计无具体要求时,不应低于设计强度的 75%。

1)张拉控制应力

预应力筋的强度控制应力应符合设计要求并不得超过表 4.1 的规定。

后张法的张拉控制应力取值低于先张法。这是因为后张法构件在张拉钢筋的同时,混凝土已受到弹性压缩;而先张法构件,混凝土是在预应力筋放松后才受到弹性压缩,预应力值的损失受弹性压缩的影响较大。此外,混凝土收缩、徐变引起预应力损失,后张法也比先张法小。

2)张拉程序

预应力筋的张拉程序,主要根据构件类型、张拉锚固体和松弛损失取值等因素来确定。分为以下两种情况:

设计时钢筋的松弛损失按一次张拉程序取值,张拉程序为

$$0 \longrightarrow \sigma_{con}$$

设计时钢筋的松弛损失按超张拉程序取值,张拉程序为

$$0 \longrightarrow 1.05\sigma_{con} \xrightarrow{\text{持荷 2 min}} \sigma_{con}$$

或

$$0 \longrightarrow 1.03\sigma_{con}$$

3)张拉方法

张拉方法有一端张拉和两端张拉。为减少预应力筋与预留孔孔壁摩擦而引起的预应力损失,对抽心成形孔道的曲线预应力筋和长度大于 24 m 的直线预应力筋,应采用两端张拉;长度等于或小于 24 m 的直线预应力筋,可一端张拉,但张拉端宜分别设置在构件两端。对预埋波纹管孔道,曲线形预应力筋和长度大于 30 m 的直线预应力筋宜在两端张拉,长度等于或小于 30 m 的直线预应力筋,可在一端张拉。用锥锚式双作用千斤顶两端同时张拉钢筋束、钢绞线束或钢丝束时,为减少顶压锚塞时的应力损失,可先顶压一端的锚塞,而另一端在补足张拉力

后再行顶压。

4）张拉顺序

预应力筋的张拉顺序应符合设计要求,当设计无具体要求时,可采用分批、对称地进行张拉。对称张拉是为避免张拉时构件截面承受过大的偏心压力。分批张拉,要考虑后批预应力筋张拉时产生的混凝土弹性压缩,会使先批张拉的预应力筋的张拉应力产生损失。为此先批张拉的预应力筋的张拉应力应增加 $\Delta\sigma$:

$$\Delta\sigma = \frac{E_s}{E_c} \cdot \frac{(\sigma_{con} - \sigma_1)A_y}{A_j} \tag{4.9}$$

式中：E_s——预应力筋的弹性模量；

　　　E_c——混凝土的弹性模量；

　　　σ_{con}——张拉控制应力；

　　　σ_1——后批张拉预应力筋的第一批应力损失（包括锚具变形与摩擦损失）；

　　　A_y——后批张拉预应力筋的截面积；

　　　A_j——构件混凝土的净截面面积（包括构造钢筋的折算面积）。

5）预应力筋伸长值校核

预应力筋在张拉时,通过伸长值的校核,可以综合反映张拉应力是否满足,孔道摩阻损失是否偏大,以及预应力筋是否有异常现象等。因此规范规定当采用应力控制方法张拉时,应校核预应力筋伸长值。如实际伸长值比计算伸长值大于10%或小于5%,应暂停张拉,在采取措施予以调整后,方可继续张拉。

预应力筋的计算伸长值 $\Delta L(mm)$,可按下式计算:

$$\Delta L = \frac{F_p \cdot l}{A_p \cdot E_s} \tag{4.10}$$

式中：F_p——预应力筋的平均张拉力（kN）,直线筋取张拉端的拉力；两端张拉的曲线筋,取张拉端的拉力与跨中扣除孔道摩阻损失后拉力的平均值；

　　　A_p——预应力筋的截面面积（mm^2）；

　　　l——预应力筋的长度（mm）；

　　　E_s——预应力筋的弹性模量。

预应力筋的实际伸长值 $\Delta L'$,宜在初应力为张拉控制应力的10%左右时开始量测:

$$\Delta L' = \Delta L_1 + \Delta L_2 - C \tag{4.11}$$

式中：ΔL_1——从初应力至最大张拉力之间的实测伸长值（mm）；

　　　ΔL_2——初应力以下的推算伸长值（mm）；

　　　C——施加预应力时,后张法混凝土构件的弹性压缩值,当其值微小时,可略去不计。

初应力以下的推算伸长值 ΔL_2 ,可根据弹性范围内张拉力与伸长值成正比的关系用下式计算:

$$\Delta L_2 = \frac{\sigma_0}{E_s} \cdot l \tag{4.12}$$

式中：σ_0——预应力筋的初应力。

6）对平卧叠浇构件的张拉

后张法预应力混凝土构件,一般在工地平卧叠浇制作,重叠层数一般不超过4层。上层构件的重量产生的水平摩阻力,会阻止下层构件在预应力筋张拉时混凝土弹性压缩的自由变形,待上层构件起吊后,由于摩阻力消失,下层构件原先被阻止的那一部分弹性压缩随之发生,从而引起预应力损失。该损失值与构件形式、隔离层和张拉方式有关。为弥补该项预应力损失,可采取自上而下逐层加大超张拉的方法,但底层超张拉值不宜比顶层张拉力大5%(钢丝、钢丝线、热处理钢筋)或9%(冷拉Ⅱ~Ⅳ级钢筋),且不得超过表4.1的规定。

(3)孔道灌浆

预应力筋张拉锚固后,应随即进行孔道灌浆。孔道灌浆的目的是为了防止钢筋的锈蚀,增加结构的整体性和耐久性,提高结构的抗裂性和承载能力。

灌浆宜用标号不低于425号普通硅酸盐水泥调制的水泥浆,对空隙大的孔道,水泥浆中可掺适量细砂。所用水泥浆或水泥砂浆的强度不宜低于20 N/mm^2,且应有较大的流动性和较小的干缩性、泌水性(搅拌后3 h的泌水率宜控制在2%)。水灰比一般为0.4~0.45。为使孔道灌浆饱满,可在灰浆中掺入水泥重量万分之一的铝粉或0.25%的木质素磺酸钙。

灌浆前,用压力水冲洗和湿润孔道。灌浆可用灰浆泵进行灌浆,水泥浆应均匀缓慢地注入,不得中断。灌浆顺序应先下后上,以免上层孔道漏浆把下层孔道堵塞。直线孔道灌浆时,应从构件一端灌到另一端。曲线孔道灌浆时,应从孔道最低处向两端进行,至最高点排气孔排尽空气并溢出砂浆为止。

当灰浆强度达到15 N/mm^{2}时,方能移动构件,灰浆强度达到100%设计强度时,才允许吊装。

4.4 无粘结预应力

无粘结预应力施工方法是后张法预应力混凝土的发展。它20世纪50年代起源于美国,70年代末期引入我国,80年代初成功地应用于实际工程中,是国家"八五"重点推广技术。其做法是:在预应力筋表面刷涂料并包塑料布(管)后,如同普通钢筋一样先铺设在支好的模板内,然后浇注混凝土,待混凝土达到要求强度后,进行预应力筋张拉锚固。这种工艺的优点是无须预留孔道和进行孔道灌浆,施工简单,张拉时摩阻力小,预应力筋易弯成曲线形状等。适用于多层及高层建筑大柱网板柱结构(双向连续平板或密肋板)、多层工业厂房楼盖体系和大跨度梁类结构等,进一步拓宽了预应力结构的适用范围。但预应力筋强度不能充分发挥(一般要降低10%~20%),锚具的要求也较高。

4.4.1 无粘结预应力筋束的制作

无粘结预应力筋束由碳素钢丝、防腐涂料、外包层和锚具组成。

1)预应力筋

一般选用7根ϕ^s5碳素钢丝组成的钢丝束,也可采用7根ϕ^s4钢丝或7根ϕ^s5钢丝编绞成的直径为12 mm或15 mm的钢绞线。

2)预应力筋束表面涂料

无粘结筋的涂料层,可采用防腐油脂或防腐沥青制作。要求其在-20~+70 ℃温度范围内不流淌、不裂缝变脆,并有一定韧性,使用期内化学稳定性高,对周围材料无侵蚀作用;润滑性能好,摩擦阻力小。

3）预应力筋束外包层

外包层必须具有一定的抗拉强度,防渗漏性能,同时还须符合下列要求:

①在 –20 ～ +70 ℃温度范围内,低温不脆化,高温化学稳定性好;

②具有足够的韧性,抗破损性强;

③对周围材料无侵蚀作用;

④防水性好。

一般常用的包裹物有塑料布、塑料薄膜和牛皮纸等,还可采用高压聚乙烯、聚丙烯等挤压成形作为预应力筋束的涂层外包层。

4）预应力筋束制作

一般有缠纸工艺、挤压涂层工艺两种制作方法。

缠纸工艺是将预应力筋在缠纸机上连续作业,完成编束、涂油、缠料布和切断等工序。

挤压涂层工艺是钢丝束(或钢绞线)通过涂油装置涂油,然后通过塑料挤压机涂刷塑料薄膜,再经冷却筒槽成形塑套管,最后收线成盘。这种挤压涂层工艺具有涂包质量好,生产效率高,适用于专业化生产等特点。

5）锚具

在普通后张法预应力构件中,预应力筋通过灌浆与混凝土粘结成整体,在使用荷载下,构件的预应力筋与混凝土不会产生相对滑动。而在无粘结预应力构件中,锚具不仅仅承受张拉力,由于预应力筋与混凝土无粘结,外荷载引起的预应力筋内力变化也全部由锚具承担。因此无粘结预应力筋的锚具不仅比有粘结预应力筋的锚具受力大,而且承受的是重复荷载,故无粘结预应力筋的锚具有更高的要求,规范规定应符合Ⅰ类锚具的要求。

目前主要采用钢丝束或钢绞线作为无粘结预应力筋,钢丝束主要用镦头锚具。钢绞线则可采用 XM 型锚具。图 4.28 是使用镦头锚具的一种锚固示意方式。

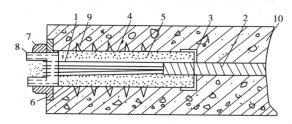

图 4.28　无粘结后张法预应力筋及锚固

1—高强钢丝;2—塑料布;3—铁皮堵头;4—铁管;5—环氧水泥砂浆;
6—预埋件;7—螺帽;8—锚环;9—螺旋钢筋;10—钢筋混凝土构件

4.4.2　无粘结预应力施工工艺

(1)无粘结预应力筋束的铺设

在铺设前,应对无粘结筋逐根进行外包层检查,对有轻微破损者,可包塑料带补好,对破损严重者应予以报废。

无粘结预应力筋束在平板结构中一般为双向曲线配置,因此其铺设顺序很重要。一般可先根据双向钢丝束交点的标高差,绘制钢丝束的铺设顺序图,钢丝束波峰低的底层钢丝束先行铺设,然后依次铺设波峰高的上层钢丝束,这种可以避免两个方向钢丝束的互相穿插。钢丝束铺设波峰的形式是用钢筋制成的"铁马凳"来架设,铁马凳高度应根据设计要求的钢丝束曲率确定,铁马凳间距不宜大于 2 m,钢丝束检查其曲率与水平位置无误后,用铅丝将其与铁马凳绑扎牢固,防止钢丝束在浇注混凝土施工过程中发生位移。

(2)无粘结预应力筋束的张拉

无粘结预应力筋束张拉时构件混凝土的强度应达到设计要求,若设计无要求时,混凝土要达到设计强度值的 75% 后方可张拉。张拉程序一般采用 $0 \rightarrow 103\% \sigma_{con}$ 进行锚固。由于无粘结预应力筋束一般为曲线配筋,故应采用两端同时张拉。

无粘结预应力混凝土楼盖结构的张拉顺序,宜先张拉楼板,后张拉楼面梁。板中的预应力筋可根据铺设的先后顺序依次张拉,梁中的预应力筋宜对称张拉。当预应力筋较长时,为降低摩阻损失值,宜采用多次重复张拉工艺。

(3)锚头端部处理

无粘结钢丝束采用镦头锚具,在构件两端应预留一定长度的孔道,其直径略大于锚具头外径。钢丝束张拉锚固后,其端部便留下孔道,并且该部分钢丝没有涂层,常用两种方法加以封闭保护:第一种方法在孔道注入油脂并加以封闭,如图 4.29 所示;第二种方法在孔道中注入环氧树脂水泥砂浆,其抗压强度不低于 35 MPa,如图 4.30 所示。预留孔道内注入油脂或环氧树脂水泥砂浆后,用 C30 级的细石混凝土封闭锚头部位。

无粘结钢绞线采用 XM 型夹片式锚具,张拉后张拉端的钢绞线予留长度不小于 150 mm,多余部分割掉,然后将钢绞线散开打弯,埋在板边圈梁内或用 C30 级细石混凝土封闭锚头部位。钢绞线在固定端处可清除涂层后"压花"(图 4.31(b)),放置在设计部位。待固定端的混凝土强度大于 30 MPa 后,才能形成可靠的粘结式锚头,此时才可张拉预应力筋。

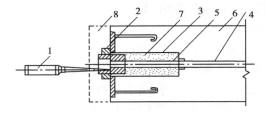

图 4.29 锚头端部处理方法之一

1—油枪;2—锚具;3—端部孔道;4—有涂层的无粘结预应力束;
5—无涂层的无粘结预应力束;6—构件;7—注入孔道的油脂;8—混凝土封闭

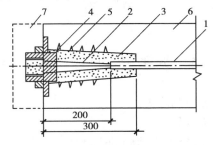

图 4.30 锚头端部处理方法之二

1—无粘结预应力束;2—无涂层的端部钢丝;3—环氧树脂水泥砂浆;
4—锚具;5—端部加固螺旋钢筋;6—构件;7—混凝土封闭

143

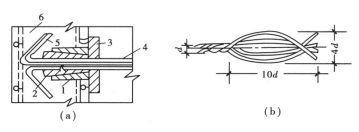

图 4.31　无粘结钢绞线端部处理示意

（a）张拉端；（b）固定端

1—锚环；2—夹片；3—埋件；4—钢绞线；5—散开打弯钢丝；6—圈梁；7—钢绞线压花

复习思考题

1. 什么叫预应力混凝土？有何优点？
2. 试比较先张法与后张法施工工艺的不同特点及其适用范围。
3. 先张法的张拉控制应力与后张法有何不同？为什么？
4. 在张拉程序中为什么要超张拉、持荷 2 min？建立张拉程序的依据是什么？
5. 先张法施工中预应力筋放张时应注意哪些问题？
6. 分析各种锚具的性能、适用范围及优缺点。
7. 常用的张拉设备有哪些？如何选择张拉设备？
8. 孔道留设有几种方法？应注意哪些问题？
9. 怎样计算预应力筋的下料长度？
10. 预应力筋为什么要先对焊后冷拉？
11. 分批张拉钢筋时，如何弥补混凝土弹性压缩损失？
12. 平卧叠浇生产构件的预应力损失是如何产生的？又是如何弥补的？
13. 为什么要对孔道进行灌浆？对孔道灌浆有何要求？
14. 什么叫无粘结预应力？施工中应注意哪些问题？

习　题

1. 先张法生产空心楼板，混凝土强度等级为 C30，预应力钢丝束用 $\phi^s 5$，其极限抗拉强度 $f_{Ptk} = 1\,570\ \text{N/mm}^2$，单根张拉。

（1）试确定张拉程序及张拉控制应力；

（2）计算张应力并选择张拉机具；

（3）计算预应力筋放张时，混凝土应达到的强度值。

2. 某 21 m 跨屋架，下弦孔道长 20.8 m，预应力筋采用冷拉 Ⅱ 级钢筋 2 $\phi^l 25$，冷拉率为 4%，弹性回缩率为 0.4%，每个对焊接头的压缩长度为 25 mm，现有钢筋的长度是多少米。试计算：

（1）两端均用螺丝端杆锚具时（螺丝端杆长 320 mm，外露长 120 mm），预应力筋的下料长度；

（2）一端用螺丝端杆锚具，另一端为帮条锚具时（帮条长 60 mm，衬板厚 15 mm），预应力筋的下料长度。

3. 某 24 m 跨屋架，下弦预应力筋为冷拉 Ⅲ 级 2-Φ^l25（即两束，每束 5 根，每根直径为 12 mm）的冷拉钢筋束，$f_{Ptk}=500$ N/mm^2，单根钢筋断面面积为 1.13 cm^2，张拉程序为

$$0 \xrightarrow{\text{持荷 2 min}} 105\% \sigma_{con} \longrightarrow \sigma_{con}$$

试计算：

（1）单束预应力筋的张拉力；

（2）若用拉杆式千斤顶（缸活塞面积为 152 cm^2）张拉，计算油表读数的理论值。

第 **5** 章
砖石砌体工程

砖石砌体工程是指砖、石和其他各类砌体的砌筑工程。砌体工程是一个综合的施工过程，包括材料准备、运输、搭设脚手架和砌体砌筑等内容。在混合结构主体工程施工中，砌体工程作为主体工程施工的主导工作，其施工进程的快慢，直接影响到建筑工程的施工工期。在实际施工中，砌砖工程还与预制构件安装、局部现浇钢筋混凝土等穿插进行。

5.1 砌筑材料和材料运输

5.1.1 砌筑用砖

砖砌体用砖，从使用原料的不同可分为普通粘土砖、粉煤灰砖、炉渣砖等；从构造形式的不同又可分为实心砖、空心砖等。砖的品种、强度等级应符合要求，规格一致，无翘曲、断裂现象。用于清水墙、柱表面的砖沿应边角整齐，色泽均匀。

（1）普通粘土砖

普通粘土砖的规格为 240 mm×115 mm×53 mm。

烧结普通粘土砖按力学性能分为 MU7.5、MU10、MU15 和 MU20 四个强度等级。其强度等级的抗压强度、抗折强度应符合表 5.1 的规定。

表 5.1 烧结普通粘土砖力学性能

产品等级	强度等级	抗压强度/MPa		抗折强度/MPa	
		五块平均值 不小于	单块最小值 不小于	五块平均值 不小于	单块最小值 不小于
特等	MU20	20	14	4	2.6
	MU15	15	10	3.1	2
一等	MU10	10	6	2.3	1.3
二等	MU7.5	7.5	4.5	1.8	1.1

普通粘土砖根据强度等级、耐久性和外观质量分为特等品、一等品和二等品。外观质量应符合表 5.2 的规定。

表 5.2　普通粘土砖外观质量

	项　　目	指　　标		
		特　等	一　等	二　等
1	尺寸偏差不超过/mm 　　长度 　　宽度 　　厚度	±4 ±3 ±2	±5 ±4 ±3	±6 ±5 ±3
2	两个条面的厚度相差不大于/mm	2	3	5
3	弯曲不大于/mm	2	3	5
4	杂质在砖面上造成的凸出高度不大于/mm	2	3	5
5	缺棱掉角的三个破坏尺寸不得同时大于/mm	20	20	30
6	裂纹长度不大于/mm a. 大面上宽度方向及其延伸到条面的长度 b. 大面上长度方向及其延伸到顶面的长度或 　条、顶面上水平裂纹的长度	70 100	70 100	110 150
7	一条面和一顶面	基本一致	——	——
8	完整面不得少于	一条面和 一顶面	一条面和 一顶面	——

(2) 烧结粘土空心砖

烧结粘土空心砖的长度有 190、240、290 mm；宽度有 140、180、190 mm；高度有 90、115、190 mm。

粘土空心砖按力学性能分为 MU5、MU3 和 MU2 三个强度等级，其强度等级的大面、条面抗压强度应符合表 5.3 的规定。

表 5.3　烧结粘土空心砖力学性能

产品等级	强度等级	大面抗压强度/MPa		条面抗压强度/MPa	
		五块平均 值不小于	单块最小 值不小于	五块平均 值不小于	单块最小 值不小于
优　等	MU5	5	3.7	3.4	2.3
一　等	MU3	3	2.2	2.2	1.4
二　等	MU2	2	1.4	1.6	0.9

粘土空心砖根据密度分为 800、900、1 100 三个密度等级，密度级别应符合表 5.4 的规定。

表 5.4 粘土空心砖密度级别

密度级别	五块密度平均值/$(kg \cdot h^{-1})$
800	800
900	801 ~ 900
1 100	901 ~ 1 100

粘土空心砖根据孔洞及其排数、尺寸偏差、外观质量分为优等品、一等品和合格品。尺寸允许偏差应符合表 5.5 的规定,外观质量应符合表 5.6 的规定。

表 5.5 粘土空心砖尺寸允许偏差

尺寸/mm	尺寸允许偏差/mm		
	优等品	一等品	二等品
200	4	5	7
100 ~ 200	3	4	5
100	3	4	4

表 5.6 粘土空心砖外观质量等级

项 目	指 标		
	优等品	一等品	合格品
(1)弯曲不大于/mm	3	4	5
(2)缺棱掉角的三个破坏尺寸不得同时大于/mm	15	30	40
(3)未贯穿裂纹长度不大于/mm a. 大面上宽度方向及其延伸到条面的长度 b. 大面上长度方向或条面上水平方向的长度	不允许 不允许	100 120	140 160
(4)贯穿裂纹长度不大于/mm a. 大面上宽度方向及其延伸到条面的长度 b. 壁、肋沿长度方向、宽度方向及其水平方向的长度	不允许 不允许	60 60	80 80
(5)肋、壁内残缺长度不大于/mm	不允许	60	80
(6)完整面不少于	一条面和 一大面	一条面或 一大面	—
(7)欠火砖和酥砖	不允许	不允许	不允许

(3)粉煤灰砖

粉煤灰砖是以粉煤灰、石灰为主要原料,掺和适量石膏和骨料,压制而成的实心砖。

粉煤灰砖的规格为 240 mm × 115 mm × 53 mm。

粉煤灰砖按其力学性能分为 MU20、MU15、MU10 和 MU7.5 四个强度等级。

(4)小型砌块

砌块按形状分有实心砌块和空心砌块两种。按制作材料分为混凝土砌块、加气混凝土砌块、粉煤灰砌块、轻骨料砌块等。

5.1.2　砌筑砂浆

砌筑砂浆按材料组成不同分为水泥砂浆（水泥、砂、水）、水泥混合砂浆（水泥、砂、石灰膏、水）、石灰砂浆（石灰膏、砂、水）、石灰粘土砂浆（石灰膏、粘土、砂、水）、粘土砂浆（粘土、水）、微沫砂浆（水泥、砂、石灰膏、微沫剂）等。

水泥砂浆可用于潮湿环境中的砌体，其他砂浆宜用于干燥环境中的砌体。

水泥进场使用前，应分批对其强度、安定性进行复验。检验批应以同一生产厂家、同一批号为一批。砌筑砂浆所用水泥应保持干燥，出厂日期超过 3 个月（快硬硅酸盐水泥超过 1 个月）时应经复查试验后方可使用。不同品种的水泥，不得混合使用。砂宜用中砂，并应过筛，不得含有草根等杂物。

建筑生石灰、建筑生石灰粉熟化为石灰膏时，其熟化时间分别不得小于 7 d 和 2 d。沉淀池中的石灰膏，应防止干燥、冻结和污染。

砂浆的配料应准确。水泥、微沫剂的配料精确度应控制在 ±2% 以内；其他材料的配料的精确度应控制在 ±5% 以内。

在水泥砂浆和混合砂浆中掺用微沫剂时，其用量应通过试验确定，一般为水泥用量的 0.5/10 000 ~ 1/10 000。微沫剂宜用不低于 70 ℃ 的水稀释至 5% ~ 10% 的浓度。

砂浆宜用机械搅拌，且应搅拌均匀，拌合时间一般为 1.5 min。水泥砂浆及混合砂浆就地随拌随用，拌好后到使用完毕的时间不应超过水泥的初凝时间，拌制的砂浆应在 3 h 内用完，气温高于 30 ℃ 时应在 2 h 内用完，预拌砂浆及增压加气混凝土砌块专用砂浆的使用时间应按厂方提供说明书确定。砂浆经运输、储放后如有泌水现象，就应砌筑前再次拌和。

砂浆的强度等级是根据 7.07 cm × 7.07 cm × 7.07 cm 的试块，在标准养护（温度 20 ±3 ℃ 及正常湿度条件下的室内不通风处）条件下养护 28 d 的试块平均抗压强度来确定。砂浆强度等级分为 M15、M10、M7.5、M5、M2.5、M1 和 M0.4 七个等级。各强度等级相应的抗压强度值应符合表 5.7 的规定。

表 5.7　砌筑砂浆强度等级

强　度　等　级	龄期 28 d 抗压强度/MPa	
	每组平均值不小于	最小一组平均值不小于
M15	15	11.25
M10	10	7.5
M7.5	7.5	5.63
M5	5	3.75
M2.5	2.5	1.88
M1	1	0.75
M0.4	0.4	0.3

砂浆试块应在搅拌机出料口随机取样、制作。一组试样应在同一盘砂浆中取样，同盘砂浆只能制作一组试样。一组试样取 6 块。

砂浆的抽样频率应符合下列规定：

①每一工作班每台搅拌机取样不得少于一组。

②每一楼层的每一分项工程取样不得少于一组。

③每一幢楼或250 m³砌体中同强度等级和品种的砂浆取样不得少于3组。基础砌体可按一个楼层计。

同一验收批砂浆试块抗压强度平均值必须大于或等于设计强度等级的1.1倍;同一验收批砂浆试块抗压强度的最小一组平均值必须大于或等于设计强度等级所对应的立方抗压强度的0.85倍。

5.1.3 砌筑用石

(1)毛石

毛石分为乱毛石和平毛石两种。

乱毛石是指形状不规则的石块;平毛石是指形状不规则,但有两个平面大致平行的石块。

毛石的强度等级是以70 mm边长的立方体试块的抗压强度表示(取3个试块的平均值)。毛石的强度等级分为MU100、MU80、MU60、MU50、MU40、MU30、MU20、MU15、MU10。

(2)料石

料石按其加工面的平整度分为细料石、半细料石、粗料石和毛料石。细料石是指通过细加工,外形规则,叠砌面凹入深度不应大于10 mm,截面的宽度、高度不应小于200 mm,且不小于长度的1/4。半细料石是指通过细加工,外形规则,叠砌面凹入深度不大于15 mm,截面的宽度、高度不小于200 mm,且不小于长度的1/4。粗料石是指通过细加工,外形规则,叠砌面凹入深度不大于20 mm,截面的宽度、高度不宜小于200 mm,且长度不宜大于厚度的4倍。毛料石是指外形尺寸大致方正,一般不加工或仅稍加修整,截面的宽度、高度不小于200 mm,叠砌面凹入深度不大于25 mm。

5.1.4 材料运输

砌筑工程的材料运输量很大,砌筑工程的材料运输包含有垂直运输及地面和楼面的水平运输,一般垂直运输的问题较突出。施工过程中不仅要运输大量的砖石和砂浆,而且要运送施工工具和预制构件。砖石工程中常用的垂直运输设备有塔式起重机、龙门架、井字架和建筑施工电梯等。砖和砂浆的水平运输,常用双轮手推车。

(1)井字架

井字架是最常用的垂直运输设备,一般用型钢搭设。可根据所运构件重量和长度采用不同规格的井架(如图5.1)。用型钢搭设时,4柱井架起重重可达5 kN,吊盘平面尺寸为1.5 m×1.2 m;6柱井架起重重可达8 kN,吊盘平面尺寸为3.6 m×1.3 m;8柱井架起重重可达10 kN,吊盘平面尺寸为3.8 m×1.7 m。井架高度一般应比建筑物檐口高3 m。带把杆的井架,其把杆的铰结点应高于建筑物的檐口,铰结点及上井架的高度应大于或等于把杆的长度。外设卷扬机井架搭设高度一般不超过30 m。

井架高度在20 m内时,设缆风绳一道(每道4~8根),各向4个以上不同的方向;缆风绳应用直径不小于9.3 mm的圆股钢丝绳,绳与地面的夹角不得大于60°,其下端应与地锚连接;超过20 m时,不少于二道缆风绳,缆风绳须拉紧。缆风绳应在架体四角有横向缀件的同一水平面上对称设置,使其在结构上引起的水平分力处于平衡状态。

地面及楼面的水平运输可以采用各种手推运输小车,受条件限制时也可直接由人工运输,一般采用单吊盘。目前,由于建筑工程单体工程量增大,双吊盘式的井架应用也相应增加。

(2)龙门架

龙门架是由两根立杆和横梁构成的门式架,并装有滑轮、导轨、吊盘。其架设高度不超过 30 m,起重量为 0.4~1.2 t。龙门架架设高度在 12~15 m 以下时设一道缆风绳,15 m 以上每增高 5~10 m 应增设一道缆风绳,每道不少于 6 根。龙门架的缆风绳应设在顶部,若中间设置临时缆风绳时,应在此位置将架体两立柱做横向连接,不得分别牵拉立柱的单肢。

(3)塔式起重机

塔式起重机可同时用作砌筑工程的垂直和水平运输。塔式起重机的台班产量一般为 80~120 吊次。为了充分发挥塔吊的作用,施工中应注意:每吊次尽可能满载;争取一次到位,尽可能避免二次吊运;在进行施工组织设计时,应合理布置施工现场平面图,减少塔吊的每次运转时间。

(4)建筑施工电梯

在高层建筑施工中,常采用人货两用的建筑施工电梯。施工电梯附在外墙或其他建筑物上,可载重货物 1.0~1.2 t,亦可乘 12~15 人。

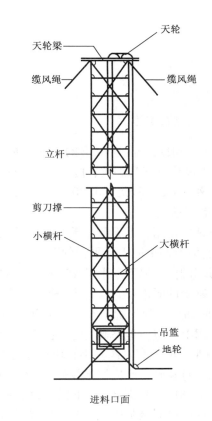

进料口面

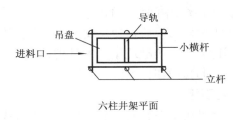

六柱井架平面

图 5.1　井架基本构造形式

建筑施工电梯在使用时尚应设置相应的安全设施,如上、下极限限位器,缓冲器,超载限制器,安全停靠装置,断绳保护装置,上料防护棚,信号装置等。

(5)卷扬机

卷扬机是一种牵引机械,分为手动卷扬机和电动卷扬机。

手动卷扬机为单筒式,钢丝绳的牵引速度为 0.5~3 m/min,牵引力为 5~10 kN。

电动卷扬机按其速度可分为快速和慢速两种。快速卷扬机又分为单筒和双筒两种,其钢丝绳牵引速度为 25~50 m/min,单头牵引力为 4~50 kN。慢速卷扬机多为单筒式,钢丝绳牵引速度为 7~13 m/min,单头牵引力为 30~200 kN。

卷扬机必须用地锚固定,以防止工作时产生滑动和倾覆。使用电动卷扬机时,应经常检查电气线路、电动机等是否良好,电磁抱闸是否有效,全机接地,有无漏电等;卷扬机使用的钢丝绳应与卷筒固定好。

5.2 砌体施工

5.2.1 砌石工程

石砌体一般用于两层以下的居住房屋及挡土墙等。所用材料应质地坚实,厚度不小于150 mm,无风化剥落和裂纹,并应有棱有面。用于清水墙、柱表面的石材,应色泽均匀。一般采用混合砂浆砌筑,砂浆稠度30～50 mm,二层以上石墙的砂浆标号不小于MU2.5。

(1)毛石基础

毛石基础是用乱毛石或平毛石砌筑而成。乱毛石是指形状不规则的石块;平毛石是指形状不规则,但有两个面大致平行的石块。

毛石基础可作墙下条形基础或柱下独立基础。

毛石基础的断面形式有矩形、梯形和阶梯形等。毛石基础顶面宽度应比墙基底面宽度大200 mm;阶梯形基础每阶高不应小于300 mm,每阶挑出宽度不大于200 mm。

砌筑用毛石应质地坚硬,无风化剥落和裂纹。所用石块大小,宽度在200～300 mm,长度以300～400 mm为宜。添心小石块尺寸为70～150 mm,数量约占毛石总量的20%。

砌筑毛石基础一般应用水泥砂浆,不宜采用混合砂浆。

毛石基础应分皮卧砌,上下错缝,内外搭砌。上下皮毛石搭接不小于8 cm,且不得有通缝。第一皮石块应坐浆砌筑,先在基坑底铺设砂浆,再放毛石,且大面朝下。毛石基础不得采用外面侧立石块,中间填心的"包心砌法"。石块间较大的孔隙应先填塞砂浆后用碎石嵌实,不得采用先摆碎石块后塞砂浆或干填碎石块的方法。灰缝厚度宜为20～30 mm,砂浆应饱满,石块间不得有相互接触现象。每日砌筑高度不宜超过1.2 m。在转角处和交接处应同时砌筑,如不能同时砌筑时,应留斜槎。

(2)毛石墙

毛石墙是用乱毛石或平毛石与水泥砂浆或混合砂浆砌筑而成。毛石墙的转角可用平毛石或料石砌筑。毛石墙的厚度不应小于350 mm。

施工时根据轴线放出墙身里外两边线,挂线每皮(层)卧砌,每层高度200～300 mm。砌筑时应采用铺浆法,先铺灰后摆石。毛石墙的第一皮、每一楼层最上一皮、转角处、交接处及门窗洞口处用较大的平毛石砌筑,转角处最好应用加工过的方整石。先砌筑转角处和交接处,再砌中间墙身,石砌体的转角处和交接处应同时砌筑。对不能同时砌筑而又必须留置的临时间断处,应砌成斜槎。砌筑时石料大小搭配,大面朝下,外面平齐,上下错缝,内外交错搭砌,逐块卧砌坐浆。灰缝厚度一般为20～30 mm,保证砂浆饱满,不得有干接现象。石块间较大的空隙应先堵塞砂浆后用碎石块嵌实。为增加砌体的整体性,石墙面每0.7 m² 内,应设置一块拉结石,同皮的水平中距不得大于2.0 m,拉结长度为墙厚。

石墙砌体每日砌筑高度不应超过1.2 m,但室外温度在20 ℃以上时停歇4 h后可继续砌筑。石墙砌至楼板底时要用水泥砂浆找平。门窗洞口可用粘土砖作砖砌平拱或放置钢筋混凝土过梁。

石墙与实心砖的组合墙中,石与砖应同时砌筑,并每隔4～6匹砖用2～3匹砖与石砌体拉结砌合,石墙与砖墙相接的转角处和交接处应同时砌筑(图5.2)。

图 5.2   石墙与砖墙相接的转角处和交接处同时砌筑示意

(a)砖石墙转角砌筑示意;(b)砖石墙交接砌筑示意

砌筑料石砌体时,料石应放置平稳。砂浆铺设厚度应略高于规定灰缝厚度,其高出厚度:细料石、半细料石宜为 3~5 mm;粗料石、毛料石宜为 6~8 mm。

(3)毛石挡墙

毛石挡墙是用平毛石或乱毛石与水泥砂浆砌成。毛石挡墙的砌筑要点与毛石基础基本相同。石砌挡土墙除按石墙规定砌筑外还需满足下列要求:

毛石挡墙的砌筑,要求毛石的中部厚度不宜小于 20 mm;每砌 3~4 匹毛石为一个分层高度,每个分层高度应找平一次;外露面的灰缝宽度不得大于 40 mm,上下匹毛石的竖向灰缝应相互错开 80 mm 以上;应按照设计要求收坡或退台,并设置泄水孔,泄水孔每隔 2 m 左右设置一个,孔内干填小碎石作疏水层,在砌筑挡墙时,还应按规定留设伸缩缝。料石挡土墙宜采用同匹内丁顺相间的砌筑形式。当中间部分用毛石填砌时,丁砌料石伸入毛石部分的长度不应小于 200 mm(图 5.3)。

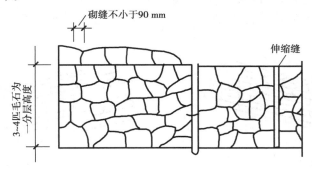

图 5.3   毛石挡墙立面图

挡土墙内侧回填土必须分层夯实,分层厚度为 300 mm。墙顶土面应有适当坡度使流水流向挡土墙外侧面。

5.2.2 砖砌体砌筑

在基础完成后,即可进行砖墙砌筑。砌筑砖墙前应用水泥砂浆对基础顶面进行找平,并校核基础顶面的标高和轴线。砌筑用砖使用前一天应浇水湿润,这样能避免过多吸收砂浆中的水分而影响粘结力,并能除去砖表面的粉尘,但浇水过多则会产生跑浆现象,使砌体走样或滑动。烧结普通砖、多孔砖含水率宜为 10% ~15% ;灰砂砖、粉煤灰砖含水率宜为 5% ~8% 。一般要求砖润湿到半干湿(水浸入的深度不小于 15 mm)较为适宜。同时不得在脚手架上浇水,如砌筑时砖块干燥操作困难,可用喷壶适当补充水分。

(1)砖砌体的组砌形式

用普通粘土砖砌筑的砖墙,按其墙面组砌形式不同,有一顺一丁、三顺一丁、梅花丁等。

图 5.4　一顺一丁　　　　　　　　　　　图 5.5　三顺一丁

1)一顺一丁

由一匹顺砖、一匹丁砖组砌而成,上下匹之竖向灰缝都错开 1/4 砖长,图 5.4 是一种常用的组砌方式,其特点是一匹顺砖(砖长向与墙长度方向平行的砖),一匹丁砖(砖的长面与墙身长度方向垂直的砖)间隔相砌,每隔一匹砖,丁顺相同,竖缝错开。这种砌法整体性好,多用于一砖墙。

2)三顺一丁

这是最常见的组砌形式,由三匹顺砖、一匹丁砖组砌而成,上下匹顺砖搭接半砖长,丁砖与顺砖搭接 1/4 砖长,因三匹顺砖内部纵向有通缝,故整体性较差,且墙面也不易控制平直。但这种组砌方法因顺砖较多,砌筑速度快(图 5.5)。

3)梅花丁

这种砌法又称沙包式,是每匹中顺砖与丁砖相隔,上下匹砖的竖缝相互错开 1/4 砖长。这种砌法内外竖缝每匹都能错开,整体性较好,灰缝整齐,比较美观,但砌筑效率较低(图 5.6),多用于清水墙面。

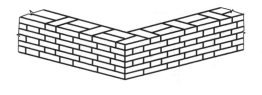

图 5.6　梅花丁　　　　　　　　　　　图 5.7　二平一侧

4)二平一侧(图 5.7)

二平一侧又称18墙,其组砌特点为,平砌层上下匹间错缝半砖,平砌层与侧砌层之间错缝1/4 砖。此种砌法比较费工,效率低,但省砖块,可以作为层数较小的建筑物的承重墙。

5)全顺法(图 5.8)

此法仅用于砌半砖厚墙。

6)全丁法

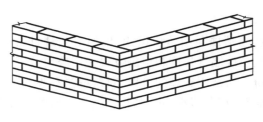

图5.8　全顺砌法

此种砌法主要用于砌筑砖烟囱、砖水塔。

（2）砖墙的砌筑工艺

砖墙的砌筑工艺一般为：抄平、放（弹）线、立匹数杆、摆砖样（排脚、铺底）、盘角（砌头角）、挂线、砌筑、勾缝、楼层轴线标高引测及检查等。

1）抄平、放线

为了保证建筑物平面尺寸和各层标高的正确，砌筑前，必须准确地定出各层楼面的标高和墙柱的轴线位置，以作为砌筑时的控制依据（图5.9）。

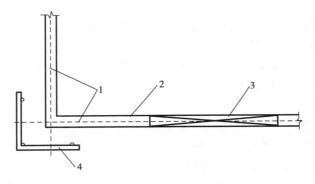

图5.9　放线示意

1—墙轴线；2—墙边线；3—门洞；4—龙门板

①底层放线　当基础砌筑到 ±0.000 标高下一匹砖时，用水准仪测设防潮层的标高（可以用控制防潮层厚薄的办法来调节高低）。然后根据对应龙门板上的轴线钉拉通线，并沿通线挂线锤，将墙轴线引测到防潮层面上，再以轴线为标准弹出墙边线，并按设计要求定出门窗洞口的平面位置。

轴线放出并经复查无误后，再将轴线引测到外墙面上，画上特定的符号，以作为引测到楼层轴线时的依据。还应在建筑物四角外墙面上引测 ±0.000 标高，画上符号并注明，作为楼层标高引测时的依据。轴线和标高引测到墙面上以后，龙门桩、龙门板就可以拆除。

②楼层放线　为了保证各楼层墙身轴线的重合，并与基础定位轴线一致，可利用经纬仪或铅垂球，把底层的控制轴线引测到各层的楼板边缘或墙上。轴线的引测是楼层放线的关键，故引测后，一定要用钢尺丈量各线间距，经校核无误后，再弹出各分间的轴线和墙边线，并按设计要求定出门窗洞口的平面位置。

③楼层标高的传递及控制　房屋建筑施工中，由下层向上层传递标高，可以用匹数杆传递，也可以用钢尺沿某一墙角的标高标志起向上直接丈量。每层楼的墙体砌到一定高度（一般为 1.5 m）后，在各内墙面分别进行抄平，并在墙面上弹出离地面 500 mm 的水平线，这条标高线可作为该层地面和室内装修施工时掌握标高的依据。

2）摆砖样

按选定的组砌方式,在墙基顶面用砖块试摆,以便对灰缝进行调整,使灰缝均匀,减少砍砖。摆砖样是指在墙基面上,按墙身长度和组砌方式先用砖块试摆,核对所弹的门洞位置线及窗口、附墙垛的墨线是否符合所选用砖型的模数,对灰缝进行调整,以使每层砖的砖块排列和灰缝均匀,并尽可能减少砍砖,在砌清水墙时尤其重要。摆砖样的工作相当重要,应由有经验的师傅进行。

3）立皮数杆

皮数杆是一种方木标志杆。立皮数杆的目的是用于控制每匹砖砌筑时的竖向尺寸,并使铺灰、砌砖的厚度均匀,保证砖缝水平。皮数杆上除划有每匹砖和灰缝的厚度外(一般每 1 m 画 16 块),还画出了门窗洞、过梁、楼板等的位置和标高,用于控制墙体各部位构件的标高。

皮数杆长度应有一层楼高(不小于 2 m),一般立于墙的转角处,内外墙交接处,每隔 10 ~ 15 m 立一根。采用外脚手架时,皮数杆一般立在墙内侧;采用里脚手时,皮数杆应立在墙外侧。立皮数杆时,应使皮数杆上的 ±0.000 线与房屋的标高起点线相吻合。

4）盘角(砌头角)、挂线

皮数杆立好后,即可根据皮数杆拉线砌筑,但通常是先按皮数杆砌墙角(盘角),然后将准线挂在墙角上,拉线砌中间墙身,每砌一匹砖,线绳向上移动一次。一般三七厚以下的墙身砌筑单面挂线即可,更厚的墙身砌筑则应双面挂线。墙角是确定墙身的主要依据,其砌筑的好坏,对整个建筑物的砌筑质量有很大影响。

5）墙体砌筑、勾缝

砖砌体的砌筑方法有"三一砌法"、挤浆法、刮浆法和满口灰法等。一般采用一块砖、一铲灰、一挤揉的"三一砌法"。其优点是灰缝容易饱满、粘结力好、墙面整洁。

砌体除应采用符合质量要求的原材料外,还必须有良好的砌筑质量,以使砌体有良好的整体性、稳定性和良好的受力性能。其砌筑质量应达到国家有关规范的要求。要预防不均匀沉降引起开裂及注意施工中墙柱的稳定性。

砌筑时水平灰缝的厚度一般为 8 ~ 12 mm,竖缝宽一般为 10 mm。为了保证砌筑质量,墙体在砌筑过程中应随时检查垂直度,一般要求做到三匹一吊线,五匹一靠尺。为减少灰缝变形引起砌体沉降,一般每日砌筑高度不宜超过 1.8 m。当施工过程中可能遇到大风时,应遵守规范所允许自由高度的限制。

清水墙砌完后,应进行勾缝,勾缝是砌清水墙的最后一道工序。勾缝的作用,除使墙面清洁、整齐美观外主要是保护墙面。勾缝的方法有两种,一种是原浆勾缝,即利用砌墙的砂浆随砌随勾,多用于内墙面;另一种是加浆勾缝,即待墙体砌筑完毕后,利用 1:1 的水泥砂浆或加色砂浆进行勾缝。勾缝要求横平竖直,深浅一致,搭接平整并压实抹光。勾缝完毕后应清扫墙面。

6）楼层轴线引测

为了保证各层墙身轴线的重合和施工方便,在弹墙身线时,应根据龙门板上标注的轴线位置将轴线引测到房屋的墙基上。二层以上各层墙的轴线,可用经纬仪或线锤引测到楼层上去,同时还根据图上轴线尺寸用钢尺进行校核。各楼层外墙窗口位置亦应用线锤校核,检查是否在同一铅直线上。

（3）砖砌体的质量要求

砖砌体总的质量要求是：横平竖直，砂浆饱满，错缝搭接，接槎可靠。

1）横平竖直

砖砌体的抗压性能好，而抗剪性能差。为使砌体均匀受压，不产生剪切水平推力，砌体灰缝应保证横平竖直，否则，在竖向荷载作用下，沿砂浆与砖块结合面会产生剪应力。竖向灰缝必须垂直对齐，对不齐而错位，称游丁走缝，影响墙体外观质量。

2）砂浆饱满

为保证砖块均匀受力和使砌块紧密结合，要求水平灰缝砂浆饱满，厚薄均匀，否则，砖块受力后易弯曲而断裂。灰缝厚度一般为 8 ~ 12 mm，竖向灰缝不得出现透明缝、瞎缝和假缝，水平灰缝砂浆饱满度不得低于 80%。

3）错缝砌筑

为了提高砌体的整体性、稳定性和承载力，砌块排列的原则应遵循内外搭砌、上下错缝的原则，避免出现连续的垂直通缝。错缝的长度一般不应小于 60 mm，同时还要照顾到砌筑方便和少砍砖。

4）接槎可靠

接槎是指先砌砌体和后砌砌体之间的接合方式。接槎方式合理与否，对砌体质量和建筑物的整体性有极大的影响，特别在地震区将会影响到建筑物的抗震能力。砖墙转角处和交接处应同时砌筑。对不能同时砌筑而又必须留置的临时间断处，应尽可能砌成斜槎，斜槎长度不应小于高度的 2/3。这种留槎方法操作方便，接槎时砂浆饱满，工程质量易于保证。非抗震设防及抗震设防烈度为 6 度、7 度地区的临时间断处，对留斜槎确有困难时，除转角处外，可留直槎，但必须留阳槎，不得留阴槎，并设拉结筋。拉结筋的数量为每 12 cm 墙厚放置 1 根直径 6 mm 的钢筋，间距沿墙高不得超过 500 mm，伸入两侧墙中每边均不应小于 500 mm（图 5.10），

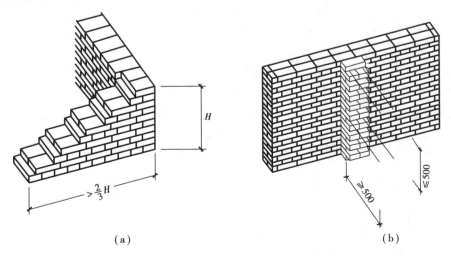

图 5.10

（a）斜槎；（b）直槎

对抗震设防烈度为 6 度、7 度的地区，不应小于 1 000 mm，末端应有 90°弯钩。埋入长度从墙的

留槎处算起,每边不小于 500 mm,末端应有 90°弯钩。

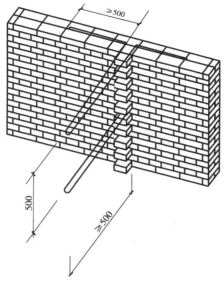

图 5.11　隔墙与主墙的接槎构造

隔墙与墙或柱如不同时砌筑而又不留成斜槎时,可于墙或柱中引出阳槎,并于墙的立缝处预埋拉结筋,其构造要求同上,但每道不少于 2 根钢筋(图 5.11)。

砖砌体接槎时,必须将接槎处的表面清理干净,浇水湿润,并应填实砂浆,保持灰缝平直。框架结构房屋的填充墙,应与框架中预埋的拉结筋连接。隔墙和填充墙的顶面与上部结构接触处宜用侧砖或立砖斜砌挤紧。

每层承重墙的最上一匹砖,应用丁砖砌法。在梁或梁垫的下面,砖砌体的阶台水平面上以及砖砌体的挑出层(挑檐、腰线等)中,也应用丁砌层砌筑。以上丁砖均应用整砖砌筑,半砖和破损的砖应分散使用在受力较小的砌体中和墙心。

为了保证墙体质量,在砌筑过程中应随时检查墙体的水平度和垂直度,其检查方法和允许偏差见表 5.8。

表 5.8　砖砌体的允许偏差和检验方法

序号	项目			允许偏差/mm			检验方法
				基础	墙	柱	
1	轴线位移			10	10	10	用经纬仪复查或检查测量记录
2	基础顶面和楼面标高			±15	±15	±15	用经纬仪复查或检查测量记录
3	墙面垂直度	每层		—	5	5	用 2 m 托线板检查
		全高	小于或等于 10 m	—	10	10	用经纬仪或吊线和尺检查
			大于 10 m	—	20	20	
4	表面平整度	清水墙、柱		—	5	5	用 2 m 直尺和楔形塞尺检查
		混水墙、柱		—	8	8	
5	水平灰缝平直度	清水墙		—	7	—	拉 10 m 线和尺检查
		混水墙		—	10	—	
6	水平灰缝厚度(10 匹砖累计数)			—	+8	—	与皮数杆比较用尺检查
7	清水墙游丁走缝			—	20	—	吊线和尺检查,以每层第一匹砖为准
8	门窗洞口宽度(后塞口)			—	±5	—	用尺检查
9	外墙上下窗口偏移			—	20	—	用经纬仪或吊线检查,以底层窗口为准

（4）砖柱、砖拱、钢筋砖过梁

1）砖柱

砖柱分独立柱与带壁柱（砖垛）两种。

独立砖柱组砌时，不得采用先砌四周后填心的包心方法。成排砖柱应拉通线砌筑。砖柱上不得留脚手眼，每日砌筑高度不宜超过 1.8 m。

带壁柱应与墙身同时砌筑，轴线应准确，成排带壁柱应在外边缘拉通线砌筑。

2）过梁的砌法

一般门窗洞口宽度大于 1.5 m 或洞口上部搭有预制板时，应该采用钢筋混凝土过梁；门窗洞口在 1.5 m 以下的非承重墙则可采用砖平（弧）拱和钢筋砖过梁。

①砖平拱是用普通砖整砖侧砌而成。拱的高度有 240、300、365 mm，拱的厚度等于墙厚。

砖平拱应用不低于 MU7.5 的砖与不低于 M5 的砂浆砌筑。砌筑时，在拱脚两边各伸入墙内 20～30 mm，并砌成斜面，斜面的斜度为 1/4～1/6。在拱底处支设模板，模板中部应有 1% 的起拱。在模板上画出砖及灰缝的位置和宽度，侧砌砖的块数应为单数。砌筑时应从两边向中间砌，每块砖应对准模板上的画线，正中一块应挤紧。竖向灰缝应砌成上宽下窄的楔形缝在拱底的灰缝宽度不应小于 5 mm，拱顶灰缝宽度不小于 15 mm。

砖平拱（图 5.12）又称平拱式过梁，一般用于门窗宽度不大于 1.2 m 时。

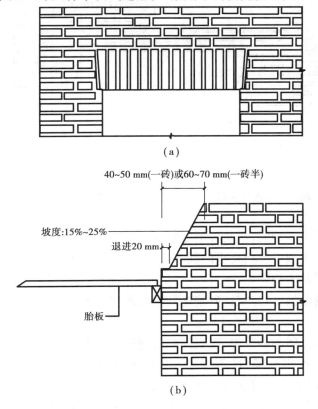

（a）

（b）

图 5.12　砖平拱的砌法

（a）外观；（b）支模方法

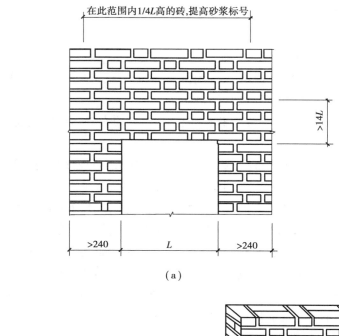

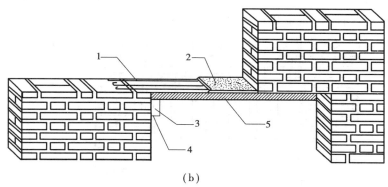

图 5.13 钢筋砖过梁

（a）外形；（b）支模方法

1—钢筋；2—水泥砂浆；3—砖；4—大钉或木楔；5—胎板

②砖弧拱

砖弧拱的构造与砖平拱基本相同，只是外形呈弧形。

砌筑砖弧拱时模板应支设成设计所要求的圆弧形，拱的高度一般为 240 mm，拱的厚度等于墙厚。砌筑方法与砖平拱基本相同。

砖平拱与砖弧拱底部的模板，应待灰缝砂浆达到设计强度的 50% 以上时，方可拆模。

3）钢筋砖过梁

钢筋砖过梁是用普通粘土砖和砂浆砌成，底部配有钢筋的砌体，一般用于门窗宽度不大于 1.5 m 的情况下。在过梁的作用范围内（不少于 6 匹砖的高度或过梁跨度的 1/4 高度范围内），砖的强度等级不低于 MU7.5，砂浆的强度等级不低于 M5。

钢筋的设置应符合设计及规范要求，其直径不小于 6 mm，每半砖放一根。钢筋水平间距不大于 120 mm，钢筋两端应弯成直角钩，伸入墙内的长度不小于 240 mm（图 5.13）。

砌筑时,在过梁底部支设模板,模板中部应有1%的起拱。在模板上铺设1:3水泥砂浆,厚度不小于30 mm,然后,将钢筋埋入砂浆中,钢筋弯钩要向上,两头伸入墙内的长度应一致,钢筋弯钩应置于竖缝内。钢筋上的第一匹砖应丁砌,然后逐层向上砌砖,在过梁范围内用一顺一丁砌法,与两侧砖墙同时砌筑。砂浆强度达到50%以上时,方可拆模。

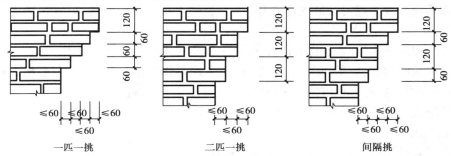

一匹一挑　　　　　　二匹一挑　　　　　　间隔挑

图 5.14　砖挑檐形式

（5）砖挑檐和窗台板的砌法

砖挑檐有一匹一挑、二匹一挑和二匹与一匹间隔挑等（图5.14），挑层的下面一匹砖应为丁砖。挑出宽度每次不大于60 mm,总的挑出宽度应小于墙厚。砌筑时应靠挑檐外边每一挑层底角处拉线,依线砌筑,以使挑头齐平。水平灰缝宜使挑檐外侧稍厚,内侧稍薄。挑层中竖向灰缝必须饱满。

砖砌窗台分不抹面的清水窗台和有抹面的混水窗台两种。

砌筑时先在距墙面60 mm处拉通线,然后量出窗台宽度（两边应伸入窗边墙半砖）,计算所需砖块和估计灰缝的大小。考虑到排水的要求,在砌筑时应使窗台砖表面有一斜度,一般里面比外面高出20 mm（图5.15）。

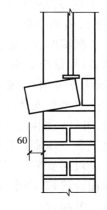

图 5.15　窗台砌法

5.2.3　砌块砌筑

砌块代替粘土砖做墙体材料是墙体改革的一个重要途径。砌筑砌块前,应绘制砌块排列图。排列和砌筑砌块时应注意:

①尽量使用主规格砌块。

②内外墙应同时砌筑,纵横墙交错搭砌。

③中型砌块应错缝搭砌,搭砌长度不得小于砌块高的1/3,且不应小于150 mm。小型砌块应对孔错缝搭砌。

5.2.4　预制构件安装

在混合结构房屋中所采用的预制构件,主要是一些中小型构件,如空心板、过梁等。现简要介绍这些构件的安装方法。

（1）构件的堆放

构件从预制场运到施工现场后,应按不影响后续工作的原则进行堆放,构件尽可能地靠近

垂直运输机械,以便缩短二次搬运的距离。堆放场地应平整夯实,有一定的坡度,以利排水。在堆放构件时应注意以下几点:

①构件应按规格、型号分别堆放,以便于寻找。尤其要注意那些断面相同,级别不一样的板(承载力不同),切勿搞混。

②构件堆放时应注意安装的先后次序,先安装的堆在上面和外侧,后安装的堆在下面和内侧。

③构件之间应垫木,垫木的位置应在吊点处,上下垫木应在一垂直线上。

④重叠堆放的构件,应吊环向上,标志(板在生产时作的记号)向外。空心板一般堆放高度不超过 6～8 块。空心板也可侧立并排堆放,但须注意不能翻倒。

⑤构件堆放位置应离开建筑物 2.5～3.0 m,构件之间应有 200 mm 以上间距。

(2)构件安装

目前在混合结构房屋施工中,中小型预制构件的安装,除一些设备条件较好的施工单位采用起重机进行安装外,大多采用井架、把杆和杠杆小车进行安装。

①空心楼板安装 空心楼板安装前应检查楼层标高及平整度,必要时还应检查开间尺寸(跨距),板的型号及质量。楼板安装前,一定要将空心板的两端用砖和砂浆堵塞(堵头)。安装空心楼板时,墙顶必须用水泥砂浆找平(超过 20 mm 以上的找平宜用细石混凝土),随抹随安装,以保证空心楼板安上后板面平整。板就位以后不能任意撬动,并应检查板的砂浆是否铺满,有无松动情况,板缝是否排直、均匀。

一层楼板安装完毕后,即可用 C20 的细石混凝土灌缝。灌缝前,应将板缝打扫干净,用水冲洗,并保持润湿。灌缝时,板下用吊板承托,在混凝土初凝前,用砖刀、小铁板或圆铁棍在缝内将混凝土压实。灌缝这一工序很重要,处理不好,会造成楼层板面渗漏水。

②过梁安装 安装前应对砖墙的标高、轴线、平面位置、构件型号及质量进行检查与核对。支座面应清扫,浇水润湿,并用砂浆找平(座浆)。安装时梁的两端要同时下落,拨正就位,并注意梁的稳定。

5.3 砌筑脚手架

5.3.1 脚手架的作用和要求

(1)脚手架的作用

脚手架是建筑施工中工人进行操作、运送及堆放材料的一种临时性设施。它对保证工程质量、施工安全和提高劳动生产率有着直接的关系。工人在地面上进行砌体施工,当砌至一定高度时,为便于砌筑施工的进行,则必须搭设脚手架,每次搭设脚手架的高度一般为 1.2～1.4 m,称"一步架高",也叫墙体的可砌高度。

(2)脚手架的基本要求

①脚手架宽度应满足工人操作、材料堆放和运输要求。脚手架宽度一般为 1.5～2.0 m。

②脚手架应保证有足够的强度、刚度及稳定性,保证施工期间在各种荷载和气候条件下不变形、不倾斜、不摇晃。

③搭拆简单,搬运方便,能多次周转使用。

④因地制宜,就地取材,尽量节约用料。

5.3.2　脚手架的分类

脚手架按材料分有木脚手架、竹脚手架、金属脚手架。按构造形式分有多立杆式(单排和双排)、桥式、门式、悬吊式、挂式、挑式和爬升式脚手架等。按搭设位置有外脚手架及各种工具式里脚手架等。

5.3.3　多立杆式外脚手架

多立杆式脚手架主要由立竿、大横杆、小横杆、脚手板、斜撑、剪刀撑与抛撑等组成(图5.16(a))。多立杆式脚手架按立杆的布置方式分为双排(图5.16(b))和单排(图5.16(c))脚手架。

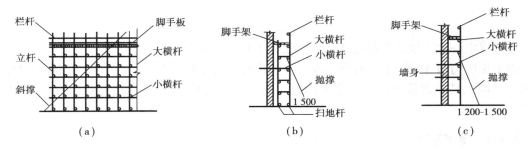

图 5.16　多立杆式脚手架基本构造

(a)立面;(b)侧面—双排;(c)侧面—单排

单排脚手架仅在外墙外侧设一排立杆,其小横杆一端与大横杆连接,另一端搁在墙上。单排脚手架节约材料,但稳定性差,且在墙上留脚手眼,增加了脚手眼的修补工作;其搭设高度只适合 20 m 以下,使用范围也受到一定限制。按构造要求,下列部位不得留脚手眼:

①空斗墙、12 cm 厚砖墙、砖石独立柱。

②砖过梁上与过梁成 60°角的三角形范围及过梁净跨度 $\frac{1}{2}$ 的高度范围内。

③宽度小于 1 m 的窗间墙。

④梁或梁垫下及其左右各 50 cm 的范围内。

⑤砖砌体的门窗洞口两侧 20 cm 和转角处 45 cm 的范围内。

⑥设计不允许留设脚手眼的部位。

双排脚手架是指沿墙外侧设置两排立杆,自身成为稳定的空间桁架,其稳定性较好。

为保证脚手架的稳定和安全,7 步以上的脚手架必须设剪刀撑,一般设置在脚手架的转角、端头及沿纵向每隔 30 m 处。每个剪刀撑占两个跨间,从底到顶连续布置,最下一对应落地。3 步以上的脚手架必须设连墙杆,每隔 3 步 5 跨设置一根。布置连墙杆不仅可以防止脚手架外倾,而且还可以增加立杆的纵向刚度(图 5.17)。相邻两立杆接头位置应互相错开,扣件应拧紧。

架设脚手架时,脚手架搭设范围内地基应压实,并作排水处理。如土质松软,则应在立杆下设置垫板或垫块,以扩大支承面。

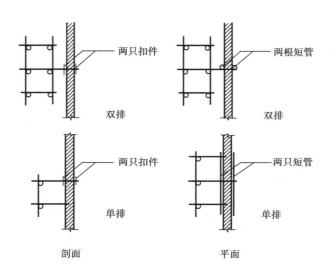

图 5.17 连墙杆的做法

通常规定外脚手架的均布荷载不得超过 2.7 kN/m,在脚手架上堆砖,只允许单行侧摆 3 层。脚手板应铺满、铺稳,不得有空头板。为防止脚手架整体失稳,架子与墙体之间必须连接牢固。多层及高层建筑用的外脚手架应沿外侧拉设安全网,以免工人摔下或材料、工具落下伤人。

5.3.4 里脚手架

每砌完一层墙后,即可将里脚手架转移到上一层继续使用。

里脚手架设于建筑物内部,可用于楼层上砌墙、内粉刷,因一般砖混结构民用建筑的层高只有 3 m 左右,故每层脚手架只需 1~2 步。每做完一层楼的施工后,将脚手架转移到上一楼层,以便上一层继续使用。里脚手架用料少,但在使用过程中需不断移动,装拆频繁,因此里脚手架应力求轻便灵活,装拆方便,转移迅速。其结构形式有折叠式、支柱式、门式、马凳式等多种。

(1)折叠式里脚手架

折叠式里脚手架可用角钢、钢筋、钢管等制成,如图 5.18(a)所示,系用角钢制成。其架设间距,砌墙时不超过 2 m,粉刷时不超过 2.5 m。可以搭设两步,第一步 1 m,第二步 1.65 m。操作时两端放置折叠式脚手架,将脚手架板放置在折叠式脚手架上。

(2)支柱式里脚手架

支柱式里脚手架:如图 5.18(b)所示,是一种套管式支柱,它是支柱式里脚手架的一种,搭设时将插管插入立管中,以销孔间距调节高度,在插管顶端的凹槽内搁置横杆,横杆上搭设脚手板,搭设高度一般为 1.57~2.17 m。

5.3.5 悬吊脚手架

悬吊脚手架是悬挂在房屋结构上的一种脚手架,一般有两种形式:一种是用吊索将桁架式工作台悬吊在屋面或柱上的挑梁上;另一种是在柱子上挂设支架,再在支架上铺脚手板或放置桁架式工作台。吊脚手架主要由工作台、支承设施、吊索及升降装置组成。屋顶上设置的挑架

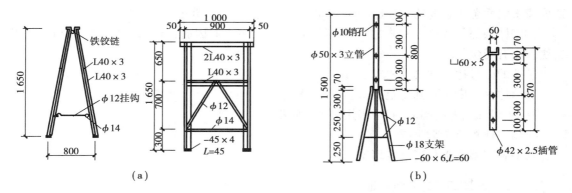

图 5.18 里脚手架

（a）角钢折叠式里脚手架；（b）套管式支柱

或挑梁必须稳定,要使稳定力矩为倾覆力矩的 3 倍。设置在屋顶上的电动升降车采用动力驱动时,其稳定力矩应为倾覆力矩的 4 倍。所有的挑架、挑梁、吊架、吊篮和吊索均须进行计算。固定要可靠,使用中严格控制荷载。

5.3.6 挑脚手架

挑脚手架是从建筑屋内部挑伸出的一种脚手架,主要用于外墙的装饰工程。

挑脚手架通常有两种搭设方法:一种是从窗口挑出,在下一层楼的窗台上支撑斜杆,如无窗口时,则应先在墙上留洞或设置钢筋环用以支设斜杆。另一种是横杆和斜杆均从同一个窗口挑出,斜杆与墙面的夹角不大于 30°,架子挑出宽度不大于 1 m。

搭设挑脚手架时,应先搭室内架子,并使小横杆伸出窗外,接下来搭设挑出部分的里排立杆及里排大横杆,然后在挑出的小横杆上铺设临时脚手板,并将斜杆撑起与挑出小横杆连接牢固,然后再搭设外排立杆和外排大横杆。沿挑脚手架的外围要设置栏杆和挡脚板,在搭设挑脚手架和使用过程中,应在下面支设安全网。

5.4 砌筑工程的质量及安全技术

5.4.1 常见的质量通病

①砂浆标号达不到设计要求。其主要原因是:配合比有误或计量不准;砂浆搅拌不均匀;塑化材料掺量过多等。

②砂浆和易性不好、保水性差。其主要原因有:水泥用量过少,砂子间摩擦力较大;砂子过细;砂浆中塑化材料(石灰膏)质量差,不能起到很好地改善砂浆和易性的作用;拌好的砂浆存放时间过久。

③灰缝砂浆不饱满。造成砖缝砂浆不饱满的主要原因:砂浆和易性差;干砖上墙,砖过多吸收砂浆中的水分;用推尺铺灰法砌筑,由于铺灰过长,砌筑跟不上,砂浆中的水分被砖吸收。

④墙体留置阴槎,接槎不严,拉结筋遗漏。

⑤清水墙面游丁走缝。出现的现象是清水墙面出现丁砖竖缝歪斜、宽窄不匀,丁不压中。

造成清水墙面游丁走缝的主要原因是:砖的尺寸误差过大;灰缝厚度不一致。

⑥砌体内部的砌块与砂浆之间的粘结力不够,其主要原因有:砂浆标号不够,干砖上墙及砌块表面有粉尘。

⑦砖的标号达不到设计要求。

⑧墙体垂直度达不到规范要求。

⑨毛石基础、毛石挡墙、砖柱采用"包心砌法"。

⑩墙上任意留置脚手眼。

⑪毛石挡墙泄水孔遗漏或堵塞。

5.4.2 砌筑工程的质量保证项目

①砖的品种、强度等级必须符合设计要求,并规格一致。用于清水墙的砖应边角整齐、色泽一致。

②砂浆用砂宜用中砂,并应过筛,含泥量不得超过规定范围。

③干砖不得上墙。

④水泥应按品种、标号、出厂日期分别堆放,并保持干燥。水泥出厂日期超过 3 个月,应经试验鉴定后方可使用。

⑤砂浆的种类、强度应满足设计要求。

⑥砂浆的饱满度应满足规范要求。

⑦砖砌体组砌得当、接槎可靠。

5.4.3 砌体工程安全施工技术

①在操作之前必须检查操作环境是否符合安全要求,道路是否通畅,机具是否完好牢固,安全设施和防护用品是否齐全。

②砌基础时,应注意坑壁有无崩裂现象。堆放砖石材料应离坑边 1 m 以上。

③严禁站在墙顶上画线、刮缝、清扫墙面及检查等。

④砍砖时应面向内打,以免碎砖落下伤人。

⑤脚手架堆料量不得超过规定荷载,堆砖高度不得超过 3 匹侧砖,同一块操作板上的操作人员不得超过 2 人。

⑥用于垂直运输的吊笼、绳索等,必须满足负荷要求,牢固无损。吊运时不得超载,并经常检查,发现问题及时处理。

⑦在楼层(特别是预制板)上施工时,堆放机具、砖块等物品不得超过使用荷载。如超过使用荷载时,必须经过验算并采取有效加固措施后,方可进行堆放和施工。

⑧进入现场必须戴好安全帽。

⑨脚手架必须有足够的强度、刚度和稳定性。

⑩脚手架的操作面必须满铺脚手板,不得有探头板。

⑪井字架、龙门架不得载人。

⑫必须有完善的安全防护措施,按规定设置安全网、安全护栏。

复习思考题

1. 砖石砌筑工程应做哪些施工准备工作？砌筑前为什么要浇水湿润砖？

2. 砌筑工程用砖有哪几类？普通粘土砖的基本尺寸是多少？砖的强度等级分为几级？根据什么确定？

3. 砌筑砂浆有哪些种类？砂浆试块取样一组取几块？

4. 砖墙的组砌形式有哪些？

5. 毛石基础的砌筑应注意哪些事项？为什么要规定每日砌筑高度？

6. 砖平拱、砖弧拱施工时应注意哪些事项？

7. 钢筋砖过梁施工时应注意哪些事项？

8. 墙体接槎应如何处理？

9. 砌筑时为什么要做到横平竖直，砂浆饱满？

10. 什么是原浆勾缝？什么是加浆勾缝？

11. 砌筑时如何控制砌体的位置和标高？

12. 砖砌体的施工过程包括哪些内容？

13. 砖砌体总的质量要求是什么？

14. 对脚手架的要求是什么？

15. 单排脚手架在哪些步位不得留脚手眼？

16. 什么是"三一"砌法？

17. 楼层墙身轴线和楼面标高线如何确定？

第 **6** 章
钢结构工程

钢结构是用钢板、型钢等通过焊接、铆接、螺栓连接等方式制造的结构。与其他结构比较，钢结构具有重量轻，强度高，多向匀质性，塑性及韧性都比较好，且有良好的可焊性，安装方便等特点，但耐腐蚀性、耐火性较差。根据上述工程特点，钢结构主要应用在大跨度结构、高层建筑、各种容器、高耸结构等方面。

6.1 普通钢结构

6.1.1 普通钢结构的制作

(1)钢结构材料的种类

各种结构对钢材有不同的要求，选用时要根据要求对钢材的强度、塑性、韧性、抗疲劳性能、焊接性能等全面考虑。承重结构的钢材应保证抗拉强度、伸长率、屈服点和硫、磷的极限含量。焊接结构应保证碳的极限含量。承重结构的钢材一般采用 Q235、16Mn、16Mnq 和 16Mnqv 等几种常用钢材。

①Q235 钢属于普通碳素钢，主要用于建筑钢结构工程，其屈服点为 235 N/mm^2，具有良好的塑性和韧性。

②16Mn 钢属于普通低合金钢，其屈服点为 345 N/mm^2，强度较高，塑性和韧性好，也是我国建筑结构工程中使用的主要钢材。

③16Mnq、16Mnqv 钢为我国的桥梁工程结构用钢材，具有强度高，韧性好且具有良好的耐疲劳性能。

建筑结构钢使用的型钢主要是热轧钢板和型钢，以及冷弯成型的薄壁型钢。

热轧型钢是指经过加热用机械轧制出来具有一定形状和横截面的钢材。在钢结构工程中使用较多的热轧型钢主要有如图 6.1 所示的型钢。

(2)钢结构的构件

①钢结构构件的截面形式　钢结构的主要受力构件一般采用 H 形、箱形、十字形、圆形等。其中以 H 形和箱形连接较为简单，受力性能与经济效果较为理想，应用较为广泛。此外，

168

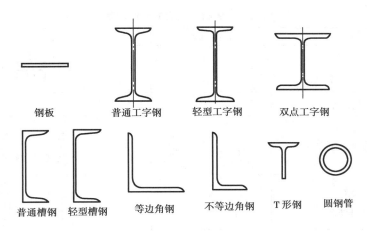

图6.1 热轧型钢

在方形、圆形管中浇注混凝土而形成钢管混凝土组合柱,可大大提高柱的承载能力且可避免管壁局部失稳,是高层及重载钢结构的一种很有前途的结构构件形式。

②钢结构构件的连接方式 钢结构的连接是通过一定方式将各个杆件连成整体。杆件间要保持相互位置的正确,以满足传力和使用要求。连接部位应有足够的静力强度和疲劳强度。钢结构的连接方法分为焊接、铆接、普通螺栓和高强螺栓连接等。

③钢构件的制作 钢结构施工工程与普通钢筋混凝土结构工程的最大不同在于其绝大部分构件是在加工厂内完成的,因此,钢构件和制作质量特别是构件的尺寸精度直接影响钢结构的现场安装,进而影响到钢结构的工程质量。

钢结构的制作工艺流程为原材料矫正、放样、下料、拼装、焊接(或螺栓连接)、校正、除锈、油漆。

A. 原材料矫正:型材在轧制、运输、装卸、堆放过程中,可能会产生表面不平、弯曲等缺陷。这些缺陷有的需要在画线下料前矫正,有的则需在下料切割后进行矫正。在矫正时应注意碳素结构钢和低合金结构钢所要求的环境温度和加热温度。碳素结构钢在环境温度低于 −16 ℃、低合金结构钢低于 −12 ℃时,不得进行冷矫正和冷弯曲。加热矫正时,加热温度应根据钢材性能选定,但不得超过 900 ℃。低合金结构钢在加热矫正后应缓慢冷却。

矫正后的钢材表面,不应有明显的损伤和不平,划痕深度不得大于 0.5 mm,且应符合国家现行有关规范对表面质量的要求(表6.1)。

B. 放样:放样工作包括核对图纸的安装尺寸和孔距;以 1∶1 的大样放出节点;核对各部分的尺寸;根据批准的施工图进行放样,以制作的样板和样杆作为下料、弯制、铣、刨、制孔等加工的依据。规定其允许偏差,便于工序检查,对于平行线距离和分段尺寸、宽度、长度、孔距,其允许偏差为 0.5 mm;对角线差为 1.0 mm;加工样板的角度允许偏差为 ±20′。放样应采用经过计量检定的钢尺,并将标定的偏差值计入量测尺寸。尺寸划法应先量全长后再分尺寸,不得分段丈量相加,避免误差积累。

号料应使用经过检验合格的样板(样杆),避免直接用钢尺所造成的过大偏差或看错尺寸而引起的不必要损失。号孔应使用与孔径相等的圆规号孔,并打上样冲作出标记,便于钻孔后检查孔位是否正确。号料的允许偏差为:零件外形尺寸 1.0 mm,孔距 ±0.5 mm。

表 6.1　钢材矫正后的允许偏差

项　　目		允许偏差	图　　例
钢板的局部平面度	$t \geqslant 14$	1.5	
	$t \geqslant 14$	1.0	
型钢弯曲矢高		1/1 000 5.0	
角钢肢的垂直度		$\dfrac{b}{100}$ 双肢栓接角钢的角度不得大于 90 ℃	
槽钢翼缘对腹板的垂直度		$\dfrac{b}{80}$	
工字钢,H 型钢翼缘对腹板的垂直度		$\dfrac{b}{100}$ 2.0	

放样号料常用的工具及设备有:划针、尺子、粉笔、剪子、折弯机等。样板一般用 0.5 ~ 0.75 mm 的铁皮或塑料板制作。样杆一般用铁皮、扁铁或木杆制作。样板和样杆上应注明图号、零件号、数量及加工边、坡口部位、弯折线和弯折方向、孔径等。

C. 下料:钢材下料的方法有氧割、机切、冲模落料和锯切等。机械剪切用于切割厚度小于 12 mm 的钢板;气割则用于切割厚度大于 12 mm 的钢板;锯切用于切割宽翼缘型钢。

D. 边缘加工和制孔:切割后的钢板或型钢在焊接组装前需作边缘加工,形成焊缝坡口。焊缝坡口加工可采用气割、铲割、坡口机切削等方法,边缘加工需用样板控制坡口角度和尺寸,当采用气割或机械剪切的零件,其边缘加工的刨削量不应小于 2.0 mm。

制孔时,应注意孔的类型及其制作要求。对于 A、B 级螺栓孔应保证孔距精度和孔壁表面粗糙度;对于 C 级螺栓孔应保证摩擦型高强度螺栓孔径比杆径大 1.5 ~ 2.0 mm;承压型高强度螺栓孔径比杆径大 1.0 ~ 1.5 mm。

E. 组装和焊接:板材、型材由于长度(板材包括宽度)受到限制,往往需要在工厂进行拼接。一个较复杂的构件由很多零件或部件(组合牛腿等)组成,为减少构件的焊接残余应力,应先进行材料拼接和部件组装,待焊接、矫正后再进行构件的组装、焊接。通常,焊接 H 型钢和箱形柱均先在拼装台座上进行焊接小组装,框架短梁与柱身再进行焊接大组装,形成梁柱的框架节点。焊接连接组装的允许偏差应符合表 6.2 的规定。

焊接工艺评定是保证钢结构焊缝质量的前提,通过焊接工艺评定选择最佳的焊接材料、焊接方法、焊接工艺参数、焊后热处理等,以保证焊接接头的力学性能达到设计要求。对于任何施工单位首次使用的钢材、焊材及改变焊接方法、焊后热处理等,必须进行焊接工艺评定,工艺评定合格后写出正式的焊接工艺评定报告和焊接工艺指导书;用以指导构件的焊接组装。

焊工应经过考试并取得合格证后方可从事焊接工作,焊工停焊时间超过 6 个月,应重新考核。

钢构件的板件间焊接接头形式主要有对接接头、T 形接头、角接接头、十字接头等。对接焊缝及对接和角接组合焊缝,应在焊缝的两端设置引弧和引出板,其材料和坡口形式应与焊件相同。引弧和引出的焊缝长度:埋弧焊应大 50 mm;手工电弧焊及气体保护焊应大于 20 mm。焊接完毕后应采用气割切除引弧和引出板,并修磨平整。

角焊缝转角处宜连续绕角施焊,起落弧点距焊缝端部宜大于 10 mm,角焊缝端部不设置引弧和引出板的连续焊缝,起落弧点距焊缝端部宜大于 10 mm,且弧坑应填满。

由于焊接时局部的激热速冷在焊接区可能产生裂缝,预热可以减缓焊接区的激热和速冷,避免产生裂纹。对约束力大的接头,预热后可减小收缩应力。预热还可排除焊接区的水分和湿气,从而避免产生氢气。《钢结构工程施工及验收规范》(GB 50205—2001)规定,焊接厚度大于 50 mm 的碳素结构钢和厚度大于 36 mm 的低合金结构钢,施焊前应进行预热,焊后应进行后热。预热温度宜控制在 100 ~ 150 ℃;后热温度应由试验确定。预热区在焊道两侧,每侧宽度均应大于焊接厚度的 1.5 倍,且不应小于 100 mm。环境温度低于 0 ℃时,预热温度、后热温度应根据工艺确定。不同材质钢材需要的预热温度可参考相应手册,对于具体的钢材,宜试验确定。

在工厂进行焊接时,除采用常规的手工电弧焊外,可采用 CO_2 气体保护电弧焊,该方法用 CO_2 气体对焊缝进行保护,其焊接效率为手工电弧焊的 4 倍,且可清除夹渣、气泡等缺陷。对于 H 型钢的翼缘与腹板、箱形柱的 4 个角区还可采用自动埋弧焊进行焊接组装。

碳素结构钢应在焊缝冷却到环境温度、低合金结构钢应在完成焊接 24 h 以后,方可进行焊缝探伤检验。局部探伤的焊缝,有不允许的缺陷时,应在该缺陷两端的延伸部位增加探伤长度,增加的长度不应小于该焊缝长度的 10%,且不应小于 200 mm;当仍有不允许的缺陷时,应对该焊缝进行百分之百探伤检查。

表 6.2　焊接连接组装的允许偏差

项　　目		允　许　偏　差	图　　　　例
对口锚边(Δ)		t/10 且不大于 3.0	
间　隙(a)		±1.0	
搭接长度(a)		±5.0	
缝　　隙(Δ)		1.5	
垂直度(Δ)		b/100 且不大于 3.0	
中心偏移(e)		±2.0	
型钢错位	连接处	1.0	
	其他处	2.0	
箱形截面高度(h)		±2.0	
宽度(b)		±2.0	
垂直度(Δ)		b/200 且不大于 3.0	

检钉焊焊后应进行弯曲试验检查,检查数量不应少于1%。用锤击焊钉(螺柱)头,使其弯曲至30°时,焊缝和焊热影响区不得有肉眼可见裂纹。

F. 端部铣平和摩擦面处理:钢构件的端部铣平应在矫正合格后进行,两端铣平时,构件长度的允许偏差为 ± 2.0 mm;零件长度的允许偏差为 ± 0.5 mm;铣平面的平面度允许偏差为 0.3 mm;铣平面对轴线的垂直度允许偏差为1/1 500。

钢构件摩擦面处理是指使用高强螺栓连接时构件接触面的钢材表面加工,经过加工使其接触处表面的抗滑移系数达到设计要求额定值,一般取 0.45 ~ 0.55。在施工条件受限制时,局部摩擦面可采用角向磨光机打磨,打磨方向宜与构件受力方向垂直,范围不应小于螺栓孔径的 4 倍。如摩擦面采用喷砂后生赤锈的处理方法,则按此法处理后的摩擦面在出厂前应按批作抗滑移试验,最小值应符合设计要求。出厂时应按批附 3 套与构件相同材质、相同处理方法的试件,由安装施工单位复验抗滑移系数。在运输过程中不得损伤试件摩擦面。

G. 涂装和编号:在钢材表面涂刷防护涂层是防止腐蚀的主要手段,其涂料、涂装遍数、涂层厚度均应符合设计要求。当设计对涂层厚度无要求时,宜涂装 4 ~ 5 遍,涂层干漆膜总厚度:室外应为150 μm,室内应为 125 μm,其允许偏差为 −25 μm。涂装工程由工厂和安装单位共同承担时,每遍涂层干漆膜厚度的允许偏差为 −5 μm。当设计对涂层厚度有要求时,设计最低涂层干漆膜厚度加允许偏差的绝对值即为涂层的要求厚度,其允许偏差应符合设计对涂层厚度无要求时的规定。涂装时环境温度宜为 5 ~ 38 ℃,相对湿度不应大于 85%,构件表面有结露时不得涂装,涂装后 4 h 内不得淋雨。施工图中注明不涂装的部位不得涂装。安装焊缝处应留出 30 ~ 50 mm 暂不涂装。

钢构件涂装完毕后,应在构件上标注构件的原编号。大型构件还应标明质量、重心位置和定位标记。

H. 验收和发运:钢构件制作完成后需按施工图、编制的制作施工指导书以及《钢结构工程施工及验收规范》(GB 50205—2001)的规定进行验收。钢构件出厂时,应提交下列资料:产品合格证;施工图和设计变更文件,设计变更内容应在施工图中相应部位注明;制作中对技术问题处理的协议文件;钢材、连接材料和涂装材料的质量证明书或试验报告;焊接工艺评定报告;高强螺栓摩擦面抗滑移系数试验报告、焊缝无损检验报告及涂层检验资料;主要构件验收及预拼装记录等。

包装应在涂层干燥后进行。包装应保护构件涂层不受损伤,保证构件、零件不变形、不损坏、不散失。包装应符合运输的有关规定。包装箱上应标注构件、零件的名称、编号、质量、重心和吊点位置等,并应填写包装清单。

6.1.2 钢结构的安装

钢结构通常在专门的工厂制作,然后运至工地经过组装后进行吊装。钢构件运抵堆放场地,经过检验后分类按堆堆放。柱子应放在木垫板上,分层堆放,亦用木垫板间隔。桁架多斜靠立柱堆放。

(1)吊装前的准备工作

①编制钢结构工程的施工组织设计　其内容包括计算钢结构构件和连接件数量;选择吊装机械;确定流水程序;确定构件吊装方法;确定构件堆放位置;制订进度计划;确定劳动组织;制订质量保证及安全措施等。

②基础准备和钢构件检验　基础准备包括轴线误差量测、基础面和支座表面标高与水平度的检验、地脚螺栓位置和伸出支承面长度的量测等。钢构件的检验主要是检查钢构件的外形和几何尺寸是否正确。

③钢构件检验　钢构件的检验主要是检查钢构件的外形和几何尺寸是否正确,构件的数量和规格是否符合要求。

④吊装验算　吊装钢桁架时,应对桁架的上下弦角钢及规范要求进行验算的部位进行施工过程中的验算。

(2)钢结构吊装

单层厂房及高层建筑钢结构构件,包括柱、梁、桁架、吊车梁、天窗架、檩条、屋架、支撑及墙架等。吊装机械常用履带式起重机及塔式起重机。

1)钢柱的吊装

钢柱的吊装方法,按起吊后柱身是否垂直,有直吊法和斜吊法两种;按在起吊过程中的转动方式,有旋转法和滑行法。钢柱起吊后经过初校,待垂直偏差控制在 20 mm 以内方可使起重机脱钩。钢柱的垂直度用经纬仪控制,如有偏差,用千斤顶校正。校正后为防止钢柱移位,在柱的四边用钢板定位,并焊接固定。钢柱复校后,再紧固锚固螺栓,并将承重块上下点焊固定,防止走动。

2)钢吊车梁的吊装

钢吊车梁的校正主要为标高、轴线、垂直度和跨距的校正等。标高的校正可在屋盖吊装前进行,其他项目的校正宜在屋盖吊装完成后进行,因为屋盖的吊装可能引起钢柱在跨度方向有微小的位移。

3)钢桁架的吊装

钢桁架可用自行杆式起重机、塔式起重机等吊装。桁架多用悬空吊装,为使桁架在吊装后不致发生摇摆,和其他构件相撞,起吊前用麻绳系牢,随吊随放松,以保持其位置的正确。桁架的绑扎点要保证桁架的吊装稳定性,否则,需在吊装前进行临时加固。桁架的固定如需用临时螺栓,则每个节点处临时固定用螺栓的数量必须由计算确定,并应符合以下规定:(a)不得少于安装孔总数的1/3;(b)至少应穿两个临时螺栓。

钢桁架安装时应对其垂直度和弦杆的正直度进行检测。桁架的垂直度可用挂线垂球检测,弦杆的正直度则可用拉紧的测绳进行检验。

钢桁架的最后固定用电焊或高强螺栓。

(3)钢结构的焊接施工

1)焊接准备工作

①检验焊条、垫板和引弧板　焊条必须符　　　　　　　　　　,应存放在仓库内并保持干燥。焊条的药皮如有剥落、变质、污垢、受潮、生　　　　　　　。垫板和引弧板均用低碳钢板制作,间隙过大的焊缝宜使用紫铜板处理。垫板尺寸为　-8 mm,宽 50 mm,长度应与引弧板板长度相适应。引弧板长 50 mm 左右,引弧长 30 mm。

②焊接工具、设备、电源准备　焊机型号正确且工作正常,必要的工具应配备齐全,放在设备平台上的设备排列应符合安全规定,电源线路要合理且安全可靠,要装配稳压电源,事先放好设备平台,确保能焊接到所有部位。

③焊条预热　使用焊条前应熟悉焊条的技术标准,了解焊条的使用说明书及焊条标签中

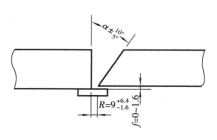

图 6.2　坡口的允许误差

的内容,以便合理地、正确地使用各类焊条。为保证焊接质量,在焊接以前应将焊条进行烘焙。酸性焊条的烘焙温度为 75 ~ 150 ℃,时间为 1 ~ 2 h;碱性低氢型焊条的烘焙温度为 350 ~ 400 ℃,时间为 1 ~ 2 h;烘干的焊条应放在 100 ℃ 的保温桶(箱)内保存。焊接时从烘箱内取出焊条,放在具有 120 ℃ 保温功能的手提式保温桶内带到焊接部位,随用随取,在 4 h 内用完,超过 4 h 则焊条必须重新烘焙,当天用不完者亦应重新烘焙,严禁使用湿焊条。

④焊缝剖口检查　柱与柱、柱与梁上下翼线的剖口焊接,电焊前应对坡口组装的质量进行检查,若误差超过图 6.2 所示的允许范围,则应返修后再焊接。同时,焊前需对坡口进行清理,去除对焊接有妨碍的水分、油污、锈迹等。

⑤气象条件　气象条件对焊接质量有较大影响。原则上雨雪天气应停止焊接作业(除非采取相应措施),当风速超过 10 m/s 时,不准焊接。若有防雨雪及挡风措施,确认可保证焊接质量时,方可进行焊接。在 -10 ℃ 气温条件下,焊接应采取保温措施并延长降温时间。

2)焊接顺序

钢结构焊接顺序的正确与否,对焊接质量关系重大。一般情况下应从中心向四周扩展,采用结构对称、节点对称的焊接顺序。

柱与柱、柱与梁之间的焊接多为坡口焊,常用坡口的构造要求见表 6.3。当焊件的宽度不同或厚度相差 4 mm 以上时,应分别在宽度方向或厚度方向从一侧或两侧做成坡度不大于 1/4 的斜角,形成平缓过渡,当厚度不同时,焊缝坡口形式应根据较薄焊件厚度按表取用。

表 6.3　对接焊缝板边的构造要求

焊缝形式	简　图	构件适用厚度/mm	附　注
I 型缝	0.5~2	<10	5 mm 以下可单面焊,6 mm ~ 10 mm 应双面焊
V 型缝	60° 2~3 2~3	10 ~ 20	须补焊根部
X 型缝	45° ~ 60° 3~4 2~3	>20	

3)焊缝质量检验

钢结构的焊缝质量分三级,其检验项目、数量及方法见表 6.4。

①外观检查　普通钢结构在焊完冷却后进行,低合金钢在 24 h 后进行。焊缝金属表面焊波应均匀,不得有裂缝、夹渣、焊瘤、烧穿、弧坑和气孔。焊接区不得有飞溅物。

②无损伤检验　无损伤检验包括 X 射线检验和超声波检验两种方法。X 射线检验焊缝缺陷分两级,应符合《超声波和射线检验质量标准》的规定。检验方法按照相应的《焊缝射线探伤标准》(GB 3323—82)进行。

表 6.4 焊缝质量检验级别

级别	检验项目	检查数量	检 查 方 法
1	外观检查	全部	检查外观缺陷及几何尺寸,用磁粉复检
	超声波检验	全部	
	X 射线检验		缺陷超过《超声波探伤和射线检验质量标准》规定时,就加倍透照,如不合格,应 100% 透照
2	外观检查	全部	检查外观缺陷及几何尺寸
	超声波检验		有疑点时,用 X 射线透照复检,如发现有超标缺陷,应用超声波全部检验
3	外观检查	全部	检查外观缺陷及几何尺寸

6.2 薄壁型钢结构

6.2.1 薄壁型钢结构的特点

冷弯薄壁型钢结构技术近几年来在我国发展迅速,用薄壁管材制成大跨度钢衍架或拱形钢屋架,不仅减轻了自重并且用钢量大大降低,用于承重结构的冷弯薄壁钢带或钢板规范规定宜采用了 3 号和 16 号锰钢,当有可靠根据时,可采用其他号钢。

薄壁型钢结构是指厚度在 2 ~ 6 mm 的钢板或带钢经冷弯或冷拔等方式弯曲而成的型钢,如图 6.3 所示。其截面形式由于制造上的便利,灵活性较大,重量轻,可以配合结构特点设计或选用。其截面形式分开口和闭口两类。

实践证明,对于不受强烈侵蚀作用的工业与民用房屋,采用薄壁型钢结构安全可靠且经济。

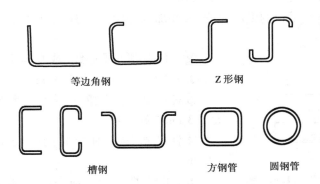

等边角钢 Z 形钢

槽钢 方钢管 圆钢管

图 6.3 薄壁型钢的各种截面形式

6.2.2 薄壁型钢屋架的制作和维护

薄壁型钢屋架在制作和维护方面与普通钢屋架相比有更高的要求。

薄壁型钢屋架可以设计成平面桁架、刚架或网架,也有三角形、梯形等形式。其屋面则通常采用有檩条的轻屋面。对于平面桁架式屋架,其外形和腹杆体系与普通钢屋架相似,仅所用的杆件截面和节点构造不同。薄壁型钢屋架其屋面通常采用有檩条的轻屋面,屋面材料一般为压型彩钢板、夹心保温彩钢板、钢丝网波形瓦、预制槽瓦等。

(1)薄壁型钢结构的制作

①构件上应避免刻伤。在放样、号料和制作过程中,不得在钢材非切割部位打钢冲或刻痕。对型材或构件校正时,应采取有效措施,防止产生局部变形。

②钢材不平直时应予矫直,构件有变形时应予矫正。矫直或矫正时应采取下列措施,以保证质量,防止产生局部变形。

A. 顶床矫直时应加放垫模,垫模应垫在钢材受力性能较好的部位(如型钢的转角处),并空出钢材表面的凸出物(如焊缝),勿使其接触,以免产生局部变形。

B. 锤击矫正时应加锤垫以扩大接触面。

C. 构件和杆件矫直后,挠曲矢高不应超过 1/1 000,且不得大于 10 mm。

焊接时应选用直径较小的焊条,焊接电流不宜太大,以免将构件烧伤或烧穿;构件在运输和安装过程中,应避免构件撞扁和防止产生过大的弯曲变形或局部变形;薄壁型钢屋架构件的除锈和油漆也比普通钢屋架要求高,一般宜采用酸洗或喷砂除锈,并涂以防锈性能较好的涂料。

钢结构制造厂进行薄壁型钢成型时,钢板或带钢等一般用剪切机下料,辊压机整平,用边缘刨床刨平边缘。薄壁型钢的成型多用冷压成型,厚度为 1~2 mm 的薄钢板也可用弯板机冷弯成型。生产矩形截面薄壁型钢构件时,大多采用槽形截面拼合、焊接而成。

钢结构的连接方法有铆接、焊接和螺栓连接,最常用的连接方式为焊接。薄壁型钢结构的焊接,应严格控制其质量。焊接前应熟悉焊接工艺、焊接程序和技术措施。

薄壁型钢构件在运输和堆放时,应轻装轻放,尽量减少局部变形。

薄壁型钢结构必须进行表面处理,要求彻底清除铁锈、污垢及其他附着物。

(2)薄壁型钢结构的组装和拼装

构件进行组装和拼装时应符合下列要求:

①组装平台和拼装平台的模胎应测平,并加以固定,使构件重心线在同一水平面上,其误差不得大于 3 mm。

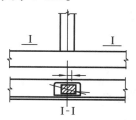

图 6.4　杆件拼装允许偏差示意图

②按施工图的重心线(或螺栓中心线)应交汇于节点中心,两者的误差不得大于 3 mm。

③杆件应防止弯扭,拼装时其表面中心线的偏差不得大于 3 mm(图 6.4)。

④杆件搭接和对接时的错缝或错位均不得大于 0.5 mm。

⑤临时点焊的位置应在焊缝部位内,不得将钢材烧穿,所用焊条应与正式焊接用的焊条相同。

⑥构件之间连接孔中心线的位置的误差不得大于 2 mm。

6.2.3　钢管混凝土结构施工

钢管混凝土是将混凝土填入薄壁圆形钢管内而形成的组合结构,其本质上属于套箍混凝土,具有强度高、重量轻、塑性好、耐疲劳等特点。在施工工艺上亦具有以下优点:钢管本身即为耐侧压的模板,浇灌混凝土时可省去支模和拆模工作;钢管兼有纵向钢筋和箍筋的作用,制作钢管比制作钢筋骨架省工,便于浇灌混凝土;钢管即是承重骨架,可省去支撑。

钢管混凝土结构的钢管,可用直缝焊接的钢管、螺旋焊接的钢管和无缝钢管。钢管内壁不得有油渍等污物。浇灌混凝土时宜连续进行,需留施工缝时,应将管口临时封闭,以免杂物落入。

6.3　网架结构

6.3.1　网架结构简介

网架结构是由许多杆件沿平面或立面按一定规律组成的高次超静定空间网状结构。网架结构具有跨度大、经济、安全等优点。网架结构的种类很多,按其外形可分为曲面网架和平面网架;按其结构组成可分为单层网架和双层网架,网架结构的设计与施工均应满足我国的《网架结构设计与施工规程》(JGJ—91)中的相应规定。

6.3.2　钢网架吊装

钢网架的吊装根据其结构形式和施工条件的不同,可选用整体吊装法、分块(或分条)安装法、高空滑移法、整体(或分段)提升法、高空拼装法等。

(1)整体吊装法

整体吊装法是先将网架在地面上拼装成整体,然后用起重设备将其提升到设计位置加以固定。该施工方法不需高大的拼装支架,高空作业少,易保证焊接质量,但需要起重量大的起重设备,技术较复杂。此法对球形节点的钢管网架较为适宜。根据所用设备的不同,整体安装法又分为多机抬吊法、拔杆提升法、千斤顶顶升法等。

1)多机抬吊法

多机抬吊法适用于高度和重量都不大的中、小型网架结构。安装前先在地面上对网架进行错位拼装(即拼装位置与安装轴线错开一定距离,以避开柱子的位置),然后用多台起重机(一般为履带式起重机或汽车式起重机)将拼装好的网架整体提升到柱顶以上,在空中移位后放下就位固定。网架拼装的关键是控制好网架框架轴线支座的尺寸和起拱高度。多机抬吊的关键是各台起重机的起吊速度应一致,否则,有的起重机会超负荷,造成网架受扭,焊缝开裂。

如图 6.5 所示为某体育馆网架屋盖结构采用多机抬吊法吊装的情况。

2)拔杆提升法

拔杆提升法适用于大型钢管网架结构的安装。先在地面上对网架进行错位拼装,然后用多根独脚拔杆将网架整体提升到柱顶以上,空中移位或旋转,就位安装。一般工艺过程分为现场拼装、试吊、整体起吊和移动就位。

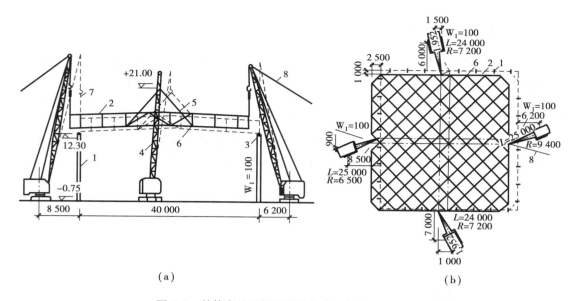

图 6.5 某体育馆网架屋盖结构多机抬吊法吊装示意

1—柱;2—网架;3—弧形铰支座;4—履带式起重机;5—吊索;

6—吊点;7—滑轮;8—缆风绳

3）顶升法及提升法

顶（提）升法是先在地面上将网架拼装成整体,然后利用千斤顶和支承结构（如预制混凝土柱块）的轮流支承,将网架逐步顶（提）升到设计标高。将各柱块联结起来,即成为支承网架结构的柱子。此方法适用于支点较少的网架结构,其特点是所需施工设备简单,顶（提）升能力大,但有时由于施工需要使得柱子断面尺寸较大。顶（提）升时,一般还可以将屋面构件先放在网架上一起顶（提）升,这样一来可以减少垂直运输量。整体顶（提）升法应尽量利用网架的永久支承柱作为顶升用的支承结构,否则要在原支点处或其附近设置临时顶升结构。如果在施工期间结构不能形成框架或不能满足结构在正常使用下的计算假定,则需对结构进行施工阶段的稳定性验算。

顶（提）升法所用的千斤顶,要求其冲程和顶（提）升速度要一致,顶（提）升时要同步,顶（提）升时两相邻顶（提）升点间的允许顶（提）升差异为:当用升板机提升时,为相邻顶（提）升点距离的 1/400,且不大于 15 mm,最高与最低点相差不大于 30 mm。当用液压滑模千斤顶提升时,为相邻顶（提）升点距离的 1/250,且不大于 25 mm,最高与最低点相差不大于 50 mm。所用的预制混凝土柱块的高度,应为千斤顶有效冲程的整倍数。

如图 6.6 所示为某体育馆网架结构采用升板整体提升时的施工示意。为了便于在螺杆提升 1.8 m 后换杆,在上横梁上悬挂特制的下横梁,并在提升杆上多焊一个扩大头,以便在换杆时可以插入 U 形卡板。

（2）高空拼装法

高空拼装法是先在设计位置处搭设拼装支架,然后用起重机把网架构件分件或分块吊至空中的设计位置,在支架上进行拼装。其优点是不需大型起重设备,但拼装支架用量大,高空作业多。因此,此施工方法对高强螺栓连接的非焊接节点的各类网架较为适宜。

搭设拼装支架时,架上支撑点的位置应设在下弦节点处,拼装架支撑杆的底部应设置垫木或脚手板,以免产生不均匀沉降。网架拼装完毕并全面检查后,拆除全部支顶网架的方木和千斤顶。

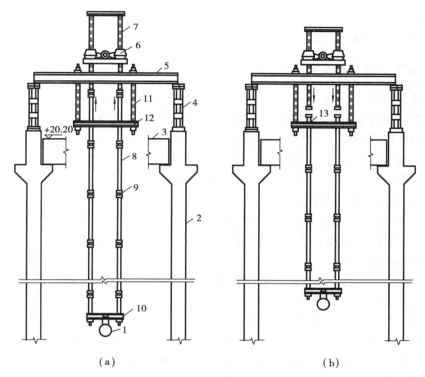

图 6.6　升板整体提升施工示意
(a)提升过程;(b)换杆过程
1—网架支点;2—柱;3—托梁;4—短钢柱;5—上横梁;6—提升机;7—提升螺杆;
8—吊杆;9—套管接头;10—横吊梁;11—吊挂螺杆;12—下横梁;13—U 形卡板

6.4　钢结构的质量通病及质量要求

6.4.1　钢结构常见的质量通病

①构件运输、堆放变形　其原因及预防措施是:构件制作时因焊接而产生变形或构件在运输过程中因碰撞而产生变形。一般用千金顶或其他工具校正或辅以氧乙炔火焰烘烤后校正。

②构件拼装扭曲　其原因及预防措施:节点型钢不吻合,缝隙过大;拼接工艺不合理。节点处型钢不吻合,应用氧乙炔火焰烘烤或用杠杆加压方法调直。拼装构件一般应设拼装工作台,如在现场拼装,则应放在较坚硬的场地上并用水平仪找平。拼装时构件全长应拉通线,并在构件有代表性的点上用水平尺找平,符合设计尺寸后用电焊固定,构件翻身后也应进行找平,否则构件焊接后无法校正。

③构件起拱或制作尺寸不准确　其原因及预防措施:构件尺寸不符合设计要求或起拱数值偏小。构件拼装时按规定起拱,构件尺寸应在允许偏差范围内。

④钢柱、钢屋架、钢吊车梁垂直偏差过大　其原因及预防措施:在制作或安装过程中,误差过大或产生较大的侧向弯曲。制作时检查构件几何尺寸,吊装时按照合理的工艺吊装,吊装后应加设临时支撑。

⑤防锈漆涂刷不均匀或漏刷。

6.4.2　钢结构的质量要求

1)钢结构的制作质量要求

①进行钢结构制作前应对型钢进行检验,确保钢材的型号符合设计要求。

②钢结构所用的钢材,型号规格尽量统一,便于下料。

③钢材的表面应除锈、去油污,且不得出现伤痕。

④一榀屋架内不得选用肢宽相同而厚度不同的角钢。

⑤受拉杆件的长细比不得超过250。

⑥焊接的焊缝表面焊波应均匀,不得有裂缝、焊瘤、夹渣、弧坑、烧穿和气孔等现象。

⑦桁架各个杆件的轴线必须在同一平面内,且各轴线都为直线,相交于节点的中心。

⑧荷载都作用在节点上。

⑨构件的隐蔽部位应焊接、涂装,并经检查合格后方可封闭。

2)钢结构的安装质量要求

①各节点应符合设计要求,传力可靠。

②各杆件的重心线应与设计图中的几何轴线重合,以免各杆件出现偏心受力。

③钢结构的各个连接接头,经过检查合格后,方可紧固或焊接。

④腹杆的端部应尽量靠近弦杆,以增加桁架的刚度。

⑤在运输、装卸和堆放过程中,不得损坏杆件,并防止构件变形。

⑥用螺栓连接时,其外露丝扣不应少于2～3扣,以免在震动作用下,发生丝扣松动。

复习思考题

1. 钢桁架的安装要注意哪些问题?

2. 钢结构在运输和堆放过程中应注意哪些问题?

3. 对钢结构的质量有哪些要求?

4. 薄壁型钢结构有哪些优越性?

5. 网架结构有哪些优越性?

6. 网架结构的吊装方法有哪些?

7. 钢柱的安装应注意哪些问题?

8. 钢构件在制作和安装过程中常见哪些质量通病? 如何克服?

第7章
结构安装工程

将结构划分为许多单独的构件,分别在现场或工厂预制成形,运至施工现场用起重机械吊运并安装到设计位置上,达到设计要求,这就是结构安装工程的任务。

结构安装工程的特点是:构件类型多;体量大;多专业工种配合作业,协同要求高;起重机械对吊装施工起主导作用;构件在吊装过程中内力变化大,事先需做周密的验算;高空作业安全问题突出。这些都要求在安装施工之前对施工工艺方法、工艺流程进行合理的选择、周密的计划和安排,以保证工程顺利进行。

7.1 起重机具

7.1.1 起重机械

(1)履带式起重机

履带式起重机具有操作灵活,使用方便,活动范围大,有较大的起重能力和工作速度。在平整坚实的道路上尚可负重行走,在结构安装特别是单层工业厂房结构安装中广泛应用。它由动力系统、传动系统、行走系统、卷扬机、操作系统和工作系统等组成(图7.1)。

1)型号和性能

常用履带式起重机有:W_1—50、W_1—100、W_1—200、西北78D(80D)等型号。

起吊重量 Q、起重半径 R、起吊高度 H 是起重机的3个主要的工作性能参数。这3个参数是相互制约的。例如确定一个起重半径 R,起吊的最大高度即随之而确定,同时有一对应的起吊重量 Q,相对于起重半径从最小到最大($R_{min} - R_{max}$ 称为工作幅度),起吊高度从最大到最小,起重量也从最大到最小。因此,履带式起重机械的工作性能可用表和曲线图表示,表7.1 ~ 7.3列示了常用的几种履带式起重机的外形尺寸、工作性能参数。图7.2为 W_1—200 型起重机性能曲线。

需要指出的是起重量一般不包括吊钩重量,但包括起重索具重量,起重高度是指从停机面到吊钩中心的距离。

181

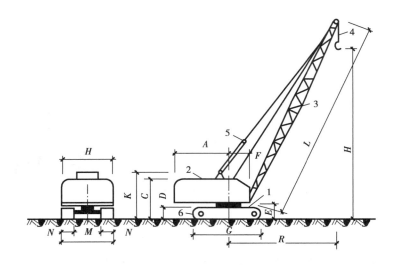

图 7.1　履带式起重机

1—回转机构;2—机身;3—起重臂;4—起重滑轮组;5—变幅滑轮组;6—行走装置

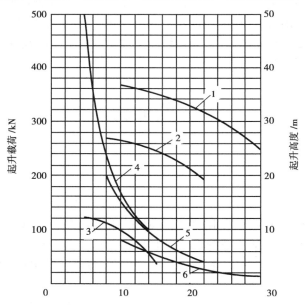

图 7.2　W₁—200 型起重机工作性能曲线

1—起重臂长 40 m 时起重高度曲线;2—起重臂长 30 m 时起重高度曲线;3—起重臂长 15 m 时起重高度曲线;

4—起重臂长 15 m 时起重量曲线;5—起重臂长 30 m 时起重量曲线;6—起重臂长 40 m 时起重量曲线

表 7.1 履带式起重机外形尺寸/mm

符号	名 称	型 号			
		W₁—50	W₁—100	W₁—200	西北 78D(80D)
A	机身尾部到回转中心距离	2 900	3 300	4 500	3 450
B	机身宽度	2 700	3 120	3 200	3 500
C	机身顶部到地面的距离	3 220	3 675	4 125	—
D	机身底部到地面的高度	1 000	1 045	1 190	1 220
E	起重臂下铰中心距地面的高度	1 555	1 700	2 100	1 850
F	起重臂下铰中心至回转中心距离	1 000	1 300	1 600	1 340
G	履带长度	3 420	4 005	4 950	4 500(4 450)
M	履带架宽度	2 850	3 200	4 050	3 250(3 500)
N	履带板宽度	550	675	800	680(760)
J	行走底架距地面高度	300	275	390	310
K	机身上部支架距场面高度	3 480	4 170	6 300	4 720(5 270)

表 7.2 履带式起重机技术性能参数

参 数		单位	型 号									
			W₁—50			W₁—100		W₁—200		西北 78D(80D)			
起重臂长度		m	10	18	18 带鸟嘴	13	23	15	30	40	18.3	24.4	30.25	37
最大起重半径		m	10.0	17.0	10.0	12.5	17.0	15.5	22.5	30.0	18.0	18.0	17.0	17.0
最小起重半径		m	3.7	4.5	6.0	4.23	6.5	4.5	8.0	10.0	4.7	7.5	8.0	10.0
起重量	最小起重半径时	t	10.0	7.5	2.0	15.0	8.0	50.0	20.0	8.0	20.0	10.0	9.0	3.0
	最大起重半径时	t	2.6	1.0	1.0	3.5	1.7	8.2	4.3	3.3	2.9	3.5	1.0	
起重高度	最小起重半径时	m	9.2	17.2	17.2	11.0	19.0	12.0	26.8	36.0	18.0	23.0	29.1	36.0
	最大起重半径时	m	3.7	7.6	14.0	5.8	16.0	3.0	19.0	25.0	7.0	16.4	24.3	34.0

履带式起重机工作时,为了安全应注意使用上的一些要求:

①吊装时,起重机吊钩中心到定滑轮中心之间应保持一定的安全距离。一般为 2.5 ~ 3.5 m。

②施工场地应满足履带对地面的压强要求,空车停止时为 78 ~ 98 kPa。空车行走时为 98 ~ 186 kPa。起重时为 167 ~ 294 kPa。

③起重机工作时地面允许的最大坡度不应超过 3°。

④履带式起重机一般不宜同时进行起重和旋转的操作,也不宜边起重边改变架幅度。

⑤起重机臂杆的倾角不宜超过规定值,最大允许值若无资料时最大倾角不超过 78°。

⑥起重机如必须负载行驶,荷载不得超过允许超重量的 70%,重物应在起重机行走的正

前方,重物离地不得超过 500 mm,并拴好拉绳。

2)起重机工作最小臂长验算

履带式起重机在进行结构吊装时,为了保证能将所有构件吊到指定的安装位置,对起重机臂长提出了要求。当臂长不满足时则必须接长。这就要求对起吊的最小臂长予以验算,并对接长后起重量予以修正。

最小臂长一般用图解法确定。下面以工业厂房屋面板吊装的最小臂长计算予以说明。图解法的步骤是:

①以停机地坪以上过重力臂铰中心(高度为 B)作地平线的平行线⑪—⑪。

②过确定的吊装点作垂线,在垂线上从地平向上截取 $H = h_1 + h_2 + h_3 + h_4$。式中:$h_1$——安装点高度;$h_2$——安装安全空间取 0.5 m;$h_3$——构件厚度(高度),从构件底面到绑扎点的高度;$h_4$——绑扎高度即从绑扎点到吊钩中心的高度。

再从 H 处向上截取吊钩中心到重臂中心处的高度得 G 点。

③过结构体靠停机侧最高点处作水平线,量取安全距离 g(一般为 1 m)得点 P。

④连接 GP 并延长与 H—H 直线交于一点,该线段长为 L。

⑤量 L 长度即为起重机应有的最小臂长。

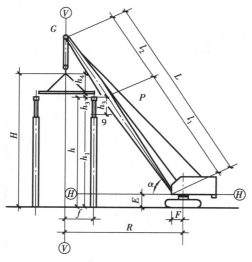

图 7.3　起重臂最小长度

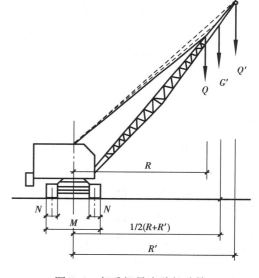

图 7.4　起重机最小臂长验算

求得最小臂长时,应检查起重机工作半径 R 是否大于该机的最大工作半径,当接长后的工作半径大于最大工作半径时,其允许起重量 Q' 与原最大工作半径 R 的起重量 Q 有如下关系:

$$Q = \frac{1}{2R' - M + N}[Q(2R - M + N) - G'(R' + R - M + N)] \qquad (7.1)$$

式中:G'——起重臂接长部分的重量;

　　　M——履带外侧间宽度;

　　　N——起重机履带宽度。

当起吊重量超过 Q' 时要进行抗倾斜稳定验算。

3）起重机稳定性验算

履带起重机在如图 7.5 所示情况下稳定性最差,此时履带的链轨中心 A 为倾覆中心,起重机的安全条件为:

当考虑吊装荷载及附加荷载时,稳定安全系数

$$K_1 = \frac{M_{稳}}{M_{倾}} \geqslant 1.15 \qquad (7.2)$$

仅考虑吊装荷载时,稳定安全系数

$$K_2 = \frac{M_{稳}}{M_{倾}} \geqslant 1.4 \qquad (7.3)$$

由于 K_1 计算十分复杂,现场施工常用 K_2 验算。

$$K_2 = \frac{G_1 l_1 + G_2 l_2 + G_0 l_0 - G_3 l_3}{Q(R - l_2)} \geqslant 1.4 \qquad (7.4)$$

式中:G_0——起重机压重;

　　G_1——机身可转动部分重量;

　　G_2——起重机机身不可转动部分重量;

　　G_3——起重臂重量。

（2）汽车起重机

汽车起重机是装在普通汽车底盘或特制汽车底盘上的一种起重机,其行驶驾驶室与起重操纵室分开设置。这种起重机的优点是机动性好,转移迅速。缺点是工作时须支腿,不能负荷行驶。也不适合在松软或泥泞的场地上工作。

常用的汽车起重机有:国产机械传动和操纵的 Q_1—15 型和国产动臂式液压 Q_2—8 型、Q_2—16 型、Q_3—32 型。型号中数字表示最大起重量。其中 Q_3—32 型（图 7.6）最大臂长可达 32 m,可用于一般厂房的结构吊装。近年来,我国引进的汽车起重机起重量可达 100 t 以上,能用于重型构件的吊装。

（3）塔式起重机

塔式起重机的起重臂安装在塔身上部形成 Γ 型工作空间,具有较高的有效高度和较大的工作幅度。塔式起重机按行走机构可分为轨道式、爬升式和附着式 3 类。现介绍结构吊装常用的轨道式和爬升式塔式起重机。

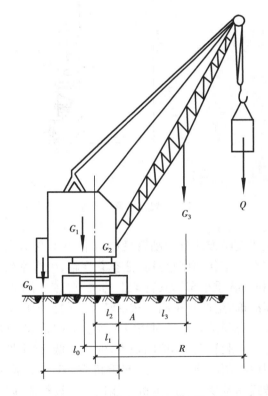

图 7.5　履带式起重机稳定性验算

1）轨道式塔式起重机

轨道式塔式起重机应用广泛,能负荷行走,能同时完成垂直和水平运输,生产效率高。根

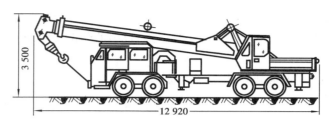

图 7.6 Q_2—32 型汽车式起重机

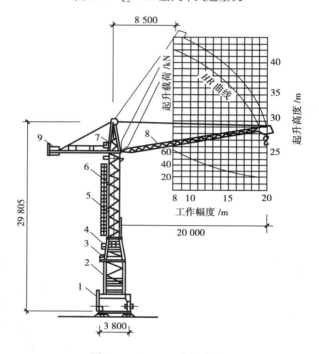

图 7.7 QT_1—6 型起重机

1—门架;2—第一节架;3—卷扬机室;4—操纵室;5,6—连接节架;
7—塔帽;8—起重臂;9—平衡臂

据起重机变幅方式分为动臂变幅式和小车变幅式。动臂变幅式是利用起重臂的仰俯进行变幅。它有效工作幅度小且只能空载变幅,生产率较低。小车变幅式起重臂水平固定于塔身的顶部,利用载重小车沿其臂架上的轨道行走而变幅,因之工作幅度大,行车平稳可负载变幅,就位迅速准确,生产效率高。按回转机构的位置可分上回转式和下回转式。上回转式的回转机构位于塔身顶部。回转时塔身不动。下回转式回转机构设在塔身下部的底盘上,回转时塔身和起重臂一起转动,占地面积大,但重心低、稳定性好,维修保养方便。

国内常用的轨道式塔式起重机有 QT_1—2 型、QT_1—6 型、QT60/80 型。QT_1—2 型为轻型下回转式动臂变幅的起重机。能快速架设整体拖运,起重力矩 157 kN·m。QT_1—6 型为上回转动臂变幅式起重机,起重力矩 392 kN·m,起重量 2~6 t,起重半径 8~20 m,最大吊高 40 m。图 7.7 为 QT_1—6 型起重机及其工作性能曲线。

2)爬升式塔式起重机

爬升式塔式起重机式将起重机安置在建筑物内的结构上(电梯间、楼梯间),利用建筑物骨架作为塔机的支承。借助起重机的提升系统而随建筑物的升高往上爬升。爬升式塔式起重机由底座、塔身、套架、塔顶、起重臂及平衡臂等组成。其型号及主要性能见表7.3、表7.4。图7.8为QT₅—4/40的爬升式塔式起重机的自升过程。提升系统由套架、塔身底座梁和提升机构组成。提升过程事先将套架吊升到上层位置并固定,松开塔身底座梁与建筑物骨架的连接螺栓,收回支腿,将塔身提升至需要位置后旋出支腿,用螺栓与骨架连接固定。

表7.3 常用轨道式塔式起重机的技术参数

起重机型号		QT₁—2	QT₁—6	QT60/80
轨距/m		2.8	3.8	4.2
轴距/m		3.0	4.664	4.8
钢轨规格/(kg·m⁻¹)		—	38	43
起升速度/(m·min⁻¹)		14.1	11.4~34	11~21.5
行走速度/(m·min⁻¹)		19.4	23.5	17.5
回转速度/(r·min⁻¹)		1	0.64	0.6
电机功率/kW	起升	7.5	22	22
	变幅	5.0	—	7.5
	回转	3.5	3.5	3.5
	行走	3.5	3.5	7.5×2
重量/t	自重	13	24	40.5
	压重	6	16	46
	平衡重	—	3	4.5
	总重	19	43	91

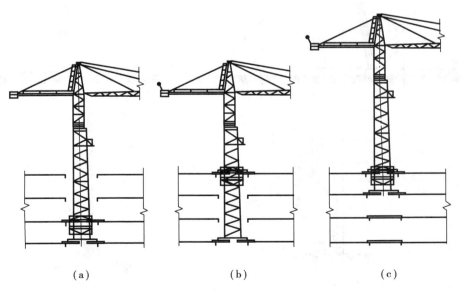

(a)   (b)   (c)

图7.8 爬升塔式起重机爬升过程

(a)准备状态;(b)提升套架;(c)提升起重机

表 7.4　爬升式塔式起重机性能表

型号	起重量/t	幅度/m	起重高度/m	一次爬升高度/m
QT₅—4/40	4	2 ~ 11	110	8.6
	4 ~ 2	11 ~ 20		
QT₅—4	4	2.2 ~ 15	80	8.87
	3	15 ~ 20		

（4）把杆式起重机

把杆式起重机具有制作简单、装拆方便、起重量大、受地形限制小等特点，能用来安装其他机械不能安装的一些特殊构件和设备。其缺点是灵活性差，服务半径小，移动困难且需要拉设较多的缆风绳，故一般只用于安装工程量比较集中的工程。

①独脚把杆

独脚把杆由把杆、起重滑轮组、卷扬机、缆风绳和锚锭组成（图 7.9（a）），使用时把杆应保持一定倾角，以便吊装的构件不致碰撞把杆。把杆的稳定主要靠缆风绳，一般设 6 ~ 12 根。缆风绳与地面的夹角一般取 30° ~ 45°。把杆受轴向力很大，可根据受力计算选择材料和截面。

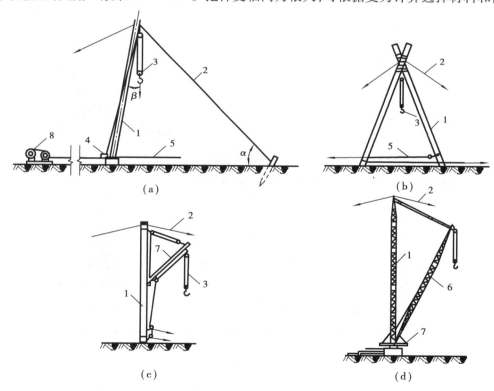

图 7.9　把杆式起重机

1—把杆；2—缆风绳；3—起重滑轮组；4—导向装置；5—拉索；6—起重臂；7—回转盘；8—卷扬机

②人字把杆

人字把杆是由两根杆件组成，端部以钢丝绳绑扎或铁件铰接而成，顶部相交成 20° ~ 30°

的角(图 7.9(b))。把杆底部应设拉杆或牵拉索以平衡水平推力。人字把杆特点是起重量大,稳定性好。

③悬臂把杆

悬臂把杆是在独脚拔杆的中部或 2/3 高处装上一根起重杆而成(图 7.9(c)),起重杆可以左右回转 120°~270°和起伏。其特点是起升高度和工作幅度都较大,吊装方便,适用于吊装屋面板、檩条等小型构件。

④牵缆式桅杆起重机

在独脚把杆的下端装上一根可以回转和起伏的起重臂而成(图 7.9(d))。牵缆式桅杆起重机的特点是起重臂可以起伏,整机可以作 360°的回转,起吊荷载和起吊高度都比较大,适宜于构件多而集中的建筑物吊装。但应设置较多的缆风绳。

7.1.2　起重索具

(1)钢丝绳

钢丝绳是由若干根钢丝扭合为一股,再由若干股围绕于绳芯而构成。通常规格是以股数×每股根数+芯数表,如 6×37+1 即表示由 6 股(每股为 37 根钢丝)围绕一根绳芯扭结而成的。每股钢丝越多,其柔性越好。常用的有 6×19+1、6×37+1 和 6×61+1。依次可用于缆风绳、滑轮组和起重机械,其主要数据见表 7.5。

表 7.5　钢丝绳主要数据表

结构形式	直径/mm²		钢丝总断面积 /mm²	参考重量 /(kg·m⁻¹)	钢丝绳公称抗拉强度/(10 N·mm²)				
					140	155	170	185	200
	钢丝绳	钢丝			钢丝破断拉力总和不小于/(10 N)				
钢丝绳 6×37 (GB 1102—74)	11.0	0.5	43.57	40.96	6 090	6 750	7 400	8 060	8 710
	13.0	0.6	62.74	58.98	8 780	9 720	10 650	11 600	12 500
	15.0	0.7	85.39	80.27	11 950	13 200	14 500	15 750	17 050
	17.5	0.8	111.53	104.8	15 600	17 250	18 950	20 600	22 300
	19.5	0.9	141.16	132.7	19 750	21 850	23 950	26 100	28 200
	21.5	1.0	174.27	163.8	24 350	27 000	29 600	32 200	34 850
	24.0	1.1	210.87	198.2	29 500	32 650	35 800	39 000	42 150
	26.0	1.2	250.95	235.9	35 100	38 850	42 650	46 400	50 150
	28.0	1.3	294.52	276.8	41 200	45 650	50 050	54 450	58 900
	30.0	1.4	341.57	321.1	47 800	52 900	58 050	63 150	68 300
	32.5	1.5	392.11	368.6	54 850	60 750	66 650	72 500	78 400
	34.5	1.6	446.13	419.4	62 450	69 150	75 800	82 500	89 200
	36.5	1.7	503.64	473.4	70 500	78 050	85 650	93 150	100 500
	39.0	1.8	564.63	530.8	79 000	87 500	95 950	104 000	112 500
	43.0	2.0	697.08	655.3	97 550	108 000	118 500	128 500	139 000

钢丝绳工作时不仅受有拉力而且还有弯曲力,相互之间有摩擦力和吊装冲击力等,处于复杂受力状态。为了安全可靠,必须加大安全系数,钢丝绳的容许拉力(kN)应满足:

$$[P] \leqslant \frac{\alpha P_{破}}{K} \qquad (7.5)$$

式中：$[P]$——钢丝绳的容许拉力(kN)；

　　　$P_{破}$——钢丝绳破断拉力，即钢丝破断拉力之总和；

　　　α——钢丝绳破断拉力换算系数，即钢丝绳受力不均匀系数，可查表7.6；

　　　K——钢丝绳安全系数，可查表7.7。

钢丝绳使用时应该注意，钢丝绳穿滑轮组时，滑轮直径应比绳径大 1～1.25 倍，应定期对钢丝绳加油润滑，以减少磨损和腐蚀；使用前应检查核定，每一段面上断丝不超过 3 根，否则不能使用。

（2）滑轮组

滑轮组在建筑工程中广泛使用，它既可省力又可根据需要改变用力方向。滑轮组是由若干个定滑轮、若干个动滑轮和绳索所组成，如图7.10 所示。

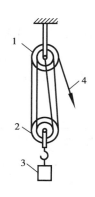

图 7.10　滑轮组

1—定滑轮；2—动滑轮；3—重物；4—绳索

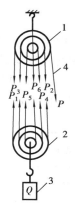

图 7.11　滑轮组受力示意图

1—定滑轮；2—动滑轮；3—重物；4—绳索跑头

滑轮组中共同负担构件重量的绳索根数称为工作线数，也就是在动滑轮上穿绕的绳索根数。滑轮组能省多少力主要决定于共同负担吊重的工作线数的多少。由于滑轮轴承处存在摩擦力，因此滑轮组在工作时每根工作线的受力并不相同（图7.11）。滑轮组钢丝绳的跑头拉力按7.6 式计算。

$$P = \frac{f^n(f-1)}{f^n - 1} \cdot Q = KQ \qquad (7.6)$$

式中：f——滑轮的阻力系数，对青铜轴套滑轮 $f = 1.04$，对滚珠轴承 $f = 1.02$，无轴套轴承 $f = 1.06$；

　　　K——滑轮组省力系数，青铜轴套滑轮组的省力系数见表7.8。

表 7.6　钢丝绳破断拉力换算系数表

规格	6×19	6×37	6×61
α 值	0.85	0.82	0.80

表 7.7 钢丝绳安全系数表

用 途	安 全 系 数	用 途	安 全 系 数
缆 风 绳	3.5	作吊索、无弯曲	6 ~ 7
用于手动起重设备	4.5	作 捆 绑 吊 索	8 ~ 10
用于电动起重设备	5 ~ 6	用于载人的升降机	14

表 7.8 青铜轴套滑轮组的省力系数

项 目	$K = \dfrac{f^n(f-1)}{f^n-1}$ $(f = 1.04)$									
工作线数 n	1	2	3	4	5	6	7	8	9	10
省力系数 K	1.040	0.529	0.360	0.275	0.224	0.190	0.166	0.148	0.134	0.123
工作线数 n	11	12	13	14	15	16	17	18	19	20
省力系数 K	0.114	0.106	0.100	0.095	0.090	0.086	0.082	0.079	0.076	0.074

(3)卷扬机

卷扬机又称绞车,目前电动卷扬机较为普遍。这种卷扬机由电动机、减速机构、卷筒和电磁抱闸等组成。分为快速(钢丝绳牵引速度为 25 ~ 50 m/min)卷扬机(如 JJK—5)和慢速(钢丝绳牵引速度为 7 ~ 13 m/min)卷扬机(如 JJM—5)两种。前者适用水平垂直运输,后者适用于吊装和钢筋张拉的作业。技术规格见表 7.9。

表 7.9 卷扬机技术规格表

种类	型号	牵引力 /(10 kN)	卷筒				钢丝绳			电动机		
			直径 /mm	长度 /mm	转速 /(r·min)	绳容量/m	规格	直径 /mm	绳速 /(m·min⁻¹)	型号	功率 /kW	转速 /(m·min⁻¹)
单筒快速卷扬机	JJK—0.5	500	236	411	27	100	6×19+1—170	9.3	20	JO42—4	2.8	1 430
	JJK—1	1 000	190	370	46	110	6×19+1—170	11	35.4	JO251—4	7.5	1 450
	JJK—2	2 000	325	710	24	180	6×19+1—170	15.5	28.8	JR71—6	14	950
	JJK—3	3 000	350	500	30	300	6×19+1—170	17	42.3	JR81—8	28	720
	JJK—5	5 000	410	700	22	300	6×19+1—170	23.5	43.6	JQ83—6	40	960
双筒快速卷扬机	JJ2K—2	2 000	300	450	20	250	6×19+1—170	14	25	JR71—6	14	950
	JJ2K—3	3 000	350	520	20	300	6×19+1—170	17	27.5	JR81—6	28	960
	JJ2K—5	5 000	420	600	20	500	6×19+1—170	22	32	JR82—AK8	40	960
单筒慢速卷扬机	JJM—3	3 000	340	500	7	100	6×19+1—170	15.5	8	JZR31—8	7.5	702
	JJM—5	5 000	400	800	6.3	190	6×19+1—170	23.5	8	JZ41—8	11	715
	JJM—8	8 000	550	1 000	4.6	300	6×19+1—170	28	9.9	JZR51—8	22	718
	JJM—10	10 000	550	968	7.3	350	6×19+1—170	34	8.1	JZR51—8	22	723
	JJM—12	12 000	650	1 200	3.5	600	6×19+1—170	37	9.5	JZR252—8	30	725
	JJM—20	15 000	850	1 324	3	1 000	6×19+1—170	40.5	9.6	JZR91—8	55	720

卷扬机使用时应注意：

①缠绕在卷筒上的钢丝绳不能放尽，至少应留 2～3 圈的安全储备，以免钢绳脱钩造成事故；

②卷扬机的安装位置应距第一个导向轮 15 倍的卷筒长度，以利钢绳能自行在卷筒上往复缠绕；

③钢丝绳引入卷筒应水平地从筒下引入以减少倾覆矩；

④卷扬机使用时必须可靠固定，以防止滑动和倾覆。

（4）吊具

吊具主要包括卡环、吊索、横吊梁等，是吊装时的重要工具。

①卡环（卸甲）。用于吊索之间或吊索与构件吊环之间的连接，见图 7.12（a）。

②吊索（千斤绳）用于绑扎和起吊构件的工具。常用有环形吊索和开口吊索两种类型，见图 7.12（b）。

③横吊梁（铁扁担）。用于减少吊索对构件的轴向压力和起吊高度。分为钢板横吊梁和铁扁担两种类型，见图 7.12（c）、(d)。

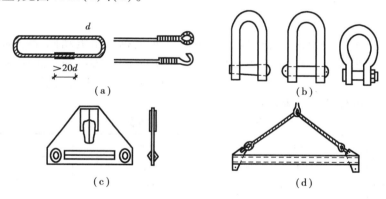

图 7.12　钩具
（a）卡环；（b）吊索；（c）钢板横吊梁；（d）铁扁担

7.2　普通预制构件安装

7.2.1　结构安装前的准备工作

结构安装的准备工作是保证安装施工顺利进行及安装工程质量的基础，必须充分重视。准备工作包括两方面的内容：一是室内技术准备，如熟悉图纸、分析施工条件、计算工程量、编制施工组织设计、制定质量安全措施和施工规章制度等；二是现场准备。以下就现场准备工作的内容作简要介绍。

1）清理场地，修筑道路

起重机进场前，按照现场平面图中标出的起重机开行路线和构件堆放位置进行场地清理，清除障碍物,达到平整、畅通、坚实。并做好排水措施,按构件堆放要求准备好支垫。

2)构件的检查

构件吊装前应检查构件的外形尺寸、预埋件位置、吊环的规格,表面平整度等外观质量是否符合设计和规范要求。检查混凝土表面有无孔洞、蜂窝、麻面、裂缝和露筋等质量缺陷,是否达到设计强度75%以上,以决定构件是否合格和能否进行吊运作业。

3)基础清理与准备

吊装前应清理基础,使周围土体低于杯口,以防污水流入杯口内,检查基础位置、形状、尺寸是否符合设计。复核杯口顶面和底面标高,并量出柱牛腿顶面到柱脚的实际长度。算出杯口底部标高调整值,在杯口侧标出,用砂浆或细石混凝土将杯口底垫平至标志处(注意应低于安装标高50 mm,以作安装时调整之用)。在杯口顶面按纵横定位轴线弹出柱的中心线(注意端柱定位轴线与柱中心线不重合),完成准备工作后应将杯口盖好以防杂物落入杯口。

4)构件运输与堆放

构件运输必须在混凝土强度达到设计要求(最低不得低于设计强度等级的75%)以后方可进行。装卸时吊点位置要符合设计的规定要求,运输时构件的支垫和安置要受力合理、安稳,要防止因构件倾倒、碰撞而损坏。堆放场地应平整坚实、排水畅通。构件堆放时应按设计的受力情况搁置垫木和支架。重叠堆放的构件间应垫上垫木,上下层垫木在同一垂直线上,叠放构件的高度应视场地承载能力、混凝土的强度、垫木的强度以及堆垛的稳定性等情况而确定。梁可堆放2~3层,屋面板可堆放6~8层。还应考虑构件吊装顺序和施工进度要求,构件按编号进行堆放,构件编号应与图纸设计构件号相对应,编号应标注在明显易见之处。

5)构件弹线

①柱的弹线应在柱的三个面上弹出中心线,所弹的线与杯口中心线相对应。还应弹出牛腿面上吊车梁的中心线以及杯口顶面线。

②屋架。应在上弦顶面弹出几何中心线,并从屋架跨中向两端分别弹出天窗架,檩条安装的中心线以及屋面板的安装控制线。

③吊车梁。在两端及顶面标出安装中心线,在对构件弹线的同时,还应根据设计图纸对构件编号进行核查。

6)水电与安全准备

①落实电源容量和电焊机位置;

②操作平台和脚手架的准备和检查;

③设置安全警示标志。

7.2.2　构件安装工艺

构件安装工艺主要有:绑扎、起吊、对位、临时固定、校正和最后固定等工序。

(1)柱的安装

1)柱的绑扎

柱的绑扎方法、绑扎位置和绑扎点数应视柱的形状、长度、截面、配筋、起吊方法及起重机性能等因素而定。因柱起吊时吊离地面的瞬间由自重产生的弯距最大,其最合理的绑扎点位置应按柱产生的正负弯距绝对值相等的原则来确定。一般中小型柱大多采用一点绑扎。重柱或配筋少而细长的柱应两点绑扎。一点绑扎时绑扎点应选在牛腿以下200 mm处。无牛腿柱绑扎点应布置在中心以上约离柱脚2/3柱高处。工字形断面和双肢柱,应选用在矩形断面处,否则应在绑扎位置用方木加固翼缘,以免翼缘在起吊时损坏。

按柱起吊柱身是否垂直,分为斜吊法和直吊法,其绑扎方法亦不相同:

①斜吊绑扎法。当柱平卧起吊的抗弯能力满足要求时,可采用斜吊绑扎(图7.13)。该方法起重钩可低于柱顶,当柱身较长,起重机臂长不够时,用此方法较方便,且无须翻身。但因柱身倾斜,就位时对中较困难。

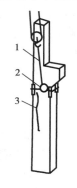

图 7.13 斜吊绑扎法
1—吊索;2—活络卡环;
3—活络卡环插销拉绳

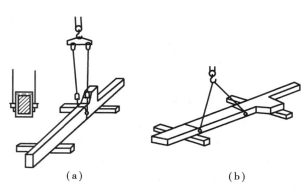

（a） （b）
图 7.14 直吊绑扎法
（a)柱的直吊绑扎法;(b)柱的翻身绑扎法

②直吊绑扎法。当柱平卧起吊的抗弯能力不足时,吊装需先将柱翻身后再绑扎起吊,这时就要采用直吊绑扎法(图7.14)。该方法是吊索从柱的两侧引出,上端通过卡环或滑轮挂在铁扁担上。起吊时,铁扁担位于柱顶上,柱身呈垂直状态,便于柱垂直插入杯口和对中校正,且柱在吊装过程受力条件较好。但由于铁扁担高于柱顶,需用较长的起重臂。

③两点绑扎法。当柱身较长,一点绑扎和抗弯能力不足时可采用两点绑扎起吊(图7.15)。这时下绑扎点应比上绑扎点靠近柱的重心位置,这样柱在吊起后可自行回转为竖立状态。

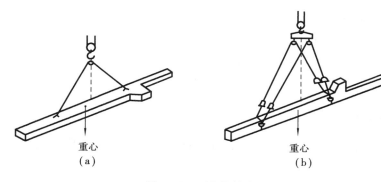

重心 重心
（a） （b）
图 7.15 两点绑扎法
（a)斜吊;(b)直吊

2)柱的起吊

柱子起吊方法主要有旋转法和滑行法。当单机起吊能力不足时常采用双机抬吊。

①单机起吊

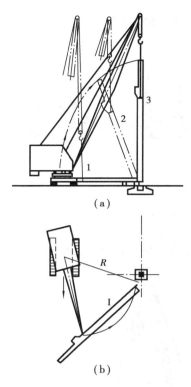

图 7.16　旋转法吊装柱
（a）旋转过程；（b）平面布置

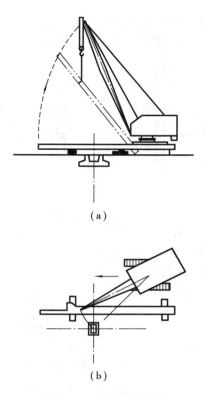

图 7.17　滑行法吊装柱
（a）滑行过程；（b）平面布置

A. 旋转法。起重机边升钩，边回转起重臂，使柱绕柱脚旋转而成直立状态，然后将其插入杯口中（图 7.16）。其特点是：柱在平面布置时，柱脚靠近基础，为使起重机在吊升过程中保持一定的回转半径，为此要求柱的绑扎点、柱脚中心和杯口中心点三点共弧。该弧所在圆的圆心即为起重机的回转中心，半径为圆心到绑扎点的距离。旋转法吊升柱震动小，生产效率较高，但对起重机的机动性要求高。此法多用于中小型柱的吊装。

B. 滑行法。柱起吊时，起重机只升钩，起重臂不转动，使柱脚沿地面滑行逐渐直立，然后插入基础杯口（图 7.17）。采用此法起吊时，柱的绑扎点布置在杯口附近，并与杯口中心位于起重机同一工作半径的圆弧上，以便将柱子吊离地面后，稍转动起重臂杆，就可就位。采用滑行法吊柱，具有以下特点：在起吊过程中起重机只须转动起重臂即可吊柱就位，比较安全。但柱在滑行过程中受到震动，使构件、吊具和起重机产生附加内力。为了减少滑行阻力，可在柱脚下面设置脱木或滚筒。滑行法用于柱较重、较长或起重机在安全荷载下的回转半径不够；现场狭窄，柱无法按旋转法排放布置，或采用把杆式起重机吊装等情况。

②双机抬吊

当柱子体型、重量较大，一台起重机的起重能力所限，不能满足吊装要求时，可采用两台起重机联合起吊。其起吊方法可采用旋转法（即两点起吊）和滑行法（一点起吊）。

双机抬吊旋转法是用一台起重机抬柱的上吊点，另一台抬柱的下吊点，柱的布置应使两个吊点与基础中心分别处于起重半径的圆弧上；两台起重机并立于柱的一侧（图 7.18）。起吊时，两机同时同速升钩，至柱离地面 0.3 m 高度时，停止上升；然后，两起重机的起重臂同时向杯口旋转,此时,从动起重机 A 只旋转不提升,主动起重机 B 则边旋转边提升吊钩直至柱直立,双机以等速缓慢落钩,将柱插入杯口中。

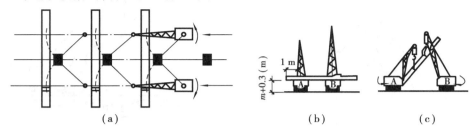

图 7.18 双机抬吊旋转法

(a)柱的平面布置;(b)双机同时提升吊钩;(c)双机同时向杯口旋转

双机抬吊滑行法柱的平面布置与单机起吊滑行法基本相同。两台起重机相对而立,起吊钩均应位于基础上方(图 7.19)。起吊时,两台起重机以相同的升钩、降钩、旋转速度工作。故宜选择型号相同的起重机。

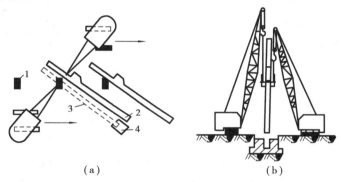

图 7.19 双机抬吊滑行法

(a)俯视图;(b)立面图

1—基础;2—柱预制位置;3—柱的翻身后位置;4—滚动支座

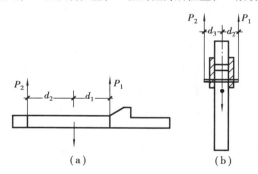

图 7.20 负荷分配计算简图

(a)两点抬吊;(b)一点抬吊

采用双机抬吊,为使各机的负荷均不超过该机的起重能力,需人为对负荷进行分配(图7.20),其计算方法如下:

$$P_1 = 1.25Q \frac{d_2}{d_1 + d_2} \tag{7.7}$$

$$P_2 = 1.25Q \frac{d_1}{d_1 + d_2} \tag{7.8}$$

式中:Q——柱的重量(t);

   P_1——第一台起重机的负荷(t);

   P_2——第二台起重机的负荷(t);

   d_1、d_2——起重机吊点至柱重心的距离(m);

   1.25——双机抬吊可能引起的超负荷系数,若有不超荷的保证措施,可不乘此系数。

3)柱的对位与临时固定

柱脚插入杯口后,应悬离杯底30~50 mm处进行对位。对位时,应先沿柱子四周向杯口对称放入6~8块楔块,并用撬棍拨动柱脚,使柱子安装中心线对准杯口上的安装中心线,保持柱子基本垂直。当对位完成后,即可落钩将柱脚放入杯底,并复查中线,待符合要求后,即可将楔子打紧,使之临时固定(图7.21,图中括号内的数字表示另一种规格钢楔的尺寸)。当柱基的杯口深度与柱长之比小于1/20时,或具有较大牛腿的中型柱,还应增设带花篮螺丝的缆风绳或采取加斜撑等措施加强柱临时固定时的稳定性。

4)柱的校正

柱的校正包括平面位置的校正、垂直度的校正和标高校正。

平面位置的校正,在柱临时固定前进行对位时就已完成,而柱标高则在吊装前应已通过按实际柱长调整杯底标高的方法进行了校正。垂直度的校正,则应在柱临时固定后进行。

柱垂直度的校正直接影响吊车梁、屋架等安装的准确性,要求垂直偏差的允许值为:当柱高小于或等于5 m时偏差为5 mm;当柱高大于5 m

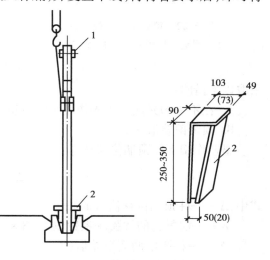

图7.21 柱的对位与临时定位
1—安装缆风绳或挂操作台的夹箍;2—钢楔

且小于10 m时偏差为10 mm;当柱高大于或等于10 m时偏差为1/1 000柱高且小于或等于20 mm。柱垂直度的校正方法,对中小型柱或垂直偏差值较小时,可用敲打楔块法;对重型柱则可用千斤顶法、钢管撑杆法、缆风绳校正法(图7.22、图7.23)。

柱的垂直起吊还应注意以下问题:

①柱的两个方向偏差相近时,应先校正小面,后校正大面。若两个方向的偏差较大时,则应先校正大面,后校正小面。校正好一个方向后,稍打紧两面相对的4个楔子,再校正另一个方向。

②柱在两个方向的垂直度都校正好之后,须再复查平面位置,若偏差小于5 mm,则打紧4面的8个楔子,使其松紧基本一致。

③柱在阳光照射下校正垂直度时,要考虑阳面和阴面的温差对垂直度的影响。阳光下,柱的阳侧伸长,会向阴侧方向弯曲。柱顶产生一个3~10 mm的水平位移。为了减少其影响可

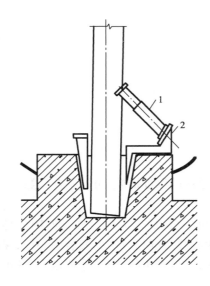

图 7.22 螺旋千斤顶校正器
1—螺旋千斤顶;2—千斤顶支座

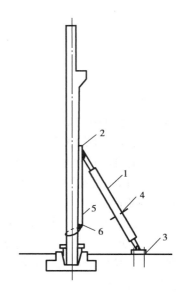

图 7.23 钢管撑杆校正器
1—钢管校正器;2—头部摩擦板;3—底板;
4—转动手柄;5—钢丝绳;6—卡环

采取以下措施:

A. 在不受阳光或受阳光作用小时校正,如利用清晨、阴天、黄昏等时间。

B. 预留偏差值法。

温差作用下柱顶端位移计算:

$$\Delta = \frac{\alpha \cdot \Delta t}{2h} \cdot l^2 \tag{7.9}$$

式中:Δ——柱顶端位移值(mm);

α——混凝土的线膨胀系数取 1.08×10^5;

Δt——柱阴阳两面温差值(℃);

h——温差方向柱截面宽度(mm);

l——杯口顶面以上柱的长度(mm)。

由(7.9)式可知,柱中部位移值是柱顶的 1/4。校正时以柱中部线对杯口中心线垂直,测得柱端偏位移值 Δ,使柱顶总偏值为 2Δ(图 7.24)即校正完毕。该柱在温差消除后就恢复到垂直状态。

5)柱的最后固定

柱校正后,应将楔块以每两个一组对称、均匀、分次打紧,并立即进行最后固定。其方法是在柱脚与杯口的空隙中浇注比柱混凝土强度等级高一级的细石混凝土。

混凝土的浇注分两次进行。第一次浇至楔块底面以下 50 mm,待混凝土达到 25% 的强度后,拔去楔块,再浇注第二次混凝土至杯口顶面(图 7.25),并进行养护。待第二次浇注的混凝土强度达到 75% 设计强度后,方能安装上部构件。

(2)吊车梁及框架梁的安装

吊车梁的类型通常有 T 型、鱼腹式和组合式等几种。安装时应采用两点绑扎,对称起吊,当跨度为 12 m 时亦可采用横吊梁,一般为单机起吊(图 7.26),特重的也可用双机抬吊。吊钩

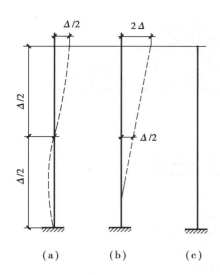

图 7.24　柱校正预留偏差简图

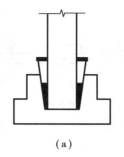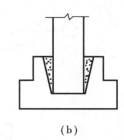

图 7.25　柱的最后固定

(a)第一次浇注混凝土;(b)第一次浇注混凝土

应对准吊车梁重心使其起吊后基本保持水平,对位时不宜用撬棍顺纵轴方向撬动吊车梁。吊车梁的校正可在屋盖吊装前进行,也可在屋盖吊装后进行;对于重吊车梁宜在屋盖吊装前进行,边吊吊车梁边校正。吊车梁的校正包括标高度、垂直度和平面位置等内容。

吊车梁标高主要取决于柱子牛腿标高,在柱吊装前已进行调整,若还存在微小偏差,可待安装轨道时再调整。

吊车梁垂直度和平面位置的校正可同时进行。

吊车梁的垂直度可用垂球检查,偏差值应在5 mm 以内。若有偏差,可在两端的支座面上加斜垫铁校正,每叠垫铁不超过 3 块。

吊车梁平面位置的校正,主要是检查吊车梁纵轴线以及两列吊车梁间的跨距是否符合要求。按施工规范要求,轴线偏差不得大于 5 mm,在屋架安

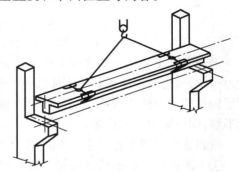

图 7.26　吊车梁的吊装

装前校正时,跨距不得有正偏差,以防屋架安装后柱顶向外偏移。吊车梁平面位置的校正方法,通常有通线法和平行移轴轴线法。通线法是根据柱的定位轴线用经纬仪和钢尺准确地校好一跨内两端的 4 根吊车梁的纵轴线和轨距,再依据校正好的端部吊车梁,沿其轴线拉上钢丝通线,两端垫高 200 mm 左右,并悬挂重物拉紧,逐根拨正吊车梁(图 7.27)。平行移轴法是根据柱和吊车梁的定位轴线间的距离(一般为 750 mm),逐根拨正吊车梁的安装中心线(图7.28)。

吊车梁校正后,应立即焊接牢固,并在吊车梁与柱接头的空隙处浇注细石混凝土进行最后固定。

框架结构的梁的吊装方法与吊车相同,不同之处在于节点连接。

(3)屋架的安装

1)屋架的扶直与就位

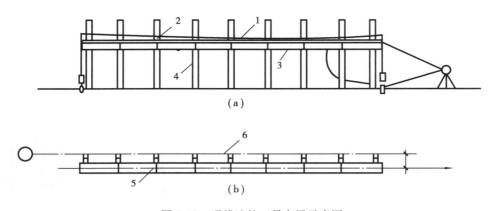

（a）

（b）

图 7.27　通线法校正吊车梁示意图

1—通线；2—支架；3—经纬仪；4—木桩；5—柱；6—吊车梁

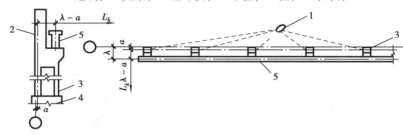

图 7.28　平移轴线法校正吊车梁

1—经纬仪；2—标志；3—柱；4—柱基础；5—吊车梁

钢筋混凝土屋架一般在施工现场平卧重叠预制，吊装前需进行扶直和就位。屋架是平面受力构件，扶直时在重力作用下屋架承受平面侧向外力，屋架侧向刚度较差，侧向外力部分改变了构件的受力性质，特别是上弦杆易挠曲开裂。因此，需事先进行吊装应力验算，如截面强度不够，则应采取加固措施。

按起重机与屋架相对位置不同，屋架扶直可分为正向扶直与反向扶直两种。

①正向扶直　起重机在屋架下弦一侧，首先一吊钩对准屋架上弦中点，收紧吊钩，然后略略起臂使屋架脱模，接着起重机升钩并升臂使屋架以下弦为轴缓慢转为直立状态（图 7.29）。

②反向扶直　起重机在屋架上弦一侧，首先一吊钩对准屋架上弦重点，接着升钩并降臂。使屋架以下弦为轴缓慢转为直立状态（图 7.30）。

屋架扶直后，应立即就位，即将屋架移往吊装前的规定位置。就位的位置与屋架的安装方法、起重机的性能有关。应考虑屋架的安装顺序、两端朝向等问题，且应少占场地，便于吊装作业。一般靠柱边斜放或以 3 ~ 5 榀为一组平行柱边纵向就位，用支撑或 8 号铁丝等与已安装好的柱或已就位的屋架拉牢，以保持稳定。

2）屋架的绑扎

屋架的绑扎点应选在上弦节点处，左右对称，并高于屋架重心，以免屋架起吊后晃动和倾翻，为防止屋架承受过大的挤压力（特别是下弦受拉杆件）而破坏，吊索与水平线的夹角 α 不宜小于 45°。为了减小绑扎高度及所受的横向压力可采用横吊梁。吊点的数目及位置与屋架的形式和跨度有关，一般应经吊装验算确定。

当屋架跨度小于或等于 18 m 时，采用 2 点绑扎（图 7.31（a））；当跨度为 18 ~ 30 m 时，采

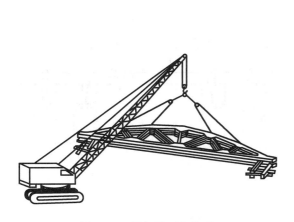

图 7.29　屋架的正向扶直

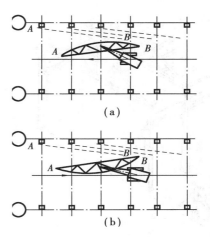

图 7.30　屋梁的扶直
（a）正向扶直；（b）反向扶直
（虚线表示屋架就位的位置）

用 4 点绑扎（图 7.31（b））；当跨度为 30～36 m 时,采用 9 m 横吊梁、4 点绑扎（图 7.31（c））;
侧向刚度较差的屋架,必要时应进行临时加固（图 7.31（d））。

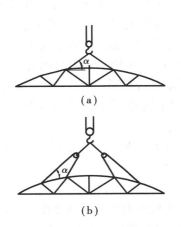

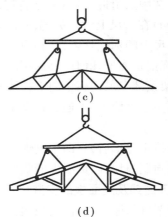

图 7.31　屋架的绑扎
（a）屋架小于或等于 18 m 时；（b）屋架跨度大于 18m 时；
（c）屋架跨度大于 30 m 时；（d）三角形组合屋架

3）屋架的起吊和临时固定

屋架的起吊是先将屋架吊离地面约 500 mm,然后将屋架转至吊装位置下方,再将屋架吊
升超过柱顶约 300 mm,然后将屋架缓慢放至柱顶,对准建筑物的定位轴线（该轴线在屋架吊装
前已用经纬仪放到柱顶）。规范规定,屋架下弦中心线对定位轴线的移位允许偏差为 5 mm。
屋架的临时固定方法是:第一榀屋架用 4 根缆风绳从两边将屋架拉牢,亦可将屋架临时支撑在
抗风柱上。其他各榀屋架的临时固定（图 7.32）用工具式支撑（屋架校正器见图 7.33）在前一
榀屋架上。

4）屋架的校正与最后固定

屋架的校正一般可采用校正器校正,对于第一榀屋架,可用缆风绳进行校正。屋架的垂直

201

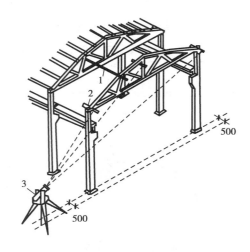

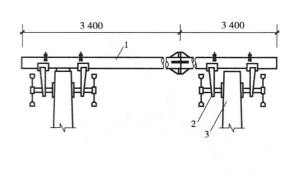

图 7.32　屋架的临时固定与校正　　　　　图 7.33　工具式支撑的构造
1—工具式支撑;2—卡尺;3—经纬仪　　　　　1—钢管;2—撑脚;3—屋架上弦

度可用经纬仪或线锤进行检查。用经纬仪检查竖向偏差的方法是在屋架上安装 3 个卡尺,一个按在上弦中点附近,另两个分别安在屋架两端。自屋架几何中心向外量出一定距离(一般为 500 mm)在卡尺上做出标记,然后在距离屋架中心线同样距离(500 mm)处安设经纬仪,观测 3 个卡尺上的标记是否在同一垂直面上。用线锤检查屋架竖向偏差的方法与上述步骤基本相同,但标记距屋架几何中心的距离可短些(一般为 300 mm),在两端头卡尺的标记间连一通线,自屋架顶部卡尺的标记向下挂线锤,检查 3 个卡尺标记是否在同一垂直面上。若卡尺的标记不在同一垂直面上,可通过转动工具式支撑上的螺栓纠正偏差,并在屋架两端的柱顶垫入斜垫铁。

屋架校正完毕后,立即用电焊最后固定。焊接时,应先焊接屋架两端成对角线的两侧边,不得两端同侧施焊,以免因焊缝收缩使屋架倾斜。

(4)天窗架及屋面板的安装

天窗架可与屋架组合一次安装,亦可单独安装,视起重机能力和起吊高度而定。前者高空作业少,但对起重机要求较高,后者是较为常用的方式,安装时需待天窗架两侧屋面板安装后进行。钢筋混凝土天窗架一般可采用 2 点或 4 点绑扎(图 7.34)。其校正、临时固定亦可用缆风、木撑或临时固定器(校正器)进行。

屋面板预埋有吊环,屋面板的安装应自梁边檐口左右对称地逐块安向屋脊。屋面板就位后,应立即与屋架上弦焊牢(图 7.35)。

(5)构件的接头

在多层装配式框架结构中,构件接头质量直接影响整个结构的稳定和刚度。

1)柱的接头

柱的接头形式有:榫式接头、插入式接头和浆锚接头 3 种形式。

榫式接头(图 7.36)是上下柱预制时各向外伸出一定长度(亦大于 25 倍纵向钢筋直径)的钢筋,柱安装时使钢筋对准,用剖口焊加以焊接。为承受施工荷载,上柱底部有突出的混凝土榫头,钢筋焊接后用高标号水泥或微膨胀水泥拌制的比柱混凝土设计强度等级高 25% 的细石

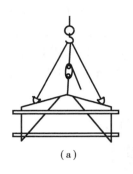 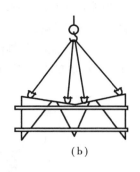 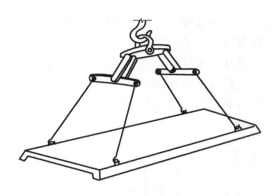

图 7.34 天窗架的绑扎 　　　　　　　　　　图 7.35 屋面板吊装

（a）2 点绑扎；（b）4 点绑扎

混凝土进行接头浇注。待接头混凝土达到 75% 设计强度后，再吊装上层构件。为了使上下柱伸出的钢筋能对准，柱预制时最好用连续通常钢筋，为避免过大的焊接应力对柱子垂直度的影响，对焊接顺序和焊接方法要周密考虑。

浆锚接头（图 7.37）是在上下柱底部外伸 4 根长 300 ~ 700 mm 的锚固钢筋；在下柱顶部则预留 4 个深 350 ~ 750 mm、孔径 2.5 ~ 4.0d（d 为锚固钢筋直径）的浆锚孔。在插入上柱之前，先在浆锚孔内灌入快凝砂浆，在下柱顶面亦满铺厚约 10 mm 的砂浆，然后把上柱锚固钢筋插入孔内，使上下柱连成整体。也可以用灌浆或后压浆工艺。浆锚接头避免了焊接工作带来的诸多不利因素，但连接质量低于榫式接头。

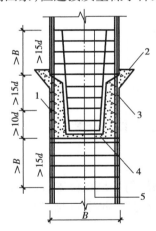 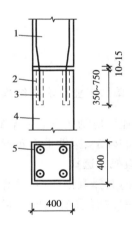

图 7.36 榫接接头构造 　　　　　　　　　图 7.37 浆锚接头

1—坡口焊；2—后浇混凝土； 　　　　　　1—上柱；2—锚固钢筋；

3—箍筋；4—砂浆；5—钢筋网 　　　　　　3—浆锚孔；4—下柱；5—箍筋

插入式接头（图 7.38）是将上节柱做成榫头，下节柱顶部做成杯口。上节柱插入杯口后用水泥砂浆灌注成整体。此种接头不用焊接，安装方便，造价低，但在大偏心受压时，必须采取措施，以避免受拉产生裂缝。

2）柱与梁的接头

装配式框架柱与梁的接头视结构设计要求而定，可以是刚接，也可以是铰接。接头形式有浇注整体式、牛腿式和齿槽式等，以浇注整体式应用最为广泛。

整体式接头(图7.39),是把柱与梁浇注在一起的刚接节点,抗震性能好。其具体做法是:柱为每层一节,梁搁在柱上,梁底钢筋按锚固长度要求上弯或焊接。在节点绑扎好箍筋后,浇注混凝土至楼板面,待混凝土强度达 10 N/mm² 即可安装上节柱。上节柱与榫式接头相似,上、下柱钢筋单面焊接,然后第二次浇注混凝土至上柱的榫头上方并留 35 mm 空隙,用 1∶1∶1 的细石混凝土捻缝,以形成梁柱刚节接头。

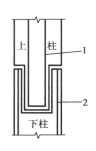

图 7.38　插入式接头
1—上柱;2—下柱

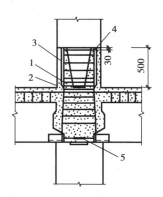

图 7.39　整体式接头
1—定位预埋件;2—定位箍筋;
3—单面焊;4—捻干硬性混凝土;5—单面焊

7.3　结构安装方案

7.3.1　单层工业厂房的结构安装方案

单层工业厂房结构安装方案的主要内容是:起重机的选择、结构安装方法,起重机开行路线及停机点的确定、构件平面布置等。

(1)起重机的选择

起重机的选择直接影响到构件安装方法,起重机开行路线与停机点位置、构件平面位置等在安装工程中占有重要地位。起重机的选择包含起重机类型和起重机型号的确定两方面内容。

1)起重机类型的选择

单层工业厂房结构安装起重机的类型,应根据厂房外形尺寸、构件尺寸,重量和安装位置,施工现场条件,施工单位机械设备供应情况以及安装工程量,安装进度要求等因素,综合考虑后确定。

对于一般中小型厂房,以采用自行杆式起重机比较适宜,其中尤以履带式起重机应用最为广泛。

对于重型厂房,因厂房的跨度和高度都大,构件尺寸和重量亦很大,设备安装往往要同结构安装平行进行,故采用重型塔式起重机或纤缆式桅杆起重机较为适宜。

2)起重机型号的确定

起重机的型号应根据构件重量、构件安装高度和构件外形尺寸确定,使起重机起重梁、起重高度及回转半径足以适应结构安装的需要。

①起重量

起重机的起重量必须满足下式要求:

$$Q \geqslant Q_1 + Q_2 \tag{7.10}$$

式中:Q——起重机的起重量(t);

$\quad Q_1$——构件重量(t);

$\quad Q_2$——索具重量(t)。

②起重高度

起重机的起重高度必须满足所吊构件的高度要求(图7.40)。

$$H \geqslant h_1 + h_2 + h_3 + h_4 \tag{7.11}$$

式中:H——起重机的起重高度(m),从停机面至吊钩的垂直距离;

$\quad h_1$——安装支座表面高度(m),从停机面算起;

$\quad h_2$——安装间隙,一般不小于0.3 m;

$\quad h_3$——绑扎点至构件底面的距离(m);

$\quad h_4$——索具高度,自绑扎点至吊钩中心的距离,视具体情况而定,不小于1 m。

③起重半径

起重机起重半径的确定可按以下情况考虑:

当起重机可以不受限制地开到构件安装位置附近安装时,对起重半径无要求,在计算起重量和起重高度后,便可查阅起重机起重性能表或性能曲线来选择起重机型号及起重臂长,并可查得在此起重量和起重高度下相应的起重半径,作为确定起重机开行路线及停机位置时参考。

当起重机不能直接开到构件安装位置去安装构件时,应根据起重量、起重高度和起重半径3个参数,查起重机起重性能表或性能曲线来选择起重机型号及起重臂长。

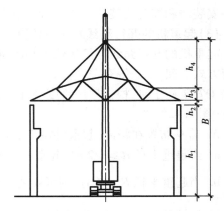

图7.40　起重高度计算图

(2)结构安装方法

单层工业厂房的结构安装方法,有分件安装法和综合安装法两种。

1)分件安装法(又称大流水法)

分件安装法是起重机每开行一次只安装一种或几种同类构件。安装的一般顺序是:起重机第一次开行,安装完全部柱子并对柱子进行校正和最后固定;第二次开行,安装全部吊车梁、连系梁及柱间支撑等;第三次开行,安装屋架,然后安装屋盖、天窗架及屋面构件。

分件安装法的主要优点是:构件校正、固定有足够的时间;构件可分批进场,供应较单一,安装现场不致过分拥挤,平面布置较简单;起重机每次开行吊装同类型构件,索具勿需经常更换,安装效率高。连续吊装相同构件,有利于改进作业技术和提高安装质量。其缺点是不能为后续工程及早提供工作面,起重机开行路线长。

2)综合安装法(又称节间安装法)

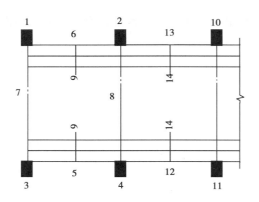

图 7.41 综合吊装法(构件安装顺序)

综合安装法是起重机每移动一次就装完一个节间内的全部构件。即先安装这一节间柱子,校正固定后立即装该节间内的吊车梁、屋架及屋面构件,待安装完这一节间全部构件后,起重机移至下一节间进行安装。构件安装顺序如图7.41所示。

综合安装的优点是:起重机开行路线较短,停机点位置少,可使后续工序提早进行,使各工种进行交叉平行流水作业,有利于加快整个工程进度。特别是可以提早为设备安装提供场地,有利于缩短建设工期。

其缺点在于同时安装多种类型构件,起重机不能发挥最大效率,且构件供应紧张,现场拥挤,校正困难。故此法应用较少,只是在某些结构(如门式框架)必须采用综合安装时,才采用这种方法。

3)分段构件安装法

是将整个厂房划分为几个施工段,每一段采用分件安装法,完成一段后转入下一段。综合分件安装法和综合安装法的优点特别适宜大面积(多节间)的工业厂房安装工程。

(3)起重机的开行路线及停机位置

起重机的开行路线与停机位置和起重机的性能、构件尺寸及重量、构件平面位置、构件的供应方式、安装方法等有关。

①安装柱子时,根据厂房跨度、柱的尺寸及重量、起重机性能等情况,可沿跨中开行或跨边开行(图7.42)。

A. 若柱布置在跨内,起重机在跨中开行,每个停机位置可安 2~4 根柱。

a. 当起重半径 $R \geqslant L/2$ 时,起重机沿跨中开行,每停机点可安装 2 根柱(图7.42(a));

b. 当起重半径 $R < \dfrac{L}{2}$ 时,则可安装 1 根柱(图7.42(c))。

B. 跨边开行,起重机可沿跨内 $R \geqslant \sqrt{(L/2)^2 + (b/2)^2}$ 或跨外开行。跨外开行须在场地许可时方可采用。可增加跨内布置构件的场地。无论跨内、跨外开行,条件允许时应尽量采用停一次机吊 2 根柱(图7.42(b))。

$$R \geqslant \sqrt{(a/2)^2 + (b/2)^2}$$

②屋架扶直就位及屋盖系统安装时,起重机在跨内开行。

屋架的扶直就位以及安装应尽可能布置起重机跨中开行,这样可以减少开行道路所占场地,简化组织设计,方便作业。而屋盖板、天窗构件可以跨外吊装,应视安装场地条件和施工组织情况综合考虑,尤其是多机联合作业,跨外安装可降低施工干扰,有利于组织平行的配合作业。

当单层工业厂房面积较大或具有多跨结构时,为加快工程进度,可将其划分为若干施工段,选用多台起重机同时施工。每台起重机可以独立作业并担负一个区段的全部安装工作,也可选用不同性能的起重机协同作业,分别安装柱和屋盖结构,组织流水施工。

当厂房为多跨并列且具有纵横跨时,可先安装各纵向跨,以保证起重机在各纵向跨安装

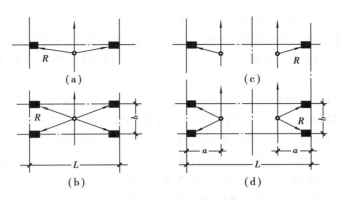

图 7.42　起重机吊柱时开行路线及停机位置

时,运输道路畅通。若有高低跨,则应先安高跨,后安低跨并向两边逐步展开安装作业。

（4）构件平面布置与安装前构件的就位、堆放

1）现场预制构件的平面布置

预制构件的平面布置是结构安装工程的一项重要工作,影响因素众多,布置不当将直接影响工程进度和施工效率。故应在确定起重机型号和结构安装方案后结合施工现场实际情况来确定。单层工业厂房需要在现场预制的构件主要有柱和屋架,吊车梁有时也在现场制作。其他构件则在构件厂或预制厂制作,运到现场就位安装。

①构件平面布置的要求

构件平面布置应尽可能满足以下要求:

A. 各跨构件宜布置在本跨内,如有困难可考虑布置在跨外且便于安装的地方;

B. 构件布置应满足其安装工艺要求,尽可能布置在起重机起重半径内;

C. 构件间应有一定距离（一般不小于 1 m）,便于支模和浇注混凝土,对重型构件应优先考虑,若为预应力构件尚应考虑抽管、穿筋的操作场所;

D. 各种构件的布置应力求占地最少,保证起重机及其他运输车辆运行道路的畅通,当起重机回转时不至与建筑物或构件相碰;

E. 构件布置时应注意安装时的朝向,避免空中调头,影响施工进度和安全;

F. 构件应布置在坚实的地基上,在新填土上布置构件时,应采取措施（如夯实、垫通长木板等）防止地基下沉影响构件质量。

②柱的布置按安装方法的不同,有斜向布置和纵向布置两种。

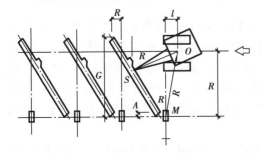

图 7.43　柱斜向布置（三点共弧）

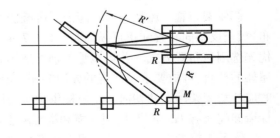

图 7.44　柱斜向布置（柱脚、柱基两点共弧）

A. 柱的斜向布置若以旋转法起吊,按三点共弧布置（图 7.43）,其步骤如下:

首先确定起重机开行路线至柱基中心的距离 a，a 的最大值不超过起重机吊装该柱时的最大起重半径，也不能小于起重机的最小起重半径 R'，以免起重机离基坑太近而失稳。此外，应注意起重机回转时，其尾部不与周围构件或建筑物相碰。综合考虑上述条件，即可画出起重机的开行路线。

随即确定起重机的停机位置。以柱基中心 M 为圆心，安装该柱的起重半径 R 为半径画弧，与起重机开行路线相交于 O 点，该 O 点即为安装该柱的起重机停机位置。然后，以停机位置 O 为圆心，OM 为半径画弧，在靠近柱基的弧上选点 K 作为柱脚中心的位置，再以 K 为圆心，以柱脚到吊点的距离为半径画弧，与 OM 为半径所画弧相交于 S，连接 KS 得柱的中心线。据此画出预制位置图，标出柱顶、柱脚与柱到纵横轴线的距离 A、B、C、D，作为支模依据。

布置柱时尚应注意牛腿朝向。当柱布置在跨内，牛腿应朝向起重机；当柱布置在跨外，牛腿则应背向起重机。

由于受场地或柱子尺寸的限制，有时难以做到三点共弧，则可按两点共弧布置，其方法有以下两种：

一种是将柱脚与柱基中心安排在起重半径 R 的圆弧上，而将吊点置于起重半径 R 之外。安装时先用较大的起重半径 R 起吊，并起升起重臂，当起重半径为 R 后，停止升臂，再按旋转法安装柱（图 7.44）。

另一种是将吊点与柱基安排在起重半径 R 的同一圆弧上，而柱脚斜向任意方向。安装时，柱可按旋转法起吊，也可用滑行法（图 7.45）。

B. 柱的纵向布置　当采用滑行法安装时，可纵向布置，预制柱的位置与厂房纵轴线向平行（图 7.46）。若柱长小于 12 m，为节约模板及场地，柱可叠浇并排成两行。柱叠浇时应刷隔离剂，浇注上层柱混凝土时，须待下层柱混凝土强度达到 5.0 N/mm^2 后方可进行。

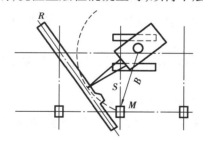

图 7.45　柱的斜向布置

（吊点、柱基两点共弧）

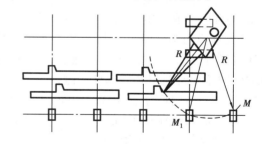

图 7.46　柱的纵向布置

③屋架布置　屋架一般在跨内平卧叠浇预制，每叠 3~4 榀，其布置方式有 3 种：正面斜向布置、正反斜向布置和正反纵向布置（图 7.47）。因正面斜向布置使屋架扶直就位方便，故应优先选用该布置方式。若场地受限则可选用其他布置方式。确定屋架的预制位置，还要考虑屋架的扶直，堆放要求及扶直的先后顺序，先扶直者应放在上层。屋架跨度大，转动不易，布置时应注意屋架两端的朝向。还应提供预应力屋架抽管穿筋之用的最小距离 $(L/2+3)$ m。每两垛屋架间留有 1m 空隙，以便立模和浇混凝土。

④吊车梁的布置　若吊车梁在现场预制，一般应靠近柱基础顺纵轴线或略作倾斜布置，亦可插在柱子之间预制。若具有运输条件，可另行在场外集中预制。

2）构件安装前的就位和堆放的平面布置

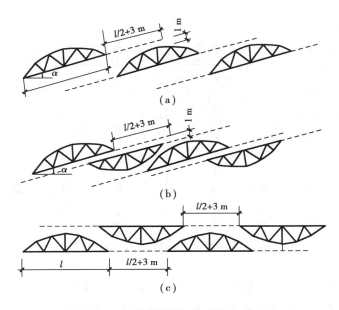

图 7.47　屋架预制时的布置方式

（a）下面斜向布置；（b）正反斜向布置；（c）正反纵向布置

现场预制构件的平面布置，难以满足起吊的要求，因此吊装前须将构件转移到吊装的最佳位置，对厂外制作运输到现场堆放的构件，其堆放位置也要考虑吊装要求，当不满足时也须移至吊装位置，这项工作称为构件就位。就位的位置受起重机械、吊装方法和现场场地条件影响，因此，必须在平面上确定各种构件的吊装位置。

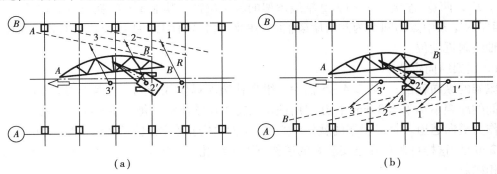

图 7.48　屋架的就位示意图

（a）同侧就位；（b）异侧就位

①屋架的就位

屋架在扶直后，应立即将其转移到吊装前的就位位置，屋架按就位位置的不同，可分为同侧就位和异侧就位（图 7.48）。屋架的就位方式一般有两种：一种是斜向就位，另一种是成组纵向就位。

A. 屋架的斜向就位

屋架的斜向就位（图 7.49），可按以下方法确定：安装屋架时，起重机一般沿跨中开行，因此，可画出起重机的开行路线。停机位置的确定是以欲安装的某轴线与起重机开行路线的交点为圆心，以所选安装屋架的起重半径 R 为半径画弧，与开行路线相交于 O_1、O_2、O_3…这若干

209

交点即为停机位置。

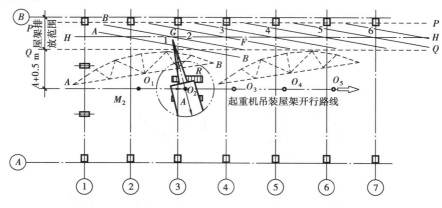

图 7.49　屋架斜向就位

屋架靠柱边就位时,距柱边净距不小于 200 mm,并可利用柱作为屋架的临时支撑。这样,便可定出屋架就位的外边线 $P—P$;另外,起重机在安装屋架和屋面板时,机身需要回转,若起重机机身回转半径为 A,则在距起重机开行路线 $A+0.5$ m 范围内不宜布屋架及其他构件,据此,可画出内边线 $Q—Q$,$P—P$ 和 $Q—Q$ 两线间即为屋架扶直就位的控制位置。

在确定屋架就位范围后,画出 $P—P$、$Q—Q$ 的中心线 $H—H$,屋架就位后其中点均在 $H—H$ 线上。这里以安装②轴线屋架为例。以停机点 O_2 为圆心,R 为半径画弧交 $H—H$ 于 G 点,G 点即为②轴线屋架就位后的中点,再以 G 为圆心,以屋架跨度的 1/2 为半径,画弧交 $P—P$、$Q—Q$ 两线于 E、F 两点,连接 E、F 即为②轴线屋架的就位位置。其他屋架的就位位置均平行于此屋架,相邻两屋架中点的间距为此两屋架轴线间的距离。只有①轴线屋架若已安装抗风柱,需退到②轴线附近就位。

B. 屋架纵向定位

屋架的纵向就位,一般以 4～5 榀为一组靠柱边顺纵轴线排列。屋架与柱之间,屋架与屋架之间的净距不小于 200 mm,相互间用铁丝及支撑拉紧撑牢。每组屋架间应留有 3 m 左右的间距作为横向通道。每组屋架的就位中心线,应大致安排在该组屋架倒数第二榀的吊装轴线之后 2 m 处,这样可避免在已安装好的屋架下面去绑扎安装屋架,且屋架起吊后不与已安装的屋架相碰。

②吊车梁、联系梁和屋面板的堆放

构件运到施工现场应按施工平面图规定位置,按编号及构件安装顺序进行就位或集中堆放。吊车梁、连系梁就位位置,一般在其安装位置的柱列附近,跨内跨外均可,有时对屋面板等小型构件可采用随运随吊,以免现场过于拥挤。梁可叠放 2～3 层;屋面板的就位位置,可布置在跨内或跨外,根据起重机吊屋面板时所需要的起重半径,当屋面板跨内就位时,应退后 3～4 个节间沿柱边堆放;当跨外就位时,则应退 1～2 个节间靠柱边堆放。屋面板的叠放,一般为 6～8 层。

以上介绍的是单层工业厂房构件平面布置的一般原则和方法,但其平面布置往往会受众多因素的影响,制定方案时,必须充分考虑现场实际,确定切实可行的构件平面布置图。

7.3.2　装配式框架结构安装方案

装配式钢筋混凝土框架结构是多层、高层民用建筑和多层工业厂房的常用结构体系之一，梁、柱、板等构件均在工厂或现场预制后进行安装，从而节省了现场施工模板的搭、拆工作。不仅节约了模板，而且可以充分利用施工空间进行平行流水作业，加快施工进度；同时，也是实现建筑工业化的重要途径。但该结构体系构件接头较复杂，结构用钢量比现浇框架增加 10～20 kg/m²，工程造价比现浇框架结构增加 30%～50%，并且施工时需要相应的起重、运输和安装设备。

装配式框架结构的形式，主要有梁板式和无梁式两种。梁板式结构由柱、主梁、次梁及楼板等组成。主梁多沿横向框架方向布置，次梁沿纵向布置。柱子长度取决于起重机的起重能力，条件可能时应尽量加大柱子长度，以减少柱子接头数量，提高安装效率。若起重条件允许，还可采用梁柱整体式构件（H 形、T 形构件）进行安装，柱与柱的接头应设在弯距较小的地方。无梁式结构由柱和板组成。这种结构多采用升板法施工。

多层装配式框架结构施工的特点是：高度大，占地少，构件类型多，数量大，接头复杂，技术要求高。为此，应着重解决起重机械选择、构件的供应、现场平面布置以及安装方法等。

（1）起重机械的选择

起重机械选择主要根据工程特点（平面尺寸、高度、构件重量和大小等）、现场条件和现有机械设备等来确定。

目前，装配式框架结构安装常用的起重机械有自行式起重机（履带式、汽车式、轮胎式）和塔式起重机（轨道式、自升式）。一般 5 层以下的民用建筑或高度在 18 m 以下的多层工业厂房及外形不规则的房屋，宜选用自行式起重机。10 层以下或房屋总高度在 25 m 以下，宽度在 15 m 以内，构件重量在 2～3 t，一般可选用 QT_1—6 型塔式起重机或具有相同性能的其他轻型塔式起重机。

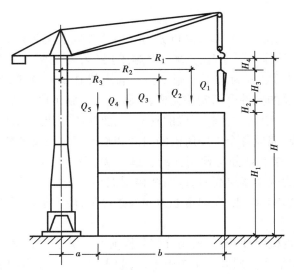

图 7.50　塔式起重机工作参数计算简图

在选择塔式起重机型号时，首先应分析结构情况，绘出剖面图，并在图上标注各种主要构

件的重量 Q_i 及安装所需的起重半径 R_i,然后根据现有起重机的性能,验算其起重量、起重高度和起重半径是否满足要求(图 7.50)。当塔式起重机的起重能力用起重力矩表示时,应分别计算出吊主要构件所需的起重力矩,$M_i = Q_i \cdot R_i (kN \cdot m)$,取其中最大值作为选择依据。

(2)起重机械的布置

塔式起重机的布置主要应根据建筑物的平面形状、构件重量、起重机性能及施工现场环境条件等因素确定。通常塔式起重机布置在建筑物的外侧,有单侧布置和双侧布置两种方法。

1)单侧布置

当建筑物宽度较小(15 m 左右),构件重量较轻(2 t 左右)时常采用单侧布置。该布置方案具有轨道长度较短,构件堆放场地较宽等特点。

2)双侧布置

当建筑物宽度较大($b > 17$ m)或构件较重,单侧布置时起重力矩不能满足最远构件的安装要求时,起重机可双侧布置。

当场地狭窄,在建筑物外侧不可能布置起重机或建筑物宽度较大,构件较重,起重机布置在跨外其性能不能满足安装需要时,也可采用跨内布置,其布置方式有跨内单行布置和跨内环形布置两种。该布置方式的特点是:可减少轨道长度,节约施工用地,但只能采用竖向结构安装,结构稳定性差,构件多布置在起重半径之外,增加了二次搬运,对建筑物外侧维护结构安装较困难。同时,在建筑物的一端还应留 20 ~ 30 m 长的场地,作为塔式起重机装卸之用。因此,应尽可能不采用跨内布置,尤其是跨内环形布置。

由于起重机械的布置需考虑的因素较多,进行施工组织设计时应根据现场情况具体分析。可参见第 14 章中的有关内容。

(3)结构安装方法

多层装配式框架结构的安装方法,与单层工业厂房相似,亦分为分件安装法和综合安装法两种。

1)分件安装法

分件安装法根据流水方式的不同,又可分为分层分段流水法和分层大流水安装法两种。

分层分段流水安装法是以一个楼层为一个施工层(若柱是两层一节,则两个楼层为一个施工层),每一个施工层再划分为若干个施工段。起重机在每一施工段内按柱、梁、板的顺序分次进行安装,直至该段的构件全部安装完毕,再转向另一施工段。待一层构件全部安装完毕并最后固定后再安装上一层构件。施工段的划分,主要取决于建筑物的形状和平面尺寸,起重机的性能及其开行路线,完成各个工序所需的时间和临时固定设备的数量等因素,框架结构以 4 ~ 8 个节间为宜。施工层的划分与预制柱的长度有关,当柱长为一个楼层高时,以一个楼层为一个施工层;当柱长为两个楼层高时,以两个楼层高为一个施工层。由此可知,施工层的数目愈多,安装速度愈受影响,因此,在起重能力允许条件下,应增加柱子长度,减少施工层数,从而加快工程进度。

图 7.51 是塔式起重机跨外开行,采用分层分段流水安装法安装梁板式框架结构一个楼层的施工顺序。该结构在平面内划分为 4 个施工段,起重机依次安装第 Ⅰ 施工段的 1 ~ 14 号柱,在这段时间内,柱的校正、焊接、接头灌浆等工序亦依次进行。起重机在安完 14 号柱后,回头安装 15 ~ 33 号主梁和次梁,同时进行各梁的焊接和灌浆等工序。这样就完成了第 Ⅰ 施工段的中柱和梁的安装并形成框架,保证了结构的稳定性,然后如法安装第 Ⅱ 施工段中的柱和梁。待

第Ⅰ、Ⅱ施工段的梁和柱安装完毕,再回头依次安装这两个施工段中64～75号楼板,然后照此安装第Ⅲ、Ⅳ两个施工段。一个施工层完成后再往上安装另一施工层。

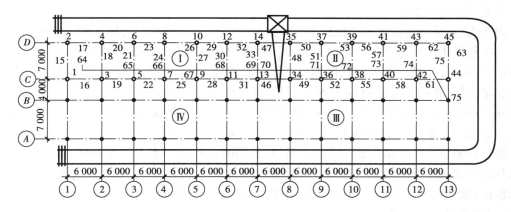

图7.51　用分层分段流水安装法安装梁板结构

分层大流水安装法是每个施工层不再划分施工段,而按一个楼层组织各工序的流水,其临时固定支撑很多,只适用于面积不大的房屋安装工程。

分件安装法是装配式框架结构最常用的方法。其优点是:容易组织安装、校正、焊接、灌浆等工序的流水作业;便于安排构件的供应和现场布置工作;每次安装同类型构件,可减少起重机变幅和索具更换的次数,从而提高安装速度和效率;各工序的操作比较方便和安全。

2)综合安装法

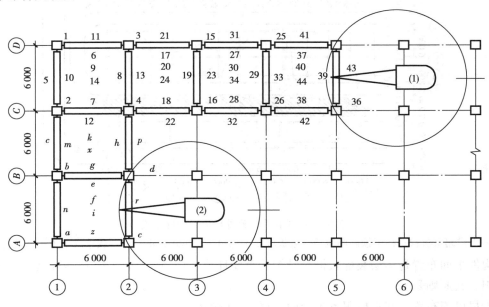

图7.52　用综合安装法安装梁板结构

1、2、3、…—[Ⅰ]号起重机安装顺序;a、b、c、…—[Ⅱ]号起重机安装顺序

综合安装法是以一个柱网(节间)或若干柱网(节间)为一个施工段,以房屋的全高为一个施工层来组织各工序的流水。起重机把一个施工段的构件安装至房屋的全高,然后转移到下

213

一个施工段。综合安装法适用于下述情况:当采用自行式起重机安装框架结构时;或用塔式起重机而不能在房屋外侧进行安装时;或房屋的宽度较大和构件较重以至于只有把起重布置在跨内才能满足安装要求时。

图 7.52 是采用履带式起重机跨内开行以综合安装法安装一幢两层装配式框架结构的实例。该工程采用两台履带式起重机安装,其中[Ⅰ]号起重机安装 $\textcircled{C}$、$\textcircled{D}$ 跨构件,首先安装第一节间的 1 ~ 4 号柱(柱一节到顶),随即安装第一层 5 ~ 8 号梁,形成框架后,接着安装 9 号楼板;再安装第二层 10 ~ 13 号梁和 14 号板。然后,起重机后退一个停机位置,再按相同顺序安装第二节间,以此类推,直至安装完 C、D 跨全部构件后退场。[Ⅱ]起重机则在 A、D 开行,负责安装 A、B 跨的柱、梁和楼板,再加上 B、C 跨的梁和楼板,安装方法与[Ⅰ]号起重机相同。

综合安装法在工程结构施工中很少采用,其原因在于:工人操作上下频繁,且劳动强度大。柱基与柱子接头混凝土尚未达到设计强度标准值的 75%,若立即安装梁等构件,结构稳定性难于保证;现场构件的供应与布置复杂,对提高安装效率及施工管理水平有较大的影响。

(4)构件的平面布置

装配式框架结构除有些较重、较长的柱需在现场就地预制外,其他构件大多在工厂集中预制后运往施工现场安装。因此,构件平面布置主要是解决柱的现场预制位置和工厂预制构件运到现场后的堆放问题。

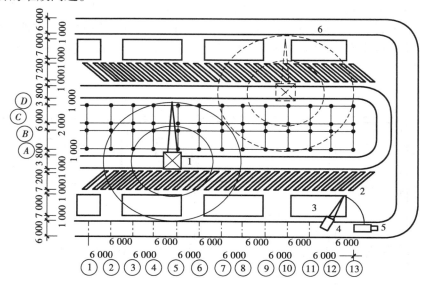

图 7.53 塔式起重机跨外环形时构件布置图

1—塔式起重机;2—柱子预制场地;3—梁板堆放场地;4—汽车式起重机;5—载重汽车;6—临时道路

构件平面布置是多层装配式框架结构的重要环节之一,其合理与否,将对安装效率产生直接影响。其原则是:

①尽可能布置在起重机服务半径内,避免二次搬运;

②重型构件靠近起重机布置,中小型构件则布置在重型构件的外侧;

③构件布置地点应与安装就位的布置相配合,尽量减少安装时起重机的移动和变幅;

④构件叠层预制时,应满足安装顺序要求,先安装的底层构件预制在上面,后安装的上层构件预制在下面。

柱为现场预制的主要构件,布置时应首先考虑。根据与塔式起重机轨道的相对位置的不同,其布置方式可分为平行、倾斜和垂直 3 种,平行布置为常用方案。柱可叠浇,几层柱可通长预制,以减少柱接头的偏差。倾斜布置可用旋转法起吊。垂直布置适合起重机跨中开行。柱的吊点在起重机的起重半径内。

图 7.53 所示是塔式起重机跨外环形安装一幢 5 层框架结构的构件平面布置方案。全部柱分别在房屋两侧预制,采用两层叠浇,紧靠塔式起重机轨道外侧倾斜布置。为减少柱的接头和构件数量,将 5 层框架柱分两节预制,梁、板和其他构件由工厂用汽车运来工地,堆放在柱的外侧。这样,全部构件均布置在塔式起重机工作范围内,不需二次搬运,且能有效发挥起重机的起重能力。房屋内部和塔式起重轨道内未布置构件,组织工作简化。但该方案要求房屋两侧有较多的场地。

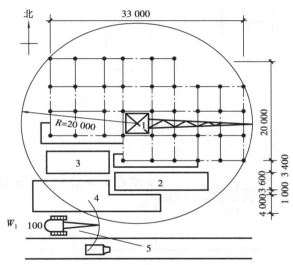

图 7.54　自升塔式起重机安装框架结构的构件平面布置图
1—起重机;2—墙板堆放区;3—楼板堆放区;4—梁柱堆放区;5—履带式起重机

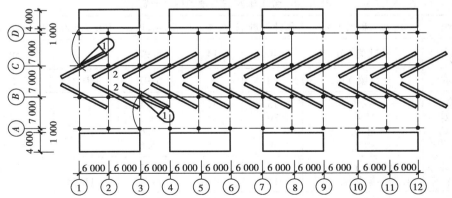

图 7.55　履带式起重机跨内开行构件平面布置图
1—履带式起重机;2—柱预制场地;3—梁板堆场

图 7.54 所示是采用自升式塔式起重机安装一幢 16 层框架结构的施工平面布置。考虑到构件堆放于房屋南侧,故该机的安装位置稍偏南。由于起重机起重半径内的堆场不大,因此,除墙

板、楼板考虑一次就位外,其他构件均需二次搬运,在附近设中转站,现场用一台履带式起重机卸车。在堆场较小,构件存放不大,为避免二次搬运,在条件允许下,最好采用随运随吊的方案。

图 7.55 所示是履带式起重机跨内开行安装一幢两层三跨框架的构件布置图。在此方案中柱斜向布置在中跨基础旁,两层叠浇。起重机在两个边跨内开行。梁板堆场布置在房屋两外侧,且位于起重机的有效工作范围之内。

7.3.3 单层工业厂房结构吊装实例

某金工车间为两跨各 18 m 的单层厂房,厂房长 84 m,柱距 6 m,共有 14 个节间,建筑面积 3 024 m²,其厂房平、剖图见图 7.56 所示。主要承重结构系采用钢筋混凝土工字形柱,预应力混凝土折线形屋架,T 形吊车梁,1.5 m×6.0 m 大型屋面板等预制混凝土构件,见表 7.10 所示。

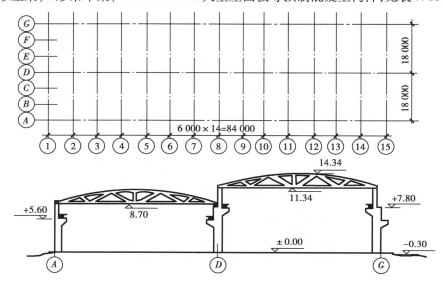

图 7.56　铸工车间平、剖面图

表 7.10　金工车间主要预制构件一览表

项次	轴线	构件名称及型号	构件数量	构件重/kN	构件长度/m	安装标高/m	构件截面尺寸/mm
1	Ⓐ,①⑮, Ⓖ	基础梁 YJL	40	14	5.97		250×450
2	Ⓓ,Ⓖ	连系梁 YLL	28	8	5.97	+8.20	240×300
3	Ⓐ Ⓓ,Ⓖ Ⓑ,Ⓒ Ⓔ,Ⓕ	柱 Z_1 柱 Z_2 柱 Z_3 柱 Z_4	15 30 4 4	51 64 46 58	10.1 13.1 12.6 15.6	−1.40 −1.76	I 400×800 I 400×800 400×600 400×600
4		低跨屋架 YWJ—18 高跨屋架 YWJ—18	15 15	44.6 44.6	17.7 17.7	+8.7 +11.34	高 3 000 高 3 000
5		吊车梁 DCL_1 吊车梁 DCL_2	28 28	36 50.2	5.97 5.97	+5.60 +7.80	高 800 高 800
6		屋面板 YWB	336	13.5	5.97	+14.34	高 240

（1）结构吊装方法及构件吊装顺序

柱和屋架现场预制，其他构件工厂预制后由汽车运到现场排放。

结构吊装方法对于柱和梁采用分件吊装法，对于屋盖采用综合吊装法。构件吊装顺序是：柱子及屋架预制→吊装柱子→屋架、吊车梁、连系梁及基础梁就位→吊装吊车梁、连系梁及基础梁→起重机加装 30 kN 鸟嘴架→吊装屋架及屋面板。

（2）起重机选择及工作参数计算

根据工地现有设备，选择履带式起重机进行结构吊装，并对主要构件吊装时的工作参数计算如下：

①柱子　采用斜吊绑扎法吊装

Z_1 柱：起吊载荷 $Q = Q_1 + Q_2 = 51$ kN $+ 2$ kN $= 53$ kN

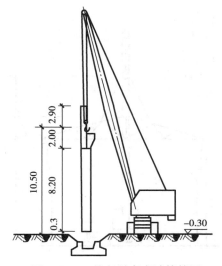

图 7.57　Z_2 柱起吊高度计算简图

起吊高度 $H = h_1 + h_2 + h_3 + h_4 =$

$0 + 0.30$ m $+ [\overset{\text{柱长}}{10.1} - (\overset{\text{上柱高度}}{11.34 - 7.80}) - \overset{\text{牛腿}}{1.36}]$ m $+ 2.0$ m $= 7.94$ m

Z_2 柱：起吊载荷 $Q = Q_1 + Q_2 = 64$ kN $+ 2$ kN $= 66$ kN

起吊高度 $H = h_1 + h_2 + h_3 + h_4 =$

$0 + 0.30$ m $+ [\overset{\text{柱长}}{13.1} - (\overset{\text{上柱高度}}{11.34 - 7.80}) - \overset{\text{牛腿}}{1.36}]$ m $+ 2.0$ m $=$ 10.50 m（图 7.57）

Z_3 柱：起吊载荷 $Q = 46$ kN $+ 2$ kN $= 48$ kN

起吊高度 $H = 0 + 0.3$ m $+ 2 \times 12.6$ m/3 $+ 2.0$ m $= 10.7$ m

Z_4 柱：起吊载荷 $Q = 58$ kN $+ 2$ kN $= 60$ kN

起吊高度 $H = 0 + 0.3$ m $+ 2 \times 15.6$ m/3 $+ 2.0$ m $= 12.7$ m

②屋架　采用两点绑扎法吊装

起吊载荷 $Q = Q_1 + Q_2 = 44.6$ kN $+ 2$ kN $= 46.6$ kN

起吊高度 $H = h_1 + h_2 + h_3 + h_4 = (11.34 + 0.30)$ m $+ 0.30$ m $+ 2.60$ m $+ 3.0$ m $= 17.54$ m（图 7.58）

③屋面板　吊装高跨跨中屋面板时（图 7.59）

起吊载荷 $Q = Q_1 + Q_2 = 13.5$ kN $+ 2.0$ kN $= 15.5$ kN

起吊高度 $H = h_1 + h_2 + h_3 + h_4 = (14.34 + 0.30)$ m $+ 0.30$ m $+ 0.24$ m $+ 2.5$ m $= 17.68$ m

当起重机吊装高跨跨中屋面板时，起重钩需伸过已吊装好的屋架 3 m，且起重臂轴线与已吊装好的屋架上弦中线的距离必须 ≥1 m 的水平间隙。据此来计算起重机的最小起重臂长度 L 和起重倾角 α，其计算如下：

所需最小起重臂长度时的起重倾角 α 可按下式求得：

$$\alpha = \arctan \sqrt[3]{\frac{h}{f + g}} \tag{7.12}$$

所需最小起重臂长度可按下式求得：

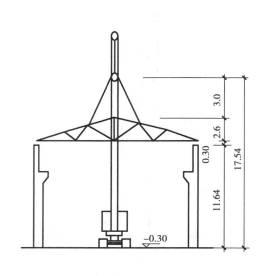

图 7.58　屋架起吊高度计算简图

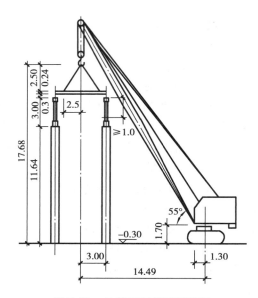

图 7.59　吊装屋面板计算简图

$$L_{\min} = \frac{h}{\sin\alpha} + \frac{f+g}{\cos\alpha} \tag{7.13}$$

代入本题数据可得:

$$\alpha = \arctan\sqrt[3]{\frac{h}{f+g}} = \arctan\sqrt[3]{\frac{(11.64+3.0)-1.7}{3+1}} = \arctan 1.48 = 55.95°$$

$$L_{\min} = \frac{h}{\sin\alpha} + \frac{f+g}{\cos\alpha} = \frac{14.64-1.70}{\sin\alpha 55.94\ \text{m}} + \frac{3+1}{\cos 55.94\ \text{m}} = 15.62\ \text{m} + 7.14\ \text{m} = 22.67\ \text{m}$$

根据对上述屋面板的计算数据,并结合履带式起重机的情况,可选用臂长 23 m 的 W_1—100 型履带式起重机。若取起重倾角为 55°,则可求得吊装屋面板时的工作幅度 R:

$$R = F + \cos\alpha = 1.3\ \text{m} + 23 \cdot \cos\alpha = 14.49\ \text{m}$$

查 W_1—100 型履带式起重机性能表,当 $L = 23$ m,$R = 14.49$ m 时,可得 $Q = 23$ kN > 15.5 N,$H = 17.5$ m < 17.68 m。说明选用起重臂长 $L = 23$ m,起重倾角 55°时,不能满足吊装跨中屋面板的要求。

如果吊装时改用起重倾角为 56°,则 $R = 1.3 + 23 \cdot \cos 56° = 1.3$ m $+ 23 \times 0.559$ m $= 1.3$ m $+ 12.86$ m $= 14.16$ m,查表可得 $Q = 21$ kN > 15.5 kN,$H = 17.70$ m > 17.68 m,故此时能满足吊装跨中屋面板的要求。

综合各构件吊装时起重机的工作参数,确定选用 W_1—100 型履带式起重机,23 m 起重臂吊装厂房各构件。查起重机性能表,确定出各构件吊装时起重机的工作参数,见表 7.11。

从表 7.11 中计算所需工作参数值与 23 m 起重臂实际工作参数对比,可以看出:选用起重臂长度为 23 m 的 W_1—100 型履带式起重机,可以完成本工程的结构吊装任务。

(3)构件平面布置及起重机开行路线

采用本吊装方案,在场地平整及杯形基础混凝土浇注完成后,即可进行柱和屋架的预制。根据现场的情况,Ⓐ列柱的外围有空余场地,可在跨外预制;而Ⓒ列柱外围无足够的空地,故只能在跨内预制。高跨和低垮的屋架,则分别安排在跨内靠Ⓐ和Ⓓ轴线一边预制。

柱的预制位置即是吊装前就位的位置,吊装Ⓐ列柱 Z_1 时最大工作幅度 $R = 8.80$ m,吊装

⑩、⑥列 Z_2 时最大工作幅度 $R = 7.60$ m，均小于 $L/2 = 18$ m$/2 = 9$ m，故吊装时起重机沿跨边开行。屋面结构吊装时，则沿跨中开行。

表 7.11　铸工车间各主要构件吊装工作参数

构件名称	柱 Z_1			柱 Z_2			柱 Z_3		
工作参数	Q /kN	H /m	R /m	Q /kN	H /m	R /m	Q /kN	H /m	R /m
计算需要值	53	7.94		66	10.50		49	10.70	
23 m 臂工作参数	53	19.00	8.8	66	19.00	7.6	49	19.00	9.10

构件名称	柱 Z_4			屋架			屋面板		
工作参数	Q /kN	H /m	R /m	Q /kN	H /m	R /m	Q /kN	H /m	R /m
计算需要值	60	12.40		46.6	17.54		15.5	17.68	
23 m 臂工作参数	60	19.00	8.00	50.00	19.00	9.00	21.0	17.70	14.16

1）Ⓐ列 Z_1 柱的预制位置

柱脚至绑扎点的距离为 5.64 m。

Ⓐ列柱安排在跨外预制，为节约底模板，采用每 2 根柱叠浇制作。柱采用旋转法吊装，每一停机点位置吊装 2 根柱子。因此起重机应停在两柱基之间，距两柱基具有相同的工作幅度 R，且要求：$R_{min} < R < R_{max}$，即 6.5 m $< R <$ 8.80 m。这样便要求起重机开行路线距基础中线的距离应为：

$$a < \sqrt{R_{max}^2 - b^2} = \sqrt{8.8^2 - 3.0^2} \text{ m} = 8.28 \text{ m} \quad 和 \quad a > \sqrt{R_{min}^2 - b^2} = \sqrt{6.5^2 - 3.0^2} \text{ m} = 5.78 \text{ m}$$

可取 $\alpha = 5.90$ m。由此可定出起重机开行路线至Ⓐ轴线的距离为：5.90 m – 柱截面高度/2 = 5.90 m – 0.8 m/2 = 5.50m。因此，停机点位置在两柱基之间的中点处，其吊 Z_1 柱的工作幅度为

$$R = \sqrt{a^2 + (b/2)^2} = \sqrt{5.9^2 + (6/2)^2} \text{ m} \approx 6.6 \text{ m}$$

2）⑩、⑥列 Z_2 柱的预制位置

柱脚至绑扎点的距离为 8.20 m。

⑩和⑥列柱均安排在跨内预制，与Ⓐ列柱一样，每两根柱叠浇制作，采用旋转法吊装，即起重机停在两柱基之间，每一停机位置吊装 2 根柱子。同样要满足：$R_{min} < R < R_{max}$，即 6.5 m $< R <$ 7.60 m。则必须使

$$a > \sqrt{R_{max}^2 - b^2} = \sqrt{7.6^2 - 3.0^2} \text{ m} = 7.0 \text{ m}$$

和

$$a > \sqrt{R_{min}^2 - b^2} = \sqrt{6.5^2 - 3.0^2} \text{ m} = 5.78 \text{ m}$$

若取 $a = 5.80$ m，则可定出起重机开行路线至⑩轴线的距离为 5.8 m，至⑥轴线的距离为 5.80 m + 0.8 m/2 = 6.20 m。由于停机点位置在两柱基之间的开行路线上，因此吊 Z_2 柱的工作幅度为

$$R = \sqrt{a^2 + (b/2)^2} = \sqrt{5.8^2 + (6/2)^2} \text{ m} \approx 6.5 \text{ m}$$

通过以上计算，在已确定起重机沿Ⓐ、⑩及⑥轴线的开行路线及停机点位置之后，于是便可以按"三点共弧"的旋转法起吊原则，由作图定出各柱的预制位置。

3)Z₃及 Z₄抗风柱的预制位置

抗风柱因数量少(共8根),且柱又较长,为避免妨碍交通,故放在跨外预制,待吊装之前先就位,然后再进行吊装。

4)屋架的预制位置

屋架以 3 ~ 4 榀为一叠,安排在跨内预制,每跨内分4叠共计为8叠进行制作。在确定屋架预制位置之后,首先要考虑在跨内预制的柱子吊装时,起重机开行路线到车间跨中只有 18 m/2 − 6.20 m = 2.80 m,小于起重机回转中心到尾部的距离 3.30 m,为使起重机回转时其尾部不致与跨中预制的屋架相碰,屋架预制的位置必须沿跨中线后退 3.30 m − 2.80 m = 0.50 m,本例取后退 1 m。其次要考虑各屋架就位位置,本例采用异侧就位。此外还要考虑屋架两端应留有足够的预应力抽管、穿筋所需场地。

根据上述预制构件的布置方案,起重机开行路线及构件的吊装次序,按以下 3 次开行吊装。

①第 1 次开行吊装。吊完全部柱并就位屋架、吊车梁等构件。

起重机Ⓐ轴线跨外进场,接 23 m 长起重臂→沿Ⓐ轴①至⑮轴线吊装Ⓐ列柱→沿Ⓓ轴⑮至①轴线吊装Ⓓ列柱→沿Ⓖ轴自①至⑮轴线吊装Ⓖ列柱,沿⑮轴外Ⓕ至Ⓑ轴线吊装 15 轴上 4 根抗风柱→由⑮轴转至沿①轴Ⓑ至Ⓕ轴吊装①轴上 4 根抗风柱。

屋架、吊车梁等就位。利用已吊装好的柱子在进行校正和最后固定的空隙时间,进行屋架、吊车梁、连系梁的就位工作。

②第 2 次开行吊装。吊装各种预制梁。

自①至⑮轴线吊装Ⓓ、Ⓖ跨的吊车梁、连系梁及柱间支撑→自⑮至①轴线吊装Ⓐ、Ⓓ跨的吊车梁、连系梁及柱间支撑。

③第 3 次开行吊装。吊完屋盖各种构件。

自①至⑮轴线吊装Ⓐ、Ⓓ跨屋架、屋面支撑及屋面板→自⑮至①轴线吊装Ⓓ、Ⓖ跨屋架、屋面支撑及屋面板→退场并卸去 23 m 长起重臂。

7.4 升板法施工

升板法施工是多层钢筋混凝土无梁楼盖结构的一种施工方法。其施工过程是先吊装柱,再浇室内地坪,然后以地坪为胎模就地叠浇各层楼板和屋面板,待混凝土达到一定强度后,再在柱上安设提升机,以柱作为支承和导杆,当提升机不断沿着柱向上爬升时,即可通过吊杆将屋面板和各层楼板逐一交替地提升到设计标高,并加以固定(图 7.60)。

升板施工的优点是:可节约大量模板;减少高空作业,施工安全;工序简化,施工速度快;节省施工用地;无须大型起重设备;结构单一,装配整体式节点数量少;柱网布置灵活。但不足之处是当采用普通钢筋混凝土板时,其耗钢量较大。

7.4.1 提升设备

升板用的提升设备有电动穿心式千斤顶、自动液压千斤顶、电动蜗轮蜗杆提升器和手动油压千斤顶等数种,其主要技术性能见表 7.12 所示。其中以电动穿心式千斤顶使用最为广泛。

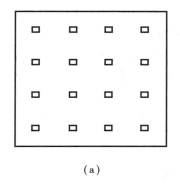

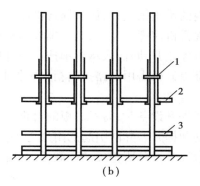

（a）　　　　　　　　　　　　　（b）

图 7.60　升板施工示意图

（a）平面图；（b）立面图

1—提升机；2—屋面板；3—楼板

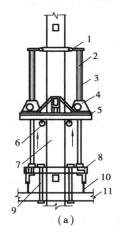

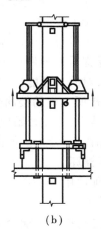

（a）　　　　　　　　　　　　（b）

图 7.61　电动穿心式千斤顶的工作装置

1—螺杆固定架；2—螺杆；3—承重销；4—电动螺杆千斤顶；5—提升机底盘；

6—导向轮；7—柱子；8—提升架；9—吊杆；10—提升架支腿；11—屋面板

图 7.61 所示为电动穿心式千斤顶的装置图。它是借助联结器,吊杆与楼板联结,在提升过程中千斤顶能自行爬升。这就消除了其他提升设备需设置于柱顶而影响柱子稳定性的弊病和升差不易控制等缺点。这种千斤顶具有操作方便,提升差异小、易于控制等优点。其不足之处是螺杆螺帽磨损较大,需经常更换。

表 7.12　提升设备的主要性能

设 备 名 称	起重量/t	提升速度/(m·h⁻¹)	提升差异/mm
电动穿心千斤顶	20(30)	1.89	≤10
自动液压千斤顶	50	0.56~0.60	基本同步
电动蜗轮蜗杆	18	1.3~1.5	≤10
手动油压千斤顶	50	1.45	≤10

电动穿心式千斤顶的自升过程是:①提升的楼板下面放置承重销,使楼板临时支承在放于

休息孔内的承重销上;②放下提升机底部的四个撑脚顶柱楼板;③去掉悬挂提升机的承重销;④开动提升机使螺母反转,此时螺杆为楼板顶住不能下降而迫使提升机沿螺杆上升,待升至螺杆顶端时停止开动,插入承重销挂住提升机;⑤取掉螺杆下端支承,抽去板下承重销继续升板。

全部提升机需用电路控制箱集中控制,控制箱可根据需要使一台、几台或全部提升机同时启闭。

选择提升设备时,需考虑板的自重、施工荷载、板与板之间开始提升时的粘结力、提升过程中的振动和提升差异所引起的附加力等因素。

一台提升设备所担负的荷载 Q,可按下式计算:

$$Q = K(q_1 + q_2)F \quad (kN) \tag{7.14}$$

式中:q_1——板的自重(kg/m^2);

$\quad q_2$——施工荷载,对于屋面板因考虑提升设备的重量,取 100 ~ 150 kg/m^2(980 ~ 1 470 N/m^2);对于各层楼板,取 50 kgf/m^2(490 N/m^2),如有堆集材料荷载则应另加,但不宜大于 50 kgf/m^2;

$\quad K$——系数,考虑提升过程中的振动力与提升差异附加力的影响。经现场测定振动力很小,主要是提升差异所引起的附加力,当提升差异控制在 10 mm 以下时,取 K = 1.3 ~ 1.5,对同步性能好的提升机,板的刚度小、跨度大、跨数少的工程取小值;

$\quad F$——一台提升机所负担的楼面范围(m^2),可近似地按相邻柱的中到中划分。

板与板之间的粘结力,只在开始提升的瞬间存在,且比振动力与提升差异附加力之和小,因此在计算提升机负荷时不计入。但需注意,隔离层一旦遭到破坏,粘结力会大幅度增加,造成提升机超负荷,甚至损坏。

电动穿心式千斤顶适用于柱网为 6 × 6 m、板厚 20 cm 左右的升板结构。如超过上述范围,需用自动液压千斤顶。

起重螺杆和螺母是与提升机配套的。起重螺杆用经过热处理 45 号钢、冷拉 45 号钢、调质 40 铬钢等。螺母宜采用耐磨性能好的 QT 60—2 球墨铸铁。根据某些地区的经验,采用二硫化钼滑润剂,可减少螺母磨损。

吊杆材料一般用 16 锰钢。吊杆直径 d 可用下式计算:

$$d \geqslant \sqrt{\frac{4Q}{\pi[\sigma]}} \quad (mm) \tag{7.15}$$

式中:Q——一根吊杆的提升荷载(N);

$\quad [\sigma]$——材料的容许拉应力(N/mm^2)。

7.4.2 柱的预制和安装

升板结构的柱子不仅是结构的承重构件,而且也是提升过程中的承重支架和导向构件。其偏差不仅影响工程质量,而且会导致安全事故。因此,规范规定:升板结构预制柱子的截面偏差不得超过 ±5 mm;侧向弯曲不得超过 10 mm;停留孔位置,标高偏差不应超过 ±5 mm,以免楼板支承标高不一,产生过大的搁置差异;此外还应保证齿槽部位的施工质量,使之具有足够的抗剪能力。

柱子安装时可用一般方法进行。如柱子较长需分段制作时,应注意保证接头质量。柱子安装时,柱顶竖向偏差应控制在 1/1 000 的高度以内,同时不得超过 20 mm。

在升板结构中,由于各层楼板和屋面板需于柱子安好后方能逐层浇注,待其混凝土达到一定强度后方能提升,因而柱子安装后要等很长时间才能提升楼板和屋面板。这样,柱子暴露在大气时间很长,在日照影响下,其垂直度将出现附加偏差。提升时其偏差可能超过上述规定,严重时甚至会使板无法提升。因此,提升之前尚需再一次进行检查,如超过允许偏差,则需校正后方可提升楼板和屋面板。

当柱采用分段施工时,下节柱一般为预制安装,上节柱的施工则有现浇和装配两种方案。

上节柱现浇时,是将屋面板提升到下节柱顶部后,以屋面板为操作平台进行浇注。此种方法,在柱的接头处应严格按照施工缝的要求处理,且工期长、高空作业多、柱的截面和垂直偏差较难控制。

上节柱为预制装配时,是先将预制好的柱放在屋面板上,当屋面板提升到下节柱部后,再在屋面板上安置小型起重机来完成上节柱的安装工作。此法由于起重机的起重能力较小,故一般只能吊二层一节的柱。

上、下节柱的接头位置,应考虑受力较小及提升工艺的要求;接头部位的截面刚度应不低于柱截面的刚度;截面强度宜为该截面结构受力计算强度的 1.5 倍。为此,可采用加密钢筋、提高混凝土标号或设置附加纵向钢筋等措施,以保证接头的质量。

7.4.3　板的制作

(1)地坪的处理

柱安装后,先做混凝土地坪,再以地坪为胎模依次重叠浇注各层楼板和屋面板,这是升板施工的一特点。因此,要求地坪地基必须密实,防止不均匀沉降;地坪表面要平整,特别是柱的周围部分,更应严格控制,以确保板的底面在同一平面上,减少搁置差异;地坪表面要光滑,以减少与板的粘结。如果地坪有伸缩缝时,应采取有效的隔离措施,以防止由于温度收缩而造成板的开裂。

(2)板的分块

采取升板施工时,由于板为现场就地预制,其平面尺寸和形状不受建筑模数的控制,故当建筑平面较大时,可根据结构平面布置和提升设备数量,将板划分为若干块,每块板为一提升单元(图 7.62)。

一个提升单元的面积不宜过大,大致为 20 ~ 24 根柱范围的面积。因为,柱根数多了,不易控制同步,同时会增加电力供应、油压损失和设备数量。

板的分块,要求每块板的两个方向大致相等,这样能减小由于提升差异所引起的内力,对群柱稳定有利。同时也应避免出现阴角,因为提升时阴角处易出现裂缝。后浇板带的位置必须留在跨中,其宽度由于钢筋搭接长度的需要,一般为 1.0 ~ 1.5 m。

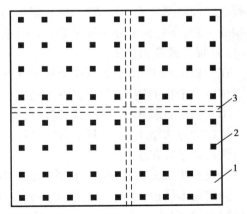

图 7.62　板的分块示意图
1—板;2—柱;3—后浇板带

(3)板的类型

板的类型一般可分为:平板式、密肋式和格梁式。

平板的厚度,一般不宜小于柱网长边尺寸的1/35。这种板构造简单、施工方便,且能有效利用建筑空间;但刚度差、抗弯能力弱,耗钢量大。

密肋板由于肋间放置混凝土空盒或轻质填充材料,故能节约混凝土,并且加大了板的有效高度而能显著降低用钢量。

肋间无填充物的密肋板,施工时其肋间空隙用特制的箱形模板或预制混凝土盒子,前者待楼板提升后可取下重复使用,后者即作为板的组成部分之一。

肋间有填充物的密肋板,就是在肋间填以空心砖、煤渣砖或其他轻质混凝土材料。

格梁式结构是先就地叠层灌注格梁,将预制楼板在各层格梁提升前铺上,也可浇注一层格梁即铺一层预制楼板,待格梁提升固定后,再在其上整浇面层。这种结构具有刚度大,适用荷载、柱网大或楼层有开孔和集中荷载的房屋。但施工复杂,需用较多的模板,且要起重能力较大的提升设备。

(4)隔离层

板叠浇时,隔离层是关键。隔离效果不好,会使板粘住或产生过大吸附力,从而引起板提升时产生裂缝,甚至造成提升设备的损坏。

隔离层应选用易于操作,来源充足,成本低廉,效果良好的隔离材料。常用的隔离层有柴油石蜡、皂角滑石粉和黄土石灰等隔离剂。

除上述几种外,还可用乳化机油、树脂涂料、油纸、塑料布等作为隔离层材料。这些隔离层隔离效果虽好,但成本都比较高。

隔离层应在胎模结硬,待人行走不起脚印时方涂刷,涂刷第二遍要待第一遍干燥,人行走不粘脚方可。

隔离层涂刷后尽量减少在上走动。操作工人应穿软底鞋,防止在板面上拖动钢筋。浇注混凝土之前要严格检查隔离层,如有损坏必须补做。雨季施工时要采取防雨措施。对有后浇柱帽的工程,在柱帽部分必须采取有效措施,使隔离层易于清除,改善板与板柱帽的联接。

(5)板的预应力施工

在升板工程中,由于非预应力板的耗钢量大、刚度差,因此近来已逐步采用预应力平板。

预应力平板的施工有下列几种方法:

①先张法折线张拉 先张法需要台座,由于板是双向板,故需在板的四周设置张拉台座。

按这种方法施工,工艺复杂,耗工量大,在实际工程中难以推广,故一般在预应力升板结构中后张法优于先张法。

②机械张拉无粘着预应力曲线钢筋 这种钢筋可以是单根粗钢筋也可以是钢丝束或钢绞线。为使其不锈蚀,外面须涂防锈涂料,并在涂料外用包裹物包裹。常用的涂料有黄油、白腊、环氧树脂、润滑油、塑料、沥青等。预应力曲线筋是用不同高低的马凳来形成曲线形的。张拉设备一般用双作用千斤顶或三作用千斤顶。由于是曲线张拉,摩擦损失大,故三跨以上的连续板需要两端张拉。张拉顺序是先张拉长向、后张拉短向,在同一方向从跨中开始向两边推进,一根间隔一根地对称张拉,一个方向张拉完毕后再张拉另一个方向。张拉方法见预应力施工一章。

由于上、下层板间摩擦阻力的影响,先张拉的构件将产生预应力损失,损失数值取决于板的形式、隔离层材料和张拉方式。在预应力钢筋全部张拉完毕后,应予以补足或张拉时用超张拉解决。

③电热张拉硫磺砂浆自锚预应力钢筋　硫磺砂浆是一种冷固热塑料的胶结材料,具有硬化快、强度高、绝缘、防水抗渗、耐腐蚀、施工简便、材料来源广、价格便宜等特点。

施工时,在曲线钢筋表面涂一层硫磺砂浆后置于模板内,然后浇注混凝土。待混凝土达到设计强度后,对曲线钢筋通电,硫磺砂浆逐渐熔化,钢筋得以自由伸长,而后在钢筋两端加以锚固,切断电源,硫磺砂浆冷凝后即对预应力筋起锚固作用。

④有粘着预应力后张法　该法要先在板中预留导管再浇注混凝土,待混凝土达到一定强度后穿入钢筋进行张拉,然后进行管道灌浆。

7.4.4　提升施工

(1)提升准备和试提升

板在提升时,混凝土应达到设计所要求的强度,并要准备好足够数量的停歇销、钢垫片和楔子等工具。然后,在每根柱和提升环上测好水平标高,装好标尺;板的四周准备好大线锤,并复查柱的竖向偏差,以便在提升过程中对照检查。

为了脱模和调整提升设备,让各提升设备有一个共同的起点,在正式提升前要进行试提升。

在脱模前先逐一开动提升机,使各螺杆的初应力大致相等。脱模方法有两种:一种是先开动四角提升机,使板离地 5～8 mm(如用电动穿心式千斤顶,即一次提 10 s);再开动四周其余提升机,同样使板脱模,离地 5～8 mm;最后,开动中间的提升机使楼板全部脱模,离地 5～8 mm。另一种是从边排开始,依次逐排使楼板脱模离地 5～8 mm。

(2)提升差异的控制

《钢筋混凝土升板结构技术规范》(GBJ 130—90)中规定:提升差异不应超过 10 mm,板的就位差异不应超过 5 mm。因为平板在提升过程中是按等跨连续梁计算的,各吊杆点即为连续梁的支点。各提升机如不同步则相当于吊点位置出现不均匀支座沉陷,梁内相应产生附加弯矩。差异越大弯矩也将越大,超过一定限度楼板会在提升过程中开裂。故升板法施工必须严格控制提升差异,做到同步提升。

提升过程中造成差异的原因主要有三方面:①调紧丝杆所产生的初始差异。板提升前需要先进行机具、螺杆、吊杆与楼板的调平拉紧工作,目前由于是靠感觉来判断其松紧程度,故往往一开始就存在较大的初始差异;②由于群机共同工作不可能完全同步而产生的提升差异;③楼板就位和中间搁置由承重销支承,由于提升积累误差和孔洞水平误差等导致承重销不在一个基准线上而产生就位误差。

提升差异是造成平板出现裂纹的主要因素,尤其是单点升差过大,将会使该点孔洞四周的裂纹出现和增宽;升差对吊杆内力的影响也很大,升差越大吊杆的内力也越大,易于断裂,提升机也可能超负荷。此外,升差是一随机事件,在提升过程中可能偶然产生 20～30 mm 或以上很大的提升差异,如以作为设计依据显然不合理。究竟应取多少? 根据一定数量工程的统计数字,升差在 1 cm 以内的占 95.4%,因此规范规定升差应不大于 10 mm。最后搁置就位时已经过调整,每块垫铁的厚度不超过 5 mm,因而能保证搁置差异达到暂行规定的 5 mm。

穿心式电动千斤顶基本上能保证提升差异不超过 10 mm。为了确保提升阶段升差不超过

10 mm,有的机械具有机械式同步控制,主要是控制起重螺帽的旋转圈数或控制起重螺杆上升的螺距数。有的机械不能自控,可靠近柱子设一标尺(图 7.63),提升时经常检查,当升差超过规定时就停机调平,然后继续提升。亦可用水平管方法进行监测,根据水位来判断升差,超过规定便调整。

为了避免板在提升过程中由于提升差异过大而产生开裂现象,亦为了减小附加弯矩,以降低耗钢量,近来在升板施工中已广泛采用盆式提升或盆式搁置的方法。所谓盆式提升和盆式搁置,就是板在提升和搁置时,使板的四个角的点和四周的点都比中间各点高。这样板就自然形成盆状,不至于产生附加弯矩而增大用钢量。

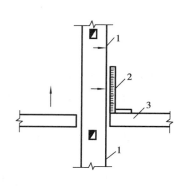

图 7.63 标尺控制提升差异
1—箭头标志;2—标尺;3—板;4—柱

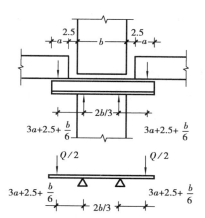

图 7.64 承重销计算简图

(3)承重销

承重销是供施工时搁置楼板之用,因此必须保证其有足够强度以确保提升安全。待柱帽节点施工完毕后它仍然起这种作用。承重销一般用型钢或钢板做成,其截面尺寸由设计确定,根据板的自重、施工荷载等以及因就位差异而产生的反力,近似地按图 7.64 验算。

(4)提升程序

提升程序就是各层楼板交替上升的次序,它关系到柱子在提升阶段的稳定性。在提升阶段柱子相当于一个底端固定的悬臂柱。提升机位置越低对稳定性越有利。因此,确定提升程序应考虑下述几点:

①提升时中间停歇,尽可能缩小板间的距离,使上层板处于较低位置时将下层板在设计位置上固定,以减少柱子的自由长度;

②螺杆和吊杆拆卸次数少,并便于安装承重销。

提升程序须由设计、施工单位共同讨论确定。提升时如有改变,则须对群柱在提升过程中的稳定性进行验算。

在确定提升程序,进行吊杆排列时,其吊杆的总长度应根据提升机所在的标高、螺杆长度、所提升的板的标高与一次提升高度等因素而定。自升式电动提升机的螺杆长度为 2.8 m,有效提升高度为 1.8 ~ 2.0 m。吊杆除螺杆与提升架连接及板面上第一吊杆采用 0.3 ~ 0.6 及 0.9 m 短吊杆外,穿过楼板的连接吊杆以 3.6 m 为主,个别也采用 4.2 m、3.0 m、1.8 m 等。

如图 7.65 所示,为某四层升板工程采用自升式电动机两吊点提升时的提升顺序和吊杆排

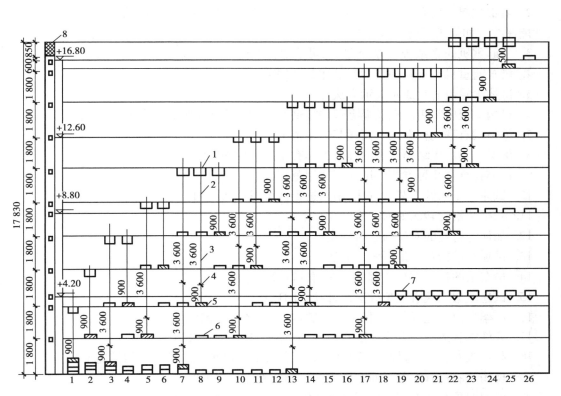

图 7.65　四层升板工程提升顺序

1—提升机;2—起重臂杆;3—吊杆;4—套筒接头;5—正在提升的板;

6—已搁置的板;7—已固定的板;8—工具式短钢柱

(图中横向坐标 1、2、3……25 为提升次数)

列图。从图中可以看出:板与板之间的距离不超过两个停歇孔,插承重销较方便;吊杆规格少,除短吊杆外,均为 3.6 m,吊杆接头不通过提升孔;屋面板提升到标高 +12.60,底层板就位固定;提升机自升到柱顶后,需加工具式短钢柱,才将屋面板提升到设计标高。

(5)提升注意事项

在提升过程中,应经常检查机具运转情况、磨损程度,吊杆、套筒接头是否可靠,并随时观察竖向偏移情况。要求板搁置停歇时平面位移不得超过 30 mm,提升差异不应超过 10 mm。中间临时停歇时,停歇销必须放平,不得漏插,复升时不得漏拔。板应按规定的停歇位置停歇,不得在中途悬挂停歇,如遇特殊情况不能在规定的位置停歇时,应采取必要措施进行固定。

板提升时,不得任意堆放材料设备。若需要利用升板提运材料设备,应经验算,在允许荷载范围内指定位置堆放。也不允许作为其他设施的支承点或缆索的支点。板就位时纵向差异不应超过 5 mm,平面位移不超过 30 mm。

复习思考题

1. 自行杆式起重机有哪几种类型? 各有什么特点?

2. 履带式起重机有哪几个主要参数? 它们之间的相互关系如何? 如何查起重机性能表及性能曲线? 如何进行稳定验算?

3. 当起重机的 R 或 H 不能满足时,可采取什么措施?

4. 塔式起重机有哪几种类型? 试述其适用范围。

5. 试述滑轮组的组成及表示方法。

6. 机构安装中常用的钢丝绳有哪些规格? 使用中应注意哪些问题?

7. 横吊梁有哪几种形式? 简述其适用范围。

8. 单层工业厂房结构吊装的准备工作有哪些主要内容?

9. 柱绑扎有哪几种方法? 试述其适用范围。

10. 试述柱子吊升工艺及方法,吊点选则应考虑什么原则。

11. 双机抬吊旋转法如何工作?

12. 如何进行柱的对位与临时固定?

13. 试述柱的校正和最后固定方法。

14. 吊车梁的校正方法有哪些? 如何进行最后固定?

15. 试述屋架的扶直就位方法及绑扎点的选择。

16. 屋架如何绑扎、吊升、对位、临时固定、校正和最后固定?

17. 分件安装法和综合安装法有何区别? 简述其优缺点及适用范围。

18. 起重机安装柱、屋架、屋面板时,其工作参数及起重机的型号应如何确定?

19. 现场预制柱有几种平面布置方式? 如何确定其位置?

20. 屋架的预制和安装就位有几种布置方式? 如何确定其位置?

21. 装配式框架结构安装如何选择起重机? 塔式起重机的平面布置方案有哪几种?

22. 试述装配式框架结构柱的安装、校正和接头方法。

23. 吊装过程中应注意哪些安全事项?

24. 试述升板法施工原理及特点。

25. 升板法对柱的预制、安装和板的制作有何要求?

26. 升板法中如何减少差异?

习　题

1. 某车间跨度 24 m,柱距 6 m,天窗架顶面标高为 18 m,屋面板厚 0.24 m。现用履带式起重机安装天窗屋面板,其停机面为 -0.2 m,起重臂底铰距地面高度 $E = 2.1$ m,试用图解法确定起重机的最小臂长。

2. 某厂房柱重 28 t,柱宽 0.8 m,现用一点绑扎双机抬吊,试对起重机进行负荷分配,要求最大负荷一台为 20 t,另一台为 15 t,求需加垫木厚度。

3. 某厂房柱的牛腿标高 8 m,吊车梁长 6 m,高 0.8 m,当起重机停机面标高为 -0.3 m 时,试计算安装吊车梁的起重高度。

4. 某车间跨度 24 m,柱距 6 m,天窗架顶面标高 18 m,屋面板厚度 240 mm,试选择履带式起重机的最小臂长(停机面标高 -0.2 m,起重臂底铰中心距地面高度 2.1 m)。

5. 某车间跨度 21 m,柱距 6 m,吊柱时,起重机分别沿纵轴线的跨内和跨外一侧开行。当起重半径为 7 m,开行路线距柱纵轴线为 5.5 m 时,试对柱作"三点共弧"布置,并确定停机点。

6. 某单层工业厂房跨度为 18 m,柱距为 6 m,9 个节间,选用 W_1—100 型履带式起重机进行结构安装,安装屋架时的起重半径为 9 m,试绘制屋架的斜向就位图。

第 **8** 章

高层建筑施工

8.1 高层建筑结构施工

我国的高层建筑正在迅速发展,我国已建成超过 100 m 的超高建筑上千座。还有一大批高层和超高层建筑正在建设。拥有高层建筑的城市已发展到上百座大中城市。发达的小城市已逐渐兴起了高层建筑。

我国建设部《高层建筑混凝土结构技术规程》(JGJ 3—2010)中规定,高层建筑是指 10 层及 10 层以上或房屋高度大于 28 m 的住宅建筑和房屋高度大于 24 m 的其他高层民用建筑。

1972 年国际高层建筑会议确定为:

第一类高层建筑　　 9 ~ 16 层(最高达 50 m)

第二类高层建筑　　17 ~ 25 层(最高达 75 m)

第三类高层建筑　　26 ~ 40 层(最高达 100 m)

超高层建筑　　　　40 层以上

从 20 世纪 70 年代以来,尤其是近年来,通过大量工程实践,我国的高层建筑施工技术得到很大发展。在基础工程方面,深基坑开挖施工、深层降水、大体积混凝土浇注、深基坑支护都有了成熟的技术和有效措施。在结构工程施工方面,已形成了装配式大板、大模板、爬升模板和滑升模板的成套工艺。在钢结构超高层建筑施工中,粗钢筋连接、商品混凝土、泵送混凝土、高标号特种混凝土、施工机械化、防水工程和高级装饰技术等方面都有长足的进步。

8.1.1 高层建筑的施工特点

(1)高层框架结构体系的施工特点

框架结构体系有现浇和预制装配两种,平面布置灵活,梁、柱便于定型化、工业化施工。现浇框架结构施工时,多采用组合钢模板浇注梁、柱,而楼面板可用预制构件。预制装配式框架结构,其柱与柱、柱与梁的接头,除了可靠地传递压力、弯矩、和剪力外,还要消除焊接应力。

(2)高层框架-剪力墙体系的施工特点

当建筑物向更高层发展时,受到的风载越来越大,产生的水平推力也随高度的变化越来大,这时,从强度和刚度考虑,框架结构都难以满足要求,特别是框架结构在水平荷载作用下,产生的侧向位移更大,故在设计时,采用框架-剪力墙结构体系,用剪力墙来承受荷载,而框架只承受竖向荷载。施工时,钢筋混凝土剪力墙用大模板体系,而框架的梁、柱仍按普通框架体系施工。

(3)剪力墙体系的施工特点

当房屋的层数超过 20 层时,需要设置更多的剪力墙来提高建筑物的抵抗侧向力的能力。对剪力墙结构的施工,一般用大模板或滑升模板进行现浇。

(4)筒体结构的施工特点

当房屋向超高层发展,即 40 层以上时,需要抗侧向力也就越大。这时,一般在建筑物的电梯、楼梯间、管道井等采用刚性大的筒体来抵抗水平力。筒体结构体系,有利用四周外墙作为外筒的外筒式体系;也有利用外筒和内筒的"筒中筒"结构体系。

此类结构的施工,筒体部分为等截面的高耸结构,用滑升模板施工效果较好;框架部分用工具式钢模板浇注混凝土,也可用滑升模板施工;楼面结构则用台模、定型组合式模板进行浇注,也有用升板结构的。

8.1.2　高层建筑施工垂直运输机械

高层建筑施工,每天都有大量建筑材料、半成品、成品和施工人员要进行垂直运输,因此,起重运输机械的正确选择和使用非常重要。在高层建筑施工中,垂直运输作业具有以下特点:

1)运输量大

对于现浇钢筋混凝土结构,每平方米建筑面积要运送 $0.4 \sim 0.65\ m^3$ 混凝土,$80 \sim 130\ kg$ 钢筋,还要运输大量的模板、设备、砌体、装修材料和施工人员等。尤其当结构工程与装饰工程平行立体交叉作业时,运输量更大。

2)机械费用大

高层建筑施工中,机械设备的费用占土建总造价的 $4\% \sim 9\%$,对总造价有一定的影响,根据工程特点正确选用和有效地使用机械,对降低高层建筑的造价能起一定的作用。

3)对工期影响大

高层建筑结构工期一般为 $5 \sim 10$ 天一层,有时候甚至缩短至 $3 \sim 4$ 天一层。该工期在很大程度取决于垂直运输速度。

(1)起重运输体系的选择

对于目前我国应用最多的钢筋混凝土结构的高层建筑,施工过程中需要进行运输的物品主要是模板(滑板、爬模除外)、钢筋和混凝土,另外还有墙体材料、装饰材料以及施工人员的上下。

墙体和楼板模板、钢筋等运输主要利用塔式起重机,由于其起重臂长度大,模板的拼装、拆除方便,钢筋或钢筋骨架亦可直接运至施工处,效率较高。

在钢筋混凝土结构的高层建筑中,混凝土数量巨大,一个楼层多在数百立方米以上,为加快施工速度,正确选择混凝土运输设备十分重要。混凝土的运输可用塔式起重机加料斗、混凝土泵、快速提升机、井架起重机,其中以混凝土泵的运输速度最快,可连续运输,而且可直接进行浇注,如加用布料机则浇注范围更大。

高层建筑施工过程中,施工人员的上下主要利用人货两用施工电梯。尺寸不大的非承重墙墙体材料和装饰材料的运输,可用施工电梯、井架起重机、快速提升机等。

基于上述分析,高层建筑施工时起重运输体系可按下列情况进行组合:

塔式起重机 + 施工电梯

塔式起重机 + 混凝土泵 + 施工电梯

塔式起重机 + 快速提升机(或井架起重机) + 施工电梯

井架起重机 + 施工电梯

井架起重机 + 快速提升机 + 施工电梯

上述各起重运输体系组合,在一定条件下皆能满足高层建筑施工过程中运输的需要,但在进行选择时应全面考虑下述几方面:

1)运输能力要满足规定工期的要求

高层建筑施工的工期在很大程度上取决于垂直运输的速度,如一个标准层的施工工期确定后,则需选择合适的机械、配备足够的数量以满足要求。

2)机械费用低

高层建筑施工因用的机械较多,所以机械费用较高,在选择机械类型和进行配套时,应力求降低综合使用费,对于中、小城市中的非大型建筑施工企业尤为重要。

3)综合经济效益好

机械费用的高低有时不能绝对地反映经济效益。例如机械化程度高,势必机械费用也高,但它能加快施工速度和降低劳动消耗。因此对于机械的选用和配套要考虑综合经济效益,要全面地进行技术经济比较。

(2) 塔式起重机

1)对塔式起重机技术性能的要求

根据多年来我国高层建筑的施工经验,对高层建筑施工用塔式起重机一般有下述要求:

①起重臂长

起重臂长度大则工作半径大,可带来更好的技术经济效果。如北京中央彩电中心施工用的法国 B. P. R. 型塔式起重机,其起重臂长 70 m,对施工非常有利。此外,低合金高强钢材的应用和设计计算理论的进步,也使增长起重臂成为可能。

②工作速度要高而能调速

目前,起升机构普遍具有 3 ~ 4 种工作速度,有的重型塔式起重机,在起吊较轻荷载时的最大起升速度可达 223 m/min。构件安装就位速度可在 0 ~ 10 m/min 范围内进行选择。回转速度可在 0 ~ 1 r/min 之间进行调节,小车牵引和大车行走大多也有 2 ~ 3 种工作速度。小车牵引速度最快可达 60 m/min。对高层建筑,起重机一个工作循环的时间长,提高塔式起重机的工作速度,可缩短一个工作循环的延续时间,有利于提高台班产量。

③宜用起重小车变幅式的臂架

小车变幅臂架的优点是通过起重小车行走来变幅,再辅以适当的旋转就可进行构件就位,比较方便;可同时进行起升、旋转和行走起重小车三相动作,工作平稳;最小幅度小,有利于起重性能的发挥和扩大材料和构件的堆放范围。其缺点是结构比较笨重,用钢量大,起吊高度不如仰俯臂架大。

由于小车变幅臂架有上述特点,因此在高层建筑施工中,尤其是用于装配式构件和大模板的安装、钢结构构件的安装时非常有利。

④改善操作条件

随着塔式起重机向大型、大高度、长起重臂方向发展,操作人员的能见度愈来愈差。因此需要在起重臂端部或起重小车上安装电视摄像机,在操作时可利用电视进行操作,以方便安装和就位。

根据上述要求,近年来我国研制生产了一系列高层建筑施工用的塔式起重机,其各项技术性能亦不断完善。

2)塔式起重机的选用

高层建筑施工常用轨道式、附着式、爬行式塔式起重机(图8.1),其特点如表8.1所示。

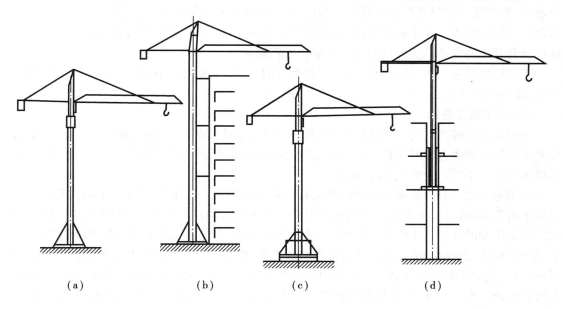

图 8.1 按使用架设要求不同分类的塔式起重机
(a)固定式;(b)附着式;(c)轨道式;(d)内爬式

表 8.1 塔式起重机架设要求的特点

形　式	优　点	缺　点
轨道行走塔式起重机	①可达到沿轨道两侧作业范围内吊装; ②对结构没有附加作用力; ③整机重心低,稳定性好,造价低,装拆方便	①占用施工场地大; ②只能用于层数较少的高层建筑施工
附着式塔式起重机	①起重高度可达 100 m 以上; ②所占的空间位置与场地较小; ③塔式起重机可自行升高,安装很方便	①需要增设附墙支撑,对建筑结构有一定的水平力; ②场面装折时占地大; ③由于塔身固定,故臂幅使用范围受限制
内爬式塔式起重机	①塔式起重机布置在建筑物中间,施工场地小的闹市中心使用尤为适宜; ②吊扫的有效施工面积大,能充分地发挥塔式起重机的起重能力; ③购价低	①由于塔式起重机直接支承在建筑物上,需对结构进行验算,必要时应加临时加固; ②司机与地面通讯联系困难; ③工程完成后,拆机需要辅助起重设备

选择塔式起重机型号时,先根据建筑物特点,选定塔式起重机的形式。再根据建筑物的体型、平面尺寸、标准层面积和塔式起重机的布置情况计算塔式起重机必须具备的幅度和吊钩高度。然后根据构件或容器加重物的重量,确定塔式起重机的起重量和起重力矩。根据上述计算结果,参照塔式起重机技术性能表,选定塔式起重机的型号。应多做一些选择方案,以便进行技术经济分析,从中选取最佳方案。最后再根据施工进度计划、流水段划分和工程量、吊次的估算,计算塔式起重机的数量,确定其具体的布置。

选择塔式起重机时,除上述外,还应深入考虑一些问题,如:对于附着式塔式起重机应考虑塔身锚固点与建筑物相对应的位置,以及平衡臂是否影响臂架正常回转;多台塔式起重机同时作业时,要处理好相邻式起重机塔身的高度差,以防止互相碰撞;塔式起重机安装时,还应考虑其顶升、接高、锚固及完工后的落塔、拆卸和塔身节的运输;考虑自升式塔式起重机安装时,应确保顶升套架的安装位置和锚固环的安装位置正确等。

在高层建筑施工中,应充分发挥塔式起重机的效能,不要大材小用,应使台班综合使用费最低,提高经济效益。

(3)外用施工电梯

外用施工电梯又称为人货两用电梯,是一种安装于建筑物外部,施工期间用于运送施工人员及建筑器材的垂直提升机械。它是高层建筑施工中垂直运输最繁忙的一种机械,已公认为高层建筑施工不可缺少的关键设备之一。

外用施工电梯分为齿轮条驱动的和钢丝绳轮驱动的两类。前者又分为单箱式和双箱式,可配平衡箱,亦可不配平衡箱。外用施工电梯又有单塔式和双塔式之分,我国主要采用单塔架式。绳轮驱动的外用施工电梯,是近年来开发的新品种,它是由三角形断面的无缝钢管焊接塔架、底座、轿箱、卷扬机、绳轮系统及安全装置等部件组成。其安全装置有上下限位开关,止挡缓冲装置、安全钳和自锁装置。安全钳由力的激发安全装置、速度激发安全装置和断电激发安全装置组成。在突然断电、卷扬机制动失灵时起作用。使轿厢停止运行,制动后轿厢下滑距离不超过 100 mm。

高层建筑施工时,应根据建筑体型、建筑面积、运输量、工期及电梯价格、供货条件等选择外用施工电梯。它的技术参数(载重量、提升高度、提升速度)应满足要求,可靠性高,价格便宜。根据我国一些高层建筑施工时外用施工电梯配置数量的调查,一台单笼齿轮齿条驱动的外用施工电梯,其服务面积一般为 2 万 ~ 4 万 m²。

外用施工电梯布置的位置,应便利人员上下和物料集散;由电梯出口到各施工场区的平均距离应最小;便于安装附墙装置;接近电源,有良好夜间照明。

运输人员的时间占外用施工电梯总运送时间的 60% ~ 70%,因此,要设法解决工人上下班运量高峰时的矛盾。在结构、装修施工进行平行交叉作业时,人货运输最为繁忙,亦要设法疏导人货流量,解决高峰时的运输矛盾。

(4)混凝土泵的选择和应用

混凝土泵的选型应根据工程量、浇筑进度、坍落度、设备状况等施工技术条件确定。

混凝土泵按压力高低分为高压泵与中压泵,凡混凝土压力大于 7 N/mm² 者为高压泵,小于和等于 7 N/mm² 者为中压泵。高压泵的输送距离大,但价格高,液压系统复杂,维修费用大,且需配用厚壁的输送管。

一般浇注基础或高度不大的结构工程,如在泵车布料杆的工作范围内,采用混凝土泵车最宜。施工高度大的高层建筑,可用一台高压泵一泵到顶,亦可采用中压泵以接力输送方式满足要求。这取决于方案的技术经济比较。

混凝土泵的主要参数,即为混凝土泵的实际平均输出量和混凝土泵的最大输送距离。

混凝土泵的实际平均输出量,可根据混凝土泵的最大输出量、配管情况和作业效率,按下式计算:

$$Q_1 = Q_{max} \cdot \alpha_1 \cdot \eta \tag{8.1}$$

式中:Q_1——每台混凝土泵的实际平均输出量(m^3/h);

　　　Q_{max}——每台混凝土泵的最大输出量(m^3/h);

　　　α_1——配管条件系数,为 0.8~0.9;

　　　η——作业效率,根据混凝土搅拌运输车向混凝土泵供料的间歇时间、拆装混凝土输送管和布料停歇等情况,可取 0.5~0.7。

混凝土泵的最大水平输送距离,可试验确定;参照产品的性能表确定;或根据混凝土泵的最大出口压力、配管情况、混凝土性能指标和输出量,按下式计算:

$$L_{max} = \frac{P_e - P_f}{\Delta P_H} \times 10^6 \tag{8.2}$$

式中:L_{max}——混凝土泵的最大水平输送距离(m);

　　　P_e——混凝土泵额定工作压力(P_a);

　　　P_f——混凝土泵送系统附件及泵体内部压力损失(P_a);

　　　ΔP_H——混凝土在水平输送管内流动每米产生的压力损失(P_a/m)。

混凝土在水平输送管内流动每米产生的压力损失宜按下列公式计算:

$$\Delta P_H = \frac{2}{r} \Big[K_1 + K_2 \Big(1 + \frac{t_2}{t_1} \Big) v_2 \Big] \alpha_2 \tag{8.3}$$

式中:r——混凝土输送管半径(m);

　　　K_1——粘着系数(P_a)

$$K_1 = 300 - S_1 \tag{8.4}$$

　　　K_2——速度系数($P_a \cdot s/m$)

$$K_2 = 400 - S_1 \tag{8.5}$$

　　　S_1——混凝土坍落度(mm);

　　　$\dfrac{t_2}{t_1}$——混凝土泵分配阀切换时间与活塞推压混凝土时间之比,当设备性能未知时可取 0.3;

　　　v_2——混凝土拌合物在输送管内的平均流速(m/s);

　　　α_2——径向压力与轴向压力之比,对普通混凝土取 0.90。

当配管情况有水平管亦有向上垂直管、弯管等情况时,先按表 8.2 进行换算,然后用式8.3 进行计算。

在使用中,混凝土泵设置处应场地平整,道路畅通,供料方便,距离浇注点近,便于配管,排水、供水、供电方便,在混凝土泵作用范围不得有高压线等。

进行配管设计时,应尽量缩短管线长度,少用弯管和软管,应便于装拆、维修、排除故障、清洗。应根据骨料粒径、输出量和输送距离、混凝土泵型号等选择输送管。在同一条管线中应用相同直径的输送管,新管应布置在泵送压力较大处;垂直向上配管时,宜使地面水平管长不小于垂直管长度的 1/4,一般不宜小于 15 m,且应在泵机 Y 形管出料口 3~6 m 处设置截止阀,防止混凝土拌合物倒流;倾斜向下配管时,上水平管轴线应与 Y 形管出料口轴线垂直,应在斜管上端设排气阀,当高差大于 20 m 时,斜管下端设 5 倍高差长度的水平管,或设弯管、环形管满足 5 倍高差长度要求。

表 8.2 混凝土输送管的水平换算

管类别或布置状态	换算单位	管规格		水平换算长度/m
向上垂直管	每米	管径(mm)	100	3
			125	4
			150	5
倾斜向上管 (倾角 α)	每米	管径(mm)	100	$\cos\alpha + 3\sin\alpha$
			125	$\cos\alpha + 4\sin\alpha$
			150	$\cos\alpha + 5\sin\alpha$
垂直向下及倾斜向下管	每米			1
锥形管	每根	锥径变化(mm)	175→150	4
			150→125	8
			125→100	16
弯管 (张角 $\beta \leqslant 90°$)	每只	弯曲半径(mm)	500	$2\beta/15$
			1 000	0.1β
胶管	每根	长 3~5 m		20

当用接力泵泵送时,接力泵设置位置应使上、下泵的输送能力匹配,设置接力泵的楼面应验算其结构所能承受的荷载,必要时应加固。

混凝土操作人员必须经过专门培训。混凝土泵启动后,先泵送适量水进行湿润,再泵送水泥浆或 1:2 水泥砂浆进行润滑。泵送速度应先慢后快,逐步加速,宜使活塞以最大行程进行泵送。当泵送压力升高且不稳定、油温升高、输送管振动明显时,应查明原因,不得强行泵送。泵送完毕,应及时清洗混凝土泵和输送管。

8.1.3 现浇钢筋混凝土结构

高层建筑的特点是层数多,钢筋、混凝土等工程量大,结构复杂,但层间变化较小。而一般工程要求一层的施工时间在 4~8 天,工期紧,推广整体式模板,合理解决模板的施工技术有十分重大的意义。因此,广泛使用先进的成套技术和设备具有十分重大的意义,本节主要介绍滑模施工和升模法施工。

(1)滑模施工高层建筑

滑升模板是施工现浇混凝土工程的有效方法之一,它机械化程度较高,施工速度快,建筑物的整体性好,因而在国内外得到广泛的应用。

用滑升模板施工高层建筑,楼板的施工是关键之一。近年来各种楼板施工新工艺的应用,使楼板施工可有多种方法进行选择。再加上可以将外装饰与结构施工结合起来,上面用滑升模板浇注墙体,下面随着吊脚手进行外装饰施工,也可大大加快施工速度。由于上述施工措施的应用,使得滑升模板工艺成为高层建筑施工中的一种有效工艺,有日益扩大的趋势。

滑升模板施工时模板是整体提升的工具式模板体系。一般不宜在空中重新组装或改装模板和操作平台。同时,要求模板提升有一定的连续性,混凝土浇注具有一定的均衡性,不宜有过多的停歇。

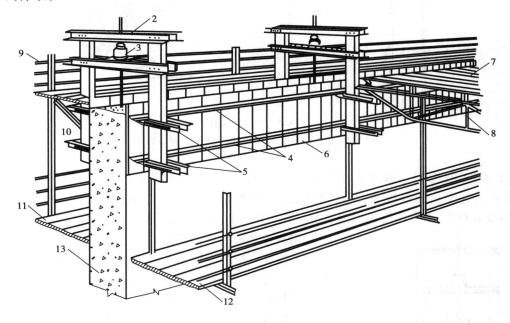

图 8.2　液压滑模模板组成示意图

1—支承杆;2—提升架;3—液压千斤顶;4—围圈;5—围圈支托;6—模板;7—操作平台;8—平台桁架;
9—栏杆;10—外挑三角架;11—外吊脚手;12—内吊脚手;13—混凝土墙体

1)滑升模板系统组成及原理

滑升模板(图 8.2)由模板系统、操作平台系统、液压滑升系统三部分组成。模板系统包括模板、围圈、提升架。模板大小应尽量标准化、定型化。模板高度是根据一定滑升速度,在所需的时间内,能保证出模的混凝土已达到所需要的强度,即:

$$H \geqslant VT + h + a \tag{8.6}$$

式中:H——模板的高度(cm);

　　V——模板的滑升速度(cm/h);

　　T——当混凝土达到出模强度(0.1~0.3 MPa)所需的凝固时间(h);

　　h——每个浇注层的厚度(cm);

　　a——浇注最上一层混凝土的表面到模板上口的距离(5~10 cm)。

围圈也叫围檩。其作用是固定模板和平衡混凝土对模板的侧压力。一般模板上下各设一道。围檩固定支承在提升架上。提升架是固定围檩的位置,防止模板的侧向变形,承受模板以及操作平台上的全部荷载,它是液压滑升系统逐渐向上提升的一种装置,一般用槽钢焊接而成(图 8.3)。操作平台是施工人员进行操作的场地设施。由平台行架、钢梁、平台板、吊杆和栏杆等部分组成,与提升架固接。滑升系统包括支撑导杆、千斤顶和压力油泵及操纵装置等构成,是使模板和平台向上滑升的动力装置。模板呈上口小下口大的锥形,单面模板的倾斜度宜为模板高度的1/1 000~2/1 000,以模板上口以下2/3模板高度处的净间距为结构断面的厚度。

滑升模板的滑升主要依赖固定在提升架横梁上的液压千斤顶的作用(如图 8.4)。支撑杆穿

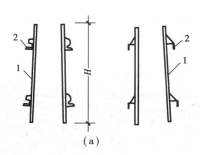 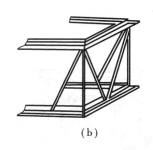

图 8.3 围圈示意图

(a)模板与围圈的连接;(b)拐角整体围圈示意图

1—模板;2—围圈

入千斤顶中心孔内,千斤顶进油时上卡头与支承杆卡紧将千斤顶活塞固定于支承杆上;下卡头抬开,活塞不能下行,缸体上升一个行程带动提升架和整个滑模上升。排油时下卡头卡紧,把缸体固定在支承杆上;上卡头松开,在排油弹簧伸长作用下,上卡头和活塞向上推,完成一个循环。

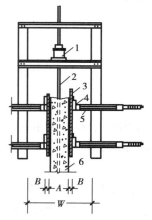

图 8.4 滑升示意图

1—千斤顶;2—支撑杆;3—模板;
4—围圈;5—上、下围圈支托;
6—混凝土

2)混凝土浇注与模板滑升

滑模施工所用的混凝土,除满足设计规定的强度和耐久性等之外,更需研究施工现场的气温条件,掌握早期强度的发展规律,以便在规定的滑升速度下正确掌握出模强度。至于混凝土的塌落度,我国对于梁、柱、墙板以机械振捣时认为以 4~6 cm 较好,细柱和筒壁结构 5~8 cm,配筋特密的结构 8~10 cm。混凝土塌落度要综合考虑滑升速度和混凝土垂直运输机械等来确定。目前北京、上海等地在滑模施工中已采用混凝土泵配合布料杆进行混凝土垂直运输和浇注,此时的混凝土塌落度就应稍大,否则泵送会发生困难。

混凝土的初凝时间宜控制在 2 h 左右,终凝时间视工程需要而定,一般为 4~6 h。当气温较高时宜掺入适量缓凝剂。

混凝土的浇注,必须分层均匀绕圈浇注,每一浇注层的表面应在同一水平面上,并且有计划地变换浇注方向,以保证模板各处的摩阻力相近,防止模板产生扭转和结构倾斜。分层浇注厚度以 200~300 mm 为宜,当气温高时,宜先浇注内墙,后浇注阳光照射的外墙;先浇注直墙,后浇注墙角和墙垛;先浇注厚墙,后浇注薄墙。

合适的出模强度对于滑模施工非常重要,出模强度过低混凝土会塌陷或产生结构变形,出模强度过高,结构表面毛糙,甚至会被拉裂。合适的出模强度既要保证滑模施工顺利进行,也要保证施工中结构物的稳定。尤其是高层建筑,当滑模施工时如不能及时浇注楼板,墙体悬臂很大,风荷载由结构物承受,出模强度过低,对保证施工中结构物的稳定不利。为此,出模强度宜控制在 $0.2 \sim 0.4$ N/mm²,或贯入阻力值为 $0.30 \sim 1.50$ kN/cm。

模板的滑升速度,取决于混凝土的出模强度、支撑杆的受压稳定和施工过程中工程结构的稳定性。当以出模强度控制滑升速度时,则

$$V = \frac{H - h - a}{t} \tag{8.7}$$

式中：V——模板滑升速度(m/h)；

　　　H——模板高度(m)；

　　　H——每个浇注层厚度(m)；

　　　A——混凝土表面至模板上口的高度(m)，取 0.05 ~ 0.10 m；

　　　T——混凝土达到规定出模强度所需的时间(h)。

当以支承杆的稳定来控制模板的滑升速度时，则模板的滑升速度为：

$$V = \frac{10.5}{T \cdot \sqrt{K \cdot P}} + \frac{0.6}{T} \tag{8.8}$$

式中：V——模板滑升速(m/h)；

　　　P——单根支撑杆的荷载(kN)；

　　　T——在作业班的平均气温条件下，混凝土强度达到 0.7 ~ 1.0 N/mm² 所需的时间(h)，由实验确定；

　　　K——安全系数，取为 2.0。

合理的滑升制度对防止混凝土拉裂具有重要作用。一般说来，模板滑升时间的间隔愈短愈好。因为混凝土与模板间的摩擦力变化不大，而混凝土与模板间的粘接力则随着混凝土的凝结而增大。提升时间间隔越长，粘接力越大，总摩阻力也越大，拉裂的可能性也愈大。反之拉裂的可能性就小。即使在滑升速度较慢的情况下，滑升时间间隔也会影响拉裂的可能性。因此，两次滑升的时间间隔不宜超过 1.5 h，在气温较高时应增加 1 ~ 2 次中间滑升，中间滑升的高度为 1 ~ 2 个千斤顶行程。

当模板滑空时，应事先验算操作平台在自重、施工荷载和风荷载共同作用下的稳定性，并采取措施对操作平台和支承杆进行整体加固。当采用"滑浇工艺"时，部分模板要滑空，为此，墙身顶皮的混凝土宜留待混凝土终凝以后出模，这样墙身混凝土拉裂现象可大大减少，同时亦有利于模板滑空时支撑杆的受力。

在滑升过程中，每滑一个浇注层应检查千斤顶的升差，各千斤顶的相对标高差不得大于 40 mm，相邻两个提升架上的千斤顶的标高差不得大于 20 mm。

纠正结构的垂直偏差时，应逐步徐缓进行，避免出现死弯，当以倾斜操作平台的办法来纠正垂直度偏差时，操作平台的倾斜度一般应控制在 1% 之内。

用滑模施工的高层建筑，竖向结构的断面往往要变化，滑升模板要适应这种变化。为此，提升架要设计成在符合的条件下立柱可以在横梁上平行移动；围圈及操作平台的桁架应在相应位置设置活络接头，以改变其长度和跨度；模板可以按照变化进行更换。

3）楼板施工

高层、超高层建筑的楼板，为了提高建筑物的整体刚度和抗震性能，多为现浇结构。当用滑模施工高层、超高层建筑时，现浇楼板结构的施工，目前常用的有下述几种方法：

①逐层空滑楼板并进施工法（"滑浇法"或逐层封闭法）

亦称"滑一浇一"工艺，是近年来高层建筑滑模施工中楼板施工应用较多的方法。这种工艺施工是当每层墙体混凝土用滑模浇注至上层楼板底标高时，将滑模继续向上空滑至模板下口与墙体脱空一定高度，然后将滑模操作平台的活动平台板吊去，进行现浇板的支模、绑扎钢筋和浇注混凝土。如此逐层进行，即将滑模的连续施工改变为分层、间断的周期性施工，因此每层墙体混凝土都有初滑、正常滑升和完成滑升三个阶段。

现浇楼板的施工,可用传统的支模方法,模板用定型组合钢模板或木模板,模板下部设桁架、型钢等,用钢管支柱支承在下层已施工的楼板上。亦可用飞模进行浇注,一般每个房间配置一个飞模,当外墙为开敞式无窗台的大洞口时,飞模支架可下降一定高度,将飞模推出墙面一定长度,即可用塔式起重机吊运至上一楼层。

楼板混凝土浇注完毕后,楼板上表面距离滑升模板下皮一般留有 5~10 cm 的水平缝隙。在浇注上层墙体混凝土之前,可用活动挡板将缝隙堵严,防止漏浆。

②先滑墙体楼板跟进施工法

该施工法是当墙体用滑模连续滑升浇注数层后,楼板自下而上插入逐层施工。楼板施工用模板、钢筋、混凝土等,可由设置在外墙门窗洞口处的受料平台转至室内;亦可经滑模操作平台揭开活动平台板运入。

采用这种施工法时楼板后浇,为此要解决现浇楼板与墙体的连接问题。目前常用的方法是用钢筋混凝土键连接,即当墙体滑脚至楼板标高处,沿墙体每隔一定距离(大于 500 mm)预留孔洞(宽 200~400 mm、高为楼板厚加 50 mm),相邻两间的楼板主筋,可由空洞穿过并于楼板钢筋混凝土连成整体,在端头一间,楼板钢筋应在端墙预留孔洞处与墙板钢筋加以可靠连接。

至于楼板模板的支设方法,多用悬承式模板,在滑升浇注完毕的梁和墙的楼板位置处,利用钢销或挂钩作为临时支承,在其上支设模板逐层施工。

③降模法

用降模法浇注楼板,多用于滑模施工的高层居住建筑,在上海等地应用较多,已有较成熟的经验。

该法是利用桁架或纵横梁结构,将每间的楼板模板组成整体,通过吊杆、钢丝绳或链条悬吊于建筑物上,先浇注屋面板和梁,待混凝土达到一定强度后,用手推降模车将降模平台下降到下一层楼板的高度,加以固定后进行浇注。如此反复进行,直至底层,最后降模平台在地面上拆除。

如建筑物高度不是很高,例如 10 层左右,可待滑模滑到顶后,拆除模板、油泵、油管等,将滑模的操作平台稍加修整,就作为降模平台使用。如建筑物高度很大,为保证建筑物施工时的稳定性,则在建筑物滑浇一定高度后,即组成降模平台从建筑物已浇部分的顶部开始,用降模法从上而下浇注楼板;同时滑模也向上逐层浇注墙体,待其到顶后再用操作平台作为降模平台从建筑物顶部开始向下逐层浇注楼板。

(2)升模法施工

1)工艺原理

升模法是升板法的扩展,用于超高层钢筋混凝土结构的施工。

升模法施工的原理,是将建筑物一层的墙、梁、柱的模板,通过承力架和吊杆等悬挂在固定于工具式钢柱上的电动升板机上,待混凝土浇注拆模后,即用电动升板机将所有的模板一次提升一个楼层高度,然后重新组装和浇注混凝土,如此逐层循环直至顶层。在模板逐层提升的同时,外挂脚手架亦随模板逐层提升,为结构施工服务,待结构施工结束,还可利用电动升板机再逐层下落外挂脚手架,为外装饰服务。

该施工法的升模系统如图 8.5 所示,它主要由工具式钢柱、承力架、操作平台、模板、外挂脚手架等组成。工具式钢柱为承力结构,电动升板机悬挂其上,通过吊杆吊住承力架,承力架下悬挂操作平台,操作平台下则悬挂全部墙、梁、柱模板和外挂脚手架。该法的优点:

①由于大量模板的垂直运输有升板机承担,减少了塔式起重机的运输量,对于每层建筑面积较大的高层建筑物,一幢建筑一台塔式起重机亦可满足,且可避免6级以上大风对塔式起重机运输带来的影响。

②大模板原位进行提升、组装和拆卸,单独施工面积较小的一幢高层建筑时,虽然无法进行对翻流水施工,大模板亦可不落地。能简化大模板施工,提高工效,易于控制建筑物的垂直度。

③外挂脚手架整体提升,取消落地与分段悬挑的钢管外脚手架,可大大降低施工费用和劳动力消耗。

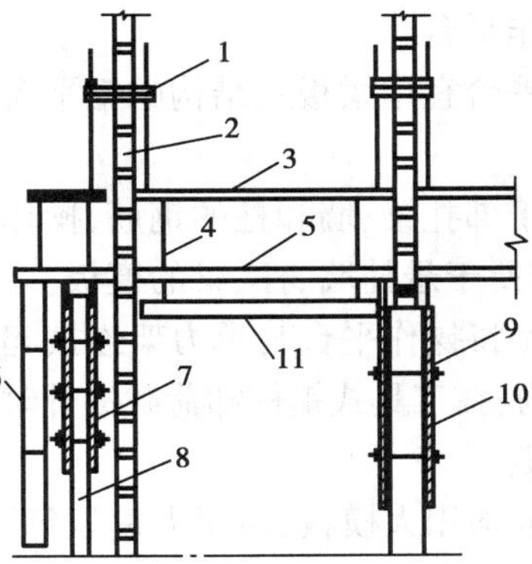

图 8.5　升模系统示意图

1—电动升板机;2—工具式钢柱;3—承力架;4—吊杆;
5—操作平台;6—外挂脚手架;7—墙模板;8—外墙;
9—柱模板;10—柱;11—劲性钢柱;12—梁模板

2)升模机构

①劲性钢柱

浇注在结构和剪力墙混凝土中的型钢柱,称为劲性钢柱。其长度和建筑物高度相同,施工中分段制作、吊装和连接,每段长度为2~3个层高,约10 m,用法兰连接。其断面为正方形或长方形,为便于悬挂升板机,宜为缀板柱,如为缀条柱,则需按提升程序设置搁置承重销的缀板,缀板的间距要与升板机一次有效提升高度及层高配合,缀板间距一般为500~600 mm。

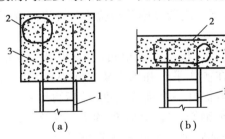

图 8.6　劲性钢柱和梁内钢筋

1—梁钢筋;2—劲性钢柱;3—柱子;4—剪力墙

劲性钢柱布置在每根结构柱中,在简体或剪力墙中,则按升板机能承受的荷载均匀布置。劲性钢柱应尽量代替结构中的受力钢筋,为此,在符合升板机悬挂要求的同时,应尽可能布置在柱子的边角处。在超高层建筑中如柱子和剪力墙为变断面,则劲性钢柱应布置在断面不收小处。由于柱和墙上往往需要放置梁,墙和柱内的劲性钢柱要能使梁内钢筋通过或锚固(图8.6)。

劲性钢柱承受的荷载有:模板、承力架和操作平台的自重;施工荷载 $3\ \mathrm{kN/m^2}$;风荷载(按8级风考虑)。要验算单柱的强度、整体稳定性、局部稳定和缀板。

工具式钢柱不埋设在结构混凝土内,可以重复使用,能节约钢材和降低成本。

②承力架

承力架以双梁形式布置在劲性钢柱、剪力墙和梁的两侧。承力架的作用除将全部荷重传给升板机外,还在其下一定距离处悬吊操作平台,以便绑扎墙体水平钢筋和柱子箍筋。

承力架在平面上呈井字格梁形式,可用大型型钢制作,亦可用混凝土浇注成双梁结构的钢筋混凝土井格梁承力架。前者可重复利用,但一次用钢量大;后者施工阶段用作施工设备,结束后可用于建筑物顶部,在井格梁内填入轻质保温材料、浇注面层后成为刚性保温屋面。用型钢制作时,纵横梁叠交较好,节点用螺栓和压板固定,不需焊接,拆除后利于重复使用。

③操作平台

操作平台宜用梁板式结构的钢平台,便于分块和浇注混凝土。用木板台面虽重量轻,但易损耗。

为便于绑扎梁、墙和柱的钢筋,操作平台需分块独立地悬挂在承力架下。平台四周的边框是封闭的,便于悬挂墙、柱、梁的模板。

吊杆是将操作平台与承力架连接起来的构件。在提升操作平台时,它承受模板与施工荷载产生的拉力;在工具式钢柱卸荷载提升时,它又受压,故设计时应注意,一般多用Φ48的钢管。

④模板

墙模板均用大模板,由于大模板每层都安装、拆卸一次,宜采用平模加小角模的形式。对于变截面墙要考虑好模板体系的收分。

梁的模板可用组合钢模板和木模板,如梁宽与组合钢模板模数一致时,优先采用组合钢模板。梁侧模用组合钢模板拼成,用钢丝绳将其悬挂在操作平台下面,拆模后就能与腔模一起提升。

独立柱模采用组合钢模板现场进行散装散拆。和墙连在一起的壁柱,其模板和墙模板相同,采用大模板,一起提升。

楼板模板不提升,可用一般支模方法。

模板系统从地面±0.000开始组装。组装顺序为:弹墙、柱位置线→安装劲性钢柱→绑扎墙、柱钢筋→固定梁底墙模→组装独立柱模板→组装室内墙模→组装外墙模→吊装操作平台→在操作平台上弹承力架轴线→组装承力架→安装工具式钢柱→安装升板机→提升承力架至规定标高→安装吊杆→将墙、梁模悬挂在操作平台下。组装完毕并经验收就可浇注混凝土。

3)升模

升模施工虽然亦有升板机提升,但其提升工艺与升板不完全相同,它是提升不连续、反复进行升降的提升工艺。由于墙的水平钢筋和柱箍在操作平台和承力架之间绑扎,第一次升模后,需等绑扎完一个提升高度的柱、墙水平钢筋后再提升一个提升高度,然后再绑扎一个提升高度的柱、墙水平钢筋。待一个层高内的墙、柱水平钢筋扎完,才能连续提升两次,使墙、柱模板下端高出楼面1.8 m左右,以便在楼板模板上安装管道和绑扎楼板钢筋并浇注混凝土。待楼板完成后,再将墙、柱模板下降到楼板面上重新组装,如此反复进行。

4)操作平台的水平控制

在施工过程中建筑物的垂直度取决于升模系统的水平度,如果操作平台水平控制好,模板的垂直度就能保证,从而就能控制建筑物的垂直偏差。由于操作平台悬挂在承力架上,只要控制好承力架的水平度就能控制操作平台的水平度。为此,在承力架组装和提升前,测定各吊点的标高作为原始记录,以后每提升一次测定并校正一次,使相邻柱间的高差控制在10 mm以内。

如用工具式钢柱,不能使全部钢柱同时卸荷、提升,应该卸荷一根就提升一根,并立即校正和固定,随即用升板机将承力架提升搁置于升高后的工具式钢柱上。为减少钢柱提升次数,可以隔2~3层提升一次,以不超过三层为宜,提升钢柱一般用塔式起重机。

(3)爬升模板

爬升模板简称爬模,是一种在楼层间翻转靠自行爬升不需起重机吊运的工具式模板。施工时模板不需拆装,可整体自行爬升,具有滑模的优点。由于它是大型模板,可一次浇注一个楼层的墙体混凝土,可离开墙面一次爬升一个楼层的高度,所以它又具有大模板的优点,它可减少起重机的吊运工作量,加快施工进度,因而经济效益较好。在我国高层建筑施工中已得到推广。

爬升模板分为有爬架模板和无爬架模板。

1)有爬架模板

有爬架模板由爬升模板、爬架和爬升设备三部分组成(图 8.7)。

模板与大模板相似,其高度一般为层高加 100～300 mm,利用长出部分与下层墙搭接,宽度取决于爬升设备的能力,可以是一个开间、一片墙甚至是一个施工段的宽度。模板顶部装有提升外爬架用手拉葫芦或液压千斤顶。模板底部还悬挂有外脚手架。

爬架是一格构式钢架,用来提升或悬挂模板,由下部附墙架和上部支承架两部分组成,总高度超过 3 个层高。附墙架紧贴墙面,至少用 4 个附墙螺栓与墙体连接,作为爬架的支承体。支承架高度大于两层模板,坐落在附墙架上,与之成为整体,支承架上端有挑横梁,用以安装提升模板的手拉葫芦或液压千斤顶。

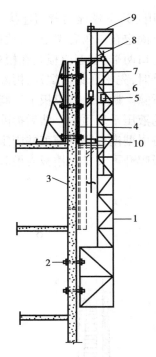

图 8.7　有爬升的爬升模板

1—爬架;2—螺栓;3—预留爬架孔;4—爬模;
5—爬架千斤顶;7—爬杆;8—模板挑横梁;
9—爬架挑横梁;10—脱模架千斤顶

爬升设备有手拉葫芦、液压千斤顶或电动千斤顶。手拉葫芦简便易行,适应性强,是应用最多的爬升设备。如用液压千斤顶,则爬架、模板各用一台油泵供油,爬杆用 $\phi 25$ 圆钢,分别固定在爬架挑横梁上或模板顶部。

2)无爬架模板

无爬架模板取消了爬架,模板由甲、乙两类模板组成,爬升时两类模板互为依托,用提升设备使两类模板交替爬升(图 8.8)。

甲、乙两类模板中,甲型模板为窄板,高度大于两个层高;乙型模板按建筑物外墙尺寸配制,高度略大于层高,与下层墙稍有搭

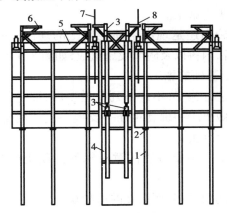

图 8.8　无爬架的爬升模板

1—"生根"背楞;2—连接板;3—液压千斤顶;4—甲型模板;5—乙型模板;6—三角爬架;7—爬杆;8—卡座

接,以免漏浆和错台。两类模板交替布置,甲型模板布置在内、外墙交接处,或大开间外墙的中部,模板背面设有竖向背楞,作为模板爬升的依托,并加强模板的刚度。内外模板用 $\phi 16$ 穿墙螺栓拉结固定,模板爬升时利用相邻模板与墙体的拉结来抵抗模板爬升时的外张力。在乙型模板的下面,设有用 $\phi 22$ 螺栓固定于下层墙上的"生根"背楞,用以支撑上面的乙型模板。

爬升装置由三角爬架、爬杆、卡座和液压千斤顶组成。三角爬架插在模板上口两端的套筒

内，套筒用"U"形螺栓与背楞连接，三角爬架可自由回转，用以支承爬杆。爬杆为 $\phi25$ 圆钢，上端用卡座固定在三角爬架上，每块模板上装有两台起重量为 3.5 t 的液压千斤顶，乙型模板装在模板上口两端，甲型模板装在模板中间偏下处。

爬升时，先松开穿墙螺栓，拆除内模板，并使墙外侧的甲、乙型模板与混凝土脱离，但穿墙螺栓未拆除。调整乙型模板上三脚爬架的角度，装上爬杆并用卡座卡紧，爬杆下端穿入甲型模板中间的液压千斤顶中。然后拆除甲型模板的穿墙螺栓，起动千斤顶将甲型模板爬升至预定高度。待甲型模板爬升结束并固定后，再爬升乙型模板。

模板爬升可安排在楼板支模和绑扎钢筋的同时进行，所以不占绝对工期，有利于加快施工进度。

8.2 高耸构筑物的施工方法

在建筑施工中，如烟囱、水塔等高耸构筑物，其施工方法就有它的特殊性。需要针对各种不同的主体及施工特点，采用不同的施工方法。

8.2.1 烟囱的施工

目前，我国的烟囱，高度在 60 m 及其以内的，多用砖砌筑而成；高度在 60 m 以上的，用滑升模板连续现浇钢筋混凝土进行施工。

无论是砖砌还是现浇钢筋混凝土的烟囱，一般均由基础、筒身、内衬以及附属设施组成，如图 8.9 所示。

(1)烟囱基础的施工

对基础进行施工，不外下列几道工序，即定位放线→挖基坑→做垫层→绑扎钢筋→支模→浇注混凝土→拆模→回填土夯实。

在这些工序中要特别注意对钢筋混凝土的施工，这是因为：

1）钢筋的数量多，而绑扎的形状复杂

烟囱基础的钢筋用量多，直径粗，呈放射形布置。

绑扎时，先从基础的中心开始，纵横各放射 2 根相互垂直的钢筋，然后再绑扎放射筋及环筋。

2）基础混凝土的浇注

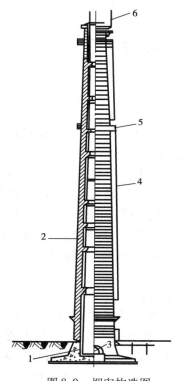

图 8.9 烟囱构造图
1—基础；2—筒身；3—烟道口；4—外爬梯；
5—信号台；6—避雷针

对烟囱底板所浇注的混凝土，应一次连续完成，且不得留施工缝。注意在混凝土初凝之前，预埋好烟囱中心点的预埋件，如图 8.10 所示。

(2)烟囱筒身的施工

1）施工设备的选择

对烟囱筒身的施工，常用的设备有：

①外脚手架施工。如图8.11所示,即在筒身周围设双排外脚手架,进行垂直运输等施工操作。

②内插工作平台加小吊装架施工。如图8.12所示,利用操作平台上的小吊装架上料,简单易行,但需要每施工完一个2步架,倒换一次插杆,上移一步操作平台。当然,也可用外井架上料。

③内井架提升式内操作台施工法,如图8.14所示。采用这种方法施工,要求烟囱上口直径在2 m以上。

2)烟囱筒身的施工

①砖砌筒身。砖烟囱所用的转,即普通粘土砖,但其强度、抗冻性必须符合设计要求。其施工程序是:弹线→摆底→砌筑→检查筒身的砌筑,关键是控制直径和往上收坡。对直径的控制,是将烟囱中心轴线对准埋在混凝土基础上的预埋件的中心点,用引尺控制,如图8.15所示。往上收坡,用托线板控制,如图8.16所示。

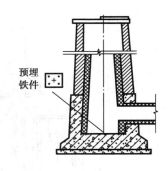

图8.10　烟囱预埋件

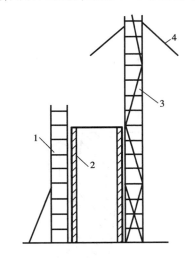

图8.11　烟囱外脚手架
1—脚手架;2—烟囱筒身;3—上料架;
4—缆风绳

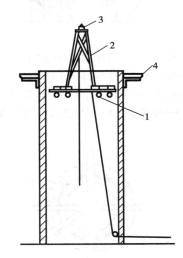

图8.12　内插平台
1—钢管插杆;2—吊装架;3—滑轮;
4—安全架板

②混凝土筒身的浇注。烟囱的筒身如采用混凝土,则混凝土筒身的施工,一般采用提升式液压滑模施工,且将筒身的混凝土、隔热层和内衬同时完成。

提升式液压模,是利用竖井架、提升式工作平台、提升式和交替移置式模板来共同完成对筒身混凝土浇注的,如图8.17所示。

为了便于烟囱筒身的施工,减少交叉作业,加快施工进度,宜将竖井架接高的工作安排在施工间隙分几次进行。如对100 m高的烟囱筒身施工则需竖井架高120 m,第一次竖井架接高到40 m,第二次接高到80 m最后到120 m。

竖井架接高后,考虑其稳定,竖井架与烟囱筒身须拉连固定,如图8.18所示。

调径是浇注混凝土筒身不可缺少的一项工作,要根据烟囱外形的设计坡度,计算出各施工节调整半径的数值,以便在每滑升一次进行一次调整。其方法是在竖井架上放一根管子作横

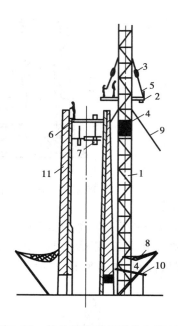

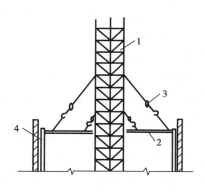

图 8.13　外井架内插杆操作台施工法

1—竖井架;2—卸料台;3—倒链;4—运料笼;

5—围栏;6—内插杆工作台;7—吊梯;8—安全网;

9—缆风绳;10—保护棚;11—烟囱筒身

图 8.14　内井架提升式操作施工法

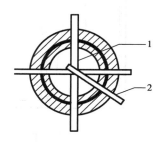

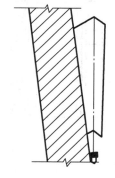

图 8.15　控制直径的引尺

1—十字杆;2—引尺

图 8.16　控制坡度的托线板

梁,在横梁上挂上一只倒链,用倒链将抽拔模板慢慢抽出。

③钢烟囱的施工。就其结构类型,钢烟囱分为自立式和塔架式两大类。自立式钢烟囱是用钢管排烟,制作、安装方便,但抗风能力差,高度受限制。塔架式钢烟囱,是由钢架塔和排烟钢管两部分组成,以塔架承受各种荷载并并扶持排烟管,制作虽繁杂,但高度可不受限制。

3)附属设施

在烟囱施工中,除基础、筒身以外,尚有内衬、爬梯、避雷针、烟道等。

8.2.2　水塔的施工

目前国内所建的水塔,多是采用倒锥形水箱的水塔。这种水塔的施工,分钢筋混凝土筒身

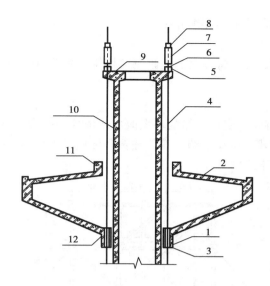

图 8.17　筒身施工设备

1—竖井架;2—施工拔梯;3—料斗;4—吊笼;5—储料斗;6—倒链;7—工作台;
8—内模板;9—外模板;10—混凝土筒身

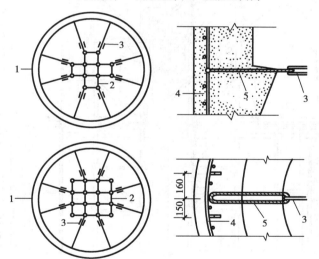

图 8.18　施工井架与烟囱筒壁的拉连示意图

1—烟囱筒身;2—竖井架;3—花篮螺丝;4—筒身钢筋;5—拉连预埋件

和钢筋混凝土水箱。

（1）水塔筒身

按传统做法,其筒身有用砖砌也有用钢筋混凝土浇注的。砖砌参照第 3 章砌筑工程。钢筋混凝土筒身的浇注,参照高层建筑和烟囱筒身的施工,在此就不详细介绍。

（2）钢筋混凝土水箱

对于钢筋混凝土水塔的水箱,通常做成倒锥形,其施工方法有两种:

1)顶面现浇

即在筒身顶部绑扎到伞形钢筋、立模、现浇钢筋混凝土。这种施工方法,高空作业多,延续

247

的长期用的脚手架也多,在此不作详细介绍。

2)地面预制

运用预应力张拉施工工艺,将在地面上预制的倒锥形水箱,用千斤顶从地面提升到筒身设计位置。

①提升工艺。

如图8.19所示,先将筒身支撑水箱的环梁改成水塔顶的提升台,待施工完毕后,在水筒身顶部平台上按一个承压钢圈,再在钢圈上安装锚具及传通式千斤顶。钢绞线穿过千斤顶及上、下锚具,还可穿过水箱的下环梁。

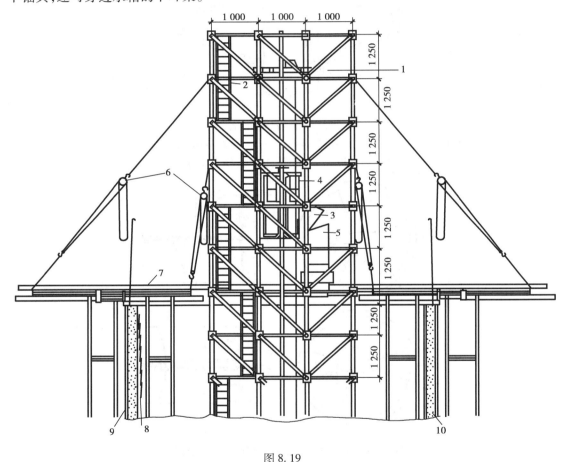

图 8.19

1—竖井架;2—施工拔梯;3—料斗;4—吊笼;5—储料斗;6—倒链;7—工作台;
8—内模板;9—外模板;10—混凝土筒身

提升时,将锚具3松开,千斤顶进油加压,使锚具1向上提升。由于锚具1夹紧钢绞线,从而带动水箱向上提升。一个提升过程完成后千斤顶的回油活塞会向下,这时,锚具3夹紧钢绞线,锚具1松开并跟千斤顶活塞一同向下回落,然后又重复上述过程,直到完成全部提升过程。

②提升荷载。提升荷载为:

$$P_{max} = \alpha\beta(p_1 + p_2 + p_3)$$

式中:P_{max}——最大提升荷载;

α——提升动力系数,取 $\alpha = 1.3$;

β——提升均匀系数,取 $\beta = 1.15$;

p_1——水箱自重;

p_2——水箱内外粉刷层的重量;

p_3——施工荷载。

③提升机械设备。在水筒身顶面的提升平台上,一般为提升而设有:

A. 千斤顶和锚具。一般宜选用液压千斤顶,额定压力为 40 MPa,总张力为 600 kN;冲程为 200 mm,穿心孔直径为 55 ~ 60 mm。锚具宜选用 QM15—4,即 5 个吊点,每根吊点 4 根钢绞线。

B. 电动油泵。宜选用常用 ZB_4—500S 电动油泵,额定压力为 50 MPa。

④施工程序。安装筒身顶部平台上面的承压钢圈→在钢圈上安装锚环→穿上钢绞线→拉紧固定水箱的下锚具→安装筒身上面的千斤顶并套上锚具→将油泵的油路与千斤顶接通→检查油泵是否能正常工作→油泵正式工作,千斤顶进油→千斤顶活塞顶升,锚具带动水箱上升→第一个冲程结束,油泵回油,并开始下一个冲程。

⑤提升注意事项

A. 承压钢圈必须与接触面密贴。

B. 千斤顶、油泵、钢绞线、锚具必须达到额定要求。

C. 提升第一个过程时,停升 12 h,以观察工作是否正常。

D. 锚固端要锚固牢靠。

E. 防止穿孔钢绞线下落伤人。

F. 大风时停止提升作业。

8.2.3　电视塔的施工

电视塔的施工过程,主要分为基础、主塔体(包括筒体和塔楼)和天线三部分。其特点是:基础钢筋复杂,多为放射筋;混凝土标号高,体积大,属大体积混凝土施工;垂直度要求高,误差 < 5 cm,且不允许塔身扭曲和表面凹凸不平;要求施工进度快,每天平均要拔高 1 m;要求抗风性能好,提升方便,安全可靠。

(1)常用钢筋混凝土主塔体施工方法

1)液压滑升模板施工

像高层建筑施工那样,国内外都比较常用。施工速度快,但工艺较为复杂。

2)大模板爬模施工

在高层建筑剪力墙结构中,采用较多。

3)内筒外架施工

整体自升,在平台上操作,安全可靠,能满足施工要求,且可取得好的效果。

4)垂直运输

电视塔一般都很高,比起高层建筑来,施工的难度要大得多。就其垂直运输来讲,浇注混凝土时,要用混凝土输送泵;施工人员及工具上下,要用人货两用电梯;其他材料的运输,要用专用附着式塔吊。

①塔吊附着杆的处理。因电视塔与高层建筑物相比,前者高而体积小,故浇注的混凝土主

塔体,每日高度增加快,在一定的时间内,其强度达不到要求,所以要考虑附着杆以上塔身的自由端高度,以不影响塔身附着杆受力为主。先设临时附着杆,待塔吊顶升加节完毕后,再依次解除附着杆的约束。

②防雷设施。因为塔吊很高,又接有电器,这就形成招雷因素,所以对于电视塔施工的塔吊,应作一类防雷要求。

施工时,除将电视塔的塔身主筋接地以外,还要将起重塔吊的基座接地。

(2)钢塔天线的安装

电视塔的下部一般采用钢筋混凝土筒体结构,上部为接收与发射用的天线,一般长度在几十米甚至上百米。天线实为钢塔,往往有几百吨重,一般在地面上制作好,再进行安装。

这种庞大、笨重的钢塔,要在高空做几百米高度的提升,施工难度大,技术要求高,一般用计算机控制液压千斤顶、钢索同步整体提升。如上海的电视天线钢塔,安装时,就是用 20 m120 根直径为 1.5 cm 的高强钢丝绳,每束钢丝绳下端装 1 只千斤顶,20 只千斤顶总起重量为 8 000 kN,只要启动开关,20 只千斤顶在钢丝绳上升时,同步向上爬升,带动钢塔天线逐渐上升,直至升到顶点标高。

(3)电视塔的安全施工措施

①提升设备的操作,设专人负责,并听从统一指挥。

②当遇上大风在六级及其以上者,或有雷雨时,停止作业,并切断电源。

③每次提升的施工荷载,应在允许范围之内。

④对于防雷接地,要在塔吊每提升一次,检查一遍防雷接地是否失效。

⑤定期检查提升机的螺杆和螺帽,如发现松动或磨损,应及时拧紧或更换。

8.2.4 保证工程质量和安全的措施

(1)对高层建筑物或高耸构筑物施工的质量要求

①各种支撑杆不得弯曲。

②所浇注的混凝土不得出现裂缝,其表面也不得出现蜂窝、麻面,更不得出现露筋现象。

③所用钢筋的型号、数量、位置,应准确无误。

④千斤顶上升应同步。

⑤建筑物或高耸构筑物,其垂直度如发生偏差,要在允许范围以内。

⑥高层建筑物或高耸构筑物,均不得发生扭曲现象。

⑦为防止漏浆,模板的拼缝要严密,若缝宽大于 1 mm,应采取措施堵严。

⑧泵送混凝土前后均应对模板进行校正。

⑨在泵送混凝土时,如出现泵送困难现象,可以采用木槌敲击,以防管路堵塞。

⑩框架结构梁柱节点处的箍筋位置要准,更不能漏放。

⑪在剪力墙的柱子与墙体之间,要注意在柱子中伸出钢筋,以拉接墙体,并且要在不对柱的混凝土作过多的剔凿的情况下,使拉结筋寻得到,拔得出。

⑫框架柱的柱脚混凝土,不得出现漏浆、烂根。

⑬框架柱的柱面不得出现因模板脱模不好造成的粘连或出现柱脚破损。

⑭梁柱节点处的模板刚度要足够,不得有变形,否则会出现混凝土表面不平、现浇不直的现象。

⑮框架结构的现浇楼面板,要预留管道穿孔,不要临时凿洞,以免伤筋伤肋。

（2）对高层建筑及高耸构筑物施工的安全措施

①上班时,应对电器开关、起重机具、模板夹具等关键部位,认真逐一进行检查。

②各个技术岗位,设专人负责。

③进行大模板施工时,如遇上 6 级及以上的大风,应立即停止作业。

④架设安全网及进行封闭施工。

⑤及时排除液压系统的故障。

⑥当安装好塔吊后,应先试运转,如有不正常,应调整好以后才正式投入使用。

⑦遇上雷雨、暴雨时,应停止施工。

⑧下班或工间休息,塔吊不得在空中悬挂重物。

⑨施工电梯在运行中如发生不正常声响时,应立即停机检查。

⑩电梯工作台班结束后,应锁好电器控制盒,移交钥匙。

⑪对脚手架应做好防雷、防电设施。

⑫预制构件时,要避免出现重心与形心不一致现象,以免在吊装时产生倾覆而伤人。

⑬上下层同时施工时,在平面上应错开位置,以免发生安全事故。

复习思考题

1. 什么是高层建筑? 有何施工特点?

2. 液压滑升模板的施工特点有哪些?

3. 在高层建筑施工中,塔吊是如何爬升的?

4. 在高层建筑施工中,为什么要采用泵送混凝土?

5. 如何才能对烟囱连续施工?

6. 电视塔的施工,难度难在哪里?

7. 如何确保高层建筑和高耸构筑物的工程质量?

第 **9** 章
路桥工程施工

9.1 路基施工

9.1.1 概述

路基工程,涉及范围广,影响因素多,灵活性也较大,尤其是岩土内部的具体变化,设计阶段难以知道其内部构造,有待施工过程中进一步完善。

路基土石方工程量大、分布不均匀,不仅与自身的其他工程,如路基排水、防护与加固等相互制约,而且同公路建设的其他工程项目,如桥涵、隧道、路面及附属设施相互交错。因此,路基施工,在质量标准、技术操作、施工管理等方面具有特殊性,就整个公路建设而言,路基施工往往是施工组织管理的关键。

路基工程的项目很多,如土方、石方、砌体等,土质路基包括路堤与路堑在内,基本操作是挖、运、填,工序比较简单,但条件比较复杂,因而施工方法多样化,简单的工序中常常遇到极为复杂的技术和管理的问题。

公路施工是野外作业,边远山区自然条件差,运输不便,物质设备及施工队伍的供应与调度困难;路基工地分散,工作面狭窄,遇有特殊的地质不良现象等,易使一般的技术问题变得复杂化,一些复杂的问题,更是难以用一般的常规方法与经验解决。城市道路路基施工条件往往比公路优越,但它地面拆迁多、地下管线多、配套工程多、施工干扰多。此外,在路基施工中还存在:场地布置困难、临时排水难、用土处置难、土基压实难等不利的因素。路基的隐藏工程较多,质量不合标准会给路面及自身留下隐患,一旦产生病害,不仅损害道路使用品质,导致妨碍交通及经济损失,而且往往后患无穷,难以根治。因此,为确保工程质量,实现快速、高效率安全施工,必须重视施工技术与管理,就目前情况而言,首先要有一个稳定的专业施工队伍,配有相应的技术骨干和机具设备,建立和健全施工技术操作规程与质量检查验收制度,采用现代化的施工管理方法等,这是高速发展公路事业的需要。

(1)路基施工的基本方法

路基施工的基本方法,按其技术特点大致可分为:人工和简易机械化、综合机械化、水力机械化和爆破等方法。人力施工是传统方法,使用手工工具、劳动强度大、工效低、进度慢、工程质量亦难以保证,但短期内还必然存在并适用于某些辅助性工作,即使实现机械化施工,亦还有必要保留。为了加快施工进度,提高劳动生产率,实现高标准高质量施工,有条件时对于劳动强度大和技术要求高的工序,应尽量配以机械或简易机械。机械化施工和综合机械化施工,是今后的发展方向,对于路基土石方工程来说,更具有迫切性。实践证明,单机作业的效率,比人力及简易机械施工要高得多,但需要大量人力与之配合,由于机械和人力的效率悬殊过大,难以协调配合,单机效率受到限制,势必造成停机待料,机械的生产率很低,如果对主机配以辅机,相互协调,共同形成主要工序的综合机械化作业,工效才能大大提高。以挖掘机开挖土路堑为例,如果没有足够的汽车配合运输土方,或者汽车运土填筑路堤,如果没有相应的摊平和压实机械配合,或者不考虑相应辅助机械挖掘机松土和创造合适的施工面,整个施工进度就无法协调,工效势必达不到要求,所以,实现综合机械化施工,科学地组织施工,是路基施工现代化的重要途经。

施工方法的选择,应根据工程性质、施工期限、现有条件等因素而定,而且应因地制宜和各种方法综合使用。

(2)施工前的准备工作

土质路基的基本工作,是路堑挖掘成型、土的移运、路堤填筑压实,以及与路基直接有关的各项附属工程。其工程量大、施工期长,且耗费计划所需人力物力资源的绝大部分,因而必须集中精力,认真对待。要保证正常施工,施工前的准备工作,极为重要,它是组织施工的第一步,无准备的施工或准备不充分的施工,均使路基施工的基本工作难以顺利进行。

施工的准备工作,内容较多,大致可归纳为组织准备、技术准备和物质准备 3 个方面。

1)组织准备工作

主要是建立和健全施工队伍和管理机构,明确施工任务,制定必要的规章制度,确立施工所应达到的目标等。组织准备亦是做好一切准备工作的前提。

2)技术准备工作

主要是指施工现场的勘查,核对与必要时修改设计文件,编制施工组织计划,恢复路线,施工放样与清整施工场地,搞好临时工程的各项工作等。

现场勘查与核对设计文件,目的是熟悉和掌握施工对象特点、要求和内容,显然这是整个施工的重要步骤。

施工组织计划是具有全局性的大事,其中包括选择施工方案,确定施工方法,布置施工现场(施工总平面布置),编制施工进度计划,拟定关键工程的技术措施等,它是整个工程施工的指导性文件,亦是其他各项工作的依据。在强调加强施工管理,实现现代化科学管理的时期,如何抓住施工组织计划这一环节,更具有现实意义。

临时工程,包括施工现场的供电、给水,修建便道、便桥,架设临时通讯,设置施工用房(生活和生产所必需)等,这些均为展开基本工作的必备条件。

路基恢复定线、清除路基用地范围内一切障碍物等,是施工前的技术准备工作,亦是基本工作的一个组成部分,宜协调进行。

3)物质准备工作

包括各种材料与机具设备的购置、采集、加工、调运与储存,以及生活后勤供应等。为使供应工作能适应基本工作的要求,物质准备工作必须制定具体计划。

9.1.2　施工要点

土质路基的挖填,首先必须搞好施工排水,包括开挖地面水的临时排水沟槽及设法降低地下水位,以便始终保持施工场地的干燥。这不仅因为干燥状态下易于操作,而且控制土的湿度是确保路堤填筑的关键。从有效控制土的含水量需要出发,土质路基施工作业面不宜太大,以有利于组织快速施工,随挖随运,及时填筑压实成型,减少施工过程中的日晒、雨淋。尽量保持土的天然湿度,避免过干或过湿。特殊需要时,才考虑人工洒水或晾干措施。雨季施工,尤应按照施工技术操作规程的有关规定,加强临时排水,确保路基质量。过湿填土,碾压后形成弹簧现象,必须挖出重填,必要时可采取其他相应的加固措施。

路基挖填范围内的地表障碍物,事先应予拆除,其中包括原有房屋的拆迁,树木和丛林茎根的清除,以及表层种植土、过湿土与设计文件或规程所规定之杂物等的清除。在此前提下,必要时按设计要求对路堤基层进行加固。

路基取土与填筑,必须有条不紊,有计划有步骤地进行操作,这不仅是文明施工的需要,而且是选土和合理利用填土的保证。不同性质的路基用土,除按规定予以废弃和适当处治外,一般亦不允许任意混填。

路堑开挖,应在全横断面进行,自上而下一次成型,注意按设计要求准确放样,不断检查校正,边坡表面削齐拍平。路堑底面,如土质坚实,应尽量不扰动,予以整平压实,如果土质较差、水文条件不良,应根据路面强度设计要求,采取加深边沟、设置地下盲沟以及挖松表层一定深度原土层,重新分层填筑与压实或必要时予以换土和加固,以确保路堑底层土基的强度与稳定性,达到规定标准,这对于修筑沥青类路面尤为重要。

土质路堤,应视路基高度及设计要求,先着手清理或地基加固。潮湿地基尽量疏干预压,如果地下水位较高,因工期紧或其他原因无法疏干,第一层填土适当加厚或填以砂性土后再予以压实。一般情况下,路堤填土应在全宽范围内,分层填平,充分压实,每日施工结束后,表层填土应压实完毕,防止间隔期间雨淋或暴晒。分层厚度视压实工具而定,一般压实厚度为20～25 cm。路堤加宽或新旧土层搭接处,原土层挖成台阶,逐层填筑,不允许将薄层新填土贴在路基的表面。

(1)填、挖方案

1)路堤填筑

土质路堤填筑,按填土顺序可分为分层平铺和竖向填筑两种方案。分层平铺是基本方案,有条件时应尽量采用。竖向填筑是在特定条件下,局部路堤采用的方案。

分层平铺,有利于压实,可以保证不同用土按规定层次填筑。正确的填筑方案是:不同用土水平分层,以保证强度均匀;透水性差的用土,如粘土等,一般宜填于下层,表面成双向横坡,有利于排水,防止水害;同一层次不同用土时,搭接处成斜面,以保证在该层厚度内,保证强度比较均匀,防止产生明显变形。此外,还应注意用土不应含有害杂物。桥涵、挡土墙等结构物的回填土,以砂性土为宜,防止不均匀变形,并按有关操作规程回填和夯实。

竖向填筑,指沿路中心线方向逐步向前深填,路线跨越深谷或池塘时,地面高差大,填土面积小,难以水平分层卸土,以及陡坡地段上半挖半填路基,局部路段横坡较陡或难以分层填筑等,可采用竖向填筑方案。竖向填筑的质量在于密实度,为此应选用振动式或锤式夯击机,选用沉陷量较小及粒径较均匀的砂石填料;路堤全宽一次成型;暂不修建较高级的路面,允许短期内自然沉落。此外,尽量采用混合填筑方案,即下层竖向填筑,上层水平分层,必要时可考虑参照地基加固的方法。

2)路堑开挖

土质路堑开挖,根据挖方数量大小及施工方法的不同,按掘进方向可分为纵向全宽掘进和横向通道掘进两种,同时又在高度上分单层或双层和纵横混合掘进等。

纵向全宽掘进是在路线一端或两端,沿路线纵向向前开挖,单层掘进的高度,即等于路堑设计深度。掘进时逐段成型向前推进,运土由相反方向送出。单层纵向掘进的高度,受到人工操作安全及机械操作有效因素的限制,如果施工紧迫,对于较深路堑,可采用双层掘进法,上层在前,下层在后,下层施工面上留有上层操作的出土和排水通道。

横向通道掘进,是先在路堑纵向挖出通道,然后分段同时向横向掘进,此法为扩大施工面,加速施工进度,在开挖长而深的路堑时用。施工时可以分层和分段,层高和段长视施工方法而定。该法工作面多,但运土通道有限制,施工的干扰大,必须周密安排,以防在混乱中出现质量或安全事故。个别情况下,为了扩大施工面,加快施工进度,对土路堑的开挖,还可以考虑采用双层式纵横通道的混合掘进方案,同时沿纵横的正反方向,多施工面同时掘进。混合掘进方案的施工干扰更大,一般仅限于人工施工,对于深路堑,如果挖方工程数量大及工期受到限制时亦可考虑采用。

(2)机械化施工

常用的路基土方机械有:松土机、平地机、铲运机、压实机具及水力机械等。各种土方机械,按其性能,可以完成路基土方的全部或部分工作。选择机械种类和操作方案是组织施工的第一步,为了能发挥机械的使用效率,必须根据工程性质、施工条件、机械性能及需要择优选用。

组织机械化施工,应注意以下几点:

①建立健全施工管理体制与相应的组织机构。

②对每项路基工程,应有严密的施工组织计划,并合理选择施工方案,在服从总的调度计划安排下,各作业班组或主机,均编制具体计划。在综合机械化施工中,尤其要加强作业计划工作。

③在机具设备有限制的条件下,要善于抓重点,兼顾一般。所谓重点,是指工程重点,在网络计划管理中,重点就是关键线路,在综合机械化作业中,重点就是主机的生产效率。

④加强技术培训,开展劳动竞赛,鼓励技术革新,实行安全生产、文明施工。

9.1.3　路基压实

路基施工破坏土体的天然状态,使结构松散,颗粒重新组合。为使路基具有足够的强度与稳定性,必须予以人工压实,以提高其密实程度。所以路基的压实工作,是路基施工过程中的重要工序,也是提高路基强度与稳定性的根本技术措施之一。

土是三相体,土粒为骨架,颗粒之间的孔隙为水分和气体所占据。压实的目的在于使土粒重新组合,彼此挤紧,空隙缩小,土的单位重量提高,形成密实整体,最终导致强度增加,稳定性提高。

大量试验证明,土基压实后,路基的塑性变形、渗透系数、毛细水作用及隔温性能等,均有明显改善。

9.2　路面施工

9.2.1　水泥混凝土路面施工工艺

修筑水泥混凝土面层所用的混合料,比其他结构物所使用的混合料要有更高的要求,因为它受到动荷载的冲击、摩擦和反复弯曲作用,同时还受到温度和湿度反复变化的影响。面层混合料必须具有较高的抗弯拉强度和抗磨性,良好的耐冻性以及尽可能低的膨胀系数和弹性模量。此外,湿混合料还应有适当的施工和易性,一般规定其坍落度为 0 ~ 30 mm,工作度约 30s。在施工时,应保证混凝土强度满足设计要求。通常要求面层混凝土的 28 d 抗弯拉强度达到 4.0 ~ 5.0 MPa,28 d 抗压强度达到 35 MPa。

温凝土混合料中的粗集料(> 5 mm)宜选用岩浆岩或未风化的沉积岩碎石。最好不用石灰岩碎石,因它易被磨光,导致表面过滑。碎石的强度和磨耗率应满足设计要求。合乎使用要求的砾石也可采用,但由于砾石混合料的强度(特别是弯拉强度)低于碎石混合料,故在使用时宜掺加占总量 1/3 ~ 1/2 以上轧碎砾石。砾石混凝土一般用于双层式板的下层。采用连续级配的集料,混凝土的和易性和均匀性较好;采用间断级配的集料则强度较高。集料的颗粒级配规定按有关道路材料的要求确定。颗粒的最大粒径,不宜超过板厚的 1/4 ~ 1/3,对连续级配一般取为 40 ~ 50 mm,对间断级配则取为 60 ~ 65 mm。集料中按重量计的针、片状颗粒含量不宜大于 15%,含泥量不得大于 1.0%,石粉含量不得大于 1.5%。此外,硫酸盐(以 SO_2 计)含量不宜大于 1.0%。

混凝土中小于 5 mm 的细集料可用天然砂。要求颗粒坚硬耐磨,具有良好的级配,表面粗糙而有棱角,清洁和有害杂质含量少。砂中含泥量按重量计不得大于 3.0%,云母含量不宜大于 2.0%。

面层混凝土一般使用普通硅酸盐水泥,水泥混凝土的水泥用量为 300 ~ 500 kg/m^3,对双层式混凝土路面的下层可用 325 号水泥,用量可降至 270 kg。

拌制和养护混凝土用的水,以饮用水为宜。对工业废水、污水、海水、沼泽水、酸性水(pH < 4)和硫酸盐含量较多(按 SO_4 计超过水重 1.0%)的水,均不允许使用。混凝土的用水量为 130 ~ 170 L/m^3。

为保证混凝土具有足够的强度和密实度,水灰比应为 0.40 ~ 0.55。水灰比低时混凝土和易性差,可添加塑化剂或减水剂。为使混凝土路面早日开放交通,可在混凝土中加入早强剂。加入早强剂的混凝土,能使路面在铺筑 3 ~ 5 d 后,即可开放交通。

为了提高混凝土的和易性和抗冻性,以及防止为融化路面冰雪所用盐类对混凝土的侵蚀,常掺入加气剂,使温凝土具有 3.5% ~ 5.5%(体积比)的含气量。加气温凝土的强度稍有降低,此时可采用降低水灰比和含砂率的办法来补救。为提高混凝土的强度,还可采用干硬性混凝土,并掺入增塑剂或减水剂,以改善其施工和易性。

(1)施工准备工作

1)选择混凝土拌和场地

根据施工路线的长短和所采用的运输工具,混凝土可集中在一个场地拌制,也可以在沿线选择几个场地,随工程进展情况迁移。拌和场地的选择首先要考虑运送混合料的运距最短。同时拌和场还要接近水源和电源。此外,拌和场应有足够的面积,以供堆放砂石材料和搭建水泥库房。

2)进行材料试验和混凝土配合比设计

根据技术设计要求与当地材料供应情况,做好混凝土各组成材料的试验,进行混凝土各组成材料的配合比设计。

3)基层的检查与整修

基层的宽度、路拱与标高、表面平整度和压实度,均应检查其是否符合要求。如有不符之处,应予整修,否则,将使面层的厚度变化过大,而增加其造价或减少其使用寿命。半刚性基层的整修时机很重要,过迟难以修整且很费工。当在旧砂石路面上铺筑混凝土路面时,所有旧路面的坑洞、松散等损坏,以及路拱横坡或宽度不符合要求之处,均应事先翻修调整压实。

混凝土摊铺前,基层表面应洒水润湿,以免混凝土底部的水分被干燥的基层吸去,变得疏松以致产生裂缝,有时也可在基层和混凝土之间铺设薄层沥青混合料或塑料薄膜。

(2)混凝土板的施工程序和施工技术

面层板的施工程序为:安装模板;安设传力杆;混凝土的拌和与运送;混凝土的摊铺和振捣;接缝的筑做;表面整修;混凝土的养护与填缝。

1)边模的安装

在摊铺混凝土前,应先安装两侧模板。如果采用手工摊铺混凝土,则边模的作用仅在于支撑混凝土,可采用厚 40 ~ 80 mm 的木模板,在弯道和交叉口路缘处,应采用 15 ~ 30 mm 厚的薄模板,以便弯成弧形。条件许可时宜用钢模,这不仅节约木材,而且保证工程质量。钢模可用厚 4 ~ 5 mm 的钢板冲压制成,或用 3 ~ 4 mm 厚钢板与边宽 40 ~ 50 mm 的角钢或槽钢组合构成。当用机械摊铺混凝土时,必须采用钢模。

侧模按预先标定的位置安放在基层上,两侧用铁钎打入基层以固定位置。模板顶面用水准仪检查其标高,不符合时予以调整。模板的平面位置和高程控制都很重要,稍有歪斜和不平,都会反映到面层,使其边线不齐、厚度不准和表面呈波浪形。因此,施工时必须经常校验,严格控制。

2)传力杆安设

当两侧模板安装好后,即在需要设置传力杆的胀缝或缩缝位置上安设传力杆。混凝土板一般是在嵌缝板上预留圆孔以便传力杆穿过,嵌缝板上面设木制或铁制压缝板条,其旁再放一块胀缝模板,按传力杆位置和间距,在胀缝模板下部挖成倒 U 形槽,使传力杆由此通过。传力杆的两端固定在钢筋支架上,支架脚插入基层内(见图 9.1)。

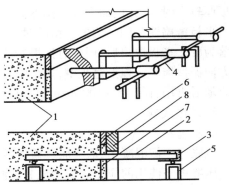

图 9.1 胀缝传力杆的架设(钢筋支架法)
1—先浇混凝土;2—传力杆;3—金属套筒;
4—钢筋;5—支架;6—压缝板条;
7—嵌缝板;8—胀缝模板

对于混凝土板不连续浇注结束时设置的胀缝,宜用顶头木模固定传力杆的安装方法。即在端模外侧增设一块定位模板,板上同样按照传力杆间距及杆径钻成孔眼,将传力杆穿过端模板孔眼并直至外侧定位模板孔眼。两模板之间可用传力杆一半长度的横木固定(见图 9.2)。

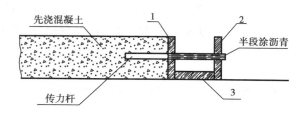

图 9.2　胀缝传力杆的架设(顶头木模固定法)
1—端头挡板;2—外侧定位模板;3—固定横木

继续浇注邻板时,拆除挡板、横木及定位模板,设置胀缝板、木制压缝板条和传力杆套管。

3)制备与运送混凝土混合料

在工地制备混合料时,应在拌和场地上,合理布置拌和机和砂石、水泥等材料的堆放地点,力求提高拌和机的生产率。拌制混凝土时,要准确掌握配合比,特别要严格控制用水量。每天开始拌和前,应根据天气变化情况,测定砂、石材料的含水量,每拌所用材料应过秤。量配的精确度水泥为 1.5%,砂为 2%,碎石为 3%,水为 1%。每一工班应检查材料量配的精确度至少 2 次,每半天检查混合料的坍落度 2 次。拌和时间为 1.5~2.0 min。

混合料用手推车、翻斗车或自卸汽车运送。合适的运距视车辆种类和混合料容许的运输时间而定。通常,夏季不宜超过 30~40 min,冬季不宜超过 60~90 min。高温天气运送混合料时应采取覆盖措施,以防混合料中水分蒸发。运送用的车箱必须在每天工作结束后,用水冲洗干净。

4)摊铺和振捣

当运送混合料的车辆到达摊铺地点后,一般直接倒向安装好侧模的路槽内,并用人工找补均匀,要注意防止出现离析现象。摊铺的厚度高出设计厚度 10% 左右,使振捣后的面层标高同设计相符。混凝土混合料的振捣器具,应由平板振捣器、插入式振捣器和振动梁配套作业。混凝土路面板厚在 0.22 m 以内时,一般可一次摊铺,用平板振捣器振实,凡振捣不到之处,如面板的边角部、窨井、进水口附近,以及安设钢筋的部位,可用插入式振捣器进行振实;当混凝土板厚较大时,可先用插入式振捣器插入振捣,然后再用平板振捣器振捣,以免出现蜂窝现象。

平板振捣器在同一位置停留的时间,一般为 10~15 s,以达到表面振出浆水,混合料不再沉落为度。平板振捣后,用带有振捣器的、底面符合路拱横坡的振捣梁,两端搁在侧模上,沿摊铺方向振捣拖平。拖振过程中,多余的混合料将随着振捣梁的拖移而刮去,低陷处则应随时补足。随后再用直径 75~100 mm 长的无缝钢管,两端放在侧模上,沿纵向滚压一遍。

5)筑做接缝

①胀缝

筑胀缝一侧混凝土,取去胀缝模板后,再浇注另一侧混凝土,钢筋支架浇在混凝土内不取出。压缝板条使用前应涂废机油或其他润滑油,在混凝土振捣后,先抽动一下,而后最迟在终凝前将压缝板条抽出。抽出时为确保两侧混凝土不被扰动,可用木板条压住两侧混凝土,然后轻轻抽出压缝板条,再用铁抹板将两侧混凝土抹平整。缝隙上部浇灌填缝料,留在缝隙下部的嵌缝板是用沥青浸制的软木板或油毛毡等材料制成的预制板。

②横向缩缝(即假缝)

(A)切缝法:在混凝土捣实整平后,利用振捣梁将"T"形振动刀准确地按缩缝位置振出一条槽,随后将铁制压缝板放入,并用原浆修平槽边。当混凝土收浆抹面后,再轻轻取出压缝板,并即用专用抹子修整缝缘。这种做法要求谨慎操作,以免混凝土结构受到扰动和接缝边缘出现不平整(错台)。

（B）锯缝法：在结硬的混凝土中用锯缝机（带有金刚石或金刚砂轮锯片）锯割出要求深度的槽口。这种方法可保证缝槽质量和不扰动混凝土结构。但要掌握好切割时间，过迟了，因混凝土过硬而使锯片磨损过大且费工，而且更主要的可能在锯割前混凝土会出现收缩裂缝。过早了，混凝土因还未结硬，锯割时槽口边缘易产生剥落。合适的时间视气候条件而定，炎热而多风的天气，或者早晚气温有突变时，混凝土板会产生较大的湿度或温度坡差，使内应力过大而出现裂缝，锯缝应早在表面整修后 4 h 即可开始。如天气较冷，一天内气温变化不大时，锯割时间可晚至 12 h 以上。

（C）纵缝：筑做企口式纵缝，模板内壁做成凸榫状。拆模后，混凝土板侧面即形成凹槽。需设置拉杆时，模板在相应位置处要钻成圆孔，以便拉杆穿入。浇注另一侧混凝土前，应先在凹槽壁上涂抹沥青。

6）表面整修与防滑措施

混凝土终凝前必须用人工或机械抹平其表面。当用人工平板抹光时，不仅劳动强度大、工效低，而且还会把水分、水泥和细砂带至混凝土表面，致使面层比下部混凝土或砂浆有较高的干缩性和较低的强度。而采用机械抹面时可以克服以上缺点。目前国产的小型电动抹面机有两种装置：装上圆盘即可进行粗光；装上细抹叶片即可进行精光。在一般情况下，面层表面仅需粗光即可。抹面结束后，有时再用拖光带横向轻轻拖拉几次。

为保证行车安全，混凝土表面应具有粗糙抗滑的表面。最普通的做法是用棕刷顺横向在抹平后的表面上轻轻刷毛；也可用金属丝梳子梳成深 1～2 mm 的横槽。近年来，国外已采用一种更有效的方法，即在已硬结的路面上，用锯割机将路面锯割成深 5～6 mm、宽 2～3 mm、间隔 20 mm 的小横槽。也可在未结硬的混凝土表面塑压成槽，或压入坚硬的石屑来防滑。

至于防滑标准，目前各国仍无统一的规定。国际道路会议路面防滑委员会建议，新铺混凝土路面的抗滑标准是：当车速为 45 km/h 时，摩擦系数的最低值为 0.45，车速为 50 km/h 时，最低值为 0.40。该数值我国目前可参照使用。

7）养护与填缝

为防止混凝土中水分蒸发过速而产生缩裂，并保证水泥水化过程的顺利进行，混凝土应及时养护。一般用下列两种养护方法。

①湿治养护：混凝土抹面 2 h 后，当表面已有相当硬度，用手指轻压不现痕迹时即可开始养护。一般采用湿麻袋或草垫，或者 20～30 mm 厚的湿砂覆盖于混凝土表面。每天均匀洒水数次，使其保持潮湿状态，至少延续 14 d。

②塑料薄膜养护：当混凝土表面不见浮水，用手指按压无痕迹时，即均匀喷洒塑料溶液（由轻油溶剂、过氯乙烯树脂和苯二甲酸二丁脂三者，按 88%：9%：3% 的质量比配制而成），形成不透水的薄膜粘附于表面，从而阻止混凝土中水分的蒸发，保证混凝土的水化作用。

近年来国内也有用塑料布覆盖以代替喷洒塑料溶液的养护方法，效果良好。

填缝工作宜在混凝土初步结硬后及时进行。填缝前，首先将缝隙内泥砂杂物清除干净，然后浇灌填缝料。

理想的填缝料应能长期保持弹性、韧性，热天缝隙缩窄时不软化挤出，冷天缝隙增宽时能胀大并不脆裂，同时还要与混凝土粘牢，防止土砂、雨水进入缝内，此外还要耐磨、耐疲劳、不易老化。实践表明，填料不宜填满缝隙全深，最好在浇灌填料前先用多孔柔性材料填塞缝底，然后再加填料，这样在夏天胀缝变窄时填料不致受挤而溢至路面。常用的填缝料有下列几种。

①聚氯乙烯类填缝料:它适宜灌注各种接缝(包括胀缝、缩缝等),有软化点与耐热度高而低温塑性较好的优点,且价格适中,施工方便。特别是 ZJ 型填缝料,由于出厂已经配制成单组分材料,因此使用更为方便。

②沥青玛蹄脂:它有价格便宜施工方便的优点,但低温延伸率较差,故适宜于南方地区。同时应特别加强养护修理。

③聚氨酯填缝料:它同样具有较高的耐热性和较大的低温延伸性,但价格昂贵灌注后成形较慢,适宜于严寒地区采用。

④氯丁橡胶条:仅适用于填塞胀缝,施工较麻烦,且与路面缝壁不易粘结牢靠,容易从胀缝中被吸出,加之价格较贵,故目前不常使用。

以上各种填缝料的配制方法及施工工艺,参见现行水泥混凝土路面施工规范。

需要补充指出,20 世纪 60 年代以来,国外已推广使用滑动模板摊铺机来修筑混凝土路面。此机尾部两侧装有模板随机前进,能兼做摊铺、振捣、压入杆件、切缝、整面和刻画防滑小槽等作业,成形的路面即在机后延伸出来。此机可铺筑不同厚度和不同宽度的混凝土路面,对无筋和配筋混凝土路面均可使用。工序紧凑,施工质量高,每天能铺筑长达 1 600 m 的双车道路面,能大大降低路面造价。此机的出现是混凝土路面施工技术的一大变革。这种摊铺机目前在我国城市和机场也已开始研制试用。

8)冬季和夏季施工

混凝土强度的增长主要依靠水泥的水化作用。当水结冰时,水泥的水化作用即停止,而混凝土的强度也就不再增长,而且当水结冰时体积会膨胀,促使混凝土结构松散破坏。因此,混凝土路面应尽可能在气温高于 +5 ℃时进行施工。由于特殊情况必须在低温情况下(昼夜平均气温低于 +5 ℃和最低气温低于 −3 ℃时)施工时应采取下述措施:

①采用高标号(425 以上)快凝水泥,或掺入早强剂,或增加水泥用量。

②加热水或集料。较常用的方法是仅将水加热,因加热设备简单,水温容易控制,水的热容量比粒料热容量大,单位重量的水升高 1 ℃所吸收的热量比同样重的粒料升高 1 ℃所吸收的热量多 4 倍左右,所以提高水温的方法最为有效。

拌制混凝土时,先用温度超过 70 ℃的水同冷集料相拌和,使混合料在拌和时的温度不超过 40 ℃,摊铺后的温度不低于 10(气温为 0 ℃时)~20 ℃(气温为负 3 ℃时)。

③混凝土做面后,表面应覆盖蓄热保温材料,必要时还应加盖养护暖棚。

在持续寒冷和昼夜平均气温低于 −5 ℃,或混凝土温度在 5 ℃以下时,应停止施工。在气温超过 25 ℃时施工,应防止混凝土的温度超过 30 ℃,以免混凝土中水分蒸发过快,致使混凝土干缩而出现裂缝,必要时可采取下列措施:

①对湿混合料,在运输途中要加以遮盖;

②各道工序应紧凑衔接,尽量缩短施工时间;

③搭设临时性的遮光挡风设备,避免混凝土遭到烈日暴晒并降低吹到混凝土表面的风速,减少水分蒸发。

(3)质量控制和检查

进行路面用混凝土设计时,应对取用的各原材料(粗细集料、水泥、水源)分别进行检验,以判断其是否适用。对于合格的材料,可进一步设计达到要求强度的配合比。

混凝土路面施工时,为保证工程质量,需要控制和检查的主要项目包括:

①土基完成后应检查其密实度,基层完成后应检查其强度、刚度和均匀性。

②按规定要求验收水泥、砂和碎石;测定砂、石的含水量,以调整用水量,测定坍落度,必要时调整配合比。

③检查磅秤的准确性,抽查材料配量的准确性。

④摊铺混凝土之前,应检查基层的平整度和路拱横坡,校验模板的位置和标高,检查传力杆的定位。

⑤冬季和夏季施工时,应测定混凝土拌和和摊铺时的温度。

⑥观察混凝土拌和、运送、振捣、整修和接缝等工序的质量。

⑦每铺筑 400 m 混凝土,同时制作两组抗折试件龄期分别为 7 d 和 28 d,每铺筑 1 000 ~ 2 000 m 混凝土增做一组试件,龄期为 90 d 或更长,备作验收或检查后期强度时用,抗压试件可利用抗折试验的断头进行试验,抗压试验数量与抗折数量相对应。试件在现场与路面相同的条件下进行湿治养护。

施工中应及时测定 7 d 龄期的试件强度,检查其是否已达到 28 d 强度的 70%(普通水泥混凝土),否则应查明原因,立即采取措施,务使继续浇注的混凝土强度达到设计要求。

在以上各项目中,凡属于质量中间检查的,均应做好施工记录并予以保存。

9.2.2 沥青类路面的施工工艺

(1)洒铺法沥青路面面层的施工

用洒铺法施工的沥青路面面层,包括沥青表面处治和沥青贯入式两种。其施工过程如下:

1)沥青表面处治

沥青表面处治是用沥青和细粒矿料分层铺筑成厚度不超过 3 mm 的薄层路面面层。由于处治很薄,一般不起提高强度的作用,其主要作用是抵抗行车的磨耗,增强防水性,提高平整度,改善路面的行车条件。

沥青表面处治通常采用层铺法施工。按照洒布沥青及铺矿料的层次,沥青表面处治可分为单层式、双层式和三层式 3 种。单层式为洒布一次沥青,铺撒一次矿料,厚度为 1.0 ~ 1.5 cm;双层式为洒布两次沥青,铺撒两次矿料,厚度为 2.0 ~ 2.5 cm;三层式为洒布三次沥青,铺撒三次矿料,厚度为 2.5 ~ 3.0 cm。

沥青表面处治所用的矿料,其最大粒径应与所处治的层次厚度相当。矿料的最大与最小粒径比例应不大于 2,介于两筛孔间的颗粒的含量应不少于 70% ~ 80%。

层铺法沥青表面处治施工,一般采用所谓的"先油后料"法,即先洒一层沥青,后铺撒一层矿料。以双层式沥青表面处治为例,其施工程序如下:①备料;②清理基层及沥青;③浇洒透层沥青;④洒布第一次沥青;⑤铺撒第一层矿料;⑥碾压;⑦洒布第二次沥青;⑧铺撒第二层矿料;⑨碾压;⑩初期养护。

2)沥青贯入式路面

沥青贯入式路面是在初步碾压的矿料上洒布沥青,再分层铺撒嵌缝料、洒布沥青和碾压,并借行车压实而成。其厚度一般为 4 ~ 8 cm。

沥青贯入式路面具有较高的强度和稳定性,其强度的构成,主要依靠矿料的嵌挤作用和沥青材料的粘结力。由于沥青贯入式路面是一种多孔隙结构,为了防止路表水的浸入和增强路面的水稳定性,其面层的最上层必须加铺封层。

沥青贯入式路面面层的施工程序如下：①整修和清扫基层；②浇洒透层或粘层沥青；③铺撒主层矿料；④第一次碾压；⑤洒布第一次沥青；⑥铺撒第一次嵌缝料；⑦第二次碾压；⑧洒布第二次沥青；⑨铺撒第二次嵌缝料；⑩第三次碾压；⑪洒布第三次沥青；⑫铺撒封面矿料；⑬最后碾压；⑭初期养护。

（2）厂拌法沥青路面的施工

厂拌法沥青路面包括沥青混凝土、沥青碎石等，其施工过程可分为沥青混合料的拌制与运输及现场铺筑两个阶段。

1）沥青混合料的拌制

在拌制沥青混合料之前，应根据确定的配合比进行试拌。试拌时对所用的各种矿料及沥青应严格计量。通过试拌和抽样检验确定适宜的沥青用量、拌和时间、矿料和沥青加热温度、以及沥青混合料出厂的温度。经过拌和后的混合料应均匀一致，无细料和粗料分离及花白、结成团的现象。

沥青混合料运达铺筑现场的温度：石油沥青混合料应不低于130 ℃；煤沥青混合料应不低于90 ℃。沥青混合料应均衡运送到现场。如因气温低，运到的混合料已发生冷却结块，应采取加温措施。

2）铺筑

厂拌法沥青路面的铺筑工序如下：①基层准备和放样；②摊铺：A. 人工摊铺，B. 机械摊铺；③碾压；④接缝施工。

（3）路拌沥青碎石路面的施工

路拌沥青碎石路面是在路上用机械将热的或冷的沥青材料与冷的矿料拌和，并摊铺、压实而成。

路拌沥青碎石路面的施工程序为：①清扫基层；②铺撒矿料；③洒布沥青材料；④拌和；⑤整形；⑥碾压；⑦初期养护；⑧封层。

（4）沥青路面质量控制与检查

沥青路面施工质量的控制与检查，包括下列几方面：基层质量检查；材料质量检查；施工质量控制与检查和路面外形检查等。

1）基层质量的检查

沥青路面面层施工之前，应对基层或旧路面的厚度、密实度、平整度、路拱进行检查。已修建的基层达到标准要求之后，才可在其上修筑面层。

2）材料质量检查

①沥青材料检查；②矿料质量检查；③沥青混合料质量检查；④施工质量控制与检查；⑤路面的外形检查。

9.3 常见桥梁施工

确定桥梁的施工方法，需充分考虑桥位的地形、环境、安装方法的安全性、经济性、施工速度以及自身的设备等因数。在选择施工方法时，桥梁的类型、跨径、施工技术水平等也是相当重要的考虑因数。对于不同类型的桥梁往往有不同的施工方法。

桥梁的施工一般可分为桥梁基础的施工和桥梁上部结构的施工。桥梁基础的施工应根据当地的水文、地质条件以及工程结构本身和经济效益而定。根据桥梁基础工程的形式大致可以归纳为扩大基础、桩和管柱基础、沉井基础和组合基础几大类。

桥梁的上部结构施工，可以说多种多样，随着工程技术及工程设备的不断改善，到现在已得到了迅速的发展。下面着重讨论一下桥梁上部结构的施工。

9.3.1　装配式钢筋混凝土和预应力混凝土桥的施工

(1)概述

所谓装配式桥，一般是指采用装配化方法施工的钢筋混凝土或预应力棍凝土桥。

装配式桥的施工包括构件的预制、运输、安装的各个阶段的过程。桥梁的各构件是在预制场或预制工厂内进行预制，由各种运输工具运往桥孔，安装于墩台之上，逐步联接成整体的。

1)装配式桥的特点

一般说来，用预制安装法施工的装配式桥与就地浇注的整体式桥相比，有如下特点：①缩短了施工工期；②节约了支架、模板；③提高了工程质量；④需要用吊装设备；⑤用钢量略为增大。

从上可以看出，装配式桥的造价较之整体浇注桥是高还是低的问题，是要针对具体的桥进行具体分析的，不能一概而论。当桥址地形条件不可能设立支架；施工队伍有足够的设备时；桥的工程数量相当大，以致如采用就地浇注方法施工势必在冬季施工，难以保证工程质量和工程进度，这时采用装配式施工将是经济合理的。

2)预制构件的形式

装配式桥梁，在设计时就考虑将整座桥分割成各种构件和部分。预制构件形式随桥型不同而不同。一般说来，有如下各种形式：

①按桥横截面方向划分的构件和联结

一般装配式梁桥在横断面方向上由若干个构件组成，在桥的纵向则是整片的。这时构件之间需有纵向的接缝。图 9.3 表示由一种预制空心板组成的桥面和接缝形式。缝

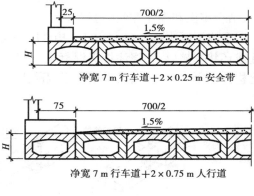

净宽 7 m 行车道+2×0.25 m 安全带

净宽 7 m 行车道+2×0.75 m 人行道

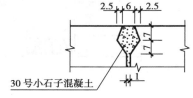

30 号小石子混凝土

图 9.3　空心板梁的桥面组合段面

内一般用小石子混凝土填充，也可用横向伸出钢筋互相扎紧后再填浇混凝土来加强。

无中横隔板 T 梁的横向连接一般采用翼缘边之间的钢板焊接和桥面铺装层内的钢筋网来形成铰缝，如图 9.4 所示。

装配式箱梁桥的预制构件，按跨径的不同而有不同的划分方案。

有的装配式桥在横断面上不单沿横向且同时沿竖直方向分割构件。

②按桥纵向分段的构件和接头

当跨径较大或构件过于细长时往往还需将构件沿桥的纵向分段。如桁架拱桥的桁架拱片

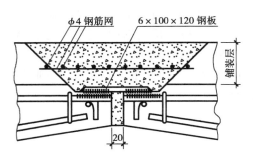

图 9.4　无中横 T 梁的横向连接

往往分成三段预制,包括两个桁架段和一个实腹段(图 9.5)。

3)构件的接头形式

预制构件纵向连接用的接头,总的分湿接头和干接头两类。湿接头就是现浇混凝土接头,适用于在简易排架上施工的构件连接。无支架吊装时常采用干接头,如钢板电焊接头、法兰螺栓接头、环氧树脂水泥胶涂缝的预应力接头等。此外尚有干湿混合接头。所有接头,必须符合构造

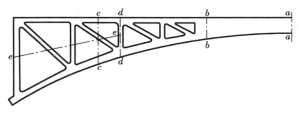

图 9.5　桁架拱片的分段

简单、结合牢固和操作方便的要求。

①现浇混凝土接头(图 9.6)　构件的端头须有主筋伸出,在将两端伸出的主筋互相焊接、绑扎或环状套接以后,浇注接头混凝土。接头的长度一般为 $0.2 \sim 0.5$ m,接头混凝土的标号应比构件混凝土高一级,或采用早强混凝土,以缩短工期。

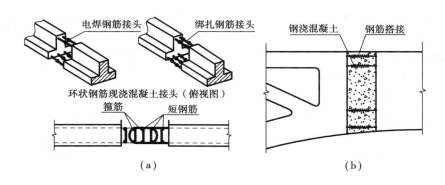

图 9.6　现浇混凝土接头
(a)双曲拱拱肋接头;(b)桁架拱片现浇接头

②钢板电焊接头(图 9.7)　即在构件接头端预埋钢板,在构件就位后将钢板焊接起来。按预埋钢板的位置不同,接头有 3 种形式即在端面预埋钢板,接头时在钢板四周焊接,在侧面预埋钢板加搭接钢板焊接。端、侧面均预埋钢板,接头时先焊端面钢板四周,再加侧面搭接钢板焊接。预埋钢板应在浇注构件混凝土前与构件的主筋牢固焊接。

③法兰螺栓接头(图 9.8)　即在构件接头端预埋法兰,在构件就位后用螺栓将法兰拧紧。构件预制时应将两构件接头端的法兰先用螺栓连好,再与主筋焊接和浇注构件混凝土,这样,以后在构件安装连接时就容易对准合拢。

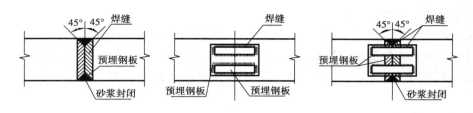

图9.7 钢板电焊接头

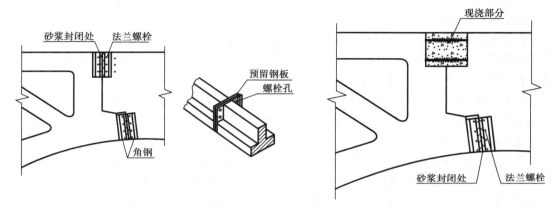

图9.8 法兰螺栓接头 图9.9 干湿混合接头

④干湿混合接头 即在同一接头处兼用现浇连接和用钢板电焊或法兰螺栓连接(图9.9)。利用干接头部分尽快使构件拼接合拢,现浇部分在合拢后再处理,这样一来使接头用钢不至太多,又不影响施工的进度。

⑤预应力接头 当预应力混凝土箱梁或T梁由节段预制构件组成时,常可以利用结构需要的预应力筋或束来连成整体(图9.10),这时在构件的拼接端上可涂上环氧树脂水泥,在其硬化前合拢,使拼接面紧密相贴。

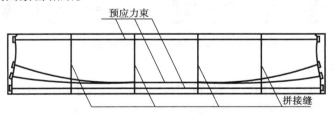

图9.10 预应力接头示意

(2)装配式梁桥的安装

1)预制梁的安装

①用跨墩龙门吊机安装

用跨墩龙门吊机安装适用于架设水上岸滩的桥孔,也可用来架设水浅、不通航河流上的跨河桥孔。

两台跨墩龙门吊机分别设于待安装孔的前、后墩位置,预制梁由平车顺桥向运至安装孔的一侧,移动跨墩龙门吊机上的吊梁平车,对准梁的吊点放下吊架,将梁吊起。当梁底超过桥墩顶面后,停止提升,用卷扬机牵引吊梁平车慢慢横移,使梁对准桥墩上的支座,然后落梁就位,接着准备架设下一根梁。

在水深不超过 5 m、水流平缓、不通航的中小河流上的小桥孔,也可采用跨墩龙门吊机架梁。这时必须在水上桥墩的两侧架设龙门轨道便桥。便桥基础可用木桩或钢筋混凝土桩。在水浅流缓而无冲刷的河上,也可用木笼或草袋筑岛来作便桥的基础。便桥的梁可用贝雷架组拼。

②用穿巷吊机安装

穿巷吊机可支承在桥墩和已架设的桥面上,不需要在岸滩或水中另搭脚手架与铺设轨道。因此,它适用于在水深流急的大河上架设水上桥孔。

根据穿巷吊机的导梁主桁架间净距的大小,可分为宽、窄两种;宽穿巷吊机可以进行边梁的吊起并横移就位;窄穿巷吊机的导梁主桁净距小于两边 T 梁梁肋之间的距离,因此,边梁要先吊放在墩顶托板上,然后再横移就位。

宽穿巷吊机可以进行 T 梁的垂直提升、顺桥向移动、横桥向移动和吊机纵向移动 4 种作业。吊机的构造虽然比较复杂,工效却较高,横移就位也很安全。

③用导梁、龙门架及蝴蝶架安装

当桥很高,水又很深时,还可使用导梁、龙门架和蝴蝶架联合架梁。它是由跨过两个跨径的导梁和两台立于墩台上的龙门架及蝴蝶架联合使用来完成架梁工作的。载着预制梁的平车沿导梁移至跨径上,由龙门架吊起以后将梁横移降落就位,最后一片梁吊起以后应将安装梁纵向拖拉至下一跨径,再将梁降落就位,如图 9.11 所示。

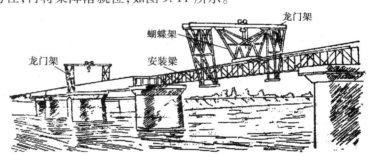

图 9.11　用导梁、龙门架及蝴碟架联合架梁

④用扒杆"钓鱼"法安装

用扒杆"钓鱼"法安装,即用立于安装孔墩台上的两副人字扒杆,配合运梁设备,以绞车牵引,把梁悬空吊过桥孔,再落梁就位。此法适用于小跨径梁桥的安装。

⑤用扒杆和导梁联合安装

用扒杆和导梁联合安装,即以扒杆和导梁两套设备安装在前后两个桥墩上,预制梁从导梁上运到桥孔起吊,移出导梁后,落在墩上经横移就位。

⑥自行式吊车安装

在梁的跨径不大、重量较轻且预制梁就运抵桥头引道上时,直接自行式伸臂吊车(汽车吊或履带吊)在桥上架梁甚为方便。显然,对于已架桥孔的主梁,当横向尚未联成整体时,必须核算用车通行和架梁工作时的承载能力。此种架梁方法,几乎不需要任何辅助作业。

⑦浮吊安装

在通航河道或水深河道上架桥,可采用浮吊安装预制梁。当预制梁分片预制安装时,浮船宜逆流而上,先远后近安装。

用浮吊安装预制梁,施工速度快,外高空作业较少,吊装能力强,是大跨多孔跨河道桥梁的有效施工方法。采用浮吊架设要配置运输驳船,岸边设置临时码头,同时在用浮吊架设时要有牢固锚锭,作业要注意施工安全。

⑧架桥机安装

铁路桥梁上所用的构架式架桥机,其机体与机臂均系钢构架组成。起吊量有 40 t、65 t、80 t、130 t 等多种,它们的机臂可以仰高和降落,但不能在水平面内旋转,本身重量较轻,使用也较为方便。

(3)装配式拱桥的安装

拱桥是一种能充分发挥坼工及钢筋混凝土材料抗压性能、节省钢材、外形美观、维修管理费用低的合理桥型,因此,早就被广泛采用。但长期以来拱桥的建造都采用在拱架上就地浇注或砌筑的方法,这就影响了拱桥向大跨径方向的发展。20 世纪 60 年代以来,采用装配化施工的轻型拱桥形式的出现和推广,使拱桥的竞争能力大为提高。在我国,诸如钢筋混凝土肋拱桥、箱形拱、双曲拱、桁架拱和刚架拱等桥梁形式及相应的装配化施工方法的采用,使拱桥的跨径显著增加,施工速度大大提高,因而使拱桥的适应性扩大。

装配式拱桥的施工,主要是如拱圈等承重结构安装的问题。而安装的方法,总的说来,可归纳为有支架安装和无支架安装两类。有支架安装采用的一般是简易的排架,配合以各种吊装设备。无支架施工包括缆索吊装、悬臂拼装、转体施工等。

1)缆索吊装施工

①概况

在峡谷或水深流急的河段上,或在通航的河流上需要满足船只的顺利通行,或在洪水季节施工并受漂流物影响等条件下修建拱桥,以及采用有支架的方法施工将会遇到很大的困难或是很不经济时,常考虑采用无支架的施工方法。缆索吊装施工目前是我国大跨拱无支架施工的主要方法。自 20 世纪 60 年代以来,在全国各地用缆索吊装方法施工的拱桥相当多。特别是在 60～70 年代,几乎占同期施工桥梁总长的 60%。缆索的跨径由小发展到很大,目前最大的单跨缆索跨径已达 492 m(利用缆索吊装施工方法修建连续梁桥的单跨缆索跨径已达590 m)。由单跨缆索发展到双跨连续缆索,其最大跨径已达 2×322 m。吊装重力提高到750 kN,能够顺利地吊装路径达 150 m 的箱形拱桥的预制拱箱。缆索吊装设备也逐渐配套、完善,并利用现代电子遥控技术于缆索吊装的拱箱吊装施工中。

在采用缆索吊装的拱桥上,为了充分发挥缆索的作用,拱上建筑也可以采用预制装配式构件。这样就能促进桥梁的工业化建设,并有利于加快桥梁建设的速度。

当然,缆索吊装施工由于要求施工设备较多,对施工的技术水平要求较高,而且要多用一部分钢材。因此,在选择施工方案时,对有支架及缆索吊装的施工方法,以及本书后面章节将介绍的悬臂施工方法和转体施工方法等,要进行全面比较。按因地制宜、就地取材的原则,合理地确定施工方案。

②吊装方法要点

缆索吊装施工包括:预制拱箱(肋)的移运和吊装、主拱圈的安砌、拱上建筑的灌砌、桥面结构的施工等主要工序。可以看出,除拱箱(肋)的移运和吊装、拱上加载等几项工序外,其他工序都与有支架施工方法相同(或相近)。

图 9.12 表示缆索吊装的工地布置。

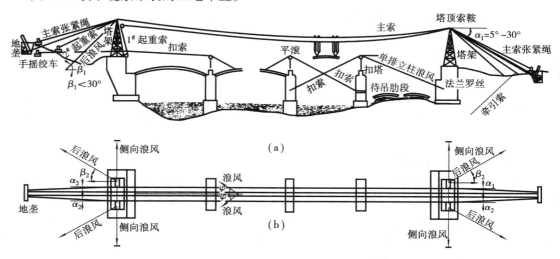

图 9.12　缆索吊装布置

拱桥的构件一般在河滩上或桥头岸边预制和预拼后,送至缆索下面,由起重行车起吊牵引至指定位置安装。为了使端段基肋在合拢前保持在一定位置,在其上用扣索临时系住,然后才能松开吊索。吊装应自一孔桥的两端向中间对称进行。在最后一节构件吊装就位并将各接头位置调整到规定标高以后,才能放松吊索并将各段接整合拢,最后才将所有扣索撤去。

基肋(指拱箱、拱肋或桁架拱片)吊装合拢要拟定正确的施工程序和施工细则并坚决按照执行。

③施工加载程序

对于中、小跨径的拱桥,当拱肋的截面尺寸满足一定的要求时,可不作施工加载程序设计,按有支架施工方法对拱上结构作对称、均衡的施工。

对于大、中跨径的箱形拱桥或双曲拱桥,一般多按分环、分段、均衡对称加载的总原则进行设计。即在拱的两个半跨上,按需要分成若干段,并在相应部位同时进行相等数量的施工加载。但对于坡拱桥,必须注意其特点,一般应使低拱脚半跨的加载量稍大于高拱脚半跨的加载量。

在多孔拱桥的两个邻孔之间,也须均衡加载,两孔的施工进度不能相差太远;以免桥墩承受过大的单向推力而产生过大的位移,造成施工进度快的一孔的拱顶下沉,邻孔的拱顶上升,而导致拱圈开裂。

④挠度控制

施工加载程序设计时,应计算加载工序各计算截面的挠度值,以便在施工过程中控制拱轴线的变形情况。这时因为在施工中难以对拱肋的应力变化情况进行观测,而通常只能通过拱肋的变形反映出来。为了保证拱肋(拱圈)的施工安全和施工质量,必须用计算所得的挠度值与加载过程中的实测挠度进行对照,如实测挠度过大或出现不对称变形等异常现象时,应立即分析原因,采取措施,及时调整施工加载程序。施工实践表明,计算挠度与实测值,有时两者的差值较悬殊,其原因主要是计算拱肋(拱箱)截面刚度时,一方面未充分反映拱肋在施工过程中出现裂缝的实际情况,另一方面是计算采用的材料弹性模量与实际的也不易一致,因此对于计算挠度值,也要在施工过程中结合实测挠度加以校核和修正。

另外,温度变化对拱肋挠度的影响也很大,为了消除温度对拱肋加载变形的干扰,还必须对温度变化引起拱肋挠度变化的规律进行观测,以便校正实测的拱肋加载挠度值,正确地控制拱肋的受力情况。

⑤稳定措施

在无支架施工的拱桥中,为保证拱肋有足够的纵、横向稳定性,除要满足计算要求外在构造、施工上都必须采取一些措施。

施工实践说明,如果拱肋截面高度过小,不能满足纵向稳定的要求,而要在施工中采取措施来保证拱肋纵向稳定的要求是很困难的,一般都应使所拟定的拱肋截面高度大于纵向稳定所需要的最小高度。

这样,为了减小吊装重量,拱肋的宽度就不宜大,通常设计中选择的拱肋往往小于单肋合拢所需要的最小宽度。在此情况下可采用双肋合拢或多肋合拢的形式(图 9.12),以满足拱肋横向稳定的要求。

2)桁架拱桥的安装

①施工要点

桁架拱桥的施工吊装过程包括:吊运桁架拱片的预制段构件到桥孔,使它就位合拢,同时安装桁架拱片之间的横向连接构件,使各片桁架拱片联成整体。然后在其上铺设预制的桥面板、人行道悬臂梁和人行道板。

安装工作分为有支架安装和无支架安装。前者适用于桥梁跨径较小和河床较平坦、安装时桥下水浅等有利情况,后者适用于跨越深水和山谷或多跨、大跨的桥梁。

有支架安装时需在桥孔下设置临时排架,桁架拱片的预制构件由运输工具运到桥孔后,用浮吊或龙门吊机等安装就位,然后进行接头和横向联系。无支架安装,是指桁架拱片预制段在用吊机悬吊着的状态下进行接头和合拢的安装过程。常采用塔架斜缆安装,多机安装,缆索吊机安装和悬臂拼装等。

②有支架安装

吊装时,构件上吊点的位置、数目和吊装的操作步骤应合理地确定和正确地规定,以保证安装工作安全和顺利地进行。排架的位置根据桁架拱片的接头位置确定,每处的排架一般为双排架,以便分别支承两个相联结构件的相邻两端,并在其上进行接头混凝土浇注或接头钢板的焊接等。

第一片就位的预制段常采用斜撑加以临时固定。以后就位的平行各片构件则用横撑与前片暂时联系,直到安上横向联结系构件后拆除。斜撑系支撑于墩台和排架上,如斜撑能兼作压杆和拉杆,则仅用单边斜撑即可。横撑可采用木夹板的形式。

当桁架拱片和横向联结系构件的接头均完成后,即可进行卸架。卸架设备有木楔、木马或砂筒等,卸架按一定顺序对称均匀地进行。如用木楔卸架,为保证均衡卸落,最好在每一支承处,增设一套木楔,两套木楔轮流交替卸落。一般采用一次卸架。卸架后桁架拱片即完全受力。为保证卸架安全成功,在卸架过程中,要对桁架拱片进行仔细的观测,发现问题及时停下处理。卸架的时间宜安排在气温较高时进行,这样较易卸落。

在施工单孔桥且跨径不大、桁架拱片分段数少的情况下,可用固定龙门安装。这时在桁架拱片预制段的每个支承端设一龙门架。河中的龙门架就设在排架上。龙门架可为木结构或钢木混合结构,配以导链葫芦。龙门架的高度和跨度,应能满足桁架拱片运输和吊装的净空要求。

安装时,桁架拱片构件由运输工具运至固定龙门之下,然后由固定龙门起吊、横移落就位。其他操作与浮吊安装相同。

在桥的孔数较多,河床上又便于沿桥纵向铺设跨墩的轨道时,可采用轨道龙门安装。龙门架的跨度和高度,也按桁架拱片运输和吊装的要求确定。桁架拱片构件在运输时如从墩、台一侧通过,则龙门架的跨度或高度就要相应增大。

龙门架可用单龙门架或双龙门架,根据桁架拱片预制段的重量和起吊设备的能力等条件确定。

施工时构件由运输工具或由龙门架本身运至桥孔。然后由龙门吊机起吊、横移和就位。跨间在相应于桁架拱片构件接头的部位,设有排架,以临时支承构件重量。

对多孔桁架拱桥,一般每孔内同时设支承排架,安装时则逐孔进行。但卸架须在各孔的桁架拱片都合拢后同时进行。卸架程序和各孔施工(加恒载)进度安排必须根据桥墩所能承受的最大不平衡推力的条件考虑。总的说来,桁架拱桥的加载和卸架程序不如其他拱桥要求严格。

③无支架安装

塔架斜缆安装,就是在墩台顶部设一塔架,桁架拱片边段吊装后用斜向缆索(亦称扣索)和风缆稳住再安中段。一般合拢后即松去斜缆,接着移动塔架,进行下一片的安装。

塔架可用 A 字形钢塔架,也可用圆木或钢管组成的人字扒杆。塔架的结构尺寸,应通过计算确定。

斜缆是安装过程中的承重索,一般用钢丝绳,钢丝绳的直径根据受力大小选定。斜缆的数量和与桁架拱片联结的部位,应根据衍架拱片的长度和重量来确定。一般说来,长度和重量不大的桁架拱片,只需用一道斜缆在一个结点部位联结即可;如果长度和重量比大可用两道斜缆在两个结点部位联结。联结斜缆时,须注意不要左右偏位,以保证桁架拱片悬吊时的竖直。

可利用斜缆和风缆调整桁架预制段的高程和平面位置。待两个衍架预制段都如法吊装就位并稳住后,再用浮吊等设备吊装实腹段合拢。待接头完成,横向稳住后,松去斜缆。用此法安装,所用吊装设备较少,无须设置排架。

多机安装就是一片桁架拱片的各个预制段各用一台吊机吊装,一起就位合拢。待接头完成后,吊机再松索离去,进行下一片的安装。这种安装方法,工序少,进度快,当吊机设备较多时可以采用。

用上述两种无支架安装方法时,须特别注意桁架拱片在施工过程中的稳定性。为此,应采取比有支架安装更可靠的临时固定措施,并及时安装横向联结系构件。第一片的临时固定,拱脚端可与有支架安装时一样用木斜撑固定,跨中端则用风缆固定,其余几片也可采用木夹板固定。木夹板的布置,除了在上弦杆之间布置外,下弦杆之间也应适当地设置几道。对于多孔桁架拱桥,安装时须注意邻孔间施工的均衡性。每孔桁架拱片合拢后吊机松索时,桁架拱片对桥墩产生推力,应避免桥墩承受过大的单边推力。

当起重吊装能力有限,桁架拱片的预制构件重量不能太大时,可将桁架拱片分成下弦杆构件和一些三角形构件预制,并采用先使拱肋合拢后在其上安装三角形构件的方法。这就是拱肋式安装。

下弦杆构件和实腹段先作为拱肋吊装合拢。吊装过程可用支架或不用支架。接头形式可为湿接头或干接头。一跨内各桁架拱片的"拱肋"应及时进行互相间的横向联系。三角形构件之间及它们与拱肋之间的连接,一般采用混凝土现浇接头。但在安装的过程中,先利用专门夹子暂时将各结点处的预留接头钢筋夹住,使三角形构件均竖立于"拱肋"上。将全跨的三角形构件位置校正准确后,再将接头钢筋焊接牢,取去夹子,浇注各处的接头混凝土。

如桁架拱片的竖杆内布置有预应力筋,则可在安装时利用此竖杆预应力筋,使每个三角形构件竖立于"拱肋"上。为此三角形构件下顶点与下弦杆顶面之间须设置水平的拼接面。待三角形构件均安上后,再进行相邻三角形构件的联结。一般也采用混凝土现浇接头。

这个安装方法的特点是三角形构件在施中作为荷载由"拱肋"来承受,只是其后的结构重量(主要是桥面构造的重量)和活荷载才由桁架拱片整体受力。故下弦杆内力相应增大而腹杆和上弦扦内力相应减小,使下弦杆的作用更接近于肋拱桥中拱肋的作用。

9.3.2　悬臂施工法

现代的悬臂最早主要是用来修建混凝土 T 型刚构桥,后来由于这种方法的优越性,又被推广到修建混凝土悬臂梁桥、连续梁桥、斜拉桥桁式组合拱桥等桥型的施工中。它的特点如下:

①不需要搭设支架,在施工中,施工机具及桁片的重量由墩台和已建成的梁段以及岸边的预应力刚绞线承担。

②减少了施工设备。

③对多孔结构的桥梁可以同时施工。

④可以节省施工费用,降低工程造价。

(1)悬臂施工的分类

悬臂施工一般分为悬臂拼装和悬臂浇注。

1)悬臂拼装

悬臂拼装是将预制好的节段,用支承在已完成悬臂上的专门吊机,逐段地在空中进行拼装。每一个节段拼装就位后,一般应张拉锚固,然后再逐节地拼装下一个节段。每一个拼装节段应根据不同的桥型及吊机的起重能力而定。

悬臂拼装施工包括块件的预制、运输和拼装以及合拢段的施工。

混凝土块的预制是工厂或施工现场都应用合理的方法运输至岸边,以利于拼装。悬臂拼装的方法可以根据现场布置和设备条件采用不同的方法来实现。当靠岸边的桥跨不高且可以在陆地或便桥上施工时,可以采用自行式吊车、门式吊车来拼装。对河中桥孔可以采用水上浮吊进行拼装。如果桥墩很高或水流湍急而不便在陆上、水上施工时,可利用各种吊机进行高空悬臂悬拼施工。

2)悬臂浇注施工

悬臂浇注施工中主要是用挂篮来施工。为了拼制挂篮,在墩柱的两侧先采用托架支撑浇注一定长度的梁段,这个长度称为起步长度,在用悬臂施工法建造预应力混凝土悬臂梁桥和连续梁桥时,需采取措施使墩梁临时固结,待合拢后再恢复原来的结构状态。

挂篮是一个能够沿着轨道行走的活动脚手架,悬臂在已经张拉锚固与墩身连成整体的箱梁节段上。在挂篮上可以进行下一节段的模板、钢筋、管道的安设、混凝土浇注和预应力张拉、灌浆等作业。完成一个循环后,新节段已和桥墩连成一个整体,成为悬臂梁的一部分,挂篮即可前移一个节段,再固定在新的节段位置上。如此循环,直至浇注完成。

（2）悬臂拼装

预制块件的悬臂拼装可根据现场布置和设备条件采用不同的方法来实现。当靠岸边的桥跨不高且在陆地或桥上施工时,可采用自行式吊车、门式吊车来拼装。对于河中桥孔,也可采用水上浮吊进行安装。如果桥墩很高、水流湍急而不便在陆上、水上施工时,就可利用各种吊机进行高空悬臂施工。

1）悬臂吊机拼装法

悬臂吊机由纵向主桁架、横向起重架、锚固装置、平衡重、起重系、行走系和工作吊篮等部分组成(图9.13)。

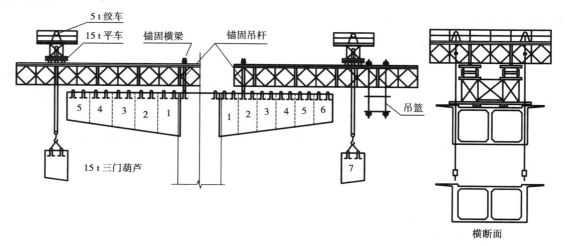

图9.13 吊机构造图

纵向主桁为吊机的主要承重结构,可由贝雷片、万能杆件、大型型钢等拼制。一般由若干桁片构成两组,用横向联结系联成整体。前后用两根横梁支承。

横向起重桁是供安装起重卷扬机直接起吊箱梁块件之用的构件。纵向主桁的外荷载就是通过横向起重桁传递给它的。横向起重桁支承在轨道平车上,轨道平车搁置于铺设在纵向主桁上弦的轨道上。起重卷扬机安置在横向起重桁上弦。

设置锚固装置和平衡重可以防止主桁架吊起块件时倾覆翻转,保持其稳定状态。对于拼装墩柱附近块件的双悬臂吊机,可用锚固横梁及吊杆将吊机锚固于零号块上,对称起吊箱梁块件,不需设置平衡重。单悬臂吊机起吊块件时,也可不设平衡重而将吊机锚固在块件吊环上或竖向预应力螺丝端杆上。

起重系一般是由5 t电动卷扬机、吊梁扁担及滑车等组成。起重系的作用是将由驳船浮运到桥位处的块件,提升到拼装高度以备拼装,滑车组要根据起吊块件的重量来选用。

吊机的整体纵移可采用钢管滚筒,在木走板上滚移,由电动卷扬机牵引。牵引绳通过转向滑车系于纵向主桁前支点的牵引钩上。横向起重桁架的行走采用轨道平车,用倒链滑车牵引。

工作吊篮悬挂于纵向主桁前端的吊篮横梁上,吊篮横梁由轨道平车支承以便工作吊篮的纵向移动。工作吊篮供预应力钢丝穿束、千斤顶张拉、压灰浆等操作之用。可设上、下两层,上层供操作顶板钢束用,下层供操作肋板钢束用。也可只设一层,此时,工作吊篮可用倒筋滑车调整高度。

这种吊机的结构较简单，使用最普通。当吊装墩柱两侧附近块件时，往往采用双悬臂吊机的形式，当块件拼装至一定长度后，将双悬臂吊机改装成两个独立的单悬臂吊机。但在桥的跨径不太大，孔数也不多的情况下，有的工地就不拆开墩顶桁架而在吊机两端不断接长进行悬拼，以免每拼装一对块件将对称的两个单悬臂吊机移动锚固一次。当河中水位较低，运输箱梁块件的驳船船底标高低于承台顶面标高，驳船无法靠近墩身时，双悬臂吊机的设计往往要受安装一号块件的受力状态所控制。为了不增大主桁断面，以节约用钢量，对这种情况下的双悬臂吊机必须采取特别措施，如采用斜撑法和对拉法。

2）连续桁架拼装法

连续桁架悬拼施工分移动式和固定式两类，移动式连续桁架的长度大于桥的最大跨径，桁架支承已拼装完的梁段和待拼装的墩顶。由吊车在桁架上移动块件进行臂拼装。固定式连续桁架的支点均设在桥墩上，而不增加梁段的施工荷载。

图 9.14 表示移动式连续桁架，其长度大于两个跨度，有 3 个支点。这种吊机每移动一次可以同时拼装两孔桥跨结构。

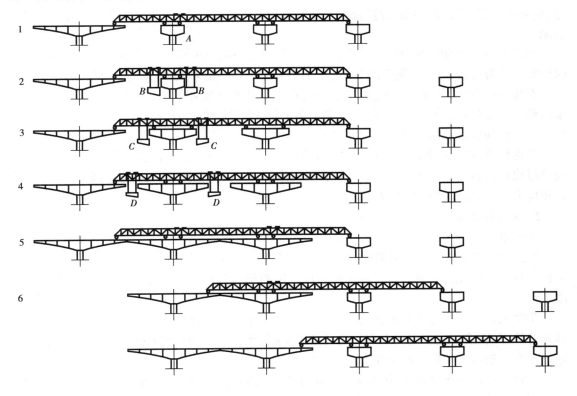

图 9.14　移动式连续桁架拼装法

3）起重机拼装法

可采用伸臂吊机、缆索吊机、龙门吊机、人字扒杆、汽车吊、履带吊、浮吊等起重机进行悬臂拼装。根据吊机的类型和桥孔处具体条件的不同，吊机可以支承在墩柱上、已拼装好的梁段上或处在栈桥上、桥孔下。

不管是利用现有起重设备或专门制作，悬臂吊机需满足如下要求。

①起重能力应满足起吊最大块件的要求。

②吊机能便于作纵向移动,移动后又能固定于一个拼装位置上。

③吊机处在一个位置上进行拼装时,能方便地起吊块件作 3 个方向的运动。

④吊机的结构尽量简单,便于装拆。

4)接缝处理及拼装程序

梁段拼装过程中的接缝有湿接缝、干接缝、胶接缝等几种。不同的施工阶段和不同的部位将采用不同的接缝形式。

①一号块和调整块用湿接缝拼装

一号块件即墩柱两侧的第一块,一般与墩柱上的零号块以湿接缝相接。一号块是 T 型刚构两侧悬臂箱梁的基准块件。T 构悬拼施工时,防止上翘和下挠的关键在于一号块定位准确,因此,必须采用各种定位方法确保一号块定位的精度。定位后的一号块可由吊机悬吊支承,也可用下面的临时托架支承。为便于进行接缝操作、接头钢筋的焊接和混凝土振捣作业,湿接缝一般宽 0.1~0.2 m。

一号块件拼装和湿接处理的程序:块件定位,测量中线及高程;接头钢筋焊接及安放制孔器;安放湿接缝模板;浇注湿接缝混凝土;湿接缝混凝土养护,脱模,穿一号块预应力筋,张拉、锚图。

跨度大的 T 型刚构桥,由于悬臂很长往往在伸臂中部同时设置一道现浇箱梁横隔板,同时设置一道湿接缝。这道湿接缝除了能增加箱梁的结构刚度外,也可以调整拼装位置。

在拼装过程中,如拼装上翘的误差很大,难以用其他方法补救时,也可以增设一道湿接缝来调整。但应注意,增设的湿接缝宽度必须用凿打块件端面的办法来提供。

②其他块件用胶接缝或干接缝拼装

其他块件的拼装程序:A. 利用悬臂吊机将块件提升,内移就位,进行试拼;B. 移开块件,与已拼块件保持约 0.4 m 的间距;C. 穿束;D. 涂胶;E. 块件合拢定位,测量中线及高程;F. 张拉预应力筋,观察块件是否滑移、锚固。

5)穿束及张拉

①穿束

T 型刚构桥纵向预应力钢筋的布置有两个特点:第一较多集中于顶板部位;第二钢束布置对称于桥墩。因此拼装每一对对称于桥墩块件用的预应力钢丝束须按锚固这一对块件所需长度下料。

明槽钢丝束通常为等间距排列,锚固在顶板加厚的部分(这种板俗称"锯齿板"加厚部分)预制有管道,穿束时先将钢丝束在明槽内摆放平顺,然后再分别将钢丝束穿入两端管道之内。钢丝束在管道两头伸出长度要相等。

暗管穿束比明槽难度大,经验表明,60 m 以下的钢丝束穿束一般可采用人工推送。较长钢丝束穿入端,可点焊成箭头状缠裹黑胶布。60 m 以上的长束穿束时可先从孔道中插入一根钢丝与钢丝束引丝连接,然后一端以卷扬机牵引,一端以人工送入。

②张拉

钢丝束张拉前要首先确定合理的张拉次序,以保证箱梁在张拉过程中每批张拉合力都接近于该断面钢丝束总拉力重心处。钢丝束张拉次序的确定与箱梁横断面形式、同时工作的千斤顶数量、是否设置临时张拉系统等因素关系很大。在一般情况下,纵向预应力钢丝束的张拉次序按以下原则确定：

　　A. 对称于箱梁中轴线,钢束两边同时成对张拉;

　　B. 先张拉肋束,后张拉板束;

　　C. 肋束的张拉次序是先张拉边肋,后张拉中肋;

　　D. 同一肋上的钢丝束先张拉下边的,后张拉上边的;

　　E. 板束的次序是先张拉顶板中部的,后张拉边部的。

6)预应力悬臂桁架梁的悬拼

预应力悬臂桁架梁和桁架 T 构具有与箱梁 T 构桥基本相同的特点。不同的是因 T 型单元的悬臂由桁架构件组成,结构自重较小,耗钢较少,跨越能力较大,施工时拼装构件划分方案较多,悬拼方法更易适应不同吊装能力和进度的要求。

①纵向分块和拼装方案

A. 杆件拼装　当路径较大时,桁架的单根杆件重量就较大,尤其是靠近根部节间的上弦和下弦特别重且大,故可按杆件分别预制,然后拼装成整体。这时一般采用斜拉杆式桁架,拼装顺序如图 9.15 所示。这种分块和拼装方式,在国外采用时一般先将结点做成临时铰,以便在拼装过程中调整悬臂挠度和消除杆端恒载次应力。完工前将结点铰封死。

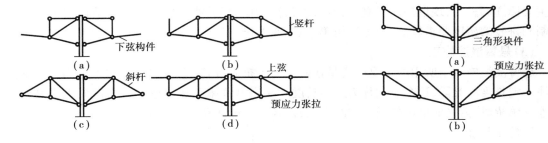

图 9.15　按杆件分块时的拼装　　　　　　图 9.16　按三角形分块的拼装

B. 三角形块件拼装　将每一节间的下弦、斜杆和前竖杆(或前斜杆)预制成三角形构件,上弦杆预制成单独构件。这时一般采用斜压杆式或三角形式桁架,拼装顺序如图 9.16 所示。

C. 节间块件拼装　桁片沿竖杆中线分割,预制构件呈四边形(图 9.17),这时适宜采用斜压杆式桁架。拼装时将块件沿拼接缝涂胶合拢后即可进行预应力张拉。

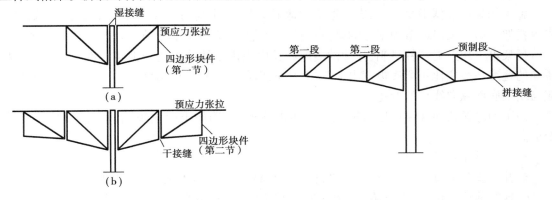

图 9.17　按节间分块的拼装　　　　　　　图 9.18　按节段分块的拼装

D. 桁架节段拼装　将桁架分成若干段,每段包含一个以上的节间,沿竖杆中线分割成沿结点附近杆段上分割,进行节段预制和拼装(图9.18)。

②横向组拼方式

在桥的横断面方向上,也有不同的组成方式。有由两片以上平行的桁架片节段用横向联结系联成整后再拼装的,也有各片节段挨次平行地拼装然后用横向联结系构件联成整体的,也有在拼装的过程中将上、下弦分别横向联结成整体的板而腹杆采用轻细构件的。

预应力悬臂桁架梁利用布置在上弦构件的预应力筋悬拼。预应力筋(束),一般为明槽筋(束)。构件之间的接缝或接头除根部第一节间与墩顶间采用湿接缝定位外,其他一般为胶接缝。需调整悬拼挠度时也可设湿接缝。调整挠度处理方法与箱梁T构同。

7)合拢段施工

箱梁T构在跨中合拢初期常用剪力铰,使悬臂能相对位移和转动但挠度连续。现在箱梁T构和桁架T构的跨中多用挂梁连接。预制挂梁的吊装方法与装配式简支梁的安装相同。但须注意安装过程中对两边悬臂加荷的均衡性问题,以免墩柱受到过大的不均衡力矩。有两种方法:①采用平衡重;②采用两悬臂端部分交替架梁,以尽量减少墩柱所受的不平衡力矩。

用悬臂施工法建造的连续刚构桥、连续梁桥和悬臂桁架拱,则需在跨中将悬臂端刚性连接、整体合拢。这时合拢段的施工常采用现浇和拼装两种方法。现浇合拢段预留1.5~2 m,在主梁标高调整后,现场浇注混凝土合拢,再张拉预应力筋,将梁联成整体。节段拼装合拢对预制和拼装的精度要求较高,但工序简单,施工速度快。

(3)悬臂浇注施工

悬臂浇注施工中所用的主要设备是挂篮。为了拼制挂篮,在墩柱两侧常先采用托架支撑浇注一定长度的梁段,这个长度称为起步长度。在用悬臂施工法建造预应力混凝土悬臂梁桥和连续梁桥时,需采取措施使墩梁临时固结,待合拢后再恢复原结构状态。

1)施工挂篮

是一个能够沿轨道行走的活动脚手架,悬挂在已经张拉锚固与墩身连成整体的箱梁节段上。在挂篮上可进行下一节段的模板、钢筋、管道的安设、混凝土浇注和预应力张拉、灌浆诸作业。完成一个节段后,新节段已和桥连成整体,成为悬臂梁的一部分,挂篮即可前移一个节段,再固定在新的节段位置上,如此循环至悬臂梁浇注完成。

2)施工托架

施工托架可根据墩身高度、支承形式和地形情况,分别利用墩身、承台或地面作支承,设立支撑托架。墩顶梁段或墩顶附近的梁段在托架上浇注。施工挂篮就在已浇注梁段上拼装。

托架可采用万能杆件拼制,托架的高度和长度视拼装挂篮需要和拟浇块件长度而定。横桥向的宽度一般应比箱梁底板宽出1.5~2.0 m,以便于设立箱梁边肋的外侧模板。托架顶面应与箱梁底面纵向线型的变化一致。

为了消除托架在浇注梁段混凝土时产生的变形,常用如千斤顶法、水箱法等对托架预加变形。

3)悬浇施工主要工序

当挂篮安装就位后,即可在其上进行梁段悬臂浇注的各项作业;其施工工艺流程如下:

①挂篮前移就位;②安装箱梁底模;③安装底板及肋板钢筋;④浇底板混凝土及养护;⑤安装肋模、顶模及肋内预应力管道;⑥安装顶板钢筋及顶板预应力管道;⑦浇注肋板及顶板混凝土;⑧检查并清洁预应力管道;⑨混凝土养护;⑩拆除模板;⑪穿钢丝束;⑫张拉预应力钢束;

⑬管道压浆。

（4）拱桥悬臂施工

拱桥悬臂施工方法的出现,大大提高了钢筋混凝土拱桥与其他桥型的竞争能力,这种施工方法的特点是:将拱圈、立柱与临时斜拉(压)杆、上拉杆组成桁架,用拉杆或缆索锚固于台后,向河中悬臂逐节地施工,最后于拱顶合拢。

拱桥悬拼施工方法,又可根据拱圈构件或上部结构的制作方式,分为悬臂浇筑和悬臂拼装两大类。按施工过程中拱圈的支承方式,又可分为塔架斜拉索法、斜吊式现浇法、刚性骨架与塔架斜拉索联合法,以及悬臂桁架法等。

1）塔架斜拉索法

这是国外最早采用的大跨径钢筋混凝土拱桥无支架施工的方法。这种方法的要点:在拱脚墩、台处安装临时的钢或钢筋混凝土塔架,用斜拉索一端拉住拱圈节段,另一端绕向台后并锚固在岩盘上。这样逐节向河中悬臂架设,直至拱顶合拢。塔架斜拉索法一般多采用悬浇施工,也可用悬拼法施工,后者用得较少。

2）斜吊式悬浇法

它的主要施工步骤如图 9.19 所示。

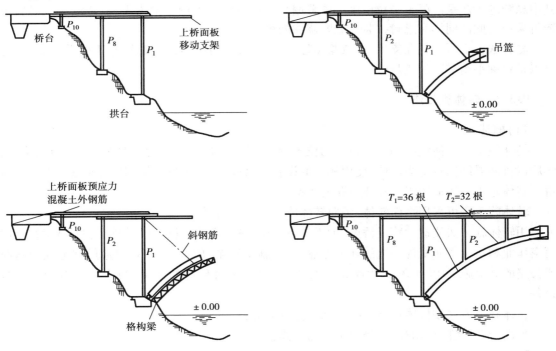

图 9.19　斜吊式悬浇法的主要施工步骤

这种方法修建大跨径拱桥时,施工管理方面的问题有斜吊钢筋的拉力控制,斜吊钢筋的锚固和地锚地基反力的控制,预拱度的控制,混凝土应力的控制等几项。

3）刚性骨架与塔架斜拉索联合法

这种方法是在刚性骨架法的基础上发展起来的。刚性骨架法就是用角钢、槽钢等作为拱圈的受力钢材,在施工中,先把这些钢骨架拼装成拱,作施工钢骨架使用,然后再现浇混凝土,把这些钢骨架埋入拱圈(拱肋)混凝土中,形成钢筋混凝土拱。该方法的优点是可以减少施工设备的用钢量,整体性好,拱轴线易于控制,施工进度快。但结构本身的用钢量大,且用型钢较多。

4)悬臂桁架法

这种方法是将拱圈和拱上立柱等先预制成拼装构件,通过临时斜拉杆或斜压杆组装成桁架节间,再用横系梁组装成桁架框构,然后逐节运至桥孔进行悬臂拼装,直至合拢。临时斜拉杆(索)或斜压杆也可在悬拼过程中逐节安装。悬臂桁架拱结构本身具有斜拉或斜压杆,则可不加临时斜腹杆。

由于拱结构的上弦无足够受拉筋,悬拼时需要采用临时拉束并锚固于墩、台或台后岩盘。

这种方法,由于悬臂桁架刚度大,比较适用于大跨径拱桥的修建。对施工期间的横向抗风及横向稳定也较有利。

(5)预应力混凝土斜拉桥的悬臂施工

一般说来,混凝土梁式桥施工中的任一合适的方法,如支架上拼装或现浇,悬臂拼装或浇注,顶推法和平转法等,都有可能在混凝土斜拉桥上部结构的施工中采用。由于斜拉桥梁体尺寸较小,各节间有拉索,索塔还可以用来架设辅助钢索,因此更有利于采用各种无支架施工法。其中悬臂施工法是混凝土斜拉桥施工中普遍采用的方法。不论主梁为T构、连续梁或悬臂梁皆可采用。此法同样有悬臂拼装与悬臂浇注两种。

悬臂法施工可以是在支架(或支墩)上建造边跨,然后中跨采用悬臂施工的单悬臂法,也可以是对称平衡施工的双悬臂法。

9.3.3 转体施工法

(1)概述

转体施工是在河流的两岸或适当的位置,利用地形或使用简便的支架先将半桥预制完成,然后以桥两梁结构本身为转体,使用相应的设备,分别将两个半桥转体到桥位轴线位置合拢成桥。转体施工一般适用于单孔或三孔的桥梁。

转体施工法可采用平面转体、竖向转体或平、竖结合转体。

用转体施工法建造大跨径桥梁,可不搭设支架,减少安装架设工序,把复杂的、技术性强的高空作业和水上作业变为岸边的陆上作业,不但施工安全、质量可靠,在对通航河道或跨铁路或公路的立交施工中,可不干扰原正常交通,可以减少对环境的损害,减少施工费用和机具设备。

转体施工方法按桥体在空间的转动方位可分为:

平面转动、竖向转动和平、竖相结合的转体施工。

1)平面转体

平面转体即按桥梁的设计高,先在两岸边预制半桥,当预制的半桥达到设计强度后,借助转动设备在水平面内转动至桥位中线处合拢成一座完整的桥梁。

平面转体可分为有平衡重转体和无平衡重转体。有平衡重转体一般以桥台背墙作为平衡重,并作为桥体上部结构转体用拉杆(或拉索)的锚锭反力墙,用以稳定转动体系和调整重心位置。因此,平衡重部分不仅在桥体转动时作为平衡重量,而且也要承受桥梁转体重量的锚固力。

无平衡重转体不需要平衡重结构,而是以两岸山体岩土锚洞作为锚锭来锚固半跨桥梁悬臂状态时产生的拉力。由于取消了平衡重,大大减轻了转动体系的重量,为桥梁转动施工向大跨径发展开辟了新的途径。

2)竖向转体

竖向转体用于拱桥的转体施工。它是在桥台处先竖向预制半拱,然后在桥位竖平面内转动成拱。

竖向转体施工可根据河道情况、桥位地形和自然环境等方面的条件和要求,可采用竖直向上预制半拱,向下转动成拱的方法,也可以采用俯卧预制,根据地形降低支架高度,预制完成后向上竖转合拢的方法。

3)平、竖结合转体

桥梁采用转体施工时,由于受地形条件的限制,不可能在桥梁的设计平面和桥位平面内预制,因此,在转体时既需要平转,还需要竖转才能就位。

(2)有平衡重平面转体施工

有平衡重转体施工的特点是转体重量大,施工的关键是转体。要把数百吨重的转动体系顺利、稳妥地转到设计位置主要依靠以下两项措施实现:正确的转体设计;制作灵活可靠的转体装置,并布设牵引驱动系统。

目前国内使用的转体装置有两种,都是通过转体实践考验,行之有效的。第一种是以四氟乙烯作为滑板的环道平面承重转体;第二种是以球面转轴支承辅以滚轮的轴心承重转体。

第一种利用了四氟材料摩擦系数特别小的物理特性,使转体成为可能。根据试验资料四氟板之间的摩擦系数为 0.03 ~ 0.05,动摩擦系数为 0.025 ~ 0.032,四氟板与不锈钢板之间的摩擦系数比四氟板间的摩擦系数系数小,一般静摩擦系数为 0.032 ~ 0.051,动摩擦系数为 0.021 ~ 0.032,且随着正压力的增大而减小。

第二种转体装置是用混凝土球缺面铰作为轴心承受转动体系的重量,四周设保险滚轮,转动体设计时要求转动体系的重心落在轴心上。这种装置一方面由于铰顶面涂了二硫化钼润滑剂,减少了阻力,另一方面由于牵引转盘直径比球铰的直径大许多倍,而且又用了牵引增力滑轮组,因而转动也是十分方便可靠。

有平衡重平面转体拱桥的主要施工程序如下:

①制作底盘;

②制作上转盘;

③试转上转盘到预制轴线位置;

④浇注背墙;

⑤浇注主拱圈上部结构;

⑥张拉拉杆,使上部结构脱离支架,并且和上转盘、背墙形成一个转动体系,通过配重把重心调到磨心处;

⑦牵引转动体系,使半拱平面转动合拢;

⑧封上下盘,夯填桥台背土,封拱顶,松拉杆,实现体系转换。

(3)无平衡重的转体施工

采用有平衡重转体施工的拱桥,转动体系中的平衡重一般选用桥台背墙,但随着桥梁跨径的增大,需要的平衡重量剧增,不但桥台不需如此巨大坞工,而且转体质量太大也增加了转体困难。例如曾按平衡转体设计一座跨径 144 m 拱桥,转体质量达 7 000 多吨。

无平衡重转体施工是把有平衡重转体施工中的拱圈扣索拉力锚在两岸岩体中,从而节省了庞大的平衡重。锚锭拉力是由尾索预加应力给引桥桥面板,以压力的方式储备(图 9.20),桥面板的压力随着拱箱转体的角度的变化而变化,当转体到位时最小。

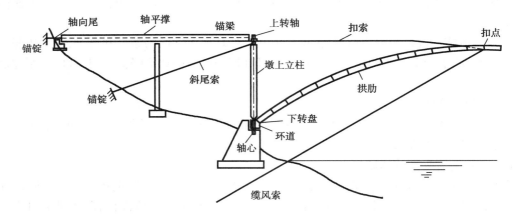

图 9.20　拱桥无平衡重转体一般构造

根据桥位两岸的地形,无平衡重转体可以把半跨拱圈分为上、下游两个部件,同步对称转体;或在上、下游分别在不对称的位置上预制,转体时先转到对称位置,再对称同步转体,以使扣索产生的横向力互相平衡;或直接做成半跨拱体,一次转体合拢。

拱桥无平衡重转体施工的主要内容和工艺有以下各项:

1)转动体系施工

①设置下转轴、转盘及环道;

②设置拱座及预制拱箱(或拱肋),预制前需搭设必要的支架、模板;

③设置立柱;

④安装锚梁、上转轴、轴套、环套;

⑤安装扣索。

这一部分的施工主要保证转轴、转盘、轴套、环套的制作安装精度及环道的水平高差的精度,并要做好安装完毕到转体前的防护工作。

2)锚锭系统施工

①制作桥轴线上的开口地锚;②设置斜向洞锚;③安装轴向、斜向平撑;④尾索张拉;⑤扣索张拉。

这一部分的施工对锚锭部分应绝对可靠,以确保安全。尾索张拉是在锚块端进行,扣索张拉在拱顶段拱箱内进行。张拉时要按设计张拉力分级、对称、均衡加力,要密切注意锚锭和拱箱的变形、位移和裂缝,发现异常现象应仔细分析研究,处理后再作下一工序,直至拱箱张拉脱架。

3)转体施工

正式转体前应再次对桥体各部分进行系统全面检查,通过后方可转体。拱箱的转体是靠上、下转轴事先预留的偏心值形成的转动力矩来实现,启动时放松外缆风索,转到距桥轴线约 60°时开始收紧内缆风索,索力逐渐增大,但应控制在 20 kN 以下,再转不动则应以千斤顶在桥台上顶推马蹄形下转盘。为了使缆风索受力角度合理,可设置两个转向滑轮。揽风索走速,启动时宜选用 0.5~0.6 m/min,一般行走时宜选用 0.8~1.0 m/min。

4)合拢卸扣施工

拱顶合拢后的高差,通过张紧扣索提升拱顶、放松扣索降低拱顶来调整到设计位置。封拱宜选择低温时进行。先用 8 对钢楔楔紧拱顶、焊接主筋、预埋铁件,然后先封桥台拱座混凝土,再浇封拱顶接头混凝土。当混凝土达到 70% 设计强度后,即可卸扣索,卸索应对称、均衡、分级进行。

9.3.4 预应力混凝土桥梁的顶推法

(1)概述

顶推法施工是在沿桥纵轴方向,采用无支架的方法推移就位。此方法适合在水深、桥高以及公路与公路或公路与铁路相交时,可不影响上层路通行的情况下施工。顶推法施工可避免大量施工用脚手架,可不中断现有交通,施工安全可靠。

预应力混凝土连续梁桥采用顶推法施工,施工工艺颇为成熟,它是在台后开辟预制场地,分节段预制梁身,并用纵向预应力筋将各节段连成整体,然后通过水平液压千斤顶施工,借助不锈钢板与聚四氟乙烯模压板组成的滑动装置,将梁逐段向对岸推进,待全部顶推就位后,更换成正式支座,完成桥梁的施工。

顶推法施工,不仅用于连续梁桥(包括钢桥),同时也可用于其他桥型的施工。

(2)顶推法施工中的常见问题

1)节段的预制

顶推法的制梁有两种方法,一种是在梁轴线上的预制场上连续逐段预制顶推,另一种是在工厂预制,运送到桥位处进行顶推,这种方法必须要有一定的运输设备和一定的起重设备。因此,顶推法施工中一般以现场预制为宜。

节段的预制对桥梁施工质量和速度起决定作用。由于预制工作是在一个固定的场地上进行的,因此,预制场可以建造临时厂房,使预制工作不受气候条件的影响。

一般来说,顶推法施工中多采用等截面梁,所以模板可以多次使用,一般多采用钢模板,以保证预制梁尺寸的准确。

2)顶推法施工中的横向导向问题

为了使顶推能正确就位,施工中的横向导向是必须的。一般是在桥墩台上主梁的两侧各安放一个横向水平千斤顶,千斤顶的高度与主梁的底板位置平齐,由墩台上的支架固定位置。

横向导向千斤顶在顶推施工中一般只控制两个位置,一个是在预制梁段刚离开预制场的部位,另一个设在顶推施工最前端的桥墩上,因此,施工中如发现梁的横向位置有误需要纠偏时,必须在梁顶推前进的过程中进行调整。

9.3.5 连续梁桥的逐孔施工法

随着经济、技术和交通建设的不断发展,需要修建很多长桥,为了适应中等跨径长桥的建设,出现了逐孔施工法,它是从桥梁的一端开始,采用一套施工设备或施工支架逐孔施工,循环使用,直到桥梁全部建成。

逐孔施工法可分成 3 种类型:

①采用整孔吊装或分段吊装逐孔施工。这种方法施工速度快,可用于混凝土连续梁桥和钢连续梁桥的施工。

②使用移动支架逐孔现浇施工。它是在可移动的支架、模板上完成一孔桥梁的全部工序后,再移动支架、模板,进行下一孔梁的施工。

③用临时支承组拼装预制节段逐孔施工。它是将一桥跨分成若干节段,预制完成后,在临时的支承上逐孔拼装。

(1)用临时支承组拼预制节段逐孔施工

对于多跨长桥,在缺乏较大能力的起重设备时,可将每跨梁分成若干段,在预制场生产;架设时采用一套支承梁临时承担组拼节段的自重,并在支承梁上张拉预应力筋,并将安装跨的梁与施工完成的桥梁结构按照设计要求联结,完成安装跨的架梁工作之后,移动临时支承梁,进行下一桥跨的施工。

1)节段划分

采用节段组拼逐孔施工的桥梁,为了便于组拼,组拼的长度为桥梁的跨径。

在组拼长度内,可根据起重能力沿桥梁纵向划分节段。每跨内的节段通常可分两种类型。

①桥墩顶节段

由于桥墩节段要与前一跨连接,需要张拉钢索或钢索接长,为此对桥墩顶节段构造有一定的要求。此外,在墩顶处桥梁的负弯矩较大,梁的截面要符合受力要求。

②标准节段

除两端桥墩顶节段外,其余节段均可采用标准节段,以简化施工。

节段的腹板设有齿键,顶板和底板设有企口缝,使接缝应力传递均匀,并便于拼装就位。前一跨墩顶节段与安装跨第一节段间可以设置就地浇注混凝土封闭接缝,用以调整安装跨第一节段的准确程度,但也可不设。封闭接缝宽 15~20 cm,拼装时由混凝土垫块调整。在施加初预应力后用混凝土封填,这样可调整节段拼装和节段预制的误差。但施工周期长些,采用节段拼合可加快组拼速度,对预制和组拼施工要求较高。

2)支承梁的类型

①钢桁架导梁

导梁长取用桥墩间跨长,支承设置在桥墩的横梁或横撑上,钢桁架导梁的支承处设有液压千斤顶用于调整标高,为便于节段在导梁上移动,可在导梁上设置不锈钢轨与放在节段下面的聚四氟乙烯板形成滑动面组拼。钢梁需设预拱度,要求每跨箱梁节段全部组拼之后,钢导梁上弦应符合桥梁纵面标高要求。同时还准备一些附加垫片,用于调整标高。

节段就位可从已完成的桥面上由轨道运送到安装孔,也可由驳船运至桥位由吊车安装。由于钢桁架导梁需要多次转移逐孔拼装,因此要求导梁要便于装拆和移运。

当节段组拼就位,封闭接缝混凝土达到一定强度后,张拉预应力筋与一跨桥组拼成整体。

②下挂式高架钢桁架

采用一副高桁架吊挂节段组拼,为了加强桁架的刚度,可采用一对或数对斜缆索加劲。高架桁架长度大于两倍桥架跨径,由 3 个支点支撑,支点分别设置在已完成孔和安装孔的桥墩上,高架桁架可独立设有行走系统,由支脚沿桥面轨道自行驱动。吊装时,支脚落下,用液压千斤顶锚固于桥墩处桥面上。预制节段由平板车沿已安装的桥孔或由驳船运至桥位后,借助架桥机前部斜缆悬臂吊装,并将第一跨梁的各节段分别悬吊在架桥机的吊杆上,当各节段位置调整后,完成该跨设计的预应力张拉工艺,并在张拉过程中,逐步顶高架桥机的后支腿,使梁底落在桥墩上的油压千斤顶上。千斤顶高出支座顶面 100 mm,在拆移千斤顶的前一天将支座周围加设模板并压注膨胀砂浆,凝固后,再卸千斤顶使支座受力。

（2）用移动支架逐孔现浇施工（移动模架法）

逐孔现浇施工与支架上现场浇注施工的不同点在于逐孔现浇施工仅在一跨梁上设置支架,当预应力筋张拉结束后移动支架,再进行下一跨逐孔施工,而在支架上现浇施工通常需在连续梁的一联桥跨上布设支架连续施工,因此前者在施工中有结构的体系转换问题,混凝土徐变对结构产生次内力。

逐孔就地浇注施工需要一定数量的支架,但比在支架上浇注施工所需的支架数量要少得多,而且周转次数多,利用率高,施工速度也快,但相对预制梁组拼逐孔施工要长些,同时后支点位于桥梁的悬臂处,现浇孔施工重量对已完成桥跨将产生较大的施工弯矩,特别是在已完成的混凝土龄期很短的情况下。

采用落地式轨道移动式支架逐孔施工,可用于预应力混凝土连续梁桥,也可在钢筋混凝土连续梁桥上使用,每跨梁施工周期约两周,支架的移动较方便,但在河中架设较为困难。

当桥墩较高、桥跨较长或桥下净空受到约束时,可以采用非落地支承的移动模架逐孔现浇施工,这种施工方法近年来发展较快,由于它的构械化、自动化程度较高,给施工带来较好的经济效益,称为移动模架法。

移动模架法适用在多跨长桥,桥梁跨径可达 30 ~ 50 m,使用一套设备可多次移动周转使用。为适应这类桥梁的快速施工,要求有严密的施工组织和管理,利用机械化的支架和模板在桥位上逐孔完成梁跨全部混凝土及预应力工艺。

常用的移动模架可分为移动悬吊模架与支承式活动模架两种类型。

1）移动悬吊模架施工

移动悬吊模架的形式很多,各有差异,其基本结构包括 3 部分:承重梁、从承重梁上伸出的肋骨状的横梁、吊杆和承重梁的固定及活动支承,承重梁也称支承梁,通常采用钢梁,采用单梁或双梁依桥宽而定,承重梁的前段作为前移的导梁,总长度要大于桥梁跨径的两倍。承重梁是承受施工设备自重、模板和悬吊脚手架系统的重量和现浇混凝土重量的主要构件。承重梁的后段通过可移式支承落在已完成的梁段上,它将重量传给桥墩或直接坐落在墩顶,承重梁的前端支承在前方墩上,导梁部分悬出,因此其工作状态呈单悬臂梁。移动悬吊模架也称为上行式移动模架、吊杆式或挂模式移动模架。

承重梁除起承重作用外,在一孔梁施工完成后,作为导梁带动悬吊模架纵移至下一施工跨。承重梁的移动以及内部运输由数组千斤顶或起重机完成,并通过中心控制室操作。承重梁的设计挠度一般控制在 $1/800 \sim 1/500$ 范围内,钢承重梁制作时要设置预拱度,并在施工中加强观测。从承重梁两侧悬臂的许多横梁覆盖桥梁全宽,它由承重梁上左右用 2 ~ 3 组钢束拉住横梁,以增加其刚度,横梁的两端悬挂吊杆,下端吊住呈水平状态的模板,形成下端开口的框架并将主梁包在内部。当模板支架处于浇混凝土的状态时,模板依靠下端的悬臂梁和锚固在横梁上的吊杆定位,并用千斤顶固定模板浇注混凝土。当模板需要向前运送时,放松千斤顶和吊杆,模板固定在下端悬臂梁上,并转动该梁,使在运送时的模架可顺利地通过桥墩。

2）支承式活动模架施工

支承式活动模架的构造形式较多,其中一种构造形式由承重梁、导梁、台车和桥墩托架等构件组成。在混凝土箱形梁的两侧各设置一根承重梁,支撑模板和承受施工重量,承重梁的长度要大于桥梁跨径,浇注混凝土时承重梁支承在桥墩托架上。导梁主要用于运送承重梁和活动模架,因此需要有大于两倍桥梁跨径的长度,当一孔梁施工完成后进行脱模卸架时,由前方台车(在导梁上移动)和后方台车在已完成的梁上移动,沿桥纵向将承重梁运送至下一孔,承重梁就位后导梁再向前移动。

支承式活动模架的另一种构造是采用两根长度大于两倍跨径的承重梁分设在箱梁截面的翼缘板下方,兼作支承和移动模架的功能,因此不需要再设导梁,两根承重梁置于墩顶的临时横梁上,两根承重梁间用支承上部结构模板的钢螺栓框架将两个承重梁连续起来,移动时为了跨越桥墩前进,需先解除连接杆件,承重梁逐根向前移动。

活动模架施工是从岸跨开始,每次施工接缝设在下一跨的1/5附近连续施工,当正桥和两岸引桥施工完成后,设置临时支架现场浇注连接段使全桥合拢。

对于每个箱梁的施工采用两次灌注施工法,当承重梁定位后,用螺旋千斤顶调整外模,浇底板混凝土,安装设在轨道上的内模板,浇注腹板及顶板混凝土。当一孔施工结束需移动模架时,将连接杆件从一个承重梁上松开并撤除纵向缆索之后将承重梁逐根纵移。附有连杆和模板的承重梁在移动时不稳定,为了达到平衡,在承重梁的另一侧设有外托架和混凝土平衡梁。

施工中的体系转换包括固定支座与活动支座的转换,如跨中为固定支座,但施工时为活动支座,施工完成后转为固定式,每个支座安装时所留的提前量按施工时的气温、混凝土的收缩率、徐变、混凝土的水化热等因素仔细计算,并在施工中加强观测。

必须强调的是:移动模架需要一整套机械动力设备、自动装置和大量钢材,一次投资是相当可观的,为了提高使用效率必须解决装配化和科学管理的问题。装配化就是设备主要构件能适用不同的桥梁路径、不同的桥宽和不同形状的桥梁,扩大设备的使用面,降低施工成本。科学管理的目的在于充分发挥设备的使用能力,注意设备的配套和维修养护,如果具有专业队伍固定操作,并能持久地使用到它所适用的桥梁施工上,必将得到较好的效益。

(3)整孔吊装或分段吊装逐孔施工

整孔吊装和分段吊装需要先在工厂或现场预制整孔梁或分段梁,再进行逐孔架设施工。由于预制梁或预制段较长,需要在预制时先进行第一次预应力索的张拉,拼装就位后进行二次张拉。因此,在施工过程中需要进行体系转换,吊装的机具有桁式吊、浮吊、龙门起重机、汽车吊等多种,可根据起吊重量、桥梁所在的位置以及现有设备和掌握机具的熟练程度等因素决定。

整孔吊装和分段吊装施工和装配式桥的预制和安装类同,不再赘述。逐孔吊装施工应注意以下几个问题。

①采用分段组装逐孔施工的接头位置可以设在桥墩处也可设在梁的1/5附近,前者多为由简支梁逐孔施工连接成连续梁桥;后者多为悬臂梁转换为连续梁。在接头位置处可设有0.5~0.6 m现浇混凝土接缝,当混凝土达到足够强度后张拉预应力筋,完成连续。

②桥的横向是否分隔主要根据起重能力和截面形式确定。当桥梁较宽,起重能力有限的情况下,可以采用T梁或工字梁截面,分片架设之后再进行横向整体化。为了加强桥梁的横向刚度,常采用梁间翼缘板有0.5 m宽的现浇接头。采用大型浮吊横向整体吊装将会简化施工和加快安装速度。

③对于先简支后连续的施工方法,通常在简支梁架设时使用临时支座,待连接和张拉后期钢索完成连续时拆除临时支座,放置永久支座,为使临时支座便于卸落,可在橡胶支座与混凝

土垫块之间设置一层硫磺砂浆。

④在梁的反弯点附近设置接头,在有可能的情况下,可在临时支架上进行接头。结构各截面的恒载内力根据各施工阶段进行内力叠加计算。

复习思考题

1. 路基施工的基本方法有哪些?
2. 路基填筑时应注意哪些问题?
3. 浇注混凝土路面的程序是什么?
4. 简述胀缝和缩缝的区别?
5. 沥青路面面层的形式有哪些?
6. 装配式混凝土桥的特点是什么?
7. 装配式混凝土桥的安装方法有哪些?
8. 悬臂施工法的特点是什么?
9. 悬臂拼装和悬臂浇注施工各有什么优缺点?
10. 转体施工法有什么优点?
11. 连续梁桥的逐孔施工法适用于什么桥梁的建设?
12. 什么情况可用预应力混凝土桥的顶推法施工?

第 10 章

防水工程

防水工程是建筑工程的一项重要工程。其目的就是使建筑物或构筑物在设计耐用年限内,防止雨水及生产、生活用水以及地下水的渗漏,确保建筑结构、室内装潢和产品不受侵蚀和污染,以保证人民生产和生活的正常进行。建筑防水工程按设防部位可分为屋面防水、地下防水、外墙防水、卫生间和地面防水、储水池和储液池防水 5 大类。

本章主要介绍屋面防水工程、地下防水工程及卫生间防水工程的施工。

10.1 屋面防水工程

屋面防水工程中多采用多道设防和复合防水的做法。但不同类型、不同重要程度、不同使用功能的建筑对防水材料的要求又不一样。为了满足建筑物使用功能的要求,又不造成不必要的浪费,《屋面工程质量验收规范》(GB 50207—2002)根据建筑物的性质、重要程度、使用功能要求以及防水层耐用年限等,将屋面防水分为 4 个等级,如表 10.1 所示。

表 10.1 屋面防火等级和设防要求

项　目	屋面防水等级			
	Ⅰ	Ⅱ	Ⅲ	Ⅳ
建筑物类　别	特别重要或对防水有特殊要求的建筑	重要的建筑和高层建筑	一般的建筑	非永久性的建筑
防水层合理使用年限	25 年	15 年	10 年	5 年
防水层选　用材　料	宜选用合成高分子防水卷材、高聚物改性沥青防水卷材、金属板材、合成高分子防水涂料、细石混凝土等材料	宜选用高聚物改性沥青防水卷材、合成高分子防水卷材、金属板材、合成高分子防水涂料、高聚物改性沥青防水涂料、细石混凝土、平瓦、油毡等材料	宜选用三毡四油沥青防水卷材、高聚物改性沥青防水卷材、合成高分子防水卷材、金属板材、高聚物改性沥青防水涂料、合成高分子防水涂料、细石混凝土、平瓦、油毡瓦等材料	可选用二毡三油沥青防水卷材、高聚物改性沥青防水涂料等材料
设　防要　求	三道或三道以上防水设防	二道防水设防	一道防水设防	一道防水设防

表中的防水层耐用年限指屋面防水层能满足正常使用要求的期限。一道防水设防是指具有单独防水能力的一个防水层次。如三毡四油防水层只能作为一道防水设防。

10.1.1 卷材防水屋面

（1）卷材防水屋面的构造

卷材防水屋面属柔性防水屋面，它具有重量轻、防水性能好，对结构振动和微小变形有一定适应性等优点，但同时也具有卷材易老化、易起鼓、耐久性差、渗漏时修补找漏困难等缺点。

卷材防水屋面的典型构造层次见图 10.1，具体施工有哪些层次，根据设计要求而定。

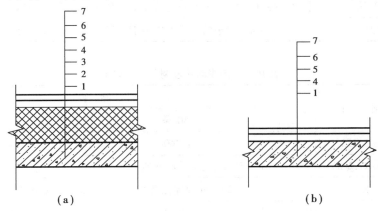

图 10.1　常见屋面基本构造

（a）柔性防水保温屋面；（b）柔性防水不保温屋面

1—结构层；2—隔气层；3—保温层；4—找平层；5—冷底子油结合层；6—防水层；7—保护层

（2）卷材防水屋面材料

1）沥青

沥青是一种有机胶结材料，在常温下呈固体、半固体或液体的形态，颜色是辉亮褐色以至黑色。沥青的主要技术质量标准以针入度、延伸度、软化点等指标表示。目前我国是以针入度指标确定沥青牌号的。

工业与民用建筑中，目前常用的是石油沥青和焦油沥青（主要指煤沥青）。在我国，石油沥青按其用途可分为道路石油沥青、建筑石油沥青和普通石油沥青 3 种。对同品种的石油沥青，其牌号减小，则针入度减小，延度减小，而软化点增高。

2）防水材料

①沥青卷材（又称沥青油毡）

沥青卷材是用原纸、纤维织物、纤维毡等胎体材料浸涂沥青，表面撒布防粘连的粉状、粒状或片状材料制成的可卷曲的片状防水材料。沥青卷材的标号有 200 号、350 号和 500 号 3 种。200 号油毡适用于简易防水、临时性建筑防水、建筑防潮及包装等。350 号和 500 号油毡用于屋面防水和地下防水。沥青卷材的宽度分为 915 mm 和 1 000 mm 两种，每卷卷材面积为 20 ± 0.3 m²，其外观质量和物理性能应符合表 10.2、表 10.3 的要求。

②高聚物改性沥青卷材

高聚物改性沥青卷材是以合成高分子聚合物改性沥青为涂盖层，纤维织物或纤维毡为胎体,粉状、粒状、片状或薄膜材料为覆面材料制成的可卷曲的片状防水材料。

表 10.2　沥青防水卷材的外观质量

项　目	质　量　要　求
孔洞、硌伤	不允许
露胎、涂盖不匀	不允许
折纹、折皱	距卷芯 1 000 mm 以外,长度不大于 100 mm
裂纹	距卷芯 1 000 mm 以外,长度不大于 10 mm
裂口、缺边	边缘裂口小于 20 mm,缺边长度小于 50 mm,深度小于 20 m
每卷卷材的接头	不超过 1 处,较短的一段不应小于 2 500 mm,接头处应加长 150 mm

表 10.3　沥青防水卷材的物理性能

项　目		性　能　要　求	
		350 号	500 号
纵向拉力(25 ± 2 ℃时)/N		≥340	≥440
耐热度(85 ± 2 ℃,2 h)		不流淌,无集中性气泡	
柔性(18 ± 2 ℃)		绕 ϕ20 mm 圆棒无裂纹	绕 ϕ25 mm 圆棒无裂纹
不透水性	压力/MPa	≥0.10	≥0.15
	保持时间/min	≥30	≥30

高聚物改性沥青卷材与传统的纸胎沥青相比,主要有两方面大的改进,一是胎体采用了高分子薄膜、聚酯纤维等,增强了卷材的强度、延性和耐水防腐性;二是在沥青中加入了高分子聚合物,改变了沥青在夏季易流淌,冬季易冷脆,延伸率低,易老化等性质,从而改善了油毡的性能。常用的高聚物改性沥青卷材主要有:SBS 改性沥青卷材、APP 改性沥青卷材、PVC 改性煤焦油卷材、再生胶改性沥青卷材、废胶粉改性沥青卷材等。

高聚物改性沥青卷材的宽度要求 ≥1 000 mm;厚度分别为 2.0 mm、3.0 mm、4.0 mm 和 5.0 mm 四种规格,第一种规格的每卷长度为 15.0 ~ 20.0 m,后 3 种规格的每卷长度分别为 10.0 m、7.5 m 和 5.0 m。其外观质量和物理性能应符合表 10.4、10.5 的要求。

表 10.4　高聚物改性沥青防水卷材外观质量

项　目	质　量　要　求
孔洞、缺边、裂口	不允许
边缘不整齐	不超过 10 mm
胎体露白、未浸透	不允许
撒布材料粒度、颜色	均匀
每卷卷材的接头	不超过 1 处,较短的一段不应小于 1 000 mm,接头处应加长 150 mm

表 10.5　高聚物改性沥青防水卷材物理性能

项　目		性　能　要　求		
		聚酯毡胎体	玻纤胎体	聚乙烯胎体
拉　力 （N/50 mm）		≥450	纵向≥350 横向≥250	≥100
延伸率/%		最大拉力时，≥30	—	断裂时，≥200
耐热度 （℃，2 h）		SBS 卷材 90，APP 卷材 110，无滑动、流淌、滴落		PEE 卷材 90，无流淌，起泡
低温柔度/℃		SBS 卷材-18，APP 卷材-5，PEE 卷材-10。 3 mm 厚 r＝15 mm；4 mm 厚 r＝25 mm； 3 s 弯 180°无裂纹		
不透 水性	压　力/MPa	≥0.3	≥0.2	≥0.3
	保持时间/min	≥30		

注：SBS——弹性体改性沥青防水卷材；APP——塑性体改性沥青防水卷材；PEE——改性沥青聚乙烯胎防水材料。

③合成高分子防水卷材

合成高分子防水卷材是以合成橡胶、合成树脂或它们两者的共混体为基料，加入适量的化学助剂和填充料等，经不同工序加工而成的可卷曲的片状防水材料；或把上述材料与合成纤维等复合形成两层或两层以上可卷曲的片状防水材料。

表 10.6　合成高分子防水卷材外观质量

项　目	质　量　要　求
折痕	每卷不超过 2 处，总长度不超过 20 mm
杂质	大于 0.5 mm 颗粒不允许，每 1 m² 不超过 9 mm²
胶块	每卷不超过 6 处，每处面积不大于 4 mm²
凹痕	每卷不超过 6 处，深度不超过本身厚度的 30%；树脂类深度不超过 15%
每卷卷材的接头	橡胶类每 20 m 不超过 1 处，较短的一段不应小于 3 000 mm，接头处应加长 150 mm；树脂类 20 m 长度内不允许有接头

合成高分子防水卷材具有高弹性、高延伸性、良好的耐老化性、耐高温性和耐低温性等优点。目前常用的合成高分子卷材主要有三元乙丙橡胶卷材、丁基橡胶卷材、再生橡胶卷材、氯化聚乙烯卷材、聚氯乙烯卷材、氯磺化聚乙烯卷材、氯化聚乙烯-橡胶共混卷材等。

合成高分子防水卷材的宽度要求≥1 000 mm，厚度分别为 1.0 mm、1.2 mm、1.5 mm 和 2.0 mm 4 种规格，前 3 种规格每卷长度为 20 m，第 4 种规格每卷长度为 10 m，其外观质量和物理性能应符合表 10.6、10.7 的要求。

3）基层处理剂

基层处理剂是为了增强防水材料与基层之间的粘结力，在防水层施工前，预先涂刷在基层上的涂料，沥青卷材的基层处理剂主要是冷底子油。高聚物改性沥青卷材和合成高分子卷材的基层处理剂一般由卷材生产厂家配套供应。

表 10.7　合成高分子防水卷材物理性能

项　目		性　能　要　求			
		硫化橡胶类	非硫化橡胶类	树脂类	纤维增强类
断裂拉伸强度/MPa		≥6	≥3	≥10	≥9
扯断伸长率/%		≥400	≥200	≥200	≥10
低温弯折/℃		−30	−20	−20	−20
不透水性	压　力/MPa	≥0.3	≥0.2	≥0.3	≥0.3
	保持时间/min	≥30			
加热收缩率/%		<1.2	<2.0	<2.0	<1.0
热老化保持率 (80 ℃,168 h)	断裂拉伸强度	≥80%			
	扯断伸长率	≥70%			

冷底子油是由 10 号或 30 号石油沥青加入挥发性溶剂配制而成的溶液。冷底子油的配制方法有热配法和冷配法两种。采用轻柴油或煤油为溶剂配制的为慢挥发性冷底子油,沥青与溶剂的重量配合比为 4:6;采用汽油为溶剂配制的为快挥发性冷底子油,沥青与溶剂的重量配合比为 3:7。冷底子油具有较强的憎水性和渗透性,并能使沥青胶结材料与找平层之间的粘结力增强。

4)沥青胶结材料(玛□脂)

用一种或两种标号的沥青按一定配合量熔合,经熬制脱水后,可作为胶结材料,为了提高沥青的耐热度、韧性、粘结力和抗老化性能,可在熔融后的沥青中掺入适当品种和数量的填充材料,配制成沥青胶结材料。

沥青防水卷材的胶结材料为沥青玛□脂(简称沥青胶)。沥青玛□脂可在使用时现场配制,也可采用已配好的冷玛□脂。热玛□脂的加热温度不应高于 240 ℃,使用温度不宜低于 190 ℃,并应经常检查。冷玛□脂使用时应搅匀,稠度太大时可加少量溶剂稀释。

5)胶粘剂

胶粘剂可分为高聚物改性沥青胶粘剂和合成高分子胶粘剂。高聚物改性沥青胶粘剂的粘结剥离强度不应小于 8 N/10 mm;合成高分子胶粘剂的粘结剥离强度不应小于 15 N/10 mm,浸水 168 h 后粘结剥离强度保持率不应小于 70%。

(3)卷材防水屋面施工

1)屋面结构层处理

屋面结构刚度的大小,对屋面变形大小起主要作用。为了减少防水层受屋面结构变形的影响,必须提高屋面的结构刚度。因此,屋面结构层最好是整体现浇混凝土。在必须采用装配式钢筋混凝土板时,相邻板的板缝底宽不应小于 20 mm;嵌填板缝时,板缝应清理干净,保持湿润,填缝采用强度等级不小于 C20 的细石混凝土,为增加混凝土密实性,宜在细石混凝土中掺入微膨胀剂,并振捣密实,板缝嵌填高度应低于板面 10~20 mm;当板缝宽度大于 40 mm 或上窄下宽时,为防止灌缝的混凝土干缩受震动后掉落,板缝内应设置构造钢筋;板端缝应进行密封处理。

2)屋面找平层施工

找平层是铺贴卷材防水层的基层,其施工质量直接影响防水层和基层的粘结及防水层是否开裂。因而,要求找平层表面应压实平整,充分养护,屋面(含天沟、檐沟)找平层的排水坡度必须符合设计要求。找平层可采用水泥砂浆、细石混凝土或沥青砂浆。在采用水泥砂浆时,为提高找平层密实性,避免或减少因找平层裂缝而拉裂防水层,在水泥砂浆中可掺入微膨胀剂,同时,水泥砂浆抹平收水后应二次压光,并不得有酥松、起砂、起皮等现象。当找平层铺在松散的保温层上时,为增强找平层的刚度和强度,可采用细石混凝土找平层。当遇到基层潮湿不易干燥,工期又较紧的情况下,可采用沥青砂浆找平层。

为避免由于温度及混凝土构件收缩而使卷材防水层开裂,找平层宜留分格缝,缝宽宜为20 mm,缝内嵌填密封材料。分格缝兼作排汽屋面的排汽道时,可适当加宽,并应与保温层连通。分格缝应留设在板端缝处,其纵横缝的最大间距为:水泥砂浆或细石混凝土找平层不宜大于6 m;沥青砂浆找平层不宜大于4 m。找平层施工质量应符合表10.8的要求。

表 10.8 找平层施工质量要求

项 目	施 工 质 量 要 求
材料	找平层使用的原材料、配合比必须符合设计要求或规范的规定
平整度	找平层应粘结牢固,没有松动、起壳、起砂等现象。表面平整,用 2 m 长的直尺检查,找平层与直尺间的空隙不应超过 5 mm,空隙仅允许平缓变化,每米长度内不得多于 1 处
强度	采用全粘法铺贴卷材时,找平层必须具备较高的强度和抗裂性,采用空铺或压埋法铺贴时,可适当降低对找平层强度的要求
坡度	找平层的坡度必须准确,符合设计要求
转角	两个面的相接处,如女儿墙、天沟、屋脊等,均应做成圆弧(其半径采用沥青卷材时为 100 mm ~ 150 mm;采用高聚物改性沥青卷材时为 50 mm,采用合成高分子卷材时为 20 mm)
分格	分格缝留设位置应准确,其宽度及纵横间距应符合规范要求。分格缝应与板端缝对齐,均匀顺直,并嵌填密封材料
水落口	内部排水的水落口漏斗应牢固地固定在承重结构上,水落口所有零件上的铁锈均应预先清除干净,并涂上防锈漆。水落口周围的坡度应准确,水落口漏斗与基层接触处应留宽 20 mm、深 20 mm 的凹槽,嵌填密封材料

3)屋面保温层施工

根据材料形式划分,松散、板状保温材料和整体现浇(喷)保温材料均可用于屋面保温层。保温材料受潮后,其含水率增加,导热系数将增大,就会影响材料的保温性能,因此,保温层含水率必须符合设计要求。封闭式保温层的含水率应相当于该材料在当地自然风干状态下的平衡含水率;屋面保温层干燥有困难时,应采用排汽措施。

铺设保温层的基层应平整、干燥和干净。松散保温材料应分层铺设并压实,压实的程度与厚度应经试验确定。板状保温材料应紧靠在需保温的基层表面上,并应铺平垫稳,分层铺设的板块上下层接缝应相互错开,板间缝隙应采用同类材料嵌填密实,粘贴的板状保温材料应贴严、粘牢。整体现浇(喷)保温层中的沥青膨胀蛭石、沥青膨胀珍珠岩宜用机械搅拌,并应色泽一致,无沥青团,压实程度根据试验确定,其厚度应符合设计要求,表面应平整;硬质聚氨酯泡沫塑料应按配比准确计量,发泡厚度均匀一致。

保温层施工完成后,应及时进行找平层和防水层的施工;雨季施工时,保温层应采取遮盖措施。

4)基层处理剂的喷、涂

为使卷材与基层粘结良好,不发生腐蚀等侵害,在选用基层处理剂时,应与卷材材性相容。基层处理剂可采用喷涂法或涂刷法施工。施工时,喷、涂应均匀一致,当喷、涂多遍时,后一遍喷、涂应在前一遍干燥后进行,在最后一遍喷、涂干燥后,方可铺贴卷材。节点、周边、拐角处若与大面同时喷、涂基层处理剂,边角处就很难均匀,并常常出现漏涂和堆积现象,为保证这些部位更好地粘结,对节点、周边、拐角等处应先用毛刷或其他小工具进行涂刷。

5)卷材铺贴施工要点

①细部节点附加增强处理

屋面卷材在大面铺贴之前,应先按防水节点设计要求在檐口、檐沟、泛水、水落口、伸出屋面管道等屋面节点和排水比较集中的部位做好附加增强处理。各节点增强处理如图10.2所示。

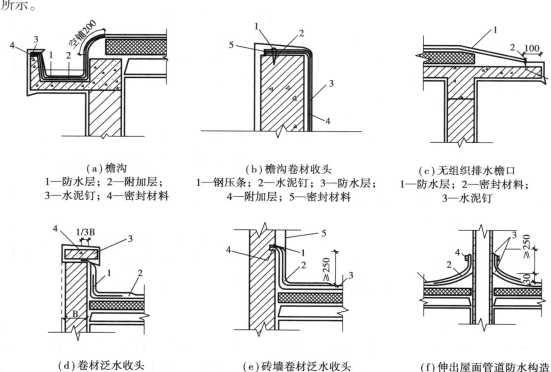

(a)檐沟
1—防水层;2—附加层;
3—水泥钉;4—密封材料

(b)檐沟卷材收头
1—钢压条;2—水泥钉;3—防水层;
4—附加层;5—密封材料

(c)无组织排水檐口
1—防水层;2—密封材料;
3—水泥钉

(d)卷材泛水收头
1—附加层;2—防水层;
3—压顶;4—防水处理

(e)砖墙卷材泛水收头
1—密封材料;2—附加层;3—防水层;
4—水泥钉;5—防水处理

(f)伸出屋面管道防水构造
1—防水层;2—附加层;
3—密封材料;4—金属箍

图10.2 节点增强处理示意图

②铺设方向

卷材的铺设方向应根据屋面坡度或屋面是否有振动来确定。当屋面坡度小于3%时,卷材宜平行屋脊铺贴;屋面坡度在3%～15%时,卷材可平行或垂直于屋脊铺贴;屋面坡度大于15%或屋面受振动时,沥青防水卷材应垂直于屋脊铺贴,高聚物改性沥青防水卷材和合成高分子防水卷材由于耐温性好,厚度较薄,不存在流淌问题,因此可平行或垂直于屋脊铺贴。卷材屋面的坡度不宜超过 25%,当不能满足坡度要求时,应采取固定措施以防止卷材下滑,固定点应密封严密。在卷材铺设时,上下层卷材不得相互垂直铺贴。

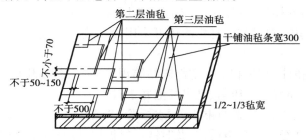

图 10.3　卷材水平铺贴搭接示意图

③搭接方法及宽度要求

铺贴卷材应采用搭接法,并且上下层及相邻两幅卷材的搭接缝应错开(图 10.3)。平行于屋脊的搭接缝应顺流水方向搭接,垂直于屋脊的搭接缝应顺年最大频率风向搭接(图 10.4)。各种卷材搭接宽度应符合表 10.9 的要求。

表 10.9　卷材搭接宽度/mm

铺贴方法 卷材种类		短边搭接		长边搭接	
		满粘法	空铺、点粘、条粘法	满粘法	空铺、点粘、条粘法
沥青防水卷材		100	150	70	100
高聚物改性沥青防水卷材		80	100	80	100
合成高分子 防水卷材	胶粘剂	80	100	80	100
	胶粘带	50	60	50	60
	单缝焊	60,有效焊接宽度不小于 25			
	双缝焊	80,有效焊接宽度 10×2 + 空腔			

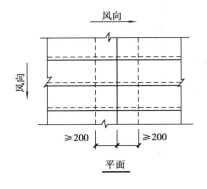

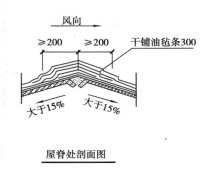

图 10.4　垂直屋脊铺贴示意图

6)卷材与基层的粘贴方法

卷材与基层的粘贴方法可分为满粘法、空铺法、条粘法和点粘法。当卷材防水层上有重物

293

覆盖或基层变形较大时,应优先采用空铺法、点粘法或条粘法。在距屋面周边 800 mm 范围内卷材与基层、卷材与卷材间都应满粘。空铺法是指卷材与基层仅在四周一定宽度内粘结,其余部分不粘结的施工方法。条粘法是指铺贴防水卷材时,卷材与基层采用条状粘结的施工方法。点粘法是指铺贴防水卷材时,卷材或打孔卷材与基层采用点状粘结的施工方法。另外,按不同的施工工艺,卷材与基层、卷材与卷材之间还可采用冷粘法、热熔法、自粘法、热风焊接法等方法进行粘结。

卷材铺贴应避免扭曲、皱折和出现空鼓未粘结现象;避免沥青胶粘结层过厚或过薄,滚压时应将挤出的沥青胶及时刮平、压紧、赶出气泡并予封严。

卷材防水层铺设完毕后,应进行淋水、蓄水检验,并要求卷材防水层不得有渗漏或积水现象。卷材防水层完工并经验收合格后,应及时铺设保护层,做好成品保护。

在作排汽屋面时,如果屋面设有保温层,宜在找平层上留纵、横槽作排汽道(图 10.5)。在屋面无保温层时,可采用条铺、空铺、花铺第一层卷材或增加油毡条带等方法,利用油毡与基层之间的空隙作排汽道。

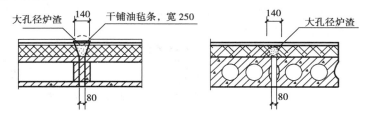

图 10.5　保温层中设排汽槽

为延长屋面防水层的使用年限,目前普遍采用在层面防水层上加架空的预制板隔热层,这对降低室内温度亦有很好效果。注意卷材屋面不宜在零度以下施工。

在屋面与墙面连接处须注意做好泛水,如图 10.6 所示。

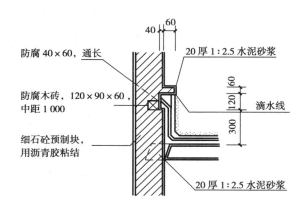

图 10.6　卷材防水泛水示意图

10.1.2　涂膜防水屋面

在钢筋混凝土装配结构无保温层屋盖体系中,板缝采用油膏嵌缝,板面压光具有一定的自防水能力,并附加涂刷一定厚度的无定型液态改性沥青或合成高分子材料,经常温胶联固化或溶剂挥发形成具有弹性且有防水作用的结膜,或在板面找平层及保温层面找平层上采用防水涂料层,均为涂膜防水,它主要适用于防水等级为Ⅲ级、Ⅳ级的屋面防水,也可作为Ⅰ级、Ⅱ级屋面多道防水设防中的一道防水。

(1)防水材料

1)防水涂料

防水涂料是一种流态或半流态物质,涂刷于基层表面后,经溶剂(或水分)的挥发,或各组分之间的化学反应,形成有一定厚度的弹性薄膜,使表面与水隔绝,起到防水与防潮的作用。根据配制涂料的基料不同,防水涂料一般应采用高聚物改性沥青防水涂料和合成高分子防水涂料。

①高聚物改性沥青防水涂料

高聚物改性沥青防水涂料是以沥青为基料,用合成高分子聚合物进行改性,配制成的水乳型或溶剂型防水涂料。主要品种有:氯丁胶乳沥青防水涂料,SBS 改性沥青防水涂料、APP 改性沥青防水涂料等。此类涂料均属薄质型防水涂料。高聚物改性沥青防水涂料质量要求应符合表 10.10 的要求。

表 10.10　高聚物改性沥青防水涂料质量要求

项　目		质　量　要　求
固体含量/%		≥43
耐热度(80 ℃,5 h)		无流淌、起泡和滑动
柔性(−10 ℃)		3 mm 厚,绕 ϕ20 mm 圆棒,无裂纹、断裂
不透水性	压力/MPa	≥0.1
	保持时间/min	≥30
延伸(20±2 ℃拉伸)/mm		≥4.5

②合成高分子防水涂料

合成高分子防水涂料是以合成橡胶或合成树脂为主要成膜物质,配制成的单组分或多组分的防水涂料。其主要产品有:单组分(双组分)聚氨酯防水涂料、丙烯酸防水涂料、聚合物水泥防水涂料等。合成高分子防水涂料的物理性能应符合表 10.11 要求。

表 10.11　合成高分子防水涂料的物理性能

项　目		质　量　要　求	
		Ⅰ	Ⅱ
固体含量/%		≥94	≥65
拉伸强度/MPa		≥1.65	≥0.5
断裂延伸率/%		≥300	≥400
柔性/℃		−30,弯折无裂纹	−20,弯折无裂纹
不透水性	压力/MPa	≥0.3	≥0.3
	保持时间/min	≥30 不渗透	≥30 不渗透

注:Ⅰ类为反应固化型,Ⅱ类为挥发固化型。

2）密封材料

工程上对密封（嵌缝）材料的基本要求是质量稳定、性能可靠。常用的密封材料有嵌缝油膏和聚氯乙烯胶泥两类。

①嵌缝油膏

嵌缝油膏是以石油沥青为基料，加入改性材料及其他填充料配制而成的。目前主要品种有沥青嵌缝油膏、沥青橡胶油膏、塑料油膏等。改性石油沥青密封材料一般为冷施工，当气温低于15 ℃或油膏过稠时，可用热水烫后再使用。严禁用煤油、柴油等稀释油膏，施工时应使嵌填的密封材料饱满、密实、无气泡孔洞等现象。

②聚氯乙烯胶泥

聚氯乙烯胶泥是一种热塑型防水嵌缝材料，由煤焦油、聚氯乙烯树脂和增塑剂、稳定剂、填充料等配制而成。配制过程分3个阶段，首先是混合阶段，即将各种材料充分混合，形成一均匀分散体；其次是塑化阶段；最后是成型阶段，即将塑化后的胶泥浇灌成型。其中，塑化阶段是一个重要工序，要求边加热、边搅拌，使之在130～140 ℃温度下保持5～10 min，使其充分塑化，当浆料表面由暗淡无光变为黑亮时，表明胶泥已充分塑化。由于聚氯乙烯树脂热稳定性较差，当温度达到140 ℃时，开始分解出氯化氢，当温度超过140 ℃时，则发出强烈的刺激鼻腔、眼睛和喉咙的氯化氢气味，当温度低于110 ℃时，不仅大大降低密封材料的粘结性能，还会使材料变稠不便施工，因此在配制出聚氯乙烯胶泥时，一定要严格控制好塑化温度。

（2）涂膜防水屋面施工

1）自防水屋面板的制作要求

预应力或非预应力钢筋混凝土屋面板，其板面经滚压抹光后，自身具有防水能力，称为自防水屋面板。自防水屋面板必须有足够的密实性、抗渗性、抗裂性及抗风化和抗碳化性能。因此，在制作自防水屋面板时，水泥应用普通硅酸盐水泥，标号不宜低于425号，砂宜用中砂，含泥量不超过2%；石子的最大粒径不超过板厚1/3且不超过15 mm，含泥量不超过1%。每立方米混凝土中水泥最小用量不应少于330 kg，水灰比不应大于0.55。混凝土宜采用高频低振幅平板振动器振捣密实，并抹平，待混凝土稍收水后、初凝前，第二次稍用力抹光，在混凝土初凝后、终凝前，第三次再压实抹光，自然养护时间不少于14 d。在防水屋面板的制作、堆放、运输、吊装等过程中，必须采取有效措施，防止裂缝的出现，以保证防水的质量。

2）自防水板面板缝施工

屋面板板缝的处理和卷材防水屋面施工中对屋面板缝的处理相同，并还需在板端缝处进行柔性密封处理。对非保温屋面的板缝上应预留深度不小于20 mm的凹槽，并嵌填密封材料。在油膏嵌缝前，板缝必须先用刷缝机或钢丝刷清除两侧表面浮灰杂物并吹净，随即满涂冷底子油一遍，待其干燥后，及时冷嵌或热灌油膏。油膏的覆盖宽度，应超出板缝每边不少于20 mm。嵌缝后，应沿缝及时做好保护层。保护层有沥青胶粘贴油毡条、二油一布、涂刷防水涂料等做法。

3）板面及找平层上防水涂料施工

当防水屋面板的板缝施工完毕或屋面找平层施工完毕并满足施工要求后，就可以进行防水涂料的施工。防水涂料在施工时，有加胎体增强材料和不加胎体增强材料两种做法。防水涂料在施工时应分层分遍涂布。待先涂的涂层干燥成膜后，才能涂布后一遍涂料。需要铺设胎体增强材料时，当屋面坡度小于15%，可平行于屋脊铺设；当屋面坡度大于15%时，应垂直于屋脊铺设,并由屋面最低处开始向上铺设。胎体材料长边搭接宽度≥50 mm,短边搭接宽度≥70 mm,上下层不能相互垂直铺设,搭接缝应相互错开不小于1/3 幅宽。在铺设胎体材料时,不能拉得过紧,也不能有皱折和张嘴现象。

涂膜防水屋面是靠涂刷的防水涂料固化后形成的一定厚度的涂膜来达到屋面防水目的的,如果涂膜太薄,就将达不到所要求的防水作用和耐用年限要求,因此,为保证防水质量,各种防水涂料的厚度应符合表 10.12 的要求。

屋面转角及立面的涂层应薄涂多遍,不得有流淌,堆积现象。防水涂膜严禁在雨天、雪天施工,风力在五级及其以上时也不得施工。涂膜防水层施工完毕后,应进行淋水、蓄水检验,并要求涂膜防水层不得有渗漏或积水现象。涂膜防水层完工并经验收合格后,应及时做好保护层。

表 10.12　涂膜厚度选用表/mm

屋面防水等级	设防道数	高聚物改性沥青防水涂料	合成高分子防水涂料
Ⅰ级	三道或三道以上设防	—	不应小于 1.5 mm
Ⅱ级	二道设防	不应小于 3 mm	不应小于 1.5 mm
Ⅲ级	一道设防	不应小于 3 mm	不应小于 2 mm
Ⅳ级	一道设防	不应小于 2 mm	—

10.1.3　刚性防水屋面

刚性防水屋面是指利用刚性防水材料作防水层的屋面。主要适用于防水等级为Ⅲ级的屋面防水,也可用作Ⅰ、Ⅱ级屋面多道防水设防中的一道防水层,不适用于设有松散材料保温层的屋面以及受较大震动或冲击的和坡度大于15%的建筑屋面。刚性防水屋面的防水层主要有细石混凝土防水层、补偿收缩混凝土防水层和块体刚性防水层。

(1)材料要求

水泥宜用普通硅酸盐水泥或硅酸盐水泥,当采用矿渣硅酸盐水泥时应采取减小泌水性的措施。水泥标号不宜低于 425 号,并不得使用火山灰质水泥,石子粒径不宜大于 15 mm,含泥量不应大于 1%,砂宜用中砂或粗砂,含泥量不应大于 2%,拌合水应用不含有害物质的洁净水,防水层内一般宜配置 $\phi4 \sim \phi6$ 的钢筋。外加剂应按设计要求及规范规定的要求选用,块体刚性防水层使用的块材应无裂纹,无石灰颗粒、无灰浆泥面、无缺棱掉角、质地密实和表面平整。

(2)刚性防水屋面施工

1)普通细石混凝土、补偿收缩混凝土防水层施工

①分格缝的设置

分格缝是为了减少防水层因温差、混凝土干缩、徐变、荷载和振动、地基沉陷等变形造成的防水层开裂而设置的。分格缝一般设在屋面板支承端、屋面转折处、防水层与突出屋面结构的交接处,并尽量与板缝对齐。分格缝纵横分格不宜大于 6 m,也可一间一分格,面积应≤36 m²,分格缝宽度宜为 20 ~ 40 mm,截面宜做成上宽下窄。分格缝要做好防水处理,如图

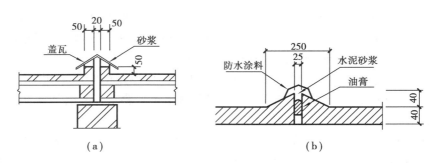

图 10.7　分格缝防水示意图
（a）盖瓦式；（b）油膏嵌缝

10.7 所示。

②防水层施工

混凝土浇注前,应对基层进行处理,当屋面结构层为装配式钢筋混凝土板时,应用不小于 C20 的细石混凝土灌缝。当屋面板缝宽大于 40 mm 或上窄下宽时,板缝内应设置构造筋,板端缝应进行密封处理。配制普通细石混凝土或补偿收缩混凝土时,水灰比不应大于 0.55,每立方米混凝土水泥最小用量不应小于 330 kg,砂率宜为 35% ~40%,灰砂比宜为 1:2 ~1:2.5。为使混凝土具有良好的抗裂和抗渗能力,在混凝土的中上部可配置直径 $\phi4 ~ \phi6$、间距为 100 ~200 mm 的双向钢筋网片,并宜用点焊焊接,钢筋在分格缝处应断开,钢筋的保护层厚度不应小于 10 mm。混凝土在浇注时应用机械振捣,表面泛浆后抹平,收水后再次压光,抹压时不得在表面洒水、加水泥浆或撒干水泥,每个分格板块的混凝土应一次浇注完成。待混凝土初凝后,再取出分格条。混凝土浇注 12 ~24 h 后应进行养护,养护时间不少于 14 昼夜。养护初期屋面不得上人。另外,对于刚性防水屋面分格缝以及天沟、檐沟、泛水、变形缝等细部构造的密封处理,密封材料嵌填必须密实、连续、饱满,粘结牢固,无气泡、开裂、脱落等缺陷。

细石混凝土防水层施工完毕后,应进行淋水、蓄水检验,并要求细石混凝土防水层不得有渗漏或积水现象。

2）块体刚性防水层施工

块体刚性防水层是以掺入防水剂的水泥砂浆做垫层,在其上铺砌防水地砖等块材,再用防水水泥砂浆灌缝。一般是在结构层上先做 20 ~25 mm 厚、掺入水泥重量 3% 的防水剂和 1:3 水泥砂浆垫层,铺抹时应均匀连续,不留施工缝,同时,在砂浆垫层上挤浆铺砌吸足水分的地砖等块材一层,块材之间缝宽为 12 ~15 mm,且缝内挤浆高度宜为块材厚的 1/2 ~1/3,若有超出者,应及时将多余砂浆刮出。块材铺砌时,应直行平砌并与板缝垂直,不得采用人字形铺设,以便于雨水迅速排走。面层施工完后应进行养护,养护时间不少于 7 昼夜。

10.2　地下防水工程

地下工程由于受地形条件的限制,地下水一般很难降到地下工程底部标高以下。因而,地下工程防水质量的好坏将直接影响到地下工程的寿命,因此必须在施工中认真对待,确保地下防水工程的质量。在地下工程施工前,一般应事先确定工程的防水方案,地下工程的防水方

案,大致可分为以下 3 类:

一类:防水混凝土方案　利用提高混凝土结构本身的密实性和抗渗性来进行防水,它兼有承重、围护和抗渗的功能。是地下防水工程的一种主要形式。

二类:设防水层方案　即在建筑物(或构筑物)表面设防水层,使地下水与建筑物(或构筑物)隔离,以达防水目的。常用的防水层有水泥砂浆、卷材、沥青胶结材料和金属防水层等。

三类:排水方案　利用渗排水、盲沟排水等措施,把地下水排走,以达到防水要求。

在地下工程施工中,一般应采用"防排结合、刚柔并用、多道设防、综合治理"的原则,并根据建筑功能及使用要求,结合工程所处的自然条件、工程结构形式、施工工艺等因素合理地确定防水方案。

结合地下工程不同要求和我国地下工程实际,按不同渗漏水量的指标将地下工程防水划分为四个等级,如表 10.13 所示。

表 10.13　地下工程防水等级标准

防水等级	标　准
1 级	不允许渗水,结构表面无湿渍
2 级	不允许漏水,结构表面可有少量湿渍; 房屋建筑地下工程:总湿渍面积不大于总防水面积(包括顶板、墙面、地面)的 1‰,任意 100 m² 防水面积上的湿渍不超过 2 处,单个湿渍的最大面积不大于 0.1 m²; 其他地下工程:湿渍总面积不应大于总防水面积的 2‰,任意 100 m² 防水面积上的湿渍不超过 3 处,单个湿渍面积不大于 0.2 m²
3 级	有少量漏水点,不得有线流和漏泥砂; 任意 100 m² 防水面积上的漏水或湿渍点不超过 7 处,单个漏水点的最大漏水量不大于 2.5 L/d,单个湿渍的最大面积不大于 0.3 m²
4 级	有漏水点,不得有线流和漏泥砂; 整个工程平均漏水量不大于 2 L/(m²·d),任意 100 m² 防水面积上的平均漏水量不大于 4 L/(m²·d)

地下防水工程的子分部工程一般包括地下主体结构防水、地下细部构造防水、特殊施工法防水工程、排水工程、注浆工程。本节将介绍主体结构及细部构造防水工程。

10.2.1　防水混凝土

防水混凝土是以调整混凝土配合比或掺外加剂等方法,来提高混凝土本身的密实性使其具有一定防水能力的整体式混凝土或钢筋混凝土。防水混凝土适用于防水等级为 1~4 级的地下整体式混凝土结构及抗渗等级不低于 P6 的地下混凝土工程。不适用环境温度高于 80 ℃ 或处于耐侵蚀系数小于 0.8 的侵蚀性介质中使用的地下工程。目前,常用的防水混凝土,主要有普通防水混凝土和外加剂防水混凝土。

普通防水混凝土是在普通混凝土骨料级配的基础上,通过调整和控制配合比的方法,提高混凝土自身密实性和抗渗性的一种混凝土,提高混凝土抗渗性的措施主要有控制水灰比、水泥用量、砂率、灰砂比、坍落度等。

外加剂防水混凝土是在混凝土中掺入适量外加剂,以此改善混凝土内部组织结构,增加密实性,提高抗渗性的混凝土。常用的外加剂防水混凝土有减水剂防水混凝土、加气剂防水混凝土、三乙醇胺防水混凝土,氯化铁防水混凝土等。

（1）**防水混凝土材料要求**

①水泥:水泥品种应按设计要求选用,一般宜采用普通硅酸盐水泥或硅酸盐水泥,其强度等级不应低于 32.5 级,不得使用过期或受潮结块水泥,不得将不同品种或强度等级的水泥混合使用;

②石:一般选用卵石或碎石,颗粒的自然级配要适宜,石子粒径宜为 5～40 mm,含泥量不得大于 1.0%,泥块含量不得大于 0.5%;

③砂:一般宜选用中粗砂,含泥量不大于 3.0%,泥块含量不得大于 1.0%;

④水:拌制混凝土所用的水,应采用不含有害物质的洁净水;

⑤外加剂:外加剂的技术性能,应符合国家或行业标准一等品及以上的质量要求;

⑥粉煤灰:粉煤灰的级别不应低于二级,烧失量不应大于 5%,掺量不宜大于 20%;硅粉掺量不应大于 3%,其他掺合料的掺量应通过试验确定。

（2）**防水混凝土的配合比设计**

防水混凝土的配合比应通过试验确定。选定配合比时,应按设计要求的抗渗标号提高 0.2 MPa。其他各项指标如下:混凝土胶凝材料用量不宜少于 320 kg/m³;其中水泥用量不宜少于 260 kg/m³;水灰比最大不超过 0.5;砂率宜为 35%～40%,泵送可到 45%;灰砂比宜为 1:1.5～1:2.5,坍落度为 30～50 mm,不宜大于 50 mm。在掺用外加剂或采用泵送混凝土时可不受此限制,泵送时入泵坍落度宜为 120～140 mm。掺用引气型外加剂的防水混凝土,含气量应控制在 3%～5%。

（3）**防水混凝土施工**

防水混凝土的配料、搅拌、运输、浇捣、养护等均应严格按施工及验收规范和操作规程的规定进行,以保证防水混凝土工程的质量。

防水混凝土配料时,各种材料的称量应严格按规范进行。钢筋保护层不应有负误差,留设保护层时,严禁用钢筋垫钢筋或将钢筋用铁钉、铅丝直接固定在模板上,以防止水沿钢筋浸入。防水混凝土应采用机械搅拌,搅拌时间不少于 2 min,掺入引气型外加剂,搅拌时间为 2～3 min。防水混凝土运输过程中不应产生离析现象及坍落度和含气量损失,混凝土在常温下应半小时内运到现场,于初凝前浇注完毕。混凝土浇捣过程中,自由倾落高度应不超过 1.5 m,否则应使用串筒、溜槽等工具进行浇注。浇注过程中应分层,每层厚度不宜超过 300～400 mm,相邻两层浇注时间间隔不应超过 2 h,夏季可适当缩短;混凝土应采用机械振捣,振捣至混凝土开始泛浆和不冒气泡为准,避免漏振、超振和欠振。防水混凝土一般进入终凝(浇注后 4～6 h)后即应覆盖,并浇水养护不少于 14 d;防水混凝土不宜采用电热养护和蒸汽养护。

防水混凝土应连续浇注,不宜留设施工缝。当必须留设施工缝时,墙体一般只允许留设水平施工缝,其位置不应留在剪力和弯矩最大处或底板与侧壁交接处,而宜留在高出底板上表面不小于 200 mm 的墙身上(图 10.8)。墙体设有孔洞时,施工缝距孔洞边缘不宜小于 300 mm。如必须留设垂直施工缝,应留在结构的变形缝处。

在施工缝上继续浇注混凝土前,应将施工缝处的混凝土表面凿毛,消除浮粒和杂物,用水冲洗干净,保持湿润,再铺上一层 20～25 mm 厚的水泥砂浆,水泥砂浆所用材料和灰砂比应与混凝土的材料和灰砂比相同。

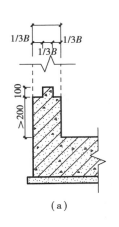 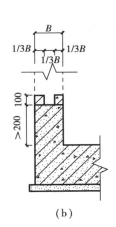 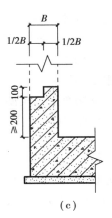 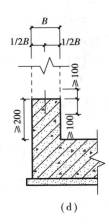

（a） （b） （c） （d）

图 10.8　水平施工缝构造
（a）凸缝；（b）凹缝；（c）高低缝；（d）止水片

10.2.2　水泥砂浆防水层

水泥砂浆防水层适用于混凝土或砌体结构的基层上采用多层抹面的水泥砂浆防水层，及地下工程主体结构的迎水面或背水面。不适用环境有侵蚀性、持续振动或温度高于 80 ℃的地下工程。

水泥砂浆防水层所用的水泥品种应按设计要求选用，一般采用普通硅酸盐水泥、硅酸盐水泥或特种水泥，其强度等级不应低于 32.5 级，不得使用过期或受潮结块水泥；砂宜采用中砂，粒径 3 mm 以下，含泥量不得大于 1%，硫化物和硫酸盐含量不得大于 1%；水应采用不含有害物质的洁净水；聚合物乳液为无颗粒、无异物、无凝固物、不分层的均匀液体；外加剂的技术性能应符合国家或行业标准一等品及以上的质量要求。

水泥砂浆防水层可分为刚性多层做法防水层和掺外加剂的水泥砂浆防水层两种。

（1）刚性多层做法防水层

刚性多层做法防水层，在迎水面宜用五层交叉抹面做法，在背水面宜用四层交叉抹面做法。防水层施工操作如下：

第一层　素灰层，厚 2 mm，起着与基层粘结和防水作用。先抹一道 1 mm 厚素灰，用铁抹子往返用力刮抹，使素灰填实基层表面孔隙。随即在已刮抹过素灰的基层面再抹一道厚 1 mm 的素灰找平层，找平后还要求用沾水毛刷按顺序刷均匀，以增加不透水性。

第二层　水泥砂浆层，厚 4～5 mm，起保护、养护、加固素灰层作用。在第一层素灰初凝前随即抹 1∶2.5 水泥砂浆。为使两层牢固粘结在一起，形成一个整体，水泥砂浆层应稍压入素灰层厚度 1/4 左右，水泥砂浆初凝前，应将砂浆面扫出横向条纹，以利于第三层结合。

第三层　素灰层，厚 2 mm，主要起防水作用。

在第二层水泥砂浆终凝后，随即做第三层。操作方法同第一层。

第四层　水泥砂浆层，厚 4～5 mm，起防水和保护作用。

操作方法同第二层，并在水泥砂浆凝固前将其压光。

五层抹面做法前四层和上述做法相同，第五层在第四层水泥砂浆抹压两遍后，用毛刷均匀地将水泥浆刷在第四层表面，随第四层一起抹实压光。

刚性多层做法防水层每层宜连续施工,如必须留施工缝时应留成阶梯坡形槎,每层槎间距宜为 40 mm,离阴阳角处≥200 mm。防水层凝结后应立即进行养护,时间不少于 14 昼夜。

(2)掺外加剂水泥砂浆防水层

掺外加剂水泥砂浆防水层不论迎水面或背水面均须分两层铺抹,表面应压光,总厚度不小于 20 mm。外加剂宜采用氯化物金属盐类防水剂、膨胀剂或减水剂。采用水泥砂浆防水层的工程,水泥砂浆防水层各层之间必须结合牢固,无空鼓现象。

10.2.3 卷材防水层

卷材防水层是用防水卷材和与其配套的胶结材料胶合而成的一种多层或单层防水层。它具有良好的韧性和可变性,能适应振动和微小的变形,适用于受侵蚀性介质或受振动作用的地下工程主体迎水面的铺贴。地下工程卷材防水层应采用高聚物改性沥青防水卷材和合成高分子防水卷材。所选用的基层处理剂、胶粘剂、密封材料等配套材料,均应与铺贴的卷材材性相容。

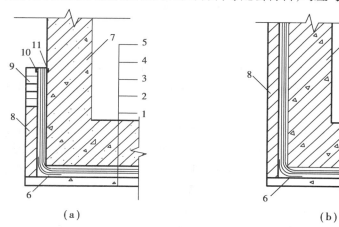

图 10.9　地下防水结构卷材防水层铺贴

(a)外防外贴法;(b)外防内贴法

1—垫层;2—找平层;3—卷材防水层;4—保护层;5—底板;6—卷材加强层;

7—防水结构墙体;8—永久性保护层;9—临时保护墙;10—临时固定木条;11—永久性木条

(1)防水方法

地下工程一般把卷材防水层设置在建筑结构的外侧(迎水面),称为外防水,外防水有两种方法:外防外贴法和外防内贴法(图 10.9)。

1)外防外贴法

施工时,先铺贴底板卷材,四周留出卷材接头,然后浇注防水结构的底板和墙身混凝土,待侧模拆除后,再铺四周防水层,最后砌筑保护墙。卷材铺贴如图 10.9(a))所示。外防外贴法施工程序:

①浇垫层。

②在垫层上砌筑永久性保护墙,墙下铺一层干油毡。墙高≥底板结构厚 +(200 ~ 500 mm)。

③在永久性保护墙上用石灰砂浆接砌临时保护墙,墙高 150 mm ×(油毡层数 +1)。

④在垫层和永久性保护墙上抹 1:3 水泥砂浆找平层,转角处抹成圆弧状。

⑤待找平层基本干燥后,即在其上满涂冷底子油。

⑥铺贴立面和平面卷材防水层,并在转角处贴上一层卷材附加层,在永久性保护墙和垫层上应将卷材防水层粘结牢固;在临时保护墙上将卷材防水层临时贴附,并分层临时固定在保护墙最上端。

⑦在保护墙的卷材面上涂抹热沥青或玛琋脂,并趁热撒上干净的热砂,冷却后在永久保护墙区段抹1:3水泥砂浆,临时保护墙抹石灰砂浆,作为保护层。

⑧底板及墙体施工。

⑨在需防水结构外墙抹1:3水泥砂浆找平层。

⑩拆除临时保护墙,清除砂浆,将卷材逐层揭开,清除表面浮灰和污物。同时,在已做好的找平上满涂冷底子油,将卷材分层错槎搭接向上铺贴。铺贴好后,及时做好防水层保护结构。

2)外防内贴法

外防内贴法是先在地下构筑物四周砌好保护墙,然后在墙面与底板铺贴防水层,再浇注地下构筑物的混凝土。卷材铺贴如图10.9(b)所示。

外防内贴法施工程序:

①在混凝土垫层上砌永久性保护墙,并以1:3水泥砂浆做好垫层及永久性保护墙的找平层,并在保护墙下干铺一层油毡。

②找平层干燥后随即涂刷冷底子油,待冷底子油干燥后方可铺贴卷材防水层。铺贴卷材时应先铺立面,后铺平面;先铺转角,后铺大面。

③卷材防水层做好后即应做好保护层。立面可按外贴法所述抹水泥砂浆,平面亦可抹水泥砂浆或浇注一层30~50 mm厚的细石混凝土。

外防外贴法与外防内贴法相比,其优点在于:防水层绝大部分在结构外表面,故防水层较少受结构沉降变形影响;由于是后贴立面防水层,因此浇捣结构混凝土时不易损坏防水层,只需注意保护底板与留槎部位的防水层即可,施工后即可进行试水且易修补。缺点:工期长,施工繁琐,卷材接头不易保护好。因此,工程中只有当施工条件受限制时,才采用内贴法施工。

(2)铺贴卷材的要求

①卷材的搭接　墙面上卷材应按垂直方向铺贴,相邻卷材搭接宽度应不小于100 mm,上下层和相邻两幅卷材的接缝应相互错开1/3~1/2幅卷材宽度,在墙面上铺贴的卷材如需接长时,应用错槎形接缝相连接,上层卷材盖过下层卷材不应少于150 mm。

②铺贴操作　卷材铺贴前应将找平层清扫干净,在基面上涂刷基层处理剂;当基面较潮湿时,应涂刷湿固化型胶粘剂或潮湿界面隔离剂。底面宜平行于长边铺贴,墙面应自下而上铺贴。

③转角部位的加固　平面的交角处,包括阳角、阴角及三面角,是防水层的薄弱部位,应加强防水处理,铺贴卷材加强层,加强层宽度不应小于500 mm。转角部位找平层应做成圆弧形。在立面与底面的转角处,卷材的接缝应留在底面上,距墙根不小于600 mm。卷材防水层完工并经验收合格后应及时做保护层,顶板的细石混凝土保护层与防水层之间宜设置隔离层;底板的细石混凝土保护层厚度应大于50 mm;侧墙宜采用聚苯乙烯泡沫塑料保护层,或砌砖保护墙(边砌边填实)和铺抹30 mm厚水泥砂浆。

10.2.4　涂料防水层

地下工程涂料防水层适用于受侵蚀性介质或受振动作用的地下室工程。有机防水涂料宜用于主体结构的迎水面,无机防水涂料宜用于主体结构的迎水面或背水面。一般采用外防外涂和外防内涂两种施工方法。有机防水涂料应采用反应型、水乳型、聚合物水泥防水涂料;无机防水涂料应采用掺外加剂、掺合料的水泥基防水涂料或水泥基渗透结晶型防水涂料。防水涂料厚度的选用应符合表 10.14 的规定。

表 10.14　防水涂料厚度/mm

防水等级	设防道数	有机涂料		无机涂料		
		反应型	水乳型	聚合物水泥	水泥基	水泥基渗透结晶型
1 级	三道或三道以上设防	1.2 ~ 2.0	1.2 ~ 1.5	1.5 ~ 2.0	1.5 ~ 2.0	≥0.8
2 级	二道设防	1.2 ~ 2.0	1.2 ~ 1.5	1.5 ~ 2.0	1.5 ~ 2.0	≥0.8
3 级	一道设防	—	—	≥2.0	≥2.0	—
	复合设防	—	—	≥1.5	≥1.5	—

涂料涂刷前应先在基面上涂一层与涂料相容的基层处理剂。涂膜应多遍完成。由于防水涂膜在满足厚度要求的前提下,涂刷的遍数越多对成膜的密实度越好,因此涂刷时应多遍涂刷,并且后遍涂刷应待前遍涂层干燥成膜后进行,每遍涂刷时应交替改变涂层的涂刷方向,同层涂膜的先后搭茬宽度宜为 30 ~ 50 mm。涂料防水层的施工缝(甩槎)应注意保护,搭接缝宽度应大于 100 mm,接涂前应将其甩茬表面处理干净。涂刷程序应先做转角处、穿墙管道、变形缝等部位的涂料加强层,后进行大面积涂刷,涂料防水层中铺贴的胎体增强材料,同层相邻的搭接宽度应大于 100 mm,上下层接缝应错开 1/3 幅宽,且上下两层胎体不得相互垂直铺贴。

另外,地下建筑防水工程中,还有塑料板防水层、金属板防水层等。

10.2.5　变形缝、后浇缝的处理

(1)变形缝的处理

对不受水压作用的地下防水工程,变形缝处应加铺两层抗拉强度较高的卷材作附加层,如玻璃布油毡或无胎油毡;对受水压作用的地下防水工程,变形缝处宜采用橡胶或塑料止水带;对受高温和水压作用的防水工程,变形缝处宜用紫铜板或不锈钢金属止水带。采用填入式橡胶或塑料止水带时,止水带应埋设在结构厚度中间,止水带的中心圆环应正对变形缝中央,采用中埋式金属止水带时,其两侧边缘应有可靠的锚固措施。在转角处,止水带应做成圆弧形。

(2)后浇缝的处理

后浇缝是一种混凝土刚性接缝,适用于不允许留柔性变形缝的工程。后浇部位的混凝土应采用补偿收缩混凝土,强度等级应与两侧先浇注混凝土强度等级相同,后浇混凝土与两侧先浇混凝土的施工间隔至少为 42 d。后浇缝浇注前,应将两侧先浇混凝土表面凿毛,清洗干净,并保持湿润。浇注完后,后浇缝混凝土应保持湿润养护至少 28 d 时间。

10.3　卫生间防水工程

10.3.1　卫生间防水施工

(1)防水材料选择

卫生间面积一般较小,管道较多,因此施工中一般采用涂膜防水。根据工程性质与使用标

准,可选用高中低档的防水涂膜材料。常用的防水涂料有聚氨酯("851")防水涂料、氯丁胶乳沥青防水涂料、硅橡胶防水涂料等,施工时也可采用胎体增强材料。

（2）卫生间楼地面基本要求

卫生间的楼面结构层应采用现浇混凝土或整块预制混凝土板,其混凝土强度等级不应小于 C30,楼面上的孔洞,一般采用芯模留孔的方法施工,位置应留准确,楼面结构层四周支承处除门洞外,应设置向上翻的边梁,高度不小于 120 mm,宽度不小于 100 mm。

（3）卫生间防水施工

1）施工程序

穿过楼板的管件施工→地漏大便器、浴缸、面盆等用水器具施工→找平层施工→防水层施工→蓄水试验→保护层施工→面层施工。

2）施工做法及要求

①穿过楼板的管件施工:穿过楼板的管件定位后,对管道孔洞、套管周围缝隙用掺膨胀剂的豆石混凝土浇灌严实,孔洞较大的应吊底模浇灌,对管根处应用中高档密封材料进行封闭,并向上刮涂 30～50 mm。

②地漏、大便器、浴缸、面盆等用水器具施工:用水器具的安放要平稳,安放位置要准确,用水器具周边必须用中高档密封材料进行封闭。

③找平层施工:找平层一般为 1∶3 水泥砂浆 20 mm 厚,找平层应平整坚实,表面平整度用 2 m 直尺检查,最大间隙不应大于 3 mm,基层所有转角应做成半径为 10 mm 的均匀一致的平滑小圆角。

④防水层施工:当找平层基本干燥,含水率不大于 9% 时,即可进行防水层施工。铺设防水材料时,穿过楼面管道四周处,防水材料应向上铺涂,并超过套管上口;在靠近墙面处,防水材料应按设计高度向上铺涂;如高度无规定时,应高出面层 200～300 mm。阴阳角和穿过楼板面管道根部应增加铺涂防水材料。防水材料的选择,可根据工程情况及使用标准确定,当使用高档防水涂料作防水层时,固化厚度≥1.5 mm,中档防水涂料作防水层时,固化厚度≥2 mm,低档防水涂料作防水层时,固化厚度≥3 mm。

⑤蓄水试验:防水层施工完毕实干后,应进行蓄水试验,灌水高度应达找坡最高点水位 20 mm 以上,蓄水时间不少于 24 h,如发现渗漏,修补后再做蓄水试验,不渗漏方为合格。

⑥保护层施工:在蓄水试验合格,防水层实干后,再加盖 25 mm 厚 1∶2 的水泥砂浆保护层,并对保护层进行保湿养护。

⑦面层施工:在水泥砂浆保护层上可铺贴地砖或其他面层装饰材料,铺贴面层饰料所用的水泥砂浆宜加 107 胶水,同时要充填密实,不得有空鼓和高低不平现象。施工时,应注意卫生间内的排水坡度和坡向,在地漏周边 50 mm 处,排水坡度可适当加大。

10.3.2　卫生间渗漏处理

（1）楼地面渗漏处理

卫生间楼地面发生渗漏,主要有:第一,楼地面裂缝引起渗漏;第二,管道穿过楼地面部位渗漏;第三,楼地面与墙面交接部位渗漏。

楼地面裂缝引起的渗漏,在处理时可分为裂缝大于 2 mm,裂缝小于 2 mm 和裂缝小于 0.5 mm 三种。对大于 2 mm 的裂缝,应沿裂缝局部清除面层和防水层,沿裂缝剔凿宽度和深度均不小于 10 mm 的沟槽,清除浮灰杂物、沟槽内嵌填密封材料,铺设带胎体增加材料的涂膜防水层,并与原防水层搭接封严。对小于 2 mm 的裂缝,可沿裂缝剔除 40 mm 宽面层,暴露裂缝部位,清除裂缝浮灰、杂物,并铺设涂膜防水层。对小于 0.5 mm 的裂缝,可不铲除面层,在清理裂缝表面后,沿裂缝走向涂刷二遍宽度不小于 100 mm 的无色或浅色合成高分子涂膜防水层即可。对裂缝进行修补后,均应做蓄水检查无渗漏后方可修复面层。

管道穿过楼地面部位引起渗漏的原因主要有管根积水、管道与楼地面间裂缝和穿过楼地面的套管损坏 3 种情况。对管根积水渗漏,应沿管根部轻剔凿出宽度和深度均不小于 10 mm 沟槽,清理浮灰、杂物后,槽内嵌填密封材料,并在管道与地面交接部位涂刷管道高度及地面水平宽度均不小于 100 mm、厚度不小于 1 mm 的无色或浅色合成高分子防水涂料。对管道与楼地面间的裂缝,应将裂缝部位清理干净,绕管道及管根部地面涂刷两遍合成高分子防水涂料,涂刷的高度及宽度均不小于 100 mm,涂层厚不小于 1 mm。对因套管损坏引起的漏水,应更换套管,对所更换的套管要封口,并高出楼地面 20 mm 以上,根部进行密封处理。

(2)给排水设施渗漏处理

卫生间内给排水设施的渗漏主要发生在卫生洁具与给排水管道连接处渗漏。当便器与排水管道连接处漏水引起楼面渗漏时,应凿开地面,拆下便器,重新安装。安装前,应用防水砂浆或防水涂料做好便池底部的防水层。当便器进水口漏水时,宜凿开便器与进水口处的地面进行检查。如皮碗损坏应更换皮碗,更换后,应用 14 号铜丝分两道错开绑扎牢固。卫生洁具在更换、安装、修理完毕,经检查无渗漏后,方可进行其他恢复工序。

复习思考题

1. 屋面防水等级如何划分? 各防水等级的防水层耐用年限怎样规定?
2. 各防水等级的屋面设防要求如何规定?
3. 屋面防水可采用哪些方法? 各种方法的优缺点和适用范围如何?
4. 卷材防水屋面中,对找平层施工质量有何要求? 找平层的分格缝应如何设置?
5. 基层处理剂有何作用? 冷底子油如何配置?
6. 屋面卷材应怎样铺贴? 有哪些铺贴方法?
7. 涂膜防水屋面中,对涂膜厚度有何规定?
8. 涂膜防水屋面施工中,对自防水屋面板的制作、板缝施工及板面涂层有哪些要求?
9. 刚性混凝土屋面为什么要设置温度分格缝? 如何留设?
10. 地下工程防水方案有哪几种? 如何选择?
11. 试述防水混凝土的防水原理、配制方法及施工要求。
12. 试述地下混凝土工程施工缝的留设位置、留设形式及处理方法。
13. 简述地下防水工程中外防外贴法和外防内贴法的工艺流程及铺贴方法。
14. 试述地下防水工程中,水泥砂浆防水层的组成和各层的做法。
15. 地下防水工程中变形缝、后浇缝应如何处理?
16. 试述卫生间防水的施工做法及要求。
17. 卫生间楼地面发生渗漏,应如何进行处理?
18. 卫生间楼地面防水层施工完毕后,怎样检验其防水效果?

第 **11** 章
装 饰 工 程

建筑装饰工程包括抹灰、饰面、门窗、刷浆、油漆、花饰等工程。具体内容有内外墙和顶棚的抹灰；楼地面饰面；内外墙饰面和镶面、门窗及玻璃幕墙；油漆及墙面刷浆、裱糊等。

建筑装饰工程的作用是：能增强建筑物的美观和艺术形象，改善清洁卫生条件，可以弥补围护结构在隔热、隔音、防潮功能方面的不足，还可以减少外界有害物质对建筑物的侵蚀，延长围护结构的使用寿命。

建筑装饰工程的特点是工程量大，施工工期长，耗用劳动量多，所占造价比重高。且装饰工程的施工，应在不致被后续工程所损坏和玷污的条件下方可进行，故一般在屋面防水工程完成之后，造成装饰工程的工期开始时间受到一定的限制。因此，做好施工管理工作，组织好流水施工和提高机械化施工水平，改革装饰材料和施工工艺，提高工程质量，缩短装饰工期，对建筑工程是很有意义的。

11.1 楼地面工程

楼地面工程是建筑物底层地面和楼层地面（楼面）的总称，包括室外散水、明沟、踏步、台阶、坡道等附属工程。

建筑地面的构成层次及其作用如下：

面层——直接承受各种物理和化学作用的表面层；

结合层——面层与下一构造层相联结的中间层，也可作为面层的弹性基层；

找平层——在垫层上、楼板上或填充层上起整平，找坡或加强作用的构造层；

隔离层——防止地面上各种液体或地下水、潮气渗透地面作用的构造层，也称作防水（潮）层；

垫层——承受并传递地面荷载于基土上的构造层；

基土——地面垫层下的土层。

建筑地面各构造层采用的材料、厚度、配合比和强度等，应按设计要求选用。面层、找平层、防水（潮）及垫层介绍如下。

11.1.1 垫层处理

(1)灰土垫层施工

灰土垫层是用石灰和粘土拌合均匀,然后分层夯实而成,施工时应分层随铺随夯,夯实的密实度应符合设计要求。灰土的土料,宜采用就地挖出的土,但不得含有有机杂质,使用前应过筛,其粒径不得大于 15 mm。用作灰土的熟石灰应过筛,其粒径不得大于 5 mm。灰土的体积配合比是 3:7 或 2:8,常用 3:7(一般称为"三七灰土")。三七灰土垫层具有就地取材、造价低廉、施工简便等优点,一般适用于地下水位较低处。

灰土垫层施工完毕后,应及时进行后续工序施工,并迅速回填土,或作临时遮盖,防止日晒雨淋。

(2)砂垫层和砂石垫层施工

砂垫层厚度不得小于 60 mm,砂石垫层厚度不宜小于 100 mm。砂垫层和砂石垫层材料,宜采用颗粒级配良好、质地坚硬的中砂、粗砂、砾砂、卵石和碎石。也可采用细砂,但宜掺入一定数量的卵石或碎石,其掺量应符合有关规定。所用砂石材料都不应含有草根、垃圾等杂质;含泥量要低于 3%,石子最大粒径不宜大于 50 mm,且不得大于垫层厚度的 2/3。压实前应撒水湿润,并宜采用机械碾压。砂石垫层应注意级配必须良好,人工级配的砂、石(体积比为 1:1~1:2)拌合均匀后方可铺填捣实。

垫层底面宜铺设在同一标高上,如深度不同,基底土层的面应挖成踏步搭接,施工时,应先深后浅,搭接处应注意捣实。分段施工接头也应做成斜坡,每层错开 0.5~1.0 m,并充分捣实。砂石垫层捣实方法根据不同条件,可选用振实、夯实、压实或水冲等方法。砂、石垫层具有施工简便,压缩模量较大,变形小,造价较低等优点。

(3)水泥混凝土垫层

水泥混凝土垫层厚度不得小于 60 mm,一般为 100 mm,其强度等级不应小于 C10。水泥混凝土垫层应分区段进行浇注,浇注前,垫层的下一层表面应浇水湿润。垫层混凝土浇注时宜采用平板振动器进行捣实,表面整平。

此外还有碎石垫层、碎砖垫层、三合土垫层和炉渣垫层等,应根据当地情况由设计选用。

11.1.2 找平层及防水(潮)层

(1)找平层

找平层应采用水泥砂浆或水泥混凝土铺设而成,其厚度应符合设计要求。水泥砂浆体积比不宜小于 1:3;水泥混凝土强度等级不应小于 C15。

在铺设找平层前,应将下一基层表面清理干净,当找平层下有松散填充料时,应予铺平振实。在预制楼板上铺设找平层前,必须认真做好板缝间的灌缝填嵌这一重要工序,并确保灌缝的施工质量。

(2)防水(潮)层

厕浴间和有防水(潮)要求的楼地面应铺设防水隔离层。在铺设隔离层时,其下一层的表面应平整、干燥。防水材料铺设应粘实、平整,不得有皱折、空鼓、翘边和封口不严等缺陷。在穿过楼板面管道四周处,防水材料应向上铺涂,并应超过套管的上口;在靠近墙面处,防水材料应向上铺涂,并应高出面层 200~300 mm。铺设完毕后,应作蓄水试验,蓄水深厚宜

20～30 mm,24 h 内无渗漏为合格,并应做好记录。具体的施工方法参见 10.3 节。

11.1.3 面层施工

面层的铺设宜在室内装饰工程基本完成后进行,并做好楼地面工程的基层处理工作。面层的种类很多,概括起来有以下两类:

$$
\text{整体面层}\begin{cases}\text{水泥混凝土面层}\\\text{水泥砂浆成层}\\\text{水磨石面层}\\\text{防油渗面层}\\\text{水泥钢铁屑面层}\\\text{不发火(防爆)面层}\\\text{沥青砂浆和沥青混凝土面层}\end{cases}\qquad\text{块料面层}\begin{cases}\text{砖面层}\\\text{大理石和花岗石岩面层}\\\text{预制板块面层}\\\text{料石面层}\\\text{塑料地板面层}\\\text{活动地板面层}\\\text{木板面层}\\\text{硬质纤维面层}\end{cases}
$$

这里只介绍几种常用面层施工如下。

(1)水泥砂浆面层

水泥砂浆面层厚度不应小于 20 mm。水泥砂浆面层所用的砂,一般应采用中砂或粗砂,含泥量不应大于 3%,水泥标号不应低于 325 号。水泥砂浆的配合比不宜低于 1:2(水泥:砂),强度等级不应小于 M15。水泥砂浆应随铺随拍实,抹平工作应在初凝前完成,压光工作应在终凝前完成。终凝后要立即洒水养护,以防面层开裂。面层的压光工作不应少于两次,并做好养护工作,其强度达到 5 MPa 时才可允许上人行走。

(2)水磨石面层

水磨石面层是采用水泥与石粒的拌合料在 1:3 水泥砂浆基层上铺设而成的。其制作过程是:在基层上洒水湿润,刮水泥素浆一层(厚 1～1.5 mm)作为粘结层,找平后按设计的图案镶嵌条,如图 11.1 所示。嵌条有铜条、铝条或玻璃条,安设时两侧用水泥砂浆粘结,抹成八字形镶嵌固定。分格条对缝应严密,表面要平直。分格条镶嵌后应经过适当的养护(3～4 d)后,将不同色彩的水泥石子浆(水泥:石子 = 11～1:2.5)填入分格网中,石粒粒径为 4～12 mm,面层铺设厚度一般为 10～15 mm。铺设面层前应在基层表面上刷一遍与面层颜色相同的水泥浆(水灰比为 0.4～0.5)做结合层,随刷随铺。按设计要求将水泥石子浆摊铺在分格网中。抹平压实,使

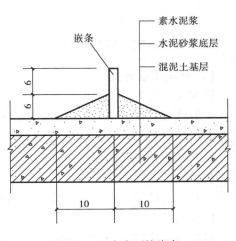

图 11.1　水磨石镶嵌条

石子大面外露,厚度要比嵌条稍高 1～2 mm,为使表面石子均匀,可补洒一些小石子,待收水后用滚筒滚压,再浇水养护。根据气温和水泥品种,一般养护 2～5 d 后可以开磨,开磨前应先试磨,以石子不松动、不脱落,表面不过硬为宜,然后用磨石机正式浇水磨平,直至露出嵌条,表面光滑为止。磨由粗至细,普通水磨石面层磨光不应少于 3 遍,高级水磨石面层应适当增加磨光遍数。每次研磨后用同色水泥浆擦一遍,以填补砂眼,并养护 2 d。磨光后用草酸清洗,使石子表面残存的水泥浆全部分解,石子显露清晰。面层干燥后打蜡,使其光亮如镜。

现浇水磨石面层的质量要求是表面平整光滑,石子显露均匀,不得有砂眼、磨纹和漏磨处,分格条的位置准确并全部磨出。

(3)砖面层

砖面层是按设计要求采用缸砖、陶瓷地砖、水泥花砖或陶瓷锦砖等板块材在结合层上铺贴。在铺贴前,应对砖的规格尺寸、外观质量和色泽等进行预选,并应浸水湿润后晾干待用。铺贴时宜采用干硬性水泥砂浆,面砖应紧密、结实,砂浆应饱满,面砖缝隙宽度应符合设计要求。面层铺贴应在24 h内进行擦缝、勾缝和压缝工作,砖面层铺完后,面层应坚实、平整、洁净和线路顺直,不应有空鼓、松动、裂缝、掉角和污染等缺陷。

(4)木板面层

木板面层有单层面层和双层面层两种做法。单层木板面层是在木搁栅上直接钉企口板;双层木板面层是在木搁栅上先钉一层毛地板,再钉一层企口板。木搁栅两端应垫实钉牢,搁栅之间应加钉剪刀撑或横撑。毛地板铺设时,应与搁栅成30°或45°斜向钉牢,为防止使用中发生音响和潮气侵蚀,可在毛地板上干铺一层沥青油毡。木搁栅和毛地板都应做好防腐处理。企口板铺设时,应与搁栅成垂直方向钉牢。若采用拼花木板面层,宜采取将拼花木板铺钉在毛地板上或以沥青胶结料(或胶粘剂)粘贴在水泥砂浆或混凝土的基层上的方法。

木板面层的表面应刨平磨光,面层的涂油/上腊工作应在室内装饰工程完工后进行,并应做好面层保护。

11.2 抹灰工程

11.2.1 抹灰工程的分类和组成

(1)抹灰工程分类

抹灰工程分为一般抹灰和装饰抹灰两大类。

一般抹灰——常用石灰砂浆、水泥石灰砂浆、水泥砂浆、聚合物水泥砂浆、麻刀灰、纸筋灰或石膏灰等材料。

装饰抹灰——其底层多为1:3水泥砂浆打底,面层可为水刷石、水磨石、斩假石、干粘石、拉毛灰、喷涂、滚涂和弹涂等。

一般抹灰按质量要求和操作工序不同,又可分为以下3种:

1)普通抹灰

做法是一底层、一面层两遍成活。主要工序是分层赶平、修整和表面压光。

2)中级抹灰

做法是一底层、一中层、一面层3遍成活。要求阳角找方、设置标筋、分层赶平、修整和表面压光。

3）高级抹灰

做法是一底层、数遍中层、一面层多遍成活。要求阴阳角找方、设置标筋、分层赶平、修整和表面压光。

（2）抹灰的组成

抹灰工程施工是分层进行的,以利于抹灰牢固、抹面平整和保证质量。如果一次抹得太厚,由于内外收水快慢不同会产生裂缝、起鼓或脱落。抹灰的组成如图 11.2 所示。

底层主要起与基层粘结牢固并初步找平作用,中层主要起找平作用,面层主要起装饰作用。

各层抹灰的厚度根据基层材料、砂浆种类、工程部位、质量要求以及各地气候情况决定,每遍厚度应符合表 11.1 的规定。抹灰层的平均总厚度应视具体部位、基层材料和抹灰等级标准而定,但均应小于表 11.2 规定的数值。

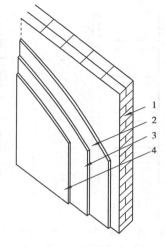

图 11.2　抹灰层的组成
1—基层;2—底层;3—中层;4—面层

装饰抹灰种类很多,其底层多为 1∶3 水泥砂浆打底,面层可为水刷石、水磨石、斩假石、干粘石、拉条灰、喷涂、滚涂、弹涂、仿石或彩色抹灰等。

表 11.1　抹灰层每遍厚度

使用砂浆种类	每遍厚度/mm
水泥砂浆	5～7
石灰砂浆和水泥石灰砂浆	7～9
麻刀灰	不大于 3
纸筋灰和石膏灰	不大于 2

表 11.2　抹灰层的总厚度

部　位	基层材料及等级标准	抹灰层平均厚度
顶　棚	板条、现浇混凝土、空心砖	15
	预制混凝土	18
	金属网	20
内　墙	普通抹灰	18
	中级抹灰	25
	高级抹灰	20
外　墙		20
勒脚及突出墙面部分		25
石墙		35

11.2.2　一般抹灰施工

（1）抹灰前的基层处理

为使抹灰砂浆与基体表面粘结牢固,抹灰前应对基层进行必要的处理。对附在基层表面

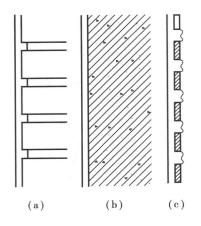

图 11.3 抹灰层基层处理
（a）砖墙砌成凹墙；（b）混凝土墙面打毛；
（c）板条应有 8～10 mm 的间距

上的灰尘、污垢、油渍等均应清除干净,并洒水润湿。对凹凸不平的表面应剔平,或用 1∶3 水泥砂浆补平。对楼板洞、穿墙管道洞及门、窗框与立墙交接缝隙处、脚手架孔洞等均应该用 1∶3 水泥砂浆分层嵌塞密实。混凝土表面应凿毛或薄刮一层 107 胶水泥砂浆。板条墙或板条顶棚,各板条之间应预留 8～12 mm 缝隙,以便底层砂浆能压入板缝后与板条基层结合牢固。砖墙面应清理灰缝（图 11.3）。不同材料相接处,如砖墙、混凝土墙与木隔墙等,应铺设金属网（图 11.4）,搭接宽度从缝边起两侧均不小于 100 mm,以防抹灰层因基体温度变化胀缩不一而产生裂逢。在墙体的阳角、柱角宜用 1∶2 水泥砂浆制作护角,室内墙面、柱面的阳角和门洞口侧壁的阳角等易于碰撞处,宜用强度较高的 1∶2 水泥砂浆做护角,其高度应不低于 2 m,每侧宽度不小于 50 mm（图 11.5）。

（2）抹灰施工

抹灰一般遵循先外墙后内墙,先上面后下面,先顶棚、墙面后地面的顺序,也可根据具体工程的不同而调整抹灰先后顺序。

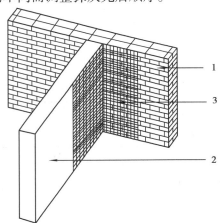

图 11.4 不同基层接缝处理
1—砖墙；2—钢丝网；3—板条墙

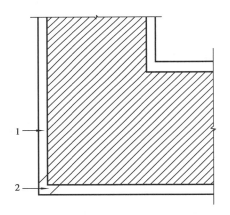

图 11.5 阳角护角抹灰
1—1∶3 石灰砂浆；2—1∶2 水泥砂浆

墙面抹灰为控制抹灰层厚度和墙面平整度,须用与抹灰层相同的砂浆先做出灰饼和标筋（图 11.6）,标筋稍干后以标筋为平整度的基准进行底层、中层抹灰,中层砂浆凝固前,可在层面上交叉划出斜痕,以增强与面层的粘结。高级墙面抹灰除上述工序外,还要求阴阳角找方。方法是在阴阳角两侧墙距墙角 100 mm 处弹出垂直立线做基线,用方尺将阴阳角先规方,

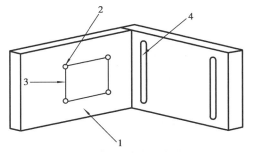

图 11.6 抹灰操作中的标志和标筋
1—基层；2—灰饼；3—引线；4—标筋

然后在墙角和顶棚弹出抹灰准线,并在准线上下两端做灰饼和冲筋。外墙面抹灰时,在窗台、窗楣、雨篷、阳台、檐口 10% 的泛水,下面应做滴水线或滴水槽(图 11.7)。滴水槽的宽度和深度均不应小于 10 mm,并应整齐一致。

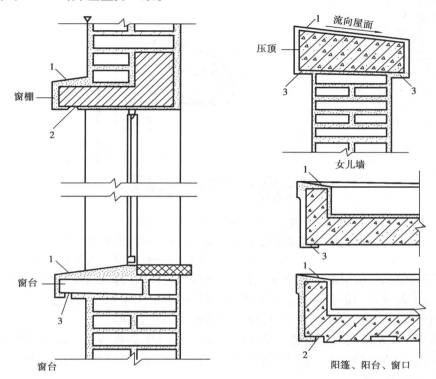

图 11.7 流水坡度、滴水线(槽)示意图
1—流水坡度;2—滴水线;3—滴水槽

在分层涂抹中,应使底层抹灰后间隔一定时间,让其干燥和水分蒸发后再涂抹后一层。水泥砂浆和水泥混合砂浆的抹灰层,应待前一层抹灰凝结后,方可涂抹后一层;石灰砂浆的抹灰层,应待前一层 7～8 成干后,方可涂抹后一层。

顶棚抹灰应在墙顶四周弹出水平线,以控制抹灰层厚度,然后沿顶棚四周抹灰并找平。顶棚面要求表面平顺,无抹纹和接搓,与墙面交角应成一直线。

抹灰质量要求如表 11.3 所示。

表 11.3 一般抹灰质量的允许偏差

项次	项 目	允许偏差/mm			检 查 方 法
		普通抹灰	中级抹灰	高级抹灰	
1	表面平整	5	4	2	用 2 m 的直尺和锲型塞尺
2	阴、阳角垂直	—	4	2	用 2 m 托线板和尺检查
3	立面垂直	—	5	3	用 2 m 标线板和尺检查
4	阴阳角方正	—	4	2	用 200 mm 方尺检查

最后做面层(罩面)时,中级抹灰用石灰膏罩面,根据各地习惯和材料来源可用纸筋灰和麻刀灰罩面;高级抹灰用石膏灰罩面。罩面灰应分遍连续涂抹,表面应赶平、修整、压光。抹灰的面层应在踢脚板、门窗贴脸和挂镜线等安装前完成,安装后与抹灰面相接处如有缝隙,应用砂浆或腻子填补。

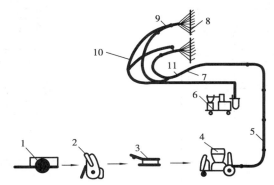

图 11.8　机械喷涂工艺流程图

1—手推车;2—砂浆搅拌机;3—振动筛;4—灰浆输送泵;5—输浆钢管;

6—空气压缩机;7—输浆胶管;8—基层;9—喷枪头;10—输送压缩空气胶管;11—分叉管

抹灰亦可用机械喷涂抹灰,把砂浆搅拌、运输和喷涂有机地衔接起来,进行机械化施工,如图 11.8 所示。搅拌均匀的砂浆经振动筛进入集料斗,再由灰浆泵吸入经输送管送至喷枪,然后经压缩空气加压,砂浆由喷枪口喷出,喷涂于墙面或顶棚上,再经人工找平、搓实即完成底子灰的全部施工。机械喷绘亦需设置灰饼和标筋,应正确地掌握喷嘴距墙面或顶棚的距离和选用适当的压力,否则会使回弹过多或造成砂浆流淌。目前喷涂只用于底层和中层,而找平、搓毛和罩面等仍需手工操作。

为确保抹灰工程质量,必须注意砂浆的选用与配料。石灰膏应用块状生石灰淋制,淋制时必须用孔径不大于 3 mm×3 mm 的筛过滤,并储存在沉淀池内进行熟化。熟化时间常温下不小于 15 d,用于罩面时,不应少于 30 d,使用时,石灰膏内不得含有未熟化的颗粒和其他杂质,以免爆灰或裂缝。抹灰用的石灰膏可用磨细生石灰粉代替,但其细度应通过 4 900 孔/cm^2 的筛。抹灰用砂应过筛,不得含有杂物。纸筋应浸透、捣烂、洁净。罩面纸筋宜机碾磨细。

11.2.3　装饰抹灰施工

装饰抹灰的底层均为作在 1∶3 水泥砂浆打底(一般厚度为 8～13 mm,一至二遍成活)上的中层砂浆(1∶3 水泥砂浆厚 6～8 mm)面(底、中层总厚度 14～20 mm),仅只是面层根据材料及施工方法的不同而具有不同的形式,中层砂浆面应是已经硬化、粗糙而且平整的。底层是做好装饰抹灰的基础,施工时应拉线做标志设置标筋,用直方木刮平,并用靠尺和垂线随时检查误差,以保证棱角方正,线条和面层横平竖直。现分别简要介绍几种装饰抹灰面层的做法。

(1)水刷石

水刷石多用于外墙面。先在底层面上按设计弹线安装 8 mm×10 mm 的梯形分格木条,用水泥浆在两侧粘结固定,以防大片面收缩开裂,然后将底层洒水湿润后刮水泥浆一层,以增强与底层的粘结,随即抹上稠度为 5～7 mm,厚 8～12 mm 的水泥石子浆(水泥∶石子=1∶1.25～1∶1.5)面层,拍平压实,使石子均匀且密实,待其达到一定强度(用手指按无陷痕印)时,用棕刷子蘸水自上而下刷掉面层水泥浆,使石子表面外露,然后用喷雾器(或喷水壶)自上而下喷水冲洗干净。

水刷石的质量要求是石粒清晰、分布均匀、色泽一致、平整密实,不得有掉粒和接槎的痕迹。

(2)干粘石

同水刷石一样先在底层上镶嵌分格木条,洒水湿润后,抹上一层 4~6 mm 厚 1∶2~1∶2.5 的水泥砂浆层,随即紧跟着再抹一层 2 mm 厚的 1∶0.5 水泥石灰膏粘结层,同时将配有不同颜色或同色的粒径为 4~6 mm 的石子甩粘拍平压实在粘结层上,随即用铁抹子将石子拍入粘结层,拍平压实石子时,不得把灰浆拍出,以免影响美观,要使石子嵌入深度不小于石子粒径的 1/2,待有一定强度后洒水养护。干粘石的质量要求是石粒粘结牢固、分布均匀、不掉石粒、不露浆、不漏粘、颜色一致。

(3)斩假石(剁斧石)

斩假石又称剁斧石,装饰效果近于花岗石,但费工较多。先在底层上镶嵌分格木条,洒水湿润后刮水泥浆一道,随即抹 11 mm 厚 1∶1.25(水泥∶石渣)内掺 30% 石屑的水泥石渣浆罩面层。罩面层应采取防晒措施并养护 2~3 d(强度达到设计强度的 60%~70%)后,用剁斧将面层斩毛。斩假石面层的剁纹应均匀,方向和深度一致,棱角和分格缝周边留 15 mm 不剁。一般剁两遍,即可做出近似用石料砌成的装饰面。

(4)水泥砂浆面层

将底面浇水润湿,为保证粘结效果,宜刷素水泥浆(水灰比 0.37~0.40)一道,再用 5 mm 的 1∶2.5 水泥砂浆罩面,压实赶光。

(5)喷涂饰面

喷涂饰面是用喷枪将聚合物水泥砂浆均匀喷涂在墙面底层上,此种砂浆由于加入 107 胶或二元乳液等聚合物,具有良好的抗冻性及和易性,能提高饰面层的表面强度与粘结强度。通过调整砂浆的稠密和喷射压力的大小,可喷成砂浆饱满、呈波纹状的波面喷涂或表面不出浆而满布细碎颗粒的粒状喷涂。其做法是在底层先喷或刷一道胶水溶液(107 胶∶水 =1∶3),使基层吸水率趋于一致,以保证和喷涂层粘结牢固。喷涂层厚 3~4 mm,粒状喷涂要求 3 遍成活;波面喷涂必须连续操作,喷至全部泛出水泥浆但又不至流淌为好。在大面喷涂后,按分格位置用铁皮刮子沿靠尺刮出分格缝。喷涂层凝固后再喷罩一层有机硅憎水剂,以提高涂层的耐久性和减少墙面的污染。质量要求表面平整、颜色一致、花纹均匀、不显接槎。

11.3　饰面工程

饰面工程就是用饰面砖、天然或人造饰面板进行室内外墙面饰面,以及用装饰外墙板进行外墙饰面。

饰面砖有釉面瓷砖、面砖和陶瓷锦砖等。饰面板有大理石、花岗岩等天然石板;预制水磨石板、人造大理石板等人造饰面板。装饰用外墙板是用正打印花、压花工艺或反打工艺使花饰、线条与墙板混凝土同时浇注成型,还可在混凝土中掺入矿物颜料,制成彩色混凝土饰面层。

11.3.1 饰面砖镶贴

饰面砖镶贴的一般工序为底层找平→弹线→镶贴饰面砖→勾缝→清洁面层。

饰面砖镶贴必须按弹线和标志进行。首先在墙面的底层上弹出水平线并做好镶贴厚度标志,墙面的阴阳角、转角处均须拉垂直线,并进行兜方,沿墙面进行预排。饰面砖镶贴前必须用水浸泡透,待表面晾干后方可使用。饰面砖铺贴顺序为自下而上,从阳角开始,使不成整块地留在阴角或次要部位。对多层、高层建筑应以每一楼层层次为界,完成一个层次再做下一个层次。铺贴时将砂浆[一般为1:(1.5~2.0)的水泥砂浆]抹于饰面砖背面,贴在墙上,用小锤轻轻敲击,使之贴实粘牢。贴后用1:1原色水泥砂浆勾缝,用稀酸盐洗去表面粘结的水泥浆,并用水清洗。

饰面砖镶贴的质量要求:饰面砖和基层应粘贴牢固,不得有空鼓,饰面表面不得有变色、污点和显著的光泽受损处,表面整洁,颜色均匀,花纹应清晰整齐,镶缝严密,深浅一致,不显接槎。饰面工程质量的允许偏差见表11.4。

表 11.4 饰面工程质量的允许偏差

项　目		允许偏差/mm							检查方法
		天然石		人造石			饰面砖		
		光面镜面	粗磨面麻面条纹面	天然石	水磨石	水刷石	外墙面砖	釉面砖	陶瓷锦砖	
表面平整		2	3	—	2	4	2	2	2	用2 m靠尺和楔形塞尺检查
立面垂直	室内	2	3	—	2	4	2	2	2	用2 m托线板检查
	室外	3	6	—		3	4	3		
阳角方正		2	4	—	2	—	2	2	2	用200 mm方尺检查
接缝平直		2	4	5	3	4	3	2	2	5 m拉线检查,不足5 m拉通线检查
墙裙上口平直		2	3	3	2	2	2	2	2	
接缝高低	室内	0.3	3	—	0.5	3	0.5	0.5	0.5	用直尺和楔形塞尺检查
	室外						1	1	1	
接缝宽度		0.5	1	2	0.5	2	+0.5	+0.5	+0.5	用尺检查

11.3.2 饰面板安装

饰面板(大理石板、花岗岩板等)多用于建筑物的墙面、柱面等高级装饰。饰面板安装方法有湿法安装和干法安装两种。

(1)水泥砂浆固定法(湿法安装)

1)架设钢筋网

先在基层上按饰面板的尺寸打 $\phi6.5~8.5$ mm 深度不小于 60 mm 的孔,打入 $\phi6~8$ mm

短钢筋,外露 5 mm 以上并带弯钩,在同一标高的短钢筋上绑扎或点焊水平钢筋形成与饰面板尺寸相配的钢筋网。

2）钻孔穿绑线

在板材上用 $\phi4 \sim 6$ mm 的冲击电钻钻孔,钻孔位置视铺贴方式而定。孔的数量取决于板材大小。在钻孔上穿双股 16# 铜丝备用,如图 11.9 所示。

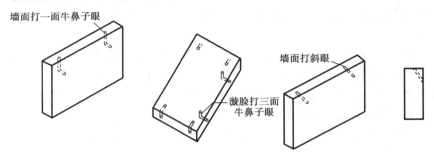

墙面打一面牛鼻子眼

墙面打斜眼

漩脸打三面
牛鼻子眼

图 11.9　饰面板块材打眼示意

3）安装

安装时板材按号就位,用绑线绑牢在钢筋网上,并检查垂直度、平整度,使缝隙匀直后,用小木楔在板背与基层楔紧。

4）封口灌浆

将熟石膏粉调成稠粥状,抹在板材接头缝处封口。待石膏干后,用 1：（1.5 ~ 2.0）的水泥砂浆从板材上口分多处灌浆,每层灌浆 150 ~ 200 mm 高,等砂浆初凝后再灌上一层,最后一层灌至板面上口 80 ~ 100 mm 即停止灌浆,留待上一层板安装后再灌,以连成整体。

5）擦缝打蜡

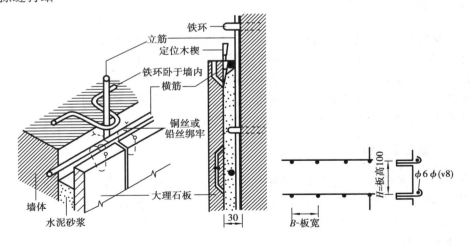

铁环

立筋
定位木楔

铁环卧于墙内
横筋

铜丝或
铅丝绑牢

大理石板

墙体
水泥砂浆

30

H-板高

100

B-板宽

$\phi6\,\phi(v8)$

图 11.10　饰面板湿法安装示意图

全部板材安装、灌浆完 48 h 后,即可开始擦缝。先清除余浆和石膏痕迹,擦缝处可用棉纱头蘸上与板材同色彩的水泥色浆,嵌擦平整严实。待擦缝干燥后用清水冲洗干净,打蜡出光,见图 11.10。

如底层板材支承在坚固的支承面上,且板材边长小于 500 mm,铺贴高度小于 1.2 m,可直接用 1:(1～1.5)水泥砂浆粘贴,而不必挂钢丝网。

水泥砂浆固定法易产生回潮、返碱、返花等现象,影响美观。

(2)螺栓或金属卡具固定法(干法安装)

干法安装也称为直接挂板法,是用不锈钢角钢将板块支托固定在墙上。不锈钢角钢用不锈钢膨胀螺栓固定在墙上,上下两层角钢的间距等于板块的高度。用不锈钢销插入板块上下边打好的孔内并用螺栓安装固定在角钢上,板材与墙面间形成 80～90 mm 宽的空气层,最后进行勾缝处理。

这一方法可省去湿作业并可有效地防止板面回潮、返碱、返花等现象,因此目前应用较多。一般采用于 30 m 以下的钢筋混凝土墙面,不适用于砖墙和加气混凝土墙面。

室外接缝应用水泥浆或水泥砂浆嵌缝,室外宜用与面层饰材相同颜色的水泥浆或水泥砂浆;室内接缝宜用与面层材料相同颜色的水泥浆或石膏灰(非潮湿房间)。待整个墙面与嵌缝材料硬化后,根据不同污染情况,用棉丝、砂纸、钢丝网清理或用稀酸溶液刷洗,然后用清水冲洗干净。

11.4　门窗及玻璃工程

门窗以前多采用钢、木门窗,随着新材料不断出现以及对节能保温要求的不断提高,铝合金门窗、塑料门窗的应用日益增多,并有逐步取代钢、木门窗之势。安装门窗必须采取预留洞口的方法,严禁边安装边砌口或先安装后砌口。但由于门窗材料不同,所采用的安装与固定方法也不同。下面就几种主要门窗及玻璃工程作一介绍。

11.4.1　钢门窗

钢门窗安装前应逐樘进行检查,如有损伤应校正修复后方可进行安装。安装时先用木楔在门、窗框四角或窗梃端能受力的部位临时固定,校正好垂直度与水平度后,将铁脚用螺钉紧固在门窗框上,并与墙体连接。铁脚与墙体连接宜采用预埋铁件焊接牢固。如不采用焊接,也可在铁脚位置预留孔洞,将铁脚置入预留孔内,用 1:2 水泥砂浆嵌填密实,养护 3 d 后,方可将四周安设的木楔取出,并用 1:2 水泥浆将四周缝隙嵌填密实。

11.4.2　铝合金门窗

铝合金门、窗框安装时间,应在主体结构基本结束后进行,铝合金门、窗扇安装时间宜在室内外装修基本结束后进行,同时注意不得损坏门窗上面的保护膜,以免土建施工时将其污染或损坏。由于铝合金的线膨胀系数较大,其安装要点是外框与洞口应弹性连接牢固,不得将门窗外框直接埋入墙体。

安装时将铝合金门、窗框临时用木楔固定,待检查其垂直度、水平度及上下左右间隙均符合要求后,用厚 1.5 mm 的镀锌锚板将其固定在门窗洞口内。镀锌锚板是铝合金门、窗框与墙体固定的连接件,其一端锚固在门、窗框的外侧,另一端用射钉或膨胀螺栓固定在洞口墙体内。框与洞口的间隙,应采用矿棉条或毡条分层填塞,缝隙表面留 5～8 mm 深的槽口,填嵌密封油膏。

玻璃安装应在框、扇校正和五金件安装完毕后进行。裁割玻璃时,一般要求玻璃侧面及上下都应与金属面留出一定间隙,以适应玻璃胀缩变形的需要。玻璃就位时应放在凹槽的中间,玻璃的下部不能直接坐落在金属面上,应用 3 mm 厚的氯丁橡胶垫块将玻璃垫起,随即在凹槽两面用橡胶条或硅酮密封胶密封固定。

11.4.3　塑料门窗

塑料门窗的保温性能与密闭性能比其他门窗明显优越,其耐久性能随着塑料材质的不断改进也有显著提高。为了提高塑料门窗的刚度,用增强型材(钢材)插入塑料门、窗框扇的空腔中,形成“塑钢”门窗更是近年来大力提高推广的对象。随着钢、木门窗的逐步淘汰,塑料门窗已逐渐成为首选的门窗。

由于塑料门窗的热膨胀系数大,且弯曲弹性模量又较大,故其门窗框与墙体的连接也应用弹性连接固定的方法。常见的连接方法有两种:

一种是连接件法,是用一种专门制作的铁件卡在门、窗框异型材的外侧。另一端用射钉或膨胀螺栓固定在墙体上。

另一种是直接固定法。在砌筑墙体时先将木砖预埋入门窗洞口内,安装时用木楔调整门、窗框与洞口间隙,用木螺钉直接穿过门、窗框与预埋木砖连接,从而将门、窗框直接固定在墙体上。

确定连接点的位置时,首先应考虑能使门窗扇通过合页作用于门窗框的力,尽可能直接传给墙体。所以在合页的位置应设连接点,在横档或竖框的地方不宜设连接点。连接点的数量要考虑塑料门窗的尺寸及可能产生的变形,一般相邻两连接点的距离不应大于 700 mm。

框与墙体的缝隙,应用泡沫塑料条或油毡卷条填塞,填塞不宜过紧,以免框架变形。缝隙表面留 5~8 mm 深的槽口,填嵌密封材料,还要注意密封材料不应对塑料框有腐蚀、软化作用。密封完毕后,就可进行墙面抹灰。

塑料门窗的玻璃安装同铝合金门窗。

11.5　涂料、刷浆和裱糊工程

涂料和刷浆是将液体涂料刷在木料、金属、抹灰层或混凝土等表面干燥后形成一层与基层牢固粘结的薄膜,以与外界空气、水气、酸、碱隔绝,达到防潮、防腐、防锈作用,同时也满足建筑装饰的要求。此外在室内装饰时,也常采用壁纸裱糊墙壁,以达到装饰的要求。

11.5.1　涂料工程

涂料包括适用于室内外的各种水溶型涂料、乳液型涂料、溶剂型涂料(包括油漆)以及清漆等。涂料品种繁多,使用时应按其性质和用途加以认真选择。选择时要注意配套使用,即底漆和腻子、腻子与面漆、面漆与罩光漆彼此之间附着力不致有影响。

(1)涂料的种类

1)水溶型涂料

①聚乙烯醇水玻璃涂料(106 内墙涂料)。以聚乙烯醇树脂水溶液和纳水玻璃为基料,掺

以适当填充料、颜料及少量表面活性剂制成。这种涂料无毒、无味、不燃、价廉,是一种用途广泛的内墙涂料。

②聚乙烯醇缩甲醛涂料(SI—803 内墙涂料)。以 107 胶为主要成膜物质,是"106"的改进产品,耐水性与耐擦性略优于 106 内墙涂料。

③改性聚乙烯醇涂料。与"106"、"107"相比,耐水性、耐擦性明显提高,即可用于内墙也可用作外墙涂料。

2)乳液型涂料

①聚醋酸乙烯乳胶漆。它以合成树脂微粒分散于有乳化剂的水中,所构成的乳液为成膜物质。是一种中档内墙涂料,一般用于室内而不直接用于室外。

②乙—丙乳胶漆。以聚醋酸乙烯与丙烯酸酯共聚乳液为成膜物质,其耐水性、耐久性均优于聚醋酸乙烯乳胶漆,并具有光泽。

③苯—丙乳胶漆。以苯乙烯、丙烯酸酯及甲基丙烯酸三元共聚乳液为成膜物质,其耐久性、耐水性、耐擦性均属上乘,为高档内墙涂料。

3)溶剂型涂料

①过氯乙烯外墙涂料。以过氯乙烯为主要成膜物质,饰面美观耐久,即可用于外墙也可用于内墙。

②丙烯酸酯外墙涂料。以热塑性丙烯酸树脂为主要成膜物质,是一种优质外墙涂料,寿命可达 10 年以上。

③聚氨酯系外墙涂料。以聚氨酯或与其他合成树脂复合作为成膜物质,是一种双组分固化型优质、高档外墙涂料,但价格较高。

④天然漆。有生漆、熟漆之分,性能好,漆膜坚硬,富有光泽,但抗阳光照晒、抗氧化性能较差,适用于高级家具及古建筑部件的涂装。

⑤人工合成漆

A.调和漆。分油性和瓷性两种。油性调和漆的漆膜附着力强,耐大气作用好,适用于室内外金属及木材、水泥表面层涂刷。瓷性调和漆漆膜较硬,光亮平滑,耐水洗,但不耐气候,故仅适宜于室内面层涂刷。

B.清漆。分油质清漆和挥发性清漆两类。油质清漆又称凡立水,常用有酚醛清漆、醇酸清漆等。漆膜干燥快,光泽透明,适用于木材、金属面罩光。挥发性清漆又称泡立水,常用漆片,漆膜干燥快,坚硬光亮,但耐大气作用差,多用于室内木质面层打底和家具罩面。

C.喷漆。由硝化纤维、合成树脂、颜料溶剂、增塑剂等配成。适用于室内外金属与木材表面喷涂。

此外还有各种防锈漆、防腐漆等特种油漆涂料。

(2)涂料施工

涂料施工包括基层准备、打底子、抹腻子和涂刷等工序。

1)基层准备

木材表面应清除钉子、油污等,除去松动节疤,裂缝和凹陷处均应用腻子补平。金属表面应清除一切鳞皮、锈斑和油渍等。基层如为混凝土和抹灰层应干燥,含水率不得大于 8%,混凝土和抹灰面应洁净,不得有起皮、松散等缺陷,缝隙和小孔洞等应用腻子补平。

2)打底子

目的是使基层表面有均匀吸收色料的能力,以保证整个涂料面的色泽均匀一致。

3)抹腻子

腻子是由涂料、填料(石膏粉、大白粉)、水或松香水等拌制成的膏状物。抹腻子的目的是使表面平整,待其干后用砂纸打磨。所用腻子应按基层、底漆和面漆的性质配套选用。

4)涂刷

木材表面涂刷混色油漆,按操作工序和质量要求分为普通、中级、高级 3 级。金属面涂刷也分为 3 级,但多采用普通或中级油漆。混凝土和抹灰表面涂刷只分为中级、高级 2 级。涂刷方法有刷涂、喷涂、擦涂、滚涂、弹涂等,应根据涂料能适应的涂刷方法和现有设备来选定。

刷涂法是用鬃刷蘸涂料刷在表面上。其设备简单,操作方便,但工效低,不适于快干或扩散性不良的涂料施工。

喷涂法是用喷枪将涂料均匀喷射于物体表面上。一次不能喷得过厚,要分几次喷涂。其特点是工效高,涂料分散均匀,平整光滑,但是涂料消耗大,施工时还要采取通风、防火、防爆等安全措施。

擦涂法是用棉花团外包纱布蘸油漆在物面上擦涂,待漆膜稍干后再连续揩擦多遍,直到均匀擦亮为止。此法漆膜光亮、质量好,但效率低。

滚涂法是用羊皮、橡皮或泡沫塑料制成的滚筒滚上涂料后,再滚涂于物上。适用于墙面滚花涂刷。滚完 24 h 后,喷罩一层有机硅以防止污染和增强耐久性。

弹涂法是通过电动弹涂机的弹力器分几遍将不同色彩的涂料弹在已涂刷的涂层上,形成 1~3 mm 大小的扁圆形花点。弹点后同样喷罩一层有机硅。

在整个油漆涂刷过程中,油漆涂料不得任意稀释,最后一遍油漆不宜加催干剂。涂刷施工时应在前一遍涂料干燥后再进行下一遍涂料涂刷。一般涂料工程施工时环境温度不宜低于 10 ℃,当遇有大风、雨、雾情况时,不可施工。

11.5.2 刷浆工程

刷浆工程是将水质涂料喷刷在抹灰层的表面上,常用于室内外墙面及顶棚表面刷浆。

(1)浆液类型

1)石灰浆。用石灰膏加水调制而成。在室内为防止脱粉,一般加入 0.5% 的食盐;在室外,除加食盐外,还需加入适量的废干性油。

2)大白浆及可赛银浆。用大白粉或可赛银粉加水调制而成。为防止脱粉,将龙须菜加水熬制成胶兑入,以增强其附着力。

3)水泥色浆。在普通水泥或白水泥中掺入适量的促凝剂(石膏、氯化钙等)、增塑剂(熟石灰)、保水剂(硬脂酸钙),颜料配制成水泥色浆。适用于内、外墙面喷、刷浆。

4)聚合物水泥浆。以水泥为基料,适量掺入有机高分子材料(107 胶、乳液、木钙、甲基硅酸钠等)和颜料,并用水稀释至操作稠度,喷刷于墙体表面。

(2)刷浆施工

在刷浆前,基层表面应平整、干燥,清除所有污垢、油渍、砂浆流痕等,表面缝隙、孔洞应用腻子填平并磨光。

刷浆或喷浆,一般都是多遍完成,要求做到颜色均匀不流坠、不漏刷、不透底、不显刷纹,不脱皮、起泡,每个房间要一次做完。室外刷浆如分段进行时,应以分格缝、墙的阴角处或水落管等为分界线,材料配合比应相同。喷浆时,门窗等部位应遮盖,以防玷污。

11.5.3　裱糊工程

裱糊工程,是将普通壁纸、塑料壁纸等,用胶粘剂裱糊在内墙面的一种装饰工程。用这种装饰,施工简单,美观耐用,增加了装饰效果。

(1)壁纸类型

1)普通类型。是纸基壁纸,有良好透气性,价格便宜,但不能清洗,易断裂,目前已很少使用。

2)塑料壁纸。以聚氯乙烯塑料薄膜为面层,以专用纸为基层,在纸上涂布或热压复合成型。其强度高,可擦洗,使用广泛。

3)纤维织物壁纸。用玻璃纤维、丝、羊毛、棉麻等纤维织成壁纸。这种壁纸强度好,质感柔和,高雅,能形成良好的环境气氛。

4)金属壁纸。是一种印花、压花、涂金属粉等工序加工而成的高档壁纸,有富丽堂皇之感,一般用于高级装修中。

(2)壁纸施工

1)基层处理

要求基层基本干燥,混凝土和抹灰层的含水率不得大于8%,表面应坚实、平滑、无飞刺、无砂粒。墙面应满批腻子,砂纸磨平。再涂刷107胶一道做底胶,目的是克服基层吸水太快,引起胶粘剂脱水而影响粘结效果。

2)裁纸

要求纸幅必须垂直,花纹、图案纵横连贯一致。裁边平直整齐,无纸毛、飞刺。

3)壁纸湿润和刷胶

纸基壁纸裱糊吸水后,在宽度方面能胀出约1%。故壁纸应先浸水3 min,再抖掉余水,静置20 min待用。这样刷胶后裱糊,可避免出现皱褶。在纸背和基层表面上刷胶要求薄而均匀。裱糊用的胶粘剂应按壁纸的品种选用。

4)裱糊

壁纸纸面对褶上墙面,纸幅要垂直,先对花、对纹拼缝,由上而下赶平、压实。多余的胶粘剂挤出纸边,及时揩净以保持整洁。

以上先裁边后粘贴拼缝的施工工艺,其缺点是拼缝费工和拼缝明显可见。可采取"搭接裁缝"的方法,即相邻两张壁纸粘贴时,纸边搭接重叠20 mm,然后用裁切刀沿搭接中心裁切,撕去重叠的多余纸边,经滚压平服而成的施工方法。其优点是接缝严密,施工方便。

裱糊工程的质量要求是:壁纸必须粘结牢固,表面应色泽一致,无气泡、空鼓、翘边、皱折和斑污,斜视无胶痕,距墙面1.5 m处直视不显拼缝。壁纸与挂镜线、贴脸板和踢脚板紧接,不得有缝隙。拼缝处的图案和花纹应吻合,且应顺光搭接。不得有漏贴、补贴和脱层等缺陷。在裱糊过程中以及裱后干燥期间,应防止被风劲吹和温度的突然变化。

复习思考题

1. 试述装饰工程工程的作用、特点及所包含的内容。
2. 试述一般抹灰的分层做法操作要点及质量要求。
3. 试述机械抹灰的原理、施工工艺及操作注意事项。
4. 装饰抹灰有哪些种类？试述水刷石、水磨石、干粘石的做法及质量要求。
5. 简述饰面砖的镶贴方法。
6. 简述大理石及花岗岩板材的安装方法。
7. 简述铝合金门窗及塑料门窗的安装方法。
8. 油漆施工有哪些工序？如何保证施工质量？
9. 试述壁纸裱糊工艺及质量要求。

第**12**章
流水施工原理

12.1 基本概念

12.1.1 建筑生产的流水施工

工业生产的实践证明,流水作业法是组织生产的有效方法。流水作业法的原理同样也适用于建筑工程的施工。

建筑工程的流水施工与一般工业生产流水线作业十分相似。不同的是,在工业生产的流水作业中,专业生产者是固定的,各产品或中间产品在流水线上流动,由前个工序流向后一工序;而在建筑施工中各施工段(相当于产品或中间产品)是固定不动的,专业施工队则是流动的,他们由前一施工段流向后一施工段。

为了说明建筑工程中采用流水施工的特点,可比较建造 m 幢相同的房屋时,施工中采用的依次施工、平行施工和流水施工 3 种不同的施工组织方法。

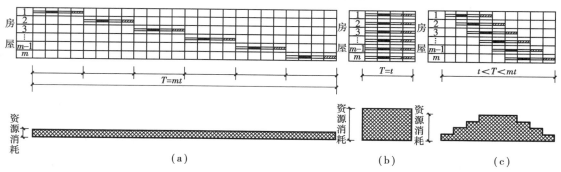

图 12.1 不同施工方法的比较

(a)依次施工;(b)平行施工;(c)流水施工

采用依次施工时,是当第一幢房屋竣工后才开始第二幢房屋的施工,即按着次序一幢接一幢地进行施工。这种方法同时投入的劳动力和物资资源比较少,但各专业工作队在该工程中的工作是有间歇的,施工中某一物资资源的消耗也有相应间断,工期也拖得较长(图 12.1(a))。

采用平行施工时,m 幢房屋同时开工、同时竣工(图 12.1(b))。这样施工显然可以大大缩短工期,但是各专业工作队同时投入工作的队数却大大增加,相应的劳动力以及物资资源的消耗量集中,这都会给施工带来不良的经济效果。

采用流水施工时,是将 m 幢房屋依次保持一定的时间搭接,陆续开工,陆续完工。即把房屋的施工过程搭接起来,其中有若干幢房屋处在同时施工状态,使各专业工作队的工作具有连续性,而物资资源的消耗具有均衡性(图 12.1(c))。流水施工与依次施工相比工期也较短。

12.1.2　流水施工的特点和条件

(1)流水施工的特点

流水施工组织方式具有以下特点:①科学地利用了工作面,争取了时间,计算总工期合理;②工作队及其工人实现了专业化生产,有利于改进操作技术,可以保证工程质量和提高劳动生产率;③工作队及其工人能够连续作业,相邻两个专业工作队之间,实现了最大限度地、合理地搭接;④每天投入的资源量较为均衡,有利于资源供应的组织工作;⑤为现场文明施工和科学管理,创造了有利条件。

(2)组织流水施工的条件

1)划分施工段

根据组织流水施工的需要,将拟建工程尽可能地划分为劳动量大致相等的若干个施工段(区),也称为流水段(区)。建筑工程组织流水施工的关键是将建筑单件产品变成多件产品,以便成批生产。没有"批量"就不可能也没必要组织任何流水作业。每一个段(区),就是一个假定"产品"。由于建筑产品体形庞大,通过划分施工段(区)就可将单件产品变成"批量"的多件产品,从而可以形成流水作业的前提。

2)划分施工过程

把拟建工程的整个建造过程分解为若干个施工过程。划分施工过程的目的,是为了对施工对象的建造过程进行分解,以便逐一实现局部对象的施工,从而使施工对象整体得以实现。也只有这种合理的解剖,才能组织专业化施工和有效协作。

3)每个施工过程组织独立的施工班组

在一个流水分部中,每个施工过程尽可能组织独立的施工班组,其形式可以是专业班组,也可以是混合班组,这样可使每个施工班组按施工顺序,依次地、连续地、均衡地从一个施工段转移到另一个施工段进行相同的操作。

4)主要施工过程必须连续、均衡地施工

主要施工过程是指工程量较大、作业时间较长的施工过程。对于主要施工过程必须连续、均衡地施工;对其他次要施工过程,可考虑与相邻的施工过程合并。如不能合并,为缩短工期,可安排间断施工。

5)不同施工过程尽可能组织平行搭接施工

不同施工过程之间的关系,关键是工作时间上有搭接和工作空间上有搭接。在有工作面的条件下,除必要的技术和组织间歇时间外,应尽可能组织平行搭接施工。

12.1.3 流水施工参数

工程施工进度计划图表是反映工程施工时各施工过程按其工艺上的先后顺序、相互配合的关系和它们在时间、空间上的开展情况。目前应用最广泛的施工进度计划图表有线条图和网络图。

流水施工的工程进度计划图表采用线条图表示时,按其绘制方法的不同分为水平图表(又称横道图)(图12.2(a))及垂直图表(又称斜线图)(图12.2(b))。图中水平坐标表示时间;垂直坐标表示施工对象(房屋或房屋中划分的施工段);n 条水平线段或斜线表示 n 个施工过程在时间和空间上的流水开展情况。在水平图表中,也可用垂直坐标表示施工过程,此时 n 条水平线段则表示施工对象(施工段)。

水平图表具有绘制简单、流水施工形象直观的优点,垂直图表能直观地反映出在一个施工段中各施工过程的先后顺序和相互配合关系,可由其斜线的斜率形象地反映出各施工过程的流水强度。垂直图表中垂直坐标的施工对象编号是由下而上编写的。

在说明组织流水施工时,各施工过程在时间上和空间上的开展情况及相互依存关系,必须引入一些描述流水施工进度计划图表特征和各种数量关系的参数,这些参数称为流水参数,它包括工艺参数、时间参数和空间参数。

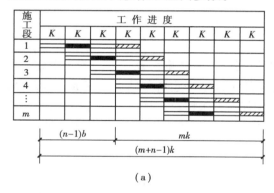
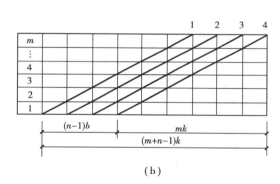

图 12.2 流水施工图表

(a)水平图表;(b)垂直图表

(1)工艺参数

在组织工程项目流水施工时,用以表达流水施工在施工工艺上的开展顺序及其特性的参量,均称为工艺参数。它包括施工过程和流水强度两种。

1)施工过程

在工程项目施工中,施工过程所包含的施工范围可大可小,既可以是分项工程,又可以是分部工程,也可以是单位工程,还可以是单项工程。施工过程的数目以 n 表示,它是流水施工的基本参数之一。根据工艺性质不同,它可分为:制备类、运输类和砌筑安装类 3 种施工过程。

①制备类施工过程

制备类施工过程是指为了提高建筑产品的加工能力而形成的施工过程。如砂浆、混凝土、构配件和制品的制备过程。它一般不占有施工项目空间,也不影响总工期,不列入施工进度计划;只在它占有施工对象的空间并影响总工期时,才列入施工进度计划。如在车间内预制的大型构件。

②运输类施工过程

运输类施工过程是指将建筑材料、构配件、设备和制品等物资，运到建筑工地仓库或施工对象加工现场而形成的施工过程。它一般不占有施工项目空间，也不影响总工期，通常不列入施工进度计划；只在它占有施工对象空间并影响总工期时，则必须列入施工进度计划。如随运随吊方案的运输过程。

③砌筑安装类施工过程

砌筑安装类施工过程是在施工项目空间上，直接进行最终建筑产品加工而形成的施工过程。它占有施工对象空间并影响总工期，必须列入施工进度计划。如地下工程、主体工程、屋面工程和装饰工程等施工过程。

砌筑安装类施工过程，按其在工程项目施工过程中的作用、工艺性质和复杂程度不同可分为：

A. 主导施工过程和穿插施工过程

主导施工过程是指对整个工程项目起决定作用的施工过程。在编制施工进度计划时，必须重点考虑。例如砖混住宅的主体砌筑等施工过程；而穿插施工过程则是与主导施工过程搭接或平行穿插并严格受主导施工过程控制的施工过程。如安装门窗框、脚手架等施工过程。

B. 连续施工过程和间断施工过程

连续施工过程是指一道工序接一道工序连续施工，不要求技术间歇的施工过程，如主体砌筑等施工过程；而间断施工过程则是指由材料性质决定，需要技术间歇的施工过程，如混凝土需要养护、油漆需要干燥等施工过程。

C. 复杂施工过程和简单施工过程

复杂施工过程是指在工艺上，由几个紧密相联系的工序组合而形成的施工过程，如混凝土工程是由筛选材料、搅拌、运输、振捣等工序组成；而简单施工过程则是指在工艺上由一个工序组成的施工过程，它的操作者、机具和材料都不变，如挖土和回填土等施工过程。

上述施工过程的划分，仅是从研究施工过程某一角度考虑的。事实上，有的施工过程既是主导的，又是连续的，同时还是复杂的施工过程，如主体砌筑工程等施工过程；而有的施工过程，既是穿插的又是间断的，同时还是简单的施工过程，如装饰工程中的油漆工程等施工过程。因此，在编制施工进度计划时，必须综合考虑施工过程的几个方面特点，以便确定其在进度计划中的合理位置。

D. 施工过程数目(n)的确定

施工过程数目，主要依据项目施工进度计划在客观上的作用，采用的施工方案、项目的性质和建设单位对项目建设工期的要求等进行确定。

2）流水强度

某施工过程在单位时间内所完成的工程量，称为该施工过程的流水强度。流水强度一般以 V_i 表示；它可由公式(12.1)或公式(12.2)计算求得。

①机械作业流水强度

$$V_i = \sum_{i=1}^{x} R_i \cdot S_i \tag{12.1}$$

式中：V_i——某施工过程 i 的机械作业流水强度；

　　　R_i——投入施工过程 i 的某种施工机械台数；

S_i——投入施工过程 i 的某种施工机械产量定额;

x_i——投入施工过程 i 的施工机械种类数。

②人工作业流水强度

$$V_i = R_i \cdot S_i \qquad (12.2)$$

式中:V_i——某施工过程 i 的人工作业流水强度;

R_i——投入施工过程 i 的专业工作队工人数;

S_i——投入施工过程 i 的专业工作队平均产量定额。

(2)空间参数

在组织项目流水施工时,用以表达流水施工在空间布置上所处状态的参量,均称为空间参数。它包括:工作面、施工段和施工层 3 种。

1)工作面

某专业工种在加工建筑产品时所必须具备的活动空间,称为该工种的工作面。它是根据该工种的计划产量定额和安全施工技术规程的要求确定。工作面确定合理与否,将直接影响专业工种的生产效率。主要工种的工作面参考数据,如表 12.1 所示。

表 12.1 主要工种工作面参考数据表

工 作 项 目	每个技工的工作面		说 明
砖基础	7.6	m/人	以 1 砖半计,2 砖乘以 0.8,3 砖乘以 0.55
砌砖墙	8.5	m/人	以 1 砖计,1 砖半乘以 0.71,2 砖乘以 0.57
毛石墙基	2	m/人	以 60 cm 计
毛石墙	3.3	m/人	以 40 cm 计
混凝土柱、墙基础	8	m³/人	机拌、机捣
混凝土设备基础	7	m³/人	机拌、机捣
现浇钢筋混凝土柱	2.45	m³/人	机拌、机捣
现浇钢筋混凝土梁	3.20	m³/人	机拌、机捣
现浇钢筋混凝土楼板	5	m³/人	机拌、机捣
预制钢筋混凝土柱	5.3	m³/人	机拌、机捣
预制钢筋混凝土梁	3.6	m³/人	机拌、机捣
预制钢筋混凝土屋架	2.7	m³/人	机拌、机捣
预制钢筋混凝土平板、空心版	1.91	m³/人	机拌、机捣
预制钢筋混凝土大型屋面板	2.62	m³/人	机拌、机捣
混凝土地坪及面层	40	m²/人	机拌、机捣
外墙抹灰	16	m²/人	
内墙抹灰	18.5	m²/人	
卷材屋面	18.5	m²/人	
防水水泥砂浆屋面	16	m²/人	
门窗安装	11	m²/人	

2）施工段

为了有效地组织流水施工,通常把拟建工程项目在平面上划分成若干个劳动量大致相等的施工段落,这些施工段落称为施工段。施工段的数目以 m 表示,它是流水施工的基本参数之一。

①划分施工段的目的

一般情况下,一个施工段内只安排一个施工过程的专业工作队进行施工。在一个施工段上,只有前一个施工过程的工作队提供足够的工作面,后一个施工过程的工作队才能进入该段从事下一个施工过程的施工。

划分施工段是组织流水施工的基础。其目的是:由于建筑产品生产的单件性,可以说它不适于组织流水施工;但是,建筑产品体形庞大的固有特征,又为组织流水施工提供了空间条件,可以把一个体形庞大的"单件产品"划分成具有若干个施工段、施工层的"批量产品",使其满足流水施工的基本要求;在保证工程质量的前提下,为专业工作队确定合理的空间活动范围,使其按流水施工的原理,集中人力和物力,迅速地、依次地、连续地完成各段的任务,为相邻专业工作队尽早地提供工作面,达到缩短工期的目的。

②划分施工段的原则

施工段划分的数目要适当,数目过多势必减少工人数而延长工期,数目过少又会造成资源供应过分集中,不利于组织流水施工。因此,为了使施工段划分得科学合理,一般应遵循以下原则:

A. 同一专业工作队在各个施工段上的劳动量应大致相等,其相差幅度不宜超过 $10\% \sim 15\%$。

B. 为充分发挥工人(或机械)生产效率,不仅要满足专业工种对工作面的要求,而且要使施工段所能容纳的劳动力人数(或机械台数),满足劳动组合优化要求。

C. 施工段数目多少,要满足合理流水施工组织要求,即有时应使 $m \geqslant n$。

当 $m = n$ 时,工作队连续施工,施工段上始终有工作队在工作,即施工段上无停歇,比较理想;

当 $m > n$ 时,工作队仍是连续施工,但施工段有空闲停歇;

当 $m < n$ 时,工作队在一个工程中不能连续施工而窝工。

D. 为保证项目结构的完整性,施工段分界线应尽可能与结构自然界线相一致,如温度缝和沉降缝等处;如果必须将分界线设在墙体中间时,应将其设在门窗洞口处,这样可以减少留槎,便于修复墙体。

E. 对于多层建筑物,既要在平面上划分施工段,又要在竖向上划分施工层。保证专业工作队在施工段和施工层之间,能组织有节奏、均衡和连续地流水施工。

3）施工层

在组织流水施工时,为了满足专业工种对操作高度和施工工艺的要求,将拟建工程项目在竖向上划分为若干个操作层,这些操作层称为施工层。施工层的划分,要按工程项目的具体情况,根据建筑物的高度、楼层来确定。如砌筑工程的施工层高度一般为 1.2 m,室内抹灰、木装饰、油漆、玻璃和水电安装等,可按楼层进行施工层划分。

（3）时间参数

在组织流水施工时,用以表达流水施工在时间排列上所处状态的参量,均称为时间参数。

它包括:流水节拍、流水步距、技术间歇、组织间歇和平行搭接时间5种。

1)流水节拍

在组织流水施工时,每个专业工作队在各个施工段上完成各自的施工过程所必须的持续时间,均称为流水节拍。流水节拍以 t 表示,它是流水施工的基本参数之一。

①流水节拍确定方法

A. 定额计算法。这是根据各施工段的工程量、能够投入的资源量(工人数、机械台数和材料量等),按公式(12.3)或公式(12.4)进行计算:

$$t = Q/SR \cdot N = QH/R \cdot N = P/R \cdot N \tag{12.3}$$

式中:t——流水节拍;

　　Q——工程量;

　　S——计划产量定额;

　　R——工人数或机械台数;

　　H——计划时间定额;

　　N——工作班次;

　　P——劳动量或机械台班数量。

B. 经验估算法。它是根据以往的施工经验进行估算。一般为了提高其准确程度,往往先估算出该流水节拍的最长、最短和正常(即最可能)3种时间,然后据此求出期望时间,作为某专业工作队在某施工段上的流水节拍。因此,本法也称为三种时间估算法。一般按公式(12.4)进行计算:

$$t = (a + 4c + b)/6 \tag{12.4}$$

式中:t——流水节拍;

　　a——最短估算时间;

　　b——最长估算时间;

　　c——正常估算时间。

这种方法多适用于采用新工艺、新方法和新材料等没有定额可循的工程。

C. 工期计算法。对某些施工任务在规定日期内必须完成的工程项目,往往采用倒排进度法。具体步骤如下:

(A)根据工期倒排进度,确定某施工过程的工作延续时间;

(B)确定某施工过程在某施工段上的流水节拍。若同一施工过程的流水节拍不等,则用估算法;若流水节拍相等,则按公式(12.5)进行计算:

$$t = T/m \tag{12.5}$$

式中:t——流水节拍;

　　T——工作持续时间;

　　m——施工段数。

②确定流水节拍应考虑的因素

A. 施工班组人数要适宜,既要满足最小劳动组合人数要求,又要满足最小工作面的要求。所谓最小劳动组合,就是指某一施工过程进行正常施工所必需的最低限度的班组人数及其合理组合。如模板安装就要按技工和普工的最少人数及合理比例组成施工班组,人数过少或比例不当都将引起劳动生产率的下降。

最小工作面是指施工班组为保证安全生产和有效地操作所必需的工作面。它决定了最高限度可安排多少工人。不能为了缩短工期而无限地增加人数,否则将造成工作面的不足而产生窝工。

B. 工作班制要恰当。工作班制的确定要视工期的要求而定。当工期不紧迫,工艺上又无连续施工要求时,可采用一班制;当组织流水施工时为了给第二天连续施工创造条件,某些施工过程可考虑在夜班进行,即采用二班制;当工期较紧或工艺上要求连续施工,或为了提高施工机械的使用率时,某些项目可考虑三班制施工。

C. 机械的台班效率或机械台班产量的大小。

D. 节拍值一般取整数,必要时可保留 0.5 天(台班)的小数值。

2)流水步距

在组织项目流水施工时,通常将相邻两个专业工作队先后开始施工的合理时间间隔,称为它们之间的流水步距。流水步距以 K 表示,它是流水施工的重要参数之一。确定流水步距原则:

①流水步距要满足相邻两个专业工作队,在施工顺序上的制约关系。

②流水步距要保证相邻两个专业工作队,在各个施工段上都能够连续作业。

③流水步距要保证相邻两个专业工作队,在开工时间上实现最大限度和合理地搭接。

④流水步距的确定要保证工程质量,满足安全生产。

3)技术间歇

它是由建筑材料或现浇构件工艺性质决定的间歇时间,以 t_j 表示。如现浇混凝土构件养护时间,以及抹灰层或油漆层的干燥硬化时间等。

4)组织间歇

它是由施工组织原因而造成的间歇时间,并以 t_z 表示。如回填土前地下管道检查验收,施工机械转移和砌砖墙前墙身位置弹线,以及其他作业前准备工作。在组织流水施工时,技术间歇和组织间歇有时统一考虑,有时要分别考虑,但两者的概念、内容和作用是不同的,必须结合具体情况优化处理。

5)平行搭接时间

在组织流水施工时,相邻两个专业工作队在同一施工段上的关系,通常采用前后衔接关系,即前者全部结束后者才能开始。有时为了缩短工期,在工作面允许的前提下,也可以采用前后两者平行搭接关系,即前者已完部分可以满足后者的工作面要求时,后者可以提前进入同一施工段,两者在同一施工段上平行搭接施工,其平行搭接的持续时间,称为相邻两个专业工作队之间的平行搭接时间,以 t_d 表示。

12.2　组织流水作业的基本方式

专业流水是指在项目施工中,为生产某一建筑产品或其组成部分的主要专业工种,按照流水施工基本原理组织项目施工的一种组织方式。根据各施工过程时间参数的不同特点,专业流水分为分别流水、成倍节拍流水和固定节拍流水 3 种,如图 12.3 所示。

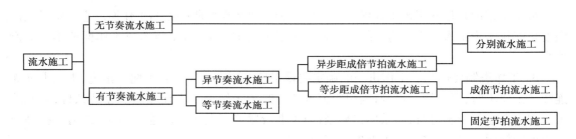

图 12.3　流水施工组织方式分类图

12.2.1　固定节拍流水

在组织流水施工时,如果各个施工过程在各个施工段上的流水节拍都彼此相等,此时流水步距也等于流水节拍。这种流水施工组织方式,称为固定节拍流水(亦称全等节拍流水或等节拍流水)。

图 12.2、图 12.4 都是固定节拍流水的进度图表。从图中可以看出,各施工过程的流水节拍是相同的。为了缩短工期,两个相邻的施工过程应当尽量靠近。但是这种靠近的可能性要受到必要的工艺上和组织上的间歇所限制。其施工持续时间分别按以下方法计算:

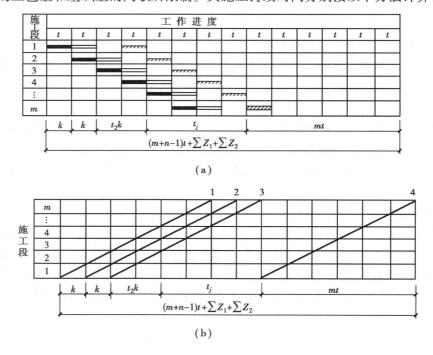

图 12.4　固定节拍流水图表(有工艺间歇)

(a)水平图表;(b)垂直图表

(1)无间歇时间的专业流水

如图 12.2 所示,由于固定节拍流水中各流水步距 K 等于流水节拍 t,故其持续时间为

$$T = (n-1)K + mt = (m+n-1)t \tag{12.6}$$

式中:T——持续时间;

n——施工过程数；

m——施工段数；

K——流水步距；

t——流水节拍。

(2)有间歇时间的专业流水

在这种专业流水中(图 12.4)，在某些施工过程之间，往往还存在着施工技术规范规定的必要的工艺间歇及组织间歇，所以其持续时间为

$$T = (m + n - 1)t + \sum t_z + \sum t_j \tag{12.7}$$

式中：$\sum t_j$——工艺间歇时间总和；

$\sum t_z$——组织间歇时间总和。

12.2.2　成倍节拍专业流水

在组织流水施工时，通常会遇到不同施工过程之间，由于劳动量的不等以及技术或组织上的原因，其流水节拍互成倍数，以此组织流水施工，即为成倍节拍专业流水。例如，某工地建造 6 幢住宅，每幢房屋的主要施工过程划分为：基础工程 1 个月；主体结构 3 个月；粉刷装修 2 个月；室外与清理工程 2 个月。其施工进度表如图 12.5 所示。这是一个成倍节拍的专业流水施工。这种流水施工方式，根据工期的不同要求，可以按一般成倍节拍流水和加快成倍节拍流水组织施工。

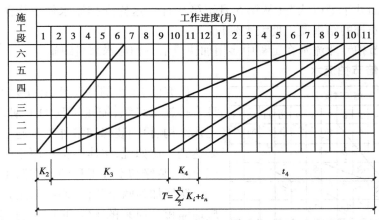

图 12.5　成倍节拍专业流水图表

(1)一般成倍节拍流水

如果工期满足要求，而且各施工过程在工艺上和组织上都是合理的，显然这张图表提供了一个可行的进度计划，它表明基础施工工作队，在开工后的 6 个月内，完成各幢房屋的基础工程；当第一幢基础完成后，主体结构工程应紧接着跟上。由于装修工程的施工速度比结构安装快，为了保证它们之间的工艺顺序和装修工程的连续施工，流水步距应该拉大，装修工作队可以在开工后的第 10 个月进场。由此可知，一般成倍节拍专业流水的工期可按下式计算：

$$T = \sum K_i + t_n + \sum t_j + \sum t_z \tag{12.8}$$

式中：t_n——最后一个施工过程持续时间；

$\sum t_j$——工艺间歇时间总和；

$\sum t_z$——组织间歇时间总和；

$\sum K_i$——为流水步距总和,它的计算方法如下：

$$K_i = t_{i-1} \quad 当 t_{i-1} \leqslant t_i \tag{12.9a}$$

$$K_i = mt_{i-1} - (m-1)t_i \quad 当 t_{i-1} > t_i \tag{12.9b}$$

式中：t_{i-1}——前面施工过程的流水节拍；

t_i——后面施工过程的流水节拍。

因此,图 12.5 中因为 $t_1 < t_2$,故

$$K_2 = t_1 = 1$$

$$t_2 > t_3, K_3 = mt_2 - (m-1)t_3 = 8$$

$$t_3 < t_4, K_4 = t_3 = 2$$

$$t_n = t_4 = 12$$

$$\sum t_j = 0 \qquad \sum t_z = 0$$

故 $T = (1 + 8 + 2)$ 月 $+ 12$ 月 $+ 0 + 0 = 23$ 月。

按上述方法组织流水施工,在实际工程中显然不尽合理。上例中基础工程在第 2 至第 6 施工段上完成后,主体结构未能及时插上搭接,使工作面空闲。事实上,第二施工段主体结构可在第 3 月开始施工,又如第一施工段的粉刷装修可在第 5 月插入,而为了使工作队工作的连续性,让该工作面处于等待状态(从第 5 月至第 9 月),这样安排流水使工作队连续是比较勉强的,而且这样安排的结果使工期大大延长。

因此,成倍节拍专业流水在工程中多用加快成倍节拍流水来组织施工。

（2）加快成倍节拍流水

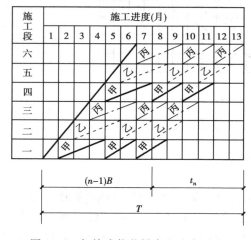

图 12.6 加快成倍节拍专业流水图表

研究图 12.5 的施工组织方案可知,如果要合理安排施工组织,缩短工程的工期,可以通过增加主体结构、粉刷装修和室外工程施工工作队的方法来达到。比如说,主体结构由原来的一个队增加到三个队,装修和室外工程的工作队也分别由原来的一个队增加到两个队,它们的施工持续时间也就相应地缩短到原来的 1/3 和 1/2。但必须注意到,增加工作队在同一幢房屋上施工,会受到工作面的限制而降低生产效率。因此,在组织施工时,可安排主体结构工作队甲完成第一、四幢的结构施工;主体结构工作队乙完成第二、五幢的结构施工;主体结构工作队丙完成第三、六幢的结构施工。其他工作队也按此法作相应安排,由此可得图 12.6 所示的进度计划图表,它的工期为 13 月。

图 12.6 实质上可以看成是由 N 个工作队组成的,类似于流水节拍为 t_0 的固定节拍专业流水,各工作队之间的流水步距 K 等于 t_0。t_0 为各流水节拍的最大公约数,$t_n = mt_0$。

因此,加快成倍节拍专业流水的工期可按下式计算:

$$T = (N-1)K + mt_0 + \sum t_j + \sum t_z = (m+N-1)t_0 + \sum t_j + \sum t_z \qquad (12.10)$$

式中:N——工作队总数。

工作队的总数,由各施工过程的工作队数之和求得。各施工过程的工作队数 N_i 按下述方法计算:

先确定各施工过程流水节拍的最大公约数 k_0,于是得出

$$N_i = t_i / k_0 \qquad (12.11)$$

式中,t_i 为第 i 施工过程的流水节拍,则

$$N = \sum N_i$$

应注意,如计算得到的 $N_i > m$,则实际投入流水施工的施工队数取 $N_i = m$,但确定工期仍用式(12.11)的计算结果。

12.2.3　分别流水

在实际施工中,通常每个施工过程在各个施工段上的工程量彼此不相等。或者各个专业工作队的生产效率相差悬殊,造成多数流水节拍彼此不相等。这时只能按照施工顺序要求,使相邻两个专业工作队,在开工时间上最大限度地搭接起来,并组织成每个专业工作队都能够连续作业地非节奏流水施工。这种流水施工组织方式,称为分别流水(亦称为无节奏流水)。它是流水施工的普遍形式。

(1)无节奏流水施工的特征

①同一施工过程流水节拍不完全相等,不同施工过程流水节拍也不完全相等。

②各个施工过程之间的流水步距不完全相等且差异较大。

(2)无节奏流水步距的确定

无节奏流水步距的计算是采用"累加斜减计算法",即:

第一步:将每个施工过程的流水节拍逐段累加;

第二步:错位相减,即从前一个施工班组由加入流水起到完成该段工作止的持续时间和,减去后一个施工班组由加入流水起到完成前一个施工段工作止的持续时间和(即相邻斜减),得到一组差数;

第三步:取上一步斜减差数中的最大值作为流水步距。

现举例如下:

【例 12.1】　某分部工程流水节拍如表 12.2 所示,试计算流水步距和工期。

表 12.2　某分部工程的流水节拍值

施工段 施工过程	1	2	3	4
A	3	2	1	4
B	2	3	2	3
C	1	3	2	3
D	2	4	3	1

解 1)计算流水步距由于每一个施工过程的流水节拍不相等,故采用上述"累加斜减取大差法"计算。现计算如下:

①求 $K_{A,B}$

$$
\begin{array}{rrrrr}
 & 3 & 5 & 6 & 10 \\
- & & 2 & 5 & 7 & 10 \\
\hline
 & 3 & 3 & 1 & 3 & -10
\end{array}
$$

所以 $K_{A,B} = 3$(天)

②求 $K_{B,C}$

$$
\begin{array}{rrrrr}
 & 2 & 5 & 7 & 10 \\
- & & 1 & 4 & 6 & 9 \\
\hline
 & 2 & 4 & 3 & 4 & -9
\end{array}
$$

所以 $K_{B,C} = 4$(天)

③求 $K_{C,D}$

$$
\begin{array}{rrrrr}
 & 1 & 4 & 6 & 9 \\
- & & 2 & 6 & 9 & 10 \\
\hline
 & 1 & 2 & 0 & 0 & -10
\end{array}
$$

所以 $K_{C,D} = 2$(天)

2)流水工期计算

$$T = \sum K_{i,i+1} + t_n = 3\ 天 + 4\ 天 + 2\ 天 + 10\ 天 = 19\ 天$$

根据计算的流水参数绘制施工进度计划表,如图 12.7 所示。

施工过程	施工进度/月																		
	1	2	3	4	5	6	7	8	9	10	11	12	13	14	15	16	17	18	19
A	1		2		3		4												
B			1			2		3			4								
C							1		2			3		4					
D									1			2			3		4		

图 12.7 无节奏流水施工

综上所述,可以看到:

①3 种流水施工组织方式,在一定条件下可以相互转化。

②为缩短计算总工期,可以采用:增加作业班次,缩小流水节拍,扩大某些施工过程组合范围,减少施工过程数目,以及组织成倍节拍流水和流水施工排序优化等方法。

③在特殊情况下,又可以缩短计算总工期。为保证相应专业工作队不产生窝工现象,应在

其流水施工范围之外,设置平衡施工的"缓冲工程"。

现根据以上所述,综合举例如下:

【例 12.2】　已知数据如表 12.3 所示,试求:

表 12.3　数据资料表

施工过程	总工程量		产量定额	班组人数		流水段数
	单　位	数　量		最　低	最　高	
A	m^2	600	5 m^2/工日	10	15	4
B	m^2	960	4 m^2/工日	10	20	4
C	m^2	1 600	5 m^2/工日	20	40	4

①若工期规定为 18 天,试组织全等节拍流水施工,并分别画出其横道图、劳动力动态变化曲线及斜线图。

②若工期不规定,组织不等节拍流水施工,分别画出其横道图、劳动力动态变化曲线及斜线图。

③试比较两种流水方案,采用哪一种较为有利?

解　根据已知资料可知:施工过程数 $n=3$,施工段数 $m=4$,各施工过程在每一施工段上的工程量为:

$$Q_A = 600 \text{ m}^2/4 = 150 \text{ m}^2$$

$$Q_B = 960 \text{ m}^2/4 = 240 \text{ m}^2$$

$$Q_C = 1\ 600 \text{ m}^2/4 = 400 \text{ m}^2$$

1)首先考虑按工期要求组织全等节拍流水。根据题意可知:总工期 $T=18$ 天,流水节拍 $t_i = t =$ 常数。根据公式 $T = t_i(m+n-1)$ 可反求出流水节拍,即:

$$t = T/(m+n-1) = 18 \text{ 天}/(4+3-1) = 3 \text{ 天}$$

又根据公式 $t = Q/SR$ 可反求出各施工班组所需人数:

$$R_A = Q_A/S_A t = 150/(5 \times 3) = 10（人）\qquad 可行$$

$$R_B = Q_B/S_B t = 240/(4 \times 3) = 20（人）\qquad 可行$$

$$R_C = Q_C/S_C t = 400/(5 \times 3) = 26.6（人）\qquad 取 27 人可行$$

流水步距:
$$K_{1,2} = K_{2,3} = t = 3 \text{ 天}$$

横道图及劳动力动态变化曲线见图 12.8。

2)按不等节拍流水组织施工。首先根据各班组最高和最低限制人数,求出各施工过程的最小和最大流水节拍:

$$t_{1\min} = Q_A/S_A R_{A\max} = 150/(5 \times 15) = 2 \text{ 天}$$

$$t_{1\max} = Q_A/S_A R_{A\min} = 150/(5 \times 10) = 3 \text{ 天}$$

$$t_{2\min} = Q_B/S_B R_{B\max} = 240/(4 \times 20) = 3 \text{ 天}$$

$$t_{2\max} = Q_B/S_B R_{B\min} = 240/(4 \times 12) = 5 \text{ 天}$$

$$t_{3\min} = Q_C/S_C R_{C\max} = 400/(5 \times 40) = 2 \text{ 天}$$

$$t_{3\max} = Q_C/S_C R_{C\min} = 400/(5 \times 20) = 4 \text{ 天}$$

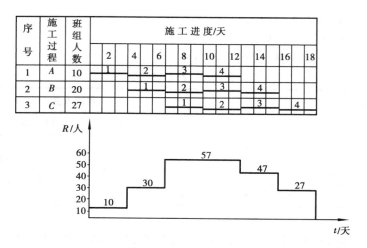

图 12.8　横道图及劳动力动态变化曲线

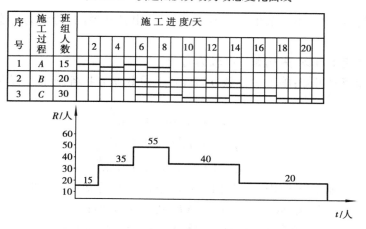

图 12.9　横道图及劳动力动态变化曲线

考虑到尽量缩短工期,并且使各班组人数变化趋于均衡,因此,取:

$$t_1 = 2 \text{ 天}; \qquad R_A = 15 \text{ 人}$$
$$t_2 = 3 \text{ 天}; \qquad R_B = 20 \text{ 人}$$
$$t_3 = 4 \text{ 天}; \qquad R_C = 20 \text{ 人}$$

确定流水步距:因为 $t_1 < t_2 < t_3$,根据公式 $K_{i,i+1} = t_i$ ($t_i \leqslant t_{i+1}$) 得:

$$K_{1,2} = t_1 = 2 \text{ 天}$$
$$K_{2,3} = t_2 = 3 \text{ 天}$$

计算流水工期:根据公式 $T = \sum K_{i,i+1} + t_n$ ($i = 1,2,\cdots,n$) 得:

$$T = K_{1,2} + K_{2,3} + mt_3 = 2 \text{ 天} + 3 \text{ 天} + 4 \times 4 \text{ 天} = 21 \text{ 天}$$

横道图及劳动力变化曲线见图 12.9。

3)比较上述两种情况,前者工期 18 天,劳动力峰值为 57 人,总计消耗劳动量 684 个工日,劳动力最大变化幅度为 27 人,施工节奏性好。后者工期为 21 天,劳动力峰值为 55 人,总计消耗劳动量 680 个工日,劳动力最大变化幅度为 20 人,劳动力动态曲线较平缓。两种情况相比,有关劳动力资源的有关参数和指标相差不大,且均满足最低劳动组合人数和最高工作面限制人数的要求,但前者工期较后者提前 3 天,因此采用第一种方法稍好。

复习思考题

1. 组织施工有哪几种方式? 各有何特点?
2. 组织流水施工的要点有哪些?
3. 流水施工有哪些主要参数? 怎样确定这些参数?
4. 划分施工过程时应考虑哪些因素?
5. 施工段划分的基本要求是什么?
6. 施工段数与施工过程数、工作队数的关系是什么?
7. 确定流水步距时应遵守什么原则?
8. 流水施工按节奏特征不同可分为哪几种方式? 各有什么特点?
9. 什么叫分别流水法? 有何特点?
10. 如何组织全等节拍流水? 如何组织成等节拍流水?

习　题

1. 已知某工程各施工过程的流水节拍,试组织流水作业。

(1)$t_1 = t_2 = t_3 = 2$ 天;

(2)$t_1 = 2$ 天,$t_2 = 4$ 天,$t_3 = 2$ 天;

(3)$t_1 = 1$ 天,$t_2 = 2$ 天,$t_3 = 1$ 天,且第二个施工过程需待第一个施工过程完后两天才能开始进行;

(4)$t_1 = 3$ 天,$t_2 = 1$ 天,$t_3 = 2$ 天,共有两个施工段。

2. 已知各施工过程在各施工段上的持续时间,如表所示,试组织分别流水。

施工段 ＼ 施工过程	一	二	三	四	五
Ⅰ	4	2	1	5	4
Ⅱ	3	3	4	2	2
Ⅲ	2	3	3	4	1
Ⅳ	2	4	4	3	2

第**13**章
网络计划技术

网络计划技术是利用网络计划进行生产管理的一种方法。20世纪50年代中后期在美国创造和发展起来的两种计划管理方法：关键路线法（CPM）和计划评审法（PERT），它们有一个共同的特征，就是利用网络图的形式来反映和表达计划的安排，据此把它们统称为网络计划法。它主要应用于工程计划的编制和生产的组织与管理，其目的就是为了科学地安排计划和合理地控制计划，正确地使用人力、物力和财力，达到多快好省地完成工程任务。

在组织建筑工程施工时，首先要认识建筑工程施工的客观规律性，然后在此基础上去从事建筑工程对象的具体施工。对于一些小型的工程对象并按常规的方法施工时，通常只要凭经验加以组织就能达到目的。但是，当建筑工程对象规模大、标准高、采用新工艺、施工过程错综复杂，或者涉及到大量的人力、物力、机具和设备器材，并且要求获得较高的经济效益时，这类工程施工只凭经验就不能达到理想的目的，必须用一套科学的组织管理的方法去组织协调其中各项工作间的配合，否则就必然会造成大量的窝工和频繁的返工，使工程蒙受巨大的损失。为了能做到施工时有条不紊，一种较有效的方法就是采用网络计划技术。

我国是在20世纪60年代初期引入和推广这一新方法的。这种方法以系统工程的观念，运用网络的形式，设计和表达一项计划中的各个工作的先后顺序和相互逻辑关系。通过计算找到关键线路和关键工作，不断改善网络计划，选择最优的方案付诸实施。

我国建筑业在推广应用网络计划技术中，广泛地采用时间坐标网络计划方式，取网络计划逻辑关系明确和横道图清晰易看之长，使网络计划技术更为适合广大工程技术人员的使用要求。1980年起，我国建筑业在推广网络计划技术的实践中，针对建筑流水施工的特点及其在应用网络技术方面存在的问题，提出了"流水网络计划方法"，并于1981年开始在实际工程中进行试点，取得了较好的效果。

本教材以中华人民共和国行业标准《工程网络计划技术规程》JGJ/T 121—99为准进行介绍，为方便教学在表示方法上进行了适当变化和调整。

13.1 双代号网络图

13.1.1 基本概念

双代号网络图是由箭线、节点、线路三个基本要素组成,其各自表示如下含义:

(1)箭线

箭线是指实箭线和虚箭线,二者表示的内容不同。

1)实箭线

实箭线在双代号网络图中,它表达的内容有以下几个方面:

①一根实箭线表示一项工作或表示一个施工过程。工作名称标注在箭线上方,如图13.1(a)所示。箭线表示的工作可大可小,例如挖土、垫层、砖基础、回填土等;可以各是一项工作,也可以把上述四项工作综合为一项工作叫做基础工程,如图13.1(b)所示。如何确定一项工作的范围取决于所绘制的网络计划的作用(控制性或指导性)。

②一根实箭线表示一项工作所消耗的时间或资源,用数字标注在箭线的下方,如图13.1(a)所示。一般而言,每项工作的完成都要消耗一定的时间及资源。只消耗时间不消耗资源的工作,如混凝土养护、砂浆找平层干燥等技术间歇,若单独考虑时,也应作为一项工作来对待,均用实箭线表示,如图13.1(c)所示。

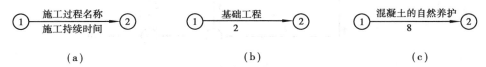

(a)   (b)   (c)

图 13.1 双代号网络工作示意图

③箭线的方向表示工作进行的方向和前进的路线,箭尾表示工作的开始,箭头表示工作的完成。

2)虚箭线

虚箭线仅表示工作之间的逻辑关系。它既不消耗时间,也不消耗资源。一般不标注名称,图13.2 双代号网络的虚箭线两种表示法持续时间为0。

(a)   (b)

图 13.2 双代号网络图虚工序示意图

(2)节点(也称结点,事件)

在双代号网络图中节点就是圆圈。它表达的内容有以下几个方面:

①节点表示前面工作完成和后面工作开始的瞬间,节点不需要消耗时间和资源。

②节点根据其位置不同可以表示为起点节点,终点节点,中间节点。起点节点就是网络图的第一个节点,它表示一项计划(或工程)的开始,终点节点就是网络图的终止节点,它表示一项计划(或工程)的完成。中间节点就是网络图中的任何一个中间节点,它既表示紧前各工作

的完成,又表示其紧后各工作的开始,如图 13.3 所示。

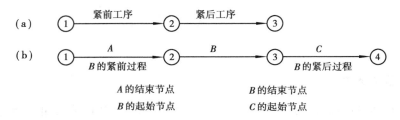

图 13.3　起点节点与结束节点

③每根箭线前后两个节点的编号表示一项工作。如图 13.3 中①和②表示 A 工作。

④对一个节点而言,可以有许多箭线通向该节点,这些箭线称为"内向箭线"或"内向工作";同样也可以有许多箭线从同一节点出发,这些箭线称为"外向箭线"或"外向工作"。

(3)线路和关键线路

在网络图中,我们把从起始节点到终止节点沿箭线方向顺序通过一系列箭线与节点的连线称为线路。在一个网络图中,从开始节点到终止节点有许多条线路,如图 13.4 所绘制的网络2图中就包含了以下 6 条线路:

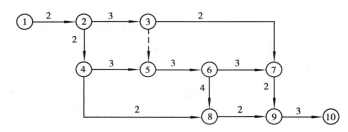

图 13.4　双代号网络图

第 1 条:①→②→③→⑦→⑨→⑩　　　　　　线路持续时间 12 天

第 2 条:①→②→③→⑤→⑥→⑦→⑨→⑩　　　线路持续时间 16 天

第 3 条:①→②→③→⑤→⑥→⑧→⑨→⑩　　　线路持续时间 17 天

第 4 条:①→②→④→⑤→⑥→⑦→⑨→⑩　　　线路持续时间 18 天

第 5 条:①→②→④→⑤→⑥→⑧→⑨→⑩　　　线路持续时间 19 天

第 6 条:①→②→④→⑧→⑨→⑩　　　　　　线路持续时间 11 天

每条线路都包含若干个工序,这些工序的作业持续时间之和就是这条线路的长度,即线路的总持续时间。上述 6 条线路的长度依次为 12 天、16 天、17 天、18 天、19 天、11 天。

任何一个网络计划中必定至少有一条最长的线路,这条线路的各持续时间决定了这个网络计划的总工期。在这种线路中,没有任何机动的余地,线路上的任何工序拖延工期就会使总工期相应延长,任何工序的工期缩短,也可能同时会缩短总工期。这种线路是按期完成计划任务的关键所在,所以特称为关键线路。为了醒目,在网络中通常都用双线(或粗线、红线等)标出关键线路,凡在关键线路上的各工序称为关键工序,凡在关键线路上的节点则称作关键节点。关键工序也没有任何灵活机动的余地,它的最早开始时间和最迟开始时间是相同的,不存在任何时差。关键节点在时标网络上的位置也是固定而不能移动的,它的最早时间和最迟时间也是相同的。上述 6 条线路中第五条线路是关键线路,工序①—②、②—④、④—⑤、⑤—

⑥、⑥—⑧、⑧—⑨、⑨—⑩是关键工序,①、②、④、⑤、⑥、⑧、⑨、⑩都是关键节点。

网络计划图中除了关键线路之外的线路(比关键线路为短),都称为非关键线路。在这种线路上总是或多或少地存在时差,其中存在时差的工序是非关键工序,所以非关键工序总有一定的机动时间可供其调剂使用,需注意的是:关键线路不能包含非关键工序。在任何线路中,只要有一个非关键工序存在,它的总长度就会小于关键线路。凡不在关键线路上的节点都是非关键节点、例如上举 6 条线路中的第 6 条,即①→②→④→⑧→⑨→⑩它的总持续时间是12 天,比关键线路的 18 天短,所以是非关键线路。在这条线路中只有④—⑧是非关键工序,正因为线路中有了这个非关键工序,这条线路才成了非关键线路。所以,只有全部由关键工序组成的线路才能成为关键线路。值得注意的是不能单靠关键节点来确定一条关键线路(如第6 条非关键线路全是由关键节点组成)。

13.1.2　双代号网络图的绘制方法

(1)网络图中的逻辑关系
要正确表达一项建筑施工计划的网络图,必须正确地掌握和熟悉工程计划任务的性质、特点和内容,确定完成任务的施工组织方案和施工过程以及流水段划分,以便正确反映各个工序、流水段之间的施工工艺顺序和它们之间的依赖和制约关系。这也是网络图与横道图的最大不同之点。各工序间的逻辑关系是否表示得正确,是网络图能否反映工程实际情况的关键。如果逻辑关系错误,网络计划就不能正确表达工程施工安排的实际情况,从而按网络图计算各种时间参数也会发生错误,确定的关键线路和总工期也会发生错误。

1)逻辑关系的概念
逻辑关系是指工作进行时客观上存在的一种先后顺序关系。也是根据施工工艺和组织的要求,正确反映各道工序之间的相互依赖和相互制约的关系。

正确地反映工程逻辑关系,即必须清楚各道工序之间的逻辑关系,也就是要具体解决每个工序的三个问题:

①该工序必须在哪些工序之前进行?
②该工序必须在哪些工序之后进行?
③该工序可以与哪些工序平行进行?

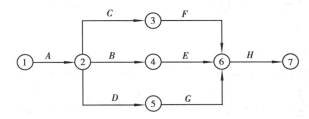

图 13.5　工序的逻辑关系图

如图 13.5 中,就 B 工序而言,它必须在工序 E 之前进行,是工序 E 的紧前工序;它必须在工序 A 之后进行,是工序 A 的紧后工序;它可以与工序 C 和工序 D 平行进行,是工序 C 和 D 的平行工序。这种严格的逻辑关系必须根据施工工艺和施工组织的要求来加以确定,只有这样才能逐步地按工序的先后次序把各工序的箭杆连接起来,绘制成一张正确的网络图。

2）各种逻辑关系的正确表示法

在网络图中,各工序之间在逻辑上的关系是变化多端的,表13.1列出了网络图中常见的一些逻辑关系及其表示方法(表中的工序以字母来表示)。

表13.1　网络图中常见的各种工序逻辑关系的表示方法

序　号	描　　述	表达方法	逻辑关系	
			工序名称	紧前工序
1	A工序完成后,B工序才能开始		B	A
2	A工序完成后,B、C工序才能开始		B C	A A
3	A、B工序完成后,C工序才能开始		C	A、B
4	A、B工序完成后,C、D工序才能开始		C D	A、B A、B
5	A、B工序完成后,C工序才能开始,且B工序完成后,D工序才能开始		C D	A、B B

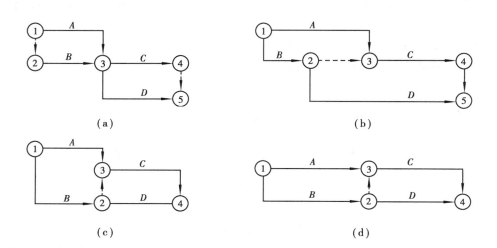

图13.6　按表13.2绘制的网络图

(a)错误画法;(b)横向断路法

(c)竖向断路法一;(d)竖向断路法二

（2）网络图绘制的基本原则

①网络图的节点应用圆圈表示，网络图中所有节点都必须编号，所编的数码叫代号，代号必须标注在节点内。代号可不连续，但严禁重复，并应使箭尾节点的代号小于箭头节点的代号。

②网络图必须按照已定的逻辑关系绘制，例如已知网络图的逻辑关系如表13.2所示。若网络图13.6（a）就是错误的，因 D 的紧前工作没有 A。此时可用横向断路法或竖向短路法将 D 与 A 的联系断开，如图13.6（b）、（c）、（d）所示。

表13.2　逻辑关系表

工　作	A	B	C	D
紧前工作	—	—	A、B	B

③网络图中严禁出现从一个节点出发，顺箭线方向又回到原出发点的循环回路。如图13.7所示的网络图中，就出现了不允许出现的循环回路 BCFG。

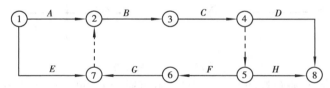

图13.7　有循环回路的错误网络图

④网络图中的箭线（包括虚箭线，以下同）应保持自左向右的方向。不应出现箭头指向左方的水平箭线和箭头偏向左方的斜向箭钱。若遵循这一原则绘制网络图，就不会有循环回路出现。

⑤网络图中严禁出现双向箭头和无箭头的连线，如图13.8所示。

（a）　　　　　　　　　　　　（b）

图13.8　错误的箭线画法
（a）双向箭头的连线；（b）无箭头的连线

⑥严禁在网络图中出现没有箭尾节点的箭线和没有箭头节点的箭线，如图13.9所示。

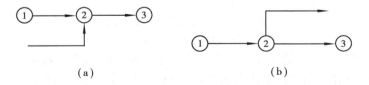

（a）　　　　　　　　　　　　（b）

图13.9　没有箭尾节点和没有箭头节点的箭线
（a）没有箭尾节点的箭线；（b）没有箭头节点的箭线

⑦严禁在箭线上引入或引出箭线，如图13.10所示。但当网络图的起始节点有多条外向箭线，或终止节点有多条内向箭线时，为使图形简洁，可用母线法绘图；使多条箭线经一条共用的竖向母线段从起始节点引出，或使多条箭线经一条共用的竖向母线段引入终止节点，如图13.11所示。

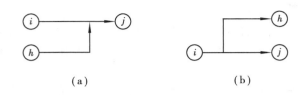

图 13.10　在箭线上引入和引出箭线的错误画法
（a）在箭线上引入箭线；（b）在箭线上引出箭线

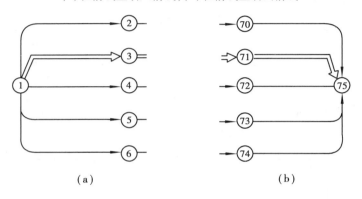

图 13.11　母线画法

⑧绘制网络图时,宜避免箭线交叉,当交叉不可避免时,可用过桥法或指向法表示。如图 13.12 所示。

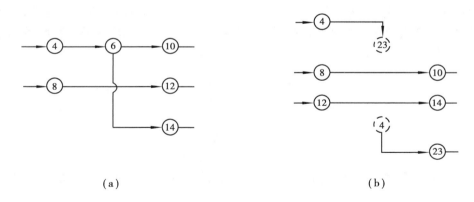

图 13.12　箭线交叉的表示方法
（a）过桥法；（b）指向法

⑨网络图应只有一个起始节点和一个终点节点(多目标网络计划除外)。除网络计划起点和终点节点外,不允许出现没有内向箭线的节点和没有外向箭线的节点。如图 13.13 所示的网络图中有两个起始节点①和②;有两个终点节点⑫和⑬,有没有内向箭线的节点⑤和没有外向箭线的节点⑨。该网络图的正确画法如图 13.14 所示,即将①、②、⑤合并成一个起始节点,将⑨、⑫、⑬合并成一个终点节点。

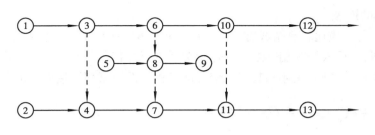

图 13.13 错误的网络图

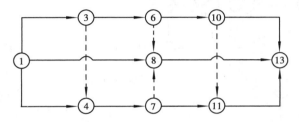

图 13.14 网络图的正确画法

(3)网络图的排列方法

①工艺顺序按水平方向排列

这种排列方法是把各分项(或分部)工程的施工顺序按水平方向排列,施工段则按垂直方向排列。例如某工程有挖土、垫层、砼浇筑、回填等四项工艺,分两个施工段组织流水施工,其网络图的排列形式如图 13.15 所示。

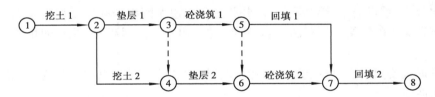

图 13.15 施工工艺顺序按水平排列

②施工段按水平方向排列这种方法是把施工段按水平方向排列,工艺顺序按垂直方向排列,其形式如图 13.16 所示。

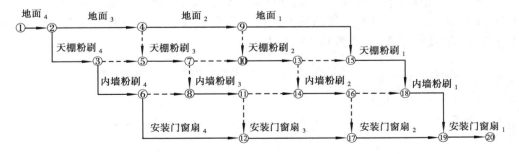

图 13.16 施工段按水平方向排列

（4）网络图的连接

编制一个工程规模比较复杂或有多幢房屋工程的网络计划时,一般先按不同的分部工程编制局部网络图,然后根据其相互之间的逻辑关系进行连接,形成一个总体网络图。图13.17所示分别为某工程的基础、主体和装修三个分部工程局部网络图连接而成的总体网络图。

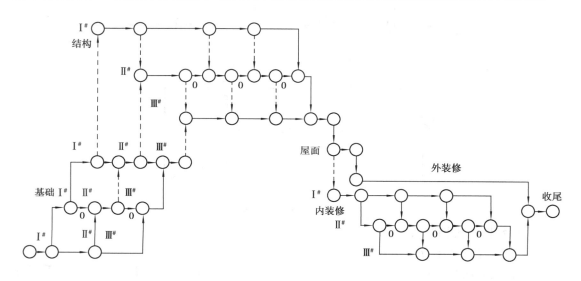

图 13.17　网络图的连接

（5）绘制网络图应注意的问题

①层次分明,重点突出:绘制网络计划图时,首先遵循网络图的绘制规则绘出一张符合工艺和组织逻辑关系的网络计划草图,然后检查、整理出一幅条理清楚、层次分明、重点突出的网络计划图。

②构图形式要简捷、易懂:绘制网络计划图时,通常的箭线应以水平线为主,竖线为辅,应尽量避免用曲线。

③正确应用虚箭线:绘制网络图时,正确应用虚箭线可以使网络计划中逻辑关系更加明确、清楚,它起到“断”和“连”的作用。用虚箭线切断逻辑关系:如图13.18(a)所示的A、B工作的紧后工作C、D工作,如果要去掉A工作与D工作的关系,那么就增加虚箭线,增加节点,如图13.18(b)。用虚箭线连接逻辑关系:如图13.19(a)中B工作的紧前工作是A工作,D工作的紧前工作是C工作。若D工作的紧前工作不仅有C工作而且还有A工作,那么连接A与D的关系就要使用虚箭线,如图13.19(b)所示。

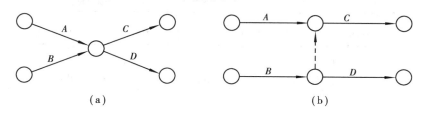

（a）　　　　　　　　　　　　　　　　　（b）

图 13.18　用虚箭线切断逻辑关系
（a）切断前逻辑关系;（b）切断后逻辑关系

网络图中应力求减少不必要的虚箭线,如图 13.19(a)中⑤—⑥、④—⑥是多余虚箭线。其正确的画法如图 13.19(b)所示。

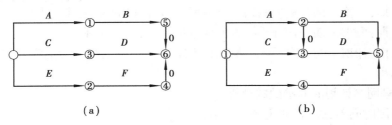

图 13.19　虚箭线的正确使用

(a)错误;(b)正确

13.1.3　双代号网络图时间参数的计算

在网络图上加注工作的时间参数等而编成的进度计划叫网络计划。

用网络计划对任务的工作进度进行安排和控制,以保证实现预定目标的科学的计划管理技术叫网络计划技术。网络计划技术的种类很多:有关键线路法、计划评审技术、图示评审技术、风险评审技术等。

关键线路法(CPM)是计划中工作和工作之间的逻辑关系肯定,且对每项工作只确定一个肯定的持续时间的网络计划技术。

计划评审技术(PERT)是计划中工作和工作之间的逻辑关系肯定,但工作的持续时间不肯定,应进行时间参数估算,并对按期完成任务的可能性作出评价的网络计划技术。

图示评审技术(GERT)是计划中工作和工作之间的逻辑关系都不肯定,且工作持续时间也不肯定,而按随机变量进行分析的网络计划技术。

风险评审技术(VERT)是对工作与工作之间的逻辑关系和工作持续时间都不肯定的计划,可同时就费用、时间、效能三方面作综合分析并对可能发生的风险作概率估计的网络计划技术。

本书只对关键线路法进行探讨。只研究在计划中的工作与工作之间的逻辑关系、工作持续时间都肯定的情况下,如何确定网络计划的时间参数等问题。

上面所提的持续时间是指一项工作规定的从开始到完成所需的时间。工作 $i—j$ 的持续时间用 $D_{i—j}$ 表示。

(1)双代号网络计划的时间参数

网络计划中都应确定下列基本时间参数:

① $i—j$ 工作的持续时间 $D_{i—j}$(Day)。

② $i—j$ 工作的最早可能开始时间 $ES_{i—j}$(Earliest starting time)。

③ $i—j$ 工作的最迟必须开始时间 $LS_{i—j}$(Latest starting time)。

④ $i—j$ 工作的最早可能完成时间 $EF_{i—j}$(Earliest finish time)。

⑤ $i—j$ 工作的最迟必须完成时间 $LF_{i—j}$(Latest finish time)。

⑥ $i—j$ 工作的总时差 $TF_{i—j}$(Total float)。

⑦ $i—j$ 工作的自由时差(又称局部时差) $FF_{i—j}$(Free Float)。

（2）工期

工期泛指完成任务所需的时间，一般有以下3种：

①计算工期：计算工期是根据网络计划时间参数计算出来的工期，用 T_c 表示。

②要求工期：要求工期是任务委托人所要求的工期，用 T_r 表示。

③计划工期：计划工期是在要求工期和计算工期的基础上综合考虑需要和可能而确定的工期，用 T_p 表示。

（3）双代号网络计划时间参数的计算

计算网络图时间参数的目的主要有3个：

①确定关键路线，使得在工作中能抓住主要矛盾，向关键路线要时间。

②计算非关键路线上的富余时间，明确其存在多少机动时间，向非关键路线要劳动力、要资源。

③确定总工期，明确工程进度所需用的时间。

1）工作持续时间的计算

工作的持续时间是网络计划的最基本的参数。可以说，网络计划如果没有工作的持续时间，它就失去了自身存在的意义。工作的持续时间可以按照下面2个公式计算：

$$D_{i-j} = \frac{Q_{i-j}}{N_{i-j}^w} \times \frac{1}{n} \tag{13.1a}$$

或

$$D_{i-j} = \frac{M_{i-j}}{N_{i-j}^m} \times \frac{1}{n} \tag{13.1b}$$

式中：Q_{i-j}——$i—j$ 工作所需的劳动量（工日）；

N_{i-j}^w——对 $i—j$ 工作每班安排的工人数（人）；

N_{i-j}^m——对 $i—j$ 工作每班安排的机械台数（台）；

M_{i-j}——$i—j$ 工作所需的机械台班数（台班）；

n——每天安排的工作班数（台班）。

2）工作的开始和完成时间的计算

一般采用图上计算法进行计算，图上计算法是直接在网络图上推算各活动的各有关时间参数，并直接把计算结果标注在相应箭杆的上方。现采取六时标注方式。即将计算所得的结果标注在相应的位置上，如图13.20所示。

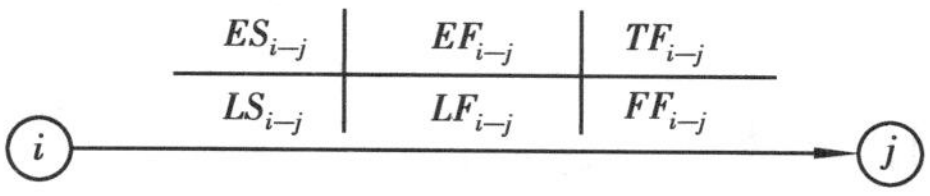

图 13.20　六时标注法

①工作最早时间的计算

工作的最早时间参数包括最早可能开始时间和最早可能完成时间。它是限制本工作提前开始或完成的时间。它与紧前工作的时间参数有紧密的关系，因此它首先受到开始节点的开始时间（TE_i）的限制。一般假定 $TE_i = 0（i=1）$。也就是说与网络图开始节点连接的所有工作的最早开始时间都是零。由此顺箭流计算，直至网络图的终点节点。在计算过程中，便直接将结果标注在图上。

工作的最早可能完成时间等于本工作队的最早可能开始时间和本工作持续时间之和，即：

$$EF_{i-j} = ES_{i-j} + D_{i-j} \qquad (13.2)$$

如图 13.21(工作持续时间写在箭杆下方)可计算得:

$$EF_{1-2} = ES_{1-2} + D_{1-2} = 0 + 6 = 6$$
$$EF_{1-3} = ES_{1-3} + D_{1-3} = 0 + 3 = 3$$
$$EF_{1-6} = ES_{1-6} + D_{1-6} = 0 + 15 = 15$$

紧前工作的最早可能完成时间便是紧后工作的最早可能开始时间,即:

$$ES_{j-k} = EF_{i-j} \qquad (13.3)$$

如图 13.21, $\qquad ES_{2-4} = EF_{1-2} = 6$

$$EF_{2-4} = ES_{2-4} + D_{2-4} = 6 + 3 = 9$$

如果某个工作只有一个紧前工作时,那么该工作的最早可能开始时间便等于紧前工作的最早可能完成时间:

$$ES_{i-j} = EF_{h-i} \qquad (13.4a)$$

如果某个工作有多个紧前工作时,那么该工作的最早可能开始时间便等于多个紧前工作的最早可能完成时间中的最大值:

$$ES_{i-j} = \max[EF_{h-i}] = \max[ES_{h-i} + D_{h-i}] \qquad (13.4b)$$

如图 13.21, $ES_{3-5} = \max[EF_{1-2}, EF_{1-3}] = \max[6,3] = 6$。

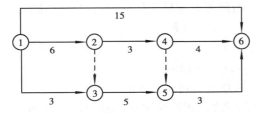

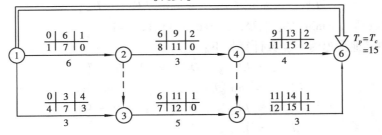

图 13.21　六时标网络计划示例

图 13.21 中其他最早时间参数计算如下:

$$EF_{3-5} = ES_{3-5} + D_{3-5} = 6 + 5 = 11$$
$$ES_{3-6} = EF_{2-4} = 9$$
$$EF_{4-6} = ES_{4-6} + D_{4-6} = 9 + 4 = 13$$
$$ES_{5-6} = \max[EF_{2-4}, EF_{3-5}] = \max[9, 11] = 11$$
$$EF_{5-6} = ES_{5-6} + D_{5-6} = 11 + 3 = 14$$

与网络图的终点节点连接的所有工作最早可能完成时间的最大值便是终点节点的最早完成时间:

$$TL_n = \max[EF_{j-n}] \qquad (j < n) \qquad\qquad (13.5)$$

（TL——终点节点的完成瞬时时间）

如图 13.21，$TL_6 = \max[EF_{1-6}, EF_{4-6}, EF_{5-6}] = \max[15, 13, 14] = 15$

②工作最迟时间的计算

工作的最迟时间参数包括最迟必须开始时间和最迟必须完成时间。它是在不影响任务的总工期的前提下本工作最迟必须完成或开始的时间。因此，它们受到终点节点完成时间 TL_n（n 为终点节点代号）的约束，每个工作的最迟时间也都受着它们紧后工作的最迟时间的约束。所以各个工作的最迟时间应从网络图的终点节点开始逆箭流计算直至开始节点，并将计算结果标注在图上。与终点节点连接的所有工作最迟必须完成时间等于终点节点的完成时间 LF_{j-n}，应按网络计划的计划工期确定：

$$LF_{j-n} = T_P \qquad\qquad (13.6)$$

如图 13.21，$TL_6 = 15$。故：$LF_{1-6} = LF_{4-6} = LF_{5-6} = TL_6 = 15$。

工作的最迟必须开始时间等于本工作的最迟必须完成时间和本工作持续时间之差，即：

$$LS_{i-j} = LF_{i-j} - D_{i-j} \qquad\qquad (13.7)$$

如图 13.21，$LS_{4-6} = LF_{4-6} - D_{4-6} = 15 - 4 = 11$

$\qquad\qquad LS_{5-6} = LF_{5-6} - D_{5-6} = 15 - 3 = 12$

紧前工作的最迟必须完成时间便是紧后工作的最迟必须开始时间，即：

$$LF_{i-j} = LS_{j-k} \qquad\qquad (13.8a)$$

如图 13.21，$LF_{3-5} = LS_{5-6} = 12$

$\qquad\qquad LS_{3-5} = LF_{3-5} - D_{3-5} = 12 - 5 = 7$

$\qquad\qquad LS_{1-6} = LF_{1-6} - D_{1-6} = 15 - 15 = 0$

如果某个工作有多个紧后工作时，那么该工作的最迟必须完成时间便等于多个紧后工作的最迟必须开始时间中的最小值，即：

$$LF_{i-j} = \min[LS_{j-k}] = \min[LF_{j-k} - D_{j-k}] \qquad\qquad (13.8b)$$

如图 13.21，$LF_{2-4} = \min[LS_{4-6}, LS_{5-6}] = \min[11, 12] = 11$

图 13.21 中其他最迟时间参数计算如下：

$$LS_{3-5} = LF_{3-5} - D_{3-5} = 12 - 5 = 7$$
$$LF_{2-4} = \min[LS_{4-6}, LS_{5-6}] = \min[11, 12] = 11$$
$$LS_{2-4} = LF_{2-4} - D_{2-4} = 11 - 2 = 9$$
$$LF_{1-3} = LS_{3-5} = 7$$
$$LS_{1-3} = LF_{1-3} - D_{1-3} = 7 - 3 = 4$$
$$LF_{1-2} = \min[LS_{2-4}, LS_{3-5}] = \min[8, 7] = 7$$
$$LS_{1-2} = LF_{1-2} - D_{1-2} = 2 - 1 = 1$$

3）时差的计算与分析

采用图上计算法计算时差时，各时间参数计算结果应填在六时标中规定位置。

A. 总时差的计算：总时差是各项工作在不影响工程总工期（但可能影响前后工作完成或开始时间）的前提下所具有的机动时间（富裕时间）。从图 13.21 可见，7 项工作中，某些活动的最早可能开始时间和最迟必须开始时间相同，或者说开始时间值仅有一个。例如工作①—⑥。而某些工作则有两个不同的开始时间值（它们的最早可能完成时间和最迟必须完成时间也不同,或者说有两个不同的完成时间值)。例如工作①—②的开始时间,最早是 0。最迟是 1;又如工作②—④的开始时间,最早是 6,最迟是 8,再如⑤—⑥的开始时间,最早是 11,最迟是 12 等。

一个工作的两个开始时间值之差就是这个工作的总时差;或者也可以说一个工作的两个结束时间值之差就是这个工作的总时差。总时差用 TF_{i-j} 表示,其计算式如下:

$$TF_{i-j} = LS_{i-j} - ES_{i-j} = LF_{i-j} - EF_{i-j} \tag{13.9}$$

如图 13.21 各项工作的总时差计算如下,相应的计算结果分别填写在图 13.21 中六时标注相应位置内:

$$TF_{1-2} = LS_{1-2} - ES_{1-2} = 1 - 0 = 1$$
$$TF_{1-3} = LS_{1-3} - ES_{1-3} = 4 - 0 = 4$$
$$TF_{1-6} = LS_{1-6} - ES_{1-6} = 15 - 15 = 0$$
$$TF_{2-4} = LS_{2-4} - ES_{2-4} = 8 - 6 = 2$$
$$TF_{3-5} = LS_{3-5} - ES_{3-5} = 7 - 6 = 1$$
$$TF_{4-6} = LS_{4-6} - ES_{4-6} = 11 - 9 = 2$$
$$TF_{5-6} = LS_{5-6} - ES_{5-6} = 12 - 11 = 1$$

B. 关键工作和关键线路的确定:某项工作的最早可能开始时间若等于最迟必须开始时间时,它的总时差便等于零,这就表明该项工作的开始时间没有机动时间,即表明没有任何变动余地。因此它们被称之为"关键工序",如图 13.21 中的工作①—⑥。全部由关键工序构成的线路被称之为"关键线路"。即图 13.21 中的工作①—⑥线路。为了醒目起见,关键线路通常用加粗箭杆或双箭线的方式表示。

总时差不等于零的工作都被称之为非关键工序。凡是具有非关键工序的线路,都被称之为非关键线路。由于关键工序和非关键工序在网络计划中存在着一定的逻辑关系,因此,部分工作会既存在于关键线路中又存在于非关键线路中,所以非关键线路有时会包含有某些关键工序。非关键线路与关键线路相交时的相关节点把非关键线路划分成若干个非关键线路段。各段都有它们各自的总时差,并且相互之间没有关系。例如图 13.21 中①—②—③—⑤中的总时差仅为该线路段所有。某项总时差不等于零的工作,当其使用全部(或部分)总时差时,则通过该工作的线路上以后的所有非关键活动的总时差都会消失(或减少)。当非关键工序的总时差消失为零时,则它们就转变为关键工序了。

C. 自由时差的计算:自由时差是指在不影响紧后工作最早可能开始时间的条件下,允许本工作能够具有的最大幅度的机动余地。在这个范围内,延长本工作的持续时间,或推迟本工作的开始时间,都不会影响紧后工作的最早可能开始时间。自由时差用 FF_{i-j} 表示,计算式如下:

$$FF_{i-j} = ES_{j-k} - EF_{i-j} = ES_{j-k} - (ES_{i-j} + D_{i-j}) \tag{13.10a}$$

或
$$FF_{i-j} = TL_j - EF_{i-j} \tag{13.10b}$$

因为
$$LS_{i-j} \geqslant ES_{j-k}$$

故
$$FF_{i-j} \geqslant TF_{i-j} \tag{13.11}$$

即自由时差必小于总时差。总时差为零的工序,其自由时差也必为零。由于自由时差仅为某些非关键工序所自由使用,故亦称之为局部时差。如图 13.21 中工序③—⑤,$EF_{3-5} = 11$;工序⑤—⑥,$ES_{5-6} = 11$。工序③—⑤的完成时间若为 11,则不会影响工序⑤—⑥的最早可能开始时间。而工序③—⑤的 $LF_{3-5} = 12$，其总时差 $TF_{3-5} = LF_{3-5} - EF_{3-5} = 12 - 11 = 1$。而 $FF_{3-5} = ES_{5-6} - (ES_{3-5} + D_{3-5}) = 0$，如图 13.21 中各项工序的自由时差计算如下，相应的计算结果分别填写在图 13.21 中六时标注相应位置内：

$$FF_{1-2} = \min[ES_{2-4}, ES_{3-5}] - EF_{1-2} = \min[6, 6] - 6 = 0$$

$$FF_{1-3} = ES_{3-5} - EF_{1-3} = 6 - 3 = 3$$

$$FF_{1-6} = TL_6 - EF_{1-6} = 15 - 15 = 0$$

$$FF_{2-4} = \min[ES_{4-6} - ES_{5-6}] - EF_{2-4} = \min[9, 11] - 9 = 0$$

$$FF_{3-5} = ES_{5-6} - ES_{3-5} - D_{3-5} = 11 - 6 - 5 = 0$$

$$FF_{4-6} = TL_6 - ES_{4-6} - D_{4-6} = 15 - 9 - 4 = 2$$

$$FF_{5-6} = TL_6 - ES_{5-6} - D_{5-6} = 15 - 11 - 3 = 1$$

13.2　单代号网络图

单代号网络图是网络计划的另一种表示方法，它是用一个圆圈或方框代表一项工作，将工作代号、工作名称和完成工作所需要的时间写在圆圈或方框里面，箭线仅用来表示工作之间的顺序关系。用这种表示方法把一项计划中所有工作按先后顺序将其相互之间的逻辑关系，从左至右绘制而成的图形，就叫单代号网络，用这种网络图表示的计划叫做单代号网络计划。图 13.22 是一个简单的单代号网络图，图 13.23 是常见的单代号表示法。

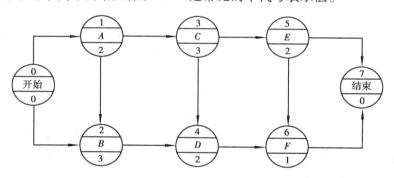

图 13.22　单代号网络图

13.2.1　单代号网络图的构成

单代号网络图是由箭线、节点、线路三个基本要素构成，如图 13.22 所示。

（1）箭线

单代号网络图中箭线是表示各工作之间的逻辑关系，不代表各工作的持续时间的长短，箭线的形状和方向可根据具体绘图需要而自行设定。

（2）节点

单代号网络图中节点表示的各个工作。节点可以采用圆圈，也可以用方框。工作名称或内容、工作代号、工作所需要的时间及有关的工作时间参数都可以写在圆圈上或方框内，如图 13.23 所示。

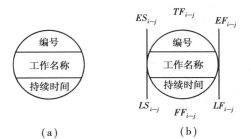

工作代号	ES_{i-j}	EF_{i-j}
工作名称	TF_{i-j}	FF_{i-j}
持续时间	LS_{i-j}	LF_{i-j}

（a）　　　　　　（b）　　　　　　　　　（c）

图 13.23　常见的几种单代号表示法

（3）线路

单代号网络图的线路同双代号网络图表的线路的含义是相同的。从网络计划起始节点到终点节点之间持续时间最长的线路叫关键线路，其余称为非关键线路。

13.2.2　单代号网络图的绘制方法

（1）正确地表示各工作之间的逻辑关系

根据工程计划中各工作在工艺上、组织上的逻辑关系来确定其紧前紧后工作名称，见表 13.3。

表 13.3　单代号网络图的几种逻辑关系表达示例

序　号	工作间的逻辑关系	单代号的表示方法
1	A、B 两项工作，依次进行施工	Ⓐ ⟶ Ⓑ
2	A、B、C 三项工作，同时开始施工	Ⓢ ⟶ Ⓐ Ⓑ Ⓒ
3	A、B、C 三项工作，同时结束施工	Ⓐ Ⓑ Ⓒ ⟶ Ⓔ
4	A、B、C 三项工作，有 A 完成之后，B、C 才能开始	Ⓐ ⟶ Ⓑ Ⓒ
5	A、B、C 三项工作，C 工作只能在 A、B 完成之后开始	Ⓐ Ⓑ ⟶ Ⓒ
6	A、B、C、D 四项工作，当 A、B 完成之后，C、D 才能开始	Ⓐ Ⓑ ⟶ Ⓒ Ⓓ

（2）单代号网络图的绘制规则

①单代号网络图的节点用圆圈或矩形方框表示，节点所表示的工作名称和工作代号标注在节点内。

②当网络图中有多项起始工作或多项完成工作时，应在网络图的两端分别设置一项虚拟的工作，作为该网络图的起始节点或终点节点，如图 13.22 所示。但只有一项起始工作或一项完成工作时，就不宜设置虚拟的起始节点或终点节点，如图 13.24 所示。

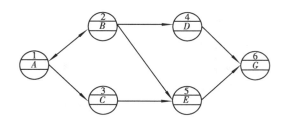

图 13.24　没有虚拟的起始节点或终点节点的单代号网络图

【例 13.1】　根据表 13.4 所列出的各工序的逻辑关系,绘制出单代号网络计划图。

表 13.4　各工序的逻辑关系

工作名称	持续时间	紧前工作	紧后工作
A	2	—	BC
B	3	A	D
C	2	A	DE
D	1	B、C	F
E	2	C	F
F	1	D、E	—

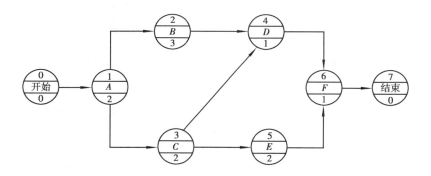

图 13.25　单代号网络图

13.2.3　单代号网络图与双代号网络图的特点比较

①单代号网络图绘制方便,不必增加虚工作。在此点上,弥补了双代号网络图的不足。

②单代号网络图具有便于说明,一般来说,对于多个工序在多个施工段的分段作业时,单代号网络图更显得比较简单,更容易被非专业人员所理解和易于修改的优点。这对于推广应用统筹法编制工程进度计划,进行全面科学管理是有益的。但对于多个工序的交叉衔接时,如继续采用单代号网络图就会出现许多箭杆交叉,给非专业人员带来诸多不便,这时采用双代号网络图就显得比较方便。因此,采用单代号或双代号网络图法,需要根据解决问题的具体情况进行选择。

③双代号网络图表示工程进度比用单代号网络图更为形象,特别是应用在带时间坐标网络图中时。

④双代号网络图在应用电子计算机进行计算和优化过程更为简便,这是因为双代号网络图中用两个代号代表一项工作,可直接反映其紧前或紧后工作的关系。而单代号网络图就必须按工作逐个列出其紧前、紧后工作关系,这在计算机中需占用更多的存储单元。

由于单代号和双代号网络图有上述各自的优缺点,这两种表示法在不同情况下,其表现的繁简程度是不同的。有些情况下,应用单代号表示法较为简单,有些情况下,使用双代号表示法则更为清楚。因此,单代号和双代号网络图是两种互为补充、各具特色的表现方法。

13.2.4   单代号网络图时间参数的计算

在单代号网络计划中,除标注出各个工作的 6 个主要时间参数外,还应在箭线上方标注出相邻两工作之间的时间间隔,如图 13.26 所示。时间间隔就是一项工作的最早完成时间与其紧后工作最早开始时间之间可能存在的差值。工作 i 与其紧后工作 j 之间的时间间隔用 $LAG_{i,j}$ 表示。

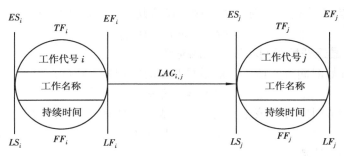

图 13.26   单代号网络图时间参数标注方式

当计划工期等于计算工期时,单代号网络计划的 6 个主要时间参数及相邻两工作之间的时间间隔的计算步骤如下:

(1)计算最早开始时间和最早完成时间

网络计划中各项工作的最早开始时间和最早完成时间的计算是从网络计划的起点节点开始,顺着箭线方向按工作编号从小到大的顺序逐个计算。

①网络计划起点节点的最早开始时间为零。如起点节点编号为 1,则:

$$ES_1 = 0 \tag{13.12}$$

②工作的最早完成时间等于该工作的最早开始时间加该工作的持续时间:

$$EF_j = ES_j + D_j \tag{13.13}$$

③工作的最早开始时间等于该工作的各个紧前工作的最早完成时间的最大值。如工作 j 的紧前工作的代号为 i,则:

$$ES_j = \max[\ EF_i\ ] \tag{13.14}$$

(2)计算相邻两项工作之间的时间间隔

相邻两项工作之间存在时间间隔,工作 i 与其紧后工作 j 之间的时间间隔记为 $LAG_{i,j}$。时间间隔指相邻两项工作之间,后项工作的最早开始时间与前项工作的最早完成时间之差,用下式计算:

$$LAG_{i,j} = ES_j - EF_i \tag{13.15}$$

（3）计算总时差

工作总时差应从网络计划的终点节点开始,逆着箭线方向按工作编号从大到小的顺序逐个计算。

①网络计划终点节点的总时差,如计划工期等于计算工期,其值为零。若终点节点的编号为 n,则

$$TF_n = 0 \tag{13.16}$$

②其他工作的总时差等于该工作的各个紧后工作的总时差加该工作与其各个紧后工作之间的时间间隔之和的最小值,若工作 i 的紧后工作为 j,则:

$$TF_i = \min[TF_j + LAG_{i,j}] \tag{13.17}$$

（4）计算自由时差

若无紧后工作,工作的自由时差等于计划工期减该工作的最早完成时间:

$$FF_i = T_p - EF_i \tag{13.18}$$

若有紧后工作,工作的自由时差等于该工作与其紧后工作之间的时间间隔的最小值:

$$FF_i = \min[LAG_{i,j}] \tag{13.19}$$

（5）计算工作最迟开始时间和最迟完成时间

①工作最迟开始时间等于该工作的最早开始时间加该工作的总时差:

$$LS_i = ES_i + TF_i \tag{13.20}$$

②工作最迟完成时间等于该工作的最早完成时间加该工作的总时差:

$$LF_i = EF_i + TF_i \tag{13.21}$$

（6）关键线路的判定

关键线路上的工作必须完全是关键工作,且两相邻关键工作之间的时间间隔必须为零。

【例 13.2】 已知网络计划如图 13.27 所示,若计划工期等于计算工期,试列式算出各项工作的 6 个主要时间参数,将 6 个主要时间参数及工作之间的时间间隔标注在网络计划上,并用双线箭线表示出关键线路。

【解】 1）计算最早开始时间和最早完成时间

$$ES_1 = 0$$
$$EF_1 = ES_1 + D_1 = 0 + 0 = 0$$
$$ES_2 = ES_3 = ES_4 = EF_1 = 0$$
$$EF_2 = ES_2 + D_2 = 0 + 15 = 15$$
$$EF_3 = ES_3 + D_3 = 0 + 6 = 6$$
$$EF_4 = ES_4 + D_4 = 0 + 3 = 3$$
$$ES_5 = ES_3 = 6$$
$$EF_5 = ES_5 + D_5 = 6 + 3 = 9$$
$$ES_6 = \max[EF_3, EF_4] = \max[6, 3] = 6$$
$$EF_6 = ES_6 + D_6 = 6 + 5 = 11$$
$$ES_7 = EF_5 = 9$$
$$EF_7 = ES_7 + D_7 = 9 + 4 = 13$$
$$ES_8 = \max[EF_5, EF_6] = \max[9, 11] = 11$$
$$EF_8 = ES_8 + D_8 = 11 + 3 = 14$$

$$ES_9 = \max\left[EF_2, EF_7, EF_8\right] = \max\left[15, 13, 14\right] = 15$$
$$EF_9 = ES_9 + D_9 = 15 + 0 = 15$$
$$TF_p = T_c = EF_9 = 15$$

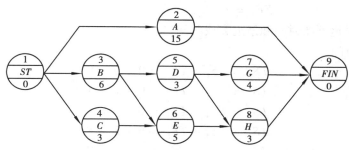

图 13.27　例题中的单代号网络计划

2）计算相邻两项工作之间的时间间隔

本例中由于节点 1 为虚拟的工作,不需计算其时间参数,故不需计算其与相邻工作之间的时间间隔,其他时间间隔计算如下:

$$LAG_{2,9} = ES_9 - EF_2 = 15 - 15 = 0$$
$$LAG_{3,5} = ES_5 - EF_3 = 6 - 6 = 0$$
$$LAG_{3,6} = ES_6 - EF_3 = 6 - 6 = 0$$
$$LAG_{4,6} = ES_6 - EF_4 = 6 - 3 = 3$$
$$LAG_{5,7} = ES_7 - EF_5 = 9 - 9 = 0$$
$$LAG_{5,8} = ES_8 - EF_5 = 11 - 9 = 2$$
$$LAG_{6,8} = ES_8 - EF_6 = 11 - 11 = 0$$
$$LAG_{7,9} = ES_9 - EF_7 = 15 - 13 = 2$$
$$LAG_{8,9} = ES_9 - EF_8 = 15 - 14 = 1$$

3）计算总时差

当计划工期等于计算工期时,其终点节点所代表的工作的总时差为零,即 $TF_9 = 0$,其他工作的总时差计算如下:

$$TF_8 = TF_9 + LAG_{8,9} = 0 + 1 = 1$$
$$TF_7 = TF_9 + LAG_{7,9} = 0 + 2 = 2$$
$$TF_6 = TF_8 + LAG_{6,8} = 1 + 0 = 1$$
$$TF_5 = \min\left[(TF_7 + LAG_{5,7}), (TF_8 + LAG_{5,8})\right] = \min\left[(2 + 0), (1 + 2)\right] = 2$$
$$TF_4 = TF_6 + LAG_{4,6} = 1 + 3 = 4$$
$$TF_3 = \min\left[(TF_5 + LAG_{3,5}), (TF_6 + LAG_{3,6})\right] = \min\left[(2 + 0), (1 + 0)\right] = 1$$
$$TF_2 = TF_9 + LAG_{2,9} = 0 + 0 = 0$$

4）计算自由时差

$$FF_9 = T_p - EF_9 = 15 - 15 = 0$$
$$FF_8 = LAG_{8,9} = 1$$
$$FF_7 = LAG_{7,9} = 2$$
$$FF_6 = LAG_{6,8} = 0$$

$$FF_5 = \min[LAG_{5,9}, LAG_{5,8}] = \min[0,2] = 0$$
$$FF_4 = LAG_{4,6} = 3$$
$$FF_3 = \min[LAG_{3,5}, LAG_{3,6}] = \min[0,0] = 0$$
$$FF_2 = LAG_{2,9} = 0$$

5) 计算工作最迟开始时间和最迟完成时间

① 最迟开始时间：

$$LS_2 = ES_2 + TF_2 = 0 + 0 = 0$$
$$LS_3 = ES_3 + TF_3 = 0 + 1 = 1$$
$$LS_4 = ES_4 + TF_4 = 0 + 4 = 4$$
$$LS_5 = ES_5 + TF_5 = 6 + 2 = 8$$
$$LS_6 = ES_6 + TE_6 = 6 + 1 = 7$$
$$LS_7 = ES_7 + TF_7 = 9 + 2 = 11$$
$$LS_8 = ES_8 + TF_8 = 11 + 1 = 12$$

② 最迟完成时间：

$$LF_2 = EF_2 + TF_2 = 15 + 0 = 15$$
$$LF_3 = EF_3 + TF_3 = 6 + 1 = 7$$
$$LF_4 = EF_4 + TF_4 = 3 + 4 = 7$$
$$LF_5 = EF_5 + TF_5 = 9 + 2 = 11$$
$$LF_6 = EF_6 + TF_6 = 11 + 1 = 12$$
$$LF_7 = EF_7 + TF_7 = 13 + 2 = 15$$
$$LF_8 = EF_8 + TF_8 = 14 + 1 = 15$$

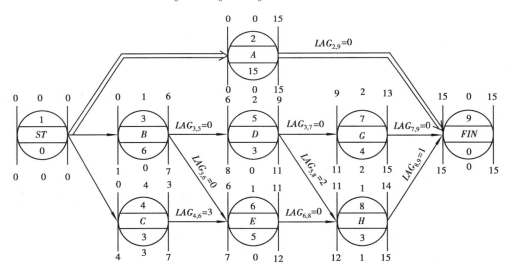

图 13.28　单代号网络计划

6) 将算出的 6 个主要时间参数及相邻工作之间的间隔时间按图 13.28 所示图例标注在网络计划上,并用双线箭线标示出关键线路,如图 13.28 所示。上述计算宜在图上进行,即边计算边标注,不用列式即可算出。

13.3 双代号时标网络计划

双代号时标网络计划（以下简称时标网络计划）是以时间坐标为尺度绘制的网络计划。时标的时间单位应根据需要在编制网络计划之前确定,可为小时、天、周、旬、月或季等。

时标网络计划以实箭线表示工作,以虚箭线表示虚工作,以波形线表示工作与其紧后工作之间的时间间隔。

时标网络计划中的箭线宜用水平箭线或由水平段和垂直段组成的箭线,不宜用斜箭线。虚工作亦宜如此,但虚工作的水平段应绘成波形线。

时标网络计划宜按各个工作的最早开始时间编制。即在绘制时应使节点、工作和虚工作尽量向左(即网络计划起点节点的方向)靠,直至不致出现逆向箭线和逆向虚箭线为止。如图13.29 所示。

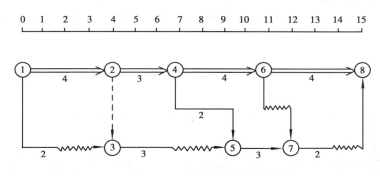

图 13.29   时标网络计划

13.3.1 时标网络计划的绘制方法

时标网络计划的绘制方法有间接绘制法和直接绘制法两种。

(1)间接绘制法

间接绘制法是先绘制出无标时网络计划,确定出关键线路,再绘制时标网络计划。绘制时先绘制出关键线路,再绘制非关键工作,某些工作箭线长度不足以达到该工作的完成节点时,用波形线补足,箭头画在波形线与节点连接处。

【例 13.3】   已知网络计划的有关资料如表 13.5 所示,试用间接绘制法绘制时标网络计划。

【解】   ①确定出节点位置号,如表 13.6 所示。

②绘出网络标时计划,并用标号法确定出关键线路如图 13.30 所示。

③按时间坐标绘出关键线路如图 13.31 所示。

④画出非关键工作如图 13.32 所示。

361

表 13.5　例 13.3 的网络计划资料

工 作	A	B	C	D	E	G	H
持续时间	9	4	2	5	6	4	5
紧前工作	—	—	—	B	B、C	D	D、E

表 13.6　节点位置关系表

工 作	A	B	C	D	E	G	H
持续时间	9	4	2	5	6	4	5
紧前工作	—	—	—	B	B、C	D	D、E
紧后工作	—	D、E	E	G、H	H	—	—
开始节点位置号	0	0	0	1	1	2	2
完成节点位置号	2	1	1	2	2	3	3

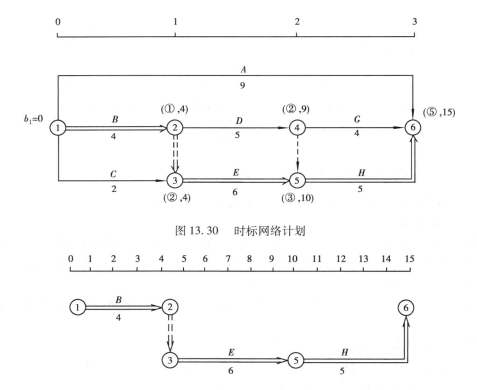

图 13.30　时标网络计划

图 13.31　画出时标网络计划的关键线路

（2）直接绘制法

直接绘制法是不需绘出标时网络计划而直接绘制时标网络计划的一种方法。其绘制步骤如下。

①将起点节点定位在时标表的起始刻度线上。

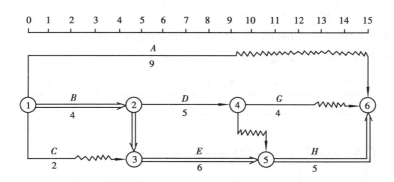

图 13.32 例 13.3 的时标网络计划

②按工作持续时间在时标表上绘制以网络计划起点节点为开始节点的工作的箭线。

③其他工作的开始节点必须在该工作的全部紧前工作都绘出后,定位在这些紧前工作最晚完成的时间刻度上。某些工作的箭线长度不足以达到该节点时,用波形线补足,箭头画在波形线与节点连接处。

④用上述方法自左至右依次确定其他节点位置,直至网络计划终点节点定位绘完。网络计划的终点节点是在无紧后工作的工作全部绘出后,定位在最迟完成的时间刻度上。

⑤时标网络计划的关键线路可自终点节点逆箭线方向朝起点节点逐次进行判定:自终至始都不出现波形线的线路即为关键线路。

【例 13.4】 已知网络计划的资料如表 13.6 所示,试用直接绘制法绘制时标网络计划。

【解】 ①将网络计划起点节点定位在时标表的起始刻度线"0"的位置上,起点节点的编号为 1(图 13.32)。

②画出工作 A、B、C(图 13.32)。

③画出 D、E(图 13.33)。

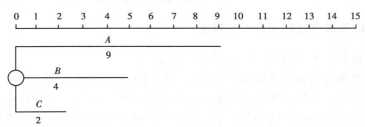

图 13.33 直接绘制法的第一步

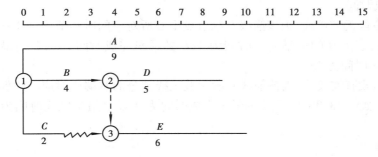

图 13.34 直接绘制法的第二步

363

④画出 *G*、*H*（图 13.34）。

⑤画出网络计划终点节点⑥（图 13.36），网络计划绘制完成。

⑥在图上用双箭线标注出关键线路。

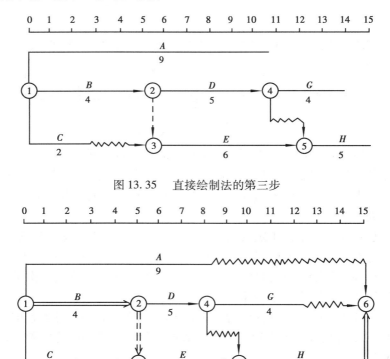

图 13.35　直接绘制法的第三步

图 13.36　直接绘制法的第四步

13.3.2　时标网络计划时间参数的确定

时标网络计划 6 个主要时间参数确定的步骤如下：

1）从图上直接确定出最早开始时间，最早完成时间和时间间隔。

①最早开始时间。工作箭线左端节点中心所对应的时标值为该工作的最早开始时间。如图 13.36 所示：*A*、*B*、*C* 的最早开始时间为 0；*D*、*E* 的最早开始时间为 4；*G* 的最早开始时间为 9；*H* 的最早开始时间为 10。

②最早完成时间

A. 如箭线右段无波纹线，则该箭线右端节点中心所对应的时标值为该工作的最早完成时间。如图 13.36 所示：*B* 的最早完成时间为 4；*D* 的最早完成时间为 9；*E* 的最早完成时间为 10；*H* 的最早完成时间为 15。

B. 如箭线右段有波纹线，则该箭线左段无波纹线部分的右端所对应的时标值为该工作的最早完成时间。如图 13.36 所示：*A* 的最早完成时间为 9；*C* 的最早完成时间为 2；*G* 的最早完成时间为 13。

③时间间隔

时标网络计划上波纹线的长度即为时间间隔。如图 13.36 所示：*A* 与终点节点⑥之间的时间间隔为 6;G 与终点节点⑥之间的时间间隔为 2;C 与 E 之间的时间间隔为 2;D 与 H 之间的时间间隔为 1;D 与 G 之间的时间间隔为零;其他工作与相邻工作之间的时间间隔均为零。

2)按单代号网络计划计算自由时差、总时差、最迟开始时间、最迟完成时间的方法计算出上述这些时间参数。

13.3.3 时标网络计划的坐标体系

时标网络计划的坐标体系有:计算坐标体系、工作日坐标体系、日历坐标体系。

(1)计算坐标体系

计算坐标体系主要用作计算时间参数。采用这种坐标体系计算时间参数较为简便。但不够明确。如按计算坐标体系,网络计划从零天开始,就不易理解。应为第 1 天开始,或明确示出开始日期。

(2)工作日坐标体系

工作日坐标体系可明确示出工作在开工后第几天开始,第几天完成。但不能表示出开工日期、工作开始日期、工作完成日期及完工日群等参数;工作日坐标表示出的开工时间和工作开始时间等于计算坐标表示出的开工时间和工作开始时间加 1;工作日坐标表示出的完工时间和工作完成时间等于计算坐标表示出的完工时间和工作完成时间。

(3)日历坐标体系

日历坐标体系可以明确示出工程的开工日期和完工日期,以及工作的开始日期和完成日期,编制时要注意扣除节假日休息时间。图 13.37 所示为具有三种坐标体系的时标网络计划。上面为计算坐标体系,中间为工作日坐标体系,下面为日历坐标体系。此处假定工程在 4 月 24 日(星期二)开始,星期六、星期日和五一节休息。

13.3.4 形象进度计划表

(1)工作日形象进度计划表

工作日形象进度计划表可按下述步骤编制。

①写出工作代号、工作名称、持续时间、自由时差和总时差,并判断出是否关键工作。

②根据带有工作日坐标体系的网络计划写出工作的最早开始时间和最早完成时间。此时须注意,同一开始节点的工作最早开始时间相同。

③根据工作的最早开始时间、最早完成时间和总时差,确定并写出工作的最迟开始时间和最迟完成时间。此时应该注意以下几点:

A. 总时差为零时,最迟开始时间与最早开始时间相同,最迟完成时间与最早完成时间相同;

B. 总时差不为零时,最迟开始时间等于最早开始时间加总时差,最迟完成时间等于最早完成时间加总时差。表 13.7 所示为图 13.37 的网络计划的工作日形象进度计划。

(2)日历形象进度计划表

日历形象进度计划表编制步骤与工作日形象进度计划的编制步骤相同,只是将最早开始时间等四个主要时间参数中的"时间"改为"日期"。改变的方法主要有两种:

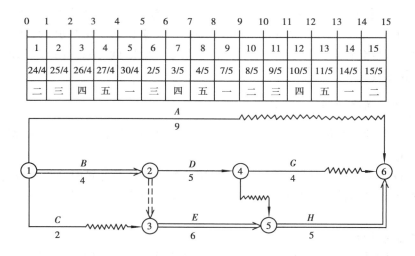

图 13.37 具有三种坐标体系的时标网络计划

表 13.7 工作日形象进度计划

序号	工作代号	工作名称	持续时间	最早开始时间	最早完成时间	最迟开始时间	最迟完成时间	自由时差	总时差	是否关键工作
1	1—6	A	9	0	9	7	15	6	6	
2	1—2	B	4	0	4	1	4	0	0	是
3	1—3	C	2	0	2	3	4	2	2	
4	2—4	D	5	4	9	5	10	0	1	
5	3—5	E	6	4	10	4	10	0	0	是
6	4—6	G	4	9	13	11	15	2	2	
7	5—6	H	5	10	15	10	15	0	0	是

①按带有日历坐标体系的网络计划写出工作的最早开始日期和最早完成日期。在确定最迟开始日期和最迟完成日期时需要考虑节假日的因素。

表 13.8 月历及工作日的换算表

二	三	四	五	六	日	一	二	三	四	五	六	日	一	二	三
24/4	25/4	26/4	27/4	28/4	29/4	30/4	1/5	2/5	3/5	4/5	5/5	6/5	7/5	8/5	9/5
1	2	3	4			5		6	7	8			9	10	11
四	五	六	日	一	二	三	四	五	六	日	一	二	三	四	五
10/5	11/5	12/5	13/5	14/5	15/5	16/5	17/5	18/5	19/5	20/5	21/5	22/5	23/5	24/5	25/5
12	13			14	15	16	17	18			19	20	21	22	23

②在月历上按扣除节假日外的有效日标上工作日,再据此将工作日变成日期。

上述第二种方法较为简单,且在确定最迟开始日期和最迟完成日期时不易出错。现将这一方法举例说明如下:按图 13.37 及表 13.7。在月历上标注出工作日如表 13.8 所示。

现根据表 13.8 将表 13.7 改为日历形象进度计划如表 13.9 所示。

表 13.9　日历形象进度计划

序号	工作序号	工作名称	持续时间	最早开始日期	最早完成日期	最迟开始日期	最迟完成日期	自由时差	总时差	是否关键工作
1	1—6	A	9	4月24日	5月7日	5月3日	5月15日	6	6	
2	1—2	B	4	4月24日	4月27日	4月24日	4月27日	0	0	是
3	1—3	C	2	4月24日	4月25日	4月26日	4月27日	2	2	
4	2—4	D	5	4月30日	5月7日	5月2日	5月8日	0	1	
5	3—5	E	6	4月30日	5月8日	4月30日	5月8日	0	0	是
6	4—6	G	4	5月8日	5月11日	5月10日	5月15日	2	2	
7	5—6	H	5	5月9日	5月15日	5月9日	5月15日	0	0	是

13.4　网络计划的优化

网络计划的优化是在既定约束条件下,按某一目标通过不断改善网络计划的最初方案,得到相对最佳的网络计划。

网络计划的优化内容包括:工期优化、资源优化、费用优化等。这些优化目标应按实际工程的需要和条件确定。

由于网络计划一般用于大中型工程的计划,其施工过程和节点较多,要优化时,需进行大量繁琐的计算,因而要真正实现网络的优化,有效地指导实际工程,必须借助计算机,采用相关计算机软件来进行。以下简单介绍几种常用的优化原理和方法。

13.4.1　工期优化

工期优化是压缩计算工期,以达到要求工期目标,或在一定约束条件下使工期最短的过程。

工期优化一般通过压缩关键工作的持续时间来达到优化目标。在缩短关键线路时,会使一些时差较小的非关键线路上升为关键线路,于是又进一步缩短新的关键线路,逐次逼近,直至达到规定的目标为止。当在优化过程中出现多条关键线路时,必须将各条关键线路的持续时间压缩同一数值,否则不能有效地将工期缩短。工期优化一般可按下述步骤进行优化。

①找出网络计划中的关键线路并求出计算工期。

②按要求工期计算应缩短的时间 ΔT:

$$\Delta T = T_c - T_r \tag{13.22}$$

式中:T_c——计算工期;

T_r——要求工期。

③按下列因素选择应优先缩短持续时间的关键工作:

A. 缩短持续时间对质量和安全影响不大的工作;

B. 有充足备用资源的工作;

C. 缩短持续时间所需增加的费用最少的工作。

④将应优先缩短的关键工作压缩至最短持续时间,并找出关键线路。若被压缩的工作变成了非关键工作,则应将其持续时间延长,使之仍成为关键工作,并重新计算网络计划的工期。

⑤若计算工期仍超过要求工期,则重复以上步骤,直到满足工期要求或工期已不能再缩短为止。

⑥当所有关键工作已达最短持续时间,而且寻求不到继续压缩工期的方案,但工期仍不满足要求工期时,应对计划的原技术、组织方案进行调整,或对要求工期重新审定。

【例 13.5】 已知网络计划如图 13.38 所示,图中箭线下方为正常持续时间和括号内为最短持续时间,箭线上方括号内为优选系数,优选系数愈小愈应优先选择,若同时缩短多个关键工作,则该多个关键工作的优选系数之和(称为组合优选系数)最小者亦应优先选择。假定要求工期为 15 天,试对其进行工期优化。

【解】 ①用标号法求出在正常持续时间下的关键线路及计算工期,如图 13.38 所示。

②计算应缩短的时间:
$$\Delta T = T_{\mathrm{c}} - T_{\mathrm{r}} = 19 \text{ 天} - 15 \text{ 天} = 4 \text{ 天}$$

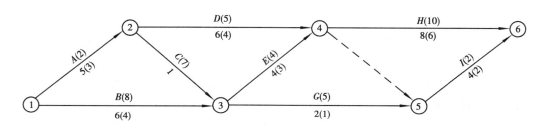

图 13.38 某工程的网络计划图

③应优先缩短的工作为优先选择系数最小的工作 A。

④将应优先缩短的关键工作 A 压缩至最短持续时间 3 天,用标号法找出关键线路,如图 13.39 所示。此时关键工作 A 压缩后成了非关键工作,故需将其松弛,使之成为关键工作,现将其松弛至 4 天,找出关键线路如图 13.40,此时 A 成了关键工作。图中有两条关键线路,即 ADH,BEH。此时计算工期 $T_{\mathrm{c}} = 18$ 天,$\Delta T_1 = 18$ 天 $- 15$ 天 $= 3$ 天,如图 13.40 所示。

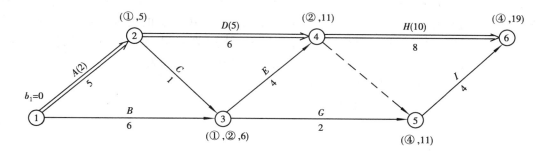

图 13.39 初始网络计划

⑤由于计算工期仍大于要求工期,故需继续压缩。如图 13.40 所示,有 5 个压缩方案:A. 压缩 A、B,组合优选系数为 $2 + 8 = 10$;B. 压缩 A、E,组合优选系数为 $2 + 4 = 6$;C. 压缩 D、E,组合优选系数为 $5 + 4 = 9$;D. 压缩 H,优选系数为 10;E. 压缩 D、B,优选系数为 13。决定压缩

优选系数最小者,即压缩 A,E。这两项工作都压缩至最短持续时间 3:即各压缩 1 天。用标号法找出关键线路,如图 13.42 所示。此时关键线路只有两条,即:ADH 和 BEH。此时计算工期 $T_c = 17$ 天。$\Delta T_2 = 17$ 天 -15 天 $= 2$ 天。由于 A 和 E 已达最短持续时间,不能被压缩,可假定它们的优选系数为无穷大。

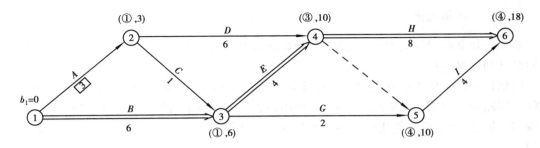

图 13.40　将 A 缩短至极限工期

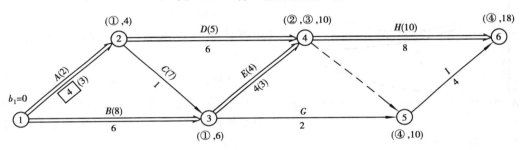

图 13.41　第一次压缩后的网络计划

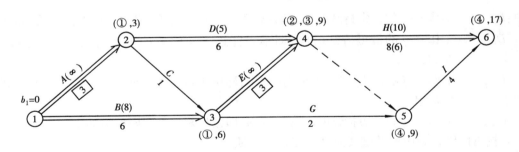

图 13.42　第二次压缩后的网络计划

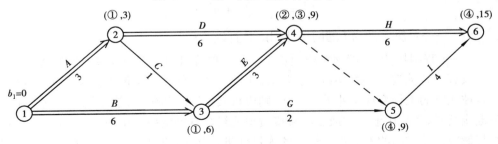

图 13.43　优化网络计划

⑥由于计算工期仍大于要求工期,故需继续压缩。前述的 5 个压缩方案中前 3 个方案的优选系数都已变为无穷大,现还有方案压缩 B、D,优选系数 13;压缩 H,优选系数 10。采取压缩 H 的方案,将 H 压缩 2 天,持续时间变为 6。得出计算工期 $T_c = 15$ 天,等于要求工期的优化方案如图 13.43 所示。

13.4.2 费用优化

费用优化又叫时间成本优化,是寻求最低成本时的最短工期安排,或按要求工期寻求最低成本的计划安排过程。

网络计划的总费用由直接费用和间接费用组成。它们与工期有密切关系,在一定范围内,直接费用随着工期的延长而减少,而间接费用随着工期的延长而增加。故必定有一个总费用最少的工期,这便是费用优化所要寻求的目标。上述情况可由图 13.44 所示工期—费用曲线示出。

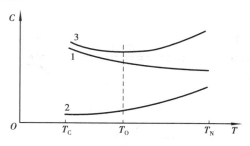

图 13.44　工期—费用曲线
1—直接费;2—间接费;3—总费用
T_C—最短工期;T_N—正常工期;T_O—优化工期

费用优化可按下述步骤进行。

①算出工程总直接费。工程总直接费等于组成该工程的全部工作的直接费之和,用 $\sum C_{i-j}^D$ 表示。

②算出各项工作直接费用增加率(简称直接费率,即缩短工作持续时间每一单位时间所需增加的直接费)。工作 $i—j$ 的直接费率用 a_{i-j}^D 表示。

$$a_{i-j}^D = \frac{C_{i-j}^c - C_{i-j}^N}{D_{i-j}^N - D_{i-j}^c} \qquad (13.23)$$

式中:D_{i-j}^N——工作 $i—j$ 的正常持续时间,即在合理的组织条件下,完成一项工作所需的时间;

　　　D_{i-j}^c——工作 $i—j$ 的最短持续时间,即不可能进一步缩短的工作持续时间,又称临界时间;

　　　C_{i-j}^N——工作 $i—j$ 的正常持续时间直接费用,即按正常持续时间完成一项工作所需的直接费用;

　　　C_{i-j}^c——工作 $i—j$ 的最短持续时间直接费用,即按最短持续时间所需的直接费用。

③找出网络计划中的关键线路并求出计算工期。

④算出计算工期为 t 的网络计划的总费用 C_t^T:

$$C_t^T = \sum C_{i-j}^D + a^{ID} \cdot t \qquad (13.24)$$

式中:$\sum C_{i-j}^D$——计算工期为 t 的网络计划的总直接费;

　　　a^{ID}——工程间接费率,即缩短或延长工期每一单位时间所需减少或增加的费用。

⑤当只有一条关键线路时,将直接费率最小的一项工作压缩至最短持续时间,并找出关键线路。若被压缩的工作变成了非关键工作,则应将其持续时间延长,使之仍为关键工作。当有多条关键线路时,就需压缩一项或多项直接费率或组合直接费率最小的工作,并将其中正常持续时间与最短持续时间的差值幅度最小的为目标进行压缩,并找出关键线路。若被压缩工作变成了非关键工作,则应将其持续时间延长,使之仍为关键工作。

在确定了压缩方案以后,必须检查被压缩的工作的直接费率或组合直接费率是否等于、小于或大于间接费率,如等于间接费率,则已得到优化方案;如小于间接费率,则需继续按上述方法进行压缩;如大于间接费率,则在此前一次的小于间接费率的方案即为优化方案。

⑥列出优化表如表 13.9 所示。

⑦计算出优化后的总费用:

优化后的总费用＝(初始网络计划的总费用)－(费用变化合计的绝对值)

⑧绘出优化网络计划。在箭杆上方注明直接费,箭杆下方注明持续时间。

⑨用④计算优化网络计划的总费用。此数值应与用⑦算出的数值相同。

【例 13.6】　已知网络计划如图 13.45 所示,图中箭线下方为正常持续时间和括号内的最短持续时间,箭线上方为正常直接费和括号内的最短时间直接费,间接费率为 0.8 千元／天,试对其进行费用优化。

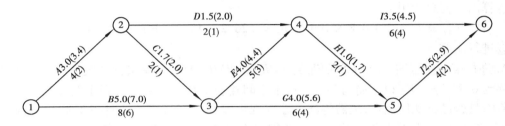

图 13.45　例 13.6 的网络图

注:费用单位　(千元)　　时间单位　(天)

【解】　①算出工程总直接费:

$$C^{TD} = (3.0 + 5.0 + 1.5 + 1.7 + 4.0 + 4.0 + 1.0 + 3.5 + 2.5)\ 千元 = 26.2\ 千元$$

②算出各项工作的直接费率:

$$a_{1-2}^{D} = \frac{C_{1-2}^{c} - C_{1-2}^{N}}{D_{1-2}^{N} - D_{1-2}^{c}} = \frac{3.4 - 3.0}{4 - 2}\ 千元／天 = 0.2\ 千元／天$$

$$a_{1-3}^{D} = \frac{7.0 - 5.0}{8 - 6}\ 千元／天 = 1.0\ 千元／天$$

$$a_{2-3}^{D} = \frac{2.0 - 1.7}{2 - 1}\ 千元／天 = 0.3\ 千元／天$$

$$a_{2-4}^{D} = \frac{2.0 - 1.5}{2 - 1}\ 千元／天 = 0.5\ 千元／天$$

$$a_{3-4}^{D} = \frac{4.4 - 4.0}{5 - 3}\ 千元／天 = 0.2\ 千元／天$$

$$a_{3-5}^{D} = \frac{5.6 - 4.0}{5 - 3}\ 千元／天 = 0.8\ 千元／天$$

$$a_{4-5}^{D} = \frac{1.7 - 1.0}{2 - 1}\ 千元／天 = 0.7\ 千元／天$$

$$a_{4-6}^{D} = \frac{4.5 - 3.5}{6 - 4}\ 千元／天 = 0.5\ 千元／天$$

$$a_{5-6}^{D} = \frac{2.9 - 2.5}{4 - 2}\ 千元／天 = 0.2\ 千元／天$$

③用标号法找出网络计划中的关键线路并求出计算工期,如图 13.46 所示,计算工期为 19 天。图中箭线上方的括号内为直接费率。

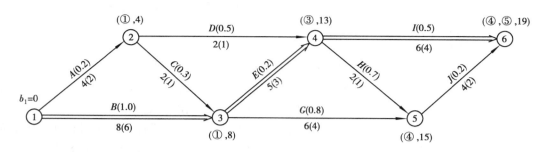

图 13.46　初始网络计划

④算出工程总费用

$$C_{19}^T = (26.2 + 0.8 \times 19) \text{千元} = (26.2 + 15.2) \text{千元} = 41.4 \text{千元}$$

⑤进行压缩

A. 进行第一次压缩　有两条关键线路 BEI 和 BEHJ,直接资率最低的关键工作为 E,其直接费率为 0.2 千元/天(以下简写为 0.2),小于间接费率 0.8 千元/天(以下简写为 0.8)。尚不能判断是否已出现优化点,故需将其压缩。现将 E 压缩至最短持续时间 3,找出关键线路。如图 13.47 所示。由于 E 被压缩成了非关键工作,故需将其松弛至 4,使之仍为关键工作,且不影响已形成的关键线路 BEHJ 和 BEI。第一次压缩后的网络计划如图 13.48 所示。

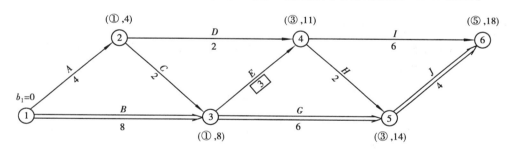

图 13.47　将 E 压缩至最短持续时间 3

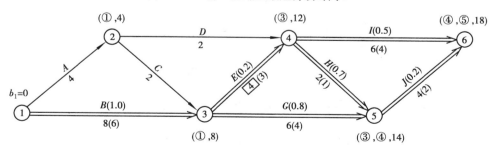

图 13.48　第一次压缩后的网络计划

B. 进行第二次压缩　这时有三条关键线路:BEI、BEHJ、BGJ。共有 5 个压缩方案:Ⅰ:压缩 B,直接费率为 1.0;Ⅱ:压缩 E、G,组合直接费率为 0.2 + 0.8 = 1.0;Ⅲ:压缩 E、J,组合直接费率为 0.2 + 0.2 = 0.4；Ⅳ：压缩 I、J 组合直接费率为 0.5 + 0.2 = 0.7；Ⅴ：压缩 I、H、G，组合直接费率为 0.5 + 0.7 + 0.8 = 2.0。故决定采用诸方案中直接费率和组合直接费率最小的第Ⅲ方案，即压缩 E、J，组合直接费率为 0.4，小于间接费率 0.8，尚不能判断是否已出现优化点，故应继续压缩。由于 E 只能压缩 1 天，J 随之只可压缩 1 天。压缩后，用标号法找出关键线路，此时只有两条关键线路：BEI、BGJ，第二次压缩后的网络计划如图 13.49 所示。

　　C. 进行第三次压缩　如图 13.49 所示，有四个压缩方案，与第二次压缩时的方案相同，只是第 2 方案（压缩 E、G）和第 3 方案（压缩 E、J）的组合费率由于 E 的直接费率已变为无穷大而随之变为无穷大。此时组合直接费率最小的是第 4 方案（压缩 I、J）为 0.5 + 0.2 = 0.7。小于间接费率 0.8，尚不能判断是否已出现优化点，故需继续压缩。由于 J 只能压缩 1 天，I 随之只可压缩 1 天。压缩后关键线路不变，故可不重新画图。

　　D. 进行第四次压缩　由于第 2、3、4 方案的组合直接费率因 E、J 的直接费率不能再缩短而变成无穷大，故只能选用第 1 方案（压缩 B），由于 B 的直接费率 1.0，大于间接费率 0.8，故已出现优化点。优化网络计划即为第三次压缩后的网络计划，如图 13.50 所示。

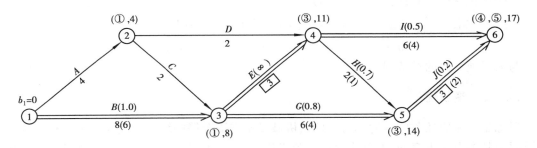

图 13.49　第二次压缩后的网络计划

⑥列出优化表如表 13.10 所示。

⑦计算优化后的总费用：
$$C_{16}^{T} = 41.4\ 千元 - 1.1\ 千元 = 40.3\ 千元$$

⑧绘出优化网络计划如图 13.50 所示。

表 13.10　优化表

缩短次数	被缩工作代号	被缩工作名称	直接费率或组合直接费率	费率差	缩短时间	费用变化	工期	优化点
①	②	③	④	⑤	⑥	⑦ = ⑤×⑥	⑧	⑨
0	—	—	—	—	—	—	19	
1	3—4	E	0.2	− 0.6	1	− 0.6	18	
2	3—4 5—6	E　J	0.4	− 0.4	1	− 0.4	17	
3	4—6 5—6	I　J	0.7	− 0.1	1	− 0.1	16	优
4	1—3	B	1.0	+ 0.2	—	—	—	
				费用变化合计		− 1.1		

图 13.50 中被压缩工作压缩后的直接费确定如下：

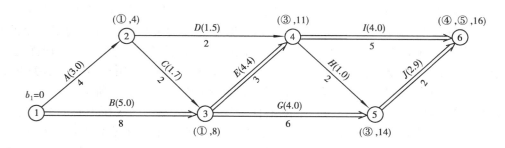

图 13.50　优化网络计划

A. 工作 E 已压缩至最短持续时间,直接费为 4.4 千元。

B. 工作 I 压缩 1 天,直接费为:

$$3.5 \text{ 千元} + (0.5 \times 1) \text{ 千元} = 4.0 \text{ 千元}$$

C. 工作 J 已压缩至最短持续时间,直接费为 2.9 千元。

⑨按优化网络计划计算出总费用为:

$$C_{16}^T = \sum C_{i-j}^D + a^{ID} \times t = [(3.0 + 5.0 + 1.7 + 1.5 + 4.4 + 4.0 +$$
$$1.0 + 4.0 + 2.9) + 0.8 \times 16] \text{ 千元} = 40.3 \text{ 千元}$$

与第⑦项算出的总费用相同。

13.4.3　资源优化

资源是为完成任务所需的人力、材料、机械设备和资金等的统称。完成一项工程任务所需的资源量基本上是不变的,不可能通过资源优化将其减少。资源优化是通过改变工作的开始时间,使资源按时间的分布符合优化目标。资源优化中几个常用术语解释如下:

1)资源强度

一项工作在单位时间内所需的某种资源数量。工作 $i—j$ 的资源强度用 r_{i-j} 表示。

2)资源需用量

网络计划中各项工作在某一单位时间内所需某种资源数量之和。第 t 天资源需用量用 R_t 表示。

3)资源限量

单位时间内可供使用的某种资源的最大数量,用 R_a 表示。

(1)资源有限——工期最短的优化

资源有限——工期最短的优化是指在资源有限时,保持各个活动的每日资源需要量(即资源强度)不变,寻求工期最短的施工计划。

1)资源有限——工期最短的优化的前提条件

①网络计划已经制定,在优化过程中各个活动的持续时间不予变动;

②各活动每天的资源需要量是均衡的、合理的,在优化过程中不予变更;

③各活动除规定可以中断的活动外,一般不允许中断,应保持活动的连续性;

④优化过程中不能改变网络计划的逻辑结构。

2)资源优化分配的原则

资源优化的过程是按照各活动在网络计划中的重要程度,把有限的资源进行科学分配的过程。因此资源优化的原则是资源优化的关键。

第一级,关键活动。按每日资源需要量的大小,从大到小的顺序依次供应。

第二级,非关键活动。按总时差的大小,由小到大的顺序供应资源,总时差相等时以叠加量不超过资源限额的活动优先供应资源,在优化过程中,已被供应资源而不允许中断的活动在本级优先供应。

第三级,已被供应资源,而时差较大的、允许中断的活动。

3)资源优化的步骤

资源优化宜在时标网络计划上进行,其步骤如下:

A. 从网络计划开始的第 1 天起,从左至右计算资源需用量 R_t,并检查其是否超过资源限量 R_a:

(A)如检查至网络计划最后 1 天都是 $R_t \leqslant R_a$,则该网络计划就符合优化要求;

(B)如发现 $R_t > R_a$,就停止检查而进行调整。

B. 调整网络计划。将 $R_t > R_a$ 处的工作进行调整。调整的方法是将该处的一个工作移在该处的另一个工作之后,以减少该处的资源需用量。如该处有两个工作 α、β 则有 α 移 β 后和 β 移 α 后两个调整方案。

C. 计算调整后的工期增量。调整后的工期增量等于前面工作的最早完成时间减移在后面工作的最早开始时间再减移在后面的工作的总时差。β 在移动之前的最迟完成时间为 LF_β,在移动后的完成时间为 $ES_\alpha + D_\beta$,两者之差即为工期增量,如 β 移 α 后,则其工期增量:

$$\Delta T_{\alpha-\beta} = (EF_\alpha - D_\beta) - LF_\beta = EF_\alpha - (LF_\beta - D_\beta) = EF_\alpha - LS_\beta$$
$$= EF_\alpha - ES_\beta - TF_\beta$$

即
$$\Delta T_{\alpha \cdot \beta} = EF_\alpha - ES_\beta - TF_\beta \tag{13.25}$$

D. 重复以上步骤,直至出现优化方案。

【例 13.7】　已知网络计划如图 13.51 所示。图中箭线上方为资源强度,箭线下方为持续时间,若资源限量 $R_a = 12$,试对其进行资源有限-工期最短的优化。

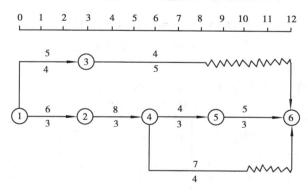

图 13.51　初始网络计划

【解】　①计算资源需要量如图 13.52 所示。至第 4 天,$R_4 = 13 > R_a = 12$,故需进行调整。

②进行调整:

方案一:1—3 移 2—4 后;$EF_{2-4} = 6$;$ES_{1-3} = 0$;$TF_{1-3} = 3$,由(13.24)式得:

$$\Delta T_{2-4,1-3} = 6 - 0 - 3 = 3$$

方案二:2—4 移 1—3 后:$EF_{1-3} = 4$;$ES_{2-4} = 3$;$TF_{2-4} = 0$,由(13.24)式得:

$$\Delta T_{1-3,2-4} = 4 - 3 - 0 = 1$$

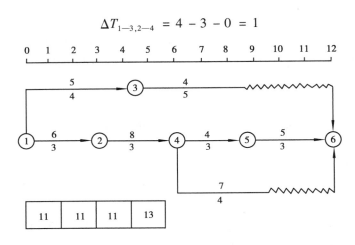

图 13.52 计算 R_t 至 $R_4 = 13 > R_a = 12$ 为止

③决定先考虑工期增量较小的第二方案,绘出其网络计划如图 13.53 所示。

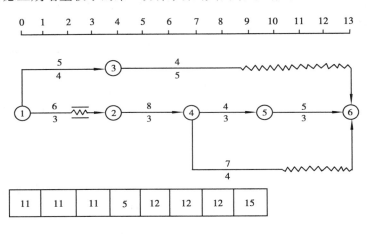

图 13.53 第一次调整后的网络计划

④计算资源需要量至第 8 天:$R_8 = 15 > R_a = 12$,故需进行第二次调整。被考虑调整的工作有 3—6、4—5、4—6 三项。

⑤进行第二次调整。现列出表 13.11 进行调整。

表 13.11 第二次调整表

方案编号	前面工作 α	后面工作 β	EF_α	ES_β	TF_β	$\Delta T_{\alpha,\beta}$	T	当 $Q_t > Q_a$ 记"×" 当 $Q_t \leq Q_a$ 记"√"
①	②	③	④	⑤	⑥	⑦=④-⑤-⑥	⑧	⑨
21	3—6	4—5	9	7	0	2	15	×
22	3—6	4—6	9	7	2	0	13	√
23	4—5	3—6	10	4	4	2	15	×
24	4—5	4—6	10	7	2	1	14	×
25	4—6	3—6	11	4	4	3	16	×
26	4—6	4—5	11	7	0	4	17	×

⑥先检查工期增量最少的方案22,绘出图13.54,从图中看出,自始至终都是 $R_t \leqslant R_a$,故该方案为优选方案。其他方案(包括第一次调整的方案一)的工期增量皆大于此优选方案22,即使满足 $R_t < R_a$,也不能是最优方案,故此得出最优方案为方案22,工期为13天。

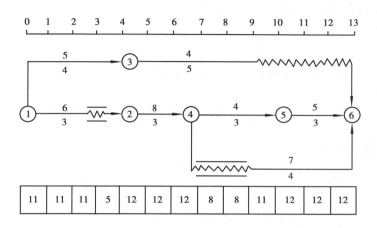

图13.54 优化的网络计划

资源有限-工期最短优化的网络计划,主要是解决资源需要和资源供应两者的矛盾。由于资源需要量曲线"高峰"的压低,因此在一定程度上解决了资源的均衡问题。但它还不能完全解决资源的均衡问题。为解决这一问题,还需进行资源均衡的优化。

(2)工期固定-资源均衡的优化

工期固定-资源均衡优化的网络计划是指在解决在规定的工期内,资源可以保证供应的条件下,不仅使资源需要量曲线"高峰"压低,而且还可把资源需要量曲线"低谷"抬高,可以比较好地解决资源的均衡问题。但由于各种活动的资源强度不变,故而比强度可变的工期固定-资源均衡优化稍逊,不过优化的方法则比它简单,也能满足一般的要求。

资源需要量曲线表明了在计划期内资源数量的分布状态。而最理想的状态就是保持一条水平直线(即单位时间内的资源需要量不变)。但这在实际上是不可能的。资源需要量曲线总是在一个平均水平线上下波动。波动的幅度越大就说明资源需要量越是不均衡,反之则越是均衡。在资源优化中需要定量地分析波动幅度的大小。而衡量波动幅度的主要指标之一就是"方差"。工期固定-资源均衡的优化是调整计划安排,在工期保持不变的条件下,使资源需用量尽可能均衡的过程。

资源均衡可以大大减少施工现场各种临时设施(如仓库、堆场、加工场、临时供水供电设施等生产设施和工人临时住房、办公房屋、食堂、浴室等生活设施)的规模,减少因需求量的较大变化带来的对施工组织过程的冲击和影响,从而可以节省施工费用。

1)衡量资源均衡的指标

衡量资源均衡的指标一般有三种:

①不均衡系数 K:

$$K = \frac{R_{\max}}{R_{\mathrm{m}}} \qquad (13.26)$$

式中:$R_{\max}$——最大的资源需用量;

R_m——资源需用量的平均值。

$$R = \frac{1}{T}(R_1 + R_2 + R_3 + R_4 + \cdots + R_T) = \frac{1}{T}\sum_{t=1}^{T}R_t \qquad (13.27)$$

资源需用量不均衡系数愈小，表明资源需用量均衡性愈好。

②极差值 ΔR：

$$\Delta R = \max[|R_t - R_m|] \qquad (13.28)$$

资源需用量极差值愈小，表明资源需用量均衡性愈好。

③均方差值 σ^2：

$$\sigma^2 = \frac{1}{T}\sum_{t=1}^{T}(R_t - R_m)^2 \qquad (13.29)$$

为使计算简单，上式常作以下变换

$$\sigma^2 = \frac{1}{T}\sum_{t=1}^{T}(R_t - R_m) = \frac{1}{T}\sum_{t=1}^{T}(R_t^2 - 2R_t R_m + R_m^2)$$

$$= \frac{1}{T}\sum_{t=1}^{T}R_t^2 - 2R_m\frac{1}{T}\sum_{t=1}^{T}R_t + R_m^2$$

将上式中的 $R_m = \frac{1}{T}\sum_{t=1}^{T}R_t$ 代入得：

$$\sigma^2 = \frac{1}{T}\sum_{t=1}^{T}R_t^2 - R_m^2 \qquad (13.30)$$

式中：T——计划工期；

$\quad\;\; R_t$——第 t 天的资源需用量；

$\quad\;\; R_m$——资源平均每日需用量。

方差用以描述每天的资源需要量 R_t 对于资源需要量的平均值 R_m 的离散程度。方差 σ^2 越大，其离散程度越大，资源需要量越不均衡。σ^2 越小，其离散程度越小，资源需要量越均衡。根据方差大小就可以判定资源需要总量和工期相等的两个资源需要量分布图何者为优。由于计划工期 T 是固定的，因此要求解 σ^2 为最小值问题，只能在各工序总时差范围内调整其开始完成时间，从中找出一个 σ^2 最小的计划方案，即为最优方案。其优化方法和步骤如下：

①确定关键线路及非关键工作总时差

根据工期固定条件，按最早时间绘制时间坐标网络计划及资源需要动态曲线，从中明确关键线路和非关键工作的总时差。为了满足工期固定的条件，在优化过程中不考虑关键工作开始或完成时间的调整。

②按节点最早时间的后先顺序，自右向左进行优化

自终止节点开始，逆箭头方向逐个调整非关键工作的开始和完成时间。假设节点 j 为最后的一个节点，应首先对以节点 j 为完成的工作进行调整，若以节点 j 为完成点的非关键工作不止一个，应首先考虑开始时间为最晚的那项工作。

假定 j 工作的开始时间最晚的一项工作为 $i—j$，若 $i—j$ 工作在第 k 天开始，到第 L 天完成，如果工作 $i—j$ 向右移一天，那么第 k 天需要的资源量将减少 r_{i-j}，而 $L+1$ 天需要的资源数将增加 r_{i-j}，即：

$$R'_k = R_k - r_{i-j}$$

$$R'_L = R_{L+1} + r_{i-j}$$

工作 $i-j$ 向右移一天后，$R_1^2 + R_2^2 + \cdots + R_T^2$ 的变化值等于

$$\Delta W = \left[(R_{L+1} + r_{i-j})^2 - R_{L+1}^2 \right] - \left[R_k^2 - (R_k - r_{i-j})^2 \right]$$

上式简化后得：

$$\Delta W = 2r_{i-j} \left[R_{L+1} - (R_k - r_{i-j}) \right] \tag{13.31}$$

显然，$\Delta W < 0$ 时，表示 σ^2 减小，工作 $i-j$ 可向右移动一天。在新的动态曲线上，按上述同样的方法继续考虑 $i-j$ 是否还能再右移一天，如果能右移一天，那么就再向右移动，直至不能移动为止。

若 $\Delta W > 0$ 时，表示 σ^2 增加，不能向右移动一天，那么就考虑 $i-j$ 能否向右移二天（在总时差允许的范围内）。此时，如果 $R_{L+2} - (R_{L+1} - r_{i-j})$ 为负值，那么就计算

$$\left[R_{L+1} - (R_k - r_{i-j}) \right] + \left[R_{L+2} - (R_{k+1} - r_{i-j}) \right] \tag{13.32}$$

如果结果为负值，即表示工作 $i-j$ 可右移二天；反之，则考虑工作 $i-j$ 能否右移三天的可能（在总时差许可的范围内）。

当工作 $i-j$ 的右移确定以后，按上述顺序继续考虑其他工作的右移。

③按节点最早时间的后先顺序，自右向左继续优化

在所有工作都按节点最早时间的后先顺序，自右向左进行了一次调整之后，再按节点最早时间的后先顺序，自右向左进行第二次调整。反复循环，直至所有工作的位置都不能再移动为止。

【例 13.8】　已知网络计划如图 13.55 所示。图中箭线上方为资源强度，箭线下方为持续时间，网络图下方为资源需用量，试对其进行工期固定-资源均衡的优化。

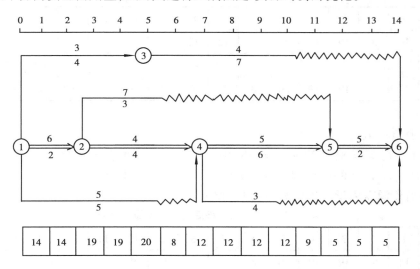

图 13.55　初始网络计划

【解】　第一步：A. 求每天资源平均需用量

$$R_m = \frac{14 \times 2 + 19 \times 2 + 20 + 8 + 12 \times 4 + 9 + 5 \times 3}{14} = \frac{166}{14} = 11.86$$

B. 资源需用量的不均衡系数 K

$$K = \frac{R_{max}}{R_m} = \frac{20}{11.86} = 1.69$$

C. 极差值

$$\Delta R = \max[|R_5 - R_m|, |R_{12} - R_m|]$$
$$= \max[|20 - 11.86|, |5 - 11.86|]$$
$$= 8.14$$

D. 均方差值

$$\sigma^2 = \frac{1}{14}(14^2 \times 2 + 19^2 \times 2 + 20^2 \times 1 + 8^2 \times 1 + 12^2 \times 4 + 9^2 \times 1 + 5^2 \times 3) - 11.86^2$$

$$= \frac{1}{14} \times 2\,310 - 140.66 = 24.34$$

第二步:进行调整

A. 对节点⑥为完成的两项工作③—⑥和④—⑥进行调整(⑤—⑥为关键工作,不考虑它的调整)。从图13.55中可知,工作④—⑥的开始时间较工作③—⑥迟,因此先考虑调整工作④—⑥,使它右移。

$R_{11} - (R_7 - r_{4-6}) = 9 - (12 - 3) = 0$ 可右移一天

$R_{12} - (R_8 - r_{4-6}) = 5 - (12 - 3) = -4 < 0$ 可再右移一天

$R_{13} - (R_9 - r_{4-6}) = 5 - (12 - 3) = -4 < 0$ 可再右移一天

$R_{14} - (R_{10} - r_{4-6}) = 5 - (12 - 3) = -4 < 0$ 可再右移一天

至此已移至网络计划最后一天,移后资源需用量变化情况如表13.12所示。

表13.12 移④—⑥的调整表

1	2	3	4	5	6	7	8	9	10	11	12	13	14
14	14	19	19	20	8	12	12	12	12	9	5	5	5
						−3	−3	−3	−3	+3	+3	+3	+3
14	14	19	19	20	8	9	9	9	9	12	8	8	8

B. 向右移③—⑥

$R_{12} - (R_5 - r_{3-6}) = 8 - (20 - 4) = -8 < 0$ 可右移一天

$R_{13} - (R_6 - r_{3-6}) = 8 - (8 - 4) = 4 > 0$ 不可右移

③—⑥右移后资源需用量变化情况如表13.13所示。

表13.13 ③—⑥右移后资源需用量变化表

1	2	3	4	5	6	7	8	9	10	11	12	13	14
14	14	19	19	20	8	9	9	9	9	12	8	8	8
				−4							+4		
14	14	19	19	16	8	9	9	9	9	12	12	8	8

C. 向右移动②—⑤

$R_6 - (R_3 - r_{2-5}) = 8 - (19 - 7) = -4 < 0$ 可右移一天

$R_7 - (R_4 - r_{2-5}) = 9 - (19 - 7) = -3 < 0$ 　　　　　可再右移一天

$R_8 - (R_5 - r_{2-5}) = 9 - (16 - 7) = 0$ 　　　　　　　可再右移一天

$R_9 - (R_6 - r_{2-5}) = 9 - (8 - 7) = 9 > 0$ 　　　　　　不可再右移

②—⑤右移后资源需用量变化情况如表 13.14 所示。

表 13.14　②—⑤右移后资源需用量变化调整表

1	2	3	4	5	6	7	8	9	10	11	12	13	14
14	14	19	19	16	8	9	9	9	9	12	12	8	8
		−7	−7	−7	+7	+7	+7						
14	14	12	12	9	15	16	16	9	9	9	9	8	8

D. 向右移动①—③

$R_5 - (R_1 - r_{1-3}) = 9 - (14 - 3) = -2 < 0$ 　　　　　可向右移一天

$R_6 - (R_2 - r_{1-3}) = 15 - (14 - 3) = 4 > 0$ 　　　　　不可向右移动

对于①—④有 $R_6 - (R_1 - r_{1-4}) = 15 - (14 - 5) = 6 > 0$，不可向右移动。

E. 第二次右移③—⑥

$R_{13} - (R_6 - r_{3-6}) = 8 - (15 - 4) = -3 < 0$ 　　　　可向右移一天

$R_{14} - (R_7 - r_{3-6}) = 8 - (16 - 4) = -4 < 0$ 　　　　可再向右移一天

至此已移至网络计划最后一天。

其他工作向右或向左都不能满足要求。至此已得出优化网络计划如图 13.56 所示。

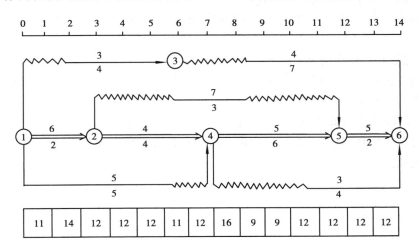

图 13.56　优化的网络计划

第三步:比较优化前后网络计划的三项指标

A. 不均衡系数

$$K = \frac{R_{max}}{R_m} = \frac{16}{11.86} = 1.35$$

比优化前降低:

$$\frac{1.69 - 1.35}{1.69} \times 100\% = 20.12\%$$

B. 极差值

$$\Delta R = \max\left[\mid R_8 - R_m \mid, \mid R_9 - R_m \mid\right] = 4.14$$

比优化前降低:

$$\frac{8.14 - 4.14}{8.14} \times 100\% = 49.14\%$$

C. 均方差值

$$\sigma^2 = \frac{1}{14}(11^2 \times 2 + 14^2 \times 1 + 12^2 \times 8 + 16^2 \times 1 + 9^2 \times 2) - 11.86 = 2.77$$

比优化前降低:

$$\frac{24.34 - 2.77}{24.34} \times 100\% = 88.62\%$$

复习思考题

1. 什么是双代号和单代号网络图?

2. 工作和虚工作有什么不同? 虚工作可起哪些作用? 试举例加以说明。

3. 组成双代号网络图的三要素是什么? 试述各要素的含义和特征。

4. 简述绘制双代号网络图的基本规则。

5. 节点位置号怎样确定? 用它来绘制网络图有哪些优点? 时标网络计划可用它来绘制吗?

6. 什么叫总时差、自由时差?

7. 什么叫资源优化? 怎样计算"资源有限-工期最短"的优化中的工期增量? 当工期增量为负值时工期怎样确定?

8. 衡量"工期固定-资源均衡"的优化需用哪几项指标? 怎样计算这些指标?

9. 在进行费用优化时,为什么可用直接费率或组合直接费率大于、等于或小于间接费率来判定是否到优化点?

习 题

1. 按下列工作的逻辑关系,分别绘出其双代号网络图:

(1)A、B 均完成后完成 C、D;C 完成后完成 E;D、E 完成后完成 F。

(2)A、B 均完成后完成 C;B、D 均完成后完成 E;C、E 完成后完成 F。

(3)A、B、C 均完成后完成 D;B、C 完成后完成 E;D、E 完成后完成 F。

(4)A 完成后完成 B、C、D;B、C、D 完成后完成 E;C、D 完成后完成 F。

2. 已知网络计划的资料如下表所示,试绘出双代号标时网络图,标出关键线路,并用六时标注法标出其六个时间参数。

工 作	A	B	C	D	E	F	G	H	I	J	K
持续时间	22	10	13	8	15	17	15	6	6	12	20
紧前工作	—	—	B、E	A、C、H	—	B、E	E	F、G	F、G	A、C、I、H	F、G

3. 已知网络计划的资料如下表所示,试绘出单代号网络图,标注出六个时间参数及时间间隔。

工 作	A	B	C	D	E	G
持续时间	12	10	5	7	6	4
紧前工作	—	—	—	B	B	C、D

4. 已知网络计划的资料如下表所示,试绘出双代号时标网络计划,确定出关键线路,用双箭线将其标示在网络计划上。如开工日期为 4 月 24 日(星期二),每周休息两天,国家规定的节假日亦应休息。

工 作	A	B	C	D	E	G	H	I	J	K
持续时间	2	3	5	2	3	3	2	3	6	2
紧前工作	—	A	A	B	B	D	G	E、G	C、E、G	H、I

5. 已知网络计划如图 13.57 所示,箭线下方括号外为正常持续时间,括号内为最短持续时间,箭线上方括号内为优先选择系数。要求目标工期为 12 天,试对其进行工期优化。

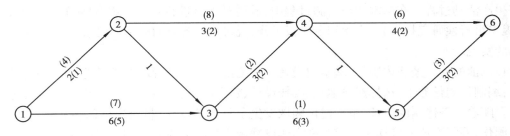

图 13.57

6. 已知网络计划如图 13.58 所示,图中箭线上方括号外为正常持续时间直接费,括号内为最短持续时间直接费,箭线下方括号外为正常持续时间,括号内为最短持续时间,费用单位为千元,时间单位为天。若间接费率为 0.8 千元/天,试对其进行费用优化。

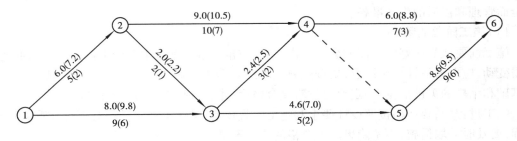

图 13.58

第 **14** 章
施工组织设计

14.1 概　述

14.1.1　基本概念

基本建设是国民经济各部门、各单位购置和建造新的固定资产的过程。该过程需要投入大量的人力、物力、财力,且建设周期长,涉及的范围广泛,协作环节多,是一项综合的、复杂的经济生产活动过程。在基本建设实施过程中,需要对项目进行系统的财务评价和国民经济评价,提出可行性研究报告,精心组织各阶段工作,统筹协调各方面的工作关系,以确保建设项目目标的实现。

在以前的计划经济体制下,基本建设是在高度集中的经济管理方式下进行的,其基本程序如下:编制计划任务书、选择建设地点、委托设计、建设准备、全面施工、生产准备和竣工验收等环节。随着经济体制的改革,基本建设领域发生了重大的变化,投资主体的多元化,投资渠道的多源化,筹资方法的多样化已成为基本建设领域改革的重要标志,由此对基本建设的过程也提出了一些新的要求。目前一般将基本建设的过程分成以下几个阶段:建设项目的投资决策阶段、建设项目的设计阶段、建设项目的招投标阶段、建设项目的施工阶段和建设项目的竣工决算阶段。其中在建设项目的施工阶段,一旦施工承包合同签订,工程就进入了全面施工阶段,这时施工阶段的项目质量、进度、投资控制目标就成了最重要的工作目标,要抓好施工阶段的全面管理和以后的生产准备。

(1)施工阶段的管理

施工前要认真做好施工图的会审工作,明确质量要求。施工中要严格按照施工图纸施工。如需变动,应取得设计单位同意,要按照施工顺序合理组织施工。地下工程和隐蔽工程,特别是基础和结构的关键部位,一定要经过验收合格后,才能进行下一道工序的施工。

施工过程中,要严格按照设计要求和施工验收规范,确保工程质量。对不符合质量要求的工程,要及时采取措施,不留隐患。不合格的工程不得交工。

(2)三控制目标的实施

质量、进度和投资这三个控制目标是一个矛盾的统一体,我们要为实现这三个目标而努力,它们之中质量是关键,抓住了这个关键,将进度抓上去,将投资压下来就实现了我们的目标。在整个施工阶段,我们要牢牢地把握住三者关系,优质高效地完成施工任务。

(3)生产准备

建设单位要根据建设项目或主要单项工程生产技术的特点,及时组成专门班子或机构,有计划地抓好试生产的准备工作,以保证工程建成后及时投产。

生产准备工作的主要内容:

①招收和培训必要的生产人员,组织生产人员参加设备的安装、调试和工程验收,特别要掌握好生产技术和工艺流程。

②落实原材料、协作产品、燃料、水、电、气等的来源和其他协作配合项目。

③组织工装、器具、备品、备件等的制造和订货。

④组建强有力的生产指挥管理机构,制订必要的管理制度,收集生产技术资料、产品样品等。

14.1.2 建筑施工程序

建筑施工程序是拟建工程项目在整个施工阶段中必须遵循的先后顺序。这个顺序反映了整个施工阶段必须遵循的客观规律,它一般包括以下几个阶段。

1)承接施工任务

施工单位承接任务的方式一般有两种:通过投标或议标承接。除了上述两种承接任务的方式外,还有一些国家重点建设项目由国家或上级主管部门直接下达给施工企业。不论是哪种承接任务,施工单位都要检查其施工项目是否有批准的正式文件,是否列入基本建设年度计划,是否落实投资等等。

2)签订施工合同

承接施工任务后,建设单位与施工单位应根据《经济合同法》和《建筑安装工程承包合同条例》的有关规定及要求签订施工合同。施工合同应规定承包的内容、要求、工期、质量、造价及材料供应等,明确合同双方应承担的义务和职责以及应完成的施工准备工作。施工合同经双方法人代表签字后具有法律效力,必须共同遵守。

3)做好施工准备,提出开工报告

签订施工合同后,施工单位应全面展开施工准备工作。首先调查收集有关资料,进行现场勘察,熟悉图纸,编制施工组织总设计。然后根据批准后的施工组织总设计,施工单位应与建设单位密切配合,抓紧落实各项施工准备工作,如会审图纸,编制单位工程施工组织设计,落实劳动力、材料、构件、施工机具及现场"三通一平"等。具备开工条件后,提出开工报告并经审查批准,即可正式开工。

4)组织施工

施工过程应按照施工组织设计精心施工。一方面,应从施工现场的全局出发,加强各个单位、各部门的配合与协作,协调解决各方面问题,使施工活动顺利开展。另一方面,应加强技术、材料、质量、安全、进度等各项管理工作,落实施工单位内部承包的经济责任制,全面做好各项经济核算与管理工作,严格执行各项技术、质量检验制度,抓紧工程收尾和竣工工作。

5)竣工验收,交付使用

竣工验收是施工的最后阶段,在竣工验收前,施工内部应先进行预验收,检查各分部分项工程的施工质量,整理各项竣工验收的技术经济资料。在此基础上,由建设单位或委托监理单位组织竣工验收,经有关部门验收合格后,办理验收签证书,并交付使用。

14.1.3 开工应具备的主要条件

遵循基本建设的实施程序,建设单位经过向管辖单位进行工程报建,通过招标投标,以经济合同方式把施工任务发包给施工单位,并经过向主管部门报请开工审批,向建设行政管理部门申领建设工程施工许可证,并做好各项准备工作,才能进行开工。

建设单位在项目开工建设之前,要切实做好的各项准备工作,主要有:编制设计任务书,选择建设地点,在向主管部门报审批准后,进行征地、拆迁和场地平整等工作,并完成施工用水、用电及场外道路等外部条件,在完成初步设计后,组织有规划、市政、交通、环卫、防疫、水、电、煤气等配套部门参加的初步设计审查协调会,取得各部门的确认后,安排施工图设计,准备必要的施工图纸,并组织施工招标,择优选定施工单位。同时,根据建筑行业管理的要求,选定建设工程监理单位,并办理质监申报手续。另外,还要根据经过批准的基建计划和设计文件,填报物资申请计划,组织大型专用设备预安排和特殊材料预订货,落实地方建筑材料供应。项目在报批开工之前,还应由审计机关对项目的资金来源是否正当和是否落实,项目开工之前的各项支出是否合乎国家的有关规定,资金是否存入规定的专业银行等有关内容作出审计证明。完成这些工作后,项目需报请领导机关审核批准,由建设主管部门颁发施工许可证,并由城市规划部门现场实测定位、测放建筑界线、街道控制桩和水准点,交施工单位进行测量放线和准备开工。

建设项目经批准开工建设,项目即进入建设实施阶段,项目的开工时间,是指建设项目设计文件中规定的任何一项永久性工程第一次破土、正式打桩的时间。项目的开工,应具备下列主要条件。

(1)环境条件

1)场地

施工场地应按设计标高进行平整,清除地上障碍物,如旧建筑、树木、秧苗、腐植土和大石块等;地下障碍物,如旧基础、文物、古墓、管线等进行拆除或改道,使场地具备放线、开槽的基本条件。

2)道路

施工运输应尽量利用永久性道路,或与建设项目的永久性道路结合起来修建,以节约费用。对必须修建的临时道路,应将仓库、加工厂和施工点贯串起来,按货流量的大小设计双行环行或单行支道,道路末端应设置回车场。对施工机械进入现场所经过的道路、桥梁和卸车设施,应事先加宽和加固。修好施工场地内机械运行的道路,并开辟适当的工作面,以利施工。同时,施工现场的道路应满足防火要求。

3)给排水

施工用水应尽量与建设项目的永久性给水系统结合起来,以减少临时给水管线。对必须铺设的临时管线,在方便施工和生活的前提下尽量缩短管线的长度,以节省施工费用。主要干道的排水设施,应尽量利用永久性设施,支道应在两侧挖明沟排水,沟底坡底一般为2% ~

8%。对施工中产生的施工废水,应经过沉淀处理后再排入城市排水系统。

4)通电、通讯

应按工程施工高峰时的用电量,向有关部门申报,建立临时变压站,以供施工照明用电和动力用电。如因条件限制而只能部分供电或不能供电时,则需自行配置发电设备。另外,施工现场应有方便的通讯条件,城市电话网范围内的工地应安设电话,远离城镇的工地应安设无线电话、电传等通讯设备,以便与有关单位及时联系材料供应和灾害报警等。

5)自然环境资料

应熟悉施工现场所在地区的地形变化、河流、交通、拟建项目附近的建筑物情况等地形资料,熟悉施工现场所在地区的地层构造、土质特征与类别及承载能力等地质资料和地震资料,熟悉施工现场所在地区的含水层的空间位置和厚度、地下水质量、流向、流速以及地下水最高及最低水位等水文地质资料,熟悉施工现场所在地区的气温、季节风风向、风速、雨量、冻结深度、雨季及冬季的期限等气象资料。

(2)技术条件

1)技术力量

根据工程规模、结构特点和复杂程度,建立既有施工经验,又有领导才能的干部组成工地领导机构,配齐一支既有承担各项技术责任的专业技术人员,又有实施各项操作的专业技术工人的精干队伍。

2)测量控制点

将坐标点、水准点引到施工现场,作为放线的主要依据。按建筑总平面图可测量控制网,按设计标高可测定自然地坪高程,设置场区永久性测量控制标桩。

3)图纸

开工之前,建设项目的工程设计图纸已出齐,施工技术人员已熟悉了图纸,设计人员已作了设计交底,使施工人员掌握了设计意图,还要注意检查建筑、结构、设备等图纸本身及相互之间是否有错误与矛盾,图纸与说明书、门窗表、构件表之间有无矛盾和遗漏。一般应进行图纸自审、会审和现场签证三个阶段工作。

4)技术文件编制

施工前应做好以下技术文件的编制工作:

编制施工图预算和施工预算及编制施工组织设计,定出拟推广新技术的项目及特殊工程施工、复杂设备安装的技术措施,制定技术岗位责任制和技术、质量、安全管理网络。

(3)物质条件

1)资金

建设项目的资金已经落实,投资方已按计划任务书批准的初步设计、工程项目一览表、批准的设计概算和施工图预算、批准的年度基本建设财务和物资计划等文件,将建设项目的所需资金拨付建设单位,建设单位按建设项目施工合同将工程备料预付款拨给承包的施工单位,施工单位可备料准备开工。

2)材料

对钢材、木材、水泥等主要材料,应根据工程进度编制材料需要量计划交材料供应部门,及时组织材料的采购供应,以确保施工需要。砖、瓦、灰、砂、石等地方材料,是建筑施工的大宗材料,其质量、价格、供应情况对施工影响极大,施工单位应作为准备工作的重点,落实货源,办理订购,择优购买,必要时可直接组织地方材料的生产,以降低成本,满足施工要求。对工程建设需求量较大的工程构配件,如混凝土构件、木构件、水暖设备和配件、建筑五金、特种材料等都需及早按施工图预算、施工计划组织进场,避免贻误工期或造成浪费。对钢筋及埋件,土建开工前应先安排钢筋下料、制作,安排钢结构的加工,安排铁件加工。尤其是工业建筑,为结构安装和设备安装预埋的铁件很多,加工工作量很大,施工准备应十分重视。对设备的供应,工业建筑中的生产设备往往由建设单位负责,如实行建筑安装总承包,有些也需施工单位及时订货,还应注意非标准设备和短线产品的加工订货,因这些器材如供应不及时,极易延误工期。

3)机具

施工用的塔吊、卷扬机、搅拌机等施工机械,以及模板、脚手架、支撑、安全网等施工工具,都由施工现场统一调配,并按施工计划分批进场,做到既满足施工需要,又要节省机械台班等费用。

4)组织料具进场

根据施工现场的需要,有条不紊地组织好建筑材料、施工机械和工具进场,是保证施工顺利进行的重要条件,因此必须做好。对进场的材料、机具和设备进行核对、检查、验收,并建立完备的质检制度和必要的手续。进场的材料、构件必须有出厂合格证,否则要经质量鉴定后方可使用。对进场的材料机具应注意配套,要能形成使用能力,机械设备按总图要求布置和架设,并根据使用情况和施工进度变化作适当调整。同时要做好场外和场内的运输组织工作。材料堆放与仓库设置,既要减少场内搬运,方便使用,又要相对集中,便于管理。

(4)社会条件

1)施工前应调查了解施工现场周围的情况

了解施工现场周围是否有可用的场地,可占用的便道,可租用的民房等,需要拆除的建筑,需要保护的建筑,可利用作临时工房,尽量借助周围环境改善施工条件。

2)了解工程所在地区地方材料的供应能力

地方材料应尽量就地取用,减少运费,对不足部分和缺少的材料及时组织外地进货。对当地有资源、生产过程简单的材料,与当地协作生产亦是降低工程成本的有效途径。

3)调查、改善工程所在地的交通运输条件

如可否提供交通工具组织材料运输,提前修建为施工服务的临时运输道路、桥涵和码头等。

4)调查工程所在地的工业情况

了解当地有无与施工配套的混凝土构件厂、木构件厂、金属加工厂等。了解这些厂的生产能力、产品质量、供货价格情况及其为施工提供服务的可能性。为安排外加工构配件做好准备。

5)调查当地劳动力资源情况

了解当地是否有满足施工需要的劳动力及其技术水平和施工能力。为安排劳动力计划做好准备。

6)了解当地生活供应及服务设施情况

了解当地主副食品、日用品供应和医疗卫生、文化教育设施情况,消防、治安机构等能否满足施工要求,尚需提供哪些条件才能解决施工中的生活等问题。

14.1.4　施工准备工作

施工准备工作的内容通常包括：技术准备、物资准备、劳动组织准备、施工现场准备和施工场外准备工作。

(1)技术准备

技术准备是施工准备工作的核心。由于任何技术的差错或隐患都可能引起人身安全和质量事故，造成生命、财产和经济的巨大损失，因此必须认真地做好技术准备工作。其内容主要有：熟悉与审查施工图纸、原始资料调查分析、编制施工图预算和施工预算、编制施工组织设计。

1)熟悉与审查施工图纸

①熟悉与审查施工图纸的依据

A. 建设单位和设计单位提供的初步设计或扩大初步设计(或技术设计)、施工图设计、建筑总平面、土方竖向设计和城市规划等资料文件。

B. 调查、搜集的原始资料。

C. 设计、施工验收规范和有关技术规定。

②熟悉与审查施工图纸的目的

A. 为了能够按照施工图纸的要求顺利地进行施工，生产出符合设计要求的最终建筑物或构筑物。

B. 为了能够在拟建工程开工之前，使从事建筑施工技术和经营管理的工程技术人员充分了解和掌握施工图纸的设计意图、结构与构造特点和技术要求。

C. 通过审查，发现施工图纸中存在的问题和错误，使其改正在施工开始之前，为拟建工程的施工提供一份准确、齐全的施工图纸。

③熟悉与审查施工图纸的内容

A. 审查拟建工程的地点、建筑总平面图同国家、城市或地区规划是否一致，以及建筑物或构筑物的设计功能和使用要求是否符合卫生、防火及美化城市方面的要求。

B. 审查施工图纸是否完整、齐全，以及设计图纸和资料是否符合国家有关基本建设的设计、施工方面的方针和政策。

C. 审查施工图纸与说明书在内容上是否一致，以及施工图纸与其各组成部分之间有无矛盾和错误。

D. 审查建筑施工图与其结构施工图在几何尺寸、坐标、标高、说明等方面是否一致，技术要求是否正确。

E. 审查工业项目的生产工艺流程和技术要求，掌握配套投产的先后次序和相互关系，以及设备安装图纸与其相配合的土建施工图纸在坐标、标高上是否一致，掌握土建施工质量是否满足设备安装的要求。

F. 审查地基处理与基础设计同拟建工程地点的工程地质、水文地质等条件是否一致，以及建筑物与地下构筑物、管线之间的关系。

G. 明确拟建工程的结构形式和特点，复核主要承重结构的强度、刚度和稳定性是否满足要求，审查施工图纸中的工程复杂、施工难度大和技术要求高的分部(项)工程或新结构、新材料、新工艺，明确现有施工技术水平和管理水平能否满足工期和质量要求，拟采取可行的技术措施加以保证。

H. 明确建设期限,分期分批投产或交付使用的顺序和时间,明确建设单位可以提供的施工条件。

④熟悉与审查施工图纸的程序

熟悉与审查施工图纸的程序通常分为自审、会审和现场签证三个阶段。

A. 施工图纸的自审阶段

施工单位收到拟建工程的施工图纸和有关设计资料后,应尽快地组织有关工程技术人员熟悉和自审图纸,写出自审图纸的记录。自审图纸的记录应包括对图纸的疑问和对图纸的有关建议。

B. 施工图纸的会审阶段

一般由建设单位主持,由设计单位和施工单位参加,三方进行图纸的会审。图纸会审时,首先由设计单位的工程主设计人向与会者说明拟建工程的设计依据、意图和功能要求,并对特殊结构、新材料、新工艺和新技术说明设计要求。施工单位根据自审记录,作为与设计文件同时作用的技术文件和指导施工的依据,同时也是建设单位与施工单位进行工程结算的依据。

C. 施工图纸的现场签证阶段

在拟建工程施工的过程中,如果发现施工的条件与施工图纸的条件不符,或者发现图纸中仍然有错误,或者因为材料的规格、质量不能满足设计要求,或者因为施工单位提出了合理化建议,需要对施工图纸进行及时修改时,应遵循技术核定和设计变更的签证制度,进行图纸的施工现场签证。如果设计变更的内容对拟建工程的规模、投资影响较大时,要报请项目的原批准单位批准。施工现场的图纸修改、技术核定和设计变更资料,都要有正式的文字记录,归入拟建工程施工档案,作为指导施工、竣工验收和工程结算的依据。

2)原始资料调查分析

为了做好施工准备工作,除了要掌握有关拟建工程方面的资料外,还应该进行拟建工程的实地勘测和调查,获得有关数据的第一手资料,这对于拟定一个先进合理、切合实际的施工组织设计是非常必要的,因此应该做好以下几个方面的调查分析。

①自然条件调查分析

建设地区自然条件的调查分析主要内容有:地区水准点和绝对标高等情况,地质构造、土的性质和类别、地基土的承载力、地震级别和裂度等情况,河流流量和水质、最高洪水和枯水期的水位等情况,地下水位的高低变化情况,含水层的厚度、流向、流量和水质等情况,气温、雨、雪、风和雷电等情况,土的冻结深度和冬雨季的期限等情况。

②技术经济条件调查分析

建设地区技术经济条件调查分析的主要内容有:地方建筑施工企业的状况,施工现场的状况,当地可利用的地方材料状况,国拨材料供应状况,地方能源和交通运输状况,地方劳动力和技术水平状况,当地生活供应、教育和医疗卫生状况,当地消防、治安状况和参加施工单位的力量状况等。

3)编制施工图预算和施工预算

①编制施工图预算

施工图预算是技术准备工作的主要组成部分之一,它是按照施工图确定的工程量,施工组织设计所拟定的施工方法,建筑工程预算定额及其取费标准,由施工单位主持编制的确定建设安装工程造价的经济文件。它是施工单位签订工程承包合同、工程结算、财政部门拨付工程价款、进行成本核算、加强经营管理等方面工作的重要依据。

②编制施工预算

施工预算是根据施工图预算、施工图纸、施工组织设计或施工方案、施工定额等文件进行编制的。它直接受施工图预算的控制。它是施工企业内部控制各项成本支出、考核用工、"两算"对比、签发施工任务单、限额领料、基层进行经济核算的依据。

4）编制施工组织设计

编制施工组织设计是施工准备工作的重要组成部分。施工组织设计是指导施工现场全部生产活动的技术经济文件。建筑施工生产活动的全过程是非常复杂的物质财富再创造过程。为了正确处理人与物、主体与辅助、工艺与设备、专业与协作、供应与消耗、生产与储存、使用与维修以及它们在空间布置、时间排列之间的关系，必须根据拟建工程的规模、结构特点和建设单位的要求，在原始资料调查分析的基础上，编制出一份能切实指导该工程全部施工活动的施工组织设计。

（2）物资准备

材料、构（配）件、制品、机具和设备是保证施工顺利进行的物质基础，这些物资的准备工作必须在工程开工之前进行。要根据各种物资的需要量计划，分别落实货源，组织运输和安排储备，使其保证连续施工的需要。

1）物资准备工作的内容

物资准备工作的内容主要有：建筑材料的准备、构（配）件和制品的加工准备、建筑安装机具的准备和生产工艺设备的准备。

①建筑材料的准备

建筑材料的准备主要是根据施工预算的工料分析，按照施工进度计划的使用要求、材料储备定额和消耗定额，分别按材料名称、规格、使用时间进行汇总，编制出材料需要量计划。为组织备料，确定仓库、堆放场地所需的面积和组织运输等提供依据。

②构（配）件、制品的加工准备

根据施工预算提供的构（配）件、制品的名称、规格、质量和消耗量，确定加工方案和供应渠道以及进场后的储存地点和方式。编制出其需要量计划，为组织运输、确定堆场面积等提供依据。

③建筑安装机具的准备

根据采用的施工方案和安排的施工进度，确定施工机械的类型、数量和进场时间，确定施工机具的供应办法和进场后的存放地点和方式，编制建筑安装机具的需要量计划，为组织运输、确定存放场地面积等提供依据。

④生产工艺设备的准备

按照拟建工程生产工艺流程及工艺设备的布置图，提出工艺设备的名称、型号、生产能力和需要量，按照设备安装计划确定分期分批进场时间和保管方式。编制工艺设备需要量计划，为组织运输、确定存放和组装场地面积提供依据。

2）物资准备工作的程序

物资准备工作的程序是搞好物资准备工作的客观顺序。通常按如下程序进行：

①编制物资需要量计划

根据施工预算、分部(项)工程施工方法和施工进度的安排,拟定国拨材料、统配材料、地方材料、构(配)件及制品、施工机具和工艺设备等物资的需要量计划。

②组织货源,签订合同

根据各种物资需要量计划,组织货源,确定加工、供应地点和供应方式,签订物资供应合同。

③确定运输方案和计划

根据各种物资的需要量计划和合同,拟定运输计划和运输方案。

④储存保管

按照施工总平面图的要求,组织物资按计划时间进场,在指定地点按规定方式进行储存和保管。

物资准备工作程序如图14.1所示。

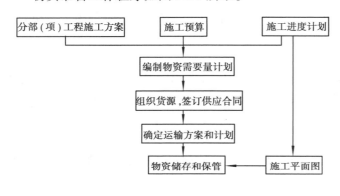

图14.1　流水施工组织方式分类图

(3)劳动组织准备

劳动组织准备的范围,既有整个建筑施工企业的劳动组织准备,也有大型综合建设项目的工区级劳动组织准备,还有单位工程的工地级劳动组织准备。这里仅以一个单位工程为例,说明其劳动组织准备工作的内容。

1)建立工地级劳动组织的领导机构

施工组织机构的建立应遵循以下的原则:根据工程的规模、结构特点和复杂程度,确定劳动组织的领导机构名额和人选;坚持合理分工与密切协作相结合的原则;把有施工经验、有创新精神、工作效率高的人选入领导机构;认真执行因事设职、因职选人的原则。

2)建立精干的施工队组

施工队组的建立,要认真考虑专业工种的合理配合,技工和普工的比例要满足合理的劳动组织要求。按组织施工方式的要求,确定建立混合施工队组或是专业施工队组及其数量。组建施工队组要坚持合理、精干的原则,同时制定出该工程的劳动力需要量计划。

3)集结施工力量和组织劳动力进场

工地的领导机构确定之后,按照开工日期和劳动力需要量计划,组织劳动力进场。同时要进行安全、防火和文明施工等方面的教育,并安排好职工的生活。

4)向施工队组、工人进行施工组织设计和技术交底

进行施工组织设计和技术交底的目的是把拟建工程的设计内容、施工计划和施工技术要求等,详尽地向施工队组和工人讲解说明。这是落实计划和技术责任制的必要措施。

施工组织设计和技术交底的时间在单位工程或分部(项)工程开工前及时进行,以保证工程严格地按照设计图纸、施工组织设计、安全操作规程和施工验收规范等要求进行施工。

施工组织设计和技术交底的内容有:工程的施工进度计划、月(旬)作业计划;施工组织设

计,尤其是施工工艺、质量标准、安全技术措施、降低成本措施和施工验收规范的要求;新结构、新材料、新技术和新工艺的实施方案和保证措施;图纸会审中所确定的有关部位的设计变更和技术核定等事项。

交底工作应该按照管理系统逐级进行,由上而下直到工人队组。交底的方式有书面形式、口头形式和现场示范形式等。

在施工组织设计和技术交底后,队组工人要认真进行分析研究,弄清工程关键部位、操作要领、质量标准和安全措施,必要时应该根据示范交底进行练习,并明确任务,做好分工协作安排,同时建立、健全岗位责任制和保证措施。

5)建立、健全各项管理制度

工地的各项管理制度是否建立、健全,直接影响着各项施工活动的顺利进行。无章可循是危险的,有章不循其后果也是不会好的。为此必须建立,健全工地的各项管理制度,通常包括:施工图纸学习与会审制度,技术责任制度,技术交底制度,工程技术档案管理制度,材料,主要构配件和制品检查验收制度,材料出入库制度,机具使用保养制度,职工考勤和考核制度,安全操作制度,工程质量检查与验收制度,工地及班组经济核算制度等。

(4) 场内外准备

1)施工现场准备

施工现场是施工的全体参加者为夺取优质、高速、低消耗的目标而有节奏、均衡、连续地进行施工的活动空间。施工现场的准备工作,主要是为工程的施工创造有利的施工条件和物资保证。其具体内容如下:

①做好施工场地的控制网测量

按照设计单位提供的建筑总平面图及给定的永久性经纬坐标控制网和水准控制基桩,进行场区施工测量,设置场区的永久性经纬坐标桩、水准基桩和建立场区工程测量控制网。

②搞好"三通一平"

"三通一平"是指路通、水通、电通和平整场地。

路通:施工现场的道路是组织物资运输的动脉。工程开工前,必须按照施工总平面图的要求,修好施工现场的永久性道路(包括场区铁路、场区公路)以及必要的临时性道路,形成完整畅通的运输道路网,为物资运进场地和堆放创造有利条件。

水通:水通是施工现场的生产和生活不可缺少的条件。工程开工之前,必须按照施工总平面图的要求,接通施工用水和生活用水的管线,使其尽可能与永久性的给水系统结合起来,做好地面排水系统,为施工创造良好的环境。

电通:电是施工现场的主要动力来源。工程开工前,要按照施工组织设计的要求,接通电力和电讯设施,并做好蒸汽、压缩空气等其他能源的供应,确保施工现场动力设备和通讯设备的正常运行。

平整场地:按照建筑施工总平面图的要求,首先拆除地上妨碍施工的建筑物或构筑物,然后根据建筑总平面图规定的标高和土方竖向设计图纸,计算土方工程量,确定平整场地的施工方案,进行平整场地的工作。

③做好施工现场的补充勘探

对施工现场做补充勘探是为了进一步寻找枯井、防空洞、古墓、地下管道、暗沟和枯树根等,以便及时拟定处理方案,并进行实施,以保证基础工程施工的顺利进行和消除隐患。

④搭设临时设施

按照施工总平面图的布置,建造临时设施,为正式开工准备生产、办公、生活和仓库等临时用房,以及设置消防保安设施。

⑤组织施工机具进场、组装和保养

按照施工机具需要量计划,组织施工机具进场。根据施工总平面图,将施工机具安置在规定的地点或仓库。对于固定的机具要进行就位、搭棚、组装、接电源、保养和调试等工作,对所有施工机具都必须在开工之前进行检查和试运转。

⑥做好建筑材料、构(配)件和制品储存堆放

按照建筑材料、构(配)件和制品的需要量计划组织进场,根据施工总平面图规定的地点和方式进行储存堆放。

⑦提供建筑材料的试验申请计划

按照建筑材料的需要量计划,及时提出建筑材料的试验申请计划。如钢材的机械性能和化学成分试验,混凝土或砂浆的配合比和强度试验等。

⑧做好新技术基础上的试制和试验

对施工中新技术项目,按照有关规定和资料,认真进行试制和试验,为正式施工积累经验和培训人才。

⑨做好冬雨季施工准备

按照施工组织设计的要求,落实冬雨季施工的临时设施和技术措施。

2)施工场外准备

施工准备除了施工现场内部的准备工作外,还有施工现场外的准备工作。其具体内容如下:

①材料设备的加工和订货

建筑材料、构(配)件和建筑制品大部分都必须外购,尤其是工艺设备需要全部外购。这样,准备工作中必须与有关加工厂、生产单位、供销部门签订供货合同,保证及时供应。这对于施工单位的正常生产是非常重要的。此外,施工机具的采购和租赁工作,与有关单位或部门签订供销合同或租赁合同,也是必须做的准备工作。

②做好分包工作

由于施工单位本身的力量和施工经验所限,有些专业工程的施工,如大型土石方工程、结构安装工程以及特殊构筑物工程的施工分包给有关单位施工,效益可能更佳。这就必须在施工准备工作中,按原始资料调查中了解的有关情况,选定理想的协作单位。根据欲分包工程的工程量,完成日期、工程质量要求和工程造价等内容,与其签订分包合同,保证按时完成。

③向主管部门提交开工申请报告

在进行材料、构(配)件及设备的加工订货和进行分包工作、签订分包合同等施工场外准备工作的同时,应该及时地填写开工申请报告,并上报主管部门,等待批准。

(5)冬期、雨季施工的准备

建筑施工露天作业,季节对施工的影响很大。我国黄河以北地区每年冰冻期有 4~5 个月,长江以南地区每年雨天大约在 3 个月以上,给施工增加了很多困难。因此,做好周密的施工计划和充分的施工准备,是克服季节影响、保持均衡施工的有效措施。

1)做好进度安排

①施工进度安排应考虑综合效益,除工期有特殊要求必须在冬期、雨季施工的项目外,应尽量权衡进度与效益、质量的关系,将不宜在冬期、雨季施工的分部工程避开这个季节。如土方工程、室外粉刷、防水工程、道路工程等不宜冬期施工;土方工程、基础工程、地下工程等不宜雨季施工。

②冬期施工费用增加不大的分部工程,如一般的砌砖工程,可用蓄热法养护的混凝土工程、吊装工程、打桩工程等,这些工程在冬季施工时,对技术的要求并不复杂,但它们在整个工程中占的比重较大,对进度起着决定性作用,可以列在冬期施工范围内。

③冬期施工成本增加稍大的分部工程,如室内装修等,在技术上采取一定的措施,安排在冬季施工也是可行的。

2)冬期施工准备要点

①做好临时给水、排水管的防冻准备

给水管线应埋于冰冻线以下,外露的水管应做好保温工作,防止冻结。排水管道应有足够的坡度,管道中不能积水,防止沉淀物堵塞管道造成溢水、场地结冰。

②材料准备

考虑到冬季运输比较困难,冬期施工前需适当加大材料储备量。准备好冬季施工需用的一些特殊材料,如促凝剂、防寒用品等。

③消防工作准备

冬期施工中,由于保温、取暖等火源增多,需加强消防安全工作,特别要注意消防水源的防冻。

④提前做好冬期施工培训的有关规定,建立冬期施工制度,做好冬期施工的组织准备、思想准备和防火、防冻教育等。

3)雨季施工准备要点

①雨季到来之前,创造出适宜雨季施工的室外或室内的工作面。如做完地下工程,做完屋面防水等。

②做好排水设施,准备好排水机具。做好低洼工作面的挡水堤,防止雨水灌入。

③临时道路做好横断面上向两侧的排水坡铺炉渣等,工作防止路面泥泞,保障雨季进料运输。为防止雨季供料不及时,现场应适当增加材料储备,以保证雨季正常施工。

④采取有效的技术措施,保证雨季施工质量。如防止砂浆、混凝土含水量过多的措施,防止水泥受潮的措施等。

⑤做好安全防护工作,防止雨季塌方,防止漏电触电,防止洪水淹泡,脚手架防滑加固等。

14.2　施工组织设计的分类及其作用、内容

14.2.1　施工组织设计的分类

为了及时地做好施工准备工作,施工组织设计必须分阶段地根据工程设计文件来编制,也就是说,施工组织设计的各阶段是与主要设计的阶段相对应的。

在绝大多数情况下,建筑工程按照两个阶段进行设计,即:扩大初步设计和施工图设计。

只有在设计复杂,或新的工艺过程尚未熟练掌握,或者设计特别复杂并对建筑物或构筑物有特殊要求时,才按三阶段进行设计,即初步设计、技术设计和施工图设计。

当按三阶段设计时,施工组织设计的三个相应的阶段就是:①施工条件设计(或称施工组织基本概况),这是包括在初步设计中的;②施工组织总设计,这是包括在技术设计中的;③各个房屋和建筑物等单位工程的施工设计,是施工组织设计的具体化,用以具体指导工程的施工活动,并作为建筑安装企业编制月旬作业计划的基础,是由施工承包单位根据施工图进行编制的。

（1）施工组织条件设计

施工组织条件设计的作用在于对拟建工程,从施工角度分析工程设计的技术可行性与经济合理性,同时作出轮廓性的施工规划,并提出在施工准备阶段首先应进行的工作,以便先着手准备。这一组织设计主要应由设计单位负责编制,并作为初步设计的一个组成部分。

（2）施工组织总设计

它是以整个建设项目或民用建筑群为对象编制的,目的是要对整个工程的施工进行通盘考虑、全面规划,用以指导全场性的施工准备和有计划地运用施工力量,开展施工活动。其作用是确定拟建工程的施工期限、施工顺序、主要施工方法、各种临时设施的需要量及现场总的布置方案等,并提出各种技术物资资源的需要量,为施工准备创造条件。施工组织总设计应在扩大初步设计批准后,依据扩大初步设计文件和现场施工条件,由建设总承包单位组织编制。

（3）单位工程施工设计

它是以单项工程或单位工程为对象编制的(通常也称单位工程施工组织设计),是用以直接指导单位工程或单项工程施工的。它在施工组织总设计和施工单位总的施工部署的指导下,具体地安排人力、物力和建筑安装工作,是施工单位编制作业计划和制定季度施工计划的重要依据。单位工程施工设计是在施工图设计完成后,以施工图为依据。由施工承包单位负责编制。

（4）分部(分项)工程施工设计

它是以某些特别重要的和复杂的或者缺乏施工经验的分部(分项)工程(如复杂的基础工程、特大构件的吊装工程、大量土石方工程等)或冬、雨季施工等为对象编制的专门的、更为详尽的施工设计文件。

施工组织总设计是对整个建设项目施工的通盘规划,是带有全局性的技术经济文件。因此,应首先考虑和制订施工组织总设计,作为整个建设项目施工的全局性的指导文件。然后,在总的指导文件规划下,再深入研究各个单位工程,对其中的主要建筑物分别编制单位工程的施工设计。就单位工程而言,对其中技术复杂或结构特别重要的分部(分项)工程,还需要根据实际情况编制若干个分部(分项)工程的施工设计。

在编制施工组织总设计时,可能对某些因素和条件尚未预见到,而这些因素或条件的改变可能影响整个部署。因此,在编制了各个局部的施工设计之后,有时还需要对全局性的施工组织总设计作必要的修正和调整。当然,在贯彻执行施工组织设计的过程中,也应随着工程施工的发展变化,及时给予修正和调整。

14.2.2　施工组织设计的任务和作用

(1) 施工组织设计的任务

施工组织设计要根据国家的有关技术政策和规定、业主的要求、设计图纸和组织施工的基本原则,从拟建工程施工全局出发,结合工程的具体条件,合理地组织安排,采用科学的管理方法,不断地改进施工技术,有效地使用人力、物力,安排好时间和空间,以期达到耗工少、工期短、质量高和造价低的最优效果。

(2) 施工组织设计的作用

施工组织设计是规划和指导拟建工程的施工准备到竣工验收过程的一个综合性的技术经济文件。它是用以规划部署施工生产活动,制订先进合理的施工方案和技术组织措施的依据,它主要有以下几方面的作用:

①实现基本建设计划的要求,是沟通工程设计与施工之间的桥梁,它既要体现拟建工程的设计和使用要求,又要符合建筑施工的客观规律。

②保证各施工阶段的准备工作及时地进行。

③明确施工重点和影响工期进度的关键施工过程,并提出相应的技术、质量、安全措施。

④协调各施工单位、各工种、各类资源、资金、时间等方面在施工程序、现场布置和使用上的相应关系。

14.2.3　施工组织设计的内容

施工组织设计的任务和作用,决定施工组织设计的内容。一般情况下施工组织设计的内容包括以下几个主要方面:

①施工项目的工程概况;

②施工部署或施工方案的选择;

③施工准备工作计划;

④施工进度计划;

⑤各种资源需要量计划;

⑥施工现场平面布置图;

⑦质量、安全和节约等技术组织保证措施;

⑧各项主要技术指标;

⑨结束语。

由于施工组织设计的编制对象不同,以上各方面内容所包括的范围也不同。结合施工项目的实际情况,可以有所变化。

随着社会主义市场经济体制的建立,建筑市场的运行机制日趋成熟,施工企业所面对的市场要求是参与竞争和建造现代化的建筑物。施工企业也必须适应市场竞争,必须具备建造现代化建筑物的技术力量和手段,因此施工组织设计必须适应这两方面的发展需要。

①为了参与竞争,首先需要做好投标文件,而一个投标文件的关键内容是施工组织设计文件。要在文件中详尽地介绍实施这个项目的施工方案,准备配备的技术力量和技术手段。

施工组织设计应包括以下内容:

A. 施工方案。包括:施工方法选择,施工机械选用,劳动力和主要材料、半成品投入量。

B. 施工进度计划。包括:工程开工日期,竣工日期,施工进度控制图及其说明。

C. 主要技术组织措施。包括:保证质量的技术组织措施,保证安全的技术组织措施,保证进度的技术组织措施,环境污染防治的技术组织措施。

D. 施工平面布置图。包括:施工用水量计算,用电量计算,临时设施需用量及费用计算,施工平面布置图。

E. 其他有关投标和签约谈判需要的设计。

以上内容应力求简明扼要,突出目标,结合企业实际满足招标文件的需要,要具有竞争性,能体现企业的实力和信誉。

这时的施工组织设计文件主要是为争取中标而写的,要使业主看了这个文件后,对投标企业有能力造好这个项目建立信心,一旦中标以后还要对这个文件进行深化。因此,编制施工组织设计文件的重要性在市场经济体制中更加突出,同时任务也更加繁重了。

②由于建造现代化建筑物的需要,在施工组织设计中施工技术方案这一部分内容所占的比重越来越大,同发达国家施工企业的情况一样,我们施工企业现在要完成的施工技术方案的设计量很大,它主要包括:建筑物基坑施工方案设计,建筑物施工模板和脚手架设计,建筑物施工的垂直运输系统和水平运输系统的设计等。如果细分则一个基坑施工方案设计可分列成基坑的围护结构设计,基坑的降水方案设计,基坑的挖土工艺设计,基坑的施工结构和环境监测设计,大体积混凝土浇注方案和监测设计等。所有这些设计文件,汇总成施工组织设计文件中的施工技术方案内容。我国的施工企业随着现代化施工,施工组织设计内容的扩展所具备的技术含量比重在逐渐提高,这反映了施工企业在现代化进程中的良好趋势。

14.3 施工组织设计的编制依据、原则

14.3.1 施工组织设计的编制依据

施工组织设计是根据不同的施工对象、现场条件、施工条件等主、客观因素,在充分调查分析的基础上编制的。不同类型的施工组织设计,其编制依据有共同的地方,也存在着差异。如施工组织总设计是编制单位工程施工组织设计的依据,而单位工程施工组织设计又是编制分部(或分项)工程施工设计的依据。这里仅就共同的编制依据的主要内容简述如下。

①计划和设计文件 包括已批准的计划任务书、初步设计(或扩大初步设计)施工图纸。

②自然条件资料 包括:地形资料、工程地质资料、水文地质资料、气象资料等。

③建设地区的技术经济条件资料 包括:建设地区地方工业、交通运输、资源、供水、供电、生产、生活基地等。

④国家和上级的有关指标 如要求交付使用的期限,推广新结构、新技术,以及有关的先进技术指标等。

⑤施工中可能配备的人力、机械设备、施工经验、技术状况等。

⑥如果引进成套设备或中外合资经营的工程,要具体了解国外设备、材料供应日期、施工要求以及有关合同规定。

⑦国家有关规定、规程、规范和定额。

14.3.2　施工组织设计的编制原则

在施工组织设计编制中应遵循以下几项基本原则：

①保证重点、统筹安排、信守合同工期。

②科学、合理地安排施工程序，尽量多地采用新工艺、新技术。

③组织流水施工，合理地使用人力、物力、财力。

④恰当安排施工项目，增加有效的施工作业日数，以保证施工的连续和均衡。

⑤提高施工技术方案的工业化、标准化水平。

⑥扩大机械化施工范围，提高机械化程度。

⑦采用先进的施工技术和施工管理方法。

⑧减少施工临时设施的投入，合理布置施工总平面图，节约施工用地和费用。

14.3.3　施工组织设计的资料收集

调查研究、收集有关施工资料，是施工准备工作的重要内容之一。尤其是当施工单位进入一个新的城市或地区，这项工作显得更加重要，它关系到施工单位全局的布置与安排。

进行施工准备及编制施工组织设计所需要的原始资料，与建设工程的类型和性质有关。通常包括建设地区各种自然条件和技术经济条件的资料。

（1）自然条件资料

1）地形资料

包括建设区域的地形图和建设工地及相邻地区的地形图等，使用的目的在于了解建设地区的地形特征。

建设区域的地形图，其比例尺一般不小于 1∶2 000，等高线高差为 0.5～1.0 m。图上应当标明：邻近居民区、工业企业、自来水厂等的位置；邻近车站、码头、铁路、公路、上下水道、电力电讯网、河流湖泊位置；邻近的采石场、采砂场及其他建筑材料基地等。本图的主要用途在于确定施工现场、建筑工人居住区、建筑生产基地的位置，场外线路管网的布置，以及各种临时设施的相对位置和大量建筑材料的堆置场等。

建设工地及相邻地区的地形图，其比例尺一般为 1∶2 000 或 1∶1 000，等高线高差为 0.5～1.0 m。图上应标明主要水准点和坐标距 100 m 或 200 m 的方格网，以便测定各个房屋和构筑物的轴线、标高和计算土方工程量。此外，还应当标出现有的一切房屋、地上地下的管道、线路和构筑物、绿化地带、河流周界线及水面标高、最高洪水位警戒线等。本图为设计施工总平面图、布置各项建筑业务和设施等的依据。

2）工程地质资料

使用的目的在于确定建设地区的地质构造、人为的地表破坏现象（如土坑、古墓等）和土壤特征、承载能力等。主要内容有：①建设地区钻孔布置图；②工程地质剖面图，表明土层特性及其厚度；③土壤的物理力学性质，如天然含水率、天然孔隙比等；④土壤压缩试验和关于承载能力的结论等报告文件；⑤有古墓地区还应包括古墓钻探报告等。根据这些资料，可以拟定特殊地基（如湿陷性黄土、古墓、流砂等）的施工方法和技术措施，复核设计中规定的地基基础与当地地质情况是否相符，并决定土方开挖的坡度。

3）水文地质资料

包括地下水和地表水两部分。地下水资料,使用的目的在于确定建设地区的地下水在全年不同时期内的水位变化、流动方向、流动速度和水的化学成分等。主要内容有:①地下水位及变化范围;②地下水的流向、流速和流量;③地下水的水质分析资料等。根据这些资料,可以决定基础工程、排水工程、打桩工程、降低地下水位等工程的施工方法。地表水资料,使用的目的在于确定建设地区附近的河流、湖泊的水系、水质、流量和水位等。主要内容有:①年平均流量、逐月的最大和最小流量或湖泊、水池的储水量;②流速和水位变化情况(特别是最低水位,它是决定给水方法的主要依据);③冻结的始终日期及最大、最小和平均的冻结深度;④航运及浮运情况等等。当建设工程的临时给水是依靠地表水作为水源时,上述条件可作为考虑设置升水、蓄水、净水和送水设备时的资料。此外,还可以作为考虑利用水路运输可能性的依据。

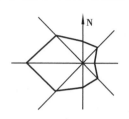

图 14.2　年度风向玫瑰图

4)气象资料

使用的目的在于确定建设地区的气候条件。主要内容有:

①气温资料,包括最低温度及其持续天数、绝对最高温度和最高月平均温度,前者用以计算冬季施工技术措施的各项参数,后者供确定防暑措施的参考;

②降雨资料,包括每月平均降雨量和最大降雨量、降雪量。根据这些资料可以制订冬雨季施工措施,预先拟定临时排水设施,以免在暴雨后淹没施工场地;

③风方向、刮风次数等,风的资料通常被制成风向玫瑰图(图14.2),图上每一方位上的线段的长度与风速或者刮风次数,或者是风速和刮风次数一起的数值成比例(通常用百分数表示)。风的资料用以确定临时性建筑物和仓库的布置、生活区与生产性房屋相互间的位置。

(2)技术经济条件资料

收集建设地区技术经济条件的资料,目的在于查明建设地区地方工业、交通运输、动力资源和生活福利设施等地区经济因素的可能利用程度。主要内容如下:

1)从地方市政机关了解的资料

①地方建筑工业企业情况　应当查明:当地有无采料场,建筑材料、配件和构件的生产企业,并应了解其分布情况、所在地及所属关系,主要产品的名称、规格、数量、质量和能否符合建筑工程使用的要求,生产能力、有无剩余和扩充的可能性,同时还应当了解企业产品运往建筑工地的方法、交货价格和运输费用。

②地方资源情况　当本地可能有供生产建筑材料和零件等利用的矿物资源、地方材料和工业副产品时,尚需进行详细的调查和勘察,通过勘察应当查明:当地有无供生产粘结材料和保温材料所需的石灰岩、石膏石、泥炭、粘土等,它们的分布、埋藏、特征和运输条件等的情况;有无供建立采石、采砂场等所需的块石、卵石、卵砂、山砂等蕴藏,同时尚需进行矿物物理和化学分析以鉴定其特征,并要研究进行开采、运输和使用的可能性以及经济合理性。地方工业副产品也是建筑材料重要来源之一。例如,冶金工厂生产时排出的矿渣和热电站生产时排出的煤渣,在建筑工程中都具有极大的用途,必须充分利用。

③当地交通运输条件　应当了解建设地区有无铁路专用线可供利用,可否利用邻近编组站来调度建设物资。当大量材料利用铁路运输时,应当了解机车和车皮的来源以及修理业务。对于公路运输应当了解道路路面等级、通行能力、汽车载重量等。如果有河道可用来运输时,应当了解取得船只的可能性和数量、码头的卸货能力、装卸工作机械化程度和航期等。同时,

还需深入研究采用各种运输方式时的运费,并进行经济比较。

④建筑基地情况　附近有无建筑机械化基地及机械化装备,有无中心修配站及仓库,其所在地及容量,可供建筑工程利用的程度等。

⑤劳动力的生活设施情况　当地可以招收的工人、服务人员的数量。建筑单位在建设地区已有的、在施工期间可作为工人宿舍、厨房食堂、俱乐部、浴室等建筑物的数量,应该详细查明地点、结构特征、面积、交通和设备条件。

⑥供水、供电条件　应当了解有无地方发电站和变压站,查明能否从地区电力网上取得电力、可供建筑工程利用的程度、接线地点及使用的条件。了解水源、与当地水源连接的可能性、连接的地点、现有上下水道的管径、埋置深度、管底标高、水头压力等。

2)从建筑企业主管部门了解的资料

①建设地区建筑安装施工企业的数量、等级、技术、管理水平、施工能力、社会信誉等。

②主管部门对建设地区工程招标投标、建筑市场管理的有关规定和政策。

③建设工程开工、竣工、质量监督等所应申报和办理的各种手续及其程序。

3)现场实地勘测的资料

①上述各项资料,必要时应当进行实地勘测,研究核实。

②施工现场实际情况,需要砍伐树木、拆除旧有房屋的情况,场地平整的工程量。

③当地生活条件,当地居民生活水平、生活习惯、生活用品供应情况。

④建筑垃圾处置的地点等。

技术经济勘测内容的多少,应当根据建筑地区具体情况作必要的删减和补充,包括的内容必须切合实际需要,过繁过简都有碍于编制施工组织设计工作的顺利进行。

14.3.4　施工组织设计的贯彻

施工组织设计的编制只是为实施拟建工程项目的生产过程提供了一个可行的理想方案。这个方案的经济效果必须通过实践去检验。施工组织设计贯彻的实质,就是用一个静态平衡方案指导一个变化的动态的施工活动,以达到预定的目标。因此施工组织设计贯彻的情况如何,其意义是深远的,为了保证施工组织设计的顺利实施,应做好以下几个方面的工作:

(1)传达施工组织设计的内容和要求

经过审批的施工组织设计,在开工前要召开各级的生产技术会议,逐级进行交底,详细地讲解其内容、要求和施工的关键问题与保证措施,组织群众广泛讨论,拟定完成任务的技术组织措施,作出相应的决策。同时责成计划部门,制订切实可行的和严密的施工计划,责成技术部门拟定科学合理的具体技术实施细则,保证施工组织设计的贯彻执行。

(2)制订各项管理制度

施工组织设计贯彻的顺利与否,主要取决于企业的管理素质、技术素质及经营管理水平。而体现企业素质和水平的通常标志,在于企业各项管理制度的健全与否。实践经验证明,只有施工企业有了科学的、健全的管理制度,企业的正常生产秩序才能维持,才能保证工程质量,提高劳动生产率,防止可能出现的漏洞或事故。为此必须建立、健全各项管理制度,保证施工组织设计的顺利实施。

(3)推行技术经济承包制度

技术经济承包是用经济的手段和制约的方法,明确承发包双方的责任,便于加强监督和相互促进,是保证承包目标实现的重要措施。为了更好地贯彻施工组织设计,应该推行技术经济承包制度,开展劳动竞赛,把施工过程中的技术经济责任同职工的物质利益结合起来。如开展全优工程竞赛、推选全优工程综合奖、节约材料奖和技术进步奖等。这些对于全面贯彻施工组织设计是十分必要的。

(4)统筹安排及综合平衡

在拟建工程项目的施工过程中,必须搞好人力、物力、财力的统筹安排,保持合理的施工规模。这既能满足拟建工程项目施工的需要,又能带来较好的经济效果。施工过程中的任何平衡都是暂时的和相对的,平衡中必然存在不平衡的因素,要及时分析和研究这些不平衡因素,进一步完善施工组织设计,保证施工的合理节奏,并具有均衡性和连续性。

(5)切实做好施工准备工作

施工准备工作是保证均衡和连续施工的重要前提,也是顺利地贯彻施工组织设计的物资保证。不仅在拟建工程项目开工之前要做好一切人力、物力和财力的准备,而且在施工过程中不同阶段也要做好相应的施工准备工作。

14.3.5 施工组织设计的检查和调整

(1)施工组织设计的检查

1)主要指标完成情况的检查

施工组织设计的主要指标的检查,一般采用比较法。就是把各项指标的完成情况同计划规定的指标相对比。检查的内容应该包括工程进度、工程质量、材料消耗、机械使用和成本费用等,把检查主要指标数量同检查其相应的施工内容和施工方法等结合起来,为发现问题和分析原因提供依据。

2)施工总平面图合理性的检查

在施工现场总平面的布置中,必须按规定建造临时设施,按规定敷设管网和运输道路,合理地存放机具、堆放材料;施工现场要符合文明施工的要求;施工现场的局部断电、断水、断路等,必须事先得到有关部门批准;施工的每个阶段都要有相应的施工总平面图,施工总平面图的任何改变都必须经有关部门批准;如果发现施工总平面图存在不合理之处,要及时制订改进方案,报请有关部门批准。

(2)施工组织设计的调整

根据施工组织设计执行情况检查发现的问题及其产生的原因,拟定其改进措施或方案,及时对施工组织设计的有关部分或指标逐项进行调整,必要时对施工组织总设计进行修改。实际上,施工组织设计的贯彻、检查和调整是一项经常性的工作,必须随着施工的进展情况,不断反复地进行,贯穿拟建工程项目施工过程的始终。

14.4 施工组织总设计

施工组织总设计是以整个建设项目为对象,根据初步设计或扩大初步设计图纸以及其他有关资料和现场施工条件编制,用以指导全工地各项施工准备和施工活动的技术经济文件。一般由建设总承包单位或建设主管部门领导下的工程建设指挥部负责编制。

施工组织总设计的主要作用如下：

①确定设计方案的施工可能性和经济合理性；

②为建设单位主管机关编制基本建设计划提供依据；

③为施工单位主管机关编制建筑安装工程计划提供依据；

④为组织物资技术供应提供依据；

⑤为及时进行施工准备工作提供条件；

⑥解决有关生产和生活基地的组织问题。

14.4.1　施工组织总设计编制程序和依据

(1) 施工组织总设计的编制依据

编制施工组织总设计一般以下列资料为依据：

1) 计划文件及有关合同

包括国家批准的基本建设计划文件、概预算指标和投资计划、工程项目一览表、分期分批投产交付使用的项目期限、工程所需材料和设备的订货计划、建设地区所在地区主管部门的批件、施工单位主管上级(主管部门)下达的施工任务计划、招投标文件及工程承包合同或协议、引进设备和材料的供货合同等。

2) 设计文件

包括已批准的初步设计或扩大初步设计(设计说明书、建设地区区域平面图、建筑总平面图、总概算或修正概算及建筑竖向设计图)。

3) 工程勘察和调查资料

包括建设地区地形、地貌、工程地质、水文、气象等自然条件；能源、交通运输、建筑材料、预制件、商品混凝土及构件、设备等技术经济条件；当地政治、经济、文化、卫生等社会生活条件资料。

4) 现行规范、规程,有关技术标准及类似工程的参考资料

包括现行的施工及验收规范、操作规程、定额、技术规定和其他技术标准以及类似工程的施工组织总设计或参考资料。

(2) 施工组织总设计的编制程序

施工组织总设计的编制程序如图 14.3 所示。

(3) 施工组织总设计的内容

施工组织总设计的内容主要包括：工程概况和特点分析,施工部署和主要工程项目施工方案,施工总进度计划,施工资源需要量计划,施工总平面图和技术经济指标等。

工程概况和特点分析是对整个建设项目的总说明、总分析,一般应包括以下内容：

①工程项目、工程性质、建设地点、建设规模、总期限、分期分批投入使用的项目和工期、总占地面积、建筑面积、主要工种工程量,设备安装及其吨数,总投资,建筑安装工作量、工厂区和生活区的工作量,生产流程和工艺特点,建筑结构类型,新技术、新材料的复杂程度和应用情况。

②建设地区的自然条件和技术经济条件。如气象、水文、地质和地形情况,能为该项目服务的施工单位及人力和机械设备情况,工程的材料来源、供应情况,建筑构件的生产能力,交通运输及其能够提供给工程施工用的劳动力、水、电和建筑物等情况。

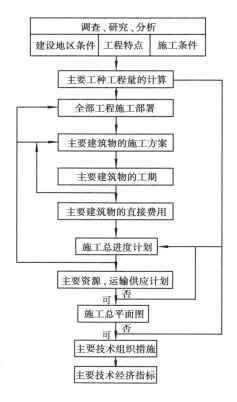

图 14.3　施工组织总设计的编制程序

③上级对施工企业的要求,企业的施工能力、技术装备水平,管理水平和完成各项经济指标的情况等。

14.4.2　施工部署

施工部署是对整个建设项目进行的统筹规划和全面安排,它是影响全局的重大问题,拟订指导全局组织施工的战略规划。施工方案是对单个建筑物作出的战役安排。施工部署和施工方案分别为施工组织总设计和单个建筑物施工组织设计的核心。

(1)施工部署重点要解决的问题

①确定各主要单位工程的施工展开程序和开、竣工日期。它一方面要满足上级规定的投产或投入使用的要求,另外也要遵循一般的施工程序,如先地下后地上、先深后浅等。

②建立工程的指挥系统,划分各施工单位的工程任务和施工区段,明确主攻项目和辅助项目的相互关系,明确土建施工、结构安装、设备安装等各项工作的相互配合等。

③明确施工准备工作的规划。如土地征用、居民迁移、障碍物清除、"三通一平"的分期施工任务及期限、测量控制网的建立、新材料和新技术的试制和试验、重要建筑机械和机具的申请和订货生产等。

(2)施工方案的拟定要重点解决的问题

1)重点单位工程的施工方案

要通过技术经济比较确定单位工程的施工方案,如深基础施工用哪种支护结构,地下水如何处理,挖土方式如何,结构工程用预制或现浇施工用什么类型的模板(滑升模板、大模板、爬升模板等),工程构筑物是用构件散装或在地面组装后整体起吊等。

2)主要工种工程的施工方案

确定主要工种工程(如土方、桩基础、混凝土、砌体、结构安装、预应力混凝土工程等)的施工方案,如何提高生产效率,提高工程质量,降低造价和保证施工安全。

(3)主要项目的施工方案

主要项目的施工方案是对建设项目或建筑群中的施工工艺流程以及施工段划分提出的原则性意见。它的内容包括施工方法、施工顺序、机械设备选型和施工技术组织措施等。这些内容在单位工程施工组织设计中已作了详细的论述,而在施工组织总设计中所指的拟订主要建筑物施工方案与单位工程施工组织设计中要求的内容和深度是不同的,它只须原则性地提出施工方案,如采用何种施工方法,哪些构件采用现浇,哪些构件采用预制,是现场就地预制,还是在构件预制厂加工生产,构件吊装时采用什么机械,准备采用什么新工艺、新技术等,即对涉及到全局性的一些问题拟订出施工方案。

对施工方法的确定要兼顾工艺技术的先进性和经济上的合理性。对施工机械的选择,应使主导机械的性能既能满足工程的需要,又能发挥其效能,在各个工程上能够实现综合流水作业,减少其拆、装、运的次数。对于辅助配套机械,其性能应与主导施工机械相适应,以充分发挥主导施工机械的工作效率。

(4) 主要工种工程的施工方法

主要工种工程是指工程量大,占用工期长,对工程质量,进度起关键作用的工程,如土石方、基础、砌体、架子、模板、混凝土、结构安装、防水、装修工程,以及管道安装、设备安装、垂直运输等工程。在确定主要工种工程的施工方法时,应结合建设项目的特点和当地施工习惯,尽可能采用先进合理、切实可行的专业化和机械化施工方法。

1) 专业化施工

按照工厂预制和现场浇注相结合的方针,提高建筑专业化程度,妥善安排钢筋混凝土构件生产、木制品加工、混凝土搅拌、金属构件加工、机械修理和砂石等的生产。要充分利用建设地区的预制件加工厂和搅拌站来生产大批量的预制件及商品混凝土,如建设地区的生产能力不能满足要求时,可考虑设置现场临时性的预制、搅拌场地。

2) 机械化施工

机械化施工是实现现代化施工的前提,要努力扩大机械化施工的范围,增添新型高效机械,提高机械化施工的水平和生产效率。在确定机械化施工总方案时应注意:

① 所选主导施工机械的类型和数量既能满足工程施工的需要,又能充分发挥其效能,并能在各工程上实现综合流水作业。

② 各种辅助机械或运输工具应与主导机械的生产能力协调配套,以充分发挥主导机械效率。如土方工程在采用汽车运土时,汽车的载重量应为挖土机斗容量的整倍数,汽车的数量应保证挖土机连续工作。

③ 在同一工地上,应力求使建筑机械的种类和型号尽可能少一些,以利于机械管理。尽量使用一机多能的机械,提高机械使用效率。

④ 机械选择应考虑充分发挥施工单位现有机械的能力,当本单位的机械能力不能满足工程需要时,则应购置或租赁所需机械。

总之,所选机械化施工总方案应是技术上先进和经济上合理的。

14.4.3　施工总进度计划

施工总进度计划是根据施工部署的要求,合理确定工程项目施工的先后顺序、开工和竣工日期、施工期限和它们之间的搭接关系。据此,可确定劳动力、材料、成品、半成品、机具等的需要量及其供应计划,确定各附属企业的生产能力,临时房屋和仓库的面积,临时供水、供电、供热、供气的要求等。

根据工程规模和编制条件的成熟程度,施工总进度计划的粗细有较大的不同,规模庞大、技术复杂、施工条件尚不十分明确的工程,施工总进度计划一般编制得较粗略。对采用定型设计的民用建筑群体工程或工程项目少而施工条件比较明确的工程,则可编制得详细一些,可组织主要工种工程和主要施工机械进行流水施工。

施工总进度计划可用横线图表达,亦可用网络图表达。当用横线图表达时,施工总进度计划中施工项目的排列可按施工部署确定的工程展开顺序排列。

用网络图表达施工总进度计划,是用以控制总工期的,因此一般以整个建筑项目为总目标,各个单位工程为子目标,每个子目标再划分为几个施工阶段目标,这些目标反映在网络计划的各个节点上。用有时间坐标的网络图表达,则更加直观和明了。

(1)施工总进度计划的编制原则和内容

1)施工总进度计划的编制原则

①合理安排施工顺序,保证在劳动力、物资以及资金消耗量最少的情况下,按规定工期完成拟建工程施工任务。

②采用合理的施工方法,使建设项目的施工连续、均衡地进行。

③节约施工费用。

2)施工总进度计划的内容

一般包括:估算主要项目的工程量,确定各单位工程的施工期限,确定各单位工程开、竣工时间和相互搭接关系以及施工总进度计划表的编制。

3)编制施工总进度计划的基本要求

保证拟建工程在规定的期限内完成,迅速发挥投资效益,保证施工的连续性和均衡性,节约施工费用。

(2)施工总进度计划的编制步骤和方法

1)列出工程项目一览表并计算工程量

施工总进度计划主要起控制总工期的作用,因此项目划分不宜过细。通常按照分期分批投产顺序和工程开展顺序列出,并突出每个交工系统中的主要工程项目。一些附属项目及民有建筑、临时设施可以合并列出。

在工程项目一览表的基础上,按工程的开展顺序和单位工程计算主要实物工程量。此时计算工程量的目的是为了确定施工方案和主要的施工、运输机械,初步规划主要施工过程的流水施工,估算各项目的完成时间,计算劳动力的技术物资的需要量等。因此,工程量只须粗略地计算即可。

计算工程量,可按初步(或扩大初步)设计图纸并根据各种定额手册进行计算。常用的定额资料有以下几种:

①每万元或10万元投资工程量、劳动力及材料消耗扩大指标。这种定额规定了某一种结构类型建筑,每万元或10万元投资中劳动力、主要材料等消耗数量。根据设计图纸中的结构类型,即可估算出拟建工程各分项需要的劳动力和主要材料的消耗数量。

②概算指标或扩大结构定额。这两种定额都是预算定额的进一步扩大。概算指标是以建筑物每100 m^3 体积为单位,扩大结构定额则以每100 m^2 建筑面积为单位。查定额时,首先查找与本建筑物结构类型、跨度、高度相类似的部分,然后查出这种建筑物按定额单位所需要的劳动力和各项主要材料消耗量,从而推算出拟计算项目所需要的劳动力和材料的消耗数量。

③标准设计或已建房屋、构筑物的资料。可采用标准设计或已建成的类似房屋实际所消耗的劳动力及材料加以类比,按比例估算。但是,由于和拟建工程完全相同的已建工程是极为少见的,因此在利用已建工程资料时,一般都要进行折算、调整。除房屋外,还必须计算主要的全工地性工程的工程量,如场地平整、铁路及道路和地下管线的长度等,这些可以根据建筑总平面图来计算。将按上述方法计算出的工程量填入统一的工程量汇总表中,如表14.1所示。

表 14.1　工程项目一览表

工程分类	工程项目名称	结构类型	建筑面积 /1 000 m²	幢（跨）数 /个	概算投资 /万元	主要实物工程量						
						场地平整 /1 000 m²	土方工程 /1 000 m³	铁路铺设 /km	…	砖石工程 /1 000 m³	钢筋混凝土工程 /1 000 m³	…	装饰工程 /1 000 m²
A 全工地性工程												
B 主体项目												
C 辅助项目												
D 永久性住宅												
E 临时建筑												
合计												

2）确定各单位工程的施工期限

建筑物的施工期限,由于各施工单位的施工技术与施工管理水平、机械化程度、劳动力和材料供应情况等不同,差别较大,因此应根据各施工单位的具体条件,并考虑建筑物的建筑结构类型、体积大小和现场地形地质、施工环境条件等因素加以确定。此外,也可参考有关的工期定额来确定各单位工程的施工期限。

3）确定各单位工程的竣工时间和相互搭接关系

在确定了总的施工期限、施工程序和各系统的控制期限及搭接关系后,就可以对每一个单位工程的开竣工时间进行具体确定。通过对各主要建筑物的工期进行计算分析,具体安排各建筑物的搭接施工时间。通常应考虑以下各主要因素：

①保证重点,兼顾一般

有安排进度时,要分清主次、抓住重点。同期进行的项目不宜过多,以免分散有限的人力物力。主要工程项目,是指工程量大、工期长、质量要求高、施工难度大的项目,对其他工程施工影响大、对整个建设项目顺利完成起关键性作用的工程子项。这些项目在各系统的期限内应优先安排。

②要满足连续、均衡施工要求

在安排施工进度时,应尽量使各工种施工人员、施工机械在全工地内连续施工,同时尽量使劳动力、施工机具和物资消耗量在全工地上达到均衡,避免出现突出的高峰和低谷,以利于劳动力的调度和原材料供应。为达到这种要求,可以在工程项目之间组织大流水施工。另外,为实现连续均衡施工,还要留出一些后备项目,如宿舍、附属或辅助车间、临时设施等,作为调节项目,穿插在主要项目的流水中。

③要满足生产工艺要求

工业企业的生产工艺系统是串联各个建筑物的主动脉。要根据工艺所确定的分期分批建设方案,合理安排各个建筑物的施工顺序,使土建施工、设备安装和试生产实现"一条龙",以缩短建设周期,尽快发挥投资效益。

④认真考虑施工总平面图的空间关系

工业企业建设项目的建筑总平面设计,应在满足有关规范要求的前提下,使各建筑物的布置尽量紧凑,这可以节省占地面积,缩短场内各种道路、管线的长度,但同时由于建筑物密集,也会导致施工场地狭小,使场内运输、材料构件堆放、设备拼装和施工机械布置等产生困难。为减少这方面的困难,除采取一定的技术措施外,还可以对相邻建筑物的开工时间和施工顺序进行调整,以避免或减少相互干扰。

⑤全面考虑各种条件限制

在确定各建筑物施工顺序时,还应考虑各种客观条件的限制。如施工企业的施工力量,各种原材料、机械设备的供应情况,设计单位提供图纸的时间,各年度建设投资数量等,对各项建筑物的开工时间和先后顺序予以调整。同时,由于建筑施工受季节、环境影响较大,因此经常会对某些项目的施工时间提出具体要求,从而对施工的时间和顺序安排产生影响。

4)编制施工总进度计划

编制施工总进度计划一定要配套建设,对工业建设项目,要处理好生产车间与辅助车间、加工部门与动力设施、生产性建筑与非生产性建筑之间的关系,要协调配套形成生产系统,尽早形成生产能力。对群体民用建筑,亦要重视配套建设,并解决好供水、供电、市政、交通等工程建设。要区别轻重缓急,把工程难度大,工艺调试时间长的工程安排早施工。要考虑土建与安装的交叉,以加快建设速度。要组织均衡施工,避免劳动力、材料、设备等供应过分集中。要确定一些调剂项目(如辅助车间、宿舍等),作为既能保证重点又能实现均衡施工的措施。

在施工顺序安排上,应本着先地下后地上、先深后浅、先地下管线后筑路等的原则,使进行主要工程所必需的准备工作能够及时完成。应考虑当地气候条件,尽可能减少冬期、雨季施工的附加费用。

此外,编制施工总进度计划还要遵守防火、技术安全、生产卫生和环境保护等规定。

近年来,随着网络计划技术的推广,采用网络图表达施工总进度计划,已经在实践中得到广泛应用,用有时间坐标的网络图表达总进度计划,比横道图更加直观、明了,还可以表达出各项目之间的逻辑关系。同时,由于可以应用电子计算机计算和输出,更便于对进度计划进行调整、优化,统计资源数量,甚至输出图表等。

网络图按主要系统排列,关键工作、关键线路、逻辑关系、持续时间和时差等信息一目了然。

5)总进度计划的调整与修正

施工总进度计划表绘制完后,将同一时期各项工程的工作量加在一起,用一定的比例画在施工总进度计划的底部,即可得出建设项目工作量动态曲线。若曲线上存在较大的高峰或低谷,则表明在该时间里各种资源的需求量变化较大,需要调整一些单位工程的施工速度或开竣工时间,以便消除高峰或低谷,使各个时期的工作量尽可能达到均衡。

在编制了各个单位工程的施工进度以后,有时需对施工总进度计划进行必要的调整。在实施过程中,也应随着施工的进展及时做必要的调整。对于跨年度的建设项目,还应根据年度国家基本建设投资情况,对施工进度计划予以调整。

14.4.4 资源需要量计划

施工总进度计划编好以后,就可以编制各种主要资源的需要量计划。

(1)综合劳动力和主要工种劳动力计划

综合劳动力需要量计划是规划暂设工程和组织劳动力进场的依据。编制时首先根据工程量汇总表中分别列出的各个建筑物分工种的工程,查预算定额,便可得到各个建筑物几个主要工种的劳动量工日数,再根据总进度计划表中各单位工程分工种的持续时间,得到某单位工程在某段时间里平均劳动力数。按同样方法可计算出各个建筑物的各主要工种在各个时期的平均工人数。将总进度计划表纵坐标方向上各单位工程同工种的人数叠加在一起并连成一条曲线,即为某工种的劳动力动态曲线图。其他几个工种也用同样方法绘成曲线图,从而可根据劳动力曲线图列出主要工种劳动力需要量计划表,如表 14.2 所示。将各主要工种劳动力需要量曲线图在时间上叠加,就可得到综合劳动力曲线图和计划表。

表 14.2 建设项目土建施工劳动力汇总表

类别	构件、半成品及主要材料名称	单位	总计	运输线路	上下水工程	电气工程	工业建筑		居住建筑		其他临时建筑	需要量计划							
							主要	辅助及附属	永久性住宅	临时性住宅		20××年				20××年			
												一	二	三	四	一	二	三	四
构件及半成品	钢筋 钢筋混凝土 混凝土 木结构 钢结构 砂浆 细木制品																		
主要建筑材料	石灰 砖 水泥 圆木 钢材 …																		

(2)材料、构件及半成品需要量计划

根据工种工程量汇总表所列各建筑物的工程量,查"万元定额"或"概算指标"即可得出各建筑物所需的建筑材料、构件和半成品的需要量。然后根据总进度计划表,大致估计出某些建筑材料在某季度的需要量,从而编制出建筑材料、构件和半成品的需要量计划。表 14.3 为材料、构件和半成品需要量计划表。

表 14.3　建筑项目土建工程所需构件、半成品及主要建筑材料汇总表

序号	工种名称	劳动量/工日	工业建筑及全工地性工程							居住建筑		仓库加工厂等临时建筑	20××年				20××年	
			工业建筑			道路	铁路	上下水道	电气工程	永久性住宅	临时性住宅		一	二	三	四	一	二
			主厂房	辅助	附属													

(3)施工机具需要量计划

主要施工机械(如挖土机、起重机等)的需要量,根据施工进度计划、主要建筑物施工方案和工程量,并套用机械产量定额求得。辅助机械可以根据安装工程每 10 万元扩大概算指标求得,运输机具的需要量根据运输量计算。上述汇总结果填入表 14.4 中。

表 14.4　施工机具需要量汇总表

序　号	机具名称	简要说明（型号、生产率等）	数量	电动机功率/kW	需要量计划							
					20××年				20××年			
					一	二	三	四	一	二	三	四

14.4.5　施工总平面图

施工总平面图是施工组织总设计的一个重要组成部分,是具体指导现场施工部署的平面布置图,对于有组织、有计划地进行文明和安全施工有重大意义。它是在制订了施工部署、施工方案、施工总进度计划和确定了施工准备工作之后设计的。对于大型建设项目,当施工工期较长或受场地所限,施工场地需几次周转使用时,可按照几个阶段分别设计施工总平面图。

(1)施工总平面图设计的内容

①建设项目施工总平面图上一切地上、地下已有的和拟建的建筑物、构筑物以及其他设施的位置和尺寸。

②一切为全工地施工服务的临时设施的布置位置,包括:

A. 施工用地范围,施工用的各种道路;

B. 加工厂、制备站及有关机械的位置;

C. 各种建筑材料、半成品、构件的仓库和主要堆场,取土弃土位置;

D. 行政管理房、宿舍、文化生活和福利建筑等;

E. 水源、电源、变压器位置,临时给排水管线和供电、动力设施;

F. 机械站、车库位置;

G. 一切安全、消防设施位置。

③永久性测量放线标桩位置

许多规模宏大的建设项目,其建设工期往往很长。随着工程的进展,施工现场的面貌将不断改变。在这种情况下,应按不同阶段分别绘制若干张施工总平面图,或者根据工地的变化情况,及时对施工总平面图进行调整和修正,以便适应不同时期的需要。

(2)施工总平面图设计的原则

①尽量减少施工用地,少占农田,使平面布置紧凑合理。

②合理组织运输,减少运输费用,保证运输方便通畅。

③施工区域划分和场地的确定,应符合施工流程要求,尽量减少专业工种和各工程之间的干扰。

④充分利用各种永久性建筑物、构筑物和原有设施为施工服务,降低临时设施的费用。

⑤各种生产生活设施应便于工人的生产和生活。

⑥满足安全防火和劳动保护的要求。

⑦应注意环境保护。

(3)施工总平面图设计的依据

施工总平面图的设计,应力求真实、详细地反映施工现场情况,以期能达到便于对施工现场控制和经济上合理的目的,为此,掌握以下资料是十分必要的:

①建筑总平面图。图中必须标明一切拟建的及已有的房屋和构筑物,标明地形的变化。这是正确决定仓库和加工厂的位置以及铺设工地运输道路和解决排水问题等所必需的资料。

②一切已有的和拟建的地下管道位置。避免把临时建筑物布置在管道上面,便于考虑是否可以利用已有管道或及时拆除这些管道。

③整个建筑工程的施工进度计划和拟定的主要工种的施工方案。由此可以了解各建设阶段的施工情况以及各房屋和构筑物的施工次序,这对规划场地具有很重要的作用。

④各种建筑材料、半成品和零件的供应情况及运输方式。这一资料对规划施工总平面图具有决定性的作用。

⑤所需建筑材料、半成品和零件一览表及其数量,全部仓库和临时建筑物一览表及其性质、形式、面积和尺寸。

⑥各加工厂规模、现场施工机械和运输工具数量。

⑦水源、电源及建筑区域的竖向设计资料。这对布置水电管线和安排土方的挖填非常需要。

⑧制定单个建筑物施工总平面图所需的各个房屋的设计资料(如平面图、剖面图等)。

(4)施工总平面图的设计步骤

1)场外交通的引入

设计全工地性施工总平面图时,首先应从研究大宗材料、成品、半成品、设备等进入工地的运输方式入手。当大批材料由水路运来时,应首先考虑原有码头的运用和是否增设专用码头问题。当大批材料是由公路运入工地时,由于汽车线路可以灵活布置,因此一般先布置场内仓库和加工厂,然后再布置场外交通的引入。

①铁路运输 当大量物资由铁路运入工地时,应首先解决铁路由何处引入及如何布置问题。一般大型工业企业,厂区内都设有永久性铁路专用线,通常可将其提前修建,以便为工程施工服务。但由于铁路的引入将严重影响场内施工的运输和安全,因此,铁路的引入应靠近工地一侧或两侧。仅当大型工地分为若干个独立的工区进行施工时,铁路才可引入工地中央。此时,铁路应位于每个工区的旁侧。

②水路运输 当大量物资由水路运进现场时,要充分利用原有码头的吞吐能力。当需增设码头时,卸货码头不应少于两个,且宽度应大于2.5 m,一般用石或钢筋混凝土结构建造。

③公路运输 当大量物资由公路运进现场时,由于公路布置较灵活,一般先将仓库、加工厂等生产性临时设施布置在最经济合理的地方,再布置通向场外的公路线。

2)仓库与材料堆场的布置

通常考虑设置在运输方便、位置适中、运距较短并且安全防火的地方,并应区别不同材料、设备和运输方式来设置。

①当采用铁路运输时,仓库通常沿铁路线布置,并且要留有足够的装卸前线。如果没有足够的装卸前线,必须在附近设置转运仓库。布置铁路沿线仓库时,应将仓库设置在靠近工地一侧,以免内部运输跨越铁路。同时仓库不宜设置在弯道外或坡道上。

②当采用水路运输时,一般应在码头附近设置转运仓库,以缩短船只在码头上的停留时间。

③当采用公路运输时,仓库的布置较灵活。一般中心仓库布置在工地中央或靠近使用的地方,也可以布置在靠近外部交通连接处。砂、石、水泥、石灰、木材等仓库或堆场宜布置在搅拌站、预制场和木材加工厂附近,砖、瓦和预制构件等直接使用的材料应该直接布置在施工对象附近,以免二次搬运。工业项目建筑工地还应考虑主要设备的仓库(或堆场),一般笨重设备应尽量放在车间附近,其他设备仓库可布置在外围或其他空地上。

3)加工厂布置

各种加工厂布置,应以方便使用、安全防火、运输费用最少、不影响建筑安装工程施工的正常进行为原则。一般应将加工厂集中布置在同一个地区,且多处于工地边缘。各种加工厂应与相应的仓库或材料堆场布置在同一地区。

①混凝土搅拌站。根据工程的具体情况可采用集中、分散或集中与分散相结合的三种布置方式。当现浇混凝土量大时,宜在工地设置混凝土搅拌站;当运输条件好时,以采用集中搅拌最有利;当运输条件较差时,以分散搅拌为宜。

②预制加工厂。一般设置在建设单位的空闲地带上,如材料堆场专用线转弯的扇形地带或场外临近处。

③钢筋加工厂。区别不同情况,采用分散或集中布置。对于需进行冷加工、对焊、点焊的钢筋和大片钢筋网,宜设置中心加工厂,其位置应靠近预制构件加工厂。对于小型加工件,利用简单机具型的钢筋加工,可在靠近使用地点的分散的钢筋加工棚里进行。

④木材加工厂。要视木材加工的工作量、加工性质和种类决定是集中设置还是分散设置几个临时加工棚。一般原木、锯材堆场布置在铁路专用线、公路或水路沿线附近。木材加工场亦应设置在这些地段附近。锯木、成材、细木加工和成品堆放,应按工艺流程布置。

⑤砂浆搅拌站。对于工业建筑工地,由于砂浆量小、分散,可以分散设置在使用地点附近。

⑥金属结构、锻工、电焊和机修等车间。由于它们在生产上联系密切,应尽可能布置在一起。

4)布置内部运输道路

根据各加工厂、仓库及各施工对象的相对位置,研究货物转运图,区分主要道路和次要道路,进行道路的规划。规划厂区内道路时,应考虑以下几点:

①合理规划临时道路与地下管网的施工程序。在规划临时道路时,应充分利用拟建的永久性道路,提前修建永久性道路或者先修路基和简易路面,作为施工所需的道路,以达到节约投资的目的。若地下管网的图纸尚未出全,必须采取先施工道路、后施工管网的顺序时,临时道路就不能完全建造在永久性道路的位置,而应尽量布置在无管网地区或扩建工程范围地段上,以免开挖管道沟时破坏路面。

②保证运输通畅。道路应有两个以上进出口,堆放道路末端应设置回车场地,且尽量避免临时道路与铁路交叉。厂内道路干线应采用环形布置,主要道路宜采用双车道,宽度不小于 6 m,次要道路宜采用单车道,宽度不小于 3.5 m。

③选择合理的路面结构。临时道路的路面结构,应当根据运输情况和运输工具的不同类型而定。一般场外与省、市公路相连的干线,因其以后会成为永久性道路,因此一开始就建成混凝土路面。场区内的干线和施工机械行驶路线,最好采用碎石级配路面,以利修补。场内支线一般为土路或砂石路。

5)行政与生活临时设施布置

行政与生活临时设施包括:办公室、汽车库、职工休息室、开水房、小卖部、食堂、俱乐部和浴室等。要根据工地施工人数计算这些临时设施和建筑面积。应尽量利用建设单位的生活基地或其他永久性建筑,不足部分另行建造。

一般全工地性行政管理用房宜设在全工地入口处,以便对外联系。也可设在工地中间,便于全工地管理。工人用的福利设施应设置在工人较集中的地方,或工人必经之处。生活基地应设在场外,距工地 500～1 000 m 为宜。食堂可布置在工地内部或工地与生活区之间。

6)临时水电管网及其他动力设施的布置

当有可以利用的水源、电源时,可以将水电从外面接入工地,沿主要干道布置干管、主线,然后与各用户接通。临时总变电站应设置在高压电引入处,不应放在工地中心。临时水池应放在地势较高处。

当无法利用现有水电时,为了获得电源,在工地中心或工地中心附近设置临时发电设备,沿干道布置主线。为了获得水源可以利用地上水或地下水,并设置抽水设备和加压设备(简易水塔或加压泵),以便储水和提高水压。然后把水管接出,布置管网。施工现场供水管网有环状、枝状和混合式三种形式。

根据工程防火要求,应设立消防站,一般设置在易燃建筑物(木材、仓库等)附近,并须有通畅的出口和消防车道,其宽度不宜小于 6 m,与拟建房屋的距离不得大于 25 m,也不得小于 5 m。沿道路布置消防栓时,其间距不得大于 10 m,消防栓到路边的距离不得大于 2 m。

上述布置应采用标准图例绘制在总平面图上,比例一般为 1∶1 000 或 1∶2 000。应该指出,上述各设计步骤不是截然分开、各自孤立进行的,而是互相联系、互相制约的,需要综合考虑、反复修正才能确定下来。当有几种方案时,尚应进行方案比较。

（5）施工总平面图的评价指标

评价施工总平面图设计的质量，通常用一些技术经济指标说明。这些技术经济指标可以分为两类：主要指标和辅助指标。主要指标有：施工用地面积、施工场地利用率和场内主要运输工作量，它们可以直接反映出施工平面图布置的合理性和经济性。施工用临时房屋构筑物面积、施工用铁路线长度、公路长度、各种施工用的管线长度可以作为辅助指标，补充说明施工总平面图设计方案的优缺点。

施工用地面积指标，是评价施工总平面图的重要指标之一。施工用地面积应包括施工期间全部占用的面积，即不仅计算专业施工征购土地的面积，还应该包括占用永久厂区内部的用地面积。为切实反映出实际用地情况和考核布置的紧凑性，应将划分在施工区域内的空地、以及施工区域外的与施工区有关的铁路、公路所占用的面积，均计入施工用地总面积指标以内。

施工用地总面积可用下式计算：

$$F = F_1 + F_2 + \sum F_3 + \sum F_4 - \sum F_5 \qquad (14.1)$$

式中：F_1——永久厂区围墙内的施工用地区域面积；

F_2——厂区外施工用地区域面积；

F_3——永久厂区围墙内施工区域外的零星用地面积；

F_4——施工用地区域外的铁路、公路的占地面积；

F_5——施工区域内应扣除的非施工用地和建筑物面积。

比较不同设计方案时，还应该计算施工征购地的面积，即

$$F' = F_2 + \sum F_4 \qquad (14.2)$$

施工场地的利用率，是衡量场地布置是否紧凑的主要指标，其计算方法如下：

$$K = \frac{\sum F_6 + \sum F_7 + \sum F_4 + \sum F_3}{F} \qquad (14.3)$$

式中：F_6——施工场地的有效面积；

F_7——施工区内利用永久性建筑物（构筑物）的占地面积。

场内主要运输工作量，是反映场地布置是否合理的一个重要标志。布置得不合理，必然会增加各种材料和制品的运距。因此应以运输量（t·km）作为评价的依据。为了简化计算，零星物资和 20 m 以内的小搬运运输量可不予计算。

主要运输工作量的计算方法如下：

$$Q = \sum W_1 D_1 + \sum W_2 D_2 + \sum W_3 D_3 + \sum W_4 D_4 \qquad (14.4)$$

式中：Q——总运量（t·km）；

W_1——各种建筑材料的重量（t）；

D_1——各种材料的各自平均运距（km）；

W_2——各项设备的重量（t）；

D_2——各项设备的平均运距（km）；

W_3——各类加工预制品的重量（t）；

D_3——各类加工预制品各自的平均运距（km）；

W_4——组合件的重量（t）；

D_4——组合件的平均运距（km）。

（6）施工总平面图的科学管理

①建立统一的施工总平面图管理制度，划分总图的使用管理范围。各区各片有人负责。严格控制各种材料、构件、机具的位置、占用时间和占用面积。

②实行施工总平面动态管理，定期对现场平面进行实录、复核，修正其不合理的地方，定期召开总平面图执行检查会议，奖优罚劣，协调各单位关系。

③做好现场的清理和维护工作，不准擅自拆迁建筑物和水电线路，不准随意挖断道路。大型临时设施和水电管路不得随意更改和移位。

14.5　单位工程施工组织设计

单位工程施工组织设计是由承包单位编制的，用以指导其施工全过程施工活动的技术、组织、经济的综合性文件。它的主要任务是根据编制施工组织设计的基本原则、施工组织总设计和有关的原始资料，结合实际施工条件，从整个建筑物或构筑物的施工全局出发，进行最优施工方案设计，确定科学合理的分部分项工程之间的搭接与配合关系，设计符合施工现场情况的施工平面布置图，从而达到工期短、质量好、成本低的目标。

14.5.1　单位工程施工组织设计的内容与编制依据

（1）单位工程施工组织设计的内容

单位工程施工组织设计的内容，依工程规模、性质、施工复杂程度的不同而有所不同，但较完整的内容通常包括：①工程概况及施工特点分析；②施工方案设计；③单位工程施工进度计划；④单位工程施工准备工作计划；⑤劳动力、材料、构件、施工机械等需要量计划；⑥单位工程施工平面图；⑦主要技术组织措施；⑧各项技术经济指标。

（2）单位工程施工组织设计的编制依据

单位工程施工组织设计的编制依据主要有：①工程承包合同；②施工图纸及设计单位对施工的要求；③施工企业年度生产计划对该工程的安排和规定的有关指标；④施工组织总设计或大纲对该工程的有关规定和安排；⑤建设单位可能提供的条件和水、电供应情况；⑥资源配备情况；⑦施工现场条件和勘察资料；⑧预算或报价文件和有关规程、规范等资料。

（3）单位工程施工组织设计的编制程序

单位工程施工组织设计的编制程序，是指对其各组成部分形成的先后次序及相互之间的制约关系的处理。单位工程施工组织设计的编制程序如图 14.4 所示，从中可进一步了解单位工程施工组织设计的内容。

14.5.2　工程概况

单位工程施工组织设计中的工程概况，是对拟建工程的工程特点、地点特征和施工条件等所作的一个简洁、明了、突出重点的文字介绍。

工程概况的内容主要包括：

（1）工程特点

针对工程特点，结合调查资料，进行分析研究，找出关键性的问题加以说明。对新材料、新

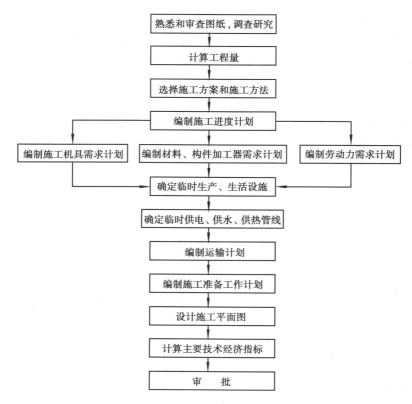

图 14.4　单位工程施工组织设计编制程序

结构、新工艺及施工的难点应着重说明。

1）工程建设概况

主要说明：拟建工程的建设单位，工程名称、性质、用途、作用和建设目的，资金来源及工程投资额，开、竣工日期，设计单位、施工单位，施工图纸情况，施工合同，主管部门的有关文件或要求，以及组织施工的指导思想等。

2）建筑设计特点

主要说明：拟建工程的建筑面积，平面形状和平面组合情况，层数、层高、总高度、总长度和总宽度等尺寸及室内外装修的情况，并附有拟建工程的平面、立面、剖面简图。

3）结构设计特点

主要说明：基础构造特点及埋置深度，设备基础的形式，桩基础的根数及深度，主体结构的类型，墙、柱，梁、板的材料及截面尺寸，预制构件的类型、重量及安装位置，楼梯构造方式等。

4）设备安装设计特点

主要说明：建筑采暖卫生与煤气工程、建筑电气安装工程、通风与空调工程、电梯安装工程的设计要求。

5）工程施工特点

主要说明工程施工的重点所在，以便突出重点，抓住关键，使施工顺利地进行，提高施工单位的经济效益和管理水平。

不同类型的建筑、不同条件下的工程施工，均有其不同的施工特点，如砖混结构住宅建筑的施工特点是：砌砖和抹灰工程量大，水平与垂直运输量大等。又如现浇钢筋混凝土高层建筑的施工特点主要有:结构和施工机具设备的稳定性要求高,钢材加工量大,混凝土浇注难度大,脚手架搭设要进行设计计算,安全问题突出,要有高效率的垂直运输设备等。

(2)建设地点特征

主要介绍拟建工程的位置、地形、地质(不同深度的土质分析、结冰期及冰层厚)、地下水位、水质、气温、冬、雨期期限,主导风向、风力和地震烈度等特征。

(3)施工条件

主要说明:水、电、道路及场地平整的"三通一平"情况,施工现场及周围环境情况,当地的交通运输条件,预制构件生产及供应情况,施工单位机械、设备、劳动力的落实情况,内部承包方式,劳动组织形式及施工管理水平,现场临时设施、供水、供电问题的解决等。对于规模不大的工程,可采用表格的形式对工程概况进行说明。

14.5.3 施工方案选择

施工方案是单位工程施工组织设计的核心。所确定的施工方案合理与否,不仅影响到施工进度计划的安排和施工平面图的布置,而且将直接关系到工程的施工效率、质量、工期和技术经济效果,因此,必须引起足够的重视。为了防止施工方案出现片面性,必须对拟定的几个施工方案进行技术经济分析比较,使选定的施工方案施工上可行、技术上先进、经济上合理,而且符合施工现场的实际情况。

施工方案的选择一般包括:确定施工程序和施工流程,确定施工顺序,合理选择施工机械和施工方法,制定技术组织措施等。

(1)确定施工顺序

施工程序是指单位工程中各分部工程或施工阶段的先后次序及其制约关系。工程施工受到自然条件和物质条件的制约,它在不同施工阶段的不同的工作内容按照其固有的、不可违背的先后次序循序渐进地向前开展,它们之间有着不可分割的联系,既不能相互代替,也不允许颠倒或跨越。

单位工程的施工程序一般为:接受任务阶段—开工前的准备阶段—全面施工阶段—交工验收阶段,每一阶段都必须完成规定的工作内容,并为下阶段工作创造条件。

1)接受任务阶段

在这个阶段,施工单位应首先检查该项工程是否有经上级批准的正式文件,投资是否落实。如两项条件均具备,则应与建设单位签订工程承包合同,明确双方责任和奖惩条款。对需分包的工程还需确定分包单位,签订分包合同。

2)开工前准备阶段

单位工程开工前必须具备如下条件:施工执照已办理;施工图纸已经过会审;施工预算、施工组织设计已经过批准并已交底;场地土石方平整、障碍物的清除和场内外交通道路已经基本完成;施工用水、电、排水均可满足施工需要;永久性或半永久性坐标和水准点已经设置;附属加工企业各种设施的建设基本能满足开工后生产和生活的需要;材料、成品和半成品以及必要的工业设备有适当的储备,并能陆续进入现场,保证连续施工;施工机械设备已进入现场,并能保证正常运转;劳动力计划已落实,随时可以调动进场,并已经过必要的技术安全防火教育。在此基础上,写出开工报告,并经上级主管部门审查批准后方可开工。

3)全面施工阶段

施工方案设计中主要应确定这个阶段的施工程序。施工中通常遵循的程序主要有：

①先地下、后地上

施工时通常应首先完成管道、管线等地下设施、土方工程和基础工程,然后开始地上工程施工。但采用逆作法施工时除外。

②先主体、后围护

施工时应先进行框架主体结构施工,然后进行围护结构施工。

③先结构、后装饰

施工时先进行主体结构施工,然后进行装饰工程施工。但是,随着新建筑体系的不断涌现和建筑工业化水平的提高,某些装饰与结构构件均在工厂完成。

④先土建、后设备

先土建、后设备是指一般的土建与水暖电卫等工程的总体施工程序,施工时某些工序可能要穿插在土建的某一工序之前进行,这是施工顺序问题,并不影响总体施工程序。至于工业建筑中土建与设备安装工程之间的程序取决于工业建筑的类型,如精密仪器厂房,一般要求土建、装饰工程完成后安装工艺设备,而重型工业厂房,一般要求先安装工艺设备后建设厂房或设备安装与土建工程同时进行。

工业厂房的施工很复杂,除了要完成一般的土建工程外,还要同时完成工艺设备和工业管道等安装工程。为了使工厂早日投产,不仅要加快土建工程施工速度,为设备安装提供工作面,而且应该根据设备性质、安装方法、厂房用途等因素,合理安排土建工程与工艺设备安装工程之间的施工程序。一般有三种施工程序:

①封闭式施工　是指土建主体结构完成之后(或装饰工程完成之后),即可进行设备安装。它适用于一般机械工业厂房(如精密仪器厂房)。

封闭式施工的优点:由于工作面大,有利于预制构件现场就地预制、拼装和安装就位的布置,适合选择各种类型的起重机和便于布置开行路线,从而加快主体结构的施工速度。围护结构能及早完工,设备基础能在室内施工,不受气候影响,可以减少设备基础施工时的防雨、防寒设施费用。可利用厂房内的桥式吊车为设备基础施工服务。其缺点是:出现某些重复性工作,如部分柱基回填土的重复挖填和运输道路的重新铺设等。设备基础施工条件较差,场地拥挤,其基坑不宜采用机械挖土。当厂房土质不佳,而设备基础与柱基础又连成一片时,在设备基础基坑挖土过程中,易造成地基不稳定,须增加加固措施费用。不能提前为设备安装提供工作面,因此工期较长。

②敞开式施工　是指先施工设备基础安装工艺设备,然后建造厂房。它适用于冶金、电力等工业的某些重型工业厂房(如冶金工业厂房中的高炉间)。

敞开式施工的优缺点与封闭式施工相反。

③设备安装与土建施工同时进行,这样土建施工可以为设备安装创造必要的条件,同时又可采取措施防止设备被砂浆、垃圾等污染的保护措施,从而加快了工程的进度。例如,在建造水泥厂时,经济效益最好的施工程序便是两者同时进行。

4)竣工验收阶段

单位工程完工后,施工单位应首先进行内部预验收,然后,经建设单位和质检站验收合格,双方方可办理交工验收手续及有关事宜。

在施工方案设计时,应按照所确定的施工程序,结合工程的具体情况,明确各施工阶段的主要工作内容和顺序。

(2)确定施工流程

施工流程是指单位工程在平面或空间上施工的开始部位及其展开方向,它着重强调单位工程粗线条的施工流程,但这粗线条却决定了整个单位工程施工的方法步骤。

确定单位工程施工流程,一般应考虑以下因素:

①施工方法是确定施工流程的关键因素。如一幢建筑物要用逆作法施工地下两层结构,它的施工流程可作如下表达:测量定位放线→进行地下连续墙施工→进行钻孔灌注桩施工→±0.000 标高结构层施工→地下两层结构施工,同时进行地上一层结构施工→底板施工并做各层柱,完成地下室施工→完成上部结构。

若采用顺作法施工地下两层结构,其施工流程为:测量定位放线→底板施工→换拆第二道支撑→地下两层施工→换拆第一道支撑→±0.000 顶板施工→上部结构施工(先做主楼以保证工期,后做裙房)。

②车间的生产工艺流程也是确定施工流程的主要因素。因此,从生产工艺上考虑,影响其他工程试车投产的工段应该先施工。例如,B 车间生产的产品需受 A 车间生产的产品影响,A 车间又划分为三个施工段(Ⅰ、Ⅱ、Ⅲ 段),且 Ⅱ、Ⅲ 段的生产要受 Ⅰ 段的约束,故其施工应从 A 车间的 Ⅰ 段开始,A 车间施工完后,再进行 B 车间施工。

③建设单位对生产和使用的需要。一般应考虑建设单位对生产或使用要求急的工段或部位先施工。

④单位工程各部分的繁简程度。一般对技术复杂、施工进度较慢、工期较长的工段或部位应先施工。例如,高层现浇钢筋混凝土结构房屋,主楼部分应先施工,裙房部分后施工。

⑤当有高低层或高低跨并列时,应从高低层或高低跨并列处开始。例如,在高低跨并列的单层工业厂房结构安装中,应先从高低跨并列处开始吊装。又如在高低层并列的多层建筑物中,层数多的区段常先施工。

⑥工程现场条件和施工方案。施工场地大小、道路布置和施工方案所采用的施工方法和机械也是确定施工流程的主要因素。例如,土方工程施工中,边开挖边余土外运,则施工起点应确定在远离道路的部位,由远及近地展开施工。又如,根据工程条件,挖土机械可选用正铲、反铲、拉铲等,吊装机械可选用履带吊、汽车吊或塔吊,这些机械的开行路线或布置位置便决定了基础挖土及结构吊装的施工流程。

⑦施工组织的分层分段。划分施工层、施工段的部位,如伸缩缝、沉降缝、施工缝,也是决定其施工流程应考虑的因素。

⑧分部工程或施工阶段的特点及其相互关系。如基础工程由施工机械和方法决定其平面的施工流程;主体结构工程从平面上看,从哪一边先开始都可以,但竖向一般应自下而上施工;装饰工程竖向的流程比较复杂,室外装饰一般采用自上而下的流程,室内装饰则有自上而下、自下而上及自中而下再自上而中三种流向。密切相关的分部工程或施工阶段,一旦前面施工过程的流程确定了,则后续施工过程也便随之而定了。如单层工业厂房的土方工程的流程决定了柱基础施工过程和某些构件预制、吊装施工过程的流程。

A. 室内装饰工程自上而下的流水施工方案是指主体结构工程封顶,做好屋面防水层以后,从顶层开始,逐层向下进行。其施工流程如图 14.5 所示的水平向下和垂直向下的两种情况,施工中一般采用图 14.5(a)所示水平向下的方式较多。这种方案的优点是:主体结构完成后有一定的沉降时间,能保证装饰工程的质量;做好屋面防水层后,可防止在雨季施工时,因雨水渗漏影响装饰工程质量。自上而下的漏水施工,各施工过程之间交叉作业少,影响小,便于施工,有利于保证施工安全,从上而下清理垃圾方便。其缺点是不能与主体施工搭接,因而工期较长。

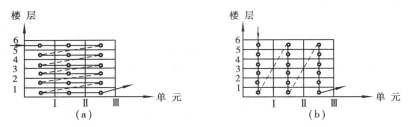

图 14.5　室内装饰工程自上而下的流程
(a)水平向下;(b)垂直向下

　　B. 室内装饰工程自下而上的流水施工方案是指主体结构工程施工完第三层楼板后,室内装饰从第一层插入,逐层向上进行。其施工流程如图 14.6 所示的水平向上和垂直向上两种情况。这种方案的优点是可以和主体砌筑工程进行交叉施工,故可以缩短工期。其缺点是各施工过程之间交叉多,需要很好地组织和安排,并采取安全技术措施。

　　C. 室内装饰工程自中而下再自上而中的流水施工方案,综合了前两者的优缺点,一般适用于高层建筑的室内装饰工程施工。

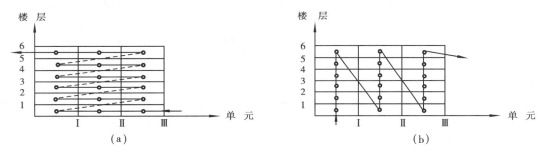

图 14.6　室内装饰工程自下而上的流程
(a)水平向上;(b)垂直向上

(3)确定施工顺序

　　施工顺序是指分项工程或工序之间施工的先后次序。它的确定既是为了按照客观的施工规律组织施工,也是为了解决工种之间在时间上的搭接和在空间上的利用问题。在保证质量与安全施工的前提下,充分利用空间,争取时间,实现缩短工期的目的。合理地确定施工顺序是编制施工进度计划的需要。确定施工顺序时,一般应考虑以下因素:

　　①遵循施工程序。施工程序确定了施工阶段或分部工程之间的先后次序,确定施工顺序时必须遵循施工程序。例如先地下后地上的程序。

　　②必须符合施工工艺的要求。这种要求反映出施工工艺上存在的客观规律和相互间的制约关系,一般是不可违背的。如预制钢筋混凝土柱的施工顺序为:支模板→绑钢筋→浇混凝土→养护→拆模。而现浇钢筋混凝土柱的施工顺序为:绑钢筋→支模板→浇混凝土→养护→拆模。

③与施工方法协调一致。如单层工业厂房结构吊装工程的施工顺序,当采用分件吊装法时,则施工顺序为"吊柱→吊梁→吊屋盖系统";当采用综合吊装法时,则施工顺序为"第一节间吊柱、梁和屋盖系统→第二节间吊柱、梁和屋盖系统→……→最后节间吊柱、梁和屋盖系统"。

④按照施工组织的要求进行施工。如安排室内外装饰工程施工顺序时,可按施工组织规定的先后顺序进行。

⑤考虑施工安全和质量。如为了安全施工,屋面采用卷材防水时,外墙装饰安排在屋面防水施工完成后进行。为了保证质量,楼梯抹面在全部墙面、地面和天棚抹灰完成之后,自上而下一次完成。

⑥受当地气候条件影响。如冬期室内装饰施工时,应先安门窗扇和玻璃,后做其他装饰工程。

1)多层混合结构居住房屋的施工顺序

多层混合结构居住房屋的施工,通常可划分为基础工程、主体结构工程、屋面及装饰工程三个阶段,如图 14.7 所示。

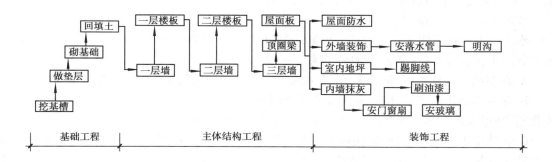

图 14.7　三层混合结构居住房屋的施工顺序图

①基础工程的施工顺序

基础工程阶段是指室内地坪(±0.000)以下的所有工程的施工阶段。其施工顺序一般为:挖土→做垫层→砌基础→铺设防潮层→回填土。若有地下障碍物、坟穴、防空洞、软弱地基等情况,则应首先处理。若有地下室,则在砌筑完基础或其一部分后,砌地下室墙,做完防潮层后,浇注地下室楼板,最后回填土。

施工时,挖土与垫层之间搭接应紧凑,以防积水浸泡或曝晒地基,影响其承载能力。而且,垫层施工完后,一定要留有技术间歇时间,使其具有一定强度后,再进行下一道工序的施工。

各种管沟的挖土和管道铺设等工程,应尽可能与基础施工配合,平行搭接施工。

②主体结构工程的施工顺序

主体结构工程阶段的工作通常包括:搭脚手架、砌筑墙体、安门窗框、安过梁、安预制楼板、现浇雨篷和圈梁、安楼梯、安屋面板等分项工程。其中砌筑墙体和安楼板是主导工程。现浇卫生间楼板、各层预制楼梯段的安装必须与墙体砌筑和楼板安装密切配合,一般应在砌墙、安楼板的同时或相继完成。

③屋面和装饰工程的施工顺序

屋面工程主要是卷材防水屋面和刚性防水屋面。卷材防水屋面一般按找平层→隔气层→保温层→找平层→防水层→保护层的顺序施工。对于刚性防水屋面,现浇钢筋混凝土防水层应在主体完成或部分完成后,尽快开始分段施工,从而为室内装饰工程创造条件。一般情况下,屋面工程和室内装饰工程可以搭接或平行施工。

室内装饰工程的内容主要有:天棚、地面和墙抹灰,门窗扇安装和油漆,门窗安玻璃,油墙裙,做踢脚线和楼梯抹灰等。其中抹灰是主导工程。

同一层的室内抹灰的施工顺序有两种:一是地面→天棚→墙面,二是天棚→墙面→地面。前一种施工顺序的优点是:地面质量容易保证,便于收集落地灰、节省材料;缺点是地面需要养护时间和采取保护措施,影响工期。后一种施工顺序的优点是:墙面抹灰与地面抹灰之间不需养护时间,工期可以缩短;缺点是落地灰不易收集,地面的质量不易保证,容易产生地面起壳。

其他的室内装饰工程之间通常采用的施工顺序一般为:底层地面多在各层天棚、墙面和楼地面完成后进行。楼梯间和楼梯抹面多在整个抹灰之前或之后进行,视气候和施工条件而定。若室内装饰工程在冬季施工,为防止抹灰冻结和加速干燥,抹灰前应将门窗扇和玻璃安装好。钢门窗一般框、扇在加工厂拼装完后运至现场,在抹灰前或后进行安装。为了防止油漆弄脏玻璃,通常采用先油漆门窗框和扇,后安装玻璃的施工顺序。

④水暖电卫等工程的施工顺序

水暖电卫工程不像土建工程那样分成几个明显的施工阶段,它一般是与土建工程中有关分部分项工程紧密配合、穿插进行的,其顺序一般为:

A. 在基础工程施工时,回填土前,应完成上下水管沟和暖气管沟垫层和墙壁的施工。

B. 在主体结构施工时,应在砌砖墙或现浇钢筋混凝土楼板时,预留上下水和暖气管孔、电线孔槽,预埋木砖或其他预埋件。但抗震房屋应按有关规范进行。

C. 在装饰工程施工前,安装相应的各种管道和电气照明用的附墙暗管、接线盒等。水暖电卫其他设备安装均穿插在地面或墙面的抹灰前后进行。但采用明线的电线,应在室内粉刷之后进行。

室外上下水管道等工程的施工,可以安排在土建工程之前或其中进行。

2)高层现浇混凝土结构综合商住楼的施工顺序

高层现浇混凝土结构综合商住楼的施工,由于采用的结构体系不同,其施工方法和施工顺序也不尽相同,下面以墙板结构采用滑模施工方法为例加以介绍。施工时通常可划分为基础及地下室工程、主体工程、屋面和装饰工程几个阶段,如图14.8所示。

①基础及地下室工程的施工顺序

高层建筑的基础均为深基础,由于基础的类型和位置等不同,其施工方法和顺序也不同,如可以采用逆作法施工。当采用通常的由下而上的顺序时,一般为:挖土→清槽→验槽→桩施工→垫层→桩头处理→清理→做防水层→保护层→投点放线→承台梁板扎筋→混凝土灌注→养护→投点放线→施工缝处理→桩、墙扎筋→桩、墙模板→混凝土浇注→顶盖梁、板支模→梁、板扎筋→混凝土浇注→养护→拆外模→外墙防水→保护层→回填土。

施工中要注意防水工程和承台梁大体积混凝土以及深基础支护结构的施工。

②主体工程的施工顺序

结构滑升采用液压滑模逐层空滑现浇楼板并进施工工艺。滑升模板和液压系统安装调试工艺流程如图14.9所示。

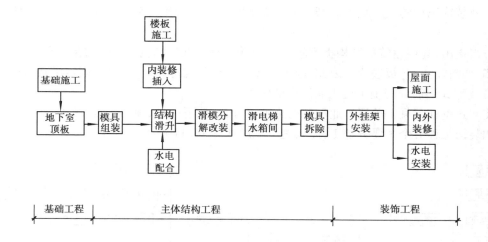

图 14.8　滑模施工高层商住楼施工工序

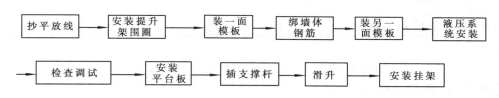

图 14.9　滑升模板和液压系统安装工艺流程

滑升阶段的施工顺序如图 14.10 所示。

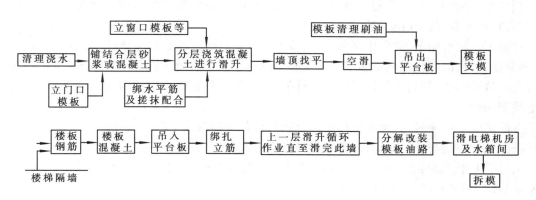

图 14.10　主体工程施工顺序

当然,如果楼板采用降模法施工,其施工顺序应予调整。

③屋面和装饰工程的施工顺序

屋面工程的施工顺序与混合结构居住房屋的屋面工程基本相同。

装饰工程的分项工程及施工顺序随装饰设计不同而不同。例如:室内装饰工程的施工顺序一般为:结构处理→放线→做轻质隔墙→贴灰饼冲筋→做门框、安铝合金门窗→各类管道水平支管安装→墙面抹灰→管道试压→墙面喷涂贴面→吊顶→地面清理→做地面、贴地砖→安门窗→风口、灯具、洁具安装→调试→清理。

室外装饰工程的施工顺序一般为:结构处理→弹线→贴灰饼→刮底→放线→贴面砖→清理。

应当指出,高层建筑的结构类型较多,如简体结构、框架结构、剪力墙结构等等,施工方法也较多,如滑模法、升板法等。因此,施工顺序一定要与之协调一致,没有固定模式可循。

3)装配式钢筋混凝土单层工业厂房的施工顺序

装配式钢筋混凝土单层工业厂房的施工可分为:地下工程、预制工程、结构安装工程、围护工程和装饰工程五个主要分部工程,其施工顺序如图14.11所示。

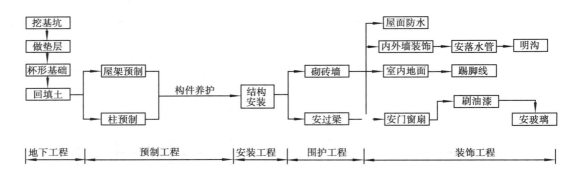

图14.11　装配式钢筋混凝土单层工业厂房施工顺序

①地下工程的施工顺序

地下工程的施工顺序一般为:基坑挖土→做垫层→安装基础模板→绑钢筋→浇混凝土→养护→拆基础模板→回填土等分项工程。

当中型或重型工业厂房建设在土质较差的地区时,通常采用桩基础。此时,为了缩短工期,常将打桩工程安排在施工准备阶段进行。

在地下工程开始前,同民用房屋一样,应首先处理好地下的洞穴等,然后,确定施工起点流向,划分施工段,以便组织流水施工。并应确定钢筋混凝土基础或垫层与挖基坑之间的搭接程度及所需技术间歇时间,在保证质量的条件下,尽早拆模和回填,以免曝晒和水浸地基,并提供就地预制场地。

在确定施工顺序时,必须确定厂房柱基础与设备基础的施工顺序,它常常影响到主体结构和设备安装的方法与开始时间,通常有两种方案可选择:

A. 当厂房柱基础的埋置深度大于设备基础埋置深度时,一般采用厂房柱基础先施工,设备基础后施工的"封闭式"施工顺序。

通常,当厂房施工处于冬雨季时,或设备基础不大,或采用沉井等特殊施工方法施工的较大较深的设备基础,均可采用"封闭式"施工顺序。

B. 当设备基础埋置深度大于厂房柱基础的埋置深度时,一般采用厂房柱基础与设备基础同时施工的"开敞式"施工顺序。

当厂房的设备基础较大较深,基坑的挖土范围连成一片,或深于厂房柱基础,以及地基的土质不准时,才采用设备基础先施工的顺序。

当设备基础与柱基础埋置深度相同或接近时,可以任意选择一种施工顺序。

②预制工程的施工顺序

单层工业厂房构件的预制,通常采用加工厂预制和现场预制相结合的方法进行,一般重量较大或运输不便的大型构件,可在拟建车间现场就地预制,如柱、托架梁、屋架和吊车梁等。中小型构件可在加工厂预制,如大型屋面板等标准构件和木制品等宜在专门的生产厂家预制。在具体确定预制方案时,应结合构件技术要求、工期规定、当地加工能力、现场施工和运输条件等因素进行技术经济分析后确定。

钢筋混凝土构件预制工程的施工顺序为:预制构件的支模→绑钢筋→埋铁件→浇混凝土→养护→预应力钢筋的张拉→拆模→锚固→灌浆等分项工程。

预制构件开始制作的日期、制作的位置、起点流向和顺序,在很大程度上取决于工作面准备工作完成的情况和后续工程的要求,如结构安装的顺序等。通常,只要基础回填土、场地平整完成一部分之后,并且结构安装方案已定,构件平面布置图已绘出,就可以进行制作。制作的起点流向应与基础工程的施工起点流向一致。

当采用分件安装方法时,预制构件的预制有三种方案:

A. 当场地狭窄而工期允许时,构件预制可分别进行。首先预制柱和梁,待柱和梁安装完再预制屋架。

B. 当场地宽敞时,可在柱、梁制作完就进行屋架预制。

C. 当场地狭窄,且工期要求紧迫时,可首先将柱和梁等构件在拟建车间内就地预制,同时在拟建车间外进行屋架预制。另外,为满足吊装强度要求,有时先开始预制屋架。

当采用综合吊装法吊装时,构件需一次制作。这时应视场地具体情况确定:构件是全部在拟建车间内部就地预制,还是有一部分在拟建车间外预制。

③结构安装工程的施工顺序

结构安装工程是单层工业厂房施工中的主导工程。其施工内容为:柱、吊车梁、连系梁、地基梁、托架、屋架、天窗架、大型屋面板等构件的吊装、校正和固定。

构件开始吊装日期取决于吊装前准备工作完成的情况。当柱基杯口弹线和杯底标高抄平、构件的检查和弹线、构件的吊装验算和加固、起重机械的安装等准备工作完成后,构件混凝土强度已达到规定的吊装强度,就可以开始吊装。如钢筋混凝土柱和屋架的强度应分别达到70%和100%设计强度后进行吊装;预应力钢筋混凝土屋架、托架梁等构件在混凝土强度达到100%设计强度时,才能张拉预应力钢筋,而灌浆后的砂浆强度要达到 15 N/mm² 时才可以进行就位和吊装。

吊装的顺序取决于吊装方法:分件吊装法还是综合吊装法。若采用分件吊装法时,其吊装顺序一般是:第一次开行吊装柱,随后校正与固定;待接头混凝土强度达到设计强度70%后,第二次开行吊装吊车梁、托架梁与连系梁;第三次开行吊装屋盖系统的构件。有时也可将第二次、第三次开行合并为一次开行。若采用综合吊装法时,其吊装顺序一般是:先吊装 4~6 根柱并迅速校正和固定,再吊装各类梁及屋盖系统的全部构件,如此依次逐个节间吊装,直至整个厂房吊装完毕。

抗风柱的安装顺序一般有两种可能:

A. 在吊装柱的同时先安装该跨一端的抗风柱,另一端则在屋盖安装以后进行。

B. 全部抗风柱的安装均待屋盖安装完毕后进行。

④围护工程的施工顺序

围护工程施工阶段包括墙体砌筑、安装门窗框和屋面工程。墙体工程包括搭脚手架和内外墙砌筑等分项工程。在厂房结构安装工程结束之后,或安装完一部分区段后即可开始内、外墙砌筑工程的分段分层流水施工。不同的分项工程之间可组织立体交叉平行流水施工。墙体工程、屋面工程和地面工程应紧密配合。如墙体施工完,应考虑屋面工程和地面工程施工。

脚手架工程应配合砌筑搭设,在室外装饰之后,做散水坡之前拆除。内隔墙的砌筑应根据内隔墙的基础形式而定,有的需要在地面工程完成之后进行,有的则可在地面工程之前与外墙同时进行。

屋面防水工程的施工顺序,基本与混合结构居住房屋的屋面防水施工顺序相同。

⑤装饰工程的施工顺序

装饰工程的施工又可分为室内和室外装饰。室内装饰工程包括勾缝、地面(整平、垫层、面层)、门窗扇安装、刷油漆和刷白等分项工程。室外装饰工程包括勾缝、抹灰、勒脚、散水坡等分项工程。

一般单层厂房的装饰工程,通常不占总工期,而与其他施工过程穿插进行。地面工程应在设备基础、墙体砌筑工程完成了一部分和埋入地下的管道电缆或管道沟完成后随即进行,或视具体情况穿插进行。钢门窗安装一般与砌筑工程穿插进行,也可以在砌筑工程完成后开始安装,视具体条件而定。门窗油漆可以在内墙刷白以后进行,也可以和设备安装同时进行。刷白应在墙面干燥和大型屋面板灌缝之后进行,并在油漆开始前结束。

(4)施工方法和施工机械选择

施工方法和施工机械选择是施工方案中的关键问题。它直接影响施工进度、施工质量和安全,以及工程成本。编制施工组织设计时,必须根据工程的建筑结构、抗震要求、工程量大小、工期长短、资源供应情况、施工现场条件和周围环境,制定出可行方案,并进行技术经济比较,确定最优方案。

1)施工方法与机械选择的内容

选择施工方法时应着重考虑影响整个单位工程施工的分部分项工程的施工方法,如在单位工程中占重要地位的分部分项工程、施工技术复杂或采用新技术、新工艺对工程质量起关键作用的分部分项工程、不熟悉的特殊结构工程或由专业施工单位施工的特殊专业工程的施工方法。而对于按照常规做法和工人熟悉的分项工程,只要提出应注意的特殊问题,即可不必详细拟定施工方法。

施工方法与机械选择一般包括下列内容:

①土石方工程

A. 计算土石方工程的工程量,确定土石方开挖或爆破方法,选择土石方施工机械。

B. 确定土壁放边坡的坡度系数或土壁支撑形式以及板桩打设方法。

C. 选择排除地面、地下水的方法,确定排水沟、集水井或井点布置方案所需设备。

D. 确定土石方平衡调配方案。

②基础工程

A. 浅基础的垫层、混凝土基础和钢筋混凝土基础施工的技术要求,以及地下室施工的技术要求。

B. 桩基础施工的施工方法和施工机械选择。

③砌筑工程

A. 墙体的组砌方法和质量要求。

B. 弹线及皮数杆的控制要求。

C. 确定脚手架搭设方法及安全网的挂设方法。

D. 选择垂直和水平运输机械。

④钢筋混凝土工程

A. 确定混凝土工程施工方案:滑模法、升板法或其他方法。

B. 确定模板类型及支模方法,对于复杂工程还需进行模板设计和绘制模板放样图。

C. 选择钢筋的加工、绑扎和焊接方法。

D. 选择混凝土的制备方案,如采用商品混凝土,还是现场拌制混凝土。确定搅拌、运输及浇注顺序和方法以及泵送混凝土和普通垂直运输混凝土的机械选择。

E. 选择混凝土搅拌、振捣设备的类型和规格,确定施工缝的留设位置。

F. 确定预应力混凝土的施工方法、控制应力和张拉设备。

⑤结构安装工程

A. 确定起重机械类型、型号和数量。

B. 确定结构安装方法(分件吊装法还是综合吊装法),安排吊装顺序、机械位置和开行路线及构件的制作、拼装场地。

C. 确定构件运输、装卸、堆放方法和所需:机具设备的型号、数量和运输道路要求。

⑥屋面工程

A. 屋面工程各个分项工程施工的操作要求。

B. 确定屋面材料的运输方式。

⑦装饰工程

A. 各种装饰工程的操作方法及质量要求。

B. 确定材料运输方式及储存要求。

C. 确定所需机具设备。

⑧特殊项目

A. 对四新(新结构、新工艺、新材料、新技术)项目,高耸、大跨、重型构件,水下、深基础、软弱地基,冬季施工等项目均应单独编制,单独编制的内容包括:工程平剖示意图、工程量、施工方法、工艺流程、劳动组织、施工进度、技术要求与质量、安全措施、材料、构件及机具设备需要量。

B. 对大型土方、打桩、构件吊装等项目,无论内、外分包均应由分包单位提出单项施工方法与技术组织措施。

2)施工机械选择应主要考虑以下几个方面:

①应首先根据工程特点选择适宜的主导工程施工机械。如在选择装配式单层工业厂房结构安装用的起重机械类型时,若工程量大而集中,可以采用生产率较高的塔式起重机或桅杆式起重机;若工程量较小或虽大却较分散时,则采用无轨自行式起重机械。在选择起重机型号时,应使起重机性能满足起重量、安装高度、起重半径和臂长的要求。

②各种辅助机械应与直接配套的主导机械的生产能力协调一致。为了充分发挥主导机械的效率,在选择与主导机械直接配套的各种辅助机械和运输工具时,应使其互相协调一致。如土方工程中自卸汽车的选择,应考虑使挖土机的效率充分发挥出来。

③在同一建筑工地上的建筑机械的种类和型号应尽可能少。在一个建筑工地上,如果使用大量同类而不同型号的机械,会给机械管理带来困难,同时增加了机械转移的工时消耗。因

此,对于工程量大的工程应采用专用机械;对于工程量小而分散的情况,应尽量采用多用途的机械。

④尽量选用施工单位的现有机械,以减少施工的投资额,提高现有机械的利用率,降低工程成本。若现有机械满足不了工程需要,则可以考虑购置或租赁。

⑤确定各个分部工程垂直运输方案时应进行综合分析,统一考虑。

如高层建筑施工时,可从下述几种组合情况选一,进行所有分部工程的垂直运输:塔式起重机和施工电梯,塔式起重机、混凝土泵和施工电梯,塔式起重机、井架和施工电梯,井架和施工电梯,井架、快速提升机和施工电梯。

(5)施工方案的技术经济评价

施工方案的技术经济评价是选择最优施工方案的重要途径。它是从几个可行方案中选出一个工期短、成本低、质量好、材料省、劳动力安排合理的最优方案。常用的方法有定性分析、定量分析两种。

1)定性分析评价

定性分析评价是结合工程施工实际经验,对几个方案的优缺点进行分析和比较。通常主要从以下几个指标来评价:①工人在施工操作上的难易程度和安全可靠性;②)为后续工作能否创造有利施工条件;③选择的施工机械设备是否易于取得;④采用该方案是否有利于冬雨期施工;⑤能否为现场文明创造有利条件等。

2)定量分析评价

定量分析评价是通过对各个方案的工期指标、实物量指标和价值指标等一系列单个的技术经济指标,进行计算对比,从中选择技术经济指标最优方案的方法。

定量分析的指标通常有:

①工期指标。当要求工程尽快完成以便尽早投入生产或使用时,选择施工方案就要在确保工程质量、安全和成本较低的条件下,优先考虑缩短工期的方案。

②劳动量消耗指标。它反映施工机械化程度和劳动生产率水平。通常,方案中劳动量消耗越小,施工机械化程度和劳动生产率水平越高。

③主要材料消耗指标。它反映各个施工方案的主要材料节约情况。

④成本指标。它是反映施工方案成本高低的指标。

⑤投资额指标。拟定的施工方案需要增加新的投资时,如购买新的施工机械或设备,则需要对增加投资额指标进行比较,低者为好。

在实际应用时,可能会出现指标不一致的情况,这时,就需要根据工程具体情况确定。例如工期紧迫,就优先考虑工期短的方案。

(6)制定技术组织措施

技术组织措施是指在技术和组织方面对保证工程质量、安全、节约和文明施工所采用的方法。制定这些方法是施工组织设计编制者带有创造性的工作。

1)保证工程质量措施

保证工程质量的关键是对施工组织设计的工程对象经常发生的质量通病制订防治措施,可以按照各主要分部分项工程提出的质量要求,也可以按照各工种工程提出的质量要求。保证工程质量的措施可以从以下各方面考虑:

①确保拟建工程定位、放线、轴线尺寸、标高测量等准确无误的措施。

②为了确保地基土壤承载能力符合设计规定的要求而应采取的有关技术组织措施。

③各种基础、地下结构、地下防水施工的质量措施。

④确保主体承重结构各主要施工过程的质量要求,各种预制承重构件检查验收的措施,各种材料、半成品、砂浆、混凝土等检验及使用要求。

⑤对新结构、新工艺、新材料、新技术的施工操作提出质量措施或要求。

⑥冬、雨期施工的质量措施。

⑦屋面防水施工、各种抹灰及装饰操作中,确保施工质量的技术措施。

⑧解决质量通病的措施。

⑨执行施工质量的检查、验收制度。

⑩提出各分部工程的质量评定的目标计划等。

2)安全施工措施

安全施工措施应贯彻安全操作规程,对施工中可能发生的安全问题进行预测,有针对性地提出预防措施,以杜绝施工中伤亡事故的发生。安全施工措施主要包括:

①提出安全施工宣传、教育的具体措施,对新工人进场上岗前必须作安全教育及安全操作的培训。

②针对拟建工程地形、环境、自然气候、气象等情况,提出可能突然发生自然灾害时有关施工安全方面的若干措施及其具体的办法,以便减少损失,避免伤亡。

③提出易燃、易爆品严格管理及使用的安全技术措施。

④防火、消防措施,高温、有毒、有尘、有害气体环境下操作人员的安全要求和措施。

⑤土方、深坑施工,高空、高架操作,结构吊装、上下垂直平行施工时的安全要求和措施。

⑥各种机械、机具安全操作要求,交通、车辆的安全管理措施。

⑦各处电器设备的安全管理及安全使用措施。

⑧狂风、暴雨、雷电等各种特殊天气发生前后的安全检查措施及安全维护制度。

3)降低成本措施

降低成本措施的制定应以施工预算为尺度,以企业(或基层施工单位)年度、季度降低成本计划和技术组织措施计划为依据进行编制。要针对工程施工中降低成本潜力大的(工程量大、有采取措施的可能性及有条件的)项目,充分开动脑筋,把措施提出来,并计算出经济效益和指标,加以评价、决策。这些措施必须是不影响质量且能保证安全的,它应考虑以下几方面:

①生产力水平是先进的。

②有精心施工的领导班子来合理组织施工等生产活动。

③有合理的劳动组织,以保证劳动生产率的提高,减少总的用工数。

④物资管理的计划性,从采购、运输、现场管理及竣工材料回收等方面,最大限度地降低原材料、成品和半成品的成本。

⑤采用新技术、新工艺,以提高工效,降低材料耗用量,节约施工总费用。

⑥保证工程质量,减少返工损失。

⑦保证安全生产,减少事故频率,避免意外工伤事故带来的损失。

⑧提高机械利用率,减少机械费用的开支。

⑨增收节支,减少施工管理费的支出。

⑩工程建设提前完工,以节省各项费用开支。

降低成本措施应包括节约劳动力、材料费、机械设备费用、工具费、间接费及临时设施费等措施。一定要正确处理降低成本、提高质量和缩短工期三者的关系,对措施要计算经济效果。

4)现场文明施工措施

现场文明施工措施主要包括以下几个方面:

①施工现场的围挡与标牌,出入口与交通安全,道路畅通,场地严整。

②暂设工程的规划与搭设,办公室、更衣室、食堂、厕所的安排与环境卫生。

③各种材料、半成品、构件的堆放与管理。

④散碎材料、施工垃圾运输以及其他各种环境污染,如搅拌机冲洗废水、油漆废液、灰浆水等施工废水污染,运输土方与垃圾、白灰堆放、散装材料运输等粉尘污染,熬制沥青、熟化石灰等废气污染,打桩、搅拌混凝土、振捣混凝土等噪声污染。

⑤成品保护。

⑥施工机械保养与安全使用。

⑦安全与消防。

14.5.4　单位工程施工进度计划

单位工程施工进度计划是在确定了施工方案的基础上,根据规定工期和各种资源供应条件,按照施工过程的合理施工顺序及组织施工的原则,用图表的形式(横道图或网络图),对一个工程从开始施工到工程全部竣工的各个项目,确定其在时间上的安排和相互间的搭接关系。在此基础上,方可编制月、季计划及各项资源需要量计划。因此,施工进度计划是单位工程施工组织设计中的一项非常重要的内容。

(1)施工进度计划的作用

单位工程施工进度计划的作用主要有:

①安排单位工程的进度,保证在规定工期内完成符合质量要求的工程任务。

②确定单位工程的各个施工过程的施工顺序、持续时间以及相互衔接和合理配合关系。

③为编制季度、月、旬生产作业计划提供依据。

④为编制各种资源需要量计划和施工准备工作计划提供依据。

(2)编制依据

编制单位工程施工进度计划,主要依据下列资料:

①经过审批的建筑总平面图、地形图、单位工程施工图、工艺设计图、设备基础图、采用的标准图集以及技术资料。

②施工组织总设计对本单位工程的有关规定。

③施工工期要求及开竣工日期。

④施工条件:劳动力、材料、构件及机械的供应条件,分包单位的情况等。

⑤主要分部分项工程的施工方案。

⑥劳动定额及机械台班定额。

⑦其他有关要求和资料。

(3)施工进度计划的表示方法

施工进度计划一般用图表表示,经常采用的有两种形式:横道图和网络图。横道图的形式如表14.5所示。

表 14.5　单位工程施工进度横道图表

序号	分部分项工程名称	工程量		时间定额	劳动量		需用机械		工作班次	每班人数	工作天数	施工进度									
		单位	数量		工种	数量工日	名称	台班量				月					月				
												5	10	15	20	25	5	10	15	20	25

从表 14.5 中可看出，它由左右两部分组成。左边部分列出各种计算数据，如分部分项工程名称、相应的工程量、采用的定额、需要的劳动量或机械台班数以及参加施工的工人数和施工机械等。右边上部是从规定的开工之日起到竣工之日止的时间表。下边是按左边表格的计算数据设计的进度指示图表，用线条形象地表示出各个分部分项工程的施工进度和总工期，反映出各分部分项工程相互关系和各个施工队在时间和空间上开展工作的相互配合关系。有时在其下面汇总单位工程在计划工期内的资源需要量的动态曲线。

网络图的表示方法详见第 13 章。

(4) 编制内容和步骤(此处仅以横道图为例加以介绍)

1) 划分施工过程

编制进度计划时，首先应按照施工图纸和施工顺序，将拟建单位工程的各个施工过程列出，并结合施工方法、施工条件和劳动组织等因素，加以适当调整，确定填入施工进度计划表中的施工过程。

通常施工进度计划表中只列出直接在建筑物或构筑物上进行施工的砌筑安装类施工过程以及占有施工对象空间、影响工期的制备类和运输类施工过程，如装配式单层工业厂房柱预制等施工过程。

在确定施工过程时，应注意以下几个问题：

①施工过程划分的粗细程度，主要根据单位工程施工进度计划的客观作用而定。对于控制性施工进度计划，项目划分得粗一些，通常只列出分部工程名称。如混合结构居住房屋的控制性施工进度计划，只列出基础工程、主体工程、屋面工程和装修工程 4 个施工过程。而对于实施性的施工进度计划，项目划分得要细一些，如上面所说的屋面工程应进一步划分为找平层、隔气层、保温层、保护层、防水层等分项工程。

②施工过程的划分要结合所选择的施工方案。如单层工业厂房结构安装工程，若采用分件吊装法，则施工过程的名称、数量和内容及安装顺序应按照构件来确定。若采用综合吊装法，则施工过程应按照施工单元(节间、区段)来确定。

③要适当简化施工进度计划内容，避免工程项目划分过细，重点不突出。可将某些穿插性分项工程合并到主导分项工程中，或对在同一时间内，由同一专业工作队施工的过程，合并为一个施工过程。而对于次要的零星分项工程，可合并为其他工程一项。如门油漆、窗油漆合并为门窗油漆一项。

④水暖电卫工程和设备安装工程通常由专业工作队负责施工。因此，在一般土建工程施工进度计划中，只要反映出这些工程与土建工程相互配合即可。

⑤所有施工过程应基本按施工顺序先后排列,所采用的施工项目名称可参考现行定额手册上的项目名称。

2)计算工程量

工程量计算是一项十分繁琐的工作,应根据施工图纸、有关计算规则及相应的施工方法进行,而且往往是重复劳动。如设计概算、施工图预算、施工预算等文件中均需计算工程量,故在单位工程施工进度计划中不必再重复计算,只须直接套用施工预算的工程量,或根据施工预算中的工程量总数,按各施工层和施工段在施工图中所占的比例加以划分即可。因为进度计划中的工程量仅是用来计算各种资源需用量,不作为计算工资或工程结算的依据,故不必精确计算。计算工程量应注意以下几个问题:

①各分部分项工程的工程量计算单位应与采用的施工定额中相应项目的单位相一致,以便计算劳动量及材料需要量时可直接套用定额,不再进行换算。

②工程量计算应结合选定的施工方法和安全技术要求,使计算所得工程量与施工实际情况相符合。例如,挖土时是否放坡,是否加工作面,坡度大小与工作面尺寸是多少,是否使用支撑加固,开挖方式是单独开挖、条形开挖或整片开挖,这些都直接影响到基础土方工程量的计算。

③结合施工组织要求,分区、分段、分层计算工程量,以便组织流水作业。若每层、每段上的工程量相等或相差不大时,可根据工程量总数分别除以层数、段数,可得每层、每段上的工程量。

④如已编制预算文件,应合理利用预算文件中的工程量,以免重复计算。施工进度计划中的施工项目大多可直接采用预算文件中的工程量,可按施工过程的划分情况将预算文件中有关项目的工程量汇总。如"砌筑砖墙"一项的工程量,可首先分析它包括哪些内容,然后按其所包含的内容从预算的工程量中抄出并汇总求得。施工进度计划中的有些施工项目与预算文件中的项目完全不同或局部有出入时(如计量单位、计算规则、采用定额不同),则应根据施工中的实际情况加以修改、调整或重新计算。

3)计算劳动量

根据各分部分项工程的工程量、施工方法和现行的劳动定额,结合施工单位的实际情况,计算各分部分项工程的劳动量。人工作业时,计算所需的工日数量;机械作业时,计算所需的台班数量。计算公式如下:

$$P = Q/S \text{ 或 } P = Q \cdot H \tag{14.5}$$

式中:P——完成某分部分项工程所需的劳动量(工日或台班);

Q——某分部分项工程的工程量(m^3,m^2,t,…);

S——某分部分项工程人工或机械的产量定额(m^3,m^2,t,…/工日或台班);

H——某分部分项工程人工或机械的时间定额(工日或台班/m^3,m^2,t,…)。

在使用定额时,可能会出现以下几种情况:

①计划中的一个项目包括了定额中的同一性质的不同类型的几个分项工程。这时可用其所包括的各分项工程的工程量与其产量定额(或时间定额)算出各自的劳动量,然后求和,即为计划中项目的劳动量,其计算公式如下:

$$P = Q_1/S_1 + Q_2/S_2 + \cdots + Q_n/S_n = \sum Q_i/S_i \tag{14.6}$$

式中:P——计划中某一工程项目的劳动量;

Q_1、Q_2，…、Q_n——同一性质各个不同类型分项工程的工程量；

S_1、S_2，…、S_n——同一性质各个不同类型分项工程的产量定额；

n——计划中的一个工程项目所包括定额中同一性质不同类型分项工程的个数。

或者，首先计算平均定额，再用平均定额计算劳动量。当同一性质不同类型分项工程的工程量相等时，平均定额可用其绝对平均值，如下式所示：

$$H = (H_1 + H_2 + \cdots + H_n)/n \tag{14.7}$$

式中：H——同一性质不同类型分项工程的平均时间定额。

其他符号同前。

当同一性质不同类型分项工程的工程量不相等时，平均定额应用加权平均值，如下式：

$$S = (Q_1 + Q_2 + \cdots + Q_n)/(Q_1/S_1 + Q_2/S_2 + \cdots + Q_n/S_n) \tag{14.8}$$

式中：S——同一性质不同类型分项工程的平均产量定额。

其他符号同前。

②施工计划中的新技术或特殊施工方法的工程项目尚未列入定额手册。在实际施工中，会遇到采用新技术或特殊施工方法的分部分项工程，由于缺乏足够的经验和可靠资料等，暂时未列入定额，计算时可参考类似项目的定额或经过实际测算，确定临时定额。

③施工计划中"其他工程"项目所需的劳动量。可根据其内容和工地具体情况，以总劳动量的一定百分比计算，一般取 10%～20%。

④水暖电卫、设备安装等工程项目，由专业工程队组织施工，在编制一般土建单位工程施工进度计划时，不予考虑其具体进度，仅表示出与一般土建工程进度相配合的关系。

4）确定各项目的施工持续时间

施工项目的施工持续时间的计算方法一般有经验估计法、定额计算法和倒排计划法。

①经验估计法

施工项目的持续时间最好是按正常情况确定，这时它的费用一般是较低的。待编制出初始进度计划并经过计算后再结合实际情况作必要的调整，这是避免因盲目抢工而造成浪费的有效办法。根据过去的施工经验并按照实际的施工条件来估算项目的施工持续时间是较为简便的办法，现在一般也多采用这种办法。这种办法多适用于采用新工艺、新技术、新材料等无定额可循的工种。在经验估计法中，有时为了提高其准确程度，往往采用"三时估计法"，即先估计出该项目的最长、最短和最可能的三种施工持续时间，然后据以求出期望的施工持续时间作为该项目的施工持续时间。其计算公式是：

$$t = (A + 4C + B)/6 \tag{14.9}$$

式中：t——项目施工持续时间；

A——最长施工持续时间；

B——最短施工持续时间；

C——最可能施工持续时间。

②定额计算法

这种方法就是根据施工项目需要的劳动量或机械台班量，以及配备的工人人数或机械台数，来确定其工作的持续时间。其计算公式是：

$$t = Q/RS \times N = P/R \times N \tag{14.10}$$

式中：t——项目施工持续时间，按进度计划的粗细，可以采用小时、日或周；

Q——项目的工程量,可以用实物量单位表示;

R——拟配备的工人或机械的数量,用人数或台数表示;

S——产量定额,即单位工日或台班完成的工程量;

N——每天工作班制;

P——劳动量(工日)或机械台班量(台班)。

例如,某工程砌筑砖墙,需要总劳动量110工日,一班制工作,每天出勤人数为22人(其中瓦工10人,普工12人),则施工持续时间为:

$$t = P/R \times N = 110 \text{工日} /22 \text{人} \times 1 \text{班} = 5 \text{天}$$

在安排每班工人人数和机械台数时,应综合考虑各施工过程的工人班组中的每个工人或每台施工机械都应有足够的工作面(不能少于最小工作面),以发挥效率并保证施工安全。各施工过程在进行正常施工时所必需的最低限度的工人班组人数及其合理组合(不能小于最小劳动组合),以达到最高的劳动生产率。

③倒排计划法

首先根据规定的总工期和施工经验,确定各分部分项工程的施工持续时间,然后再按各分部分项工程需要的劳动量或机械台班数量,确定每一分部分项工程每个工作班所需的工人数或机械台数,此时可将式(14.10)变化为:

$$R = P/t \times N \tag{14.11}$$

例如,某单位工程的土方工程采用机械化施工,需要87个台班完成,则当工期为11天时,所需挖土机的台数为:

$$R = P/t \times N = 87 \text{台班} /11 \text{天} \times 1 \text{台} \approx 8 \text{台}$$

通常计算时均先按一班制考虑,如果每天所需机械台数或工人人数已超过了施工单位现有人力、物力或工作面限制时,则应根据具体情况和条件从技术和施工组织上采取积极有效的措施。如增加工作班次,最大限度地组织立体交叉平行流水施工,加早强剂提高混凝土早期强度等。

5)编制施工进度计划的初始方案

在编制施工进度计划时,应首先确定主要分部分项工程,组织分项工程流水,使主导的分项工程能够连续施工。具体方法如下:

①确定主要分部工程并组织其流水施工 首先应确定主要分部工程,组织其中主导分项工程的施工,使主导分项工程连续施工,然后将其他穿插分项工程和次要项目尽可能与主导施工过程配合穿插、搭接或平行作业。

②安排其他各分部工程,并组织其流水施工 其他各分部工程施工应与主要分部工程相配合,并用与主要分部工程相类似的方法,组织其内部的分项工程,使其尽可能流水施工。

③按各分部工程的施工顺序编排初始方案 各分部工程之间按照施工工艺顺序或施工组织的要求,将相邻分部工程的相邻分项工程,按流水施工要求或配合关系搭接起来,组成单位工程进度计划的初始方案。

6)施工进度计划的检查与调整

检查与调整的目的在于使施工进度计划的初始方案满足规定的目标,一般从以下几方面进行检查与调整:

①各施工过程的施工顺序是否正确,流水施工的组织方法应用得是否正确,技术间歇是否

合理。

②工期方面,初始方案的总工期是否满足合同工期。

③劳动力方面,主要工种工人是否连续施工,劳动力消耗是否均衡。劳动力消耗的均衡性是针对整个单位工程或各个工种而言,应力求每天出勤的工人人数不发生过大变动。为了反映劳动力消耗的均衡情况,通常采用劳动力消耗动态图来表示。对于单位工程的劳动力消耗动态图,一般绘制在施工进度计划表右边表格部分的下方。劳动力消耗的均衡性指标可以采用劳动力均衡系数 K 来评估:

$$K = 高峰出工人数/平均出工人数 \tag{14.12}$$

式中的平均出工人数为每天出工人数之和被总工期除得之商。

最为理想的情况是劳动力均衡系数 K 接近于1。劳动力均衡系数在2以内为好,超过2则不正常。

④物资方面,主要机械、设备、材料等的利用是否均衡,施工机械是否充分利用。

主要机械通常是指混凝土搅拌机、灰浆搅拌机、自动式起重机和挖土机等。机械的利用情况是通过机械的利用程度来反映的。初始方案经过检查,对不符合要求的部分需进行调整。调整方法一般有:增加或缩短某些施工过程的施工持续时间,在符合工艺关系的条件下,将某些施工过程的施工时间向前或向后移动。必要时,还可以改变施工方法。

应当指出,上述编制施工进度计划的步骤不是孤立的,而是互相依赖、互相联系的,有的可以同时进行。还应看到,由于建筑施工是一个复杂的生产过程,受周围客观条件影响的因素很多,在施工过程中,由于劳动力和机械、材料等物资的供应及自然条件等因素的影响,使其经常不符合原计划的要求,因而在工程进展中应随时掌握施工动态,经常检查,不断调整计划。

(5)资源计划

单位工程施工进度计划确定之后,可据此编制各主要工种劳动力需要量计划及施工机械、模具、主要建筑材料、构件、加工品等的需要计划,以利于及时组织劳动力和技术物资的供应,保证施工进度计划的顺利执行。

1)主要劳动力需要量计划

将各施工过程所需要的主要工种劳动力,根据施工进度的安排进行叠加,就可编制出主要工种劳动力需要量计划,如表14.6所示。它的作用是为施工现场的劳动力调配提供依据。

表 14.6　劳动力需要量计划表

序　号	工种名称	总劳动量 /工日	每月需要量/工日					
			1	2	3	4	…	12

2)施工机械需要量计划

根据施工方案和施工进度确定施工机械的类型、数量、进场时间。一般是把单位工程施工进度表中每一个施工过程,每天所需的机械类型、数量和施工日期进行汇总,以得出施工机械模具需要量计划,如表14.7所示。

3)主要材料及构、配件需要量计划材料需要量计划主要为组织备料,确定仓库、堆场面积,组织运输之用。其编制方法是将施工预算中或进度表中各施工过程的工程量,按材料名称、规格、使用时间并考虑到各种材料消耗进行计算汇总即为每天(或旬、月)所需材料数量。

材料需要量计划格式如表 14.8 所示。

表 14.7　施工机械、模具需要量计划表

序　号	机械名称	机械类型（规格）	需要量		来　源	使用起迄时间	备　注
			单　位	数　量			

表 14.8　主要材料需要量计划表

序　号	材料名称	规　格	需要量		供应时间	备　注
			单　位	数　量		

若某分部分项工程是由多种材料组成。例如混凝土工程,在计算其材料需要量时,应按混凝土配合比,将混凝土工程量换算成水泥、砂、石、外加剂等材料的数量。

建筑结构构件、配件和其他加工品的需要量计划,同样可按编制主要材料需要量计划的方法进行编制。它是同加工单位签订供应协议或合同,确定堆场面积,组织运输工作的依据,如表 14.9 所示。

表 14.9　构件需要量计划表

序　号	品名	规格	图号	需要量		使用部位	加工单位	供应日期	备　注
				单位	数量				

单位工程施工前,通常根据施工要求,编制一份施工准备工作计划,主要内容见第十章。施工准备工作计划一般独立编制成表(表 14.10)。

表 14.10　施工准备工作进度计划表

序号	准备工作项目	工程量		进　度																				备　注
				×　月								×　月												
		单位	数量	1	2	3	4	5	6	7	8	…	1	2	3	4	5	6	7	8	…		

(6)评价指标

评价单位工程施工进度计划的质量,通常采用下列指标:

①工期

资源消耗的均衡性,对于单位工程或各个施工过程来说,每日资源(劳动力、材料、机具等)消耗力求不发生过大的变化,即资源消耗力求均衡。

为了反映资源消耗的均衡情况,应画出资源消耗动态图。

在资源消耗动态图上,一般应避免出现短时期的高峰或长时期的低谷情况。图 14.12(a)、(b)是劳动资源消耗的动态图,分别出现了短时期的高峰人数及长时间的低谷人数。在

第一种情况下,短时期工人人数增加,这就相应地增加了为工人服务的各种临时设施,在第二种情况下,如果工人不调出,则将发生窝工现象,如果工人调出,则临时设施不能充分利用。至于在劳动量消耗动态图上出现短时期的、甚至是很大的低谷(图 14.12(c)),则是可以允许的,因为这种情况不会发生什么显著的影响,而且只要把少数工人的工作重新安排,窝工情况就可以消除。

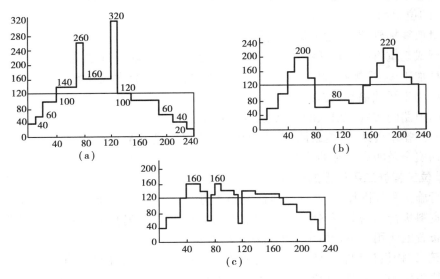

图 14.12 劳动量动态图

某资源消耗的均衡性指标可以采用资源不均衡系数(K)加以评价:

$$K = N_{max}/N \tag{14.13}$$

式中:N_{max}——某资源日最大消耗量;

N——某资源日平均消耗量。

最理想的情况是资源不均衡系数 K 接近于 1。在组织流水施工(特别是许多建筑物的流水施工)的情况下,不均衡系数可以大大降低并趋近于 1。

②主要施工机械的利用程度,所谓主要施工机械通常是指混凝土搅拌机、砂浆机、起重机、挖土机等。

机械设备的利用程度用机械利用率以 Y_m 表示,它由下式确定:

$$Y_m = (m_1/m_2) \times 100\% \tag{14.14}$$

式中:m_1——机械设备的作业台日(或台时);

m_2——机械设备的制度台日(或台时),由 $m_2 = nd$ 求得,其中,n 为机械设备台数,d 为制度时间,即日历天数减去节假天数。

14.5.5 单位工程施工平面图设计

单位工程施工平面图设计是对一个建筑物或构筑物的施工现场的平面规划和空间布置图。它是根据工程规模、特点和施工现场的条件,按照一定的设计原则,来正确地解决施工期间所需的各种暂设工程和其他业务设施等同永久性建筑物和拟建工程之间的合理位置关系。它是进行现场布置的依据,也是实现施工现场有组织有计划地进行文明施工的先决条件。编制和贯彻合理的施工平面图,施工现场井然有序,施工进行顺利;反之,则导致施工现场混乱,直接影响施工进度,造成工程成本增加等不良后果。

单位工程施工平面图的绘制比例一般为 1：500 ~ 1：2 000。

（1）单位工程施工平面图的设计内容

①建筑总平面图上已建和拟建的地上地下的一切房屋、构筑物以及其他设施(道路和各种管线等)的位置和尺寸。

②测量放线标桩位置、地形等高线和土方取弃场地。

③自行式起重机械开行路线、轨道布置和固定式垂直运输设备位置。

④各种加工厂、搅拌站、材料、加工半成品、构件、机具的仓库或堆场。

⑤生产和生活性福利设施的布置。

⑥场内道路的布置和引入的铁路、公路和航道位置。

⑦临时给排水管线、供电线路、蒸汽及压缩空气管道等布置。

⑧一切安全及防火设施的位置。

（2）单位工程施工平面图的设计依据

在进行施工平面图设计前,应认真研究施工方案,并对施工现场作深入细致的调查研究,并对原始资料进行周密分析,使设计与施工现场的实际情况相符,从而使其确实起到指导施工现场空间布置的作用。设计所依据的资料主要有：

1)建筑、结构设计和施工组织设计时所依据的有关拟建工程的当地原始资料

①自然条件调查资料:气象、地形、水文及工程地质资料。主要用于布置地表水和地下水的排水沟,确定易燃、易爆及有碍人体健康的设施的布置,安排冬雨季施工期间所需设施的地点。

②技术经济调查资料:交通运输、水源、电源、物资资源、生产和生活基地情况。它对布置水、电管线和道路等具有重要作用。

2)建筑设计资料

①建筑总平面图:包括一切地上地下拟建和已建的房屋和构筑物。它是正确确定临时房屋和其他设施位置,以及修建工地运输道路和解决排水等所需的资料。

②一切已有和拟建的地下、地上管道位置。在设计施工平面图时,可考虑利用这些管道或需考虑提前拆除或迁移,并需注意不得在拟建的管道位置上面建临时建筑物。

③建筑区域的竖向设计和土方平衡图。它们在布置水电管线和安排土方的挖填、取土或弃土地点时需要用到。

3)施工资料

①单位工程施工进度计划。从中可了解各个施工阶段的情况,以便分阶段布置施工现场。

②施工方案。据此可确定垂直运输机械和其他施工机具的位置、数量和规划场地。

③各种材料、构件、半成品等需要量计划。以便确定仓库和堆场的面积、形式和位置。

（3）单位工程施工平面图的设计原则

①在保证施工顺利进行的前提下,现场布置尽量紧凑,以节约土地。

②合理布置施工现场的运输道路及各种材料堆场、加工厂、仓库、各种机具的位置,尽量使得运距最短,从而减少或避免二次搬运。

③尽量减少临时设施的数量,降低临时设施费用。

④临时设施的布置,尽量便利工人的生产和生活,使工人至施工区的距离最近,往返时间最少。

⑤符合环保、安全和防火要求。

(4)单位工程施工平面图的设计步骤

单位工程施工平面图的设计步骤如图 14.13 所示。

1)确定垂直运输机械的布置

垂直运输机械的位置直接影响仓库、搅拌站、各种材料和构件等位置及道路和水、电线路的布置等,因此,它是施工现场布置的核心,必须首先确定。

由于各种起重机械的性能不同,其布置方式也不相同。

①塔式起重机的布置

塔式起重机是集起重、垂直提升、水平输送三种功能为一身的机械设备。按其在工地上使用架设的要求不同可分为固定式、轨行式、附着式、内爬式四种。轨行式塔式起重机可沿轨道两侧全幅作业范围内进行吊装,但占用施工场地大,路基工作量大,且使用高度受一定限制,通常只用于高度不大的高层建筑。一般沿建筑物长向布置,其位置、尺寸取决于建筑物的平面形状、尺寸、构件重量、起重机的性能及四周的施工场地的条件等。通常,轨道布置方式有以下四种布置方案,如图 14.14 所示。

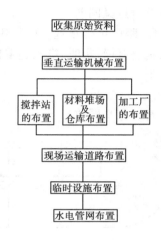

图 14.13 施工平面图的设计步骤

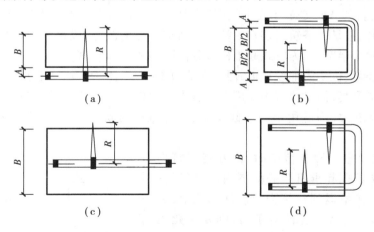

图 14.14 塔式起重机布置方案

(a)单侧布置;(b)双侧布置;(c)跨内单行布置;(d)跨内环行布置

A. 单侧布置。当建筑物宽度较小,构件重量不大,选择起重力矩在 450 kN·m 以下时,可采用单侧布置方案。其优点是轨道长度较短,且有较为宽敞的场地堆放构件和材料。此时起重半径只应满足下式要求。

$$R \geqslant B + A$$

式中:R——塔式起重机的最大回转半径(m);

B——建筑物平面的最大宽度(m);

A——建筑外墙皮至塔轨中心线的距离。

一般当无阳台时,A = 安全网宽度 + 安全网外侧至轨道中心线距离;当有阳台时,A = 阳台宽度 + 安全网宽度 + 安全网外侧至轨道中心线距离。

B. 双侧布置或环形布置。当建筑物宽度较大,构件重量较重时,应采用双侧布置或环形布置,此时,起重半径应满足下式要求:

$$R \geqslant B/2 + A$$

式中符号意义同前。

C. 跨内单行布置。由于建筑物周围场地狭窄,不能在建筑物外侧布置轨道,或由于建筑物较宽、构件较重时,塔式起重机应采用跨内单行布置,才能满足技术要求,此时最大起重半径满足下式:

$$R \geqslant B/2$$

式中符号意义同前。

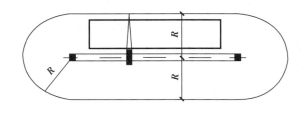

图 14.15　塔吊服务范围示意图

D. 跨内环行布置。当建筑物较宽,构件较重,塔式起重机跨内单行布置不能满足构件吊装要求,且塔吊不可能在跨外布置时,则选择这种布置方案。

塔式起重机的位置及尺寸确定之后,应当复核起重量、回转半径、起重高度三项工作参数是否能够满足建筑物吊装技术要求。若复核不能满足要求,则调整上述各公式中 A 的距离。若 A 已是最小安全距离时,则必须采取其他的技术措施,最后,绘制出塔式起重机服务范围。它是以塔轨两端有效端点的轨道中点为圆心,以最大回转半径为半径画出两个半圆,连接两个半圆,即为塔式起重机服务范围,如图 14.15 所示。

固定式塔式起重机不需铺设轨道,但其作业范围较小,附着式塔式起重机占地面积小,且起重高度大,可自升高,但对建筑物作用有附着力。而内爬式塔式起重机布置在建筑物中间,且作用的有效范围大,均适用于高层建筑施工,并且可与轨行式相类似的方法绘制出服务范围。

在确定塔式起重机服务范围时,最好将建筑物平面尺寸包括在塔式起重机服务范围内,以保证各种构件与材料直接吊运到建筑物的设计部位上,尽可能不出现死角。若实在无法避免时,则要求死角越小越好,同时在死角上应不出现吊装最重、最高的预制构件,且在确定吊装方案时,提出具体的技术和安全措施,以保证这部分死角的构件顺利安装。例如,将塔式起重机和龙门架同时使用,以解决这个问题,如图 14.16 所示。但要确保塔吊回转时不能有碰撞的可能,确保施工安全。

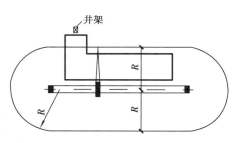

图 14.16　塔吊龙门架配合示意图

此外,在确定塔式起重机服务范围时应考虑有较宽的施工用地,以便安排构件堆放以及使搅拌设备出料斗能直接挂勾起吊。同时也应将主要道路安排在塔吊服务范围之内。

②自行无轨式起重机械

自行无轨起重机械分履带式、轮胎式和汽车式 3 种。它一般不作垂直提升和水平运输之用。适用于装配式单层工业厂房主体结构的吊装,也可用于混合结构如大梁等较重构件的吊装方案等。

③固定式垂直运输机械

固定式垂直运输工具(井架、龙门架)的布置,主要根据机械性能、建筑物的平面形状和尺寸、施工段的划分、材料来向和已有运输道路情况而定。布置的原则是,充分发挥起重机械的能力,并使地面和楼面的水平运距最小。

A. 当建筑物各部位的高度相同时,应布置在施工段的分界线附近。

B. 当建筑物各部位的高度不同时,应布置在高低分界线较高部位一侧。

C. 井架、龙门架的位置应布置在窗口处为宜,以避免砌墙留槎和减少井架拆除后的修补工作。

D. 井架、龙门架的数量要根据施工进度、垂直提升的构件和材料数量、台班工作效率等因素计算确定,其服务范围一般为 50 ~ 60 m。

E. 卷扬机的位置不应距离起重机太近,以便司机的视线能够看到整个升降过程,一般要求此距离在大于或等于建筑物的高度、水平距离外脚手架 3 m 以上。

⑥井架应立在外脚手架之外,并有一定距离为宜,一般 5 ~ 6 m。

2)确定搅拌站、仓库、材料和构件堆场以及加工厂的位置

搅拌站、仓库和材料、构件的布置应尽量靠近使用地点或在起重机服务范围以内,并考虑到运输和装卸料方便。

根据起重机械的类型,材料、构件堆场位置的布置有以下几种情况:

①当采用固定式垂直运输机械时,首层、基础和地下室所有的砖、石等材料宜沿建筑物四周布置,并距坑、槽边不小于 0.5 m,以免造成槽、坑土壁的塌方事故。二层以上的材料、构件布置时,对大宗的重量大的和先期使用的材料,应尽可能靠近使用地点或起重机附近布置,而少量的、轻的和后期使用的材料,则可布置稍远一点。混凝土、砂浆搅拌站、仓库应尽量靠近垂直运输机械。

②当采用塔式起重机时,材料和构件堆场位置以及搅拌站出料口的位置,应布置在塔式起重机有效服务范围内。

③当采用自行无轨式起重机械时,材料、构件的堆场和仓库及搅拌站的位置,应沿着起重机开行路线布置,且其位置应在起重臂的最大起重半径范围内。

④在任何情况下,搅拌机应有后台上料的场地,所有搅拌站所用材料:水泥、砂、石子以及水泥罐等都应布置在搅拌机后台附近。当混凝土基础的体积较大时,混凝土搅拌站可以直接布置在基坑边缘附近,待混凝土浇注完后再转移,以减少混凝土的运输距离。

⑤混凝土搅拌机每台需要有 25 m² 左右的面积,冬季施工时,应有 50 m² 左右的面积。砂浆搅拌机每台需有 15 m² 左右的面积,冬季施工需要 30 m² 左右的面积。

3)现场运输道路的布置

现场主要道路应尽可能利用永久性道路,或先修好永久性道路的路基,在土建工程结束之前再铺路面。现场道路布置时,应保证行驶畅通,使运输道路有回转的可能性。因此,运输道路最好围绕建筑物布置成一条环形道路。道路宽度一般不小于 3.5 m,主干道宽度不小于 6 m。道路两侧一般应结合地形设置排水沟,深度不小于 0.4 m,底宽不小于 0.3 m。

4）临时设施的布置

临时设施分为生产性临时设施,如钢筋加工棚和水泵房、木工加工房等,非生产性临时设施如办公室、工人休息室、开水房、食堂、厕所等,布置的原则就是有利生产,方便生活,安全防火。

①生产性设施如木工加工棚和钢筋加工棚的位置,宜布置在建筑物四周稍远位置,且有一定的材料、成品的堆放场地。

②石灰仓库、淋灰池的位置应靠近搅拌站,并设在下风向。

③沥青堆放场及熬制锅的位置应离开易燃品仓库或堆放场,并宜布置在下风向。

④办公室应靠近施工现场,设在工地入口处。工人休息室应设在工人作业区。宿舍应布置在安全的上风向一侧。收发室宜布置在入口处等。

行政管理、临时宿舍、生活福利用临时房屋面积参考表如表 14.11 所示。

表 14.11 行政管理、临时宿舍、生活福利用临时房屋面积参考表

序号	临时房屋名称	单 位	参考面积/m²
1	办公室	m²/人	3.5
2	单层宿舍(双层床)	m²/人	2.6 ~ 2.8
3	食堂兼礼堂	m²/人	0.9
4	医务室	m²/人	0.06($\geq$ 30 m²)
5	浴 室	m²/人	0.10
6	俱乐部	m²/人	0.10
7	门卫、收发室	m²/人	6 ~ 8

5）水、电管网的布置

①施工供水管网的布置

施工供水管网首先要经过计算、设计,然后进行设置,其中包括水源选择、用水量计算(包括生产用水、机械用水、生活用水、消防用水等)、取水设施、储水设施、配水布置、管径的计算等。

A. 单位工程施工组织设计的供水计算和设计可以简化或根据经验进行安排,一般 5 000 m² ~ 10 000 m² 的建筑物,施工用水的总管径为 100 mm,支管径为 40 mm 或 25 mm。

B. 消防用水一般利用城市或建设单位的永久消防设施。如自行安排,应按有关规定设置,消防水管线的直径不小于 100 mm,消火栓间距不大于 120 m,布置应靠近十字路口或道边,距道边不大于 2 m,距建筑物外墙不应小于 5 m,也不应大于 25 m,且应设有明显的标志,周围 3 m 以内不准堆放建筑材料。

C. 高层建筑的施工用水应设置蓄水池和加压泵,以满足高空用水的需要。

D. 管线布置应使线路长度短,消防水管和生产、生活用水管可以合并设置。

E. 为了排除地表水和地下水,应及时修通下水道,并最好与永久性排水系统相结合,同时,根据现场地形,在建筑物周围设置排除地表水和地下水的排水沟。

②施工用电线网的布置

施工用电的设计应包括用电量计算、电源选择、电力系统选择和配置。用电量包括电动机用电量、电焊机用电量、室内和室外照明容量。如果是扩建的单位工程,可计算出施工用电总数供建设单位解决,不另设变压器。单独的单位工程施工,要计算出现场施工用电和照明用电的数量,选择变压器和导线的截面及类型。变压器应布置在现场边缘高压线接入处,距地面高度应大于 500 mm 以上的基础上,在 2 m 以外的四周用高度大于 1.7 m 的安全护栏围住并挂醒目警告标示,以确保安全,但不宜布置在交通要道处。

必须指出,建筑施工是一个复杂多变的生产过程,各种施工材料、构件、机械等随着工程的进展而逐渐变动和消耗。因此,在整个施工过程中,它们在工地上的实际布置情况是随时在改变着的。为此,对于大型建筑工程,施工期限较长或建筑工地较为狭小的工程,就需要按施工阶段来布置几个施工平面图,以便能把不同施工阶段内,工地上的合理布置具体地反映出来。对较小的建筑物,一般按主要施工阶段的要求布置施工平面图,但同时考虑其他施工阶段对场地如何周转使用。在布置重型工业厂房的施工平面图时,应考虑到一般土建工程同其他专业工程配合问题,应先以一般土建施工单位为主,会同各专业施工单位,通过协商制定综合施工平面图。在综合施工平面图上,则根据各个专业工程在各个施工阶段中的要求,将现场平面合理划分,使各个专业工程各得其所,具备良好的施工条件,以便各个单位根据综合平面图布置现场。

(5) 施工平面图的评价

评价施工平面图设计的优劣,可参考以下技术经济指标:

①施工用地面积　在满足施工的条件下,要紧凑布置,不占和少占场地。

②场内运输的距离　应最大限度地缩短工地内的运输距离,特别要尽可能避免场内两次搬动。

③临时设施数量　包括临时生活、生产用房的面积,临时道路及各种管线的长度等。为了降低临时工程费用,应尽量利用已有或拟建的房屋、设施和管线为施工服务。

④安全、防火的可靠性。

⑤文明施工　工地施工的文明化程度。

(6) 单位工程施工组织设计的技术经济分析

①技术经济分析的目的

技术经济分析的目的是论证施工组织设计在技术上是否可行,在经济上是否合算,通过科学的计算和分析比较,选择技术经济效果最佳的方案,为不断改进和提高施工组织设计水平提供依据,为寻求增产节约途径和提高经济效益提供信息。技术经济分析既是单位工程施工组织设计的内容之一,也是必要的设计手段。

②技术经济分析的基础要求

A. 全面分析。要对施工的技术方法、组织方法及经济效果进行分析,对需要与可能进行分析,对施工的具体环节及全过程进行分析。

B. 作技术经济分析时应抓住施工方案、施工进度计划和施工平面图三大重点,并据此建立技术经济分析指标体系。

C. 在作技术经济分析时,要灵活运用定性方法和有针对性地应用定量方法。在作定量分析时,应对主要指标、辅助指标和综合指标区别对待。

D. 技术经济分析应以设计方案的要求、有关的国家规定及工程的实际需要为依据。

③单位工程施工组织设计技术经济分析的重点

技术经济分析应围绕质量、工期、成本三个主要方面。选用某一方案的原则是,在质量能达到优良的前提下,工期合理,成本节约。

对于单位工程施工组织设计,不同的设计内容,应有不同的技术经济分析重点。

A. 基础工程应以土方工程、现浇混凝土、打桩、排水和防水、运输进度与工期为重点。

B. 结构工程应以垂直运输机械选择、流水段划分、劳动组织、现浇钢筋混凝土支模、绑筋、混凝土浇注与运输、脚手架选择、特殊分项工程施工方案和各项技术组织措施为重点。

C. 装饰工程应以施工顺序、质量保证措施、劳动组织、分工协作配合、节约材料及技术组织措施为重点。

单位工程施工组织设计的技术经济分析重点是:工期、质量、成本,劳动力使用,场地占用和利用,临时设施,协作配合,材料节约,新技术、新设备、新材料、新工艺的采用。

④单位工程施工组织设计技术经济分析的指标体系

单位工程施工组织设计中的技术经济指标应包括:工期指标、劳动生产率指标、质量指标、安全指标、成本率、主要工程工种机械化程度、三大材料节约指标等。这些指标应在单位工程施工组织设计基本完成后进行计算,并反映在施工组织设计文件中,作为考核的依据。

施工组织设计技术经济分析指标可在图 14.17 所列的指标体系中选用。

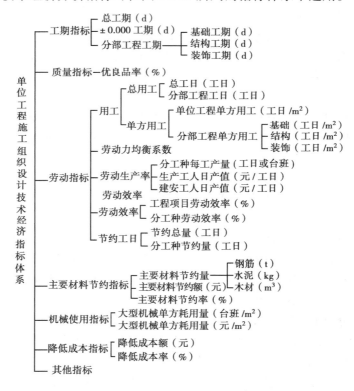

图 14.17　单位工程施工组织设计技术经济分析指标体系

14.5.6　单位工程施工组织设计实例

下面是某商办大楼施工组织设计示例。

（1）**工程概况**

工程由主楼、裙房、纪念碑等组成，主楼 24 层、地下 1 层；裙房 4 层、地下 2 层，总建筑面积 32 000 m²，是集商业、办公、娱乐、餐饮、地下车库等为一体的综合建筑。

工程为框筒结构，总高度 98.5 m、层高 3.3 m。裙房为框架结构，柱网尺寸 7.8 m×7.8 m，层高 5 m，楼面为井字梁连续双向板。

建筑外墙为中空玻璃幕墙，窗间为铝板饰面，其他部分为白色条形面砖，大开间办公室的分隔用轻质隔断，铝合金窗，轻钢龙骨矿棉板吊顶。

工程主楼采用钻孔灌注桩加筏形基础，灌注桩 ϕ600，桩长 28 m，筏形基础底板厚 1 m。主楼与裙房之间设置后浇带。

本工程施工场地狭小，四周紧靠市区交通干道，地下管线较多，靠兴华路一侧有架空高压线，基地内也有部分地下障碍，给施工带来一定困难。

（2）**施工方案**

1）施工流向和施工顺序

根据工程特点及工期要求，拟在该工程中实行平面分段、立体分层、同步流水的施工方法，做到均衡施工，按建筑总平面布置将施工区域划分为两个区：Ⅰ区——主楼，Ⅱ区——裙房。

本工程施工流向既要考虑业主的使用要求（施工后期边施工边营业），也要满足施工组织和技术上的要求。施工流向采用分阶段控制的原则。

基础阶段　先施工Ⅱ区的基础工程桩和基坑围护桩，再施工Ⅰ区的桩工程。土方开挖也按该流向进行。地下室底板及墙板施工要求在Ⅱ区完成地下两层后再开始地下Ⅰ区的施工，以防止Ⅰ，Ⅱ区基坑不同深度交界处土体的位移。

结构阶段　待Ⅰ，Ⅱ区地下部分完工后，两区同时开始 ±0.000 以上的结构施工。在Ⅰ区 4 层以上的结构施工时，进行Ⅰ，Ⅱ区 4 层以下的粗装饰工程。4 层以上的主楼结构施工以每 5 层为一个结构验收批，结构验收后可插入装饰工程施工，以缩短工期。

装饰阶段　Ⅱ区裙房结构完成后，自上而下进行室内粗装饰，Ⅰ区的粗装饰在结构阶段插入施工。待Ⅰ区结构封顶后也由上而下地进行室内、外精装饰。Ⅰ区主楼每 5 层自上而下进行立体交叉的流水施工，在同一层内按卫生间—卧室—走廊的施工流向进行。外装饰及设备安装也均采用自上而下的流向。

分部工程的施工顺序按先地下、后地上，先结构、后装饰，先主体、后围护（框架部分），先土建、后设备的原则进行。

2）施工方法和施工机械

①施工轴线、标高测量控制

A. 平面控制网布设与水准基点设置

a. 施工平面控制网

结合该工程的平面特征和工期特点，施工控制网的建立采用二阶段布设。在整个施工过程中，遵循先整体、后局部的控制原则，根据总平面图的红线布设整个建筑物的第一阶段控制网，以确保裙房与主楼的相互位置关系。由第一阶段控制网确定 4 层以下的主轴线，在第 5 层以后设立第二阶段控制网，即主楼控制网，由此确定 5 层以上的主轴线。

b. 水准基点

该工程的高程布置根据水准基点，沿建筑物周围采用往返闭合线路，做一条四等水准线路,经平差后作为整个工程的水准点,根据其高程换算本工程标高。

B. 垂直度控制及高程垂直传递

a. 垂直度控制

工程采用"内控法"控制垂直度:在 ± 0.000 层板上利用第一阶段控制网选择适当控制点组成几何图形,在各楼面的相应位置上预留传递孔,然后在各点上用激光经纬仪向上进行投射,在各层楼板上获得与 ± 0.000 层板上的控制点相应的点。这些点与 ± 0.000 上的相应点应在同一铅垂线上,以这些点作为各层楼面的轴线控制点。

b. 高程垂直传递

本工程高程垂直传递采用钢卷尺水准法,在每层楼面上测得两个以上高程点,然后用水准仪进行联测,求得闭合差,在限差之内进行误差配平,即得到楼面标高的基准点。

C. 沉降观测

沉降观测是高层建筑施工中一项重要内容,本工程将选择稳定的水准点作为沉降观测基准点,用精密水准仪定期、定层、定人、定仪器进行水准测量,绘制沉降曲线。

② 基础工程

A. 基坑围护

本工程基坑开挖深度大,周围场地小,环境较复杂,故需进行土壁支护,支护结构采用钻孔灌注桩加两道钢管支撑。一、二层地下室交界处采用混泥土搅拌桩重力式挡土体系。在钻孔灌注桩外侧打设两排混泥土搅拌桩作为隔水结构,土方开挖前进行基坑内预降水。

B. 土方施工

挖土采用 2 台斗容量为 1.2 m³ 的液压反铲挖土机,配合载重量 8 t 的运土汽车 10 辆,土方外运。二层地下室处的基坑用 1 台 0.4 m³ 斗容量的小型反铲下坑开挖,将土装入专用土斗,再由设在路面的履带式起重机吊起装车。

C. 基础底板大体积混凝土施工

本工程地下室底板厚度达 1 m,混凝土量总计 15 000 m³,由后浇带划分为两大块,每块浇注量约 8 000 m³,施工中应采取措施防止产生温度裂缝。

a. 布料

供料采用商品混凝土,坍落度控制在(12 ± 1)cm,并根据施工时的气温作适当调整。现场采用泵车布料,泵车沿基坑四周停放,直接由布料杆输送混凝土,斜面分层,层厚 300 mm。

b. 测温

为保证大体积混凝土施工质量,拟采用热电耦自动测温系统进行测温。

测点布置在底板高度方向上、中、下各一个,通过测点温度传感器收集混凝土内部温度,并由测温记录仪记录。测温由专人负责,每隔 6 h 记录一次,并随时计算温差,以便采取相应措施。

c. 混凝土保温及养护

混凝土保温材料铺设顺序为塑料薄膜—草袋—塑料薄膜—草袋—塑料薄膜。

D. 模板及钢筋工程

地下室模板全部采用组合钢模板。$\phi30$ 以上的钢筋采用锥螺纹套管连接,$\phi14 \sim \phi30$ 的钢筋采用闪光对焊,$\phi14$ 以下的钢筋采用绑扎法。

③ 主体结构

　　A. 模板

框架部分模板采用组合钢模板,筒体部分用大模板。楼面模板采用多层夹板为面板、快拆支撑体系,以便减少支撑数量。

　　B. 混凝土输送

混凝土输送采用一台固定泵车,配置垂直布料管,浇注层面上设一台水平布料机。零星的混凝土用塔吊及井架作垂直运输。

　　C. 钢筋

标准层钢筋层可能在地面绑扎成形或焊接成骨架网片成组安装,以减少高空作业。

　　D. 垂直运输

主楼设 80 t·m 附着式塔吊一台、人货电梯一台,裙房设井架提升机两台。

　　E. 施工外脚手架

根据工程特点,施工外脚手架采用两种形式:4 层以下为双排落地钢管扣件脚手架,5 层以上为升降式脚手架,以确保裙楼及商业用房尽早交工使用。

施工脚手架要做好严格的安全防护,采用全封密安全措施,防止人员高空坠落事故及物体下落事故发生,确保市政道路、行人及工地施工人员的安全,并确保商业用房开业后的安全使用。

　　④装饰工程

内外高级装饰均须先做样板,经过质量和色彩验收合格后,方可全面施工。

在装饰工程阶段,组建抹灰、木装修、油漆、铝合金窗、玻璃幕墙、壁纸、面砖、地毯等专业施工班组。全部专业队伍均实行任务、标准、工期和材料责任承包制。

　　⑤安装预埋

安装预埋须做到以下几点:

　　A. 熟悉图纸,掌握水、电、暖及其他设备的设计意图及安装预埋的内容。

　　B. 协调安装与土建、安装各工种之间的关系,避免在标高与平面上发生矛盾。

　　C. 预埋与土建同步进行,避免错位、遗漏。

　　D. 做好防雷接地的测试工作。

　　(3) 施工进度计划

施工总进度及计划在保证质量前提下,实行各施工区平行施工。施工区内流水作业并实现分期、分批营业的目标,特别是第 4 层以下商业用房部分及其相应的总体工程做到 16 个月交工(包含精装修)。全部工程在 24 个月竣工。

拟采取下述措施,来确保分期分批营业的目标:

　　A. 室外地下管线、沟网及相关的永久性道路提前安排施工。

　　B. 水、电、气、通风等按分期营业要求,分段设置临时阀门并形成回路,分期分段试压并投入使用。

　　C. 避免部分营业区域客流与货流同施工人流、货流交叉。此项在施工平面图中详细考虑。

　　D. 严格控制各项进度计划实施,加强检查,及时调整,确保分期分批营业目标。

施工总进度计划详见表 14.12。

表 14.12　施工总进度计划表

施 工 总 进 度 计 划 表　　　　工期：24 个月																												
施工区域	施工过程名称	工程量单位	工程量数量	产量定额	工程量	工期/月																		
						1	2	3	4	5	6	7	8	9	10	11	12	13	14	15	16	17	18	19	20	21	22	23	24
主楼 1区	基坑围护						▬																							
	工程桩							▬																						
	土方开挖								▬																					
	地下室施工									▬																				
	1~4 层结构											▬																		
	5~9 层结构												▬																	
	10~14 层结构																▬													
	15~19 层结构																	▬												
	20~24 层结构													▬																
	1~4 内装饰															▬														
	5~9 内装饰																	▬												
	10~14 内装饰																			▬										
	15~19 内装饰																				▬									
	20~24 内装饰																	▬												
	1~4 外装饰																					▬▬▬▬▬▬▬▬								
	5~24 外装饰																				▬									
	屋面工程						▬▬▬▬▬▬▬▬▬▬▬▬▬▬▬▬▬▬▬▬▬▬▬																				
	水电安装																		▬▬▬▬▬▬									
	设备安装																										▬			
	扫尾工程																										▬			
裙房 2区	基坑围护						▬																							
	工程桩						▬																							
	土方开挖							▬																						
	负二层结构								▬																					
	负一层结构									▬																				
	上部结构										▬																			
	室内装饰													▬																
	外装饰																▬													
	屋面工程												▬																	
	水电安装									▬▬▬▬▬▬▬▬▬▬																	
	设备安装																	▬												
总体及辅助建筑	纪念碑																						▬						
	辅助建筑																								▬					
	花园及绿化																												▬	
	室外零星工程																										▬			

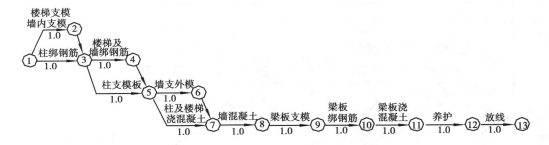

图 14.18　标准层结构阶段施工网络计划

图 14.19　内装饰工程施工网络计划

Ⅰ区主楼的标准层结构施工及内装饰施工的网络计划图分别见图 14.18 与图 14.19。各项资源需求计划(略)。

(4)施工平面图

施工总平面图考虑到施工场地较小,施工工期短的特点,并根据现场条件,具体采取如下保证措施:

①因场地狭小,部分工人宿舍及生活设施安排在场外基地,以减少工地临设搭建。

②考虑到分期分批营业的目标,临设、材料堆场、机械设备等均考虑部分营业时的需要,在部分营业时沿兴华路、经二路一带临设等拆除,确保营业。部分工地人员转入已建主楼。

③严格避免部分营业时客流与货流同工地人流、货流的交叉,采取南、北分道布置。南侧为营业的客、货流,北侧为施工工地的客、货流。两者分设出入口,相互独立,互不相干。施工总平面图详见图 14.20。

(5)各项保证措施

1)技术保证措施

①建立以项目技术负责人为首的各级技术管理工作责任制。

②积极推广应用"四新",开展各种形式的技术革新,推行工法制度。

③认真执行国家的"规范、标准",严格按设计文件组织施工。做到施工有规范,验收有标准。

④工程施工技术:工作必须领先,项目开工前,大的疑难技术问题必须得到全面解决。

⑤建立健全各类技术档案,并由专人管理,资料应完善,各级签字手续须安全,做到竣工资料与工程同步。

⑥冬、夏、雨季施工

a.夏天气温高,对泵送混凝土坍落度需严格控制,必要时做坍落度调整。

b.在雨季做好现场排水工作,挖好排水明沟,疏通排水通道,确保施工现场无积水。同时加强安全防护,收听当地气象预报,并合理安排或采取覆盖等措施,避免因雨造成混凝土等工程质量的不良影响。

c.冬季施工,土方开挖基坑验收后,立即浇混凝土垫层,防止基底遭受冻结。回填土方时

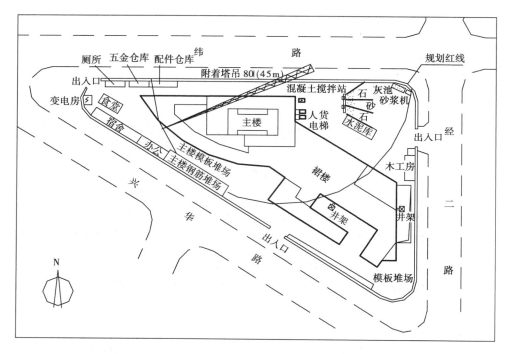

图 14.20　施工总平面图

应连续进行,不得将冻土作为回填土方。混凝土施工掺减水剂、抗冻剂,冬季混凝土浇捣后,立即采取覆盖草垫及塑料薄膜,进行保温并适当延长养护龄期。主要机械设备投入计划见表 14.13。

表 14.13　主要机械设备一览表

序号	设备名称	型　号	数　量	用电量
1	塔吊(附着式)	80(t·m)	1 台	84 kW
2	混凝土输送泵	BP3 000	1 台	132 kW
3	双笼升降梯	SH 120/120	1 台	22 kW
4	井　架		2 台	7.5 kW×2
5	混凝土搅拌机	JW 500 型	2 台	84 kW×2
6	钢筋加工设备		3 套	30 kW×3
7	木制加工机械		1 套	20 kW
8	水、电通安装施工机械		2 套	18 kW×2
9	高压水泵	IS 80-50-315	2 台	27 kW×2
10	翻斗车	TB 15	2 台	
11	混凝土搅拌运输车	6 m	6 辆	
12	载重汽车		6 辆	
13	装载机	ZL-40	1 辆	
14	挖掘机	1.2 m³	2 台	
15	挖掘机	0.4 m³	1 台	
16	液压破碎机		1 台	

d. 风雨、雪、冻等天气还需做好机械设备的保护和防护工作。

2）质量保证措施

①建立以项目经理领导、工长直接管理、质检员检验督促、各施工管理层协作、劳务层自控的质量保证体系。开展自检、互检和交接检，层层把关。上一道工序通过质量关后方可进行下一道工序施工。

②执行设计、甲方、乙方、质检站及监理联合检查制度。

③严格把好原材料、半成品的质量关。原材料、半成品进场应有质保书，并按有关规定要求对原材料进行复检。不得将不合格材料用于本工程。

④本工程平面面积较大，对轴线、标高等必须严格控制，按测量方案，精心测量控制，认真复验。

⑤推行国际质量管理体系标准，开展 TQC 活动。就本工程施工特点，选择地下室大体积混凝土、主体结构、外墙面装修、墙地面防止空壳开裂四个课题，不断分析总结，杜绝质量通病。

⑥装修工程中涉及到颜色、材料、图案、花纹等，必须先有样板，经甲方、设计单位认定后，方可统一配料，大面积施工。

⑦安装预埋与土建要密切配合，按图做好各项预埋、预留，不得遗漏和事后凿洞。

3）安全生产、文明施工措施

①成立以项目经理为组长，安全员为主，管理层为辅的安全领导小组。各专业作业层设兼职安全员，项目设 2 名专职安全员，形成一个安全管理体系。

②认真具体地对作业层进行安全书面交底。工长下生产任务时阐明安全要求，并随时检查，发现问题及时整改。

③搞好职工安全教育，使施工人员熟知本工种的安全技术规程，并严格执行。

④电工、焊工、机操工等特殊工种，必须经过专业训练，持有操作证方可上岗操作。

⑤现场入口悬挂"建筑现场施工纪律"牌，挂好安全宣传牌和安全标志牌。

⑥外脚手架必须使用合格的材料，搭设支撑牢固，并加设安全网。在主楼施工阶段，升降外脚手架用硬质围护材料全封闭施工，并安装防坠装置。

⑦高空作业必须系安全带。材料起吊过程中，塔臂旋转范围内严禁非施工人员通行，吊运材料就位固定后，方能松动钢丝绳。

⑧禁止从高空往下抛掷物件，特别是外脚手架上操作，要及时清扫，工完场清，以免物体下落。

⑨基坑施工时，基坑周围须搭设防护栏。查清基坑内原有水、煤气管道时切断或堵住水源、气源，严禁施工地点用明火。

⑩兴华路一侧高压线处设防护架，并将该方案交供电部门及市容整顿部门审批，批准后方可施工。

⑪施工场区内全部采用混凝土路面，实现硬地法施工。

⑫安排专人负责现场整洁、整理等文明工作。

复习思考题

1. 施工组织设计分哪几种？各种施工组织设计包括哪些主要内容？

2. 简述施工准备工作的主要内容。

3. 单位工程开工必须具备哪些条件？

4. 编制施工组织设计的依据、原则是什么？

5. 试述单位施工组织设计编制的程序和依据。

6. 单位工程施工方案选择包括哪些方面内容？

7. 单位工程施工进度计划的作用和编制的依据有哪些？

8. 如何计算一个施工项目需要的劳动工日数或机械台班数？

9. 如何确定完成一个施工项目的持续时间？

10. 单位工程施工图一般包括哪些主要内容？

11. 施工平面图设计的基本原则、设计步骤是什么？

12. 试述施工组织总设计程序的编制、依据及其作用。

13. 施工部署包括哪些内容？

14. 设计施工总平面图时应具备哪些资料？设计内容有哪些？

参考文献

1. 现行建筑施工规范大全[M].北京:中国建筑工业出版社,2009.

2. 现行建筑结构规范大全[M].北京:中国建筑工业出版社,2009.

3. 现行建筑设计规范大全[M].北京:中国建筑工业出版社,2009.

4. 建筑施工手册[M].北京:中国建筑工业出版社,2003.

5. 重庆建筑大学,同济大学,哈尔滨工业大学.土木工程施工[M].北京:中国建筑工业出版社,2003.

6. 建设部标准定额司.工程建筑标准强制性条文(房屋建筑部分)辅导教材[M].北京:中国计划出版社,2000.

7. 姚刚.建筑工程施工技术[M].重庆:重庆大学出版社,2011.

8. 廖代广.建筑施工技术[M].3版.武汉:武汉理工大学出版社,2007.

9. 赵志缙,等.建筑施工[M].2版.上海:同济大学出版社,2005.

10. 中交第一公路工程局有限公司.公路桥涵施工技术规范(JTG/T F50—2011)[M].北京:人民交通出版社,2011.

11. 中交公路规划设计院.公路钢筋混凝土及预应力混凝土桥涵设计规范(JTG D62—2004)[M].北京:人民交通出版社,2004.

12. 中交第二公路落勘察设计研究院.公路路基设计规范(JTGD30—2004)[M].北京:人民交通出版社,2004.

13. 徐君兰.大跨度桥梁施工控制[M].北京:人民交通出版社,2000.

14. 中国建筑学会,建筑统筹管理分会.工程网络计划技术规程教程(JGJ/T 121—99)[M].北京:中国建筑工业出版社,2000.

15. 赵志缙,应惠清.建筑施工[M].4版.上海:同济大学出版社,2004.

16. 蔡雪峰.建筑施工组织[M].3版.武汉:武汉理工大学出版社,2008.

17. 阎西康.土木工程施工[M]2版.北京:中国建材工业出版社,2005.

18. 山西省建设厅.屋面工程技术规范(GB50345—2004)[M].北京:中国建筑工业出版社,2004.

19. 山西省建设厅.地下防水工程质量验收规范(GB50208—2002)[M].北京:中国建筑工业出版社,2002.

20. 河南国基建设集团有限公司.房屋渗漏修缮技术规程(JGJ/T53—2011)[M].北京:中国建筑工业出版社,2011.

21. 叶琳昌,薛绍祖.防水工程[M].2版.北京:中国建筑工业出版社,1996.

22. 杨劲,刘金昌,等.工程建设进度控制[M].北京:中国建筑工业出版社,1999.

23. 谢尊渊,方先和.建筑施工:下册[M].北京:中国建筑工业出版社,1988.

24. 陕西省建筑科学研究设计院.砌体结构工程施工质量验收规范(GB50203—2011)[M].北京:中国建筑工业出版社,2012.

25. 中国建筑科学研究院.建筑桩基技术规范(JGJ94—2008)[M].北京:中国建筑工业出版社,2008.

26. 中国建筑科学研究院.混凝土结构工程施工规范(GB50666—2011)[M].北京:中国建筑工业出版社,2012.

27. 陕西省建筑科学研究设计院.钢筋焊接及验收规程(JBJ18—2003)[M].北京:中国建筑工业出版社,2003.

28. 中国建筑科学研究院.混凝土质量控制标准(GB50164—2011)[M].北京:中国建筑工业出版社,2011.

29. 冶金工业部建筑研究总院.钢结构工程施工质量验收规范(GB50205—2001)[M].北京:中国建筑工业出版社,2001.

30. 中国建筑科学研究院.混凝土泵送施工技术规程(JGJ/T10—2011)[M].北京:中国建筑工业出版社,2011.

31. 山西省建设厅.地下防水工程质量验收规范(GB50208—2011)[M].北京:中国建筑工业出版社,2011.